山西省大(暴)雪天气研究

主　编：赵桂香

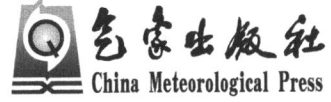

内容简介

本书针对山西省大(暴)雪天气,在分析其天气气候特征的基础上,从地面形势入手对大(暴)雪天气进行天气学分型,综合利用卫星、雷达、自动气象站等多源资料,结合数值模拟方法,深入研究了不同分型下大(暴)雪天气的水汽输送、动热力结构、不稳定能量以及气流特征等;对降雪的云系及其发展原因进行了分型研究,分析了地形对大(暴)雪天气结构的影响。在以上研究基础上,提炼了山西大(暴)雪天气预报关键技术,建立了山西大(暴)雪天气预报物理模型,并对降水相态转换机制和积雪深度预报技术进行了探讨;构建了山西省冬季雪灾气象指数和雪灾气象等级标准,分析了雪灾天气特征,并采用自然灾害学方法建立了雪灾风险评估模型,对雪灾综合风险进行了区划,为山西大(暴)雪天气、降水相态、积雪深度等预报和雪灾风险评估等工作提供了重要工具。本书可供从事气象、生态农业、林业、电力、交通运输、防灾减灾、风险区划等工作的相关专业技术人员及师生参考。

图书在版编目(CIP)数据

山西省大(暴)雪天气研究 / 赵桂香主编. — 北京:气象出版社,2021.7
　　ISBN 978-7-5029-7446-6

Ⅰ.①山… Ⅱ.①赵… Ⅲ.①雪暴-气象灾害-研究-山西 Ⅳ.①P426.63

中国版本图书馆 CIP 数据核字(2021)第 101102 号

山西省大(暴)雪天气研究
Shanxi Sheng Da(Bao) Xue Tianqi Yanjiu

出版发行:气象出版社			
地　　址:北京市海淀区中关村南大街46号		邮政编码:100081	
电　　话:010-68407112(总编室)　010-68408042(发行部)			
网　　址:http://www.qxcbs.com		E-mail:qxcbs@cma.gov.cn	
责任编辑:张　媛		终　　审:吴晓鹏	
责任校对:张硕杰		责任技编:赵相宁	
封面设计:地大彩印设计中心			
印　　刷:北京建宏印刷有限公司			
开　　本:787 mm×1092 mm　1/16		印　　张:26	
字　　数:665 千字			
版　　次:2021 年 7 月第 1 版		印　　次:2021 年 7 月第 1 次印刷	
定　　价:160.00 元			

本书如存在文字不清、漏印以及缺页、倒页、脱页等,请与本社发行部联系调换。

《山西省大(暴)雪天气研究》
编写组

主　编：赵桂香
参编人员：李新生　赵　瑜　马严枝　薄燕青
　　　　　王一颉　闫　慧

序

　　降雪是我国北方地区冬半年的主要降水形式。降雪的出现往往伴随低温、寒潮、大风等灾害性天气,尤其是 5 mm 以上的大(暴)雪天气,由于降雪量大、积雪持续时间长,造成道路结冰、电线覆冰等,给交通运输、电力、农业等部门带来严重影响,并对国民经济和人们生产生活乃至生命安全产生巨大威胁。

　　山西省地处黄土高原,地形复杂多样,各地海拔落差大,特殊的地形造就了特殊的天气气候特点。山西省冬半年以寒冷干燥为主,降雪量在全年总降水量中占比不到10%,但由于降雪年际变化大,降雪量集中,大(暴)雪多以局地为主,较之暴雨出现概率更低,因此预报难度更大。随着经济社会的发展,对气象预报的精准化需求越来越高。准确预报降雪出现的时间、落区、量级、持续时间及伴随的相关灾害性天气,并做好雪灾风险评估工作,为防御和减轻灾害天气带来的损失提供科学决策依据,是气象部门的职责和义务。但是长期以来,有关对大(暴)雪天气结构特征及预报技术等进行系统研究的出版物较少。作者长期立足基层业务科研一线,致力于中尺度数值诊断、灾害性天气形成发展机理及其对各行各业影响的研究,在拓展中尺度气象学理论、中尺度地形理论、边界层理论等的业务应用研究方面取得重要突破,并将数十年研究心血集结成书《山西省大(暴)雪天气研究》,该书的出版将填补这方面的空白。

　　《山西省大(暴)雪天气研究》一书,内容力求理论与预报业务实践相结合,突出大(暴)雪天气形成机制的深入认识,注重多源资料的业务应用,以及预报关键技术的研究和凝练,更注重研究成果的业务可用性,是从事气象、生态农业、林业、电力、交通运输、防灾减灾、风险区划等工作的相关专业技术人员及师生的重要参考工具。

李泽椿
2021 年 4 月 13 日

前　言

降雪是我国北方冬半年常见天气现象，但由于降雪时间集中，同时伴随着强烈的降温，常造成农牧区雪灾。雪灾一般发生在10月至次年4月，除易造成牧区牲畜死亡，即形成"白灾"外，还可引发其他次生灾害，如低温冷害、房屋倒塌，交通、通讯、电力中断，航班延误，以及农业设施损毁等，并对人们的生产、生活乃至生命安全产生巨大影响。因此，对冬季雪灾进行监测、预警和风险评估显得尤为重要。

随着经济社会的发展，降雪引发的灾害及次生灾害越来越引起社会各界的重视。众所周知的2008年中国南方低温雨雪冰冻灾害，从2008年1月13日开始，持续了25 d，影响范围覆盖浙江、江苏、安徽、江西、河南、湖北、湖南、广东、广西、重庆、四川、云南、贵州13个省（区、市），湖南、安徽、贵州地区的1 h降雪量超过14 mm，积雪深度超过20 cm，最深处达50 cm，形成强度大、范围广、持续时间长的特大雪灾，造成的灾害非常严重，仅湖南省就有6条国道、27条省道出现中断，2.18万台车辆和约7万人滞留；由于厚厚的冰雪覆盖，造成电线塔架和线杆折断不计其数，电网短期内无法恢复，电煤供应紧张；农作物大面积成灾，大量牲畜死亡；企业生产设施受毁、原材料供应紧张，被迫停工停产。2009年11月9—12日，河北、山西、河南、陕西、山东、北京等省（市）出现大范围降雪、低温天气过程，部分地区出现了几十年、甚至百年一遇的特大暴雪，仅山西就有16条高速公路关闭，近7000辆车和15000人员滞留，太原机场关闭25.5 h，影响航班116次，是机场自建成以来影响时间最长、滞留人员最多的一次；数千座房屋和上万座温室大棚倒塌；山西省内40多条高压线路掉闸，部分地区电力供应中断；林木损毁，城市物资供应、企业生产等受到严重影响。降雪及其引发的灾害几乎年年出现，造成的影响也随着社会发展逐年加重，因此，加强雪灾监测预警技术研究，提高预报预警能力，做好雪灾风险评估和区划，为防御和减轻雪灾带来的损失提供科学决策依据，是永恒的主题，也是写本书的目的。

本书按照不同内容，分为大（暴）雪天气气候特征（分析了大雪日数的时空分布和变化特征、突变情况及其与地理位置的关系，计算了年降雪极值的重现期值；并讨论了大（暴）雪期间的冷空气活动特征）、大（暴）雪的天气学分型研究（从地面系统入手，将大（暴）雪天气分为3个类型，并对其动热力、水汽结构特征进行了系统分析，提炼了大（暴）雪预报关键指标，建立了大（暴）雪预报物理模型，给出了大（暴）雪预报流程和着眼点）、大（暴）雪天气的诊断分析和多源资料特征（采用诊断分析技术，结合数值模拟，分析了典型大（暴）雪天气的水汽输送和辐合、动热力结构演变、不稳定能量集聚和转换、不同性质气流的作用等特征；探讨了大（暴）雪天气过程中雷达、卫星、自动气象站等多源资料特征；对降雪的云系及其发展原因进行了分型研究，并分析了地形对大（暴）雪天气结构的影响；研究了大（暴）雪天气过程中的中尺度特征及其形成发展原因，揭示了大（暴）雪形成和维持机制，给出了大（暴）雪天气的流型配置和预报着眼点）、降水相态转换机制及积雪深度预报技术研究（选取温度及其层结、海拔高度、经纬度等因子，分析了降水相态转换过程中各物理因子变化特征及其与降水相态转换的关系,提炼了降水相态转换的先兆信号,探讨了积雪深度预报关键技术)、雪灾及其影响(构建了山西省冬季雪灾气象指数和雪灾气象等级标准,根据雪灾标准建立了雪灾天气序列,分析了雪灾天气的时空分布和变化特征;并采用自然灾害学方法,利用 GIS 技术,建立了雪灾综合风险评估模型,对雪灾综合风险进行了区划)等内容。本书为山西大(暴)雪天气、降水相态、积雪深度等预报和雪灾风险评估等工作提供了重要工具。

  本书内容力求理论与预报业务实践相结合,旨在认识大(暴)雪天气特征、揭示大(暴)雪天气形成的物理机制,注重多源资料的业务应用以及预报关键技术的研究和凝练,突出研究成果的业务可用性。本书对从事气象、生态农业、林业、电力、交通运输、防灾减灾、风险区划等工作的相关专业技术人员及师生均具有一定参考价值。

赵桂香
2020 年 10 月

目 录

序
前言

山西省大雪以上天气气候特征分析研究 …………………………… 赵桂香 李韬光 范卫东 等(1)
山西省大雪天气的分析预报 ………………………………………… 赵桂香 杜莉 范卫东 等(14)
一次回流与倒槽共同作用产生的暴雪天气分析 …………………………………… 赵桂香(28)
一次切变线降雪的干侵入特征分析 ……………………………… 赵桂香 范英东 侯润兰(37)
"04·12"华北大到暴雪过程切变线的动力诊断 ………………… 赵桂香 程麟生 李新生(45)
山西两类暴雪预报的比较 ………………………………………………… 赵桂香 许东蓓(56)
2009年冬季黄河中游地区一次由旱转雨雪天气的诊断分析 ……………………………
 …………………………………………………………… 赵桂香 秦春英 赵彩萍 等(66)
一次冷锋倒槽暴风雪过程特征及其成因分析 …………………… 赵桂香 杜莉 范卫东 等(80)
三次回流倒槽作用下山西大(暴)雪天气比较分析 …………… 赵桂香 杜莉 郝孝智 等(92)
诊断分析技术在超极值降雪预报中的应用 …………………………………………… 赵桂香(108)
太行山地形对山西两次锢囚锋暴雪影响的数值试验 …………… 赵桂香 邱贵强 王晓丽(122)
山西暴雪天气过程中不稳定特征及干侵入作用分析 ……………… 赵瑜 赵桂香 王思慜(135)
山西回流强降雪发展机理及数值模拟研究 …………………… 马严枝 赵桂香 赵建峰(205)
山西中部一次暴雪天气过程分析 ……………………………… 闫慧 赵桂香 张朝明 等(250)
山西省降雪天气的云系分型及其发展原因 …………………… 赵桂香 张运鹏 张朝明(259)
多源资料在山西暴雪天气预报中的应用技术研究 ……………… 李新生 赵桂香 赵建峰(273)
三次降水相态转换过程的对比分析 ……………………………… 薄燕青 赵桂香 郝婧宇(315)
降水相态转换机制及积雪深度预报技术研究 …………………… 王一颉 赵桂香 马严枝(353)
山西省冬季雪灾天气特征及风险区划 …………………………… 赵桂香 李新生 范卫东(376)
附录1 雪灾气象等级划分及监测 ……………………………………………………………… (397)
附录2 2010—2020年冬季山西省雪灾情况 …………………………………………………… (402)

山西省大雪以上天气气候特征分析研究*

赵桂香[1,2]　李韬光[3]　范卫东[4]　梁亚春[3]　武捷[3]　张国勇[3]

(1. 山西省气象台 太原 030006；2. 中国科学院大气物理研究所 LASG 实验室 北京 100029；
3. 山西省气象局 太原 030002；4. 山西省雷电防护监测中心 太原 030002)

摘要：利用山西省108个地面气象站1971—2008年逐日降水资料，应用小波分析和Gumbel理论，计算分析了山西省大雪以上天气的主要分布特征和突变情况，给出年降雪极值的重现期值；并利用常规观测资料，对大雪期间冷空气活动特征进行了综合分析。结果表明：(1)山西省大雪日数南部多，北部少，山区多，盆地少；大雪日数偏多的地区，其年际变化也比较敏感。(2)年降雪极值的重现期值，11月和3月明显大于其他月份。(3)山西省降雪、积雪与地理位置关系较为复杂，降雪的最大值出现在西部山区和东南部，而最大积雪深度在东西两翼山区；年大雪日数在 $\varphi=35.78°N$ 时达到最大，在 $\varphi<35.78°N$ 时单调增加，在 $\varphi>35.78°N$ 时单调减少；最大降雪量在 $\varphi=37.5°N$ 时达到最大，在 $35.6°N<\varphi<37.5°N$ 时单调增加，在 $\varphi<35.6°N$ 和 $\varphi>37.5°N$ 时单调减少；而最大积雪深度则随着经度的变化几乎呈线性增加。(4)山西省大雪次数整体上呈增加趋势，平均每10年增加0.3次。小波分析表明，全省年大雪次数在16年以下时间尺度上，信号较强，而年降雪极值则在整个时间尺度上信号均较强，且其突变存在明显时空差异。(5)区域大雪期间，500 hPa中高纬度维持"单阻"型，降雪伴随的降温幅度存在明显的时空差异，时间差异主要与冷空气活动的季节气候特征一致，而空间差异则与大雪天气过程的影响系统有关。

关键词：大雪；极值重现；多尺度结构；阻塞形势

引言

降雪是我国北方冬半年常见的天气现象，但由于降雪时间集中，同时伴随着强烈的降温，常形成道路结冰、电线覆冰等，造成雪灾，给交通运输、工农业生产以及人民生命财产带来严重威胁。尤其是21世纪以来，我国北方多次出现雨雪冰冻灾害，降雪、积雪及其造成的影响，引起了气象科技工作者的广泛关注，从多方面进行了深入研究[1-10]，从而推动了我国大(暴)雪及其灾害的研究。而关于大(暴)雪气候特征方面的研究较少。杨莲梅等[11]研究了新疆

---

* 本文收录于《第27届中国气象学会年会应对气候变化分会场——人类发展的永恒主题论文集》，2010。

1961—2002 年大到暴雪天气气候特征及其水汽特征,认为阿勒泰地区、伊利河谷、天山北坡有显著线性增加趋势。李岩瑛等[12]研究了 1960—2004 年祁连山地区降雪的气候特征,指出祁连山西部降雪持续增多,暴雪均出现在山脉冬季风的迎风坡和峡谷地带。周陆生等[13]对 1973—1996 年青藏高原东部牧区大到暴雪过程的基本特征进行了分析,得出大到暴雪过程次数和降水量线性增加趋势均十分明显。王澄海等[14]分析了 40 余年中国地区季节性积雪的空间分布及年际变化特征,指出中国地区积雪总体上呈现出平缓的增长趋势。惠英等[15]研究了河套及临近不稳定积雪区积雪日数时空变化规律,认为在全球变暖的大背景下,研究区域的年积雪日数整体上呈减少的趋势,减少最显著的在高纬度和高海拔地区。蔡迪花等[16]利用 MODIS 技术,分析了祁连山区积雪时空变化特征,得出海拔越高,山势越陡,阴坡积雪的范围越大。李栋梁等[17]分析了 1951—2006 年黑龙江省积雪初终日期变化特征,近 50 年来黑龙江省积雪初日有逐渐偏早的趋势,而终日有提早的趋势。

山西省地处黄土高原,为不稳定积雪区[15],四面环山,中间有从南到北的断陷盆地,沟壑交错,地形极其复杂,海拔从大于 300 m 到近 3000 m 不等,造成天气气候特殊。就冬半年而言,一次降水过程,仅从降水性质来分,有的为雨,有的为雨夹雪,有的为雪,而降水量级上,从 0 到几十毫米,相差几十倍。2009 年 11 月 9—12 日,山西省出现了超历史极值的大暴雪天气过程,过程降水量有 5 个县(市)达 50~60 mm,其中阳泉为 66.1 mm,平定为 60.9 mm,而积雪深度 28 个县(市)达 20~30 cm,盂县最大,为 40 cm。降雪伴随着强烈降温,造成路面结冰长时间不化,导致山西省高速公路和机场全部关闭,为缓解城市交通压力,多数学校停学放假。因此,对山西省大雪及其伴随的冷空气活动特征进行全面研究,为做好防灾减灾工作提供一些参考,非常必要。

1 研究区域、资料来源及有关说明

按照日常业务划分法,将全省分为北部、中部、南部 3 个区域,北部包括大同、朔州、忻州 3 个地区共 28 个县(市),中部包括太原、吕梁、晋中、阳泉 4 个地区共 34 个县(市),南部包括临汾、运城、长治、晋城 4 个地区共 46 县(市),研究区域及划分见图 1。

利用山西省($34°34'\sim40°43'$N,$110°14'\sim114°33'$E)108 个气象站 1971—2008 年逐日降水资料,以 20:00—20:00 24 h 日降雪量(以纯雪计算)$\geqslant 5$ mm 为一个大雪以上天气日,来统计其日数,其中$\geqslant 10$ mm 为一个暴雪日;有 1 站出现大雪则记为一次过程,来统计大雪次数;以某个区域中有$\geqslant 30\%$的站出现大雪记为一次区域性大雪天气过程。应用最小二乘法和小波分析方法分析气候变化趋势。

2 大雪以上天气的主要气候特征

统计分析 1971—2008 年逐日降水资料,山西省降雪一般出现在 10 月至次年 4 月,主要集中在冬末到初春,下旬居多,多出现在夜间,而且往往连续 2 d 出现。

山西省大雪最早出现在 10 月下旬,为 1981 年 10 月 21 日,北部有 4 县(市)达到大雪;最晚出现在 4 月下旬,为 1983 年的 4 月 28 日,北部有 1 站达到大雪。

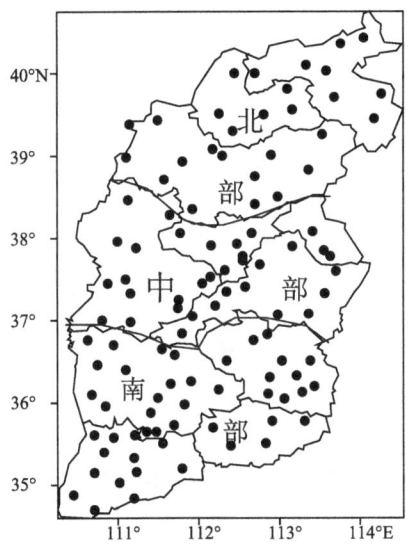

图 1 山西省 108 个气象站分布及区域划分

2.1 >5 mm 降雪日数的分布特征

图 2 为山西省>5 mm 年降雪日数(全省平均值为 29 d)的距平及其标准差、暴雪日数距平的分布。从图 2a 可看出,>5 mm 降雪日数的空间分布差异较大,有两个高值区,一是太行山南端的晋城和长治,多数站点距平超过 16 d,最多达到 51 d;另外一个位于西部吕梁山中段,最多达到 39 d。而北部的大同、忻州、朔州的多数站点距平<−8 d,尤其是沿临汾盆地、太原盆地、大同盆地一线,大雪日数明显偏少,大部分县(市)距平<−9 d。其中,暴雪日数的大值区(图 2c)主要集中在吕梁山中段和南部,而南部的大值区明显较大雪日数偏西、偏北,同时太行山北段的阳泉也出现一个孤立的高值区。总之,山西省>5 mm 降雪日数,总体上南部多,北部少,山区多,盆地少,这与特殊地形对天气系统的影响密切相关。

标准差表示样本的离散程度,能反映大雪日数的年际差异,其空间分布的大值区是大雪日数年际变化最敏感的地区。从图 2b 可看出,标准差的分布型式与距平的分布型式非常相似,表明大雪日数偏多的地区,其年际变化也比较敏感,标准差为 1 d 的等值线基本将研究区域分为高敏感区(即东南部和西部吕梁山中段)和低敏感区(即西北部和盆地区域)。但标准差的大值区与大雪日数大值区不完全吻合,虽然也有 2 个,但有 1 个吻合,另外 1 个在中部的东山区,而不在东南角,这与慧英等[15]得出的积雪日数的特点明显不同。这可能是降雪比积雪更为复杂的原因。

2.2 降雪和积雪极值的基本特征

2.2.1 地理分布特征

山西省降雪的极值分布也呈明显的空间差异(图 3a),存在两个大值区,一个在中部偏西的地区,另一个在东南角,大多>25 mm,而西北部和盆地较小,大多<15 mm,这与大雪日数的分布有些接近,是特殊地形对天气系统和水汽的影响造成的。降雪极值的最

小值出现在北部的天镇,为10.6 mm,最大值出现在中部的介休市,为34.6 mm。

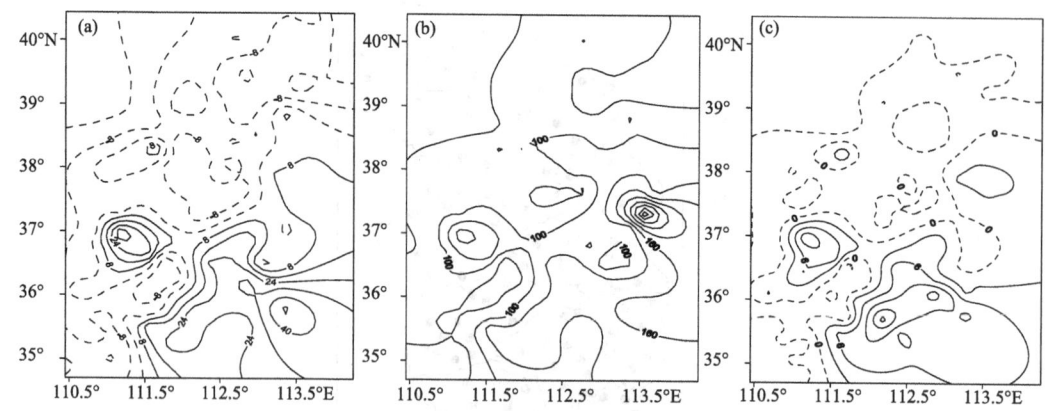

图2　1971—2008年山西省年≥5 mm降雪日数距平(a,实线为正,虚线为负)
及其标准差(b,数值为×100)、暴雪日数距平(c)的分布

山西省最大积雪深度在9~26 cm(图3b),沿西部吕梁山和东部太行山分别出现1个和3个大值区,均超过20 cm,其余地区一般<15 cm。积雪深度最大的为北部的岢岚县,为26 cm,最小的为西部的中阳县,为9 cm。

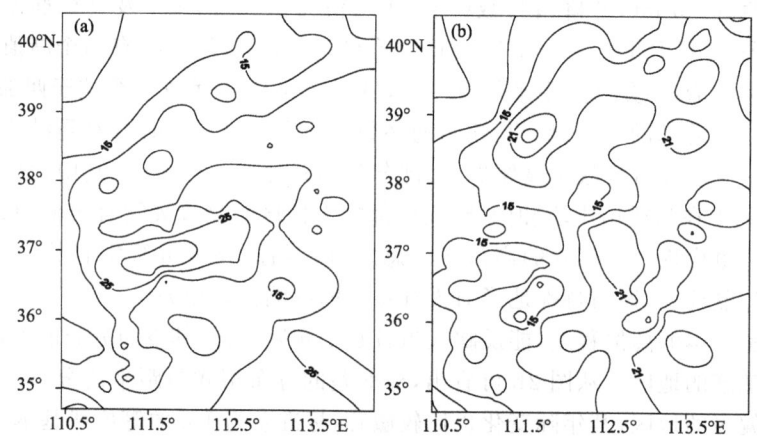

图3　1971—2008年山西省年最大降雪量(a,单位:mm)和最大积雪深度(b,单位:cm)分布

2.2.2　基于Gumbel理论的极值重现期

利用以上资料建立11月至次年3月逐月以及年降雪极值资料序列,采用Gumbel方法,计算不同重现期的极值(表1),为做好雪灾影响评估提供参考。

从表1可以看出,山西省每年的11月和3月降雪极值的重现期值较其他月份明显偏大,11月和3月更易出现降雪极值,说明水汽条件对降水极值的影响更大。这是因为11月是由湿季向干季的过渡,3月是干季向湿季的过渡,而冬季12月至次年2月较为干燥,水汽条件相对较差。

表 1 降雪极值的重现期值   单位:mm

重现期	1月	2月	3月	11月	12月	年
30年	17.5	15.1	23.9	26.4	15.9	32.0
50年	19.5	16.7	26.5	29.8	17.8	34.9
100年	22.2	18.7	29.9	34.3	20.3	38.7
150年	23.7	19.8	31.9	36.9	21.7	40.9
500年	28.4	23.3	37.8	44.7	26.1	47.6
1000年	31.0	25.3	41.2	49.2	28.6	51.4

2.3 大雪、积雪与地理位置的关系

降雪、积雪均与地理位置存在一定关系,但山西省地形特殊,四面环山,中间为断陷盆地,海拔高度较高,西部吕梁山常常对天气系统有阻挡作用,使得系统翻越山后产生断裂、减弱;而东部太行山有双重作用,对东路湿空气产生阻挡作用,但同时对西路天气系统又有动力抬升作用,东西两翼山脉和北部山脉常常使得来自中低层的水汽在太原以南辐合,太原往往成为降水的分水岭。因而,造成降雪、积雪与地理位置的关系较为复杂,最大降雪不在山脉的迎风坡,而是在中部几支山脉交错的地方,最大积雪也不在低洼地区,而是在东西两翼山区,这与祁连山地区有着显著差异[12]。

分别计算年大雪日数、最大降雪量、最大积雪深度与纬度、经度、海拔高度的关系,发现年大雪日数与纬度的相关性最好,经度次之,海拔高度最差,相关系数分别为 0.52,0.37,0.31;最大降雪量与纬度相关性最好,经度次之,海拔高度最差,相关系数分别为 0.44,0.21,0.20;而最大积雪深度则是与经度相关性最好,海拔高度次之,纬度最差,相关系数分别为 0.4,0.35,0.3。

年大雪日数与纬度的拟合关系式为:
$$y=-0.4604x^4+70.434x^3-4038.1x^2+102813x-980774 \quad (1)$$
最大降雪量与纬度的拟合关系式为:
$$y=-0.1978x^4-29.905x^3+1692.9x^2-42540x+400364 \quad (2)$$
最大积雪深度与经度的拟合关系式为:
$$y=-0.0725x^4+32.6x^3-5498.6x^2+412210x-1\times10^7 \quad (3)$$

由图 4 可看出,年大雪日数(图 4a)在 $\varphi=35.78°N$ 时达到最大,在 $\varphi<35.78°N$ 时单调增加,在 $\varphi>35.78°N$ 时单调减少;最大降雪量(图 4b)在 $\varphi=37.5°N$ 时达到最大,在 $35.6°N<\varphi<37.5°N$ 时单调增加,在 $\varphi<35.6°N$ 和 $\varphi>37.5°N$ 时单调减少;而最大积雪深度(图 4c)则随着经度的变化几乎呈线性增加。

2.4 大雪次数和站数的分布

山西省大雪次数年际差异大,降雪分布极不均匀。1990 年大雪次数最多,为 19 次,1995年大雪次数最少,仅有 2 次,最多年为最少年的 9.5 倍。山西省大雪次数南部最多,北部次之,中部最少。

一次降雪达到大雪的站数从 1~72 站不等。1994 年 11 月 15 日,全省有 72 站达到大雪

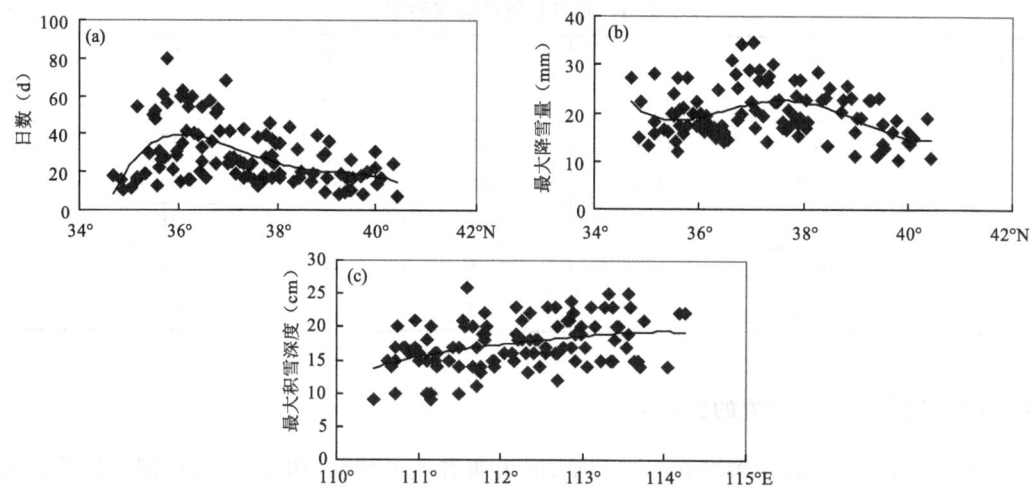

图 4 年大雪日数(a)、最大降雪量(b)、最大积雪深度(c)与地理位置的关系

及以上量级;而一次降雪仅有 4 站以下达到大雪的就有 201 次,占 61%。按照第 1 节中的标准计算,38 年有 54 次区域大雪天气过程,仅占 16%,可见,山西省大雪以局地性为主,区域性大雪天气相对较少。

3 大雪次数和降雪极值的周期特征及突变分析

3.1 大雪次数的线性趋势分析

1971—2008 年山西省大雪次数(图 5)整体上呈增加趋势,平均每 10 年增加 0.3 次。存在大约 10 年的周期,有 3 个高峰期(20 世纪 70 年代中后期、80 年代末到 90 年代初、21 世纪初)和 2 个低谷期(20 世纪 80 年代中前期和 90 年代中后期)。其中 1976 年、1990 年和 2003 年为 3 个峰值年份,1995 年为低谷年份。1981—1986 年和 1995—1999 年为 2 个持续偏少期,与这两个时期气温持续偏高正好相反,这与青藏高原东部牧区的特点明显不同[13]。

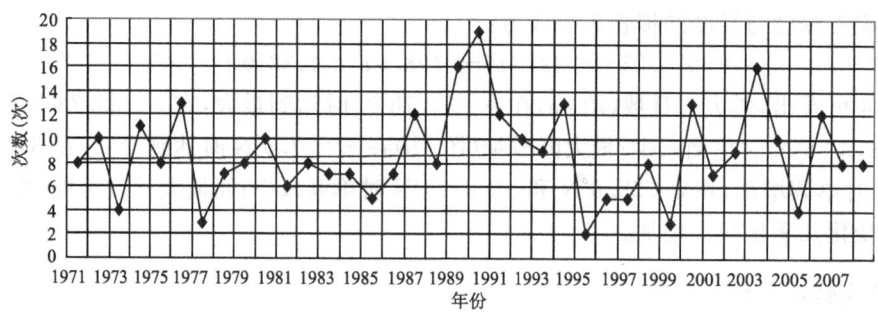

图 5 1971—2008 年山西省大雪次数演变

山西省北部、中部和南部的大雪次数变化趋势略有差异(图略),总体上为中部和南部呈减少趋势,北部则呈增加趋势,可见山西省大雪次数的增加主要是由于北部的增加造成。北部

20世纪90年代以前,呈波动性变化,90年代以后,出现2个峰值期(20世纪90年代初和21世纪初)和1个低谷期(20世纪90年代中后期),1990—1991年为峰值年份,1995—1999年为持续偏少期;中部则为2个峰值期(20世纪90年代初和21世纪初)和3个低谷期(20世纪70年代初、80年代中后期、90年代中后期);南部为3个峰值期(20世纪70年代初、90年代初和21世纪初)和2个低谷期(20世纪70年代后期到80年代后期,长期处于一个低谷期,90年代中后期又出现一个长达5年的低谷期)。

3.2 年大雪次数和年降雪极值的周期特征和突变情况

利用以上资料构建年大雪次数和年降雪极值序列,应用小波分析方法,计算其子波变换,分析大雪次数和降雪极值的周期特征以及突变情况。

3.2.1 大雪次数的小波变换

图6是1971—2008年山西省大雪次数小波变换。

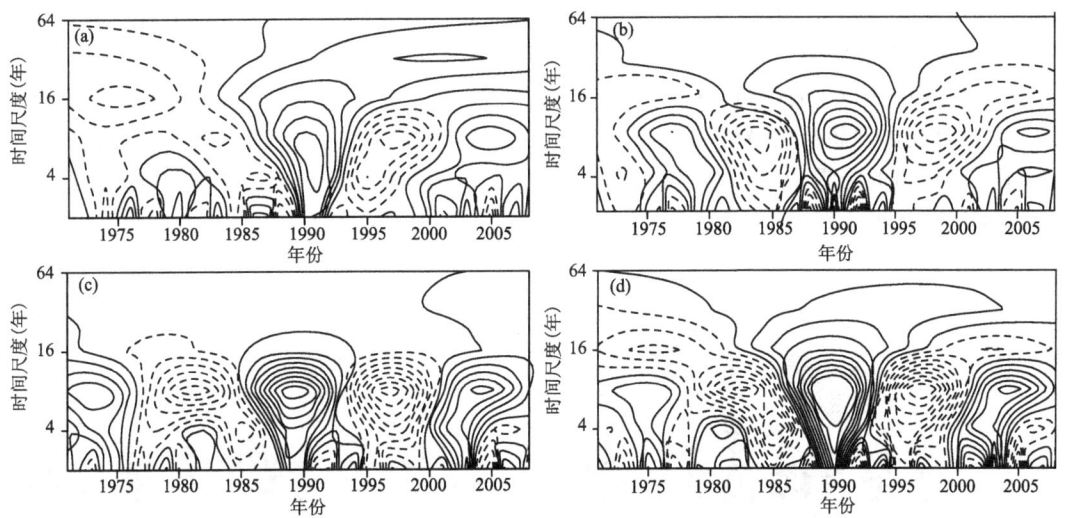

图6 1971—2008年山西省大雪次数的小波变换
(实线为正值,虚线为负值,粗实线为0线)
(a)北部,(b)中部,(c)南部,(d)全省

从图6不难看出:

(1)全省大雪次数存在多尺度结构,在不同的时间尺度上,存在不同的周期。在16年以下时间尺度上,信号较强,而在16年以上时间尺度上,信号较弱。

(2)在16年时间尺度上,存在明显的20年周期,有两个偏少期(20世纪70年代后期到80年代初、90年代后期到21世纪初)和两个偏多期(即20世纪80年代末到90年代前期、21世纪00年代末到10年代初),呈现出少—多—少—多的变化特点。

(3)在8年时间尺度上,信号最强,且存在明显的15年周期,呈现出多—少—多—少—多的变化特点。

(4)而各个区域的情况略有不同:北部在整个时间尺度上,均存在较强的信号;中部与全省情况类似;南部则在16年以上时间尺度上,信号更弱。

(5)在8~16年时间尺度上:南部存在大约15年的周期,20世纪70年代初、80年代末到90年代初、21世纪初为一个明显偏多期,20世纪80年代中后期、90年代中后期、21世纪00年代末为一个明显偏少期;中部存在14~15年的周期,20世纪70年代后期80年代初、80年代末到90年代初以及21世纪00年代末为明显偏多期,20世纪80年代初和90年代末为偏少期,偏多期的持续时间较长,一般在6~8年,偏少期的持续时间相对较短,一般在5~6年;北部存在13~14年的周期。2002年以后是一个持续偏多期。这与祁连山地区21世纪以来大到暴雪呈减少趋势不同[12]。

3.2.2 年降雪极值的小波变换

1971—2008年山西省降雪极值小波变换(图7)表明,年降雪极值也存在多尺度结构,且在整个时间尺度上,均存在较强的信号。

全省在16~32年时间尺度上,存在明显的20年周期,20世纪60年代末到70年代初、80年代末到90年代初、21世纪00年代末分别为一个降雪量偏大期,均出现一个极值,而且这个极值有逐步增大的趋势。而在整个时间尺度上,20世纪均存在一个10年周期,但进入21世纪后,这个周期有所缩短。

北部以及中部与全省接近,尤其是中部,21世纪00年代末的降雪最大值呈现出明显增大的趋势,有可能出现超历史极值的情况。这与实况完全相符,2009年11月10—12日,山西省出现超历史极值的降雪,24 h最大降雪量阳泉50.4 mm,太原36.7 mm,均出现在中部。南部则明显不同,20世纪70年代初最大,90年代初次之,80年代初最小,21世纪00年代末的降雪量是个偏小期。

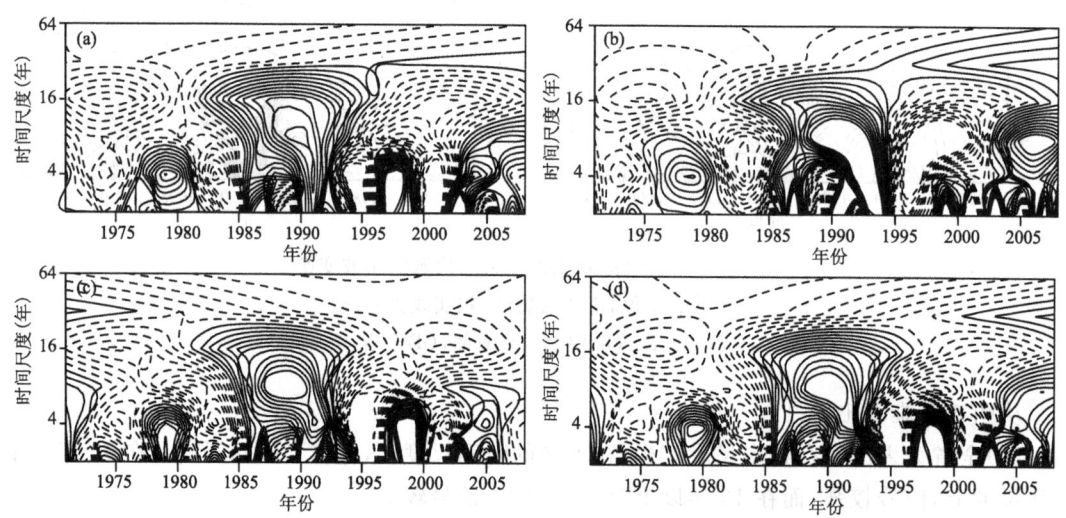

图7 1971—2008年山西省降雪极值的小波变换
(实线为正值,虚线为负值,粗实线为0线)
(a)北部,(b)中部,(c)南部,(d)全省

3.2.3 年降雪极值的突变情况分析

图8是1971—2008年山西省年最大降雪量在32年、16年时间尺度上的小波变换。

在32年时间尺度上:年降雪极值均存在一个突变点,全省为2001年,北部为1996年,中

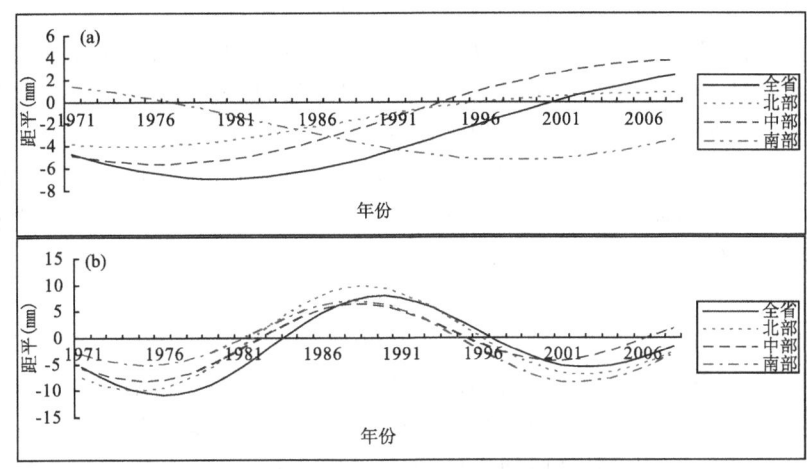

图 8　1971—2008 年山西省年最大降雪量的小波变换
(a)32 年时间尺度,(b)16 年时间尺度

部为 1994 年,南部为 1977 年,全省、北部和中部均为逐步增大的趋势,而南部为逐步减小的趋势。

在 16 年时间尺度上:均呈余弦式波动。全省范围有 2 个突变点(1984 年和 1997 年),存在 2 个偏小期(1971—1984 年和 1997 年以后)和 1 个偏大期(1985—1997 年),平均为 13 年周期,依此来判断,2010 年左右将是一个突变点。北部有 2 个突变点(1982 年和 1996 年),存在 2 个偏小期(1971—1982 年,1996 年以后)和 1 个偏大期(1983—1995 年),周期为 12～13 年。中部则不同,有 3 个突变点(1983 年,1995 年和 2007 年),存在 2 个偏小期(1971—1982 年,1996—2006 年)和 2 个偏大期(1983—1995 年,2007 年以后),其周期为 10～12 年,2006 年以后进入明显偏大期。南部有 2 个突变点(1981 年和 1995 年),存在 2 个偏小期(1971—1981 年,1995 年以后)和 1 个偏大期(1983—1995 年),偏大期较偏小期持续时间长 2 年。全省、北部和中部的偏小期振幅均在减小,38 年分别减小了 4.95 mm、2.99 mm 和 3.85 mm;而南部偏小期的振幅却在增大,38 年增大了 3.3 mm。

无论在哪个时间尺度上,全省、北部和中部的线性倾向均为增大趋势,全省范围的增大率分别为 2.5 mm·(10a)$^{-1}$ 和 1.61 mm·(10a)$^{-1}$;北部的增大率分别为 1.72 mm·(10a)$^{-1}$ 和 0.83 mm·(10a)$^{-1}$;中部的增大率分别为 2.88 mm·(10a)$^{-1}$ 和 1.48 mm·(10a)$^{-1}$。可以看出,时间尺度越长,增大幅度越大。而南部为减小趋势,减小速率分别为 2.06 mm·(10a)$^{-1}$ 和 1.5 mm·(10a)$^{-1}$。说明随着气候的变暖,南部出现纯雪的概率越来越小。

4　大雪伴随的冷空气活动特征

4.1　地面冷高压活动特征

降雪总是伴随着强冷空气的入侵,在地面图上的反映,就是强冷高压的不断东移、南压的过程。分析总结山西省 38 年 331 次大雪天气过程,可知,其主要影响系统有地面回流(以下简称Ⅰ)、地面河套倒槽(Ⅱ)、回流与倒槽共同强烈发展(Ⅲ)3 类,而对应入侵山西的冷空气路径有3条:偏西路径、偏西北路径(转北路)、偏北路径(转东北路)(表2)。

(1)偏西路径:一般,冷空气从源地开始,先堆积后南压,然后从巴尔克什湖地区进入我国新疆,中心强度超过1040 hPa,在此稳定发展,并扩散东移,影响山西地区。此类出现概率最低,对应地面影响系统为Ⅰ类,降温幅度相对较小,但低温持续时间较长。

(2)偏西北路径:冷空气沿贝加尔湖西侧,经蒙古国进入我国,常在500 hPa形成阻塞形势,冷空气先在阻塞高压前的切断低压内堆积,然后向东南方向爆发。系统会在东移过程中停滞、加强,随着横槽转竖,冷空气转为偏北路经,并大举南下,从而影响山西地区。此类出现概率最高,对应地面系统为Ⅱ或Ⅲ类,降温幅度大,但低温持续时间短。

(3)偏北路径:冷空气在贝加尔湖附近地区堆积,然后向南爆发,影响山西地区。此类也常在500 hPa形成阻塞形势,但阻塞高压和切断低压的位置均较西北路偏东7个经度左右。随着地面回流的形成,冷空气会转向沿东北路径侵入山西。此类出现概率也较高,对应地面系统为Ⅰ或Ⅲ类,降温幅度大,低温持续时间也长,极易造成灾害。

表2 地面冷空气活动特征

冷空气路径	影响系统	关键区	最大/最小强度(hPa)	特点
偏西路径	Ⅰ	35°~45°N,95°~105°E	1058/1032	降温弱,低温持续时间长
偏西北路径	Ⅱ或Ⅲ	42°~52°N,98°~108°E	1068/1032	降温强,低温持续时间短
偏北路径	Ⅰ或Ⅲ	45°~55°N,108°~118°E	1068/1038	降温强,低温持续时间长

4.2 500 hPa阻塞高压活动特征

分析山西省38年区域大雪天气过程发现,74%的大范围大雪天气过程,48 h前后,500 hPa上,在乌拉尔山地区附近有阻塞形势形成,从鄂霍次克海到贝加尔湖地区为一宽广的低值区,即在中高纬度地区维持"单阻"型,横槽从鄂霍次克海经贝加尔湖地区一直伸向我国内蒙古西部。冷空气沿贝加尔湖槽区南下和由乌拉尔山阻塞高压的南支西风进入低纬度,暖湿气流由孟加拉湾输入,降雪开始后,又有来自东海的湿空气补充。冷暖空气在山西交汇,形成大范围的雨雪天气。

一般分为3个阶段,第一阶段为形成期,在大雪出现前120~72 h,这一阶段的特征为阻塞高压尚未建立,亚洲中高纬度环流较平直,多移动性短波槽活动,锋区位于50°~60°N,基本呈西北—东南走向;第二阶段为建立到维持期,一般出现在大雪前72~48 h,这一阶段的特征为在黑海到咸海、乌拉尔山地区,阻塞高压建立并维持,从鄂霍次克海到贝加尔湖地区为一横槽,冷空气在横槽尾部、贝加尔湖地区堆积,环流经向度开始加大,有时会有切断低压形成;第三阶段为崩溃期,一般在大雪出现前24~12 h,这一阶段的特征为阻塞高压崩溃,横槽转竖,南支槽发展加深,冷空气沿贝加尔湖西侧东南下,影响山西地区。

选取10次典型的大范围大雪天气过程,对500 hPa环流进行合成分析,沿57.5°N作时间—纬度剖面,分析500 hPa阻塞形势演变特点,以揭示500 hPa阻塞高压在大雪天气过程中的作用。

可看出,大雪期间,500 hPa中高纬度维持"单阻"型,在50°~80°E广大地区一直维持高值区(图9),而在110°~160°E的广大地区,为一深厚的低槽区。在大雪前72 h,阻塞高压形成并发展;大雪前48~36 h,达到最强盛;大雪前24~12 h,阻塞高压崩溃,冷空气沿贝加尔湖大举南下,影响山西地区。

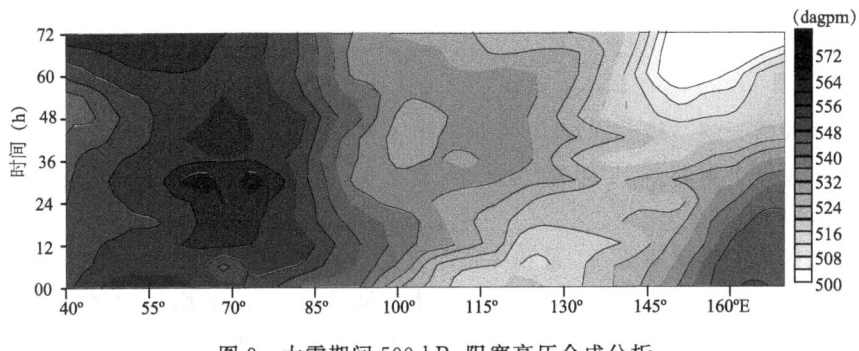

图 9 大雪期间 500 hPa 阻塞高压合成分析

4.3 降雪前后气温变化特点

大雪天气过程与强冷空气活动关系密切,降雪前后气温变化明显,但降雪前后日平均气温、日最高气温、日最低气温的变化特点存在明显差异,掌握这一特点,对做好大雪伴随的强降温及可能造成的雪灾预测,具有重要作用。

统计计算 1971—2008 年山西省≥40 站出现大雪的天气过程中日平均气温、日最高气温、日最低气温的变化情况(表 3)表明,日平均气温最大降温幅度一般出现在 48~72 h;日最高气温,冬季、春季出现在 48~72 h,秋季出现在 72 h;日最低气温,春季、秋季出现在 24~48 h,冬季出现在 48~72 h。24~72 h,日平均气温降温最大分别达到 10.7 ℃、14.6 ℃、14.6 ℃;日最高气温降温幅度最大分别达到 16.5 ℃、20.8 ℃、21.8 ℃;日最低气温降温幅度最大分别达到 11.5 ℃、15.7 ℃、12.4 ℃。可见,在大雪天气过程中,降温幅度最大的为日最高气温,其次是日最低气温,降温幅度有时会超过 10 ℃,达到寒潮天气标准。

降温幅度的季节差异与冷空气活动的季节气候特征一致,而降温幅度的空间差异则与大雪天气过程的影响系统有关。对于地面回流类,一般冷高压呈逐步扩散南压状态,所以往往是北部或北中部先降温,随着地面冷高压的南压,南部气温才会下降,往往比北中部滞后 24 h;对于河套倒槽类,降雪一般从南部开始,雪区向北中部推进,此时,气温的下降往往从南部开始;而对于第三类,冷空气的楔入点有时在中部,因此,中部有时会最先降温,而且降温幅度最大。

表 3 1971—2008 年山西省最大降温幅度出现的时效 单位:h

月份	日平均气温			日最高气温			日最低气温		
	北部	中部	南部	北部	中部	南部	北部	中部	南部
1	48	48	72	48	72	72	72	72	72
2	48	48	72	72	72	48	48	48	24
3	48	72	72	48	72	72	48	24	24
4	48	72	72	48	72	72	72	24	24
10	72	48	48	72	72	72	48	48	48
11	72	72	48	72	72	72	72	72	72
12	48	72	72	48	72	72	48	72	72

5 结论

(1)山西省大雪天气一般出现在10月到次年4月,主要集中在3月和2月,且多连续2 d出现;大雪日数总体上南部多,北部少,山区多,盆地少,而大雪次数则是中部最少;降雪、积雪与地理位置关系较为复杂。

(2)年降雪极值的重现期值,11月和3月明显大于其他月份,这与水汽条件关系密切。

(3)线性趋势分析表明,山西省大雪次数整体上呈增加趋势,平均每10年增加0.3次;存在10年的周期,1981—1986年和1995—1999年为2个持续偏少期。

(4)小波分析表明,全省大雪次数和最大降雪量均存在多尺度结构,在不同的时间尺度上,存在不同的周期,而且空间分布上也存在明显差异。在整个时间尺度上,年最大降雪量20世纪均存在一个10年周期,而在进入21世纪后,这个周期有所缩短。在不同时间尺度上,最大降雪量的突变不同,空间分布也不同;在16年时间尺度上,全省、北部和中部偏少期的振幅在减小,而南部在增大。无论在哪个时间尺度上,全省、北部和中部的最大降雪量的线性倾向均为增大的趋势,而南部为减小的趋势;时间尺度越长,增大和减小的幅度越大。

(5)大雪期间,地面影响系统主要有3类,冷空气路径主要有3条,不同影响系统和不同路径造成的降温幅度和持续时间均不同;而500 hPa中高纬度维持"单阻"型,大雪前48~36 h,阻塞高压达到最强盛;大雪伴随的强降温存在明显时空差异。

参考文献

[1] 赵果,楚荣忠,张彤.祁连山区春季降雪滴谱特性分析[J].冰川冻土,2009,31(2):254-261.

[2] 汤懋苍,张拥军,李栋梁.青藏铁路沿线的天灾及其预测方法探索[J].地球物理学报,2006,49(5):1316-1320.

[3] 刘宁微,齐琳琳,韩江文.北上低涡引发辽宁历史罕见暴雪天气过程的分析[J].大气科学,2009,33(2):275-284.

[4] 陶诗言,卫捷.2008年1月我国南方严重冰雪灾害过程分析[J].气候与环境研究,2008,13(4):337-350.

[5] 卫捷,陶诗言.2008年1月南方冰雪过程的可预报性问题分析[J].气候与环境研究,2008,13(4):520-530.

[6] XU Y,QIAN F L,CHEN Z,et al. Observational analyses of baroclinic boundary layer characteristics during one frontal winter snowstorm[J]. Advances in Atmospheric Sciences,2002,19(1):153-168.

[7] 李大为,路爽,张子峰.沈阳百年最大降雪过程分析[C]//全国雪灾监测预报预警评估技术研讨会论文集.北京:气象出版社,2007.

[8] 孙继松,梁丰,陈敏,等.北京地区一次小雪天气过程造成路面交通严重受阻的成因分析[J].大气科学,2003,27(6):1057-1066.

[9] 赵桂香,程麟生,李新生."04.12"华北大到暴雪过程切变线的动力结构诊断[J].高原气象,2007,26(3):615-623.

[10] 赵桂香,许东蓓.山西两类暴雪预报的比较[J].高原气象,2008,27(5):1140-1148.

[11] 杨莲梅,杨涛,贾丽红,等.新疆大~暴雪气候特征及其水汽分析[J].冰川冻土,2005,27(3):389-396.

[12] 李岩瑛,张强,孙爱芝,等.祁连山及周边地区降雪气候特征研究[J].冰川冻土,2008,30(3):383-391.

[13] 周陆生,李海红,汪青春.青藏高原东部牧区大—暴雪过程及雪灾分布的基本特征[J].高原气象,2000,19(4):450-458.

[14] 王澄海,王芝兰,崔洋.40余年来中国地区季节性积雪的空间分布及年际变化特征[J].冰川冻土,2009,31(2):301-310.
[15] 惠英,李栋梁,王文.河套及其邻近不稳定积雪区积雪日数时空变化规律研究[J].冰川冻土,2009,31(3):446-456.
[16] 蔡迪花,郭妮,王兴,等.基于MODIS的祁连山区积雪时空变化特征[J].冰川冻土,2009,31(6):1028-1036.
[17] 李栋梁,刘玉莲,于宏敏.1951—2006年黑龙江省积雪初终日期变化特征分析[J].冰川冻土,2009,31(6):1011-1018.
[18] 赵桂香,赵彩萍,李新生,等.近47a山西省气候变化分析[J].干旱区研究,2006,23(3):500-505.

山西省大雪天气的分析预报

赵桂香[1]　杜莉[2]　范卫东[3]　张国勇[4]　胡志新[5]

(1. 山西省气象台 太原 030006；2. 重庆市气象局专业气象台 重庆 401147；3. 山西省雷电防护监测中心 太原 030002；4. 山西省气象局 太原 030002；5. 山西省气象信息中心 太原 030002)

摘要：利用1971—2008年山西省108个气象站基本资料和常规观测资料，统计分析了山西省大雪天气的主要特征，并对其进行了综合分析。结果表明：(1)山西省大雪天气主要出现在10月至次年4月，3月最多，10月最少；常连续2 d出现，且多以局地为主，区域大雪仅占16%。38年来，山西省大雪次数年际差异大，其中有3年异常偏多，5年异常偏少，且有2个显著偏少期和1个显著偏多期，但整体上呈缓慢增加的趋势，平均增长率为0.259次·$(10a)^{-1}$；山西省大雪次数南部最多，中部最少，但北部和中部呈缓慢增加趋势，而南部则呈减少趋势。(2)山西省大雪天气的主要影响系统有地面回流、河套倒槽、地面回流与河套倒槽共同作用3类，74%的区域大雪天气500 hPa伴随有阻塞形势。(3)诊断分析显示：大雪区上空上升运动存在两种垂直环流结构，涡度平流下传是导致垂直上升运动加强、出现大雪持续和增幅的重要动力因素；低空超低空急流的维持和加强，不仅是水汽输送和补充的重要途径，而且加强了大范围辐合上升运动，成为对称不稳定的组织者和不稳定能量释放的触发者，同时加强了低空中尺度上升运动；回流形势影响下，近地层形成"湿冷垫"，不仅使得暖湿空气沿其爬升，增湿、冷却达到饱和，而且加强了动力抬升作用，导致大雪的持续和增幅。(4)不同系统影响下高低空流型配置不同，造成的大雪强度、落区、时间均不同。

关键词：大雪；涡度平流下传；急流；冷垫；流型配置

引言

山西省冬半年以寒冷干燥为主，降雪稀少，年际变化大，降雪量集中，加之，大雪天气往往伴随着强降温，造成道路结冰、电线覆冰等，给交通运输、电力、农业等部门造成巨大压力。由于大雪多以局地性为主，较之暴雨出现概率更低，因而预报难度更大。

21世纪以来，我国北方多次出现雨雪冰冻灾害，降雪、积雪及其造成的影响，引起了气象科技工作者的广泛关注，从多方面进行了深入研究[1-10]，从而推动了我国大雪暴雪天气及其灾

---

* 本文发表于《高原气象》，2011，30(3)：727-738。

害的研究。马林等[11-12]利用1967—1996年资料,对青藏高原东部牧区雪灾天气的形成及预报进行了分析研究,分别得出了冬季、秋季成灾性降雪天气的模型,并重点讨论了高原偏西南风急流对降雪及低温的作用;梁潇云等[13]对青藏牧区冬、春季雪灾天气的环流型和水汽场特征进行了研究,指出东部牧区降雪主要有4种环流型,主要降雪区与水汽通量区吻合。然而,无论是个例的研究,还是气候特征的分析,都主要集中在青藏高原、西北和东北地区,对地处黄土高原东部的山西省的大雪天气进行系统研究的较少。特别是在全球气候变暖的大背景下,降雪及其造成的影响等,均呈现出了新的特点[1-7,14],因此,有必要增加最新资料,对山西省大雪天气的特征及形成进行深入研究,为做好冬半年大雪预报服务工作奠定基础。

1 研究区域、资料来源及处理、有关说明

文章研究区域为山西省（34°34′～40°43′N,110°14′～114°33′E）108个县（市）（五台山由于地理特殊,为了研究的可比性和预报的可用性,将其除外）,按照日常业务划分法,将全省划分为北部、中部和南部3个区域,具体如表1。

表1 研究区域划分

区域	所辖地市	所辖县（市）数量（个）	地理位置范围	海拔范围（m）	平均海拔（m）
北部	大同、朔州、忻州	28	38.35°～40.43°N, 111.11°～114.26°E	760～1540	1098.43
中部	晋中、太原、吕梁、阳泉	34	36.84°～38.46°N, 101.81°～113.7°E	743～1407	937.56
南部	运城、晋城、临汾、长治	46	34.7°～36.83°N, 110.45°～113.43°E	44～1540	717.87

山西省建站时间先后相差较大,同样为了研究的可比性和预报的可用性,资料长度选为1971—2008年,以20:00—20:00 24 h日降雪量（以纯雪计算）≥5.0 mm为大雪标准,有1站出现大雪则记为一次大雪过程,来统计大雪次数;以某个区域中有≥30%的站出现大雪,记为一次区域性大雪天气过程。

诊断分析所用资料为实时地面观测和高空探测资料,资料范围为50°～140°E,20°～70°N,应用逐步订正方案对资料进行客观分析,并采用Kriging网格化方法,生成格点数为51×51的网格资料,水平分辨率为0.7°×0.7°,垂直分为10层。垂直速度采用运动学订正方法计算求得。

2 大雪天气主要特征

2.1 大雪天气时空分布特征

统计分析表明,山西省大雪天气出现在10月至次年4月,其中3月最多（图1a）,占29%,10月最少,仅占3%;以下旬居多,且多出现在夜间。山西省大雪最早出现在10月下旬,为1981年10月21日,北部有4站达到大雪;最晚出现在4月下旬,为1983年的4月28日,北部

有 1 站达到大雪。

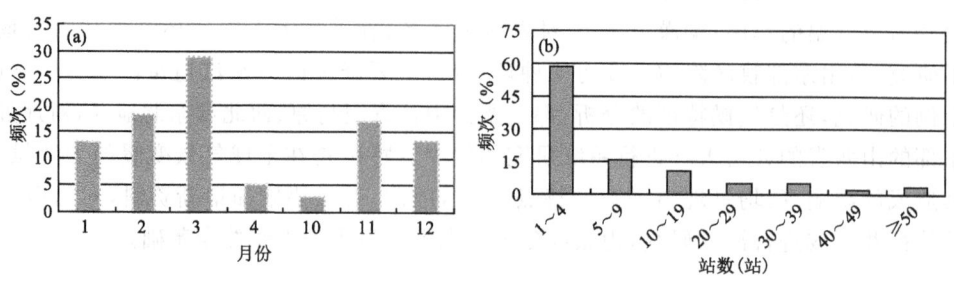

图 1　1971—2008 年各月大雪次数频次(a)和各级站数频次(b)

山西省大雪天气次数年际差异较大,38 年共有 331 次大雪天气过程,平均每年 8.7 次,其中 1990 年大雪次数最多,为 19 次;1995 年大雪次数最少,仅有 2 次,最多最少年相差 8 倍。按照距平百分率超过或少于 50% 为异常年份计算,38 年共有 3 年大雪次数异常偏多,为 1989 年、1990 年和 2003 年;有 5 年异常偏少,为 1973 年、1977 年、1995 年、1999 年和 2005 年。

总的来讲,38 年来山西省大雪次数呈波动式变化(图 2),有 2 个显著偏少期,即 1977—1986 年和 1995—1999 年,1 个显著偏多期即 1989—1994 年,但总体上呈缓慢增加的趋势,平均增长率为 0.259 次·$(10a)^{-1}$。

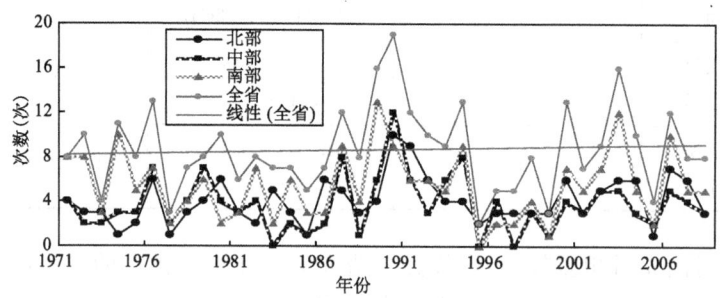

图 2　1971—2008 年山西省大雪次数演变

从年代对比分析(表 2)可看出,山西省大雪次数 20 世纪 70 年代和 90 年代明显偏少,80 年代和 21 世纪 00 年代明显偏多,呈现出少—多—少—多的波动式变化特征。具体到月份,1 月与年的变化特征相同;2 月和 3 月则是多—多—少—少,呈逐步减少的趋势;4 月、10 月和 12 月为多—少—少—多,20 世纪 80 年代和 90 年代长期处于一个偏少期,21 世纪有增加的趋势;而 11 月与 1 月和年的位相相反,为多—少—多—少,21 世纪又进入一个偏少期。

表 2　山西省大雪次数的年代际变化　　　　　　　　　　　　　　　　　单位:次·a^{-1}

时期	1月	2月	3月	4月	10月	11月	12月	合计	距平
20 世纪 70 年代	0.9	2.3	2.5	0.9	1.1	2.1	2.7	8.2	−0.5
20 世纪 80 年代	1.2	1.8	3.2	0.3	0.3	1.6	1.1	9.5	0.8
20 世纪 90 年代	0.8	0.9	3	0.4	0.4	1.9	0.6	8	−0.7
21 世纪	2	1.6	1.5	0.3	0.3	1.5	1.6	9.3	0.6
平均	1.2	1.6	2.5	0.6	0.5	1.7	1.5	8.7	

山西省大雪次数南部最多,北部次之,中部最少,分别为 5.4 次·a^{-1},4.1 次·a^{-1},3.7 次·a^{-1}。38 年来,大雪次数北部和中部呈缓慢增加趋势(图 2),平均增长率分别为 0.461 次·$(10a)^{-1}$ 和 0.039 次·$(10a)^{-1}$,中部明显小于北部,而南部则呈减少趋势,平均减少率为 0.019 次·$(10a)^{-1}$。可见,山西省大雪次数的增加主要是由于北部的增加造成。

2.2 大雪天气的局地性特征

山西省降雪天气极不均匀,一次降雪达到大雪及以上量级的站数从 1~72 站不等,1994 年 11 月 15 日,有 72 站达到大雪及以上量级,为出现站数最多的一次。按照第 2 节中的标准,38 年有 54 次区域大雪天气过程,仅占 16%;而一次降雪仅有 4 站以下达到大雪的就有 201 次,占 61%。可见,山西省大雪以局地性为主,区域大雪天气相对较少(图 1b)。

3 主要影响系统的天气学分型

山西省大雪天气与地面回流关系密切。分析 38 年大雪期间的天气形势演变,造成山西省大雪的天气系统主要有 3 类,一是地面回流,约占 38%,二是河套倒槽(发展强盛时可为气旋),约占 8.5%,三是地面回流和河套倒槽共同强烈发展,约占 53.5%。可见,第三类为造成山西省冬半年大雪的主要影响系统。

3.1 地面回流类(以下简称 I 类)

地面图上,大雪前期,欧亚大陆受大陆高压控制,中心一般位于西伯利亚,强度较强,常在 1040 hPa 以上。在高空偏西或偏西北气流引导下,高压向东伸展,从其前部不断分裂小股冷空气,其南部的偏东气流从渤海一带迂回到华北平原形成冷空气楔,高空有西风槽东移,使华北地面气压场呈现"东高西低"的形势,山西处在高压底部的偏东气流里。降雪前 36~24 h 高压加强,中心强度会超过 1040 hPa,位于山西正北方蒙古国到东北西部一带(约 45°N,110°~120°E 处),冷空气从北路直灌山西,这种形势降温幅度较大。

对应高空 500 hPa 上,中纬度环流多为两槽一脊型,乌拉尔山附近存在一个稳定的高压脊或阻塞高压,西西伯利亚为一低槽,东亚中纬度环流较平直,盛行偏西或弱西南气流,多短波槽活动;700 hPa 和 850 hPa 上,常有西南涡形成并伴有切变线东移。降雪前 36~24 h,500 hPa 上,随着阻塞高压前冷空气的南下,短波槽开始加深,槽前西南气流明显加强,与地面高压中心对应的区域,有 −40 ℃ 以下的冷中心。700 hPa 和 850 hPa 上,常常形成西南急流和偏东风急流。

此类系统影响下,大雪落区主要在中南部;如果系统强盛,也会出现全省性大范围的大雪天气,大雪落区有从北向南压的特点。一般持续时间较短,多为 1 d,随着冷空气的大举南下,高压不断南压并减弱,山西受高压控制,大雪逐步减弱结束。如 1990 年 1 月 30 日出现的全省性大雪天气过程就属此类(图 3)。

3.2 河套倒槽(气旋)类

降雪前期,地面上,欧亚大陆高压势力较弱且偏北,而低值系统活跃。降雪前 48~36 h,河套倒槽形成,山西位于倒槽前,受偏东南气流影响。降雪前一日的 14:00,河套倒槽发展达到最强盛,有时会在约 30°N,100°~110°E 处形成闭合气旋,倒槽向北发展,曲率最大处往往深

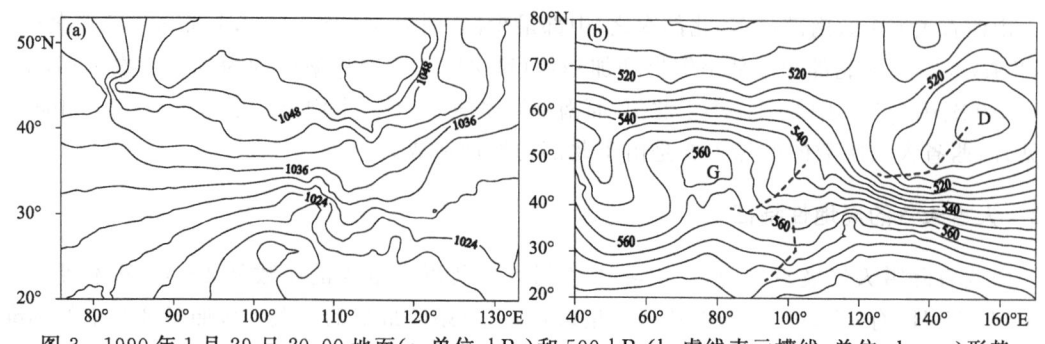

图3 1990年1月29日20:00地面(a,单位:hPa)和500 hPa(b,虚线表示槽线,单位:dagpm)形势

达约50°N;而冷高压中心则位于50°N甚至以北。

对应高空500 hPa上,中纬度环流多为一槽一脊型,黑海和里海附近存在一个稳定的高压脊,贝加尔湖西侧到新疆西北部为一横槽,东亚中纬度环流较平直,盛行偏西气流,横槽稳定少动;700 hPa和850 hPa上,有时有西南涡形成并伴有切变线东移。降雪前24 h,随着横槽后部冷空气的南下,500 hPa出现弱的西南气流,贝加尔湖附近有−40 ℃以下的冷中心;700 hPa上和850 hPa上,常常形成西南急流和偏南风急流。

此类系统影响下,大雪落区主要在北中部;如果系统强盛,也会出现全省性大范围的大雪天气(如1991年3月26日,全省有48县(市)出现大雪以上天气),大雪落区有从南向北推的特点。冷空气主要从西北路入侵山西,随着500 hPa横槽的转竖,冷空气大举南下,山西受槽后西北气流控制,大雪逐步减弱结束。如1987年11月25—27日出现的连续大雪天气过程就属此类(图4)。

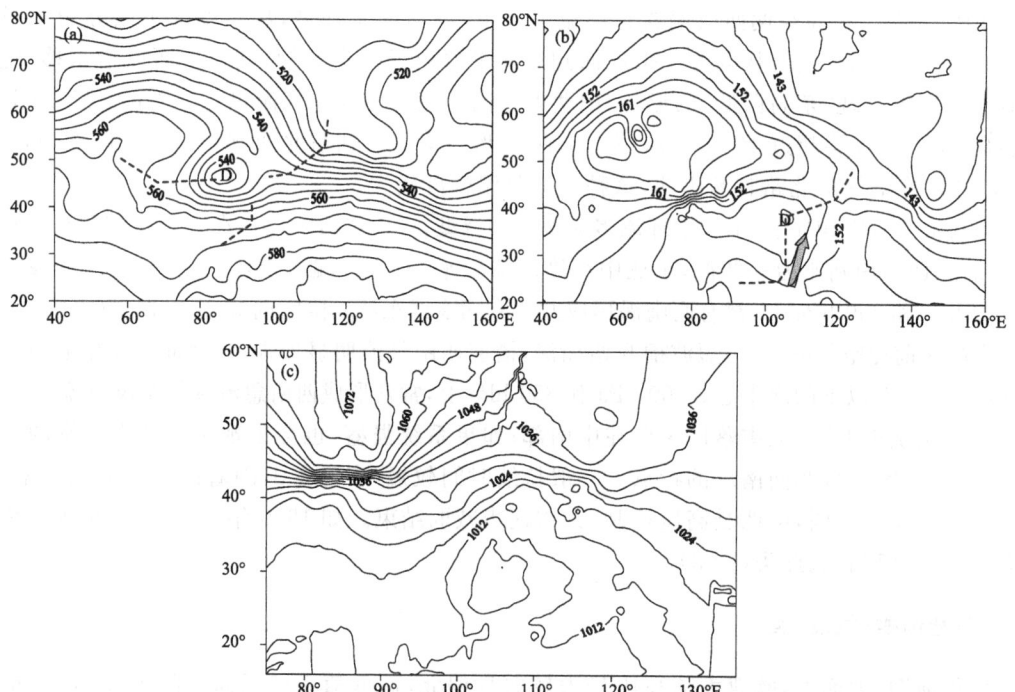

图4 1987年11月25日20:00 500 hPa形势(a,虚线表示槽线,单位:dagpm)、08:00 850 hPa低涡切变线和偏南风急流(b,等值线表示位势高度,单位:dagpm,虚线表示切变线,箭头表示急流)、14:00地面形势(c,单位:hPa)

3.3 地面回流与河套倒槽共同作用类

降雪前期,地面回流的形成过程与地面回流类相似。但在降雪前 36～24 h 高压加强,中心强度常超过 1035 hPa,位于山西东北方东北西部一带(43°～45°N,113°～118°E 处),同时,河套倒槽形成,山西受回流高压的底后部和倒槽前的偏东南气流影响。降雪前一日的 14:00,河套倒槽发展达到最强盛,有时会在约 30°N,100°～110°E 处形成闭合气旋,倒槽呈东北—西南走向,向东北发展,曲率最大处往往深达约 45°N。冷空气实际上是从西北、北、东北 3 路入侵山西,干冷空气主要来自中高层的高纬地区,来自低层的为湿冷空气。此类系统影响下,河套往往出现锢囚锋。

对应高空 500 hPa 上,中纬度环流多为一槽一脊型,乌拉尔山附近存在一个稳定的高压脊或阻塞高压,西西伯利亚为一横槽,东亚中纬度环流较平直,盛行偏西或弱西南气流,多短波槽活动;700 hPa 和 850 hPa 上,常有西南涡形成并伴有切变线东移。降雪前 36～24 h,500 hPa 上,随着阻高前、横槽后冷空气的南下,短波槽开始加深,槽前西南气流明显加强,与地面高压中心相对应的区域,有 −40 ℃ 以下的冷中心。低空和超低空常常形成西南急流和东南急流;有时还会有偏东北急流。

此类系统影响下,大雪落区主要在中南部或全省范围,大雪落区有从北向南压和从南向北推两种特点。此种形势往往维持时间较长,伴随的降雪持续时间也较长,山西常常出现持续 2 d 以上的大雪天气。如 1993 年 11 月 19 日出现的全省性大雪天气过程就属此类(图 5)。

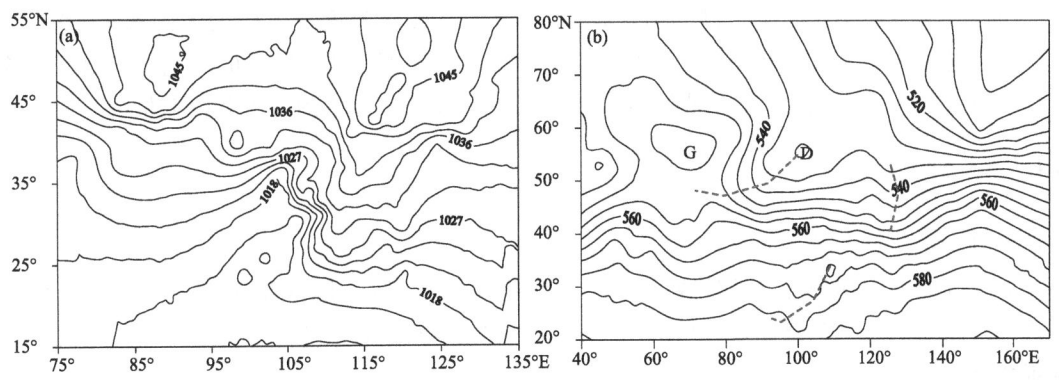

图 5　1993 年 11 月 18 日 20:00 地面(a,单位:hPa)和 08:00 500 hPa(b,虚线表示槽线,单位:dagpm)形势

4　大雪天气出现时的特点及其维持机制

山西省大雪天气出现时具有 3 个共同特点:一是充足的水汽;二是冷空气势力较强;三是有较长的持续时间,一般会持续超过 20 h,夜间和次日白天分别出现两次降雪的增幅。

4.1　水汽特征

分析 38 年区域大雪天气过程的水汽特征表明,大雪期间水汽特征可分为 3 个阶段:大雪天气发生前,上游和当地水汽的积聚,以及上游水汽向当地的输送,为大雪天气的发生提供了充足的水汽供应;水汽向当地的辐合和补充,是大雪增幅以及持续的必要条件;而随着水汽输送的中断,大雪天气逐步减弱结束。

4.2 冷空气活动特征

分析山西省 38 年>20 站的大雪天气过程发现,74%的大范围大雪天气过程,48 h 前后,500 hPa 上,在乌拉尔山地区附近有阻塞形势形成,从鄂霍次克海到贝加尔湖地区为一宽广的低值区,即在中高纬度地区维持"单阻"型,横槽从鄂霍次克海经贝加尔湖地区一直伸向我国内蒙古西部。冷空气沿贝加尔湖槽区南下和由乌拉尔山阻塞高压的南支西风进入低纬度,暖湿气流由孟加拉湾输入,降雪开始后,又有来自东海的湿空气补充。冷暖空气在山西交汇,形成大范围的雨雪天气。

一般分为 3 个阶段,第一阶段为形成期,在大雪出现前 120~72 h,这一阶段的特征为,阻塞高压尚未建立,亚洲中高纬度环流较平直,多移动性短波槽活动,锋区位于 50°~60°N,基本呈西北—东南走向;第二阶段为建立到维持期,一般出现在大雪前 72~48 h,这一阶段的特征为,在黑海到咸海、乌拉尔山地区,阻塞高压建立并维持,从鄂霍次克海到贝加尔湖地区为一横槽,冷空气在横槽尾部、贝加尔湖地区堆积,环流经向度开始加大,有时会有切断低压形成;第三阶段为崩溃期,一般在大雪出现前 24~12 h,这一阶段的特征为阻塞高压崩溃,横槽转竖,南支槽发展加深,冷空气沿贝加尔湖西侧东南下,影响山西地区。

4.3 较长的持续时间

山西省大雪往往连续 2 d 以上出现,38 年共有 43 次出现连续性的大雪天气,平均每年 1.1 次,其中最长连续 5 d 出现,为 1990 年 3 月 24—28 日,特别是 25—26 日,连续 2 d 出现全省性大范围的大雪天气,全省分别有 41 站和 51 站 24 h 降雪量达到大雪及以上量级。

4.4 维持机制分析

4.4.1 低空、超低空急流的作用

分析区域大雪期间急流的形成和演变,发现有两种情况:一是在大雪期间存在两支急流,即西南急流和偏东(南)急流;二是在大雪期间存在 3 支急流,即西南急流和偏东(南)急流以及偏东北急流。

在过去的研究中,通常使用实际风速来确定低空急流的中心位置和轴线。但这样确定的低空急流将使同一急流轴线上具有不同的风向,而且在急流轴的上下层也具有不同的风向,并都随时间发生变化,从而增加了对急流研究的复杂性和不严谨性。因此,参考高空西风急流的定义,使用纬向风分量和经向风分量来定义低空急流和超低空急流[15]。

采用下面的计算公式来计算纬向风分量和经向风分量:

$$u=|\boldsymbol{V}|\sin(\alpha-180°) \tag{1}$$

$$v=|\boldsymbol{V}|\cos(\alpha-180°) \tag{2}$$

以 2009 年 11 月 9—11 日区域暴雪(典型的第三类系统)为例,沿暴雪区上空 112°E 作纬向风分量(图 6a,b)和经向风分量(图 6c,d)的剖面图,分析其演变情况,以说明急流在大雪天气过程中的作用。

10 日 08:00,暴雪区北侧出现高空西风急流,中心位于 200 hPa 上,最大风速达 36 m·s^{-1}

以上,对应 925 hPa 附近,出现偏东风,中心风速为 7 m·s^{-1} 左右。10 日 20:00,高空西风急流下传并加强,中心位于 300 hPa;700 hPa 上,暴雪区南侧形成低空西风急流,中心风速达 15 m·s^{-1} 以上,而在 850~925 hPa 附近,出现一条偏东风急流,中心风速达 10 m·s^{-1} 左右;同时暴雪区北侧出现一条偏北风急流,中心风速达 12 m·s^{-1} 以上,暴雪区南侧出现一条偏南风急流,中心风速达 10 m·s^{-1} 以上,暴雪区上空 850~450 hPa 附近出现南北风辐合,从而产生强烈的大范围辐合上升运动,成为对称不稳定的组织者和不稳定能量释放的触发者,同时在 700 hPa 附近出现东西风辐合,从而导致暴雪区南侧低空暖湿气流沿冷空气垫不断爬升,不仅使得湿度大的空气不断向暴雪区输送和补充,而且使低层中尺度上升运动维持和加强。暴雪区就位于高空西风急流南侧、低空西风急流北侧、低空偏北风急流南侧和超低空偏东风急流南侧。

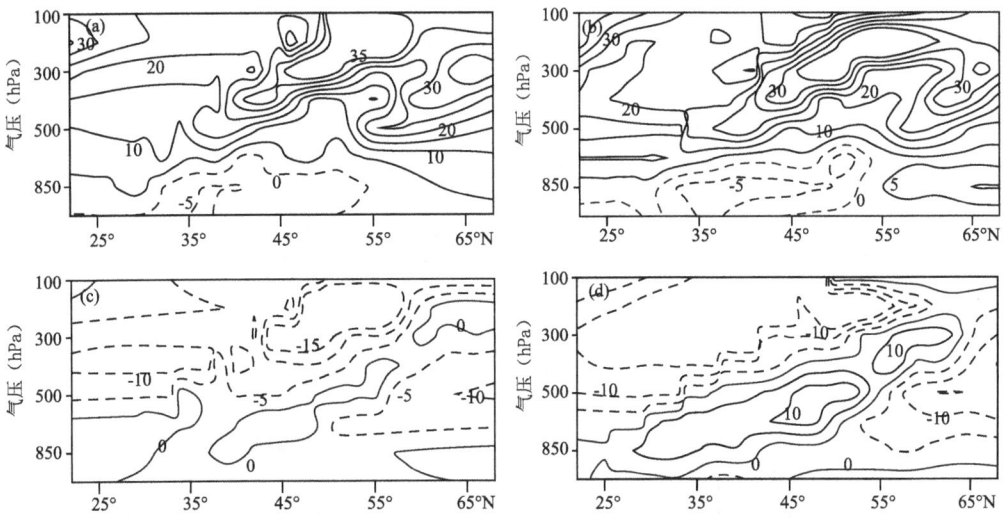

图 6 2009 年 11 月 10 日纬向风(a,b)、经向风(c,d)分量沿 112°E 的剖面(单位:m·s^{-1})
(a,c)08:00,(b,d)20:00

4.4.2 垂直上升运动的维持和加强——涡度平流的作用

涡度是度量无限小的空气质块(微团)旋转程度和方向的物理量,因为大气基本作水平运动,所以着重考虑在水平面上的旋转,即指向垂直方向的涡度分量,涡度平流是指它的水平输送,按式(3)计算:

$$A = -\left(u\frac{\partial \zeta_a}{\partial x} + v\frac{\partial \zeta_a}{\partial y} \right) \tag{3}$$

依据公式计算区域大雪期间的涡度平流,沿大(暴)雪区作涡度平流的剖面,分析其垂直结构,发现有两种情况:一是正南北结构,二是从低层到高层向东北倾斜的倾斜结构。

以 2009 年 11 月 9—11 日(图 7)和 2004 年 12 月 20—22 日(图略)两次区域大雪天气为例,分析其演变特点,来揭示涡度平流在垂直上升运动维持和加强中的作用。

2009 年 11 月 9 日 20:00(图 7a),暴雪区上空 700~500 hPa 出现正的涡度平流,但很弱,而高层仍为负的涡度平流;10 日 08:00(图 7b),暴雪区上空出现一条南北向的正涡度平流带,涡度平流带从 700 hPa 一直伸展至高空,最大中心在 300 hPa 左右,为 22.3×10^{-4} s^{-2},而其两侧为相同走向的负涡度平流带,在降雪带两侧存在两个南北向的正反垂直环流圈;10 日 20:00(图 7c),暴雪区上空正涡度平流加强,并下传至 850 hPa,中心强度增强,达到 34.6×10^{-4} s^{-2},在降雪带两侧仍维持两个南北向的正反垂直环流圈,东侧的环流圈有所减弱,西侧有所加强;11 日 08:00(图 7d),暴雪区上空变为负的涡度平流。

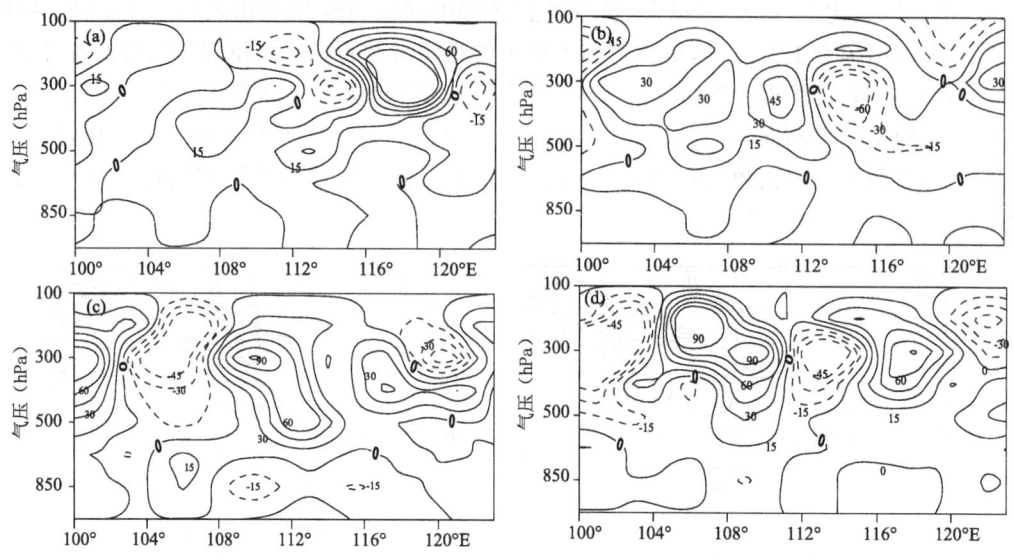

图 7　2009 年 11 月 9—11 日沿 38°N 的涡度平流剖面(单位:10^{-4} s^{-2})
(a)9 日 20:00,(b)10 日 08:00,(c)10 日 20:00,(d)11 日 08:00

2004 年 12 月 20 日 20:00(图略),暴雪区上空存在一条向东北倾斜的正涡度带,涡度带从地面一直伸展至高空,其间有两个正中心,一个位于 500 hPa 左右,另一个位于 250 hPa 左右,而其两侧为相同走向的负涡度带,在降雪带两侧存在正反两个向东北倾斜的垂直环流圈[5]。

由此可见,暴雪切变线的垂直结构自低向高呈现南北结构或向东北倾斜的状态,切变线西侧或西北侧对应的冷空气下沉气流,有利于切变线加强东移,使得暴雪区从高空到低层均有正涡度平流输送,正涡度平流输送有利于垂直上升运动的维持和加强,并有利于切变线的移动,带动冷空气逼近暴雪地区,触发不稳定能量释放,造成大(暴)雪的出现和增幅。且正涡度平流先于大(暴)雪 12 h 出现,对大(暴)雪预报有指示意义。

4.4.3　温度平流及冷垫的作用

张迎新等[16]分析了华北平原回流天气的结构特征认为,来自东北平原的低层冷空气虽然经渤海侵入华北平原,但仍然保持干冷气团的特性,在降水中起"冷垫"的作用。但随着对华北暴雪研究的深入,发现此"冷垫"多数为"湿冷垫",只是比较浅薄罢了。以 2006 年 1 月 18—19 日山西省中南部区域大雪天气为例,计算温度平流和相对湿度以及垂直上升速度,并沿大雪区上空 112°E 作剖面,分析表明,18 日 08:00(图 8),大雪区北侧高层冷平流明显,最大中心位于 200 hPa 左右,中心数值达到 -41 K·s^{-1},而在近地层 850~1000 hPa,也存在弱的冷平流,中心强度为 -8.4 K·s^{-1},形成浅薄的"冷垫"。但对应相对湿度场上,大雪区北侧有干空气从高层侵入低层,而在大雪区南侧为相对湿度高值区,像倒扣的"碗状",一直伸展至 500 hPa,"碗内"盛行强烈的垂直上升运动(图略),暖湿空气沿"碗壁"即"湿冷垫"爬升,在"冷垫"之上

850～700 hPa,形成一个浅薄的饱和层。

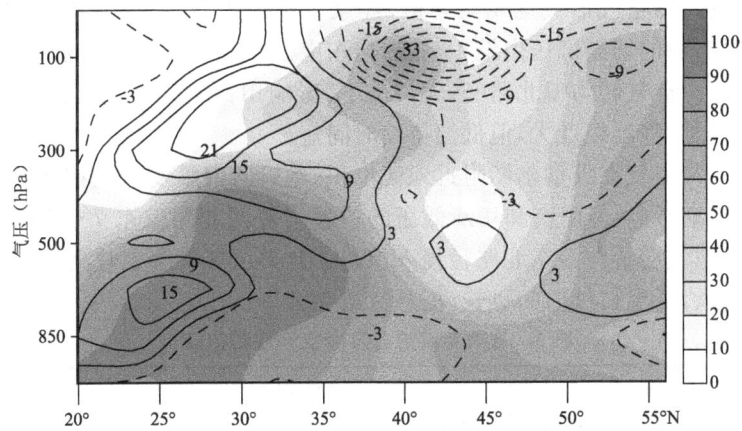

图8 2006年1月18日08:00沿112°E的相对湿度(单位:%)剖面和温度平流(单位:K·s^{-1})剖面叠加(阴影为相对湿度,等值线为温度平流)

分析其他受回流与倒槽共同作用产生的区域大雪天气,基本都有此特征,只是"冷垫"的厚度有所差异。由此可见,在回流与倒槽共同影响下,干冷空气主要来自降雪区北侧的高层,而低层存在一个"湿冷垫",它使得降雪区南侧的暖湿空气沿其爬升,在爬升过程中增湿、冷却达到饱和,同时加强抬升运动,从而使得降雪出现一个明显的增幅。中高层强冷平流和近地层弱冷平流、相对湿度的"碗状"结构、近地层的"湿冷垫"等特征均先于大雪12 h出现,对大雪预报有一定的指示意义。

5 大雪天气的预报

通过以上分析,山西省大雪天气的预报流程为:

第一步:首先分析地面形势,看有无Ⅰ类、Ⅱ类、Ⅲ类影响系统形成。如无,则不考虑降雪;如有,确定是哪一类,分析冷空气活动特征,以及高低空流型配置;然后进入第二步。

第二步:分析是否具备水汽条件。如不具备,则可考虑有降雪,但不考虑大雪;如具备水汽条件,则进入第三步。

第三步:结合物理量场特征,以确定大雪出现时间、落区及强度。

5.1 分析影响系统以及冷空气活动特征

做好影响系统的分析,是做好各类天气预报的第一步。重点掌握各类影响系统的形成前兆和关键区(表3)以及高低空流型配置特点(图9)等。

作为重点以地面系统为依据划分的概念模型,分析掌握冷空气活动关键区非常重要。大雪期间,与3类主要影响系统相对应,入侵山西的冷空气路径有3条:偏西路径、偏西北路径(转北路)、偏北路径(转东北路)。

(1)偏西路径:冷空气从源地开始,先堆积后南压,然后从巴尔克什湖地区进入我国新疆,中心强度超过1040 hPa,在此稳定发展,并扩散东移,影响山西地区。此类出现概率最低,对应地面影响系统为Ⅰ类,降温幅度相对较小,但低温持续时间较长。

(2)偏西北路径:冷空气沿贝加尔湖西侧,经蒙古国进入我国,常在500 hPa形成阻塞形势,冷空气先在阻高前的切断低压内堆积,然后向东南方爆发。系统会在东移过程中,停滞、加强,随着横槽转竖,冷空气转为偏北路经,大举南下,影响山西地区。此类出现概率最高,对应地面系统为Ⅱ或Ⅲ类,降温幅度大,但低温持续时间短。

(3)偏北路径:冷空气在贝加尔湖附近地区堆积,然后向南爆发,影响山西地区。此类也常在500 hPa形成阻塞形势,但阻高和切断低压的位置均较西北路偏东7个经度左右。随着地面回流的形成,冷空气会转向沿东北路径侵入山西。此类出现概率也较高,对应地面系统为Ⅰ或Ⅲ类,降温幅度大,低温持续时间也长,极易造成灾害。

表3 影响系统前兆及冷空气活动特征

影响系统类型	48 h前		36～24 h前		降雪及降温特点
	地面冷高关键区	高空形势特点	地面系统	高空形势特点	
Ⅰ	35°～45°N,95°～105°E 强度:1032/1058 hPa	500 hPa为两槽一脊型,乌拉尔山有阻塞高压形成,700 hPa和850 hPa上,有西南涡伴切变线形成	地面冷高压东移发展,形成回流,中心:45°N,110°～120°E	500 hPa对应位置上有-40℃冷中心;700 hPa川陕到山西形成12 m·s^{-1}以上的西南急流;850 hPa上,从东海经安徽到河南一带出现12 m·s^{-1}以上的偏东急流	大雪主要出现在白天,落区多在中南部,两支急流头附近、切变线东南侧;降温强,但低温持续时间长
Ⅱ	42°～52°N,98°～108°E 强度:1032/1068 hPa	500 hPa为一槽一脊型,贝加尔湖西侧到新疆西北部为一横槽	河套倒槽形成,前一日14:00,达到最强盛,(30°N,110°～120°E)	500 hPa青藏高原到山西出现弱西南气流,贝加尔湖附近有-40℃冷中心;700 hPa川陕到山西形成12 m·s^{-1}以上的西南急流;850 hPa上,从两广经陕西、河南到山西出现偏南急流	大雪常出现在夜间,落区多在北中部,两支急流头附近;降温强,但低温持续时间短
Ⅲ	45°～55°N,108°～118°E 强度:1038/1068 hPa	500 hPa为一槽一脊型,乌拉尔山有阻塞高压形成,中纬度多短波槽活动;700 hPa和850 hPa上,有低涡伴随切变线形成	地面冷高压东移发展,形成回流,中心:45°N,110°～120°E;河套倒槽前一日14:00,达到最强盛,(30°N,110°～120°E)	500 hPa青藏高原到山西西南气流加强,冷高对应位置有-40℃冷中心;700 hPa川陕到山西形成12 m·s^{-1}以上的西南急流;850 hPa上,从福建经湖北、河南到山西有偏东南急流形成;有时从东北经北京到山西还有东北急流形成	大雪常连续2 d出现,落区在中南部或全省,切变线东南侧、几支急流头交汇的地方;降温强,低温持续时间长

5.2 分析是否具备水汽条件

5.2.1 水汽的积聚和输送

某地的可降水量表示了该地上空气柱整层的水汽含量,水汽通量即表示水汽输送强度的物理量。计算区域大雪期间气柱可降水量和水汽通量,表明大雪出现前36～24 h,从孟加拉湾到四川盆地一带,会出现气柱可降水量的显著增幅,一般在5～25 mm。而从河套到山西常常会形成一个水汽通量的大值区,大值区范围一般在22°～37°N,95°～115°E,水汽通量轴线走向为西南—东北向,700 hPa中心强度>120 g·(s·hPa·cm)$^{-1}$,850 hPa中心强度>

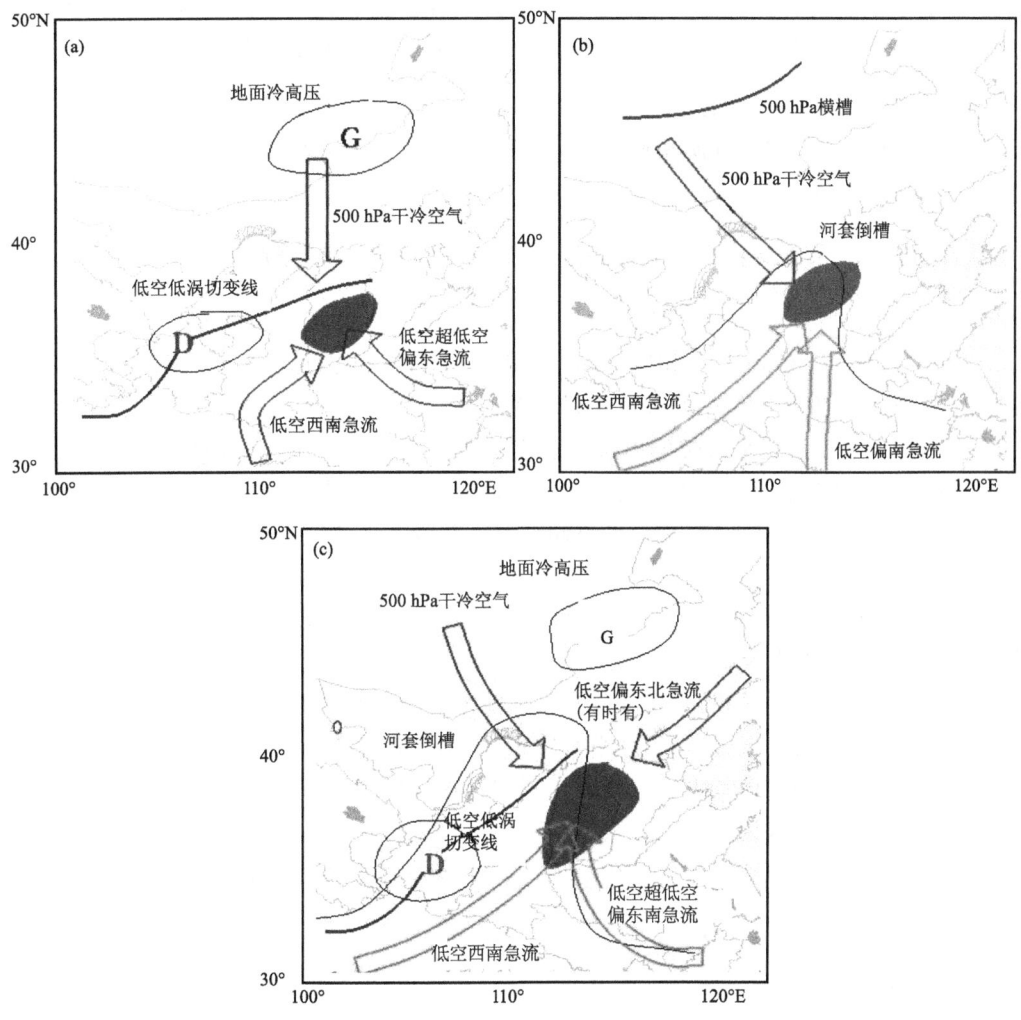

图 9 高低空流型配置
(a)地面回流类,(b)河套倒槽类,(c)地面回流与倒槽共同作用类

160 g·(s·hPa·cm)$^{-1}$,对应低空经云贵高原到川陕一带有≥12 m·s^{-1}的西南急流形成,并将水汽向大值区输送,湿层厚度常常达到 600 hPa。

5.2.2 水汽的辐合和补充

在大雪出现前 12 h,中低层从河套到山西常常会形成一个水汽的辐合区,对应低空西南急流进入山西,并在山西出现风向的逆转,风速出现一个突增状态,达到 16~18 m·s^{-1}。而在降雪开始后,往往从安徽到湖北一带也会有一个气柱可降水量的显著增幅,一般在 4~20 mm。而在 20°~30°N,115°~135°E 范围内,也会出现一个水汽通量的大值区,水汽通量轴线走向为东南—西北向,700 hPa 中心强度>80 g·(s·hPa·cm)$^{-1}$,850 hPa 中心强度>100 g·(s·hPa·cm)$^{-1}$,对应低空、超低空有偏东急流形成,主要反映来自东路湿空气的补充。强降雪中心就位于两条水汽通量轴线交汇的南侧,两支急流头汇合的地方。

总之,山西省的大雪天气过程一般存在两条水汽输送带,分别对应西南急流和偏东急流,两支急流共同为大雪天气过程提供水汽和热量输送,在山西形成一个强的辐合中心;大(暴)雪落区与水汽辐合中心对应,而降雪强度与水汽辐合中心数值有密切关系。

5.2.3 水汽输送的中断

随着高层干冷空气的反气旋式侵入,低空西南和东南急流逐步减弱,水汽的输送随之被切断,降雪逐步减弱结束。

5.3 结合物理量场演变特征预报大雪开始时间、落区、持续时间、强度等

(1)从河套到山西水汽通量大值区(一般 700 hPa 中心强度＞80 g·(s·hPa·cm)$^{-1}$,850 hPa 中心强度＞100 g·(s·hPa·cm)$^{-1}$)出现后 24 h,山西可能出现大雪,大雪落区在大值区东南侧,降雪强度与大值中心强度密切相关。

(2)500 hPa 强正涡度平流带的出现预示着 12 h 后将出现大雪天气,大雪落区位于正涡度平流中心附近;正涡度平流中心的下传,预示着大雪将持续,未来 12 h 后将出现大雪的增幅。

(3)川陕到山西的低空西南急流、低空超低空偏东或东南急流形成 24～12 h 后,山西将出现大雪天气,大雪位于 2 支或 3 支急流交汇的地区。

(4)中高层强冷平流和近地层弱冷平流,相对湿度的"碗状"结构、近地层的"湿冷垫"等特征出现 12 h 后,将有大雪天气。

综合以上分析,给出山西省大雪天气预报的概念模型及高低空流型配置。

通过对历史个例的反查,依据地面系统分型,基本无漏报个例。采用概念模型和流型配置结合物理量场特征预报山西省大雪天气的出现,其历史拟合率达到 91.2%。特别是对于 2004 年 12 月 20—22 日华北大到暴雪,2006 年 1 月 18—19 日(第三类)、2 月 26—27 日(第一类),2007 年 3 月 3—4 日,2009 年 11 月 10—12 日(第三类)大雪天气的预报,准确率高,服务效果好。

6 结论和讨论

(1)山西省大雪天气的主要特征为:山西省大雪天气出现在 10 月至次年 4 月,但主要集中在 3 月和 2 月,以夜间居多,且常连续 2 d 以上出现;以局地性为主,区域大雪相对较少;山西省大雪次数年际差异较大,最多年与最少年相差 8 倍,20 世纪 70 年代和 90 年代明显偏少,80 年代和 21 世纪 00 年代明显偏多,呈现出少—多—少—多的波动式变化特征,但总体上呈缓慢增加的趋势;山西省大雪次数南部最多,北部次之,中部最少,北部和中部呈缓慢增加的趋势,且北部增长率明显大于中部,而南部则呈减少的趋势,可见,山西省大雪次数的增加主要由于北部大雪次数的增加造成。

(2)过去多数研究偏重利用 500 hPa 环流形势进行分型,但大雪天气出现在冬半年,冬半年我国常受大陆高压影响,且大陆高压稳定,以此分型更能反映冬半年天气的特点。以地面系统为依据,山西省大雪天气的影响系统可分为 3 类,对应冷空气活动路径有 3 条,不同的影响系统,其高低空形势的流型配置不同,造成大雪的落区和强度均不同。

(3)大雪期间,水汽特征表现为 3 个阶段。大雪区上游到大雪区的气柱可降水量提前48～36 h 出现明显增幅,水汽通量大值区在大雪出现前 24 h 形成,大雪落区在水汽通量轴的东

南侧。

(4) 过去多数暴雪个例研究认为,暴雪区上空垂直上升运动结构,从低层到高空有向东北倾斜的特征,通过分析 38 年山西省大雪天气过程,发现大雪期间,大雪区上空垂直上升运动结构有两种情况,即南北垂直结构和东北—西南走向结构,这与影响系统有关。中高层强正涡度平流的出现,预示着大雪的出现,大雪落区在正涡度平流的右前方或东南侧,而涡度平流下传是导致大雪持续和增幅的重要动力因素。

(5) 过去多数暴雪个例研究认为,暴雪期间,低空超低空有两支急流存在,但分析山西省 38 年来大雪天气过程发现,大雪期间,低空超低空有时候会有第三支急流即东北急流存在。急流的维持和加强,不仅是大雪天气水汽输送和补充的重要途径,而且也使得大范围辐合上升运动加强,造成大雪的持续和增幅,而且急流总是先于大雪 24~12 h 出现,是大雪预报的先兆信号。

(6) 大雪期间,干冷空气主要还是来自高纬地区的高层,近地层冷平流相对于高空较弱,且低层存在一个"湿冷垫",它使得降雪区南侧的暖湿空气沿其爬升,在爬升过程中增湿、冷却达到饱和,同时加强抬升运动,从而使得降雪出现一个明显的增幅。以上特征先于大雪 12 h 出现,对预报大雪有一定的指示意义。

参考文献

[1] 刘宁微,齐琳琳,韩江文.北上低涡引发辽宁历史罕见暴雪天气过程的分析[J].大气科学,2009,33(2):275-284.
[2] 陶诗言,卫捷.2008 年 1 月我国南方严重冰雪灾害过程分析[J].气候与环境研究,2008,13(4):337-350.
[3] 卫捷,陶诗言.2008 年 1 月南方冰雪过程的可预报性问题分析[J].气候与环境研究,2008,13(4):520-530.
[4] 孙继松,梁丰,陈敏,等.北京地区一次小雪天气过程造成路面交通严重受阻的成因分析[J].大气科学,2003,27(6):1057-1066.
[5] 赵桂香,程麟生,李新生."04.12"华北大到暴雪过程切变线的动力结构诊断[J].高原气象,2007,26(3):615-623.
[6] 赵桂香,许东蓓.山西两类暴雪预报的比较[J].高原气象,2008,27(5):1140-1148.
[7] 赵桂香.一次倒槽与回流共同作用产生的暴雪天气分析[J].气象,2007,33(11):41-48.
[8] 池再香,胡跃文,白慧."2003.1"黔东南暴雪天气过程的对称不稳定分析[J].高原气象,2005,24(5):792-797.
[9] 岳彩军,寿亦萱,寿绍文,等.我国螺旋度的研究及应用[J].高原气象,2006,25(4):754-762.
[10] 侯瑞钦,程麟生,冯伍虎."98.7"特大暴雨低涡的螺旋度和动能诊断分析[J].高原气象,2003,22(2):202-208.
[11] 马林,李锡福,张青梅,等.青藏高原东部牧区冬季雪灾的形成及预报[J].高原气象,2001,20(3):325-331.
[12] 马林,马元仓,王文英,等.青藏高原东部牧区秋季雪灾的形成及预报[J].高原气象,2001,20(4):407-414.
[13] 梁潇云,钱正安,李万元.青藏高原东部牧区雪灾的环流型及水汽场分析[J].高原气象,2002,21(4):359-367.
[14] 王迎春,钱婷婷,郑永光.北京连续降雪过程分析[J].应用气象学报,2004,15(1):58-65.
[15] 朱乾根,林锦瑞,寿绍文,等.天气学原理和方法[M].北京:气象出版社,2007.
[16] 张迎新,张守保.华北平原回流天气的结构特征[J].南京气象学院学报,2006,29(1):107-113.

一次回流与倒槽共同作用产生的暴雪天气分析*

赵桂香

(山西省气象台 太原 030006)

摘要：文章对 2006 年 1 月 18—19 日山西持续暴雪天气进行了分析，发现这次暴雪过程不同于以往：(1)高空极涡稳定，强度较强，极锋位置偏北，沿极涡外围极锋锋区上分裂的短波小槽，与南支槽同相叠置，使得南支槽发展加深，暴雪发生在此期间。(2)地面图上，不仅形成回流形势，而且河套倒槽向北发展旺盛，倒槽前的暖湿空气与东南气流相遇，两支气流耦合加强，与北方冷空气在山西中南部强烈交汇，使得山西中南部出现了暴雪天气，这种回流形势与倒槽同时强烈发展的情况值得关注。(3)深厚的湿层和强烈的水汽辐合为暴雪的产生提供了充足的水汽条件，暴雪中心就位于中低层两条水汽通量轴线交汇的南侧。(4)高层辐散、低层辐合的垂直配置以及暴雪区上空强烈的上升运动和低层露点锋的持续抬升作用，触发中层高不稳定能量的连续释放，是造成连续暴雪的重要机制，而低空、超低空急流的存在，不仅为暴雪提供了水汽来源和热量输送，而且使得重力波不稳定发展，加强了抬升运动。(5)暴雪出现在 500 hPa 正涡度平流中心右前方，暴雪出现 12 h 后，正涡度平流中心强度迅速增强，对应暴雪出现一个增幅期。

关键词：暴雪；回流；倒槽；急流耦合；动力机制

引言

由于暴雪出现的概率较之暴雨更小，其预报难度更大。多年来，为我国气象工作者所关注。王东勇等[1]对 2004 年末黄淮暴雪进行了分析，指出"在强降雪时近地面 925 hPa 附近有很强的超低空急流"；盛春岩等[2]利用对称不稳定对发生在山东的一次罕见暴雪进行了诊断分析，认为暴雪产生在对称不稳定大气中；刘建军等[3]则对"97.12"高原暴雪进行了中尺度热量和水汽收支诊断，得出非对流凝结降水起决定因素。还有一些文章[4-9]从数值预报产品、低空急流、暴雪的强对流条件、云图特征等方面进行了分析和比较，都得出了一些有意义的结论。

2006 年 1 月 18—19 日，山西省中南部出现连续性区域暴雪天气过程，降雪持续时间长，

---

* 本文发表于《气象》，2007，33(11)：41-48。

强降雪集中,影响范围大,给交通运输和人民生活带来很大影响。此次过程系地面回流与河套倒槽共同作用所致。虽然回流形势是造成华北地区冬季降雪的主要天气系统,但这种回流与倒槽同时强烈发展的情况还是值得关注和研究。本文利用实况资料,采用逐步订正方案对资料进行客观分析,并利用 Kriging 网格化方法,生成网格资料,资料范围为 90°~125°E,20°~50°N,计算了暴雪过程的动能、涡度及其平流、散度、垂直速度、假相当位温、水汽通量等,对其分布特征进行了详细分析,试图找出对暴雪预报有参考价值的信息。

1 环流形势和降雪实况

1.1 降雪实况分布

图 1 为 2006 年 1 月 18—19 日 12 h 降雪量分布。可看出,1 月 18 日 08:00(图 1a),降雪从山西西南方开始,向东北方向发展,雪带呈西南—东北走向,这与水汽输送带非常一致。18 日夜间(图 1b)降雪范围明显扩大,强度增强,最大降雪中心达 9 mm,位于山西中部的孝义市,山西南部大部分地区 12 h 降雪量在 4~8 mm;19 日白天(图 1c)降雪达到最强,降雪范围迅速扩展到整个山西,最大降雪中心达 11 mm,仍位于孝义市,但北部也出现 5 mm 的降雪中心,南部降雪量在 3~7 mm,降雪带转为南北向;19 日夜间(图略)降雪逐步减弱。此次降雪维持时间较长,降雪强度较大,18 日夜间和 19 日白天连续出现暴雪,最大降雪中心位于中部。

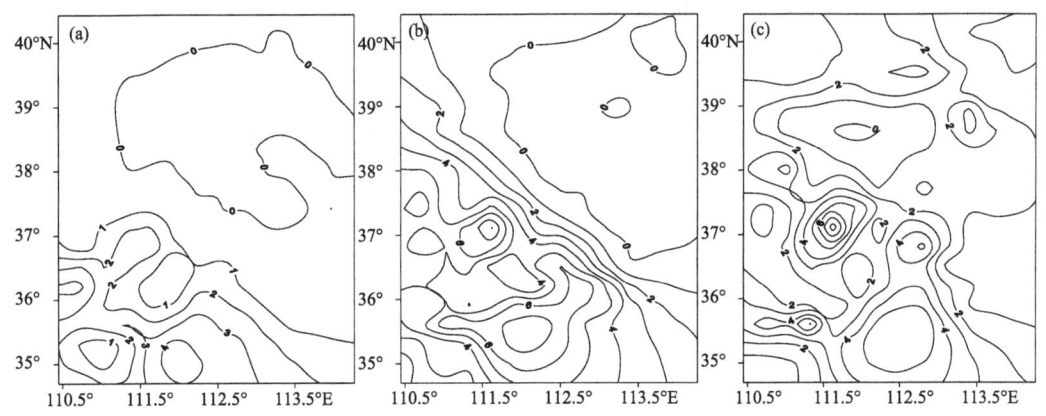

图 1 2006 年 1 月 18—19 日 12 h 降雪量分布(单位:mm)
(a)18 日 08:00—20:00,(b)18 日 20:00—19 日 08:00,(c)19 日 08:00—20:00

1.2 大尺度环流形势概述

500 hPa 图上,暴雪出现前,东亚维持"两槽一脊"形势,极涡稳定加强,极锋位置偏北,山西受中纬度较平直的环流影响。对应温度场上,山西一直处于温度锋区底部。随着极涡的南压,沿极涡外围极锋锋区上分裂的短波小槽,与南支槽同相叠置,使得南支槽发展加深,这在冬季较为少见。17 日南支槽发展并开始影响山西,山西南部局部出现小雪,18 日 20:00(图 2)南支槽加深东移,达到最强,槽前西南气流强盛,河套地区湿度明显增大,大部分站点 $T-T_d \leqslant 3.6\ ℃(700\ hPa)$,山西大部分地区出现小雪,中南部出现大雪,部分地区达到暴雪。19 日

08:00,系统缓慢东移,整个山西处于强盛的西南气流中,湿度继续增大,降雪加强,直到20日08:00,山西上空被西北气流控制,降雪才逐步减弱、结束。

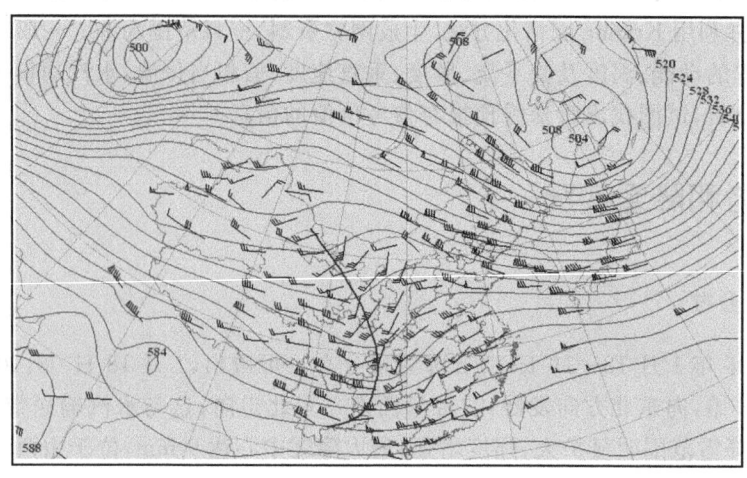

图2　2006年1月18日20:00 500 hPa形势(单位:dagpm,粗实线为槽线)

对应地面图上,暴雪出现前期,庞大的大陆高压一直盘踞欧亚大陆,16日分裂为两个中心,山西一直处在高压底前部的偏东气流里,在之后的48 h内该高压稳定少动;河套倒槽从18日05:00开始向北发展,18日14:00(图3)达到强盛,且维持时间较长(一直持续到19日23:00)。山西处于高压底后部强盛的东南气流里。河套倒槽前的暖湿空气与东南气流相遇,两支气流耦合加强,与北方冷空气在山西中南部强烈交汇,使得山西中南部出现了暴雪天气。这种回流形势与倒槽同时强烈发展的形势并不多见,是造成这次暴雪范围大、持续时间长的重要原因。

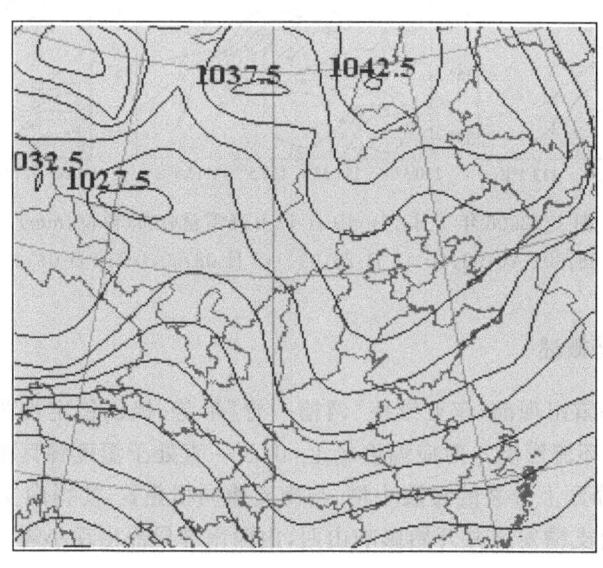

图3　2006年1月18日14:00地面形势(单位:hPa)

2 深厚的湿层和强烈的水汽辐合

沿 34.5°N 作温度露点差剖面可以看出,从 18 日 08:00 开始,从暴雪区上游到暴雪区一直维持大范围的深厚湿层,湿层厚度达到 600 hPa 左右,18 日 20:00 到 19 日 08:00 达到最强,600 hPa 以下 $T-T_d \leqslant 4$ ℃(图4)。而 18 日 20:00 700 hPa 水汽通量上,在暴雪区的西南方和东南方分别存在一个强水汽通量中心,中心数值分别达到 18.2 g·(s·hPa·cm)$^{-1}$ 和 14.3 g·(s·hPa·cm)$^{-1}$,西南方的水汽通量轴线呈近似西南—东北走向,东南方的水汽通量轴线呈近似东南—西北走向,暴雪中心就位于两条水汽通道交汇的南侧(图5)。由此也可看出,此次暴雪天气过程存在两条水汽输送带,分别对应西南急流和东南急流,两支急流共同为此次暴雪天气过程提供水汽和热量输送,在山西中部形成一个强的辐合中心。这也可从水汽通量散度图(图略)上看到,山西中南部到河南北部地区为强烈的水汽辐合区,最大辐合中心数值达到 -22 g·(s·cm^2·hPa)$^{-1}$。一般,如果在夏季,湿层厚度达到 700 hPa 时就会为暴雨的产生提供充足的水汽,而暴雪的发生,其湿层厚度更厚。因此,深厚的湿层和强烈的水汽辐合为此次暴雪提供了充分的水汽条件。

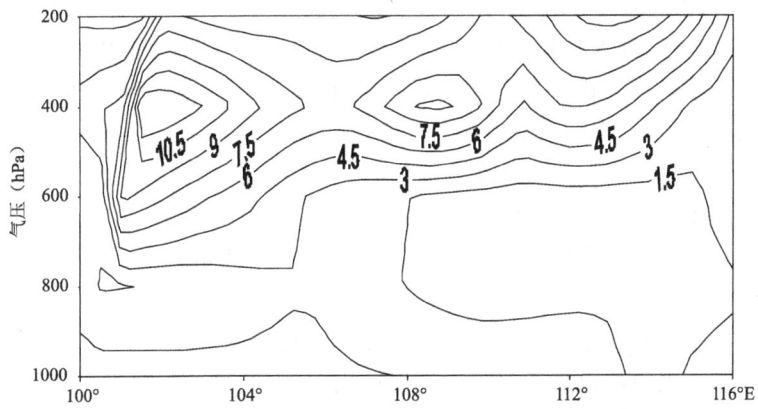

图 4 2006 年 1 月 18 日 20:00 沿 34.5°N 的温度露点差剖面(单位:℃)

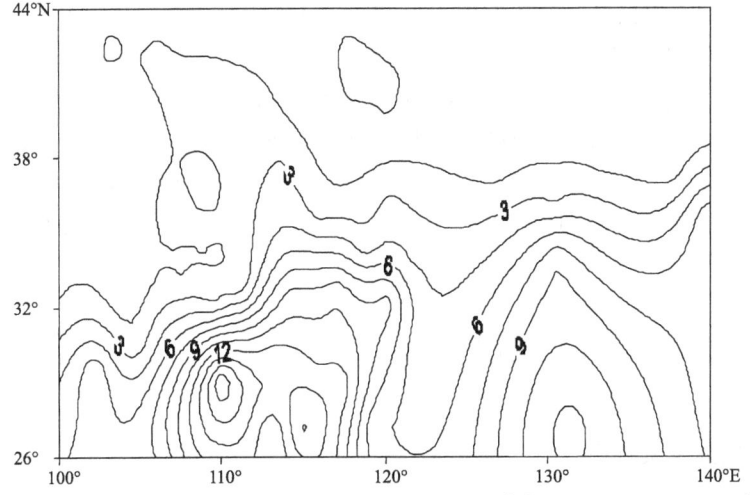

图 5 2006 年 1 月 18 日 20:00 700 hPa 水汽通量(单位:g·(s·hPa·cm)$^{-1}$)

3 低空急流

3.1 东南急流

由于 500 hPa 东亚大槽稳定少动,槽后冷空气出现了强烈下沉,并从低层向南扩散,表现为黄渤海到黄河下游地区出现了较强的偏东风[11]。因此,从 925 hPa 图上可看出,从 17 日 20:00 开始,来自黄海和东海的水汽,穿越江苏、安徽、河南等省,形成 $\geqslant 14 \, \text{m} \cdot \text{s}^{-1}$ 的超低空偏东风急流,与 700 hPa 上低涡前 $\geqslant 16 \, \text{m} \cdot \text{s}^{-1}$ 的西南急流,在山西中南部汇合,共同向山西输送水汽,并与北路冷空气交汇,产生强烈的降水。直到 20 日 08:00 偏东风急流和西南急流减弱,山西降雪才减弱、结束。

3.2 西南急流

暴雪出现前 3 d,高空西风带形成了乌拉尔山高脊、中亚槽和高空纬向西风急流,高空极涡稳定加强。之后,从极地南下的冷空气,沿极涡外围极锋锋区不断分裂小股冷空气出来,沿中纬度的偏西北气流东移,进入高原地区。暴雪出现前 48 h,在高原地区堆积、加强,暴雪出现前 36 h,开始明显东移,并与南支槽同相叠置,使得南支槽前的西南气流和西来槽前的西南气流互相贯通,并引导秦岭以南的低层暖湿气流向北方输送。北上的西南气流又与华北脊后的偏南气流产生辐合,造成西南气流的进一步加强,在高空急流的耦合作用下,于暴雪出现前 12 h,形成了中低空四川、陕西直至山西的 $\geqslant 16 \, \text{m} \cdot \text{s}^{-1}$ 的西南急流。

这两支急流分别对应着中低层的两个水汽通量轴线和能量密集带,为此次暴雪天气提供了水汽和热量输送。

研究[12]表明,急流区附近,低层风速切变很强,在有逆温存在的情况下,就可能引起重力波的发生发展。如果重力波出现于对流天气发展之前,它起着一种触发机制的作用;如果大气是对流性不稳定的,则在重力波波槽通过之后,在上升运动区,对流发展加强,即起到一种加强上升运动的作用。沿着低空急流轴附近(31°～32°N,105°～125°E)选取探空站点,计算 925 hPa 与 850 hPa 之间以及 925 hPa 与 700 hPa 之间的风速切变发现,18 日 20:00,急流区附近,低层风速切变分别达到了 4～12 $\text{m} \cdot \text{s}^{-1}$ 和 6～16 $\text{m} \cdot \text{s}^{-1}$,平均风速切变分别为 6 $\text{m} \cdot \text{s}^{-1}$ 和 8 $\text{m} \cdot \text{s}^{-1}$,且低层存在逆温。19 日 08:00,仍维持很强的风速切变,平均风速切变分别为 6 $\text{m} \cdot \text{s}^{-1}$ 和 7.5 $\text{m} \cdot \text{s}^{-1}$,因此,急流的形成及其附近出现的较强风速切变,使得重力波不稳定发展,对降水起着一种触发机制的作用;而且急流和较强风速切变的维持,使得急流右前方的动力抬升运动加强,而抬升冷却作用将使上升的湿空气接近饱和,有利于强降水的进一步维持和加强。

4 高不稳定能量和动力条件

4.1 高不稳定能量及其性质

单位质量气块的动能为:

$$E_k = \frac{1}{2}V^2 \tag{1}$$

式中,V 是风速。

气块作加速垂直运动的动能是由不稳定能量转化而来的。分析动能演变特征发现,700 hPa 上(图略),17 日 20:00,能量中心位于山西北部,最大中心数值达 36 m²·s⁻²,山西大部地区位于能量密集带上—能量锋区,18 日 08:00,能量中心加强,能量锋区南压,18 日 20:00,山西中部和南部分别位于两条能量密集带上,这两条能量密集带分别对应偏东回流气流和西南倒槽前暖湿气流,两支不稳定能量在山西中南部耦合加强,形成一个高不稳定能量区,为暴雪的产生提供了能量条件。19 日 08:00,山西中南部位于高能中心,中心数值迅速增大,达 87.8 m²·s⁻²,对应暴雪出现一个增幅期,并且两个高能中心分别对应着两个强降雪中心。

为了说明以上能量特性,分别计算了 500 hPa 与 700 hPa 假相当位温差($\theta_{se500}-\theta_{se700}$)和 700 hPa 与 850 hPa 假相当位温差($\theta_{se700}-\theta_{se850}$),从它们的分布来看,暴雪发生前,山西及其邻近地区整层为对流性不稳定,位于山西上游的河套地区低层不稳定性明显大于高层(图 6),随着河套倒槽前的暖湿气流的上升运动,低层不稳定性向上输送,使对流不稳定性层次增厚。19 日 08:00,对流性不稳定不但维持,而且范围扩大,无论是中层还是低层,不稳定性依然较强。因此,暴雪区上空的高不稳定能量具有对流性不稳定的特点,这在遇到低层强露点锋的抬升作用时,其爆发是非常强烈的,加上低空、超低空急流对抬升运动的加强作用,所以才会造成山西中南部的连续暴雪天气。

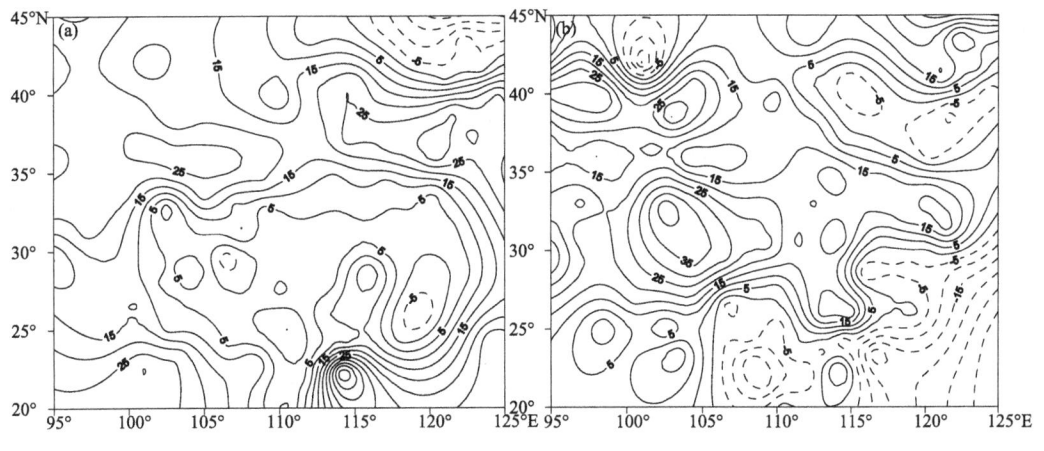

图 6 2006 年 1 月 18 日 20:00 $\theta_{se500}-\theta_{se700}$(a)和 $\theta_{se700}-\theta_{se850}$(b)分布(单位:℃)

4.2 高层辐散、低层辐合

分析散度场分布演变特征,18 日 08:00,暴雪区上空 300 hPa 出现一个辐散区,而低空 850 hPa 存在一个辐合区。18 日 20:00(图 7),高层辐散和低层辐合都在加强,暴雪区上空 300 hPa 辐散中心数值达到 36×10⁻⁶ s⁻¹,850 hPa 辐合中心数值达到 -4.2×10⁻⁶ s⁻¹。这种高层辐散、低层辐合的垂直结构一直维持到 19 日 20:00。高层辐散的抽吸作用,加强了低空暖湿气流的上升运动,是触发不稳定能量释放的重要启动机制。因此,高层辐散、低层辐合的垂直配置为强降雪的出现提供了有利的动力条件,而且这种垂直结构出现在暴雪出现前12～24 h,对暴雪的预报有明显的先兆指示意义。

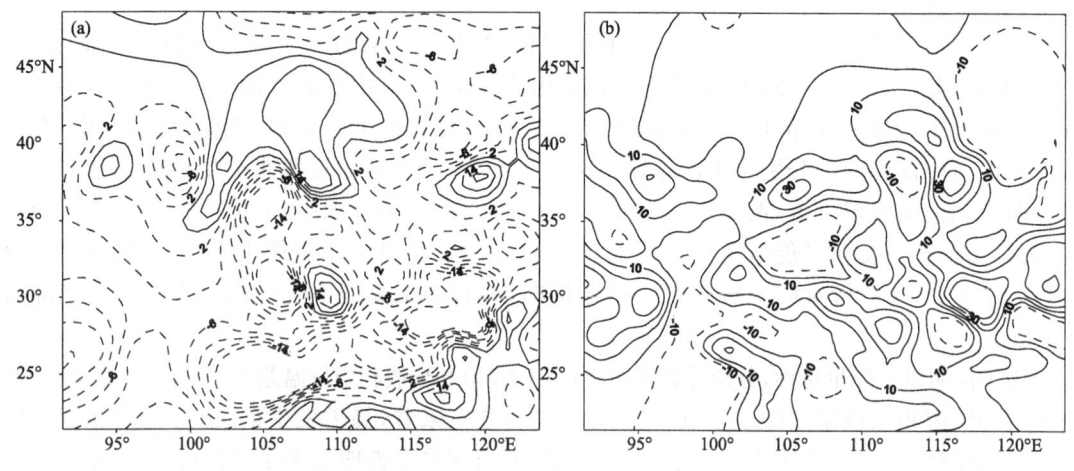

图7 2006年1月18日20:00 850 hPa(a)和300 hPa(b)散度场分布(单位:10^{-6} s^{-1})

分析500 hPa涡度平流的分布和演变,18日08:00(图8),对应槽前出现一个较强的正涡度平流区,中心数值达到28.9×10^{-10} s^{-2},预示着槽将进一步发展、加强;18日20:00(图略),槽前仍然维持较强的正涡度平流区,说明槽仍是加深、发展的趋势;19日08:00(图略),槽前正涡度平流区维持并加强,其中心数值12 h内增加4×10^{-10} s^{-2},对应19日白天暴雪出现一个增幅期。

从500 hPa涡度平流的演变(图略)来看,暴雪期间,对应槽前一直维持较强的正涡度平流区,暴雪出现在正涡度平流中心右前方。正涡度平流中心加强时,对应暴雪出现一个增幅期。且正涡度平流区先于暴雪出现,这对判断西风槽未来是否发展加深、产生暴雪有先兆指示意义。

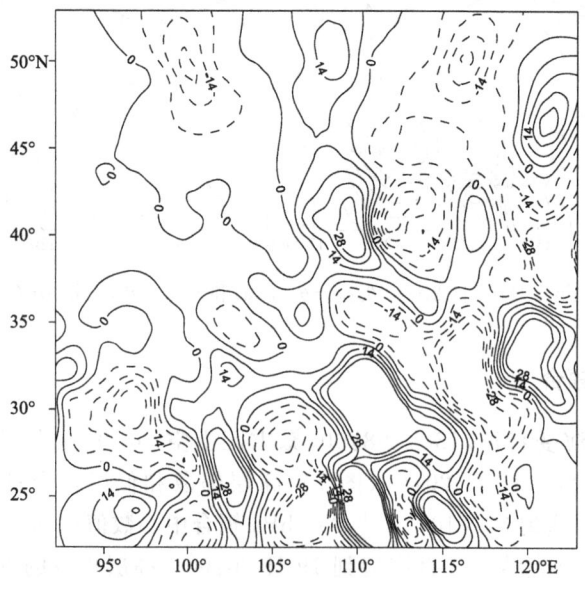

图8 2006年1月18日08:00 500 hPa涡度平流(单位:10^{-10} s^{-2})

4.3 强烈的上升运动

沿暴雪区上空 111.7°E 作垂直上升速度的剖面图。从图(图略)可看出,暴雪区上空从 17 日开始就出现上升运动,随着时间的临近,上升运动在不断加强,上升运动的伸展高度不断增加。暴雪出现前 12 h(图9),暴雪区上空几乎整层为上升运动,垂直上升运动达到 250 hPa 以下,而且数值相对较大,在 300 hPa 达到最大,中心数值为 -3.2×10^{-3} m·s^{-1}。这种强上升运动一直维持到 19 日 20:00,20 日 08:00 开始减弱。这是水汽和热量输送的重要因素。这种分布特征不仅维持时间长,而且出现在暴雪出现前 12~24 h,对预报暴雪的出现具有明显的先兆指示意义。

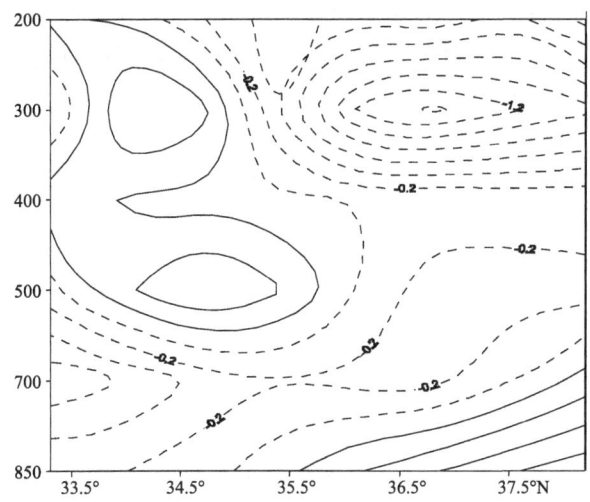

图 9　2006 年 1 月 18 日 20:00 暴雪区上空(111.7°E)垂直上升速度剖面(单位:10^{-3} m·s^{-1})

4.4 抬升系统——露点锋

分析 17 日 08:00—19 日 08:00 的 850 hPa 露点分布图的演变特征发现,18 日 20:00(图10)

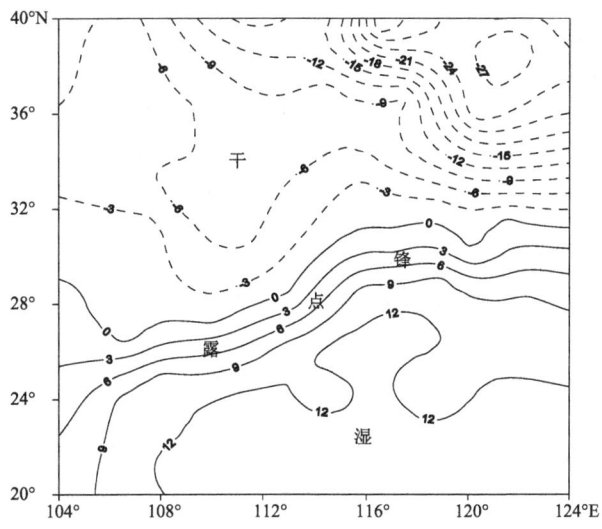

图 10　2006 年 1 月 18 日 20:00 850 hPa 露点分布(单位:℃)

到19日08:00(图略),东部沿海地区的等露点线呈Ω型,且向北强烈伸展,山西正好位于露点锋区密集带的西北侧,是高不稳定能量的爆发区,低层露点锋的抬升作用触发了中层高不稳定能量的释放。可见,低层露点锋的维持与发展,是造成山西中南部连续暴雪天气的重要触发机制。

5 预报着眼点

通过以上分析,得出此次暴雪的预报着眼点为:

(1)分析500 hPa图,是否存在稳定的"两槽一脊"型环流形势,乌拉尔山高脊的发展和极地冷空气的南侵以及其在高原地区的先堆积、后东移,是使得南支槽发展加深的重要原因;同时,地面图上,回流形势与河套倒槽共同强烈发展,两支气流耦合加强,与南支槽后部冷空气在山西中南部交汇。这种大型环流形势的形成、维持与发展,是暴雪产生的基本背景,可通过欧洲数值预报产品来提前得到信息。

(2)深厚的湿层和强烈的水汽辐合为此次暴雪提供了充分的水汽条件,暴雪中心位于中低层两个水汽通量轴线交汇的南侧。可提前12～24 h通过物理量场的诊断分析得到。

(3)500 hPa沿极涡外围极锋锋区分裂的短波槽,与南支槽同相叠置,是低空西南急流形成的重要原因,而东亚大槽后的冷空气在低层向南扩散,形成超低空东南急流,两支急流耦合加强,不仅为此次暴雪提供水汽和热量输送,而且使得重力波不稳定发展,加强了抬升运动。此种形势要考虑暴雪将有可能持续。

(4)高层辐散、低层辐合的垂直配置,以及深厚而强烈的上升运动,是强降雪出现的动力条件,这种结构提前12～24 h出现,对暴雪的预报有指示意义;而低层露点锋的存在,是不稳定能量释放的重要触发机制;500 hPa正涡度平流中心的增强,将预示着暴雪出现一个增幅期。

以上分析表明,通过数值预报产品分析形势演变以及物理量诊断分析,不仅可以提前12～24 h作出暴雪预报,而且可判断暴雪的持续或加强。

参考文献

[1] 王东勇,刘勇,周昆.2004年末黄淮暴雪的特点分析和数值模拟[J].气象,2006,32(1):30-35.
[2] 盛春岩,杨晓霞.一次罕见的山东暴雪天气的对称不稳定分析[J].气象,2002,28(3):33-37.
[3] 刘建军,程麟生."97.12"高原暴雪过程中尺度热量和水汽收支诊断[J].气象,2002,28(3):16-22.
[4] 宋清芝,王新敏,索秀珍.以数值预报产品为基础的大到暴雪预报系统[J].气象,1998,24(1):35-38.
[5] 宫德吉,李彰俊.低空急流与内蒙古的大(暴)雪[J].气象,2002,27(12):3-7.
[6] 陈爱玉,李存龙,陈新育.春、冬季暴雪成因对比分析[J].气象,1999,25(11):37-39.
[7] 高智松,魏柏温.南方大到暴雪的一种预报方法[J].气象,1994,20(4):14-43.
[8] 宫德吉,李彰俊.内蒙古大(暴)雪与白灾的气候学特征[J].气象,2003,26(12):24-28.
[9] 陈德群,胡洛林,冯民学,等.江苏省暴雪预报系统[J].气象,1994,20(11):29-31.
[10] 吴宝俊,许晨海,刘延英.螺旋度在分析一次三峡大暴雨中的应用[J].应用气象学报,1996,7(1):108-112.
[11] 范永祥,张芬复,赵同进.华北春季大雪和黄渤海强东风[J].气象,1979,15(9):9-10.
[12] 寿绍文.中尺度气象学[M].北京:气象出版社,2003.

一次切变线降雪的干侵入特征分析*

赵桂香[1]　范英东[2]　侯润兰[3]

(1. 山西省气象台 太原 030006；2. 黄委会中游水文水资源局 榆次 030600；
3. 山西省气象科技服务中心 太原 030002)

摘要：利用实况资料，分析了2004年12月20—22日出现在华北地区的大到暴雪天气的干侵入特征，得出：(1)此次降雪主要受中层切变线影响，降雪带与切变线相对应，强降雪中心就出现在切变线交汇的东南到东侧。(2)此次降雪过程中，干冷空气主要来自对流层高层，分3路持续入侵，而中低层西南和南两支暖湿气流在对流层中层耦合加强，与干冷空气交汇，产生强降雪。(3)随着中层切变线的东移发展，湿不稳定增强并向下延伸，高位涡区向东输送并向下传播，从而触发不稳定能量释放，导致强降雪。(4)对流层高层持续的干侵入，使得中低层切变线稳定维持，有利于其前方西南急流的稳定加强和对流性不稳定的持续发展，是导致强降雪持续、增幅的重要原因。

关键词：切变线；干侵入；位涡；对流不稳定

引言

20世纪90年代，华北连续出现"暖冬"，少强冷空气活动，降雪稀少，人们对暴雪天气过程的关注有所减少。然而，21世纪以来，华北多次出现暴雪天气，给城市交通、道路运输、牧区生产以及人民生命财产造成严重损失。2004年12月20—22日，华北遭受强冷空气袭击，出现强降雪天气，山西中南部、河北中南部达到暴雪，内蒙古和北京的局部地区达大到暴雪。此次降雪持续时间长、强度大、大到暴雪集中、影响范围广，很值得关注。

干侵入是指从对流层顶附近下沉至低层的干冷空气。研究表明，干侵入对气旋的生成和发展有着促进作用[1]，并影响着锋面降水结构分布和演变特征[2]，对干侵入结构和特征的分析和研究及其在天气尺度系统和次天气尺度系统发展中的作用，越来越受到广大气象学者的关注[3-6]，但大多用于暴雨过程中的分析研究，乔林[7]等用于山东半岛冷流持续降雪的分析，得出冷空气主要来源于北侧对流层高层，干冷空气的侵入是锋生和不稳定能量释放的触发机制。文章从环流形势分析入手，着重分析了干侵入特征，试图发现对此类天气预报有指导意义的信息。

---

* 本文发表于《山西气象》，2009(4)：10-14。

1 实况和环流形势概述

1.1 降雪实况

2004年12月20日08:00—21日08:00(图1a)的降雪区主要位于甘肃、陕西、河南、山西等地,降雪带呈东北—西南向带状分布,强降雪中心在山西中南部,最大降雪量12 mm,位于山西南部的垣曲和夏县;21日08:00—22日08:00(图1b),降雪区范围扩大,强度增强,强降雪中心迅速东移、北抬,最大中心位于石家庄,24 h降雪量15 mm,河北中南部大部分县(市)降雪量>6 mm,山西北部和内蒙古中部部分地区降雪量在5~7 mm;22日08:00—23日08:00,雪区继续东移,范围缩小,强度减弱。从6 h水量分布图(图略)来看,20日上午,降雪从陕西西南部和甘肃东部开始,零散分布,且量很小,下午,雪区范围迅速北抬、东移,强度增大,连成东北—西南向的雪带,降雪区内包含多个强降雪中心,之后降雪有所减弱。21日上午,降雪再次加强(比前面时次强度更大、范围更广),强降雪中心东西向排列,21日20:00,强降雪范围扩大,强度继续增大,降雪带中有多个强降雪中心,分别位于河北中南部(最强)、山西北部(次之)、河南北部、内蒙古中部。22日08:00以后,降雪强度逐步减弱。

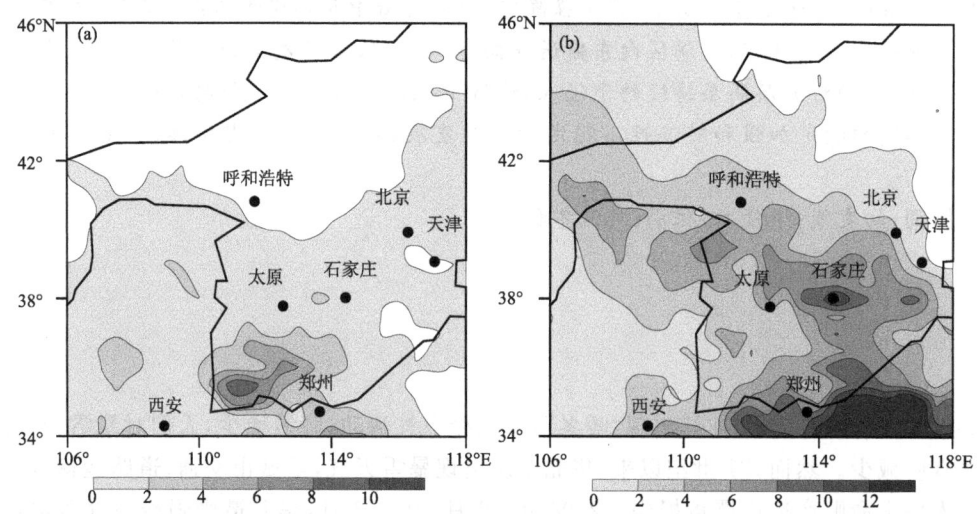

图1 2004年12月20日08:00—21日08:00(a)和21日08:00—22日08:00(b)
24 h降水量实况(单位:mm)

1.2 环流形势概述

分析此次过程环流形势,强降雪前期500 hPa(图略)中纬度一直维持"两槽一脊"型。从19日20:00开始,西部高原出现西南和西北气流的风场辐合,之后,随着乌拉尔山高压脊的减弱,其后部冷空气经高原地区不断侵入华北,20日08:00风场辐合东移、加强,强风场辐合位于山西,20日20:00—21日08:00,乌拉尔山高压脊继续减弱变平,西南气流加强,强风场辐合东移,先后造成山西、河北地区的大到暴雪天气。同时,700 hPa上,20日20:00(图2a),青藏高原的东北侧形成一条近似东南—西北向的辐合线、东侧为东北—西南向的切变线,而辐合线东侧出现西南风和东南风的暖切变,山西中南部处于暖切变线南侧强盛的西南气流中,低层850 hPa(图略)上山西中南部处在一致的偏东南气流中。受以上系统共同影响,20日夜间山西中南部出现暴雪天气。21日08:00(图2b),3条切变线发展,交汇于山西西部,并向偏东北方向移动,同时暖切变线伸至河北西部,西南气流进一步加强,整个华北中南部都处在850 hPa强盛的偏东南气流控制下,21日上午山西南部、21日下午河北中南部先后出现暴雪天气。之后,切变线在东移过程中逐步变得不明显,暴雪也逐步减弱结束。

对应地面图(图略)上,20日08:00—21日08:00有河套倒槽形成发展并向北伸展。

综观这次暴雪过程,降雪带与中层切变线相对应,强降雪中心就位于3条切变线交汇的东南到东侧,而且中层、低层两支强盛的西南和东南急流共同为此次华北暴雪提供充沛的水汽来源。

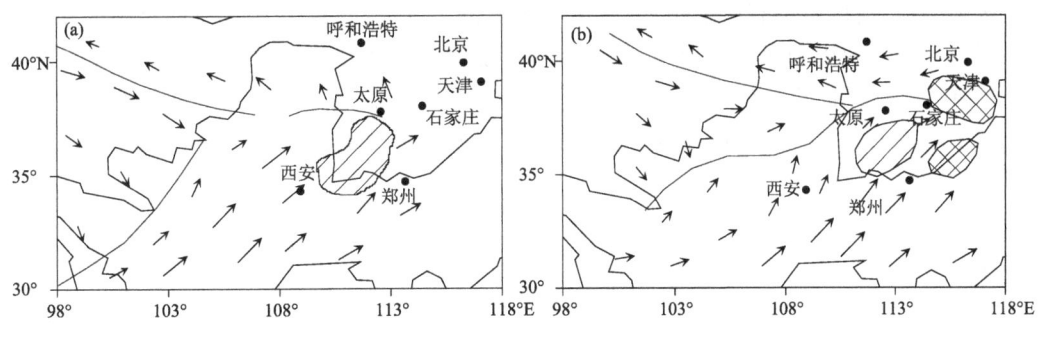

图2 2004年12月20—21日700 hPa切变线变化
(实线表示切变线,箭头表示风矢量,a为20日20:00,b为21日08:00;a中阴影区为20日20:00—21日08:00出现的暴雪区,b中单线阴影区为21日上午的暴雪区,双线阴影区为21日下午的暴雪区)

2 资料来源及处理

文章所用资料为地面实时观测资料、高空探空资料。

计算所用实况资料范围为90°~150°E,20°~50°N,应用逐步订正方案对资料进行客观分析,并采用Kriging网格化方法,生成格点数为87×44的网格资料,水平分辨率为0.7°×0.7°,垂直分为10层。

3 干侵入特征分析

干侵入可以用低相对湿度和高位势涡度两个特征来表征。

3.1 干侵入在湿度场上的表现特征

3.1.1 水平分布特征

由于冬季整个对流层都较干,本文分析以相对湿度<40%来表征干空气。从各层相对湿度和风矢量叠加分布来看,降水区的北方总是存在干空气侵入,在偏北气流的引导下南下,侵入低层。20日20:00,200 hPa(图3a)上,45°N以南,90°~140°E的广大地区为干区,其相对湿

度<30%,干区内盛行强盛的偏北气流;500 hPa(图3b)上,45°N 以南,95°~140°E 的广大地区相对湿度<40%,干区较 200 hPa 明显偏东,干区内存在东北和北两支气流,干区呈东北—西南走向;而 700 hPa(图3c)上,范围明显缩小,干区主要分布在 25°~45°N,114°~137°E 的范围内,走向与 500 hPa 基本一致,干区内盛行西北、东北和北3支气流,干区西侧为强湿区,湿度梯度最大,这与中层西南急流关系密切;850 hPa(图3d)上,干区基本分布在 35°N 以北的区域,且呈近似东西走向,干区内也存在西北、东北和北3支气流,在干区的南侧,存在近似东西向带状的湿区,相对湿度梯度最大,湿区内则存在西南和南两支偏南气流,这与地面回流关系密切,特别是在相对湿度梯度最大处,出现了强烈的风辐合,强降水就落在该相对湿度梯度最大处湿区一侧、强风辐合的区域。中低层干区内的3支偏北气流与3条切变线密切对应。21日08:00(图略),200 hPa 和 500 hPa 上,干区明显南压,强度有所增强,700 hPa 和 850 hPa 上,干区则明显东移,范围有所缩小,但各层干区内偏北气流在持续增强,中低层湿区东移、北抬,湿区内仍存在西南和南两支偏南气流,在相对湿度梯度最大处,强烈的风辐合仍在维持,未来 12 h 强降雪落区也随之东移、北抬。22 日 08:00 以后,无论哪层,干区范围均明显缩小,强度减弱,干区内的偏北气流逐渐减弱,出现偏西气流或西南气流,引导干侵入呈气旋式旋转,降水也逐步减弱、结束。

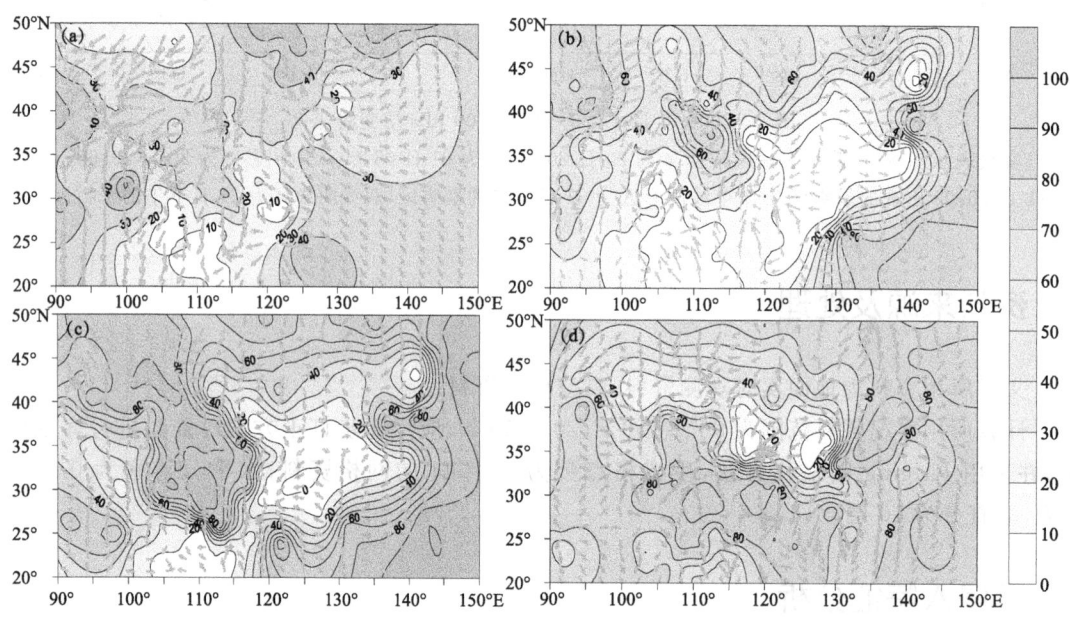

图3 2004年12月20日20:00各层相对湿度(单位:%)和风矢量叠加
(a)200 hPa,(b)500 hPa,(c)700 hPa,(d)850 hPa

由此可见,降雪期间,对流层各层均存在干空气侵入,干区范围在对流层高层较中低层大很多,而强度则在对流层中高层上较强,位置较低层偏东。强降雪期间(20日夜间到21日夜间),对流层高层干空气从北方持续侵入低层,但降雪并不是出现在干侵入区中,而是位于低层相对湿度梯度密集带的湿侧,这可能与第二类条件不稳定增长有关[8]。强降水是随着干侵入的逐步减弱而结束的。

3.1.2 垂直分布特征

从沿 114.4°E 相对湿度的纬度—高度剖面图(图 4 实线)上可以看出,21 日 08:00,500 hPa 以上为广大的干区,相对湿度均<40%(这比夏季要干得多);600 hPa 以下,30°~40°N 的区域为湿区,其相对湿度基本>75%,而 30°N 以南和 42°N 以北均为<20%的强干区。干空气分 3 路侵入中低层,低纬地区以偏西北路径、高纬地区以偏东北路径、30°~40°N 的区域则以北路直灌中层,东西两路干空气均呈"漏斗"状,在对流层低层收缩加强,向近地层强烈扩散。而中低层湿区呈倒扣的"碗状",向上伸展,结合中低层经向风来看,中低层西南和南两支气流,沿"碗壁"爬升,在对流层中层耦合加强,与上述干冷空气交汇,产生强降雪。这种形势一直持续到 22 日 08:00,而强降水也就出现在这种分布稳定维持期间。

3.2 干侵入在温度场上的表现特征

分析等位温线沿 114.4°E 的剖面(图 4 虚线),可以看出,等位温线在 32°N 以北的区域向上凸,这是冷空气堆的明显标志,且由低层到高层向西北倾斜,尤其是在 600 hPa 以上,表现更为突出,说明干侵入是冷性的,而且冷空气主要来自高层。

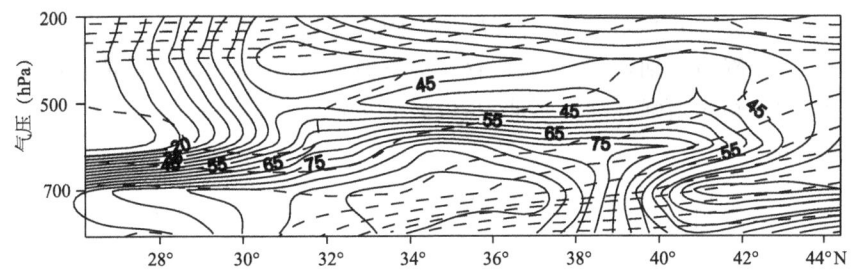

图 4 2004 年 12 月 21 日 08:00 沿 114.4°E 相对湿度(单位:%)和位温(单位:℃)的剖面①
(实线为相对湿度,虚线为位温)

综上所述,此次大到暴雪过程中,对流层各层均存在干侵入,其分布范围和强度有所不同。来自 500 hPa 以上的干冷空气分 3 路持续入侵,东西两路干冷空气在对流层低层的"漏斗口"附近加强,向近地层强烈扩散,北路干冷空气则直灌对流层中层,而来自中低层的暖湿气流沿"碗壁"爬升,在对流层中层耦合加强,两大股加强的冷暖气流强烈交汇,造成强降雪。

3.3 干侵入在位涡场上的表现特征及其与暴雪增幅的关系

Bennetts 和 Hoskins 研究了在有效静力稳定度减小的潮湿大气中对称不稳定的可能性,指出湿位涡 $q_w<0$ 是大气发生条件性对称不稳定的判据[9]。寿绍文等[10]的研究表明,湿位涡的演变能很好地反映暴雨产生时的干冷空气活动特征。干侵入即是对流层高层高位涡向下传播、向东输送的过程。

在 P 坐标系中,忽略 ω 的水平变化,湿位涡的表达式为:

$$\text{MPV} \approx -g(\zeta+f)\frac{\partial \theta_{se}}{\partial p} + g\left(\frac{\partial v}{\partial p}\frac{\partial \theta_{se}}{\partial x} - \frac{\partial u}{\partial p}\frac{\partial \theta_{se}}{\partial y}\right) \tag{1}$$

---
① 由于这部分只分析位温的结构形状,不关注它们的具体大小,故其等值线没有标具体数值。

湿相对位涡的正压项为：

$$(MPV)_{rel} = -g\zeta \frac{\partial \theta_{se}}{\partial p} \tag{2}$$

式中，ζ 为垂直涡度，f 为科氏参数，θ_{se} 为假相当位温，其余为气象上常用符号。利用网格资料计算了暴雪期间各层湿位涡。

从湿相对位涡场正压项（q_w）的垂直剖面图来看，在暴雪增幅前期，沿 35.4°N 的剖面图（图5）上，降雪区上空的低层为弱的 $q_w>0$ 区，600 hPa 以上为 $q_w<0$ 区，基本呈南北走向，负中心位于 500 hPa 上，中心强度为 -0.92 PVU。在沿 38.9°N 的剖面图（图略）上，有与上述剖面类似的形势。说明在暴雪增幅前期，湿对称不稳定主要在对流层高层。在暴雪发展东移的过程中，q_w 的负值中心也在加强东移，21 日 08:00，暴雪区上空从低层到 200 hPa 左右均为 $q_w<0$ 区，且中心强度加强至 -1.44 PVU，强降雪就出现在这个负值中心东南侧。说明在暴雪增幅期，湿对称不稳定向下延伸。在暴雪消亡期，q_w 的负值中心迅速减弱，负值区范围也迅速变小，取而代之的是弱的正值区。

而在湿对称不稳定西侧，暴雪增幅前期，存在一高位涡库，最大中心数值为 0.3 PVU。之后，随着高位涡库的向东移动，高位涡向东输送，并向下传播，在暴雪增幅期，高位涡中心下传至近地面层，并东移到 110°E 附近，中心强度增大到 1.5 PVU。

由此可见，在强降雪前期，对流层高层存在湿不稳定，其西侧存在一高值位涡库，随着切变线的东移发展，湿不稳定增强并向下延伸，高位涡向东输送并向下传播，从而触发不稳定能量释放，导致强降雪。

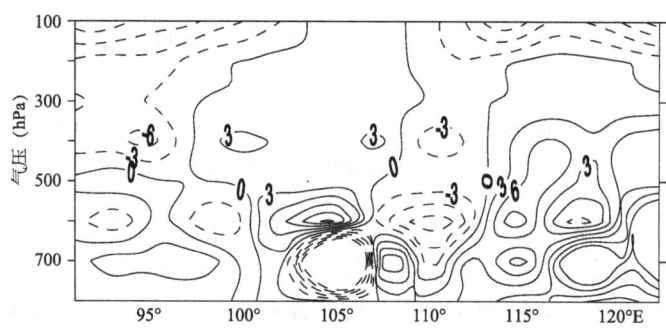

图 5　2004 年 12 月 20 日 20:00 沿 35.4°N q_w 的剖面（单位：PVU）

3.4　干侵入对 700 hPa 切变线稳定维持和增强降雪的作用

700 hPa 切变线位于高层干冷平流的下方，在切变线的东南方，出现了"上干下湿"的层结分布，可导致 $\frac{\partial \theta_{se}}{\partial z}<0$。选取切变线东南方的长沙、贵阳两个探空站，计算其 19 日 20:00—22 日 08:00 的假相当位温及其在垂直方向上的变化（表1）。分析表明，19 日 20:00，切变线东南方的大气层结是稳定的，而到了 20 日 08:00，随着高层干冷空气的侵入，中低层层结开始变得不稳定，1 个站出现 $\frac{\partial \theta_{se}}{\partial z}<0$，1 个站为 0；20 日 20:00—21 日 08:00，大气的对流性不稳定迅速增强，2 个站均出现 $\frac{\partial \theta_{se}}{\partial z}<0$，对应 20 日 20:00 和 21 日 08:00 700 hPa 图上，气旋性环流明显加强，切变线东南

方的西南急流风速不断加大,从而使得切变线稳定维持,导致降雪的持续、增幅。

表1 2004年12月19—21日切变线东南方假相当位温的变化   单位:℃

地点		19日20:00	20日08:00	20日20:00	21日08:00	21日20:00
长沙	θ_{se700}	37.6	36.4	39.2	39.2	42.3
	θ_{se850}	37.3	36.4	39.9	43.5	25.9
	$\theta_{se700}-\theta_{se850}$	+0.3	0.0	-0.7	-4.3	+16.4
贵阳	θ_{se700}	44.4	41.3	42.8	41.6	42.5
	θ_{se850}	44.1	46.1	45.4	41.9	45.1
	$\theta_{se700}-\theta_{se850}$	+0.3	-4.8	-2.6	-0.3	-2.6

注:θ_{se700}表示700 hPa的假相当位温,$\theta_{se700}-\theta_{se850}$表示700 hPa与850 hPa的假相当位温之差,其他同理。

另外,两站垂直方向上的温差也在不断增大,说明冷平流降温明显。在切变线西侧的不同高度上,干侵入以不同的强度持续侵入到中低层切变线上空,引起降水区上空不同程度的冷平流降温,导致垂直方向上的温差增大,使得切变线降水区上空的对流性不稳定增强,加强了湿不稳定的发展,可导致强降雪的增幅[11]。

因此,对流层高层持续的干侵入,使得中低层切变线稳定维持,有利于其前方西南急流的稳定加强和对流性不稳定的持续发展,是导致强降雪持续、增幅的重要原因。

4 结论和讨论

(1)此次降雪主要由中层切变线影响所致,3条切变线稳定维持是导致强降雪持续、增幅的重要原因。

(2)此次降雪过程中,对流层各层均存在干侵入,但其分布范围和强度明显不同,强降雪主要是由来自500 hPa以上的干冷空气分3路持续入侵(其中东西两路在对流层中低层的"漏斗"口附近加强,向近地层强烈扩散,北路直灌中低层),与来自中低层的暖湿气流强烈交汇造成的;强降雪并不是出现在干侵入区中,而是位于中低层相对湿度梯度密集带的湿侧、有强风辐合的区域,降雪是随着干区内的偏北气流逐渐减弱,出现偏西气流或西南气流,引导干侵入呈气旋式旋转,而逐步减弱、结束的。

(3)在强降雪前期,对流层高层存在湿不稳定,其西侧存在一高值位涡库,随着切变线的东移发展,湿不稳定增强并向下延伸,高位涡向东输送并向下传播,从而触发不稳定能量释放,导致强降雪。

(4)对流层高层持续的干侵入,使得中低层切变线稳定维持,有利于其前方西南急流的稳定加强和对流性不稳定的持续发展,这是导致强降雪持续、增幅的重要原因。

参考文献

[1] BROWING K A. The dry intrusion perspective of extratropical cyclone development[J]. Meteor Appl, 1997, 4: 317-324.

[2] BROWING K A, ROBERTS N M. Variation of frontal and precipitation structure along a cold front[J]. Quart J Roy Meteor Soc, 1996, 122: 1845-1872.

[3] 姚秀萍,吴国雄,赵兵科,等.与梅雨锋上低涡降水相伴的干侵入研究[J].中国科学,2007,37(3):

417-428.

[4] 于玉斌,姚秀萍.干侵入的研究及其进展[J].气象学报,2003,61(6):769-778.

[5] 张伟,陶祖钰,胡永云,等.气旋发展中平流层空气中干侵入现象分析[J].北京南大学学报,2006,42(1):61-67.

[6] 姚秀萍,于玉斌.2003年梅雨期干冷空气的活动及其对梅雨降水的作用[J].大气科学,2005,29(5):973-985.

[7] 乔林,林建.干冷空气侵入在2005年12月山东半岛持续性降雪中的作用[J].气象,2008,34(7):27-33.

[8] 胡伯威.与低层"湿度锋"耦合的带状CISK和暖切变型梅雨锋的产生[J].大气科学,1997,21(6):679-686.

[9] 寿绍文,励申申,张诚忠,等.梅雨锋中尺度切变线雨带的动力结构分析[J].气象学报,2001,59(4):405-413.

[10] 寿绍文,李耀辉,范可.暴雨中尺度气旋发展的等熵面位涡分析[J].气象学报,2001,59(6):560-568.

[11] 赵桂香,程麟生,李新生."04.12"华北大到暴雪切变线过程的动力诊断[J].高原气象,2007,26(3):615-623.

"04·12"华北大到暴雪过程切变线的动力诊断

赵桂香[1]　程麟生[2]　李新生[3]

(1. 山西省气象台 太原 030006；2. 兰州大学大气科学学院 兰州 730000；
3. 山西省晋中市气象局 晋中 030060)

摘要：利用地面实测资料和MM5输出产品,对2004年12月20—22日发生在华北地区的大到暴雪天气过程的动力结构进行了分析研究,结果表明:此次过程存在3条中尺度涡管,位于对流层中低层,附近存在正反两个略向东北倾斜的垂直环流圈,暴雪区就位于两环流圈之间的倾斜上升运动区,涡管沿着平均气流向偏东北方向移动,同时,高空湿位涡下传导致涡管增强,从而引起暴雪的增幅。涡散度垂直剖面图显示,暴雪切变线的垂直结构自低向高呈现向东北倾斜的状态。正涡度变率中心和带的生成、发展与切变线的结构演变基本一致,且与暴雪的发生、发展密切相关,涡度变率较涡度更能准确反映暴雪切变线生成、发展的物理机制。而涡度变率强度与中低空的条件对称不稳定密切相关。

关键词：涡管；暴雪；涡度变率；湿位涡；条件对称不稳定

引言

20世纪90年代,华北连续出现"暖冬",少强冷空气活动,降雪稀少,人们对暴雪天气过程的关注有所减少。然而,21世纪以来,华北多次出现暴雪天气,给城市交通、道路运输、牧区生产以及人民生命财产造成严重损失。2004年12月20—22日,华北遭受强冷空气袭击,出现强降雪天气,山西中南部、河北中南部达到暴雪,内蒙古和北京的局部地区达大到暴雪。此次降雪持续时间长、强度大、大到暴雪集中、影响范围广,为近年来少见。本文对此次过程进行分析,希望引起更深入的讨论。

暴雨和暴雪都是社会所关注的灾害天气。对暴雨的研究,国内外气象学者已取得了不少成果。对于冬季的暴风雪,国外有不少研究,认为欧美的暴风雪多与温带气旋发展登陆有关[1-3],日本的降雪则多与低压系统的发展有关[4-5]。早些年,国内有些气象学者对中国中纬度冷季系统做过深入的研究[6-8]。近年来,我国高原地区的降雪引起了国内学者的关注,张小玲等[9-10]研究了发生在高原地区的"96.1"暴雪的中尺度切变线发生发展的动力演变特征,认为,

---

* 本文发表于《高原气象》,2007,26(3):615-623。

涡散度的结构及其演变与暴雪切变线的生成和发展密切相关;王文等[11-12]进一步对此次过程的湿对称不稳定进行了数值模拟,指出条件性对称不稳定(Conditional Symmetric instability,CSI)是"96.1"暴雪发生和发展的一种动力机制。池再香等[13]对发生在2003年1月黔东南地区的暴雪也进行了对称不稳定分析,得出了类似的结论。然而,华北暴雪的研究仍是一个比较薄弱的环节。本文利用常规实测资料和MM5输出产品,对2004年12月20—22日发生在华北的大到暴雪过程进行动力诊断,研究其动力演变特征和结构,以获得一些对预报有指导意义的结论。

1 降雪区实况变化特征及大尺度、中尺度环流系统分析

2004年12月20日08:00—21日08:00(图1a)的降雪区主要位于甘肃、陕西、河南、山西等地,降雪中心带呈东北—西南向带状分布,主要的强降雪在山西中南部,最大降雪量12 mm,位于山西南部的垣曲和夏县;21日08:00—22日08:00(图1b),雪区范围扩大,强度增强,强降雪中心迅速东移、北抬,最大中心位于石家庄,24 h降雪量15 mm,河北中南部大部分县(市)降雪量>6 mm,山西北部和内蒙古中部部分地区降雪量在5～7 mm;22日08:00—23日08:00,雪区继续东移,范围缩小,强度减弱。从6 h降水量分布图(图略)来看,20日上午,降雪从陕西西南部和甘肃东部开始,零散分布且量很小,下午雪区范围迅速北抬、东移,强度增大,连成东北—西南向的雪带,降雪区内包含多个强降雪中心,之后降雪有所减弱。21日上午,降雪再次加强(比前面时次强度更大、范围更广),强降雪中心东西向排列,21日20:00,强降雪范围扩大,强度继续增大,降雪带中有多个强降雪中心,分别位于河北中南部(最强)、山西北部(次之)、河南北部、内蒙古中部。22日08:00以后,降雪强度逐步减弱。

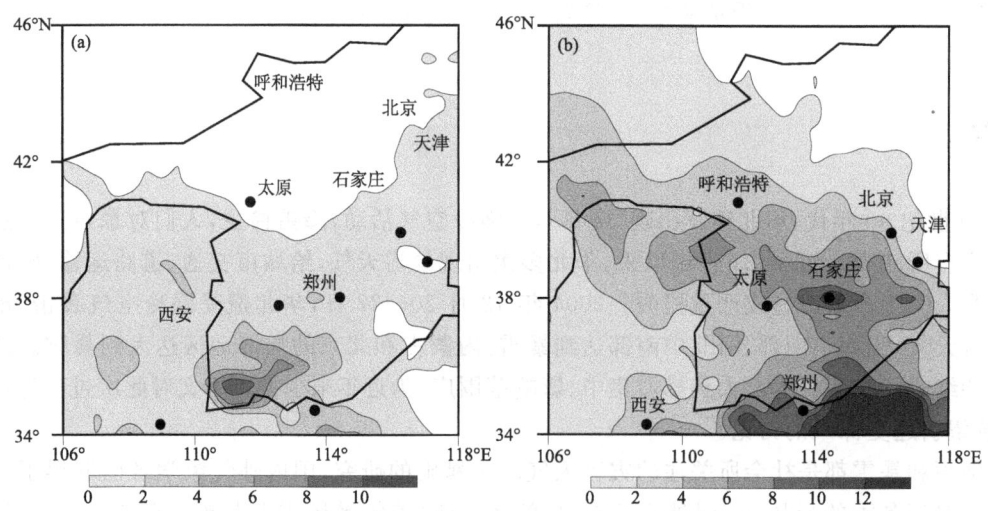

图1 2004年12月20日08:00—21日08:00(a)和21日08:00—22日08:00(b)
24 h降水量实况(单位:mm)

分析此次过程环流形势,强降雪前期500 hPa中纬度一直维持"两槽一脊"型。从19日20:00开始,西部高原出现西南和西北气流的风场辐合,之后,随着乌拉尔山高压脊的减弱,其后部冷空气经高原地区不断侵入华北,20日08:00风场辐合东移、加强,强风场辐合位于山

西,20日20:00—21日08:00,乌拉尔山高压脊继续减弱变平,西南气流加强,强风场辐合东移,先后造成山西、河北地区的大到暴雪天气。同时,700 hPa上,20日20:00(图2a)青藏高原的东北侧形成一条近似东南—西北向的辐合线、东侧为东北—西南向的切变线,而辐合线东侧出现西南风和东南风的暖切变,山西中南部处于暖切变南侧强盛的西南气流中,低层850 hPa上山西中南部处在一致的偏东南气流中(图略)。受以上系统共同影响,20日夜间山西中南部出现暴雪天气。21日08:00(图2b),3条切变线发展,交汇于山西西部,并向偏东北方向移动,同时暖切变伸至河北西部,西南气流进一步加强,整个华北中南部都处在850 hPa强盛的偏东南气流控制下,21日上午山西南部、21日下午河北中南部先后出现暴雪天气。之后,切变线在东移过程中逐步变得不明显,暴雪也逐步减弱结束。

对应地面图上,20日08:00—21日08:00有河套倒槽形成发展并向北伸。

综观这次暴雪过程,降雪带与中层辐合线非常一致,强降雪中心就位于3条切变线交汇的东南到东侧,而且中低层两支强盛的西南和东南气流共同为此次华北暴雪提供充沛的水汽来源。

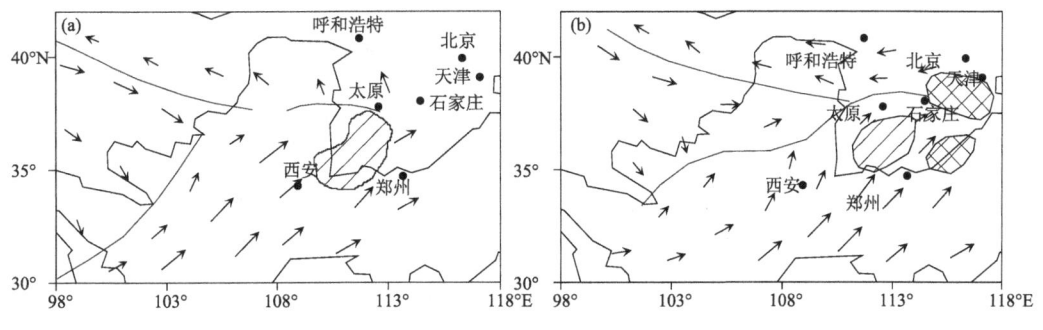

图2 2004年12月20—21日700 hPa切变线变化

(实线表示切变线,箭头表示风矢量,a为20日20:00,b为21日08:00;a中阴影区为20日20:00—21日08:00出现的暴雪区,b中单线阴影区为21日上午的暴雪区,双线阴影区为21日下午的暴雪区)

2 资料及模式

诊断分析使用了PSU/NCAR中小尺度数值模式MM5输出的产品资料。模式选用非静力平衡、简单冰相显式水汽方案、郭晓岚积云对流参数化方案、高分辨Blackada PBL方案,考虑潜热的作用、侧边界采用时变流入流出方案。

具体做法是:以20日08:00资料为初值,积分60 h,得到20日20:00—22日08:00每12 h的输出资料。模式采用双向嵌套网格,粗网格格距为60 km,时间步长为90 s,细网格格距为20 km,时间步长为30 s,垂直分辨率为16层,两网格的中心经纬度均为(38°N,114°E),格点数为46×61。从模拟结果看,模式在850~100 hPa的形势场预报效果较好,但在南北位置上略有偏差;模拟的降水量也较实况略偏小(图3)。

图4给出了21日08:00 700 hPa风场模拟情况,其主要影响系统的位置与实况(图2b)还比较一致,表明模拟结果能基本再现这次暴雪过程的中尺度系统。因此,模拟结果可以用于暴雪中尺度系统的动力诊断分析。

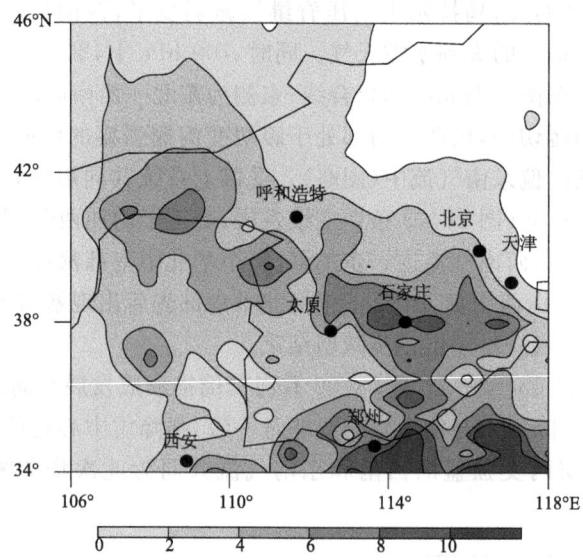

图3 2004年12月21日08:00—22日08:00 24 h降雪量模拟(单位:mm)

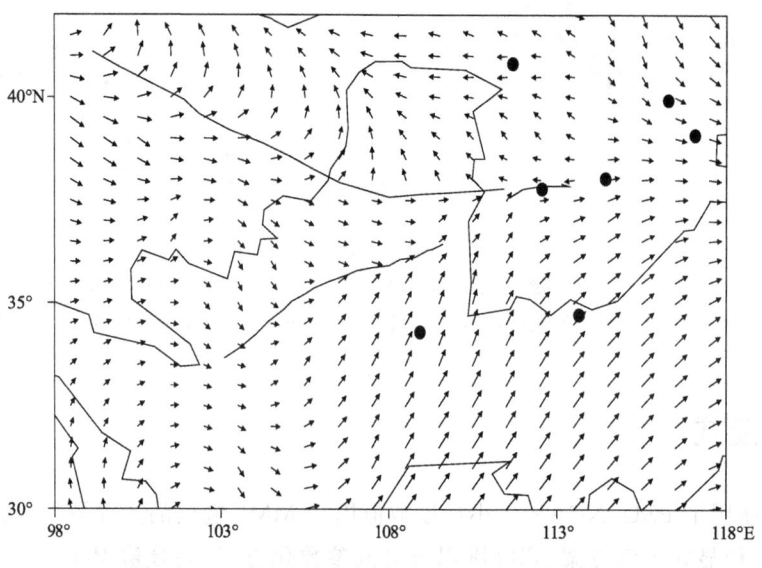

图4 2004年12月21日08:00 700 hPa风场模拟
(实线为切变线)

3 涡度场演变和结构与暴雪切变线发生、发展

涡度是度量无限小的空气质块(微团)旋转程度和方向的物理量,因为大气基本作水平运动,所以着重考虑在水平面上的旋转,即指向垂直方向的涡度分量,按下式计算:

$$\zeta_z = \frac{\partial v}{\partial x} - \frac{\partial u}{\partial y} \tag{1}$$

涡度场的演变与天气系统的发生、发展密切相关。依据上述公式计算了各层涡度。分析

2004年12月20—22日500 hPa涡度演变图(图5),可以看出,20日20:00(图5a),强降雪区上空出现一条狭长的正涡度带,中心最大数值为$+3.23\times10^{-5}$ s^{-1},呈南北走向略向西北倾斜,其间有两个"正涡度核",该涡度带西南方向存在一条更强的正涡度带,中心值达到$+4.56\times10^{-5}$ s^{-1},这两个正涡度带分别对应着20日20:00 700 hPa的两条切变线(图2a),但位置和结构上还存在一定偏差;21日08:00(图5b),两条正涡度带打通,形成一个">"型的强的正涡度区,位置略向偏东北方向移动,其分布与走向和700 hPa切变线结构(图2b)变得非常一致,且其间"正涡度核"强度明显增强,最大中心值达$+5.25\times10^{-5}$ s^{-1},这个">"型的强正涡度区一直维持到22日08:00(图5d)以后,并与此期间的强降雪带分布(图1b)非常一致。由于其西部的一个强涡度负值中心伸入,这个">"型的强涡度区分别被北抬、南压,逐步分裂,暴雪区上空被负的涡度区控制,切变线逐步变得不明显,强降雪也随之减弱、结束。

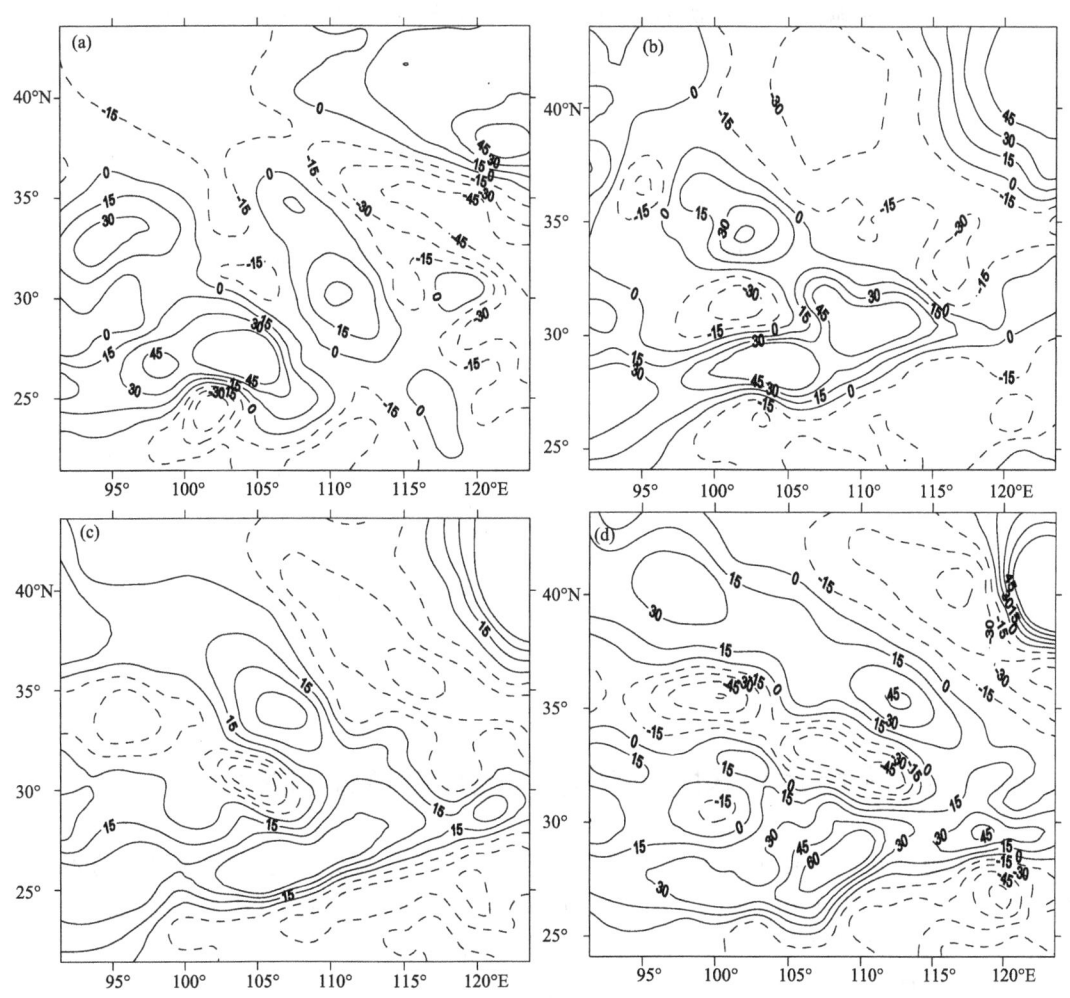

图5 2004年12月20—22日500 hPa涡度演变(单位:10^{-5} s^{-1})
(a)20日20:00,(b)21日08:00,(c)21日20:00,(d)22日08:00

通过以上分析看出:在较强西南气流的作用下,正涡度区向偏东北方向传递,影响着切变线的发展、东移和北抬,从而造成了降水条件的维持及整个降水期间降水量在时间及空间上的分布不均匀,"正涡度核"先于强降雪出现,这为预报强雪的出现提供了有利的参考依据。

与 500 hPa 相对应,700 hPa(图略)和 850 hPa(图略)也存在类似的结构。

另外,沿暴雪区上空 35.4°N 分别作涡散度垂直剖面(图 6),20 日 20:00,暴雪区上空存在一条强正涡度带,正涡度带从地面一直伸展至高空,其间有两个正中心,一个位于 500 hPa 左右,另一个位于 250 hPa 左右,而其两侧为相同走向的负涡度带,在降雪带两侧存在正反两个垂直环流圈。对应散度垂直剖面图上,暴雪区低空为强的辐合带(最大中心为 $-22.5\times 10^{-6}\ \mathrm{s^{-1}}$),中高空为强的辐散带(最大中心为 $+25\times 10^{-6}\ \mathrm{s^{-1}}$),导致整层形成很强的上升运动(图略)。与此同时,与低空强辐合相伴的暴雪切变线必然持续发展(图 2b)。

由此可见,暴雪切变线与正涡度区相对应,切变线西侧对应的冷空气下沉气流,有利于切变线发展东移,华北地区从高空到低层均有正涡度平流输送,正涡度平流输送有利于切变线的移动,带动冷空气逼近华北地区。而涡、散场的空间配置极有利于暴雪切变线发展及暴雪形成与维持。

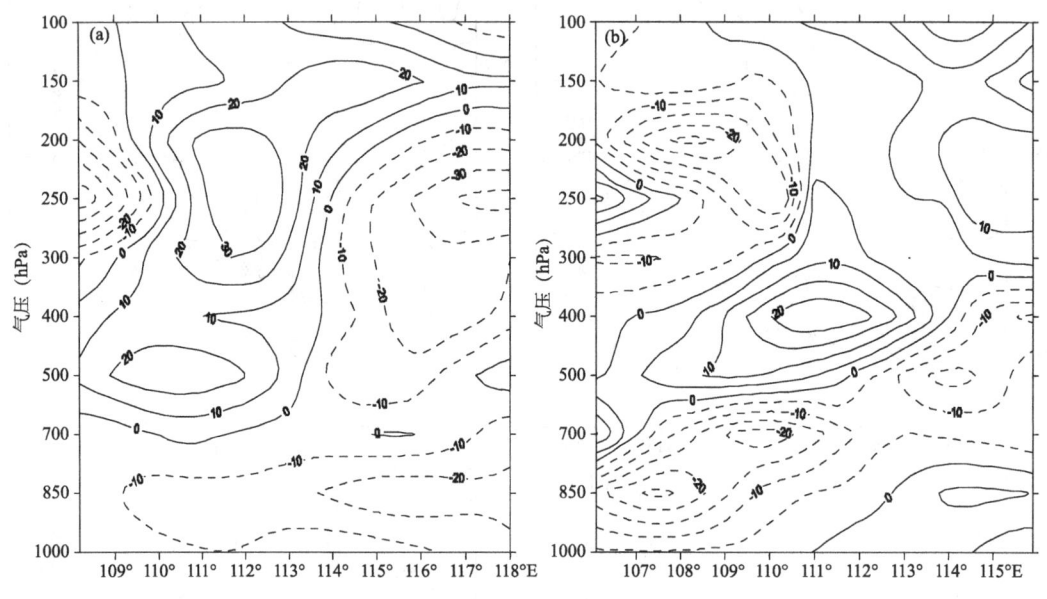

图 6 2004 年 12 月 20 日 20:00 沿 35.4°N 剖面(单位:$10^{-6}\ \mathrm{s^{-1}}$)
(a)涡度,(b)散度

4 条件对称不稳定与涡度变率强度、强降雪增幅的关系

对称不稳定是一种浮力—惯性不稳定,它是空气作倾斜上升运动时所表现的不稳定性[14]。Bennetts 和 Hoskins 研究了在有效静力稳定度减小的潮湿大气中对称不稳定的可能性,得出了条件性对称不稳定(CSI)的概念,并指出湿位涡 $q_w<0$ 是大气发生条件性对称不稳定的判据。因此,分析湿位涡及其剖面图的演变特征,有助于揭示中尺度系统与 CSI 的联系[15],并反映其与暴雪过程的关系。利用模式输出资料,计算了各等压面层上的相对湿位涡,并对斜压项、正压项进行了对比,讨论了其演变特征与暴雪增幅的关系。

在 P 坐标系中,忽略 ω 的水平变化,湿位涡的表达式为:

$$\mathrm{MPV} \approx -g(\zeta+f)\frac{\partial \theta_{se}}{\partial p} + g\left(\frac{\partial v}{\partial p}\frac{\partial \theta_{se}}{\partial x} - \frac{\partial u}{\partial p}\frac{\partial \theta_{se}}{\partial y}\right) \tag{2}$$

式中，ζ 为垂直涡度，f 为科氏参数，θ_{se} 为假相当位温，其余为气象上常用符号。为能更清楚地体现湿位涡及其组成部分与强降水的关系，可将湿位涡分为两部分：

湿牵连位涡：$(MPV)_{am} = -gf \dfrac{\partial \theta_{se}}{\partial p}$ (3)

湿相对位涡：$(MPV)_{re} = -g\zeta \dfrac{\partial \theta_{se}}{\partial p} + g\left(\dfrac{\partial v}{\partial p}\dfrac{\partial \theta_{se}}{\partial x} - \dfrac{\partial u}{\partial p}\dfrac{\partial \theta_{se}}{\partial y}\right)$ (4)

湿相对位涡又由两部分组成：

正压部分：$(MPV)_{re1} = -g\zeta \dfrac{\partial \theta_{se}}{\partial p}$ (5)

斜压部分：$(MPV)_{re2} = g\left(\dfrac{\partial v}{\partial p}\dfrac{\partial \theta_{se}}{\partial x} - \dfrac{\partial u}{\partial p}\dfrac{\partial \theta_{se}}{\partial y}\right)$ (6)

湿牵连位涡是大气静止（$u=0,v=0$）时的湿位涡，可以说是大气的背景湿位涡场，由于 f 变化较为单一，在分析计算结果时发现，湿相对位涡与降水的关系更为直接，所以主要讨论湿相对位涡及其组成部分在暴雪发展过程中的演变特征。

4.1 湿相对位涡场的演变特征及其与强降雪的关系

从 500 hPa 湿相对位涡场的分布来看，20 日 08:00，华北地区为正值区，四川、甘肃、湖北等地区为弱的负值区，负值中心与较大降水中心对应；20 日 20:00，华北地区出现弱的负值区，负值中心位于山西中南部，强度为 -1.2 PVU，这与 20 日夜间山西中南部出现暴雪相对应；21 日 08:00—21 日 20:00 这个负值区一直维持，且范围明显向东扩大、北抬，这与此期间强降雪范围扩大、北抬非常一致，而 22 日 08:00，华北地区为一正值区取代，强降雪随之减弱、结束。

通过以上分析发现：在 20—22 日的降水时段中，湿相对位涡场的分布型式发生了明显的演变，降水期间，华北地区一直维持着一个负值区，在暴雪区的发展及移动过程中，负值中心的位置和强度也发生了改变，强降雪就落在负值中心附近，且负值中心先于强降雪出现，这对预报强降雪有一定的指示意义。

4.2 湿相对位涡正压与斜压项的比较

从图 7 中可以看到：20 日 20:00 $(MPV)_{re}$ 场中，华北地区为一近似南北走向的负值带，负值中心位于（113°E，34.9°N），中心强度 -1.0 PVU；在 $(MPV)_{re1}$ 场中，$(MPV)_{re1}$ 的分布基本与 $(MPV)_{re}$

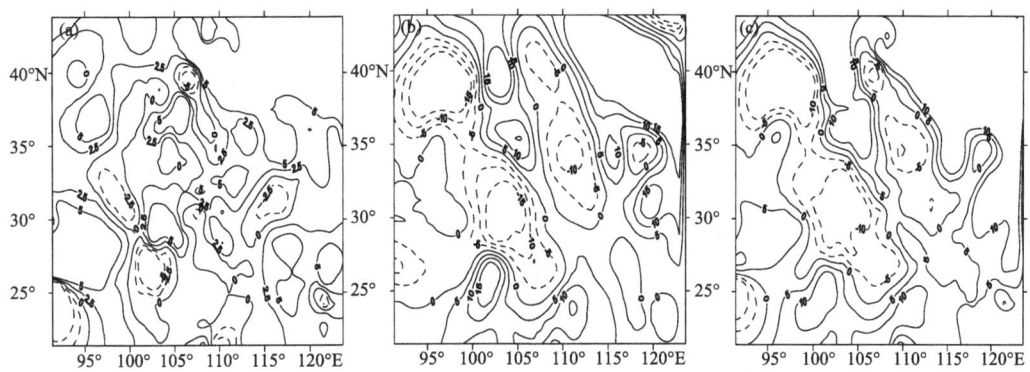

图 7　2004 年 12 月 20 日 20:00 500 hPa 湿位涡各项对比（单位：PVU）
(a)斜压项，(b)正压项，(c)湿位涡项

一致,其负值中心也位于(113°E,34.9°N),但中心强度略小,为−0.992 PVU,(MPV)$_{re2}$的分布则较为复杂,零星的正负小扰动分布在此场中,扰动中心强度很小,与(MPV)$_{re1}$相比,几乎可以忽略。这说明,斜压项的变化对湿相对位涡的大小和分布影响很小,从此后几个时刻(MPV)$_{re}$、(MPV)$_{re1}$、(MPV)$_{re2}$场的对比(图略)中,也可以得到相同的结论,即在这次暴雪天气过程中,湿相对位涡场的特征主要取决于其正压项的贡献,而其斜压部分由于量值很小,对湿相对位涡的大小和分布影响不大。正压部分简明地给出了大气动力状态与热力状态的相互联系和相互制约。

4.3 涡度变率诊断分析

P 坐标系中的涡度方程为:

$$\frac{\partial \zeta}{\partial t} = -\left(u\frac{\partial \zeta_a}{\partial x} + v\frac{\partial \zeta_a}{\partial y}\right) - \omega\frac{\partial \zeta}{\partial p} - \zeta_a D - \left(\frac{\partial \omega}{\partial x}\frac{\partial v}{\partial p} - \frac{\partial \omega}{\partial y}\frac{\partial u}{\partial p}\right)$$
$$= \zeta_h + \zeta_v + \zeta_d + \zeta_e = \zeta_s \tag{7}$$

式中,右端第一、二、三、四项分别表示绝对涡度平流输送项、涡度垂直输送项、散度项和扭转项,ζ_s 为总涡度变率,即总涡源。

利用模式输出资料,计算了涡度变率,给出了涡度变率及其演变结构(图8)。

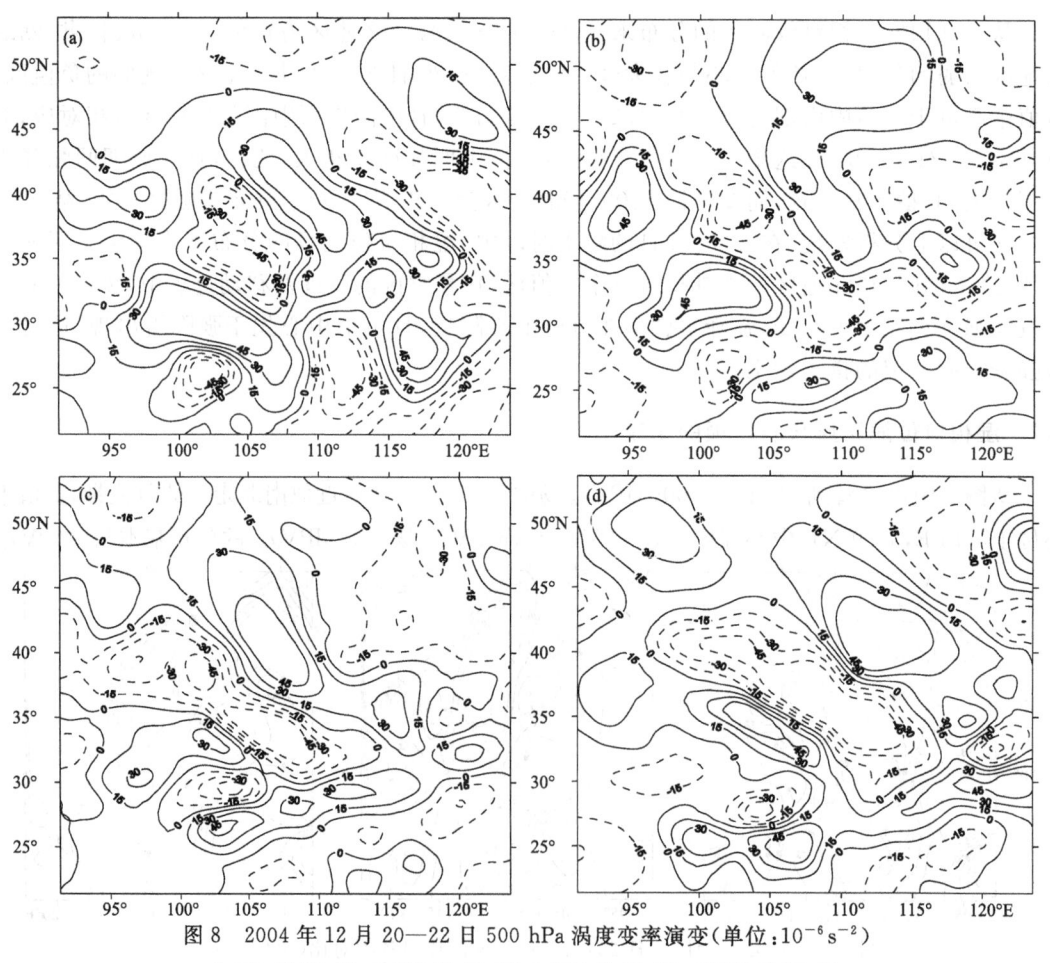

图8 2004年12月20—22日500 hPa涡度变率演变(单位:10^{-6} s^{-2})
(a)20日20:00,(b)21日08:00,(c)21日20:00,(d)22日08:00

从图中明显看出:正涡度变率中心和带的生成、发展与切变线的演变结构(图 2b)基本一致,在与切变线位置的对应关系上较涡度更好,且与暴雪的发生、发展密切相关,正涡度变率中心和带加强时,降雪也处在增幅期;正涡度变率中心和带减弱时,降雪也减弱;22 日 08:00,正涡度变率中心和带向东北方向移动,原正涡度变率中心和带被负涡度变率中心和带所取代,暴雪减弱结束。由此可见,涡度变率较涡度更能准确反映暴雪切变线生成、发展的物理机制。

4.4 湿相对位涡正压项与涡度变率强度、暴雪增幅的关系

从湿相对位涡场正压项的垂直剖面图(图 9)来看,在暴雪增幅前期(20 日 20:00),沿 35.4°N 的剖面图上,低空为弱的 $q_w>0$ 区,700 hPa 以上为 $q_w<0$ 区,基本呈南北走向,负中心位于 500 hPa 上,中心强度为 -0.92 PVU,这与此时 500 hPa 该纬度上存在一个强的正涡度变率中心相对应。在沿 38.9°N 的剖面图(图略)上,有与上述剖面类似的形势。说明在暴雪增幅前期,湿对称不稳定主要在高层,这可能是引起暴雪增幅的重要原因之一。在暴雪发展东移的过程中,q_w 的负值中心也在加强东移,21 日 08:00,暴雪区上空从低层到 200 hPa 左右均为 $q_w<0$ 区,且中心强度加强至 -1.44 PVU,这个负值中心可能是造成中低层涡度变率增大及暴雪增幅的重要原因之一。在暴雪消亡期,q_w 的负值中心迅速减弱,负值区范围也迅速变小,取而代之的是弱的正值区。由此可见,q_w 的负值中心与中低层涡度变率的增大及暴雪的增强存在密切的关系。这一点,从 q_w 的平面图上也可看出端倪(图 8)。

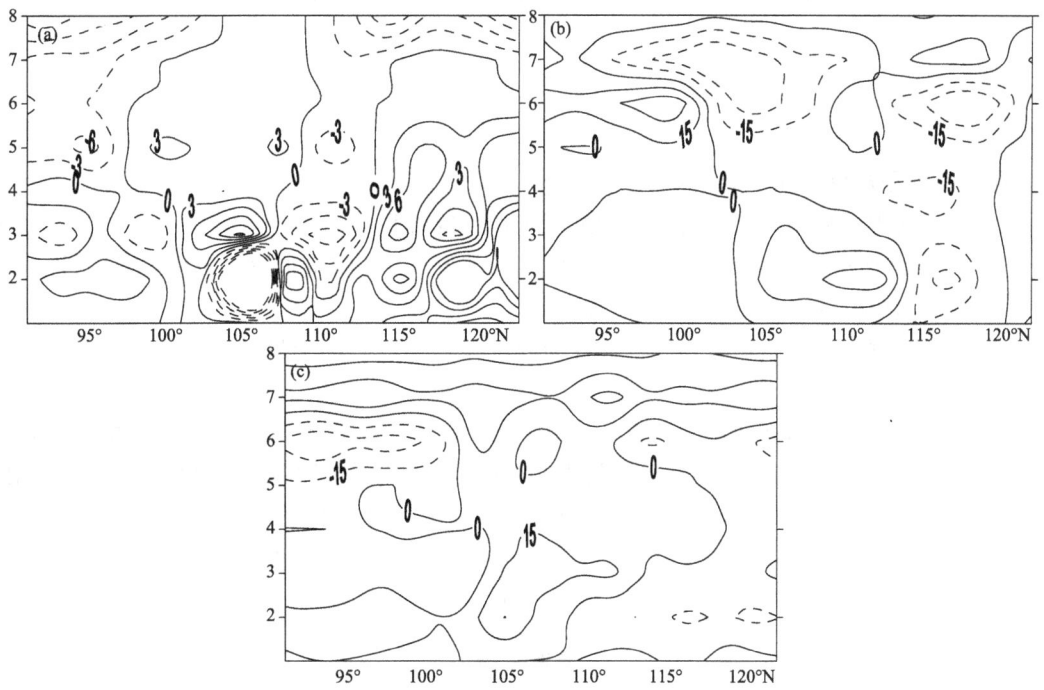

图 9 2004 年 12 月 20 日 20:00(a)、21 日 08:00(b)和 22 日 08:00(c)沿 35.4°N q_w 剖面(单位:PVU)
(垂直坐标自下而上为从 850~150 hPa)

5 中尺度切变线的动力结构

为了说明此次暴雪过程中尺度切变线的动力结构,根据以上分析建立了如下模型(图 10)。由模型可见,此次过程存在 3 条中尺度涡管,且涡管基本与 700 hPa 切变线走向一致,但位置略偏南,涡管位于对流层中低层,涡管附近存在正反两个略向东北倾斜的垂直环流圈,暴雪区就位于两环流圈之间的倾斜上升运动区,涡管沿着平均气流向偏东北方向移动,同时,高空湿位涡下传导致涡管增强,从而引起暴雪的增幅。

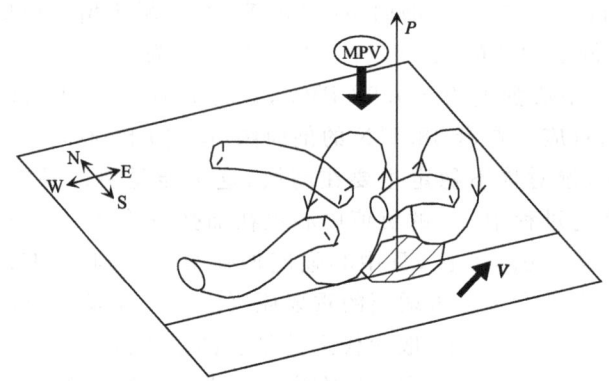

图 10 中尺度切变线动力结构模型
(阴影区为暴雪区,向下箭头表示高空湿位涡下传,V 为平均气流)

6 结论

通过以上分析得到如下结论:
(1)此次暴雪过程与中尺度切变线的发展东移直接关联。
(2)涡度诊断表明:正涡度区的演变与切变线的发展、东移和北抬密切相关,正涡度区内"正涡度核"对预报强降雪的出现有先兆意义。
(3)涡散度垂直剖面图显示:涡度、散度场的空间配置极有利于暴雪切变线发展及暴雪形成与维持。
(4)湿相对位涡和涡度变率诊断揭示:涡度变率强度与中低空的条件对称不稳定密切相关。暴雪区上空从低层到高层存在的负值中心可能是造成中低层涡度变率增大及暴雪增幅的重要原因之一。湿相对位涡场的特征主要取决于其正压项的贡献。
(5)此次过程存在 3 条中尺度涡管,暴雪区就位于涡管附近的两环流圈之间的上升运动区,同时,高空湿位涡下传导致涡管增强,从而引起暴雪的增幅。

参考文献

[1] BRAHAM R R JR. The Midwest snow storm of 8-11 December 1977[J]. Mon Wea Rev, 1983, 111, 253-272.
[2] ULBRICH U, FINK A H, KLAWA M, et al. Three extreme storms over Europe in December 1999

[J]. Weather, 2001, 56(3): 70-80.

[3] PEARCE R, LIOYD D, MCCONNELL D. The post-Christmas "French" storms of 1999[J]. Weather, 2001, 56(3): 81-90.

[4] NINOMIYA K. Polar low development over the east coast of Asian continent on 9-11 December 1985 [J]. Meteor Soc Japan 1991, 69(6): 669-685.

[5] SHUMIZU N, UCHIDA A. An observational study of organized snow echo over the Japan Sea[J]. Meteor Soc Japan, 1974, 52(3): 289-299.

[6] LI S C. Die Kaelteeinbruche in Ostasien[J]. Met Zeit Bd, 1936, 53, 74-76.

[7] 陶诗言.阻塞形势破坏时期东亚的一次寒潮过程[J].气象学报,1957,28(1):63-74.

[8] 仇永炎.在一种寒潮情况下水平温度场及冷锋构造[J].气象学报,1957,28(1):13-26.

[9] 张小玲,程麟生."96.1"暴雪期中尺度切变线发生发展的动力诊断Ⅰ:涡度和涡度变率诊断[J].高原气象,2000,19(3):285-294.

[10] 张小玲,程麟生."96.1"暴雪期中尺度切变线发生发展的动力诊断Ⅱ:散度和散度变率诊断[J].高原气象,2000,19(4):285-294.

[11] 王文,程麟生."96.1"高原暴雪过程湿对称不稳定的数值研究[J].高原气象,2000,19(5):129-140.

[12] 王文,程麟生."96.1"高原暴雪过程三维条件性对称不稳定的数值研究[J].高原气象,2002,21(3):225-232.

[13] 池再香,胡跃文,白慧."2003.1"黔东南暴雪天气过程的对称不稳定分析[J].高原气象.2005,24(5):792-797.

[14] 寿绍文,励申申,姚秀萍,等.中尺度气象学[M].北京:气象出版社,2003.

[15] 寿绍文,励申申,张诚忠,等.梅雨锋中尺度切变线雨带的动力结构分析[J].气象学报,2001,59(4):405-413.

山西两类暴雪预报的比较*

赵桂香¹　许东蓓²

(1. 山西省气象台 太原 030006；2. 甘肃省气象台 兰州 730020)

摘要：对山西两类典型暴雪从环流形势、形成机制、数值诊断等方面进行了对比分析，得出：回流形势和河套倒槽共同强烈影响下的暴雪，其系统深厚稳定，可提前24～48 h做出预报，而仅地面回流形势影响下形成的暴雪，其系统浅薄且较弱，预报难度较大。数值诊断结果表明，对两类暴雪，垂直螺旋度分布均存在中高层为正、低层为负的特征，但出现时间、强度和分布型式上均存在明显差异，螺旋度强度的变化对第一类暴雪的出现有明显先兆意义，而对第二类暴雪则不明显。第一类暴雪，涡散场的分布存在"高空辐散、低层辐合"的垂直配置，第二类暴雪不明显，但两类暴雪都出现在500 hPa涡度梯度最大的地方，暴雪出现12 h后，正涡度中心强度迅速增强，对应暴雪出现一个增幅期。

关键词：两类暴雪；动力结构；可预报性；对比分析

引言

2006年1月18—19日（以下简称第一类）和2月26—27日（以下简称第二类），山西省中南部分别出现两次暴雪天气过程，给交通运输和人民生活带来很大影响。由于暴雪出现的概率较暴雨更小，其预报难度更大，历来倍受气象学者的关注。张小玲等[1-2]对发生在高原地区的"96.1"暴雪的中尺度切变线的发生发展进行了深刻剖析，王文等[3-4]、池再香等[5]则从湿对称不稳定方面对暴雪天气过程进行数值模拟和诊断分析，得出了有意义的结论。

20世纪90年代，我国气象学家开始研究螺旋度在大气运动中的贡献和作用，经过十多年对螺旋度理论的研究与应用，在科研及业务领域特别是暴雨的分析预报中取得了很多有价值的成果[6-12]。然而，在暴雪的诊断分析研究中却应用得较少，尤其用于比较暴雪的可预报性，至今尚未有详细的研究。本文利用实况资料，计算了两类暴雪过程的涡度、散度和局地垂直螺旋度，对其分布特征进行了详细对比分析，试图揭示两类由不同系统造成的暴雪的可预报性差异，找出对暴雪预报有指示意义的信息。

---

* 本文发表于《高原气象》，2008，27(5)：1140-1148。

1 实况对比

1.1 降水实况分布比较

图1和图2分别为两类暴雪的12 h降水量分布。从图可看出,第一类暴雪的降雪从山西西南方开始,向东北方向发展,降雪带呈西南—东北走向,这与水汽输送带一致。18日夜间降雪范围明显扩大,强度增强,最大降雪中心达9 mm,位于山西中部的孝义市,山西南部大部分地区12 h降雪量在4~8 mm;19日白天降雪达到最强,降雪范围迅速扩展到整个山西,最大降雪中心达11 mm,仍位于孝义市,但北部也出现5 mm的降雪中心,南部降雪量在3~7 mm,降雪带转为

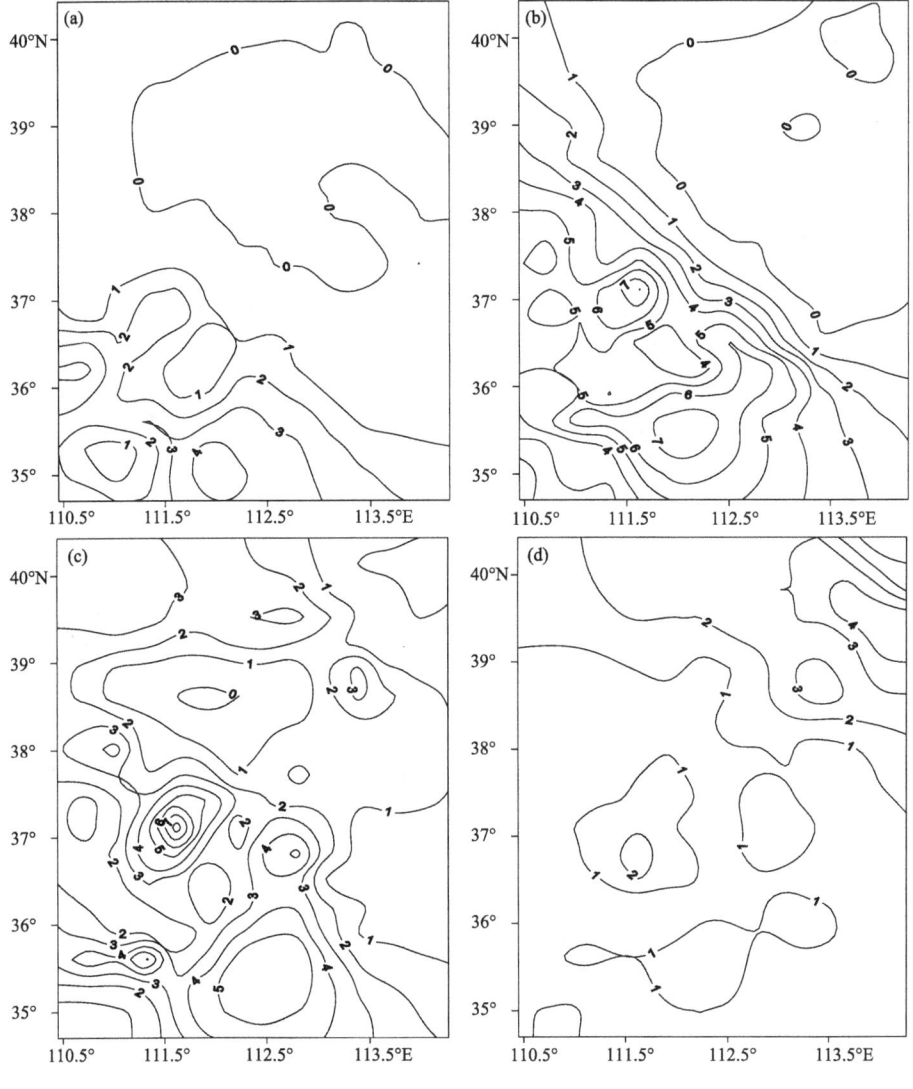

图1 第一类暴雪实况(单位:mm)

(a)2006年1月18日08:00—20:00,(b)2006年1月18日20:00—19日08:00,
(c)2006年1月19日08:00—20:00,(d)2006年1月19日20:00—20日08:00

南北向,这与19日白天强冷空气从北路直灌山西密切相关;19日夜间降雪逐步减弱;此类降雪维持时间较长,降雪强度较大,最大降雪中心位于中部。而第二类暴雪的降雪则是从山西的东南方开始,降雪带呈东南—西北向,这与地面回流形势有关。由于受地面回流影响,随着高压的西伸,山西处于高压底后部偏南气流里,所以,26日夜间降雪区迅速向东北方向发展,降雪带转为西南—东北向,降雪于27日白天达到最强,最大降雪中心位于南部的永济市,12 h降雪量9 mm,南部的晋城、高平、垣曲还出现一个8 mm的降雪中心,27日夜间降雪迅速减弱。此类降雪与回流形势的维持密切相关,最大降雪中心一般位于山西南部。24 h降雪分布图与12 h降雪分布有着类似的特点,第一类暴雪主要出现在强冷空气大举南下的18日夜间到19日白天,降雪带分布基本呈南北走向,最大降雪中心在中部;第二类暴雪主要出现在回流形势维持的26日夜间到27日白天,降雪带分布基本呈西南—东北走向,最大降雪中心在南部。

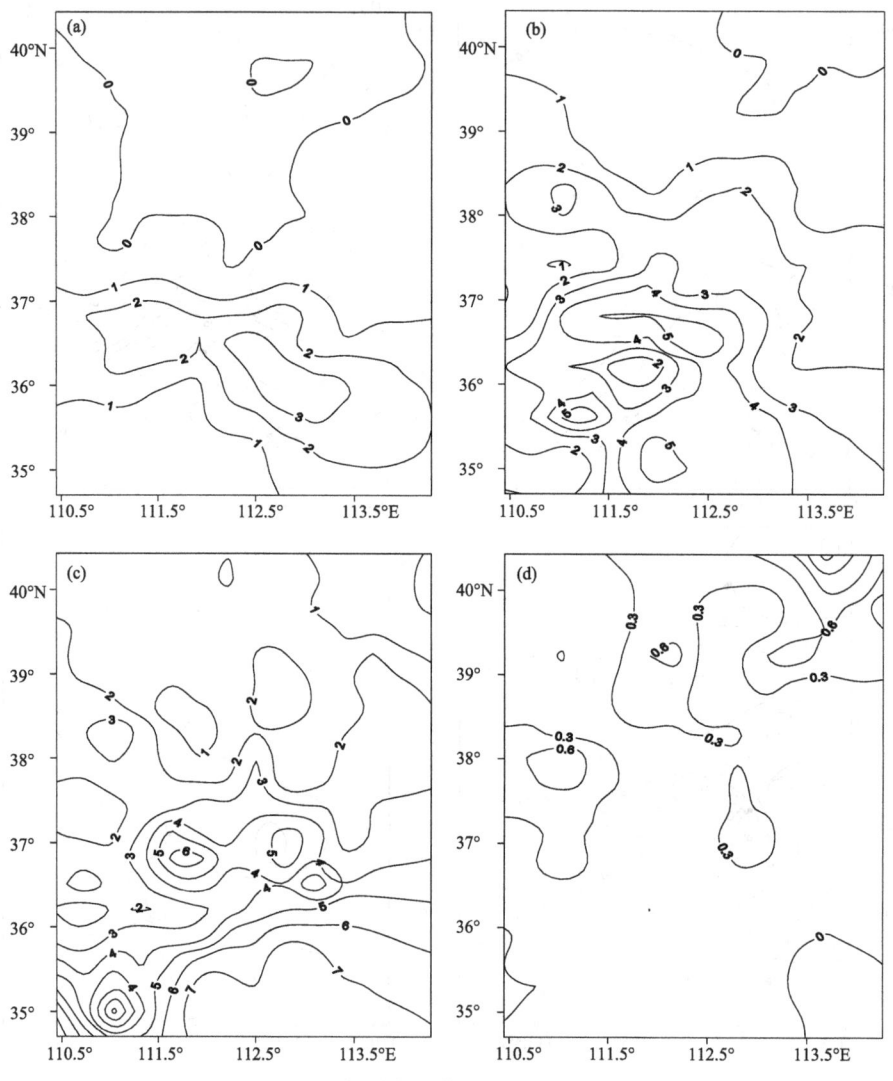

图2　第二类暴雪实况(单位:mm)

(a)2006年2月26日08:00—20:00,(b)2006年2月26日20:00—27日08:00,
(c)2006年2月27日08:00—20:00,(d)2006年2月27日20:00—28日08:00

1.2 前期环流形势不同

500 hPa图(图略)上,第一类暴雪:暴雪出现前,东亚维持两槽一脊形势,极涡稳定加强,山西受中纬度较平直的环流影响。对应温度场上,山西一直处于温度锋区底部。随着极涡的南压,沿极涡外围极锋锋区上分裂的短波小槽,与南支槽同相叠置,使得南支槽发展加深,这在冬季较为少见。17日南支槽发展开始影响山西,山西南部局部出现小雪,18日20:00南支槽加深东移,达到最强,槽前西南气流强盛,河套地区湿度明显增大,大部分站点$T-T_d \leqslant 3.6$ ℃ (700 hPa),山西大部分地区出现小雪,中南部出现大雪,部分地区达到暴雪。19日08:00,系统缓慢东移,整个山西处于强盛的西南气流中,湿度继续增大,降雪加强,直到20日08:00,山西上空被西北气流控制,降雪才逐步减弱结束。而第二类暴雪:前期东亚500 hPa虽然也维持两槽一脊形势,但极涡极不活跃,且强度较弱,位置偏北,之后,山西一直受中纬度较平直的环流影响。

700 hPa图(图略)上,第一类暴雪:从15日开始就出现较明显的西南气流,之后逐步加强,18日08:00高原上形成低涡,18日20:00西北涡东移加强,范围明显扩大,到19日08:00,低涡西北方24 h降温达2 ℃左右,说明有冷空气从西北方侵入;涡前对应高空500 hPa为疏散槽,有利于向涡区输送正涡度平流;同时,低空形成西南急流,而超低空形成东南急流,两支急流向低涡区输送暖湿气流,有利于在涡前形成随时间增强的辐合流场,所有这些都有利于低涡的发展和维持。低涡在东移过程中维持了2 d后,移出山西,进入河北,才结束了它对山西的影响。而第二类暴雪:25日环流较平直,26日08:00西南气流很弱,高原涡在形成24 h后由于不存在像第一类暴雪那样的高低空形势和特点,很快消失。26日20:00四川西部形成一西南涡,之后开始北上影响山西;同时,西南涡北侧形成近似东西走向的切变线,大到暴雪就出现在切变线南侧。

地面图上,第一类暴雪:暴雪出现前期,庞大的大陆高压一直盘踞欧亚大陆,冷高压中心位于山西正北方的极地(60°N,110°E),中心强度达1045 hPa,16日分裂为两个中心,山西一直处在高压底前部的偏东气流里,在之后的48 h内该高压稳定少动;而河套倒槽从18日05:00开始向北发展,18日14:00(图3)达到强盛,且维持时间较长(一直持续到19日23:00)。河套倒槽前的暖湿空气与东南气流相遇,两支气流耦合加强,与北方冷空气在山西中南部强烈交汇,使得山西中南部出现了暴雪天气。这种回流形势与倒槽同时强烈发展的形势并不多见,是造成这次暴雪范围大、持续时间长的重要原因。属于北路冷空气直灌山西。而第二类暴雪:暴雪出现前期,冷高压中心位于西西伯利亚,虽然中心强度很强(1060 hPa),但在东南移动过程中,不断分裂小股冷空气,势力逐步减弱,26日14:00,形成明显回流形势,山西处在高压底后部的偏东南气流里。与第一类暴雪明显不同的是,在形成回流形势的同时,没有暖倒槽形成,水汽和热量的输送明显比第一类暴雪弱,因而影响时间较短,27日23:00结束对山西的影响。

综上所述,第一类暴雪发生在高空极涡加强南压期间,强冷空气路径取北路直灌山西,河套倒槽与回流形势同时强烈发展,共同影响山西;且与700 hPa西北涡东移影响有关。而第二类暴雪则是发生在极涡偏北偏弱,不活跃且中纬度环流平直的形势下,700 hPa主要受西南涡北上影响;地面来自西西伯利亚的强冷空气在东移过程中受阻,形成回流形势。第一类暴雪形势形成时间较早,可以及早发现其形成迹象,分析其发展动态,提前24~48 h甚至更早做出预报;而第二类暴雪形势弱,形成时间晚,从前期图上不易发现其蛛丝马迹,但暴雪出现前12 h,

其形势图出现突变,所以提前12 h给出预报预警是可行的。

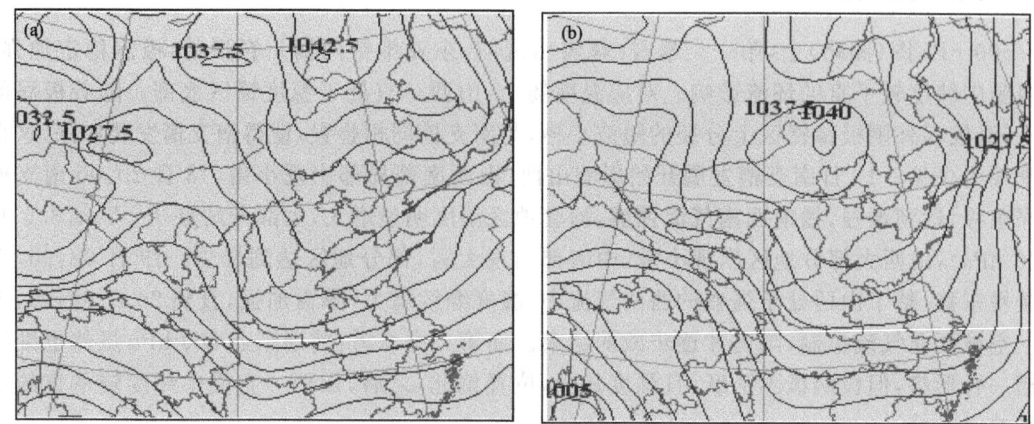

图3 地面形势(单位:hPa)
(a)2006年1月18日14:00,(b)2006年2月26日14:00

2 两类暴雪的数值诊断对比

2.1 资料来源及处理

分析所用资料为实时地面观测和高空探测资料,资料范围为90°~125°E,20°~55°N,应用逐步订正方案对资料进行客观分析,并采用Kriging网格化方法,生成格点数为51×51的网格资料,水平分辨率为0.7°×0.7°,垂直分为10层。垂直速度采用运动学订正方法,计算求得。利用该网格资料所进行的形势分析接近实况,能够较好地描述中小尺度天气系统,所以可以用来作为诊断分析用[13]。

2.2 螺旋度表达式

螺旋度是一个用于衡量环境风场具有多大沿气流方向的水平涡度及其贡献的参数,它的大小反映了旋转与沿旋转轴方向运动的强弱程度。螺旋度严格的定义式为风速与涡度点积的体积分:

$$H = \iiint \mathbf{V} \cdot (\nabla \times \mathbf{V}) \mathrm{d}\tau \tag{1}$$

Z坐标系下的局地螺旋度可表示为:

$$H = \mathbf{V} \cdot (\nabla \times \mathbf{V}) = \left(\frac{\partial w}{\partial y} - \frac{\partial v}{\partial z}\right)u + \left(\frac{\partial u}{\partial z} - \frac{\partial w}{\partial x}\right)v + \left(\frac{\partial v}{\partial x} - \frac{\partial u}{\partial y}\right)\omega \tag{2}$$

式中,右端3项分别与x,y,z方向的涡度分量和风速相联系,可称之为x_螺旋度,y_螺旋度,z_螺旋度,文献[12]指出,z_螺旋度较之x_和y_螺旋度有更为清楚和重要的意义。本文仅讨论z_螺旋度,因此重新定义局地螺旋度:

$$H_z = \left(\frac{\partial v}{\partial x} - \frac{\partial u}{\partial y}\right)\omega \tag{3}$$

它的大小反映了垂直方向上旋转与沿旋转轴方向运动的强弱程度,单位为 m·s^{-2}。

2.3 螺旋度结构与暴雪

利用网格化资料,根据公式(3)分别计算了两类暴雪 5 个时次、各层每 12 h 的垂直螺旋度。着重讨论暴雪区上空螺旋度的演变特征。

图 4 是第一类暴雪出现前 12 h,暴雪区 850 hPa、500 hPa、300 hPa 的垂直螺旋度的水平结构。可看出暴雪出现前 12 h,其上空低层为负、中高层为正的螺旋度分布,其强度随高度向上递增,在 500 hPa 达到最大,且成对出现,正、负中心值分别为 12×10^{-4} m·s^{-2}、-8×10^{-4} m·s^{-2},说明强气旋式气流双向回转和辐合的高湿区是未来强降雪出现的区域,这给强降雪的预报提供了一定的指示信息。在降雪期间,暴雪区上空的垂直螺旋度的水平结构基本维持上述分布,且高层 300 hPa 强度比低层 850 hPa 强度明显大许多,说明北路强冷空气的不断堆积,导致系统深厚,中高层强烈的垂直上升运动因素对暴雪的产生更为重要,这可能是由于强烈的垂直上升运动不仅是水汽的重要来源,而且是能量输送的重要因素。19 日 20:00,暴雪区上空的垂直螺旋度的水平结构分布发生明显变化,尤其是 500 hPa 上,正、负对的分布与暴雪出现前的分布相反,且强度明显减弱,强降雪随之减弱,说明随着反气旋式气流和辐散的出现,强降雪的机制遭到破坏,强降雪宣告结束。

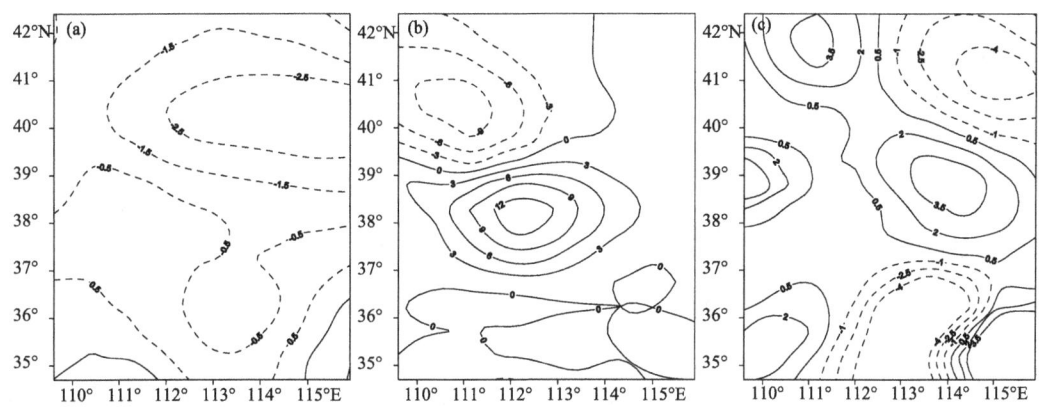

图 4 2006 年 1 月 18 日 08:00 暴雪区上空垂直螺旋度的水平结构(单位:10^{-4} m·s^{-2})
(a)850 hPa,(b)500 hPa,(c)300 hPa

而对于第二类暴雪,类似的分布特征则晚了 12 h(图 5),其强度随高度虽然也是向上递增,在 500 hPa 达到最大,但正、负中心值分别为 6.5×10^{-4} m·s^{-2}、-5.5×10^{-4} m·s^{-2},比第一类暴雪明显弱了许多;而在低层 850 hPa 上,相应螺旋度对的负、正中心值分别为 -5.5×10^{-4} m·s^{-2}、5.5×10^{-4} m·s^{-2},比第一类暴雪中心强度大了 2.2×10^{-4} m·s^{-2},说明第二类暴雪(地面回流形势下的强降雪)系统浅薄,低层的回流爬升作用更为重要。27 日 20:00,暴雪区上空的垂直螺旋度的水平结构分布也发生明显变化,高层原正值中心被负值所取代,低层负值被正值取代,高层垂直螺旋度的水平结构迅速增大,强烈的下沉运动使地面回流形势遭到破坏,强降雪随之减弱结束。

对两类暴雪,分别沿 111.7°E 和 110.3°E,作垂直螺旋度的垂直剖面图(图 6),可看出,暴雪区上空,垂直螺旋度柱为上正下负,第一类暴雪,其正螺旋度柱的两个中心分别位于 300 hPa 和

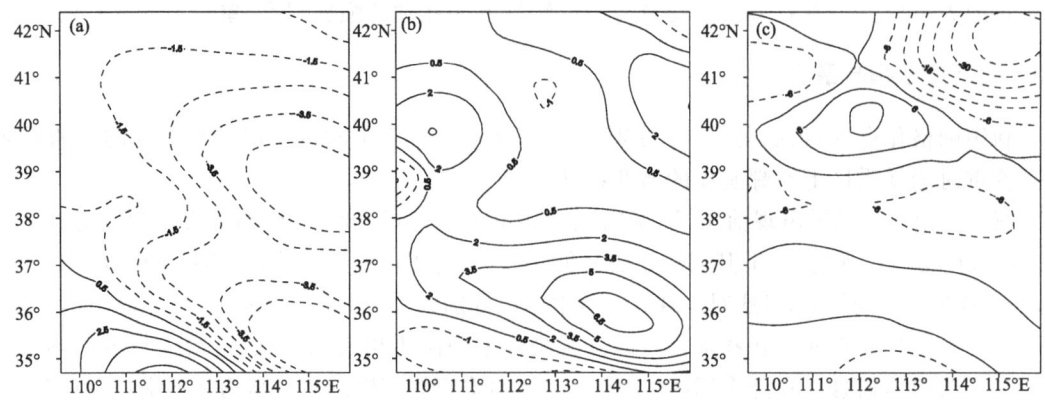

图 5 2006 年 2 月 26 日 20:00 暴雪区上空垂直螺旋度的水平结构(单位:10^{-4} m·s^{-2})
(a)850 hPa,(b)500 hPa,(c)300 hPa

500 hPa,在 500 hPa 出现了强度高达 $14×10^{-4}$ m·s^{-2} 的强中心,负螺旋度柱中心相对较弱,为 $-3×10^{-4}$ m·s^{-2}。第二类暴雪,其正螺旋度柱的两个中心分别位于 400 hPa 和 300 hPa,强度明显小于第一类暴雪,而负螺旋度柱中心相对较强,为 $-5×10^{-4}$ m·s^{-2},且类似特征出现时间晚 12 h。

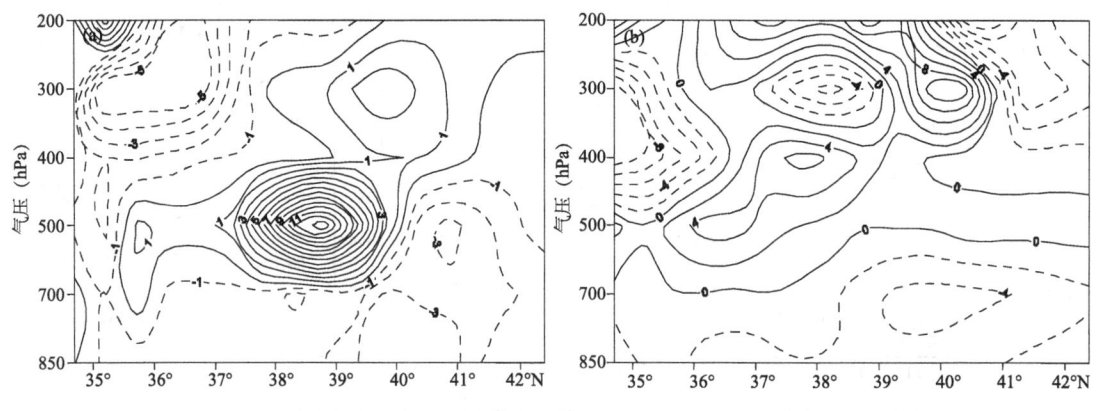

图 6 暴雪区上空垂直螺旋度的垂直结构(单位:10^{-4} m·s^{-2})
(a)2006 年 1 月 18 日 08:00,(b)2006 年 2 月 26 日 20:00

总之,对两类暴雪,垂直螺旋度分布均存在中高层为正、低层为负的特征,但存在明显差异:(1)在出现时间上,第一类较第二类出现时间早 12 h;(2)在强度上,第一类中高层强度较强,低层较弱,而第二类则是中低层较强,这与两类暴雪的形成机制有关。说明不同天气系统影响下的强降雪,其物理量诊断存在差异。由此可看出,螺旋度强度的变化对第一类暴雪的出现有一定的先兆指示意义,对第二类暴雪的出现无明显的先兆指示意义。所以,第一类暴雪从螺旋度强度的变化可提前 12~24 h 做出预警,而第二类暴雪则较为困难。

2.4 涡度和垂直上升速度的铅直廓线

图 7 给出了两类暴雪最大中心孝义市(第一类)和永济市(第二类)上空涡度和垂直上升速度的铅直廓线。从图 7 可看出,第一类暴雪基本上整层为垂直上升运动,在 500 hPa 达到最

强,只有典型的"高空辐散、低层辐合"的有利于强降水的垂直配置才有可能出现这种垂直廓线[11],而且局地涡度为上正下负,在500 hPa达到最大,所以垂直螺旋度才会出现上正下负的结构,而且也是在500 hPa出现最大螺旋中心。对于第二类暴雪,低层有弱的下沉运动,中高层为上升运动,但运动强度比第一类暴雪弱了许多,其局地涡度虽然有类似的结构,但涡度强度也较第一类弱。所以从垂直廓线来看,第二类暴雪显然与第一类暴雪差异较大:第一类暴雪系统深厚,具有强烈的上升运动,这是水汽和热量输送的重要因素,具有典型的有利于强降水的垂直结构,而且这种结构出现在暴雪出现前12~24 h,对预报暴雪的出现具有明显的先兆指示意义;而第二类暴雪系统浅薄,垂直上升运动较弱,不具备典型的强降水垂直结构,预报判断起来比较困难。

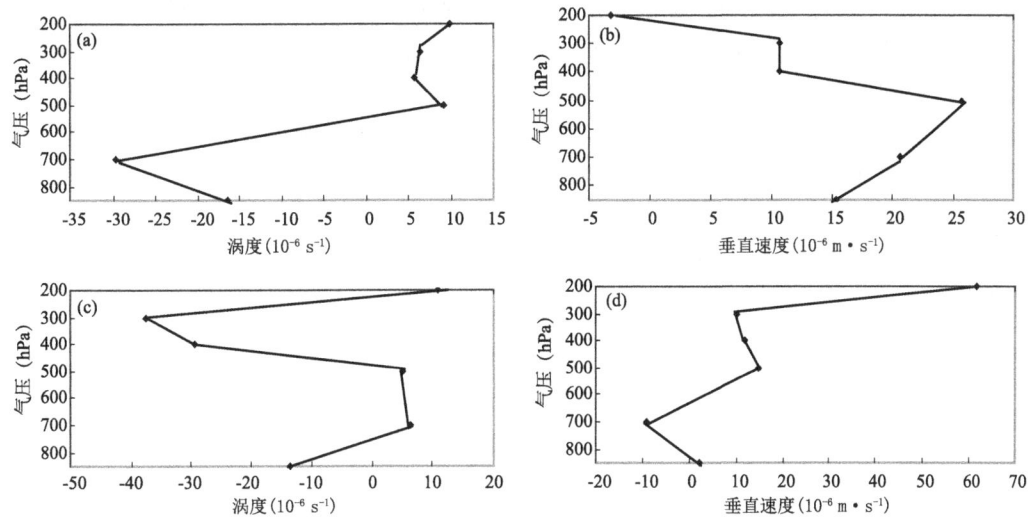

图7 两类暴雪涡度和垂直速度的铅直廓线
(a,b)2006年1月18日08:00,(c,d)2006年2月26日20:00

2.5 涡散场结构的差异

分析散度场(图略)分布演变特征,对于第一类暴雪,暴雪出现前12~24 h,暴雪区上空200~300 hPa存在一个辐散区,而中低空存在一个辐合区,强度较强;对于第二类暴雪,也存在类似的配置,但其强度较第一类弱很多,时间滞后12 h,这与铅直廓线分析结果一致。

分析500 hPa涡度场(图略),对于第一类暴雪,暴雪区位于强正涡度带梯度最大的地方,19日08:00,正涡度强度明显增强,对应19日白天出现一个暴雪增幅期,之后,正涡度带向东北方向移动,19日20:00,暴雪区上空为正涡度中心,降雪开始减弱。对于第二类暴雪,26日08:00,与地面河套倒槽相对应,500 hPa出现一个正涡度带,其走向与位置都非常接近,26日20:00,维持类似的结构,而对应回流高压区内为一强负涡度区,27日08:00,暴雪区上空出现强正涡度梯度,对应27日白天降雪出现强增幅。之后,正涡度带向东北方向移动,27日20:00,暴雪区上空为正涡度中心,降雪开始减弱。

可见,对于不同系统影响下的降水,各种物理量场的分布、演变特征是不同的。

3 降雪环流的垂直结构对比

分别沿暴雪区上空111.7°E(第一类)和110.3°E(第二类)作温度(图略)和垂直上升速度(图8)的垂直剖面图。从图8可看出,对于第一类暴雪,暴雪区上空有强锋区存在,一直伸展到400 hPa,且锋面坡度较大,纬向风速分量分布(图略)表明,锋面上方对流层中高层均存在纬向的西风急流,垂直上升速度(图8a)分布显示,暴雪区上空(36.8°N)的垂直上升运动达到250 hPa以下,而且数值相对较大,在300 hPa达到最大,比湿分布也表明,湿层厚度较厚,达到600 hPa左右,因此整个系统比较深厚。而对于第二类暴雪,暴雪区上空对流层下部有锋区存在,但锋面坡度不大,锋面上方对流层高层存在纬向的西风急流,而锋面下方冷气团中近地面层有微弱的偏北气流,925 hPa以上全部转为偏南气流,来自南方的暖湿空气的回流在锋区是上升。对应比湿的分布表明,对流层中低层有>12 g·kg^{-1}的高湿区,正好位于锋区上方,这与回流的暖湿空气在锋面上爬升有关。垂直速度(图8b)分布显示暴雪区上空(34.7°N)的垂直上升运动只达到500 hPa以下,而且数值相对较小,湿区厚度较薄,只接近700 hPa,因此,整个系统还是比较浅薄的。

这种明显的垂直分布特征第一类暴雪较第二类暴雪出现时间早了12~24 h,这与螺旋度诊断结果一致。

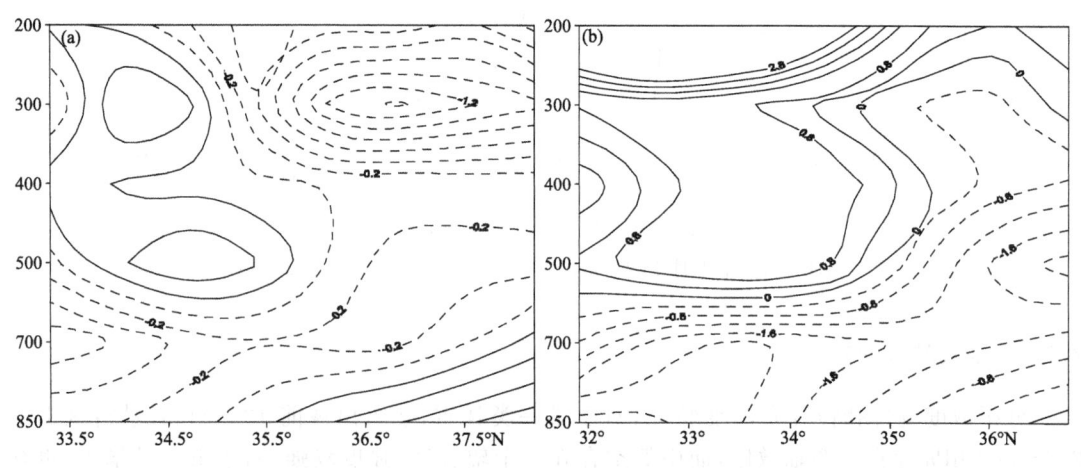

图8 暴雪区上空垂直上升运动剖面(单位:10^{-6} m·s^{-1})
(a)2006年1月18日20:00,(b)2006年2月26日20:00

4 结论

(1)第一类暴雪发生在高空极涡稳定加强、南压,同时南支槽发展加深期间,是由于河套倒槽与回流形势共同强烈影响所致,低层暖湿空气受西北涡东移影响,与北路强冷空气交汇而产生的。而第二类暴雪则发生在高空环流较平直的形势下,是由于受西南涡北上影响,暖湿空气沿着低层回流冷空气爬升而产生的。从形势图分析来看,第一类形成时间较早,形势稳定且强度非常强,可提前24~48 h做出预报;而第二类形成时间较晚,形势较弱,不易及早发现,其预报难度较大。

（2）对两类暴雪，垂直螺旋度分布均存在中高层为正、低层为负的特征，但存在明显差异：在出现时间上，第一类较第二类出现时间早12 h；在强度上，第一类中高层强度较强，低层较弱，而第二类则是中低层较强，这与两类暴雪的形成机制有关。第一类暴雪从螺旋度强度的变化可提前12~24 h做出预警，而第二类暴雪则较为困难。

（3）第一类暴雪系统深厚，暴雪区上空500 hPa是一对符号相反的螺旋度带，中心强度达到10^{-3} m·s^{-2}量级，而第二类暴雪系统浅薄，最强螺旋度中心出现在低层，且比第一类暴雪小一个量级。

（4）第一类暴雪是随着500 hPa反气旋式气流和辐散的出现，强降雪的机制遭到破坏而宣告结束的，而第二类暴雪是由于强烈的下沉运动使地面回流形势遭到破坏，强降雪随之减弱结束。

（5）第一类暴雪，散度场的分布存在较强的"高空辐散、低空辐合"的垂直配置，而第二类暴雪不明显；但两类暴雪都出现在500 hPa涡度梯度最大的地方，暴雪出现12 h后，正涡度中心强度迅速增强，对应暴雪出现一个增幅期。

参考文献

[1] 张小玲,程麟生."96.1"暴雪期中尺度切变线发生发展的动力诊断Ⅰ:涡度和涡度变率诊断[J].高原气象,2000,19(3):285-294.

[2] 张小玲,程麟生."96.1"暴雪期中尺度切变线发生发展的动力诊断Ⅱ:散度和散度变率诊断[J].高原气象,2000,19(4):285-294.

[3] 王文,程麟生."96.1"高原暴雪过程湿对称不稳定的数值研究[J].高原气象,2000,19(5):129-140.

[4] 王文,程麟生."96.1"高原暴雪过程三维条件性对称不稳定的数值研究[J].高原气象,2002,21(3):225-232.

[5] 池再香,胡跃文,白慧."2003.1"黔东南暴雪天气过程的对称不稳定分析[J].高原气象,2005,24(5):792-797.

[6] 岳彩军,寿亦萱,寿绍文,等.我国螺旋度的研究及应用[J].高原气象,2006,25(4):754-762.

[7] 侯瑞钦,程麟生,冯伍虎."98.7"特大暴雨低涡的螺旋度和动能诊断分析[J].高原气象,2003,22(2):202-208.

[8] 高守亭,周菲凡.基于螺旋度的中尺度平衡方程及非平衡流诊断方法[J].大气科学,2006,30(5):854-862.

[9] 陆慧娟,高守亭.螺旋度及螺旋度方程的讨论[J].气象学报,2003,61(6):684-691.

[10] 杨越奎,刘玉玲,万振拴."91.7"梅雨锋暴雨的螺旋度分析[J].气象学报,1994,52(3):379-384.

[11] 吴宝俊,许晨海,刘延英.螺旋度在分析一次三峡大暴雨中的应用[J].应用气象学报,1996,7(1):108-112.

[12] 段旭,孙绩华.云南初夏罕见暴雨的螺旋度分析[J].热带气象学报,2003,19(2):184-190.

[13] 赵桂香."01.7"晋中暴雨机理的Q矢量数值诊断分析[D].兰州:兰州大学,2005.

2009年冬季黄河中游地区一次由旱转雨雪天气的诊断分析*

赵桂香[1]　秦春英[2]　赵彩萍[3]　张运鹏[4]　董文晓[1]　范英东[5]

(1. 山西省气象台 太原 030006；2. 山西省气象影视中心 太原 030002；
3. 山西省太原市气象局 太原 030002；4. 国家卫星气象中心 北京 10080；
5. 黄委会中游水文水资源局 榆次 030600)

摘要：针对2009年2月7—8日，持续干旱近百天的黄河中游地区出现的转折性雨雪天气，利用实况资料计算了等熵温度梯度、可降水量、水汽通量及其散度、相对湿度、垂直速度等，分析了熵分布及演变特征、干侵入特征以及水汽场特征等，得出：(1)此次降水出现在500 hPa环流形势平直，极地冷空气活动较弱，而地面回流高压呈东西向带状分布的背景下，系统浅薄，降水量级难以把握。(2)熵诊断揭示，500 hPa等熵梯度大值区的出现对未来12～24 h强降水有先兆指示意义，强降水中心出现在500 hPa等熵梯度大值区与700 hPa温度露点差＜3 ℃的叠加区。(3)水汽诊断表明，强降水出现前，黄河中游及其上游西南地区的可降水量显著增加，为强降水的出现提供了水汽的积聚，而降水开始后，低空超低空东南急流则是水汽的主要补充来源；强降水并不是出现在水汽通量大值区内，而是在水汽通量大值区西北侧、其等值线密集带附近同时又有风辐合的区域。(4)此次雨雪过程中，干冷空气主要来自对流层高层，在雨雪区上空的垂直分布呈"漏斗"状，期间从贝加尔湖地区南下的西北和东北气流沿漏斗壁下滑，向低层传播；而中低层湿区呈倒扣的"碗状"，向上伸展，中低层西南和东南两支暖湿气流，沿"碗壁"爬升，在对流层中层耦合加强，与干冷空气交汇，产生强降水。(5)对流层高层持续的干侵入，使得中低层切变线稳定维持，有利于其前方西南急流的稳定加强和对流性不稳定的持续发展，是导致强降雪持续、增幅的重要原因。(6)强降水出现在地面中尺度辐合稳定加强期间，降水落区在辐合区及其东南侧；辐合区内强烈的上升运动是触发不稳定能量释放、使熵由不平衡达到平衡的重要机制。

关键词：熵；干侵入；水汽特征；中尺度辐合

---

* 本文发表于《高原气象》，2010,29(4):864-874。

引言

早在1985年,曹鸿兴[1]就叙述了耗散结构理论和协同学的基本特征和研究内容,并在此基础上评述了它们在大气科学中应用的进展。1992年,钱维宏[2]从理论上论证了用熵平衡方程判断大气中对流和降水发生的可能性,1999年,胡隐樵[3]对非平衡态大气热力学的研究进行了阐述,指出新建立的大气热力系统熵平衡方程比理论热力学熵平衡方程能更好地描述大气热力系统发生的所有热力和动力过程。但在实际工作中的应用还较少[4],尤凤春[4]曾应用熵平衡方程对河北一次暴雨到大暴雨过程进行过分析,得出了一些有意义的结论,但用于暴雪诊断的还未发现。

近些年来,我国高原地区的降雪引起了国内学者的关注[5-12],梁潇云等[13]对青藏高原地区雪灾天气的水汽场进行了分析,指出高原东部牧区降雪天气过程发生时,气柱可降水量有明显增加,水汽主要来源于孟加拉湾。Browning等[14,15]和McCallum等[16]认为,干侵入是指来源于对流层顶附近的气流侵入到低层的现象,这支气流具有高位势涡度和低湿球位温的特征。干侵入对气旋的生成和发展有着促进作用[15],并影响着锋面降水结构分布和演变特征[16],目前对干侵入结构与特征的分析和研究及其在天气尺度系统和次天气尺度系统发展中的作用,越来越受到广大气象学者的关注[17-23],但大多用于暴雨过程中的分析研究,乔林[24]等用于山东半岛冷流持续降雪的分析,得出冷空气主要来源于北侧对流层高层,干冷空气的侵入是锋生和不稳定能量释放的触发机制。姚秀萍等[17]对与梅雨锋上低涡降水相伴的干侵入特征进行了研究,指出国外的研究主要强调从中高层来的干侵入对系统发生发展的影响,而国内则较关注低层来的冷空气对降水过程的作用,两者有一定的差别;相对湿度场的分布和演变表明,在低涡的发展过程中,在对流层的各个层次上均存在干侵入气流,并且在对流层中高层较强,位置较低层偏东。

2008年11月至2009年2月上旬,黄河中游地区出现了30年、部分地区50年一遇的干旱,2月6—9日,持续干旱近百天的上述地区出现了转折性雨雪天气,降水量在3~23 mm,陕西南部、山西中南部、河南北部、河北南部的旱情得以有效缓解。综合分析环流形势发现,500 hPa中高纬度环流平直,极地冷空气偏北,势力较弱,地面虽然有回流形势形成,但回流高压呈带状分布(这与以往典型的回流形势不同),整个系统浅薄,降水量级难以把握,给预报服务工作带来很大压力。本文从等熵温度梯度分布及演变、水汽场特征、冷空气活动特征等方面进行了综合诊断分析,试图发现对此类天气预报有指导意义的信息。

1 天气和环流形势概述

1.1 降水实况

受地面回流形势影响,2009年2月6—9日,持续干旱近百天的陕、甘、晋、豫、冀等省,出现了转折性雨雪天气过程,24 h最大降水量为23.1 mm(陕西省汉中市镇巴县);降水主要集中在7日夜间到8日白天,雨雪带的分布基本呈东北—西南走向。由于前期气温持续偏高,降水以雨开始,随着冷空气的持续入侵,气温迅速下降,降水转为雨夹雪或雪,降水量以雨雪混合量计算。分析 08:00 到 08:00 的 24 h 降水量分布演变发现,6 日(图 1a),甘肃南部、陕西南部、山西南部、河南西部出现微量降水,最大在陕西汉中市南部,24 h 降水量为 1 mm;7 日(图 1b),降水范围迅速扩大,降水强度也迅速增大,陕西、山西、河南、河北 4 省均出现了明显雨雪,雨雪带分布基本呈东北—西南走向,其中有 3 个大的中心,一个位于陕西的汉中地区,24 h 降水量 12 mm,另外两个分别位于山西的晋城地区(24 h 降水量 11 mm)和河南的南阳地区(24 h 降水量 12 mm);8 日(图 1c),雨雪带迅速东移北抬,其中仍出现 3 个中心,分别位于山西的长治地区(9 mm),河北的邯郸地区(11 mm),以及河南的商丘地区(8 mm),8 日的降水主要在白天;9 日(图 1d),上述地区的降水迅速减弱结束。

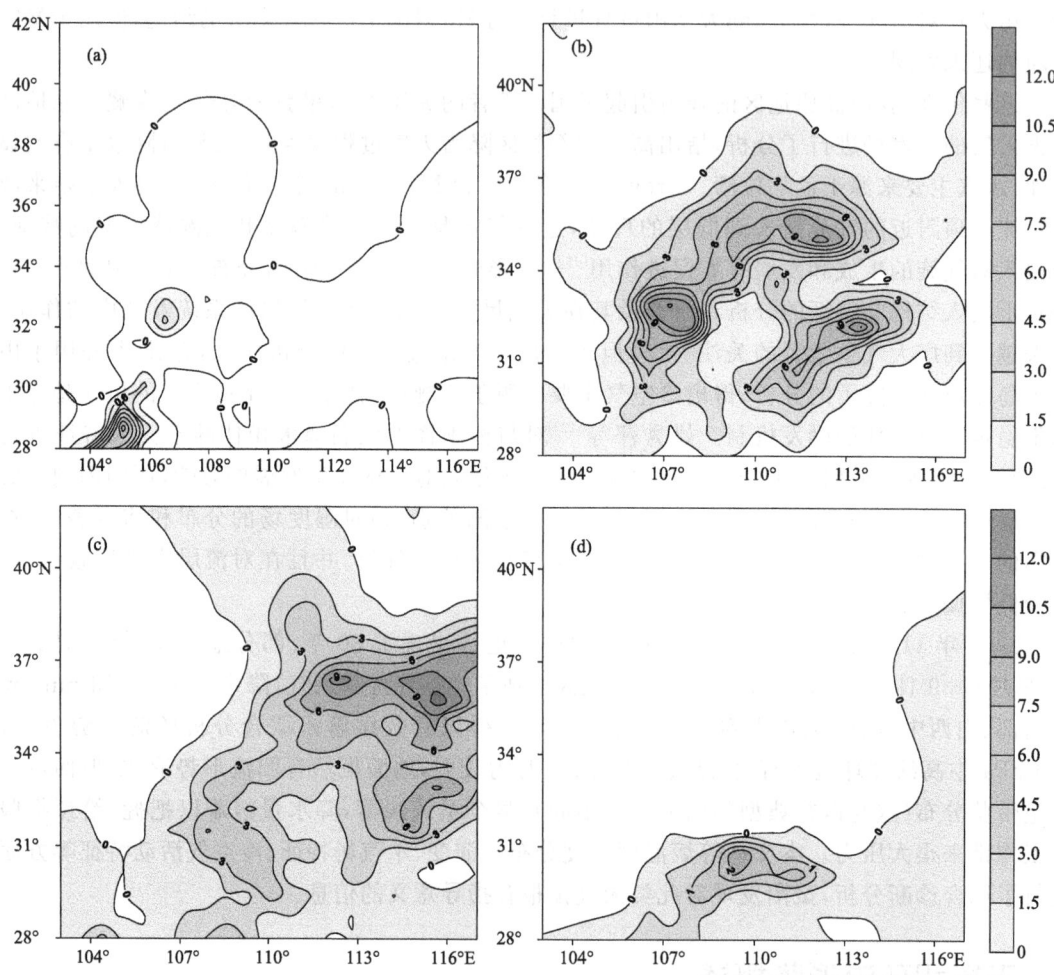

图 1 2009 年 2 月 6 日 08:00—10 日 08:00 24 h 降水量(单位:mm)
(a)6 日 08:00—7 日 08:00,(b)7 日 08:00—8 日 08:00,(c)8 日 08:00—9 日 08:00,
(d)9 日 08:00—10 日 08:00

1.2 环流形势概述

降水前期,500 hPa(图略)中高纬度环流较平直,极锋锋区偏北且稳定少动。2 月 7 日 08:00,高原槽形成,但槽前西南气流很弱;2 月 7 日 20:00—8 日 20:00,高原槽在东移过程中有所加深,槽前西南气流逐步增强,冷空气沿贝加尔湖逐渐南下,与北上的暖湿气流交汇,先后造成陕西、山西、河南等省出现明显雨雪天气。9日08:00,高原槽迅速移出大陆,冷空气大举南下,以上地区受槽后西北气流控制,降水结束。700 hPa上,6日20:00,30°～39°N,100°～109°E和38°～39°N,109°～118°E处分别形成西北风与西南风的切变和西北风与东南风的切变,两条切变线走向分别呈东北—西南走向,和近似东西向,两条切变线相交的东南侧,形成12～18 m·s^{-1}的西南急流,陕、晋、豫、冀受西南气流控制;7日08:00,切变线有所南压,西南急流稳定维持;7日20:00—8日08:00,切变线和西南急流都稳定维持,极地冷空气沿贝加尔湖西部东南下,影响陕西、山西、河南地区,以上地区的强降水就出现在这一时段。

对应地面图上,降水前期大陆高压盘踞中高纬地区,强度不断增强。4日开始,从中心分裂小股冷空气向黄河地区侵入,7日02:00,高压外围冷空气向东扩展,形成回流,7日08:00(图2a),高压中心强度加强(3 h变压为+2.5 hPa),7日05:00—8日08:00,高压中心一直稳定少动,从其前部不断分裂小股冷空气南下,山西、河南、河北处于高压底部偏东风气流里,但特点是回流高压为东西向带状(图2b),范围为80°～125°E,东西跨度约45个经距,以向东扩展为主。8日14:00,高压中心东移、减弱,9日11:00,高压彻底控制上述地区,上述地区降水基本结束(这种系统浅薄,降水量级和最大降水的落区都不易把握[25])。

综合以上分析,这次雨雪天气500 hPa受弱的高原槽东移影响,700 hPa切变线稳定少动,地面为回流形势,但呈带状分布,以向东扩展为主,冷空气势力偏北且较弱,呈逐步扩散南下状态(且由于前期气温偏高,因而起初南部为雨,随着冷空气南下,进而转为雨夹雪后又转为雪,与冷空气大举南下所产生的暴雪明显不同),水汽以低空西南急流和低空超低空东南急流耦合输送为主(图2b)。系统浅薄且弱,但能导致长期干旱背景下的转折性雨雪天气,很值得分析总结。

2 资料来源及处理

本文所用资料为地面实时观测资料、高空探空资料以及自动站资料。

计算所用实况资料范围为80°～143°E,20°～62°N,应用逐步订正方案对资料进行客观分析,并采用Kriging网格化方法,生成格点数为91×61的网格资料,水平分辨率为0.7°×0.7°,垂直分为7层。

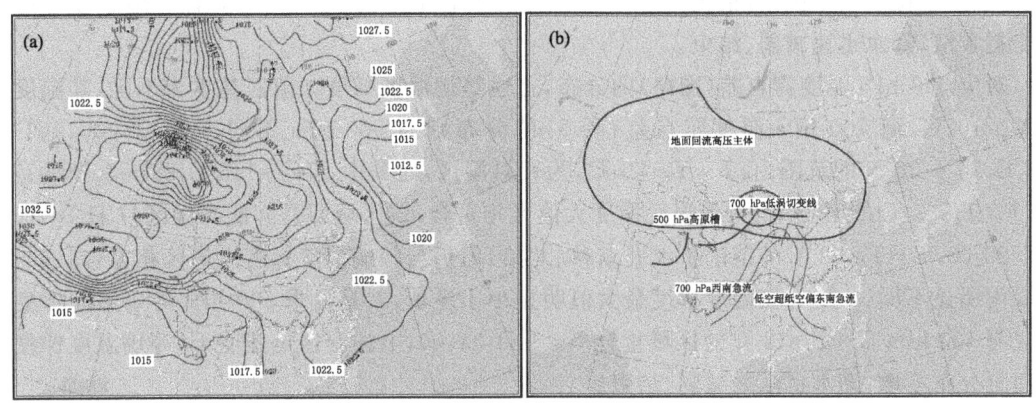

图2 2009年2月7日08:00地面形势(a,单位:hPa)和7日20:00系统配置(b)

3 能量和水汽诊断

3.1 熵诊断

在湿饱和大气下,降水过程实质上是熵通过垂直运动由不平衡达到平衡的过程。
经过简化后得到的大气系统中的熵平衡方程为[1]:

$$\rho \frac{dS}{dt} = \frac{\lambda}{T} \nabla^2 T + \left[\frac{C_v}{T} \sum_{\beta=1}^{3} \frac{\partial T_\sigma}{\partial X_\beta} - \frac{g}{T} \right] +$$

$$\left\{ \nabla \cdot \left[\frac{\mu_d}{T} \rho_d (V_d - V) \right] + \nabla \left[\frac{\mu_v}{T} \rho_v (V_w - V) \right] \right\} + \begin{cases} \frac{\mu_v}{T} W \frac{\partial \rho_v}{\partial X} & (W > 0) \\ 0 & (W < 0) \end{cases} \quad (1)$$

其中

$$\frac{C_v}{T} \sum_{\beta=1}^{3} \frac{\partial T_\sigma}{\partial X_\beta} - \frac{g}{T} = \frac{C_v}{T} \left(\frac{\partial T_\sigma}{\partial X} + \frac{\partial T_\sigma}{\partial Y} \right) - \frac{g}{T} \quad (2)$$

式中,T_σ 为总能量温度。

$$T_\sigma = T + \frac{gZ}{C_v} + \frac{Lq_s}{C_v} + \frac{v^2}{2C_v} \quad (3)$$

而 $(\frac{\partial T_\sigma}{\partial X} + \frac{\partial T_\sigma}{\partial Y})$ 称为定容等熵温度梯度,$(\frac{\partial T_\sigma}{\partial X} + \frac{\partial T_\sigma}{\partial Y}) < 0$ 的大值区为能量锋区,是该区高能高湿的指示。

分析定容等熵温度梯度的分布演变(图 3)可发现,降水前期,等熵温度梯度分布零散,值较小,从 7 日 08:00 开始,分布图中出现一个大值区,大值区覆盖陕西南部、山西南部、河南和湖北西部等地区,最大中心位于陕西南部,对应陕西南部 7 日白天出现明显降雪,降雪最大中心基本与大值中心吻合;7 日 20:00,大值区范围明显扩大,中心强度出现突变,较 7 日 08:00 增大 24×10^{-6} K·km^{-1},达 -42×10^{-6} K·km^{-1},位于陕西与河南交界处,而整个陕、晋、豫被大值区覆盖,8 日 08:00 仍然维持这种分布,最强降水就出现在 7 日夜间到 8 日白天,且降水最大中心与大值区中心基本吻合;8 日 20:00,大值区东移,河北南部和河南北部处于大值区中,降水区就位于大值区中,最大降水中心与大值中心基本吻合。9 日,随着等熵温度梯度分布变得零散,降水迅速减弱、结束。

对应 500 hPa 温度露点差(图略)的分布,上述等熵温度梯度大值区基本为干区,其温度露点差 >10 ℃,而 700 hPa 温度露点差(图 3)的分布则与 500 hPa 不同,7 日 08:00,101°~118°E,25°~36°N 的范围内,$T - T_d < 6$ ℃,为相对湿区,而其中 104°~115°E,28°~35°N 的范围内,$T - T_d < 3$ ℃,为湿区,与等熵温度梯度大值区相重合,该区域即是高能高湿区;7 日 20:00—8 日 20:00,$T - T_d < 3$ ℃ 的范围扩大并东移、北抬,但仍与等熵温度梯度大值区相重合;这与夏季暴雨明显不同:一是等熵温度梯度最大值明显小于夏季,二是夏季 500 hPa 等熵温度梯度大值区与 500 hPa $T - T_d < 2$ ℃ 的区域重合[4]。9 日 08:00,上述湿区迅速变干,等熵温度梯度变小而且分布零散,降水也随之减弱、结束。

通过以上分析不难看出,500 hPa 等熵温度梯度小于零的大值区为能量锋区,其数值越

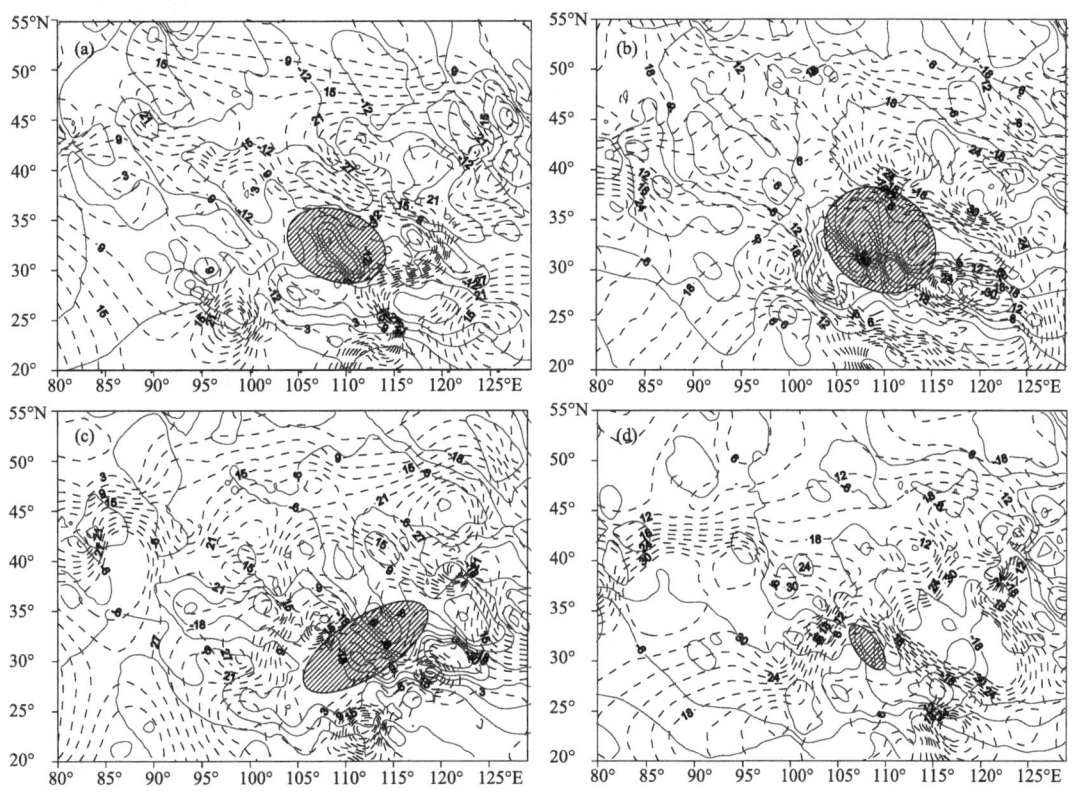

图 3 2009 年 2 月 7—9 日 500 hPa 等熵温度梯度(实线,单位:10^{-6} K·km^{-1})与 700 hPa 温度
露点差(虚线,单位:℃)叠加(阴影区为未来 12 h 强降水区)
(a)7 日 08:00,(b)7 日 20:00,(c)8 日 20:00,(d)9 日 20:00

大,锋区越强,等熵温度梯度大值区与 700 hPa $T-T_d<3$ ℃的区域相重合,是该区高能高湿的指示,强降水前 12 h 二者均会出现突变。

3.2 水汽场和水汽输送特征

3.2.1 气柱可降水量

某地的可降水量表示了该地上空气柱整层的水汽含量,气柱可降水量为:

$$W=-\frac{1}{g}\int_{p_s}^{p_0}q\mathrm{d}p \tag{4}$$

利用实况资料计算了 2 月 4—7 日的气柱可降水量,其中 $g=980$ cm·s^{-2},p_s 为地面气压,$p_0=500$ hPa。从 4.1 的分析中得知,此次过程水汽含量主要集中在 500 hPa 以下,所以积分上限取为 500 hPa。

图 4a 为降水前 2 月 4 日 08:00 气柱可降水量,可知,30°N 以北地区均<6 mm,而 5 日后,随着南支槽的发展加深,以及西南急流和低空超低空东南急流的形成,孟加拉湾到四川盆地一带以及湖北一带的可降水量都显著增加了,为这次降水储备了充足的水汽。5 日 08:00(图 4b),孟加拉湾到四川盆地一带的可降水量较 4 日增加了 3~8 mm;6 日 08:00(图 4c),较 4 日增加了 6~20 mm,而山西、陕西、河南等省的可降水量也显著增加,较 4 日增加了 4~16 mm;

7日08:00(图4d),湖北一带的可降水量显著增加,较4日增加了4~20 mm,这与7日低空超低空东南急流的形成关系密切。由此也可看出,6日以前,主要以孟加拉湾的西南水汽输送为主,而7日以后,低空超低空东南急流的形成为此次降水提供了持续的水汽补充。

可见,某地气柱可降水量出现显著增幅时,预示着未来24 h后有较大降水过程出现。并且从气柱可降水量增加的分布也可判断水汽的输送。此次降水过程有两支水汽向强降水地区输送,并在上述地区耦合加强,持续不断的水汽补充,使得上述地区在持续干旱了近100 d后,出现较大降水。

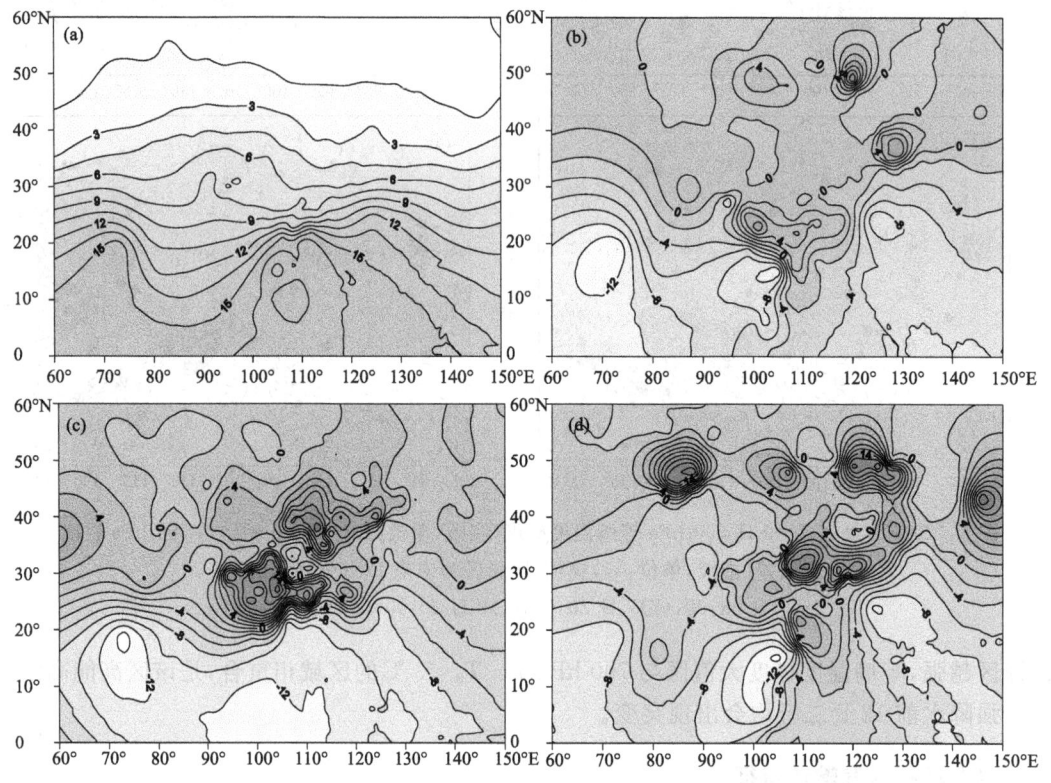

图4 2009年2月4—7日气柱可降水量演变(单位:mm)
(a)4日08:00气柱可降水量,(b)5日08:00与4日08:00的差,(c)6日08:00与4日08:00的差,
(d)7日08:00与4日08:00的差

3.2.2 水汽通量和水汽通量散度

水汽通量是表示水汽输送强度的物理量,水汽通量散度则体现了水汽的集中程度。

分析水汽通量演变表明,6日20:00(图略),孟加拉湾到四川盆地一带,中低层均出现一个水汽通量大值区,对应风矢量图上,有西南气流向大值区内输送,说明强降水开始前,水汽主要来自孟加拉湾的西南水汽输送,而湖北和安徽一带出现一个中心数值相对较小的次大值区;7日08:00(图5a和图5b),水汽通量大值区范围扩大,中低层中心数值24 h分别增大20×10^{-4} g·(s·hPa·cm)$^{-1}$和28×10^{-4} g·(s·hPa·cm)$^{-1}$,低层大值区范围大于中层,中心强度也比中层强25×10^{-4} g·(s·hPa·cm)$^{-1}$,说明此次降水低层的水汽输送非常重要;对应风矢量图上,水汽通量大值区前方出现偏东南气流向大值区内的输送,7日白天的强降水就出现在水汽通量大值区西北侧、其等值线密集带附近同时又有风辐合的区域,在700 hPa上,同时表现为急流头以南的区域为强降水区。7日20:00(图5c和图5d),水汽通量大值区范围继续扩大,中心数值继续增大,低层数值仍然大于中层,对应风矢量图上,水汽通量大值区前方偏东南气流向大值区内的输送明显增强,而且低层850 hPa上,湖北和安徽一带的次大值区前方出现偏东气流的输送,7日夜间,强降水出现在水汽通量大值区西北侧风辐合的区域,此区域为西南和东南两支急流头交汇的地方,强降水范围明显较白天大很多,覆盖了陕、晋、豫、冀4省的大部分地区。8日,仍维持这种分布,但范围和强度开始减弱,降水也随之减弱。9日以后,水汽通量分布变得零散,而且值也减小,降水逐步结束。

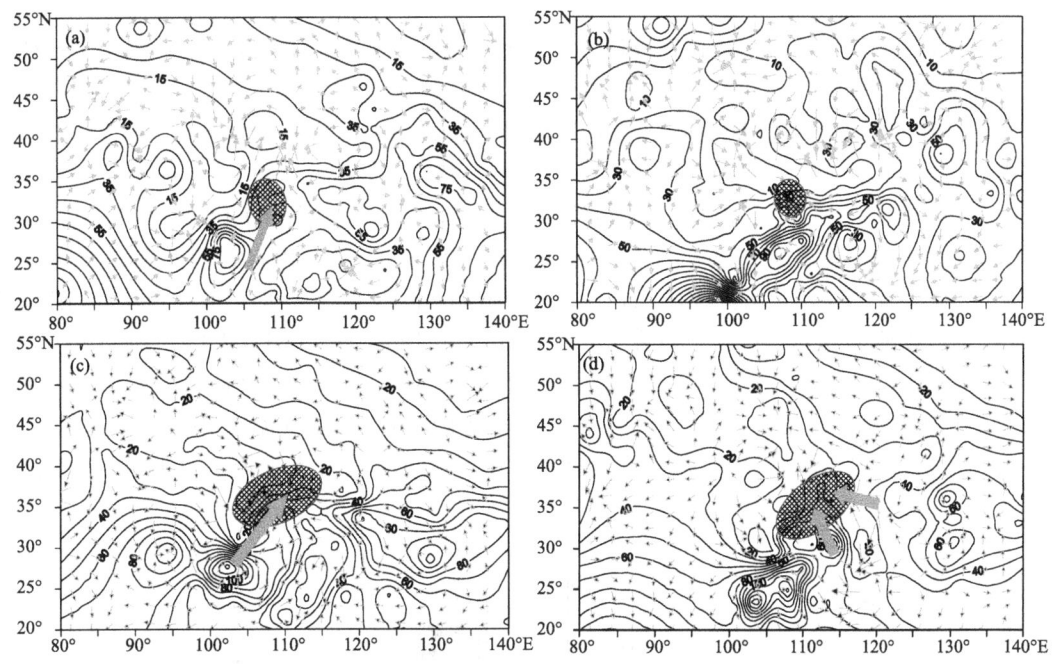

图5 2009年2月7日中低层水汽通量(单位:10^{-4} g·(s·hPa·cm)$^{-1}$)与风场、急流的叠加
(阴影区为强降水落区,箭头为急流)
(a)08:00 700 hPa,(b)08:00 850 hPa,(c)20:00 700 hPa,(d)20:00 850 hPa

对应水汽通量散度图(图略)上,6日20:00,水汽通量散度分布零散,值也很小;7日08:00,随着孟加拉湾西南水汽输送的加强,中低层风辐合的出现,在陕西南部、山西中南部、河南北部分别出现一个辐合中心,中心数值较小;7日20:00,孟加拉湾西南水汽输送继续加强,中低层风辐合加强,水汽通量散度中心数值也在增大,7日夜间,以上地区均出现了明显降水,降水最大中心在水汽通量散度负值中心附近、风辐合的区域。8日,水汽通量散度负值中心东移北抬,位于河南北部和河北中南部,对应河南和河北出现明显降水。9日,水汽通量散度分布迅速变得零散,降水也随之结束。

由此可见,降水出现前24~36 h,孟加拉湾到四川盆地一带,中低层就出现一个水汽通量的大值区,且有西南气流不断向大值区内输送,降水前期,降水区上空只有水汽的输送和明显积聚,而没有水汽的辐合。而整个降水期间,孟加拉湾到四川盆地一带,中低层一直维持一个水汽通量的大值区,湖北和安徽一带维持一个次大值区,降水区上空不仅存在持续的水汽补充,还出现明显的水汽辐合,低层的水汽补充非常重要,水汽通量和水汽通量散度在强降水出现前 12~24 h 均出现突变。强降水并不是出现在水汽通量的大值区内,而是落在水汽通量大值区西北侧、其等值线密集带附近同时又有风辐合的区域。结合中低层西南和东南急流分析,强降雪总是产生在急流头以南、水汽辐合强的地区。

4 干侵入特征分析

4.1 干侵入的水平分布特征

干侵入可以用湿度场和位涡场来表征。由于冬季整个对流层都较干,本文分析以相对湿度<40%来表征干空气。

从各层相对湿度和风矢量叠加分布来看,降水区的北方总是存在干侵入,在偏北气流的引导下南下,侵入低层。7 日 08:00,200 hPa(图 6a)上,45°N 以南,80°~130°E 的广大地区为干区,其相对湿度<30%,干区内盛行强盛的偏北气流;500 hPa(图 6b)上,45°N 以南,95°~140°E 的广大地区相对湿度<25%,干区明显较 200 hPa 偏东,干区内存在西北和东北两支偏北气流,但强度较 200 hPa 明显偏弱;而 700 hPa(图 6c)上,干区呈西北—东南走向,范围明显缩小,120°E 以西的地区,干区分布在 40°N 以北,850 hPa(图 6d)上,干区范围更小些,在 700 hPa 和 850 hPa 的干区的南侧,相对湿度梯度最大。而在 700 hPa 和 850 hPa 的干区内也存在西北和东北两支偏北气流,湿区内则存在西南和东南两支偏南气流,特别是在相对湿度梯度最大处,出现了强烈的风辐合,强降水就落在该相对湿度梯度最大处湿区一侧、强风辐合的

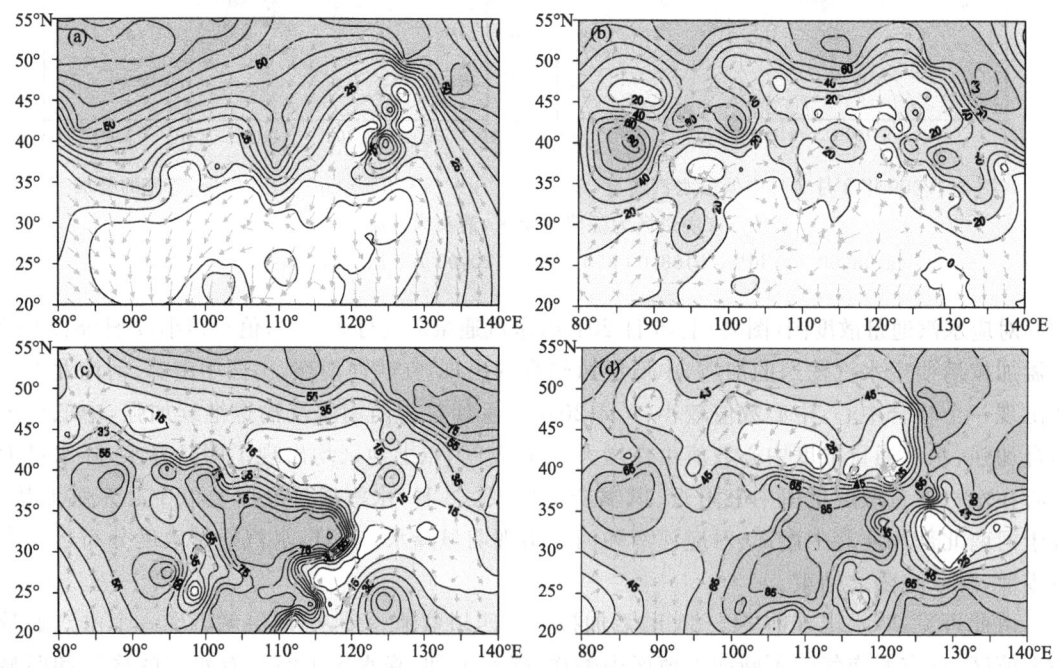

图 6 2009 年 2 月 7 日 08:00 各层相对湿度(单位:%)和风矢量叠加
(a)200 hPa,(b)500 hPa,(c)700 hPa,(d)850 hPa

区域。7 日 20:00(图略),200 hPa 和 500 hPa 上,干区明显南压,强度有所增强,700 hPa 和 850 hPa 上,干区则明显东移,范围有所缩小,但各层干区内偏北气流在持续增强,中低层湿区东移、北抬,湿区内仍存在西南和东南两支偏南气流,在相对湿度梯度最大处,强烈的风辐合仍在维持,未来 12 h 强降雪落区也随之东移、北抬。8 日 20:00(图略)以后,无论哪层,干区范围均明显缩小,强度减弱,干区内的偏北气流逐渐减弱,出现偏西气流或西南气流,引导干侵入呈气旋式旋转,降水也逐步减弱、结束。

由此可见,降水期间,对流层各层均存在干区,干区范围在对流层高层较中低层大很多,而强度则在对流层中高层上较强。强降水出现前 12 h,干区范围明显扩大,强度明显增强,且干区内偏北气流明显增强。强降水期间(7 日 20:00—8 日 20:00),对流层高层干空气从北方持续侵入低层,但降水并不是出现在干侵入区中,而是位于中低层相对湿度梯度密集带的湿侧,这可能与第二类条件不稳定增长有关[26]。强降水是随着干侵入的逐步减弱而结束的。

4.2 干侵入的垂直分布以及在温度场上的特征

从沿 110°E 相对湿度的纬度—高度剖面图(图 7 实线)上可以看出,6 日 20:00,500 hPa 以上为广大的干区,相对湿度均<25%(这比夏季要干得多),而在低层,40°N 以南地区为湿区,其相对湿度>75%,40°N 以北地区(即高纬地区)为<15%的强干区。低层湿区呈倒扣的"碗状",向上伸展,结合低层经向风来看,中低层西南和东南两支气流,沿"碗壁"爬升,在对流层中层耦合加强,而高纬地区不断有干冷空气侵入;高层干空气则呈"漏斗"状,西北和东北气流沿"漏斗壁"下滑,由于漏斗口的收缩作用,干空气在此汇合加强,向低层强烈扩散;7 日 08:00,高层干区增强,范围继续扩展,这种形势一直持续到 8 日 08:00,而强降水也就出现在这种分布稳定维持期间。

分析等位温线的剖面(图 7),可以看出,等位温线向上凸,这是冷空气堆的明显标志,且由低层到高层向西北倾斜,尤其是在 600 hPa 以上,表现更为突出,说明干侵入是冷性的,而且冷空气主要来自高层。

综上所述,此次降水过程中,来自 500 hPa 以上的干冷空气持续入侵,在对流层中层的"漏斗口"附近加强,而来自中低层的暖湿气流沿"碗壁"爬升,在对流层中层耦合加强,两股加强的气流强烈交汇,造成强降水。

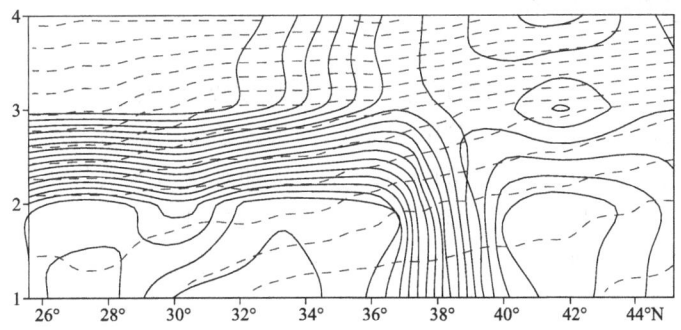

图 7 2009 年 2 月 7 日 20:00 相对湿度(单位:%)和位温(单位:℃)沿 110°E 剖面叠加①
(实线为相对湿度,虚线为位温)

---

① 由于这部分只分析相对湿度和位温的结构形状,不关注它们的具体大小,故其等值线没有标具体数值。

4.3 干侵入对 700 hPa 切变线稳定维持和增强降水的作用

700 hPa 切变线位于高层干冷平流的下方，在切变线的东南方，出现了"上干下湿"的层结分布，可导致 $\frac{\partial \theta_{se}}{\partial z}<0$。选取切变线东南方的重庆、鄂西、达川3个探空站，计算其7日08:00和20:00的假相当位温及其在垂直方向上的变化(表1)。分析表明，7日08:00，切变线东南方的大气层结是稳定的，而到了7日20:00，随着高层干冷空气的侵入，层结开始变得不稳定，尤其是中低层，3个站均出现 $\frac{\partial \theta_{se}}{\partial z}<0$，且数值较大，大气的对流性不稳定迅速增强，对应7日20:00 700 hPa 天气图(图略)上，气旋性环流明显加强，切变线东南方的西南急流风速不断加大，从而使得切变线稳定维持，导致降水的增幅。

另外，3个站垂直方向上的温差也在不断增大，说明冷平流降温明显。在切变线西侧的不同高度上，干侵入以不同的强度持续侵入到中低层切变线上空，引起降水区上空不同程度的冷平流降温，导致垂直方向上的温差增大，使得切变线降水区上空的对流性不稳定增强，加强了湿不稳定的发展，可导致强降雪的增幅[27]。

因此，对流层高层持续的干侵入，使得中低层切变线稳定维持，有利于其前方西南急流的稳定加强和对流性不稳定的持续发展，是导致强降雪持续、增幅的重要原因。

表1 2009年2月7日中低层切变线东南方假相当位温的变化 单位：℃

时间	地点	θ_{se500}	θ_{se700}	θ_{se850}	$\theta_{se700}-\theta_{se850}$	$\theta_{se500}-\theta_{se850}$
08:00	重庆	47.9	46.8	30.8	+16.0	+17.1
	鄂西	44.2	43.4	42.4	+1.0	+1.8
	达川	45.4	46.8	44.6	+2.2	+0.8
20:00	重庆	41.7	25.8	42.4	−16.6	−0.7
	鄂西	51.6	39.9	45.0	−5.1	+6.6
	达川	41.7	25.8	45.0	−19.2	−3.3

5 地面中尺度特征分析

分析地面形势，在降水期间，回流形势内出现中尺度辐合(表2)，对应辐合区内有蔽光高层云、雨层云、透光高积云、复高积云等中云生成，高层云顶部为冰晶组成，主体系由冰晶组成和水滴混合组成，雨层云顶部为冰晶组成，中部由过冷却水滴与冰晶共同组成，底部由水滴组成，云层较厚，它们均可产生连续性的雨、雪[28]。6日20:00，陕西东部形成偏北风与西南风和东南风的辐合，辐合区呈西北—东南走向，辐合区内只有东南角有少量高层云形成；7日02:00，辐合区略东移，范围向东南扩展，前方出现高积云；7日08:00，辐合区稳定少动，中云量明显增加；7日14:00—20:00，辐合区明显南压、东移、扩大，偏北风风速加大，辐合区内几乎被雨层云覆盖，对应7日白天，辐合区内出现明显降水；8日02:00—08:00，陕西南部到河南西部、陕北到山西南部、河北北部分别出现中尺度辐合，且稳定少动。强降水就出现在7日夜间到8日白天。

进一步计算 ω 场分析(表2)表明,辐合区内存在较强的上升运动,随着辐合区的东移、北抬,辐合区内垂直上升运动在不断加强,7日20:00达到最强。因此,辐合区内强烈持续的上升运动,是触发不稳定能量释放,使熵由不平衡达到平衡的重要机制。

表2 2009年2月6—8日地面辐合区特征变化

时间	辐合区	云状	风场特征	$\omega(10^{-4} hPa \cdot s^{-1})$	$R_6(mm)$
7日02:00	108°～113°E,35°～37.5°N	高层云、雨层云、高积云	NE 与偏 SW 和 SE 的辐合	−3.1	0
7日08:00	同上	高层云、雨层云、(复)高积云	NNE 与 WSW 和 S 的辐合	−3.5	0
7日14:00	110°～112.5°E,34.7°～36.5°N	高层云、雨层云、高积云	NE 与 SW 和 SE 的辐合	−6.4	3
7日20:00	110°～113°E,34.6°～37.5°N	高层云、雨层云	偏 N 与 SE 和 E 的辐合	−9.8	3
8日02:00	(1)110°～113°E,34.6°～37.5°N;(2)107°～111°E,33°～35°N;(3)112°～117°E,36°～40°N	高层云、雨层云	偏 N 与 S 和 SE 的辐合	8.9	4
8日08:00	同上	高层云、雨层云	偏 N 与 S 和 SE 的辐合	8.2	8
8日14:00	同上	高层云、雨层云	偏 NW 与 SW 和偏 SE 的辐合	8.3	9

说明:ω 为辐合区内最大上升运动;R_6 为辐合区内 6 h 最大降水量。

可见,整个降水期间,中尺度辐合区稳定维持,使得低层辐合上升运动不断加强,低层水汽从云的前方沿东南气流不断卷入云内,增加了云中含水量,加强了降水云系,延长了降水云系在降水区上空的停留时间,从而增加了降水量。强降水出现在中尺度辐合稳定加强期间,降水落区在辐合区及其东南侧。

6 结论和讨论

(1)此次降水发生在 500 hPa 环流形势平直,地面回流呈带状分布的背景下,整个形势较弱,系统浅薄,降水量级和较大降水的落区都很难把握,但 700 hPa 切变线稳定少动、西南急流持续加强是造成这次强降水的一个重要原因。

(2)500 hPa 等熵温度梯度 <0 K·km^{-1} 的大值区为能量锋区,其数值越大,锋区越强,等熵温度梯度大值区与 700 hPa $T-T_d<3$ ℃ 的区域相重合,是该区高能高湿的指示,未来 12 h 后将产生强烈降雪(雨)。

(3)某地气柱可降水量出现明显增幅时,预示着未来 24 h 后有较大降水过程出现。降水开始前,主要以孟加拉湾的西南水汽输送为主,而降水开始后,低空超低空急流的形成为此次降水提供了持续的水汽补充;强降水并不是出现在水汽通量的大值区内,而是落在水汽通量大值区西北侧、其等值线密集带附近同时又有风辐合的区域,且强降水总是产生在急流头以南、水汽辐合强的地区。

(4)此次强降水主要是由来自 500 hPa 以上的干冷空气持续入侵,在对流层中层的"漏斗"口附近加强,与来自中低层的暖湿气流强烈交汇造成的;强降水并不是出现在干侵入区中,而是位于中低层相对湿度梯度密集带的湿侧、有强风辐合的区域,降水是随着干区内的偏北气流逐渐减弱,出现偏西气流或西南气流,引导干侵入呈气旋式旋转,而逐步减弱、结束的。

(5)对流层高层持续的干侵入,使得中低层切变线稳定维持,有利于其前方西南急流的稳定加强和对流性不稳定的持续发展,是导致强降雪持续、增幅的重要原因。

(6)强降水开始前,地面出现中尺度辐合,辐合区内有成片的高层云或雨层云,低层有水汽从云的前方向云内卷入,使云系稳定发展;强降水出现在中尺度辐合稳定加强期间,降水落区在辐合区及其东南侧;辐合区内强烈持续的上升运动是触发高不稳定能量释放的重要机制。

(7)此次强降水出现前12~24 h,等熵温度梯度、水汽以及干侵入范围和强度、干区内偏北气流等,均出现突变,这是转折性降水天气的重要信号;前期气温偏高,而地面上冷空气表现为扩散南下,是雨雪混合的标志。

参考文献

[1] 曹鸿兴.非平衡统计力学在大气科学中的应用[J].高原气象,1985,4(4):306-318.
[2] 钱维宏.大气中的耗散结构与对流运动[J].大气科学,1992,16(1):84-91.
[3] 胡隐樵.非平衡态大气热力学的研究[J].高原气象,1999,18(3):306-318.
[4] 尤凤春.一次暴雨-大暴雨过程的熵诊断分析[J].气象,20(8):48-50.
[5] 张小玲,程麟生."96.1"暴雪期中尺度切变线发生发展的动力诊断Ⅰ:涡度和涡度变率诊断[J].高原气象,2000,19(3):285-294.
[6] 张小玲,程麟生."96.1"暴雪期中尺度切变线发生发展的动力诊断Ⅱ:散度和散度变率诊断[J].高原气象,2000,19(4):285-294.
[7] 王文,程麟生."96.1"高原暴雪过程湿对称不稳定的数值研究[J].高原气象,2000,19(5):129-140.
[8] 王文,程麟生."96.1"高原暴雪过程三维条件性对称不稳定的数值研究[J].高原气象,2002,21(3):225-232.
[9] 周陆生,李海红,汪青春.青藏高原东部牧区大-暴雪过程及雪灾分布的基本特征[J].高原气象,2000,19(4):450-458.
[10] 董文杰,韦志刚,范丽军.青藏高原东部牧区雪灾的气候特征分析[J].高原气象,2001,20(4):402-406.
[11] 董安祥,瞿章,尹宪志,等.青藏高原东部雪灾的奇异谱分析[J].高原气象,2001,20(2):214-219.
[12] 马林,李锡福,张青梅,等.青藏高原东部牧区冬季雪灾天气的形成及其预报[J].高原气象,2001,20(3):325-331.
[13] 梁潇云,钱正安,李万元.青藏高原东部牧区雪灾的环流型及水汽场分析[J].高原气象,2002,21(4):359-367.
[14] BROWNING K A, GOLDING B W. Mesoscale aspect of a dry intrusion within a vigorous cyclone[J]. Q J R Meteorol Soc, 1995, 121(523): 463-493.
[15] BROWNING K A. The dry intrusion perspective of extra-tropical cyclone development[J]. Meteorol Appl, 1997, 4(4): 317-324.
[16] MCCALLUM E, CLARK G V. Use of satellite imagery in a marked cyclogenesison 12 November 1991 [J]. Weather, 1992, 46: 241-246.
[17] 姚秀萍,吴国雄,赵兵科,等.与梅雨锋上低涡降水相伴的干侵入研究[J].中国科学,2007,37(3):417-428.
[18] 于玉斌,姚秀萍.干侵入的研究及其进展[J].气象学报,2003,61(6):769-778.
[19] 张伟,陶祖钰,胡永云,等.气旋发展中平流层空气中干侵入现象分析[J].北京南大学学报,2006,42(1):61-67.

[20] 姚秀萍,于玉斌.2003年梅雨期干冷空气的活动及其对梅雨降水的作用[J].大气科学,2005,29(5):973-985.
[21] 杨贵名,毛冬艳,姚秀萍."强降水和黄海气旋"中的干侵入分析[J].高原气象,2006,25(1):16-28.
[22] 姚秀萍,彭广,于玉斌.干侵入强度指数的表征及其物理意义[J].高原气象,2009,28(3):507-515.
[23] 刘勇.陕西一次槽前强对流风暴的诊断分析[J].高原气象,2006,25(4):687-695.
[24] 乔林,林建.干冷空气侵入在2005年12月山东半岛持续性降雪中的作用[J].气象,2008,34(7):27-33.
[25] 赵桂香.一次回流与倒槽共同作用产生的暴雪天气分析[J].气象,2007,33(11):41-48.
[26] 胡伯威.与低层"湿度锋"耦合的带状CISK和暖切变型梅雨锋的产生[J].大气科学,1997,21(6):679-686.
[27] 赵桂香,程麟生,李新生."04.12"华北大到暴雪切变线过程的动力诊断[J].高原气象,2007,26(3):615-623.
[28] 谭海东,王贞龄,余品伦,等.地面气象观测[M].北京:气象出版社,1986.

一次冷锋倒槽暴风雪过程特征及其成因分析*

赵桂香[1]　杜莉[2]　范卫东[3]　王淑凤[4]

(1. 山西省气象台 太原 030006；2. 重庆市气象局专业气象台 重庆 401147；
3. 山西省雷电防护监测中心 太原 030002；4. 山西省气象局机关后勤服务中心 太原 030002)

摘要：利用常规观测资料，对2010年3月14日发生在山西省北中部的一次冷锋倒槽暴风雪天气的风场结构及其形成和维持机制进行了探讨。结果表明：(1)此次过程分为四个阶段，其中强冷锋降雪持续时间长，出现两次降雪增幅，而涡旋降雪时间短，但强度大；地面自动站风场上β中尺度辐合和β中尺度涡旋是造成此次暴雪的直接原因。降雪强度和落区与风场结构和高低空系统配置密切相关。(2)变形诊断揭示，500 hPa总变形对地面锋生作用明显；伸缩变形项大值中心与地面涡旋中心吻合，是造成地面涡旋加强，从而产生强降雪的重要机制；对强冷锋降雪而言，切变变形项贡献大于伸缩变形项，切变变形大值区的出现和维持是700 hPa低涡切变线和地面强冷锋稳定维持的重要因素。(3)强降雪前12 h，高层有暖平流输入，而低层形成"湿冷垫"，对低空低涡的发展起着重要作用。(4)强降雪出现前，高空西风急流在300 hPa形成急流核，随着急流核的下传，低空低涡发展，切变线稳定维持，导致强降雪持续；强降雪落区和强度与高低空急流轴位置和急流强度关系密切。

关键词：冷锋倒槽；β中尺度特征；变形；急流

引言

暴风雪是冬季一种重要的灾害性天气，近年来已引起我国气象科技工作者的重视，易笑园等[1]利用雷达反演产品分析了一次β中尺度暴风雪的成因及动热力结构，发现降雪主要集中在锢囚阶段，且地面和低层水平风场具有气旋性环流；Li等[2]分析了2009年11月北京地区一次暴雪天气过程，指出倒槽是造成此次暴雪的主要影响系统，强调了中尺度系统在冬季降雪中的作用；赵桂香等[3]对山西两类典型暴雪天气进行了分析，得出回流形势和河套倒槽共同强烈影响下的暴雪，其系统深厚稳定，可提前24～48 h做出预报；杨贵铭等[4]研究了2008年低温雨雪冰冻天气过程的锋区特征，准静止锋稳定少动是重要原因之

---

* 本文发表于《高原气象》，2011，30(6)：1516-1526。

一,且四次过程均伴有偏南风低空急流;廖捷和谈哲敏[5]认为不同尺度天气系统的影响作用主要通过垂直环流的调整来实现;韩经纬等[6]分析了急流和"冷垫"在暴风雪中的重要作用;蒋后硕等[7]研究了高低空急流中的锢囚锋环流,发现高空西风急流的存在使锢囚锋非地转环流和锋区上升速度迅速增强;徐建芬等[8]、杨成芳等[9]、张腾飞等[10]、周淑玲等[11]对高能舌、高低空急流以及高空冷暖平流在暴雪中的作用分别进行了研究,得出了许多有意义的结论。受冷锋倒槽影响,2010年3月14日山西省北中部出现区域性大到暴雪天气,由于降雪持续时间长、降雪后风力大、降雪伴随的降温幅度大,给北中部道路交通、大棚蔬菜、城市供电等带来严重影响,有必要对其进行深入研究,更好地了解其形成过程,寻求预报指示信号,给实际业务提供参考。

1 天气实况和主要影响系统

1.1 天气实况

此次降雪从3月14日01:00开始,到14日15:00结束,历时15 h,降雪主要集中在山西省中部的吕梁和北部的朔州、忻州、大同等市(这是山西省大雪日数最少的地区),24 h降雪量在1~18.1 mm(图1),其中共有16个县(市)降雪量>10 mm,出现暴雪,13个县(市)出现大雪(降雪量5~9.9 mm),为北中部历史上较为罕见的区域性大到暴雪天气。降雪带基本呈西南—东北走向,其间有两个强降雪区,分别位于山西西北角的河曲、兴县、五寨一带(以下简称1号强降雪区)以及东北角的大同、应县、浑源、五台山一带(以下简称2号强降雪区)。从6 h降雪量分布来看,强降雪主要集中在14日02:00—14:00,1号强降雪区持续时间长,14日02:00—08:00和08:00—14:00,分别出现两次降雪增幅;2号强降雪区持续时间短,主要集中在14日08:00—14:00,但降雪强度大。雪后降温在4~14 ℃,2号强降雪区降温幅度明显大于1号强降雪区(表1)。

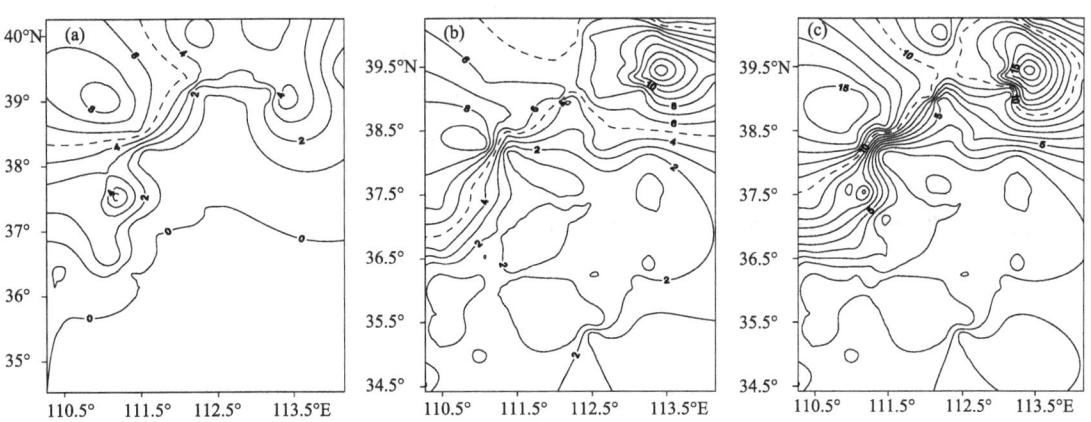

图1 2010年3月13—14日降雪量分布(单位:mm)
(a)13日夜间,(b)14日白天,(c)13日20:00—14日20:00

表1 2010年3月主要站点6 h降雪量和48 h降温幅度

强降雪区	站名	14日02:00—08:00 (mm)	14日08:00—14:00 (mm)	雪后最大风 (m·s^{-1})	雪后48 h降温 (℃)
1号	河曲	8	6	11.9	8
	兴县	6	10	8.6	4
	五寨	4	7	9.9	6
2号	大同县	0	10	18.2	14
	应县	0	11	10.6	9
	浑源	0	14	10.2	13
	五台山	5	8	30.6	9

1.2 形势特点和主要影响系统演变

降雪前48 h,500 hPa(图略)环流为两槽一脊,东亚大槽位于(114°~128°E,28°~52°N)附近,另一个槽位于(65°~75°E,32°~58°N)附近,均对应着-44 ℃的冷中心,山西受弱脊前偏西北气流控制。降雪前12 h,随着后一股强冷空气的南下,弱脊崩溃,中纬度转为偏西气流,整个低值系统跨度很宽。对应700 hPa(图略)上,13日20:00,形成西北涡,并伴随一条近似西南—东北向的冷切变线,前方出现偏西南急流,850 hPa(图略)和925 hPa(图略)上,急流风向在30°N处发生逆转,30°N以南为西南急流,30°N以北为东南急流,急流轴非常靠北,东南急流头位于1号强降雪区附近,该处形成西北风和东南风的辐合,6 h以后,1号强降雪区开始出现强降雪。14日08:00(图略),随着切变线和急流头的东移,降雪区东移,2号强降雪区出现强降雪。

地面图上,12日23:00开始,华北形成回流,之后回流稳定维持,但地面高原低值系统明显偏西偏南,高空为偏西北气流,低空和超低空也没有急流配合;13日08:00,高原低值系统移近河套地区,并向北发展形成河套倒槽,但风场上表现不明显,高低空配置仍维持先前结构,因此,山西仍没有降水。13日11:00以后,河套倒槽不断东移加强,冷锋后偏北风逐步加大,13日20:00以后,强冷锋附近出现偏西北与东南风的辐合,而倒槽北端前部出现气旋式涡旋(暖锋位于内蒙古东部到辽宁西部一带),冷锋两侧风力差异和温度差异明显加大,此种形势稳定维持了十几个小时(图2),13日夜间和14日白天分别出现强降雪。

2 冷锋倒槽附近风场结构变化与降雪

2.1 风场的水平结构

从冷锋倒槽附近风场演变与降雪变化来看,可将此次过程分为4个阶段:

第一阶段:回流形势。地面图上,从12日23:00(图略)开始形成明显回流,回流形势稳定少变,山西受偏北风控制,风速较小;13日08:00,由于东西两路冷空气夹挤,形成锢囚,但锢囚点偏北、偏西,对山西几乎没有影响;河套倒槽形成并发展东移,而西部强冷高压位于新疆西侧,中心强度达1045 hPa,强冷高压前部等压线异常密集。

第二阶段:强冷锋降雪。13 日 08:00—17:00,随着河套倒槽的东移发展,冷锋不断东移加强,13 日 20:00,强冷锋前后出现东南风和西北风辐合,而倒槽北端前部出现风向的气旋式旋转,其南侧偏南风明显大于北侧偏北风。13 日夜间,降雪出现在辐合线东南侧和涡旋式旋转的暖空气一侧,最大降雪中心首先出现在辐合线东南侧(1 号强降雪区)。由于冷锋一侧温度更低,降水以雪开始,而另一侧以雨夹雪开始,14 日 02:00 以后,随着冷空气南压,降水转为雪。14 日 05:00—08:00,西部强冷高压东移至 50°N,95°E 附近,中心强度增强,达 1055 hPa,前部等压线梯度继续加大,强冷锋后偏北风加大,辐合线一侧降雪持续,气旋式涡旋闭合,涡旋近似圆形,涡旋暖空气一侧(2 号强降雪区)降雪有所加大。

第三阶段:强冷锋降雪和涡旋降雪并存。14 日 08:00(图 2),冷锋后气压梯度加大,风力增强,从大尺度环流来看,冷锋附近山西已受偏北风控制,但从自动站风场来看,冷锋附近仍存在 β 中尺度辐合,因此,1 号强降雪区的降雪仍然持续,而且出现二次增幅;而涡旋中心附近 24 h 气压下降 12 hPa,东南风风速 3 h 内增大 4 m·s^{-1},涡旋后西北风风速减小 4 m·s^{-1} 左右,可见涡旋辐合明显加强,随着涡旋辐合的增强,涡旋径向度加大,呈南北向椭圆形,2 号强降雪区的降雪显著增强,08:00—14:00 6 h 降雪量超过 10 mm(表 1)。

第四阶段:冷锋后大风降温。14 日 14:00,冷锋已移出山西,锋后气压梯度不再增大,而涡旋后偏西北风不断加大,6 h 增大 9 m·s^{-1},涡旋前偏东南风减小 4 m·s^{-1},随着风向的旋转和风速的变化,涡旋径向结构遭到破坏,变为水平椭圆状,降雪逐步减弱、结束。山西出现大风降温天气。

综上所述,此次降雪存在以下特点:回流形势虽然持续时间较长,但由于高低空系统没有配合,因此回流阶段无降雪;强冷锋降雪持续时间长,出现两次降雪增幅;涡旋降雪持续时间短,但强度大;降雪是随着涡旋结构的破坏而减弱结束的。

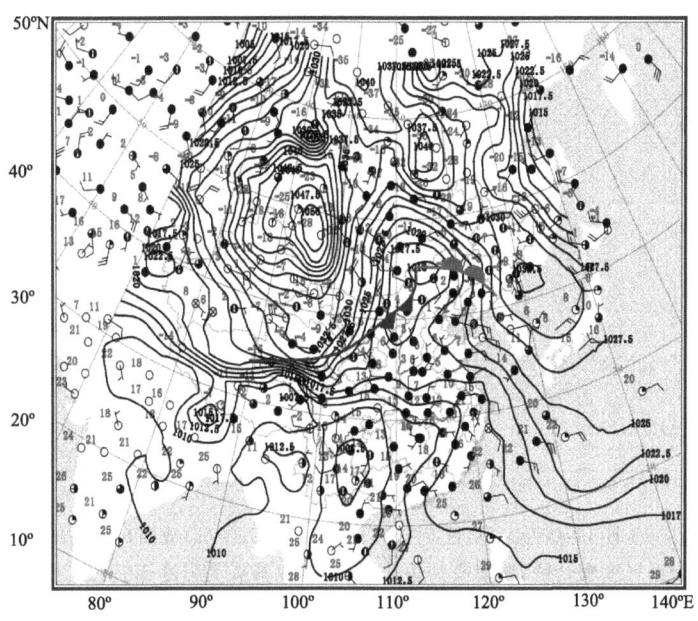

图 2 2010 年 3 月 14 日 08:00 地面形势

2.2 风场的垂直结构

选取 1 号强降雪区西北侧的探空站东胜(简称 1 号区)和 2 号强降雪区东北侧的探空站北京(简称 2 号区),分析其风场垂直结构演变(图略),具有以下特征:

第一阶段,两个探空站几乎整层为偏西北气流,风速随高度逐步增大,但低空风速较小。

第二阶段,850 hPa 以下为东南风到偏东风,700 hPa 为西南风,500 hPa 为偏西风,高空为偏西北风,风向在低空逆转、高空顺转,说明低空有冷平流、高空有暖平流输入,不仅有利于低空低涡和地面气旋的发展,而且在低空形成明显"冷垫",厚度达 850 hPa,且风速垂直切变明显,从地面到 200 hPa 各层之间风速垂直切变为增大—减小—增大的结构,在 700 hPa 与 850 hPa 之间达到最大,为 0.053 m·hPa^{-1},有利于低空切变线的维持。

第三阶段,风向结构与第二阶段类似,但 1 号区风速垂直切变低空减小,高空增大,2 号区维持,预示着维持低空切变线存在的触发机制在逐步消失,而低空低涡和地面气旋仍在维持、加强。

第四阶段,两个探空站整层为西北风,风速较第一阶段平均增大 18 m·s^{-1}。

风的这种垂直结构先于强降雪和大风 6 h 出现,对预报强降雪和大风有指示意义。

2.3 β中尺度辐合和涡旋特征

分析自动站逐小时风场演变发现,强降雪开始前 10 h(图 3a),1 号强降雪区出现 β 中尺度辐合,辐合线长约 200 km,2 号强降雪区出现 β 中尺度涡旋,涡旋直径约 100 km,在强降雪开始前 6 h,辐合和涡旋分别达到最强。14 日 08:00,辐合线和涡旋稳定维持;12:00,辐合区和涡旋区风场结构遭到破坏,强降雪结束;之后,随着强冷锋后强冷空气的进一步入侵,1 号区和 2 号区均变为西北风,山西出现大风降温天气。

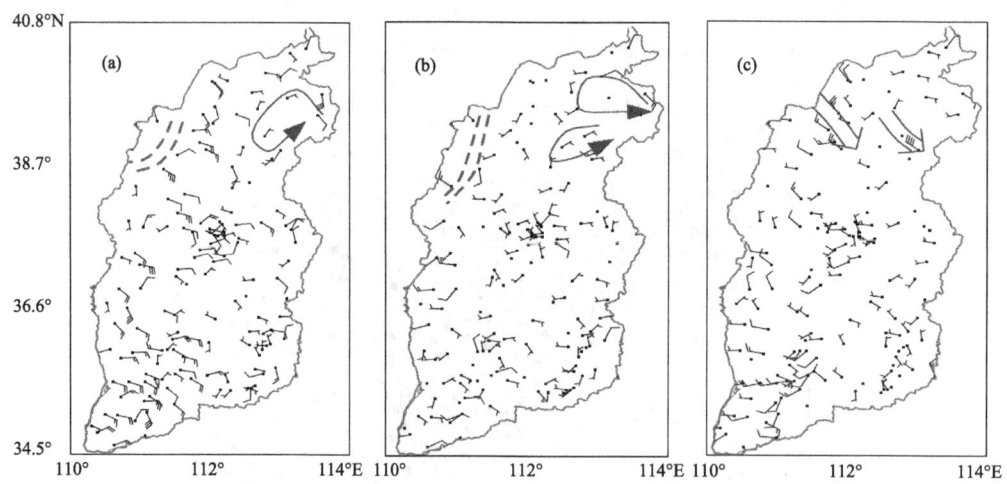

图 3 2010 年 3 月 13 日 14:00(a)、14 日 08:00(b)、14 日 12:00(c)地面自动站风场(单位:m·s^{-1})
(虚线为中尺度辐合线,单箭头为中尺度涡旋,双箭头为强冷锋后西风或西北风)

综上所述,中尺度辐合和中尺度涡旋具有如下特征:
(1)持续时间较长,1 号辐合区持续近 16 h,2 号涡旋持续 10 h 左右,这比易笑园[1]分析的

2008年12月20日天津β中尺度暴风雪涡旋持续时间偏长4~8 h,这也是造成1号强降雪区出现2次暴雪增幅的重要原因。

(2)强降雪开始前和强降雪阶段东南风大于东风和偏北风(风速大8 m·s^{-1}左右),而随着东南风的减小,降雪趋于减小;降雪结束阶段,偏北风大于东南风(大6 m·s^{-1}左右)。

(3)β中尺度辐合线和β中尺度涡旋中心先于强降雪6~12 h出现,对预报强降雪有指示意义。

另外,分析发现,五台山偏东风出现8 h后,山西北中部开始出现降雪,在强降雪期间,偏东风持续,而五台山偏北风的出现及加强6~3 h后,降雪逐步减弱结束(分析多数个例均有此现象)。因此五台山风的变化对山西北中部强降雪的预报有很好的指示意义。

3 形成机制分析

诊断分析所用资料为实时地面观测和高空探测资料,资料范围为80°~130°E,20°~70°N,应用逐步订正方案对资料进行客观分析,并采用Kriging网格化方法,生成格点数为51×51的网格资料,水平分辨率为1°×1°,垂直分为10层。

3.1 变形对低空低涡切变线以及地面气旋及锋面发展的作用

变形是表示流体运动过程中,体积膨胀或缩小的量,它能反映低空低涡、地面气旋以及切变线发展和锋生的作用。

总变形: $E = \sqrt{E_1^2 + E_2^2}$ (1)

伸缩变形: $E_1 = \dfrac{\partial u}{\partial x} - \dfrac{\partial v}{\partial y}$ (2)

切变变形: $E_2 = \dfrac{\partial v}{\partial x} + \dfrac{\partial u}{\partial y}$ (3)

伸缩变形(E_1)主要反映低空低涡的形成和发展,切变变形(E_2)主要反映低空切变线发展和地面锋生的作用。

利用网格化资料,计算了强降雪期间总变形及其分量(单位:10^{-6} s^{-1}),分析它们的演变及其分量的贡献。

3.1.1 总变形的作用

分析强降雪期间总变形的演变表明,500 hPa最为典型,强降雪出现前的13日20:00(图4a),河套地区出现总变形>30×10^{-6} s^{-1}的区域,中心轴线走向与地面冷锋走向一致,且强冷锋一侧中心数值明显大于涡旋一侧,13日夜间,强冷锋一侧先出现强降雪;14日08:00(图4b),中心区域东移,但强度增强,>75×10^{-6} s^{-1}的区域覆盖河套地区,14日白天,强冷锋一侧出现强降雪的二次增幅,涡旋一侧也出现强降雪。强降雪期间,总变形一直维持这种结构。

可见,总变形大值区的出现和持续,预示低空低涡切变线的维持和地面锋生作用的加强,大值中心轴线走向与地面锢囚锋走向一致,最大中心与强降雪中心基本吻合,且提前6~12 h出现,对预报强降雪的出现和落区均有指示意义。

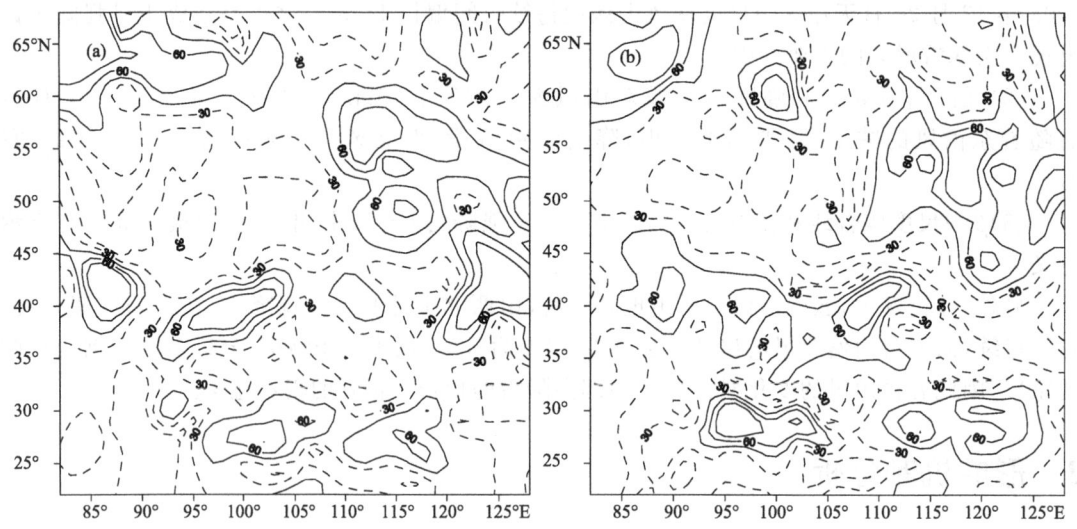

图 4　2010 年 3 月 13 日 20:00(a)和 14 日 08:00(b)500 hPa 总变形(单位:10^{-6} s^{-1})
(虚线为<30)

3.1.2　各分量的作用及其贡献

分析强降雪期间 E_1 和 E_2 的演变(图 5),表明 E_2 在 700 hPa 最为典型,E_1 在 500 hPa 最为典型。

E_2:13 日 20:00,在河套地区形成一个大值区,中心强度达 64×10^{-6} s^{-1},中心位置与 700 hPa 低涡吻合,曲率最大连线与 700 hPa 切变线和地面冷锋走向一致,且位于它们西侧,14 日 08:00,大值区扩展东移,期间出现两个中心,一个中心与 1 号区吻合,该中心强度增强 5×10^{-6} s^{-1},曲率最大连线仍位于 700 hPa 切变线和地面锋面西侧;另一个中心位于 2 号区附近,但范围很小,强度也小于 1 号区。说明 1 号区 E_2 的贡献大于 E_1 的贡献,1 号区以切变降雪和强冷锋降雪为主,持续时间较长。

E_1:13 日 20:00,在 1 号到 2 号区附近形成一个大值区,但中心位于 2 号区,中心强度达 49×10^{-6} s^{-1},中心位置与地面冷锋东侧涡旋位置吻合,预示着 2 号区未来涡旋加强;14 日 08:00,大值区东移北抬,但中心仍位于 2 号区,强度有所减弱,1 号区已变为负值。说明 2 号区 E_1 的贡献大于 E_2 的贡献,2 号区以涡旋降雪为主。

沿 39°N(1 号区中心)和 40°N(2 号区中心)分别作 E_2 和 E_1 的垂直剖面,从剖面图(图 6)可看出,在强降雪出现前,E_2 在 1 号区上游随高度变化的结构为增加—减小—增加,即 400 hPa 以下随高度增加,在 700 hPa 下达到最大,中心强度为 65×10^{-6} s^{-1},而在 2 号区附近,虽然也是随高度增加,在 300 hPa 附近达到最大,但中心强度远远小于 1 号区,仅为 22×10^{-6} s^{-1};14 日 08:00,E_2 仍维持这种结构(图略),只是中心略东移北抬。E_1 则不同,随高度变化的结构为减小—增加—减小,即在近地层随高度减小,在 850~400 hPa 随高度增加,700 hPa 达到最大,中心强度为 72×10^{-6} s^{-1},400 hPa 以上随高度减小,在 1 号区附近,850 hPa 左右也有一闭合中心,但中心强度远远小于 2 号区,仅为 21×10^{-6} s^{-1}。可见,1 号区 E_2 的贡献远大于 E_1,其数值越大,700 hPa 切变线越稳定,地面锋生作用越强,导致 1 号区 13 日夜间出现强降雪,E_2 的维持东移,是导致 700 hPa 切变线和地面冷锋稳定加强,1 号区 14 日

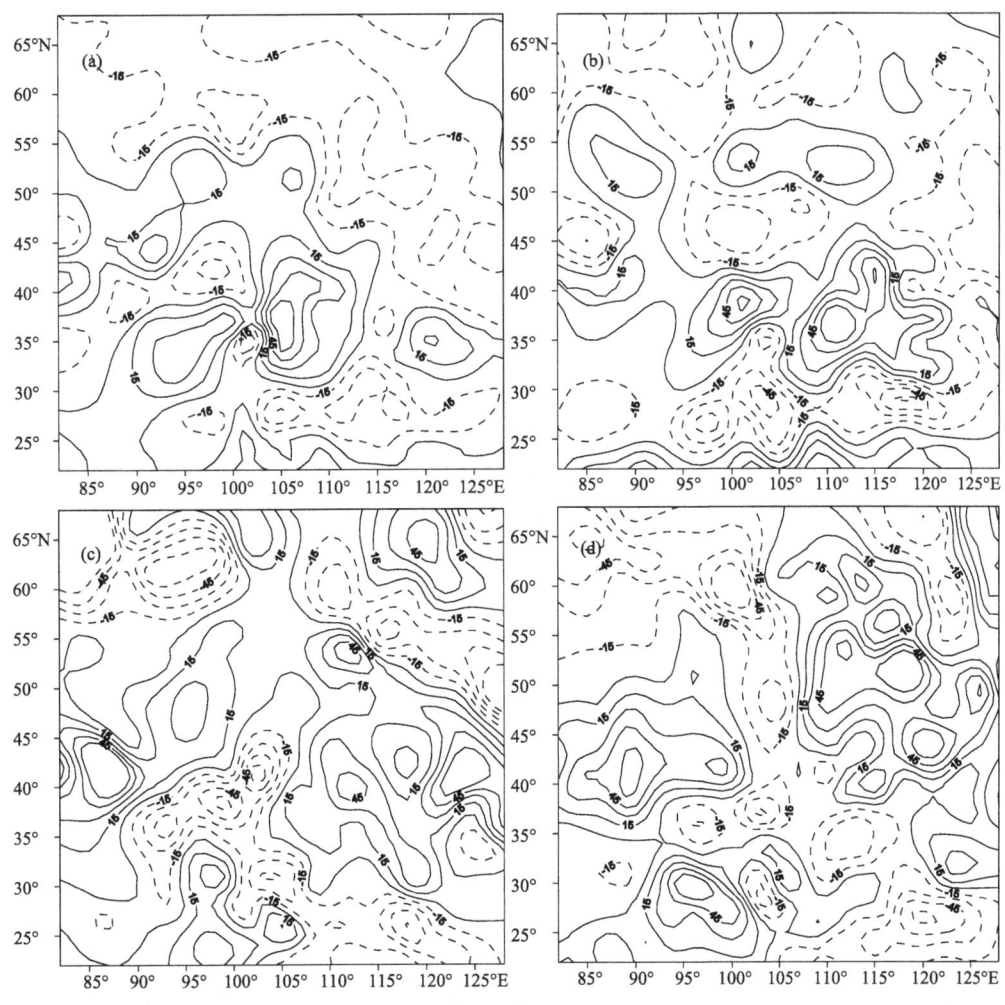

图 5 2010 年 3 月 13—14 日 E_1 和 E_2 演变(单位:10^{-6} s^{-1})
(a)E_2,13 日 20:00 700 hPa,(b)E_2,14 日 08:00 700 hPa,(c)E_1,13 日 20:00 500 hPa,
(d)E_1,14 日 08:00 500 hPa

上午出现二次降雪增幅的重要机制;2 号区 E_1 的贡献远大于 E_2,其数值更大,涡旋辐合更强,造成 2 号区 14 日上午集中强降雪。

3.2 热力平流对低空低涡切变线发展东移的作用

利用网格化资料,计算了强降雪期间能量和热力平流(单位:10^{-6} K·s^{-1}),分析其演变特征,得出:13 日 20:00(图 7a)强降雪开始前,850 hPa 河套地区出现伸向山西的高能舌,呈 Ω 型结构,闭合中心位于地面冷锋辐合最强的区域,未来 6 h 后强降雪出现在能量锋区东南侧高能中心附近;14 日 08:00(图 7b),随着能量锋区的东移、南压,高能舌向北发展并东移,舌尖附近出现范围较小的闭合区,与 2 号强降雪区吻合。之后,能量锋区迅速东移,1 号和 2 号区均变为低值区,降雪结束。

沿 1 号区中心 111°E 作热力平流剖面(图 8),强降雪开始前,山西低层 850 hPa 以下有弱

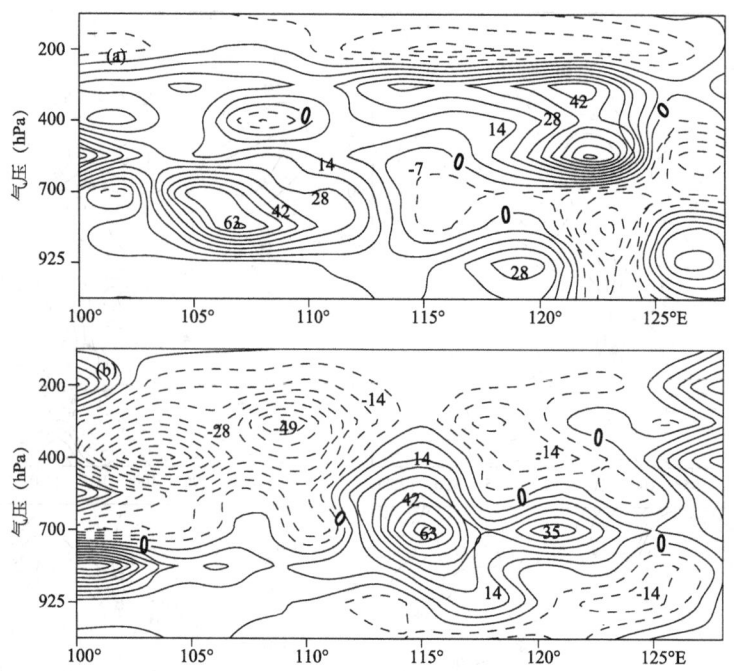

图 6　2010 年 3 月 13 日 20:00 E_2 沿 39°N(a)和 E_1 沿 40°N(b)的剖面(单位：$10^{-6}\ s^{-1}$)

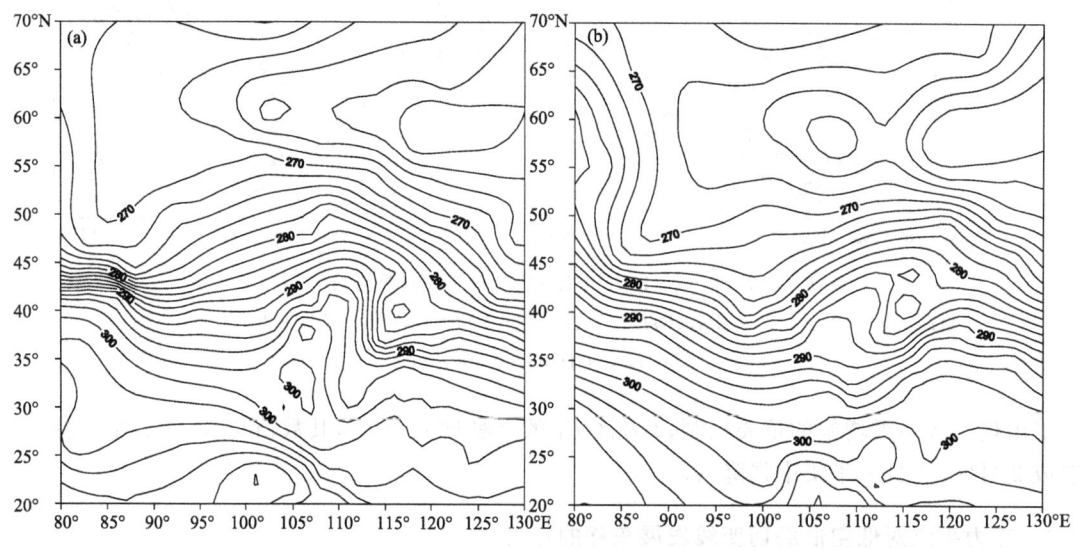

图 7　2010 年 3 月 13 日 20:00(a)和 14 日 08:00(b)850 hPa 能量分布(单位：K)

冷平流侵入，形成"冷垫"，冷垫厚度达 850 hPa，冷平流的入侵，使得低空低涡发展，而高层为暖平流，其数值显著大于冷平流数值，这一结构导致地面气旋式涡旋加深；强降雪期间，"冷垫"一直存在，随着高层强冷空气的侵入，"冷垫"逐渐消失，14 日 20:00，山西上空整层为强冷平流区，强降雪结束。另外，冷平流中心在 2 号区上空 300 hPa 附近达到最大，2 号区降温幅度明显大于 1 号区。另外，结合湿度场分析表明，"冷垫"区为湿度大值区，其值大于 70%，因此，此"冷垫"为"湿冷垫"。

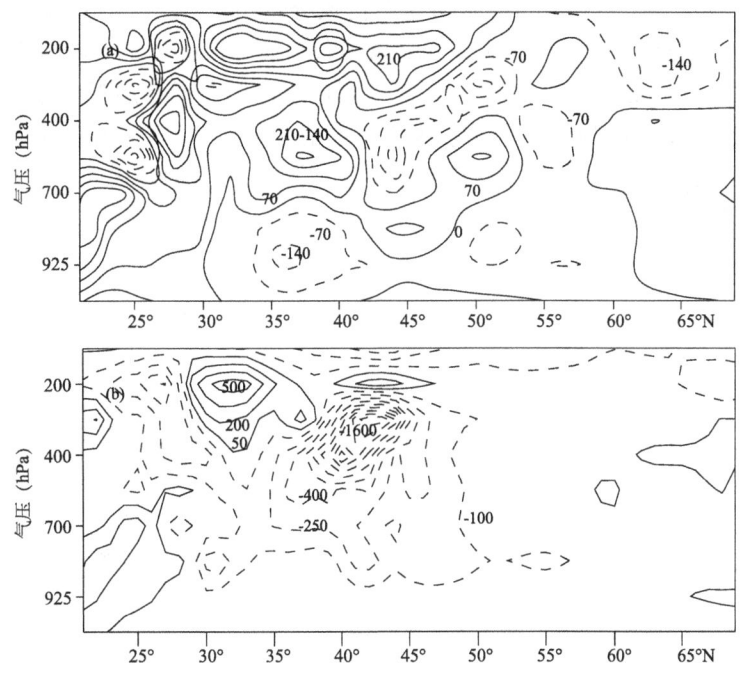

图 8　2010 年 3 月 13 日 20:00(a)和 14 日 20:00(b)热力平流沿 111°的剖面(单位：10^{-6} K·s^{-1})

3.3 急流特征与降雪

在过去的研究中,通常使用实际风速来确定低空急流的中心位置和轴线。但这样确定的低空急流将使同一急流轴线上具有不同的风向,而且在急流轴的上下层也具有不同的风向,并都随时间发生变化,从而增加了对急流研究的复杂性和不严谨性。因此,参考高空西风急流的定义,使用纬向风分量和经向风分量来定义低空急流和超低空急流[12]。

分别计算纬向风分量和经向风分量,并分析高空急流和低空急流特征,以揭示此次降雪过程中急流的特征和作用。

13 日 20:00,高空西风急流在 300 hPa 形成急流核(图 9a),中心数值达 41 m·s^{-1},急流轴位于 40°N 附近,急流出口在山西北部;700 hPa 南风急流轴位于 110°E 附近(图 9b),中心强度为 14 m·s^{-1},急流头在 38°～40°N 处;850 hPa 上,1 号区和 2 号区分别出现两个东风急流核(图 9c),925 hPa 东风急流轴偏北(图 9d)。同时,1 号区上游 700～925 hPa 出现强烈的南北风辐合,从而产生大范围的上升运动,触发不稳定能量的释放,造成 13 日夜间 1 号区暴雪的产生,而 850 hPa 出现东西风辐合,暴雪区东南侧低空暖湿气流沿冷空气垫不断爬升,不仅使得湿度大的空气不断向暴雪区输送和补充,而且使低层中尺度上升运动维持和加强。14 日 08:00,高空西风急流核下传至 400 hPa,中心强度增大,达 44 m·s^{-1},700～925 hPa 的南北风辐合区和 850 hPa 东西风辐合区均稳定东移,辐合强度明显加大,成为 14 日白天 1 号区暴雪增幅、2 号区出现暴雪的重要原因之一。

此次降雪过程,急流具有如下特征:(1)高空急流在 300～400 hPa 最为清楚,高空西风分量＞北风分量,以西风急流为主,其作用主要表现在产生高空辐散,使中尺度上升运动加强,从而触发不稳定能量释放。(2)700 hPa 南风分量＞西风分量,以南风急流为主,为暴雪的产生提供了强的水汽输送。(3)850 hPa东风分量与南风分量相当,而925 hPa则是东风分量＞南风分量,低空的东南急流和超低空的偏东风急流不仅为暴雪区提供了水汽的输送和补充,而且使得低层中尺度上升运动维持和加强。(4)高空西风急流轴和低空超低空东风急流轴较以往偏北,700 hPa南风急流轴偏西,导致暴雪区位置也偏北偏西,暴雪中心就位于以上3支急流交汇的山西西北部。可见,降雪落区与急流轴位置密切相关。(5)降雪强度与高空西风急流中心强度、低空南风和东风急流强度关系密切。

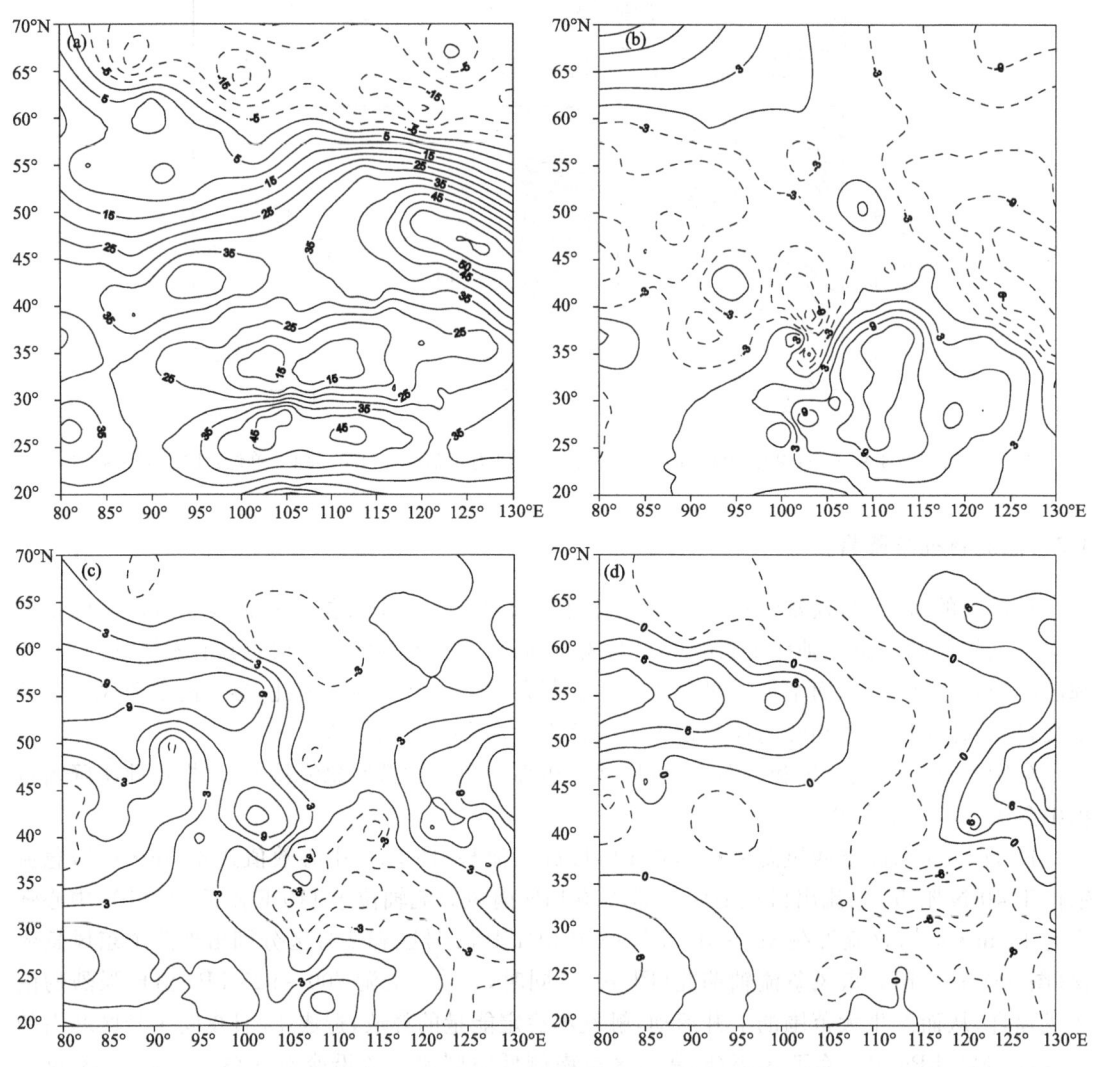

图9　2010年3月13日20:00高低空急流(单位:m·s^{-1})
(a)300 hPa西风急流,(b)700 hPa南风急流,(c)850 hPa东风急流,(d)925 hPa东风急流

4　结论

(1)此次降雪系地面冷锋倒槽共同影响所致,从冷锋倒槽附近风场结构来看可将此次过程分为回流阶段、强冷锋降雪、强冷锋降雪和涡旋降雪并存、冷锋后大风降温4个阶段,强冷锋降雪持

续时间长,在二、三阶段分别出现两次降雪增幅,而涡旋降雪时间短,但强度大;1号和2号强降雪区在强降雪阶段均呈现低空逆转高空顺转的特点,但风速垂直切变特征存在明显差异;逐小时自动站风场资料表明,β中尺度辐合和β中尺度涡旋是造成此次暴雪的直接原因。降雪强度和落区与风场结构和高低空系统配置密切相关,强降雪是随着风场结构遭到破坏而告结束的。

(2)变形诊断揭示,暴雪出现前500 hPa总变形出现$>30\times10^{-6}$ s^{-1}的大值区,大值轴线与地面冷锋走向一致,总变形对地面锋生作用明显;伸缩变形项大值中心与地面涡旋中心吻合,是造成地面涡旋加强,从而产生强降雪的重要机制;对强冷锋降雪而言,切变变形项贡献大于伸缩变形项,切变变形大值区的出现和维持是700 hPa低涡切变线和地面强冷锋稳定维持的重要因素。以上特征均先于强降雪6 h出现,对预报低涡切变线、地面强冷锋以及强降雪有指示意义。

(3)强降雪前12 h,850 hPa上能量场在河套地区呈Ω型,能量舌伸向山西北中部,强降雪出现在能量锋区东南侧高能中心附近;热力平流和湿度诊断表明,强降雪出现前,高层有暖平流输入,而低层形成"湿冷垫",对低空低涡的发展起着重要作用,随着高空强冷平流的输入,此种结构被破坏,强降雪结束。

(4)强降雪出现前,高空西风急流在300 hPa形成急流核,700 hPa南风分量大于西风分量,850 hPa南风分量与东风分量相当,925 hPa东风分量大于南风分量,随着急流核的下传,低空低涡发展,切变线稳定维持,导致强降雪持续,强降雪落区在高空西风急流、700 hPa南风急流和850 hPa与925 hPa东风急流3支急流头交汇的地方,降雪强度与急流强度关系密切。

参考文献

[1] 易笑园,李泽椿,朱磊磊,等.一次β中尺度暴风雪的成因及动力、热力结构[J].高原气象,2010,29(1):175-186.

[2] LI JIN, ZHAO S X, YU F. Analysis of a Beijing heavy snowfall related to an inverted trough in November 2009[J]. Atomspheric and Oceanic Science Letters, 2010, 3(3):127-131.

[3] 赵桂香,许东蓓.山西两类暴雪预报的比较[J].高原气象,2008,27(3):615-623.

[4] 杨贵铭,毛冬艳,孔期."低温雨雪冰冻"天气过程锋区特征分析[J].气象学报,2009,67(4):652-665.

[5] 廖捷,谈哲敏.一次梅雨锋特大暴雨过程的数值模拟研究:不同尺度天气系统的影响作用[J].气象学报,2005,63(5):771-789.

[6] 韩经纬,沈建国,孙永刚,等.一次强沙尘暴和暴雪天气过程的诊断和模拟分析[J].高原气象,2007,26(5):1031-1038.

[7] 蒋后硕,吕克利.高低空急流中的锢囚锋环流[J].高原气象,2000,19(3):265-276.

[8] 徐建芬,陶建红,夏建平.青藏高原切变线暴雪中尺度分析及其涡源研究[J].高原气象,2000,19(2):187-197.

[9] 杨成芳,李泽椿,李静,等.山东半岛一次持续性强冷流降雪过程的成因分析[J].高原气象,2008,27(2):442-451.

[10] 张腾飞,鲁亚斌,张杰,等.一次低纬高原地区大到暴雪天气过程的诊断分析[J].高原气象,2006,25(4):696-703.

[11] 周淑玲,朱先德,符先静,等.山东半岛典型冷涡暴雪个例对流云及风场特征的观测与模拟[J].高原气象,2009,28(4):935-944.

[12] 朱乾根,林锦瑞,寿绍文,等.天气学原理和方法[M].北京:气象出版社,2007.

三次回流倒槽作用下山西大(暴)雪天气比较分析*

赵桂香[1]　杜莉[2]　郝孝智[3]　张磊[1]　赵颖[4]

(1. 山西省气象台 太原 030006；2. 重庆市气象局气象服务中心 重庆 401147；
3. 山西省雷电防护监测中心 太原 030002；4 山西省大气探测技术保障中心 太原 030002)

摘要：为进一步做好山西省降雪天气预报，为农业生产提供更为精细的气象服务，满足农业防灾减灾和政府决策需求，选取2011年2月9—10日、2月25—28日和2010年3月13—14日的三次回流与倒槽作用下产生的大雪或暴雪天气过程，利用多种探测资料，全面比较分析了三次过程的降雪特征、环流形势演变及流型配置、各种物理量特征及其差异。结果表明：(1)由于高低空流型配置、水汽输送特征和动热力结构特征存在较大差异，造成三次过程的降雪强度、强降雪落区和持续时间不同。(2)强降雪过程中，地面存在中尺度切变、中尺度涡旋和中尺度辐合3种结构，3种结构的降雪特征差异较大。(3)卫星云图上分别表现为高空槽云系过境型、槽后云团发展型和锋面云系影响型，相当黑体亮温(TBB)的变化和对流层中上层水汽含量的增加对预报强降雪有指示意义。因此，充分掌握这些特征及其差异，并提炼关键的预报技术指标，才是做好此类天气精细化预报的重要途径。

关键词：回流倒槽；流型配置；新型探测资料；结构差异

引言

近年来，强降雪天气对设施农业、大棚蔬菜、电力设施及交通运输等造成的影响越来越大，广大气象科技工作者从多个角度对暴雪的成因进行了分析，取得了一些成果[1-14]，但多数研究只针对一个典型暴雪个例。赵桂香等[15]和杨晓霞等[16]分别对山西和山东两类暴雪进行了对比分析，提出两类暴雪的不同预报着眼点。研究[17]表明，山西省大雪天气以局地性为主，预报难度很大。因此，进一步深入研究强降雪天气成因，寻求不同天气过程的差异，提高预报的精细化水平，从而满足农业防灾减灾和政府决策的精细化需求，显得格外重要。2011年2月9—10日(以下简称个例1)、25—28日(以下简称个例2)和2010年3月13—14日(以下简称个例3)，山西出现了三次大雪或暴雪天气，三次过程均系地面回流与倒槽共同作用所致，但三次过程中降雪强度、强降雪落区、降雪持续时间均存在很大差异。本研究从分析三次过程的环流形

---

* 本文发表于《中国农学通报》,2013,29(32):337-349。

势演变和高低空流型配置入手,应用比较和诊断分析方法,对三次过程的水汽输送特征、动热力结构特征、地面中尺度特征、卫星资料特征以及它们的差异进行了深入细致的分析研究,重点解释造成三次过程降雪强度、强降雪落区和持续时间差异的原因,并提炼关键预报技术指标,为此类天气的精细化预报提供参考。

1 资料与方法

1.1 资料及处理

本研究诊断分析所用资料为2011年2月7—11日,2011年2月24日—3月1日,2010年3月12—15日的实时地面观测和高空探测资料,资料范围为90°～125°E,25°～60°N,应用逐步订正方案对资料进行客观分析,并采用Kriging网格化方法,生成格点数为51×51的网格资料,水平分辨率为0.7°×0.7°,垂直分为9层。

地面中尺度特征分析所用资料为区域自动站风场资料;卫星资料来源于FY-2E产品:红外卫星云图、相当黑体亮温(Black Body Temperature,TBB)、对流层中上层水汽含量。

1.2 方法

垂直速度采用运动学订正方法,计算求得。环流形势分析采用MICPAS3.0提供的图形产品,流型配置应用MICPAS3.0绘制。应用Surfer8软件对各物理量的水平分布进行了绘制,并沿大雪或暴雪区上空作垂直剖面。应用天气诊断和比较分析方法对三次过程的物理量空间分布特征及时间变化进行分析。

2 降雪特征与流型配置

2.1 降雪特征及差异

个例1:降雪从8日夜间由南部开始,9日(图1a)白天降雪范围迅速向北扩大,降雪强度迅速增大,9日夜间(图1b)降雪范围和强度均呈增强趋势,10日夜间逐步减弱结束,历时48 h。降雪主要集中在9日白天到夜间,全省普降小到中雪,24 h降雪量0.0～7.4 mm,其中北部2个县、南部3个县达到大雪。伴随着降雪和降温,10日早晨全省大部分地区出现积雪,积雪深度为0～9 cm,其中14个县积雪深度≥5 cm。

个例2:25日白天自西南开始出现小雪,26日(图1c),降雪范围迅速向东北扩大,降雪强度迅速增强,全省24 h降雪量为0.0～12.1 mm,南部20个县、中部3个县、北部1个县达到大雪,南部7个县出现暴雪;27日(图1d),降雪强度有所减弱,全省24 h降雪量为0.0～7.1 mm,南部7个县、中部12个县、北部3个县仍达到大雪;28日(图1e)降雪出现二次显著增幅,暴雪区再次南压,全省24 h降雪量为0.0～13.0 mm,南部7个县达到暴雪、30个县达到大雪;直到28日夜间,降雪才逐步减弱结束,历时96 h。26日早晨,出现大范围积雪,积雪深度为0.0～17 cm,全省有29个县积雪深度超过5 cm。

个例3:降雪从13日夜间开始,到14日下午结束,历时15 h,降雪主要集中在中部的吕梁以及北部的朔州、忻州、大同等市,24 h(图1f)降雪量在1.0~18.1 mm,其中13个县(市)出现大雪,16个县(市)出现暴雪。

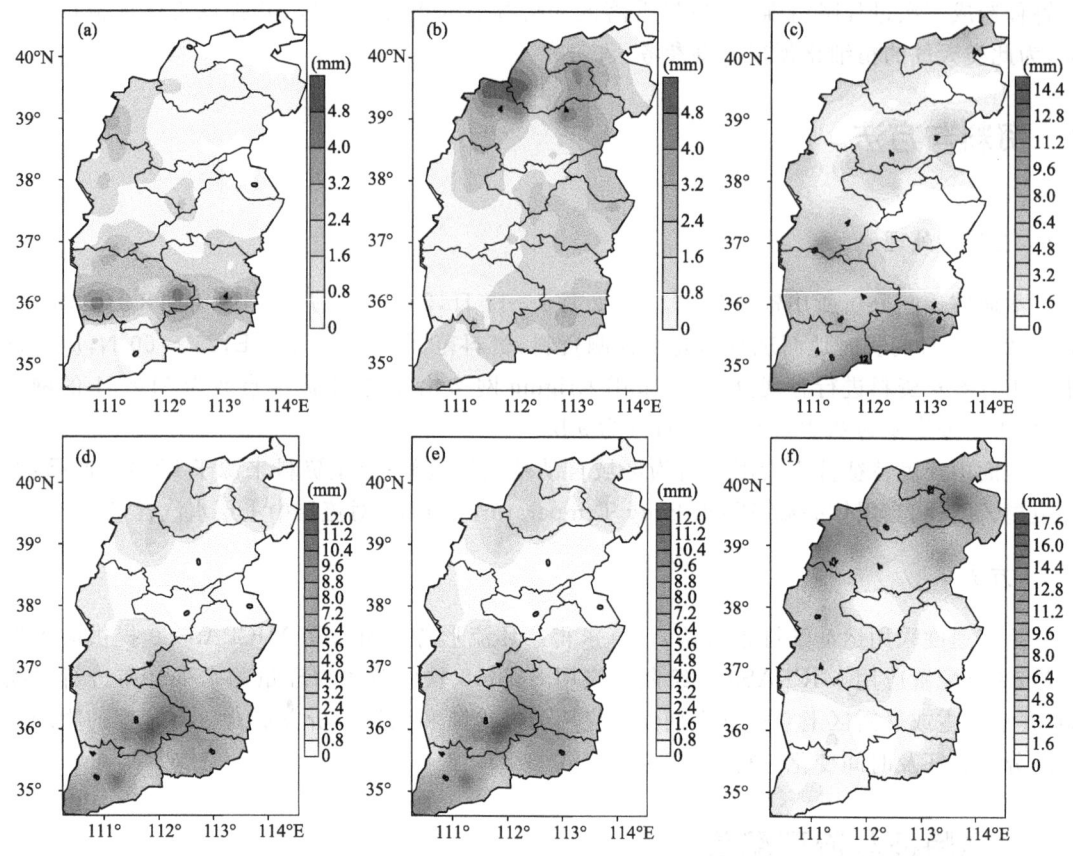

图1 2011年2月9日(a)、10日(b)、26日(c)、27日(d)、28日(e),2010年3月14日(f) 24 h降雪量分布

从以上分析,可将三次降雪特点概括为表1。

表1 三次降雪特点比较

个例	持续时间(h)	范围	24 h最大降雪量(mm)	最大积雪(cm)	特点
1	48	全省	5.3(北部)	9	持续时间较长,范围大,但强度较小;降雪存在从南向北推的特点
2	96	全省	13.0(南部)	17	持续时间长,范围大,强度也大;降雪存在先从南向北推,再向南压的特点
3	15	全省	18.1(北部)	23	持续时间短,但强度大;范围大,积雪深,降雪存在从北向南压的特点

2.2 环流形势演变与流型配置

对比三次过程的形势演变,地面均为回流与倒槽共同影响,系统结构呈先南—北向,后转为西南—东北向;低空存在切变线,水汽条件较好,风场也较强,但高低空系统配置(图2)不同,导致强降雪落区、降雪强度、持续时间上均存在很大差异。

个例1(图2a,b):地面暖倒槽位置偏南;对应500 hPa为短波槽和高原槽相继影响,冷空气势力较弱;700 hPa低涡切变线偏南且逐步北抬,急流偏南,强度弱;850 hPa,9日20:00以后才在山西北部形成切变线;高低空配置较弱,不利于大范围强降雪的出现。

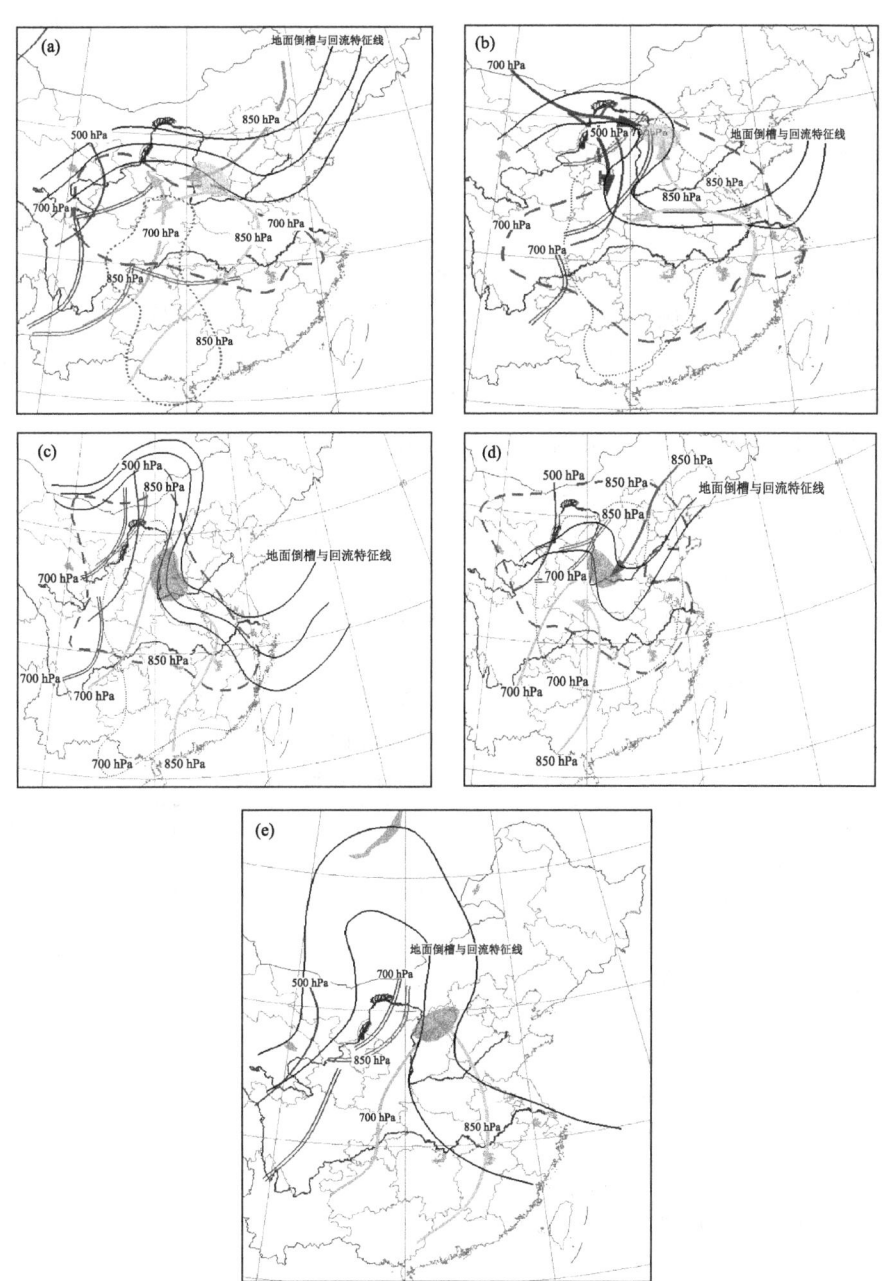

图2　2011年2月8日20:00(a)、9日20:00(b)、2月25日20:00(c)、27日20:00(d)和
2010年3月13日20:00(e)的流型配置
(弯曲长实线为地面倒槽与回流特征线,短实线为500 hPa槽线,双实线为低空切变线,虚线为低空湿区,
箭头为低空急流,阴影区为暴雪落区)

个例 2(图 2c,d):地面暖倒槽维持时间长,且向北发展强盛,25 日 23:00,还出现锢囚,山西位于锢囚锋前部;26 日 20:00 以后,随着高压前部冷空气扩散南下,西南暖湿气流持续向北输送,27 日回流倒槽共同影响的形势再次加强。对应 500 hPa 极地冷空气活跃,并不断分裂小股冷空气东移南下,中高纬度地区多短波槽活动,山西持续受槽前偏西南气流影响,期间两次出现阻塞形势,而低空 700 hPa 持续存在切变线,其前部形成西南急流,急流轴位于陕西到山西一带,其两侧温度露点差<4 ℃,形成很强的水汽输送,且在山西南部存在明显的风速辐合,26 日 20:00,还出现一支风速≥6 m·s^{-1} 的东北气流,两支气流交汇在山西;850 hPa 上形成西南涡伴随冷暖两条切变线,偏东南急流强盛。造成冷暖空气持续在山西上空交汇,这是降雪稳定维持的重要原因之一,暴雪出现在阻塞形势出现 12 h 后,切变线东南侧、3 支强气流交汇的区域。

个例 3(图 2e):地面暖倒槽维持时间较长,但中心位置偏西,向北发展强盛,14 日 05:00,出现锢囚,锢囚点位置较个例 2 偏北。对应 500 hPa 上,中高纬度为两槽一脊,山西受槽前偏西南气流影响,700 hPa 上,形成低涡切变线,切变线东南侧形成偏西南急流,但急流头位于山西北部;850 hPa 和 925 hPa 上,也存在急流,但急流风向在 30°N 处发生逆转,30°N 以南为西南急流,30°N 以北为东南急流,急流轴非常偏北,东南急流头位于山西西北部,该处形成西北风和东南风的辐合。暴雪出现在切变线东南侧、急流头附近。

个例 2 和个例 3,由于锢囚锋的出现,降雪存在爆发性增幅特点。

总体来看,个例 1(图 2a,b)系统配置较弱,但移动较慢;个例 2(图 2c,d)系统配置完整,且稳定维持;个例 3(图 2e)系统配置完整,但移动较快,持续时间较短。

500 hPa 出现阻塞形势是导致系统稳定维持的最重要因素;急流强度、湿层厚度与降雪强度关系密切;地面特征线、急流位置、切变线位置与强降雪落区关系密切

从以上分析,可将三次降雪过程的环流形势特点概括为表 2。

表 2 三次降雪形势特点比较

个例	500 hPa	700 hPa	850 hPa	地面	系统配置
1	两槽一脊型,短波槽和高原槽共同影响	西北涡切变线,偏南风急流,强度弱,且急流轴偏南	切变线,偏东急流	倒槽位置偏南	系统配置较弱,但移动较慢
2	一槽一脊型,两次出现阻塞形势,"单阻"型	切变线,西南急流持续存在	偏东风,第二次暴雪前出现较强偏东北风	倒槽持续时间长,第一次暴雪出现锢囚	系统稳定、深厚,配置完整,移动慢
3	低值系统,高原槽发展东移	西北涡切变线,急流头位于山西北部	东南急流,急流轴偏北,急流头位于山西北部	出现锢囚,锢囚点偏北	系统配置完整,但移动较快

3 水汽输送特征比较

3.1 比湿分布特征及差异

计算 3 个个例降雪期间的各层比湿,分析发现,850 hPa 最能反映降雪变化特征(图 3)。三次过程的共同点为:大雪或暴雪出现前 12 h,低层比湿出现增幅,在河套到山西出现 Ω 型结

构的大值区,强降雪位于湿度锋东南侧。不同点为:降雪量与比湿大小有关,降雪强度与Ω型结构径向度有关,降雪持续时间与湿度锋维持时间有关,强降雪落区与Ω型结构向北伸展的顶点有关。比湿>9.5 g·kg^{-1}是局地暴雪的阈值;比湿>10 g·kg^{-1}、湿度锋强时,暴雪范围可能会大,降雪量也会增大;比湿>12 g·kg^{-1}、湿度锋强、Ω型结构径向度大时,暴雪强度大,量级也大。

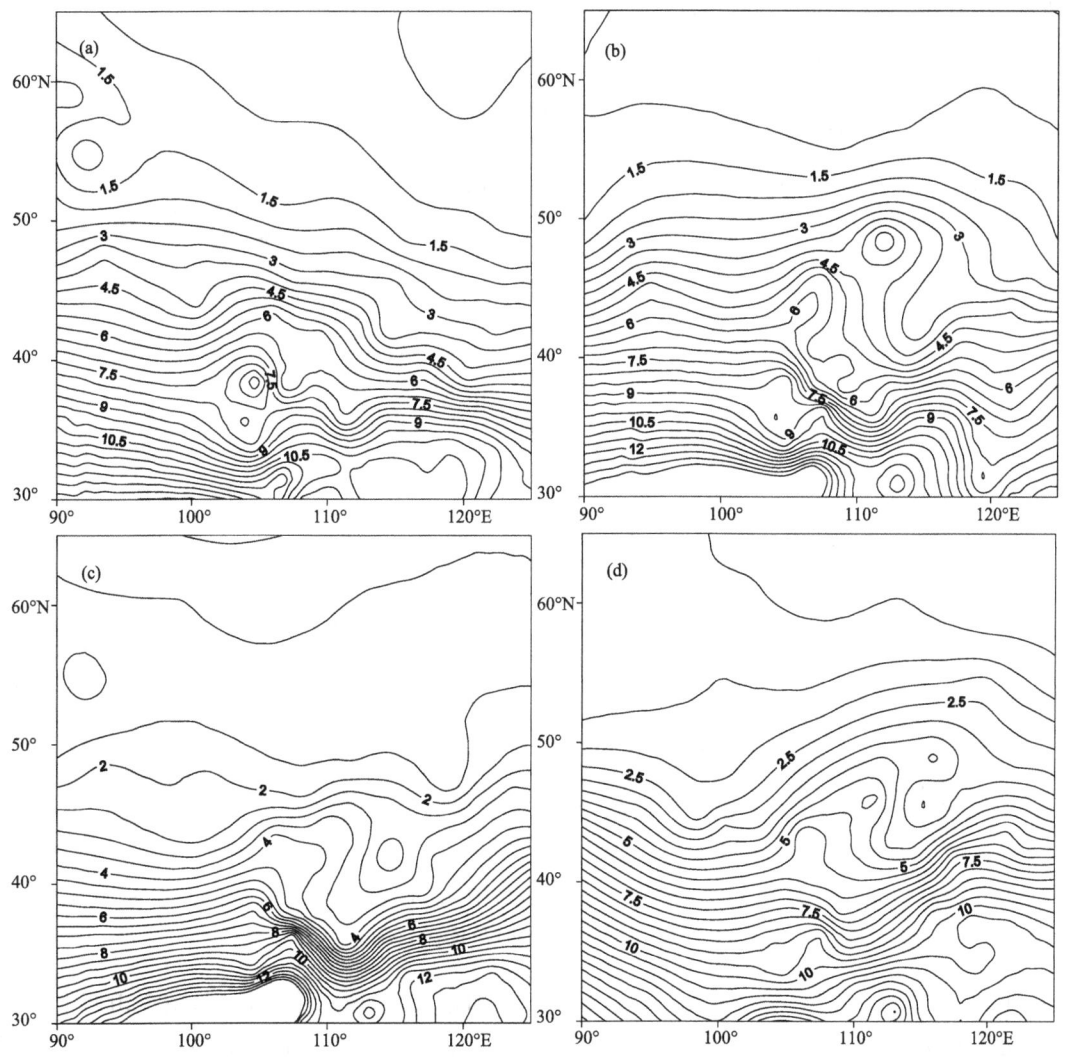

图3 2011年2月8日20:00(a)、25日20:00(b)、27日20:00(c)和2010年3月14日08:00(d) 850 hPa比湿(单位:g·kg^{-1})

3.2 大气可降水量演变及差异

计算3个个例降雪期间的大气可降水量,个例1:8日20:00(图4a)—9日08:00,与河套倒槽相对应,从河套到山西地区,形成一个大值区,整个山西上空的大气可降水量>7 mm,中南部>9.5 mm。降雪期间,累计可降水量达到17~23 mm。

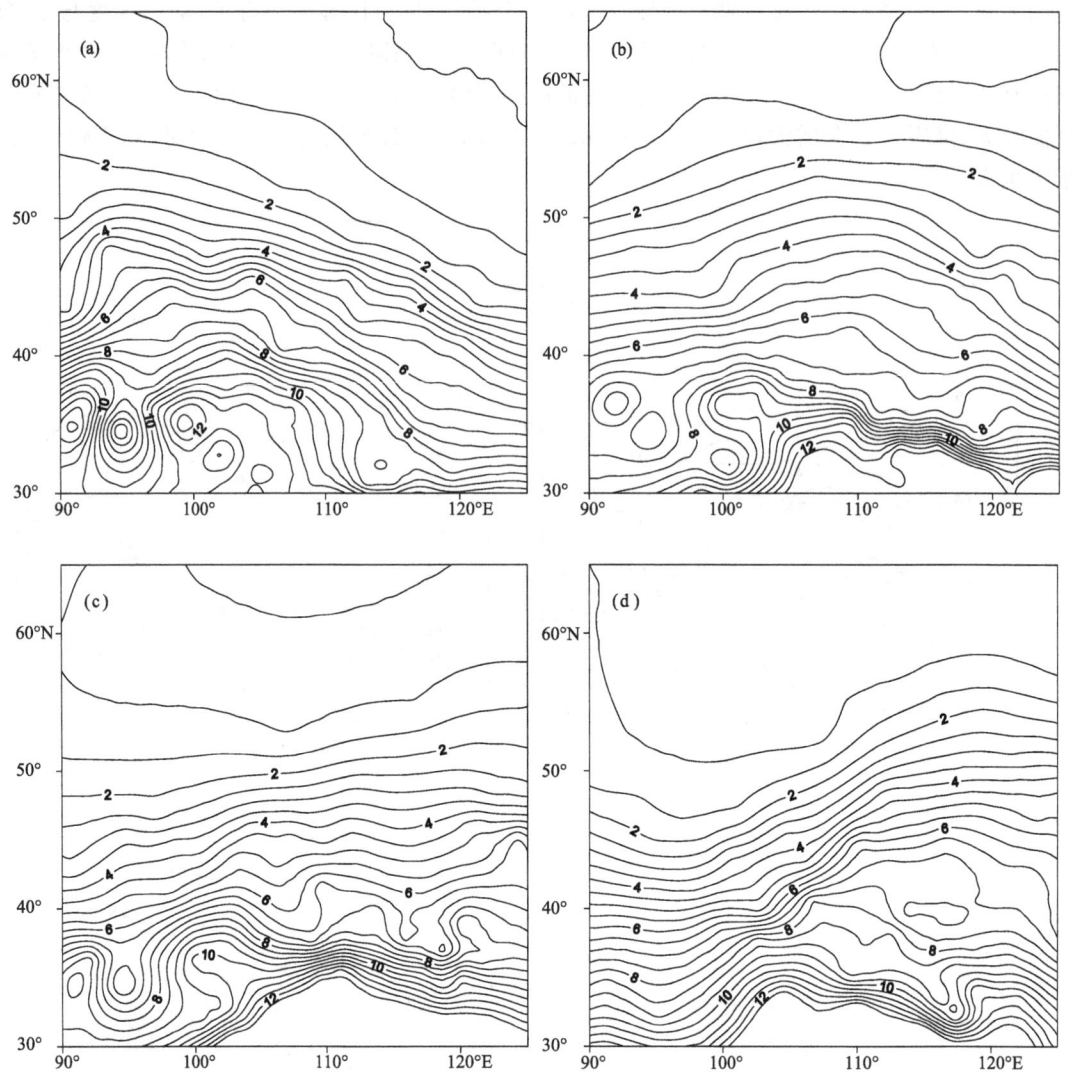

图 4 2011 年 2 月 8 日 20:00(a)、25 日 20:00(b)、27 日 20:00(c)和 2010 年 3 月 14 日 08:00(d)
大气可降水量分布(单位:mm)

个例 2:25 日 20:00—28 日 08:00,从河南到山西地区,形成一个大值区,整个山西上空的大气可降水量>7 mm,暴雪出现前一日 20:00(图 4b,c),中南部>11 mm。降雪期间,累计可降水量达到 22~30 mm。

个例 3:13 日 20:00,与河套倒槽相对应,从河套到山西地区,形成一个大值区,大值轴走向呈西南—东北向,大值顶点一直伸展到山西北部,整个山西上空的大气可降水量>7 mm,北中部>9.5 mm。14 日 08:00(图 4d),大值区东移,白天暴雪区也随之东移。24 h 累计降水量最大达 23 mm。

总之,强降雪前 12 h,低层水汽持续向山西地区输送,使得山西上空大气可降水量持续增加。随着回流形势和低层偏东气流的维持,经河南到山西南部的东路也出现大值区(较西路小),说明降雪开始后,低层偏东水汽的补充非常重要。与低层水汽输送相对应,山西上游到山西地区会出现一个>7 mm 的大值区,降雪强度与最大可降水量有关,>9.5 mm 和累计可降水量>20 mm 是出现暴雪的阈值;降雪持续时间与水汽持续输送和补充有关;强降雪落区与大值轴顶点对应,顶点偏南,暴雪出现在南部;顶点接近中部,暴雪出现在中部;顶点在北部,暴雪落区在北部。

4 热力、动力结构特征与降雪

4.1 热力结构特征

4.1.1 能量分布

利用网格化资料,计算强降雪期间 850 hPa 的假相当位温(θ_{se},单位:K)和热力平流(单位:10^{-6} K·s^{-1}),分析其演变特征(图略)。

个例 1:8 日 20:00 强降雪开始前,850 hPa 河套地区出现伸向山西的高能舌,呈 Ω 型结构,闭合中心位于山西西南部,强度为 296 K,未来 12 h 后强降雪出现在高能轴东南侧的高能中心附近;9 日 20:00,随着能量梯度密集带的东移、北抬,高能舌向北发展并东移,舌尖附近范围出现闭合中心,中心强度为 284 K,9 日夜间到 10 日白天,再次出现大雪天气,大雪落区位于高能轴东南侧的高能中心附近。10 日 08:00,能量梯度密集带迅速东移,山西变为低值区,降雪逐步减弱结束。

个例 2:25 日 20:00 强降雪开始前,850 hPa 河套地区出现伸向山西的高能舌,呈 Ω 型结构,闭合中心一个位于内蒙古与山西交界,强度为 286 K,另一个位于山西中西部,强度为 292 K,未来 12 h 后高能轴东南侧普降大雪,暴雪位于第二个中心南侧;26 日 08:00,随着能量梯度密集带的南压,第二个高能中心消失,第一个高能中心南压,强度减弱为 282 K,27 日降雪有所减弱,大雪区北抬;27 日 20:00,高能舌再次向北发展,中心强度为 284 K,27 日夜间到 28 日白天,高能轴东南侧再次出现大范围大雪天气,暴雪位于高能轴南侧。28 日 08:00,随着冷空气的大举入侵,能量梯度密集带迅速南压,山西变为低值区,降雪逐步减弱结束。

个例 3:13 日 20:00 强降雪开始前,850 hPa 河套地区出现伸向山西的高能舌,呈 Ω 型结构,闭合中心位于地面冷锋辐合最强的区域,强降雪出现在能量锋区东南侧高能中心附近;14 日 08:00,随着能量锋区的东移、南压,高能舌向北发展并东移,舌尖附近出现范围较小的闭合区。

比较 3 个个例,降雪前 12 h,河套地区均出现 Ω 型结构的高能舌,大雪或暴雪的落区均位于高能轴东南侧。个例 1,Ω 型结构弱即径向度小,持续时间也短,因此降雪强度小;个例 2,Ω 型结构强即径向度大,持续时间也长,因此降雪强度大,持续时间也长;个例 3,Ω 型结构强即径向度大,但持续时间短,因此降雪强度大于个例 1,小于个例 2,持续时间短。可见,Ω 型结构的能量分布的出现,对大雪或暴雪天气有指示意义,降雪落区与高能轴位置关系密切;降雪强度与高能中心强度关系不是很大,但与 Ω 型结构的强弱有关;降雪持续时间与 Ω 型结构持续时间呈正比。

沿大雪区或暴雪区作热力平流的垂直剖面(图略),分析其特征。

3 个个例的共同点为:强降雪前一日 20:00,山西低层 850 hPa 以下均有冷平流侵入,形成

"冷垫",冷垫厚度一般达 850 hPa,而高层为暖平流。强降雪期间,"冷垫"一直存在,随着高层强冷空气的侵入,"冷垫"逐渐消失,山西上空整层为强冷平流区控制时,强降雪结束。结合湿度场分析表明,临近强降雪开始,"冷垫"区的湿度大于 70%。

不同点为:强降雪出现前,"冷垫"厚度差异不明显,但平流强度存在明显差异,个例 1,"冷垫"中心强度大,$<-280\times10^{-6}$ K·s^{-1},暖中心强度也较大,$>210\times10^{-6}$ K·s^{-1},但小于冷中心强度;个例 2 与个例 3,均为冷中心强度小于个例 1,二者均为 -140×10^{-6} K·s^{-1},暖中心强度大于个例 1,二者均为 -280×10^{-6} K·s^{-1},但个例 2 暖中心高度高于个例 3。可见,降雪前,近地层冷平流越强,高层暖平流越小,降雪强度越小;降雪结束时,冷平流中心位置越高,降温幅度越大。

4.1.2 逆温层情况

分别制作 3 个个例的温度廓线(图 5),分析,强降雪前 925 hPa 以下均存在逆温,但逆温强度和持续时间存在明显差异:

个例 1,降雪前连续 4 d 存在逆温,逆温强度一般在 2~3 ℃;个例 2,降雪前连续 7 d 存在逆温,逆温强度一般在 3~5 ℃;个例 3,降雪前连续 2 d 存在逆温,逆温强度在 2~4 ℃。

可见,强降雪前,逆温持续时间越长,强降雪持续时间就越长;逆温强度越强,降雪强度就越大。另外,分析 3 个个例的 0 ℃层变化情况,发现,强降雪前一日,太原 0 ℃层一般在 925~800 hPa,0 ℃层高,强降雪落区偏北;0 ℃层低,强降雪落区偏南。

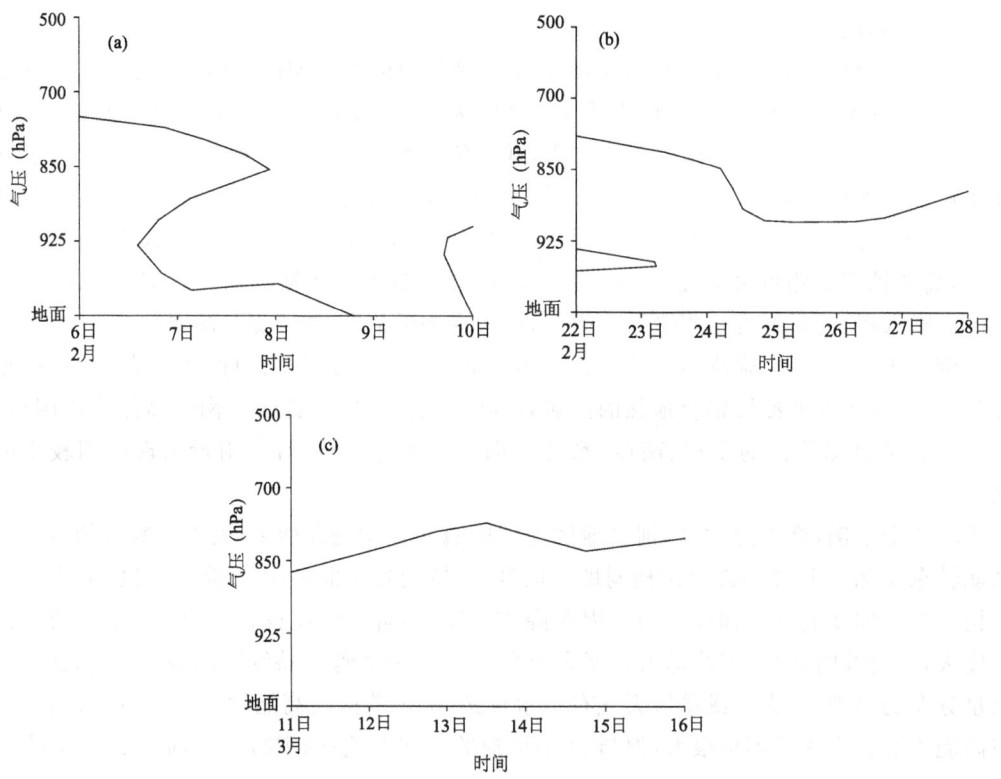

图 5 2011 年 2 月 6—10 日(a)、2 月 22—28 日(b)、2010 年 3 月 11—16 日(c) 20:00 温度廓线(单位:℃)

4.2 动力结构特征与降雪

4.2.1 散度垂直结构

分别沿大雪区或暴雪区上空 111°E、112.4°E、113.8°E 作散度垂直剖面(图 6),分析其演变发现,强降雪前 12 h,3 个个例均存在低层辐合、高层辐散的垂直结构,但辐合、辐散层厚度及其中心强度差异较大。

个例 1:辐合在 850 hPa 以下,中心强度为 -15.2×10^{-6} s^{-1},辐散达到 600 hPa,中心强度为 -14.8×10^{-6} s^{-1};个例 2,辐合在 800 hPa 以下,中心强度为 -29.3×10^{-6} s^{-1},以上为辐散层,最强达到 400 hPa,中心强度为 -28.8×10^{-6} s^{-1};个例 3,辐合在 850 hPa 以下,中心强度为 -15.8×10^{-6} s^{-1},以上为辐散层,最强达到 400 hPa,中心强度为 22.7×10^{-6} s^{-1}。特别是对于个例 2,此种结构维持时间较长,降雪持续时间也较长,随着辐合、辐散层厚度及强度的变化,降雪出现减弱和增幅的跳跃式变化,此种结构加强后 12 h,降雪出现增幅。可见,3 个个例散度的垂直结构存在较大差异,降雪量与辐合、辐散层厚度及其中心强度关系密切;此种结构的维持影响着降雪的持续时间。

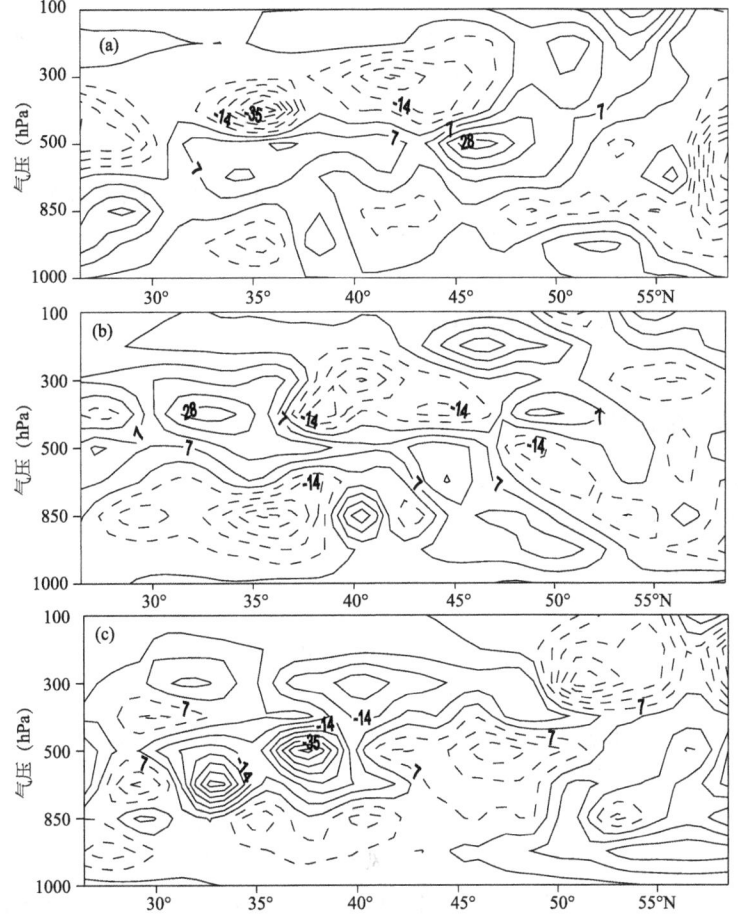

图 6 2011 年 2 月 8 日 20:00(a)、2 月 25 日 20:00(b)、2010 年 3 月 13 日 20:00(c)
分别沿大雪或暴雪区上空的散度垂直剖面(单位:10^{-6} s^{-1})

4.2.2 垂直速度分布及演变

分别沿大雪或暴雪区上空 35.5°N、36.2°N、39.7°N 作垂直速度垂直剖面(图略),分析其演变发现,强降雪前 12 h,暴雪区上空均出现强烈的上升运动,但上升运动高度、中心强度差异较大。

个例 1:8 日 20:00,暴雪区上空 700 hPa 以上出现强烈的上升运动,上升运动高度伸展至 200 hPa,最大上升运动中心达到 400 hPa,中心强度为 -29.6×10^{-6} hPa·s^{-1};9 日 08:00,上升运动高度迅速下降到 650 hPa,中心强度也迅速减到 -10.5×10^{-6} hPa·s^{-1}。8 日夜间出现强降雪,9 日白天降雪维持,但没有明显增幅。从结构上看,暴雪区两侧存在两个正反环流圈,结构为西南—东北走向。

个例 2:25 日 20:00,暴雪区上空整层出现强烈的上升运动,最大上升运动中心达到 400 hPa,中心强度为 -31.8×10^{-6} hPa·s^{-1};26 日 08:00,整层仍然维持较强的上升运动,最大上升运动中心仍达到 400 hPa,中心强度减弱为 -22.7×10^{-6} hPa·s^{-1},26—27 日,降雪出现减小;27 日夜间,再次出现中心强度加强,27 日夜间到次日,再次出现暴雪。整个降雪期间,暴雪区两侧也存在两个正反环流圈,但结构为近似南北向。

个例 3:13 日 20:00,暴雪区上空 300 hPa 以下出现强烈的上升运动,最大上升运动中心达到 400 hPa,中心强度为 -32.5×10^{-6} hPa·s^{-1};14 日 08:00,上升运动高度向上发展,但最大上升运动中心降低到 600 hPa,中心强度增强到 -36.1×10^{-6} hPa·s^{-1}。13 日夜间和 14 日白天出现 2 次降雪的增幅。13 日 20:00 为西南—东北走向结构,14 日白天,转为南北向。

可见,强降雪前 12 h,暴雪区上空均出现强烈的上升运动,降雪量与上升运动高度、中心强度、环流圈结构有关;降雪持续时间与上升运动持续时间密切相关,结构的转向、中心强度的增强预示着降雪再次增幅;南北向结构较西南—东北向结构降雪强度大。

5 地面中尺度特征与卫星资料

5.1 地面中尺度特征比较

分析 3 个个例的地面风场变化(图略)发现:

个例 1:整个降雪期间地面风场较弱,在大雪出现前 10~6 h,大雪区出现中尺度辐合线,但持续时间较短,偶有中尺度涡旋出现,风速较小,西北部大雪区的中尺度辐合线持续时间超过 5 h。

个例 2:整个降雪期间地面风场较强,在强降雪出现前 10 h,强降雪区出现中尺度涡旋或中尺度辐合线,且持续时间较长,超过 5 h。

个例 3:整个降雪期间地面风场较强,在强降雪出现前 10 h,强降雪区出现中尺度涡旋或中尺度辐合线,且持续时间较长。

比较 3 个个例风场结构变化得出:地面风场强弱与降雪强度关系密切,风场越强,降雪越强;强降雪开始前和强降雪阶段东南风大于东风和偏北风(一般大 4~8 m·s^{-1}),而随着东南风的减小,降雪趋于减小;降雪结束阶段,偏北风大于东南风(一般大 4~6 m·s^{-1});中尺度辐合和中尺度涡旋持续时间越长,降雪持续时间越长,强度也大;中尺度涡旋较中尺度辐合的降雪强度大;若地面仅出现中尺度辐合线,且持续时间<5 h,则只考虑大雪,不考虑暴雪;若地面

出现持续时间较长的中尺度涡旋,则未来 6~10 h 后,要考虑暴雪。

5.2 云型特征及云系发展

5.2.1 红外卫星云图与 TBB

分析 3 个个例的红外卫星云图和 TBB 演变特征:

个例 1:为高空槽云系影响,属于云系过境型。

8 日夜间,高空槽云系位于河套地区,山西受高空槽云系前部一些零散云系影响,夜间开始出现零星降雪。9 日凌晨,随着云系的移入,降雪范围扩大,强度有所增大,但云层薄,云顶亮温高,降雪以小雪为主。9 日白天,随着贝加尔湖冷空气补充南下,高原槽发展,河套地区又有一股高空槽云系发展东移,到 9 日下午,云系基本覆盖山西,云层变厚,云顶亮温降低,山西出现大范围降雪,9 日 18:00 达到最强,北部地区云比较密实(图 7a),云顶亮温降低,而中南部云层较薄,受以上云系影响,山西降雪持续,大雪出现在 TBB<230 K 的中心东南侧。到 10 日早晨,云系移出山西,降雪结束。整个过程中,云层薄,云顶低,云顶亮温较高,云系移动快,造成的降雪小,持续时间短。

个例 2:为两个高空槽云系先后影响山西地区,属于槽后云团发展型。

25 日 20:00(图 7b),高空槽云系位于河套但已逼近山西,山西受高空槽云系前部薄云系影响,出现较小降雪。之后,高空槽云系不断发展东移,但云层薄,移动快,造成山西地区持续小雪天气。在上述云系东移过程中,随着 500 hPa 切断低压前冷空气补充南下,高原槽不断发展加深,槽前水汽输送,前述高空槽云系后部不断有云团发展并移入山西,于 26 日 10:00,在山西南部形成一个盾形云团,该云团不断发展加强,变得密实,于 16:00(图 7c)达到最强,同时云顶亮温不断降低,<230 K,暴雪出现在盾形云团内、TBB<230 K 中心东南侧。之后,山西持续有云系覆盖,降水以小到中雪为主。28 日白天(图 7d),随着东亚大槽形成发展,高空槽云系再度形成并发展东移,其后部不断有云系发展,形成叶状云团,云层加厚,云顶变高,降雪再次出现增幅,暴雪出现在叶状云团内,TBB<230 K 的中心东南侧。整个降雪过程中,云层厚,云顶高,云顶亮温较低,造成的降雪大,持续时间长。

个例 3:为典型的锋面云系影响。

13 日 20:00,锋面云系位于河套地区已移近山西,在高空引导气流作用下,云系向偏东方向移动,造成山西大范围降雪。锋面云系云顶伸展得更高,云层更厚,后部干区非常明显,暴雪出现在干湿交界处接近湿区一侧,即 TBB 线密集带东南侧、中心强度<210 K 的附近(图 7e)。14 日 17:00(图 7f),云系快速移出山西,其后部边界非常光滑,随着锋面的移出,降雪结束,但对应地面强冷高压前部的等压线梯度非常大,降雪后山西出现大风天气,后部边界非常光滑是典型的大风云型特征。

总之,个例 1,云层薄,移动快,云顶亮温高,大雪出现在 TBB<230 K 的东南侧;云系持续时间较长,但降雪强度小。个例 2,云层厚,移动慢,后部不断有云团生成并发展东移,云顶亮温低,暴雪出现在 TBB<220 K 的东南侧;云系持续时间长,降雪强度大。个例 3,云层厚,移速较快,云顶亮温更低,暴雪出现在 TBB<210 K 的东南侧;云系持续时间短,但降雪强度大。

5.2.2 对流层中上层水汽含量分布

分析 FY-2Y 产品对流层中上层水汽含量(图略):

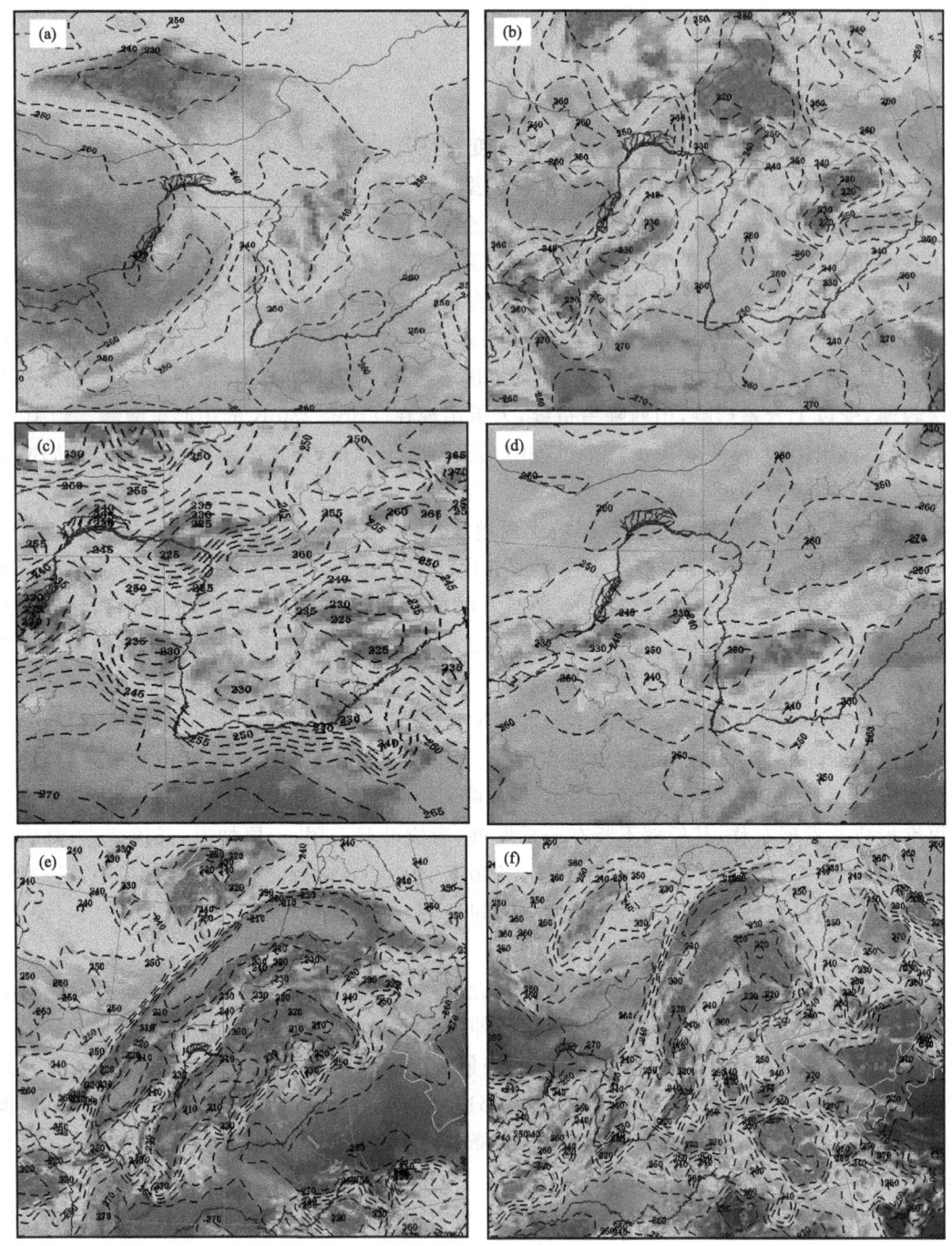

图7 2011年2月9日18:00(a)、25日20:00(b)、26日16:00(c)、28日09:00(d)，
2010年3月14日03:00(e)和17:00(f)红外卫星云图与TBB(单位:K)

个例1:8日20:00,河套到山西的水汽含量增加,出现一条>60%的水汽带,期间存在>80%的中心,未来12 h后大雪出现在该中心附近。

个例2:25日20:00开始,山西省上空水汽含量逐步增加,23:00,中南部>60%,在山西省西南部出现一条>70%的水汽带,期间有2个>90%的中心,未来24 h的暴雪落区就在这2个中心附近。27日05:00,水汽含量大值区北推,在山西北部出现一条>70%的水汽带,28日水汽带再次南压,中南部>80%,期间出现>90%的区域,与暴雪位置基本接近。

个例3:从13日17:00开始,河套地区水汽含量不断增加,20:00,山西北部水汽含量>70%,西北部达到100%,大气已处于饱和状态,13日夜间到14日白天,山西省北部出现大范围强降雪,暴雪中心与100%的区域位置吻合。

总之,对流层上层水汽含量的增加,是降雪出现的先兆信号,水汽含量大值区与大的降雪落区对应,且先于强降雪出现,水汽含量大小与降雪强度关系密切,对预报强降雪有指示意义。

6 结论与讨论

通过以上分析,提炼出回流与倒槽共同影响下山西大雪或暴雪天气的预报着眼点和关键预报技术指标。

预报着眼点:

第一步:判断地面是否有回流与倒槽共同影响的形势,若已经出现,至少要考虑大雪天气过程。

第二步:分析高低空流型配置特点,初步判断降雪时间、强度和落区。

强降雪落区:(1)强降雪出现在地面倒槽与回流特征线之间、低空切变线东南侧、低空急流头附近三者重合的区域,其中判断地面倒槽与回流特征线是难点。(2)对于首次出现强降雪,则一般700 hPa和850 hPa $T-T_d<4$ ℃的区域不重叠;对于次日连续出现强降雪,则700 hPa和850 hPa的 $T-T_d<4$ ℃的区域重叠。

强降雪强度:(1)低空风速是否达到急流标准是判断降雪强度的重要指标之一,若达到,一般考虑暴雪,若达不到急流,但风速较强,存在 $6\sim10$ m·s^{-1} 的风速带,一般考虑大雪。(2)700 hPa上和850 hPa上 $T-T_d<4$ ℃的区域重叠与否,也是判断降雪强度的重要指标之一,若重叠,则降雪量级较大;若不重叠,则降雪量级相对小,考虑大雪。

强降雪出现和结束时间:出现以上配置12 h后,出现强降雪。系统配置稳定维持,是判断强降雪能否持续的重要因素。强降雪的结束:以上配置消失,地面转为高压或高压前部、高空为偏北气流控制,同时低空不再存在明显切变线,强降雪结束。如果低空依然存在明显切变线,水汽条件满足,要考虑降雪的持续,至少会有小雪甚至中雪出现。

第三步:结合物理量场分布特征(表3),最后确定强降雪强度、落区与持续时间。

本研究成果已在2012年降雪预报中得到应用,有待在今后预报中不断检验完善。

表3 强降雪出现前12 h物理量特征及指标阈值

物理量	预报技术指标阈值
比湿	>9.5 g·kg^{-1},局地暴雪;>10 g·kg^{-1}且湿度锋强时,暴雪范围大;>12 g·kg^{-1},湿度锋强、Ω型结构径向度大时,考虑大(暴)雪
大气可降水量	>7 mm,为大雪;>9.5 mm和累计可降水量>20 mm,为暴雪;强降雪落区与大值轴顶点对应
假相当位温(θ_{se})	能量为Ω型结构,降雪强度与高能中心强度关系不是很大,但与Ω型结构的强弱有关

续表

物理量	预报技术指标阈值
热力平流	低层 850 hPa 以下有冷平流侵入,高层为暖平流;近地层冷平流越强,高层暖平流越小,降雪强度越小
散度	低层辐合、高层辐散的垂直结构,降雪量与辐合、辐散层厚度及其中心强度关系密切
垂直速度	降雪量与上升运动高度、中心强度、环流圈结构有关;持续时间与上升运动持续时间有关,结构的转向、强度的增强预示着降雪再次增幅
自动站地面风场	地面出现中尺度辐合线或中尺度涡旋,其持续时间与降雪持续时间有关,若仅出现中尺度辐合线,且持续时间<5 h,≥4 m·s^{-1}的偏东南风持续 3 h 以上,大雪;若出现持续时间较长的中尺度涡旋,≥6 m·s^{-1}的偏东南风持续 3 h 以上,考虑暴雪
卫星资料	高空槽云系过境影响时,以小雪为主;高空槽云系后部有云团发展东移,则降雪持续时间长,强度也大;锋面云系影响下,降雪时间短,但强度大。强降雪出现在干湿交界处靠近湿区一侧,TBB<230 K,是大雪的阈值,TBB<220 K,是暴雪的阈值。对流层上层水汽含量的增加,是降雪出现的先兆信号,若水汽含量≥60%,以小雪为主,水汽含量>70%,会出现中雪,水汽含量>80%,会出现大雪,大于 90%则是暴雪的信号

参考文献

[1] 赵桂香.一次回流倒槽共同作用产生的暴雪天气分析[J].气象,2007,33(11):41-48.

[2] 易笑园,李泽椿,朱磊磊,等.一次β中尺度暴风雪的成因及动力、热力结构[J].高原气象,2010,29(1):175-186.

[3] 张腾飞,鲁亚斌,张杰,等.一次低纬高原地区大到暴雪天气的诊断分析[J].高原气象,2006,25(4):696-703.

[4] 周淑玲,朱先德,符先静,等.山东半岛典型冷涡暴雪个例对流云及风场特征的观测与模拟[J].高原气象,2009,28(4):935-944.

[5] 施晓辉,徐祥德,程兴宏.2008 年雪灾过程高原上游关键区水汽输送机制及其前兆性"强信号"特征[J].气象学报,2009,67(3):478-487.

[6] 曾明剑,陆维松,梁信忠,等.2008 年初中国南方持续性冰冻雨雪灾害形成的温度场结构分析[J].气象学报,2008,66(6):1043-1052.

[7] 刘宁微,齐琳琳,韩江文.北上低涡引发辽宁历史罕见暴雪天气过程的分析[J].大气科学,2009,33(2):275-284.

[8] 杨成芳,李泽椿,李静,等.山东半岛一次持续性强冷流降雪过程的成因分析[J].高原气象,2008,27(2):442-451.

[9] 赵桂香,程麟生,李新生."04.12"华北大到暴雪过程切变线的动力诊断[J].高原气象,2007,26(2):615-623.

[10] 王迎春,钱婷婷,郑永光.北京连续降雪过程分析[J].应用气象学报,2004,15(1):58-65.

[11] 王林,覃军,陈正洪.2011 年一次暴雪过程前后近地层物理量场特征分析[J].大气科学学报,34(3):305-311.

[12] 陈涛,崔彩霞."2010.1.6"新疆北部特大暴雪过程中的锋面结构及降水机制[J].气象,2012,38(8):921-931.

[13] 孟雪峰,孙永刚,姜艳丰.内蒙古东北部一次致灾大到暴雪天气分析[J].气象,2012,38(7):877-883.

[14] 叶成志,吴贤云,黄小玉.湖南省历史罕见的一次低温雨雪冰冻灾害天气分析[J].气象学报,2009,67(3):488-499.
[15] 赵桂香,许东蓓.山西两类典型暴雪预报的比较[J].高原气象,2008,27(3):615-623.
[16] 杨晓霞,吴炜,万明波,等.山东省两次暴雪天气的对比分析[J].气象,2012,38(7):868-876.
[17] 赵桂香,杜莉,范卫东,等.山西省大雪天气的分析预报[J].高原气象,2011,30(3):727-738.

诊断分析技术在超极值降雪预报中的应用*

赵桂香

(山西省气象台 太原 030006)

摘要：利用山西省108个县(市)地面气象资料和常规探测资料,应用诊断分析方法对2009年11月9—12日的超历史极值降雪进行综合分析,结果表明：(1)从气候规律看,山西省降雪极值在2009—2010年会有一个突变,而且会超过历史极值。(2)500 hPa阻塞形势、低空低涡切变线稳定维持,700 hPa西南急流、850 hPa偏东南急流和东北急流3支急流稳定存在,地面回流形势与河套倒槽共同强烈发展并稳定维持,即系统异常深厚、异常稳定、异常强盛、3支急流并存、低层冷平流超强,是造成此次超极值大范围持续性强降雪的重要原因。(3)热力诊断表明：大暴雪出现前,低层中纬度持续有暖湿舌伸向山西,暖湿中心强度持续增强；垂直热力结构表现为上冷、中暖、下冷,低层冷平流强度较普通暴雪大得多；对流层中低层持续存在对流性不稳定,在不稳定区存在空气辐散,且持续有暖湿平流输入；从低层总温度平流水平结构变化来看,可将此次过程分为锢囚降雪、回流降雪、暖倒槽降雪和持续降温4个阶段,各个阶段降雪特点不同。(4)此次大暴雪天气过程,存在3条水汽通道,随着低层近地层风场的加强和辐合,山西省上空大气可降水量总是出现相应的增加,强降雪呈现持续增幅的态势。(5)水汽散度通量诊断揭示,强降雪前及整个强降雪期间,暴雪区上空300 hPa以下为正值区,其强度在500~600 hPa达到最强,且强度超强,而高层和低层均存在弱的辐散,是超强降雪天气的重要动力学特征。

关键词：超极值降雪；系统深厚稳定；对流性不稳定；水汽散度通量

引言

21世纪以来,我国南北方均多次出现雨雪冰冻灾害,给交通运输、电力、农业等部门造成巨大压力。对2008年1月发生在我国南方的持续雨雪天气过程,李登文等[1]认为异常稳定的高空环流形势和异常稳定的滇黔静止锋、华南静止锋和地面冷高压前东北冷平流等多种因素导致了这次异常雨雪天气；辜旭赞[2]利用T213L31模式大气资料进行了诊断计算,认为凝结函数降水和水汽通量辐合降水是此次过程的主要原因；曾明剑[3]分析了其温度场结构,3种

---

* 本文发表于《高原气象》,2014,33(3):838-847。

不同的降水性质是由对流层中低层向北后倾的锋区在南北不同区域上的层结特征和地面温度决定的;施晓辉等[4]分析了大气可降水量变化对此次过程发生的"前兆信号";冉令坤等[5]选取此次过程,把散度和垂直速度结合起来建立一个新的参数—散度通量,并拓展到含有水汽的情况,用于诊断分析其与地面降水量的关系。与2008年持续雨雪天气相比,北方降雪天气持续时间相对较短,多数研究[6-12]集中在成因分析、高空冷暖平流、螺旋度和对称不稳定等常规物理量诊断分析方面。

2009年11月9—12日,山西省出现了有气象记录以来最强的一次大暴雪天气过程,其中10日08:00—11日08:00降雪强度最大,有86个县(市)超历史同期极值,有18个县(市)为历史同期次大值;伴随着强降雪的出现,最大积雪深度出现在12日08:00,中南部大部分地区积雪深度≥20 cm,其中阳泉所辖3个县(市)的积雪深度均超过40 cm;此次大暴雪天气过程历时长、强度大、影响范围广、灾情重,实属历史罕见。本文利用年降雪极值历史资料和此次过程实况探测资料,应用多种诊断分析技术,从气候背景入手进行深刻剖析,试图解释出现超极值降雪的原因,从而提炼超极值降雪预报指标,为做好此类天气预报提供参考。

1 资料来源及处理

在进行气候背景分析时,按照日常业务划分法,将全省分为北部、中部、南部3个区域(图1),利用山西省(34°34′~40°43′N,110°14′~114°33′E)108个气象站1971—2008年(10月至次年4月)逐日降水资料,以20:00—20:00 24 h日降雪量为统计对象,统计了逐站逐年逐月降雪最大值,并提取北部、中部、南部、全省逐年逐月最大值,应用小波分析方法,重构降雪极值序列。

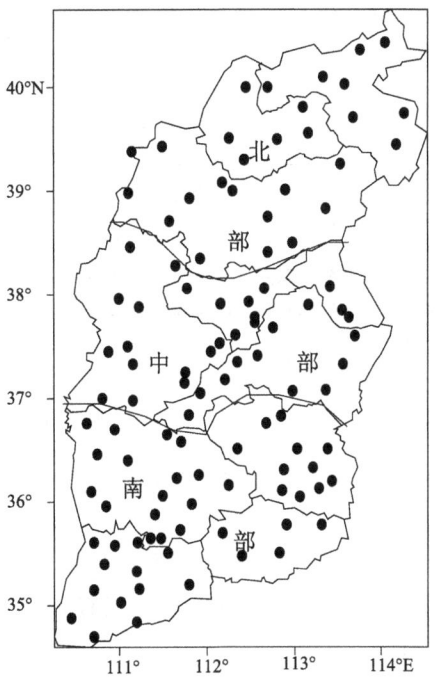

图1 山西省108个气象站分布及区域划分

选取 2009 年 11 月 8—13 日的实时地面观测和高空探测资料,资料范围为 95°～130°E,30°～65°N,应用逐步订正方案对资料进行客观分析,并采用 Kriging 网格化方法,生成格点数为 51×51 的网格资料,水平分辨率为 0.7°×0.7°,垂直分为 11 层。垂直速度采用运动学订正方法计算求得。

2 降雪特点及环流形势

2.1 降雪特点和灾情概述

2009 年 11 月 9—12 日山西省出现大范围大暴雪天气过程,从 8 日夜间出现不足 1 mm 的零星降水开始,到 12 日白天北中部仍有一些小雪为止,降水历时 4 d。

从 12 h 降雪量分布(图略)特点来看,整个降雪期间,降雪带呈西南—东北走向,9 日夜间、10 日白天、10 日夜间、11 日白天持续出现大范围的大雪、暴雪以及大暴雪天气,其中 10 日白天到夜间降雪范围和强度都是此次过程中最强的;强降雪最先出现在中部,10 日夜间以后不断南压;11 日夜间,降雪强度虽然减小,但降雪范围再次扩大,全省仍有 76 个县达到大雪,6 个县达到暴雪;直到 12 日白天,降雪强度和范围才迅速减小。

从各级降雪出现的站数变化来看(图 2),9 日白天到 11 日夜间持续出现中雪,达到中雪量级的站数呈波动变化,11 日夜间最多;9 日夜间开始出现大雪和暴雪,其站数在不断增加,大雪站数 11 日夜间最多,全省有 74 个站达到大雪,暴雪则是 10 日夜间最多,全省有 36 个站达到暴雪;12 h 降雪量>20 mm 和>30 mm 的降雪则主要集中在 9 日夜间到 10 日夜间,10 日白天最多,有 13 个站超过 20 mm,2 个站超过 30 mm。

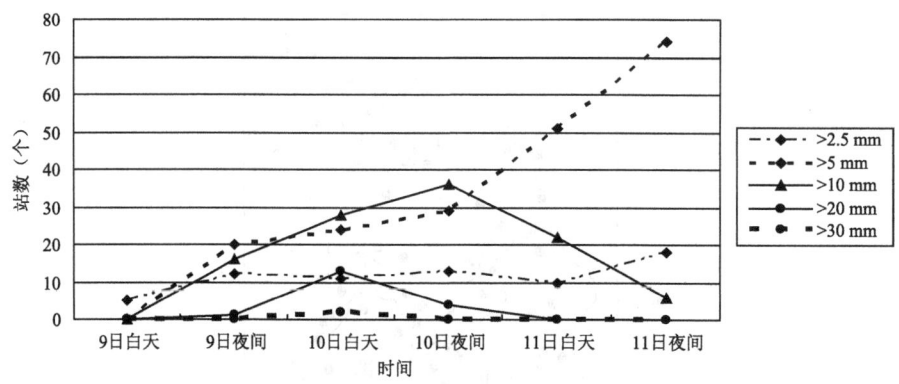

图 2 2011 年 11 月 9—11 日 12 h 各级降雪量站数变化

从 24 h 降雪量分布(图 3)特点来看,整个降雪期间,降雪带呈西南—东北走向,降雪主要集中在 10 日和 11 日,强降雪中心位于中南部,10 日整个中部降雪量均在 10 mm 以上,有 14 个站 24 h 降雪量超过 30 mm,最大在阳泉,24 h 降雪量达 42 mm;11 日强降雪中心南压,位于南部,整个中南部大部分地区降雪量均在 10 mm 以上,仍有 5 个站 24 h 降雪量超过 30 mm,最大在长子,24 h 降雪量达 34 mm。

此次降水历时 4 d,全省过程降雪量在 5.1～66.1 mm,全省平均降雪量为 33.0 mm。强降雪主要集中在 11 月 9 日 20:00—11 日 20:00,其中有 86 个县(市)超历史同期极值,有 18 个县(市)为历史同期次大值。连续的暴雪天气造成:全省高速公路和机场全部封闭,受困车辆 1.3 万辆,道路交通事故 530 起;农业受灾面积 11.7 万 hm²;大批企业车间、工棚和居民房屋倒塌;23 条 220 kV 及以上线路覆冰,经济损失惨重。

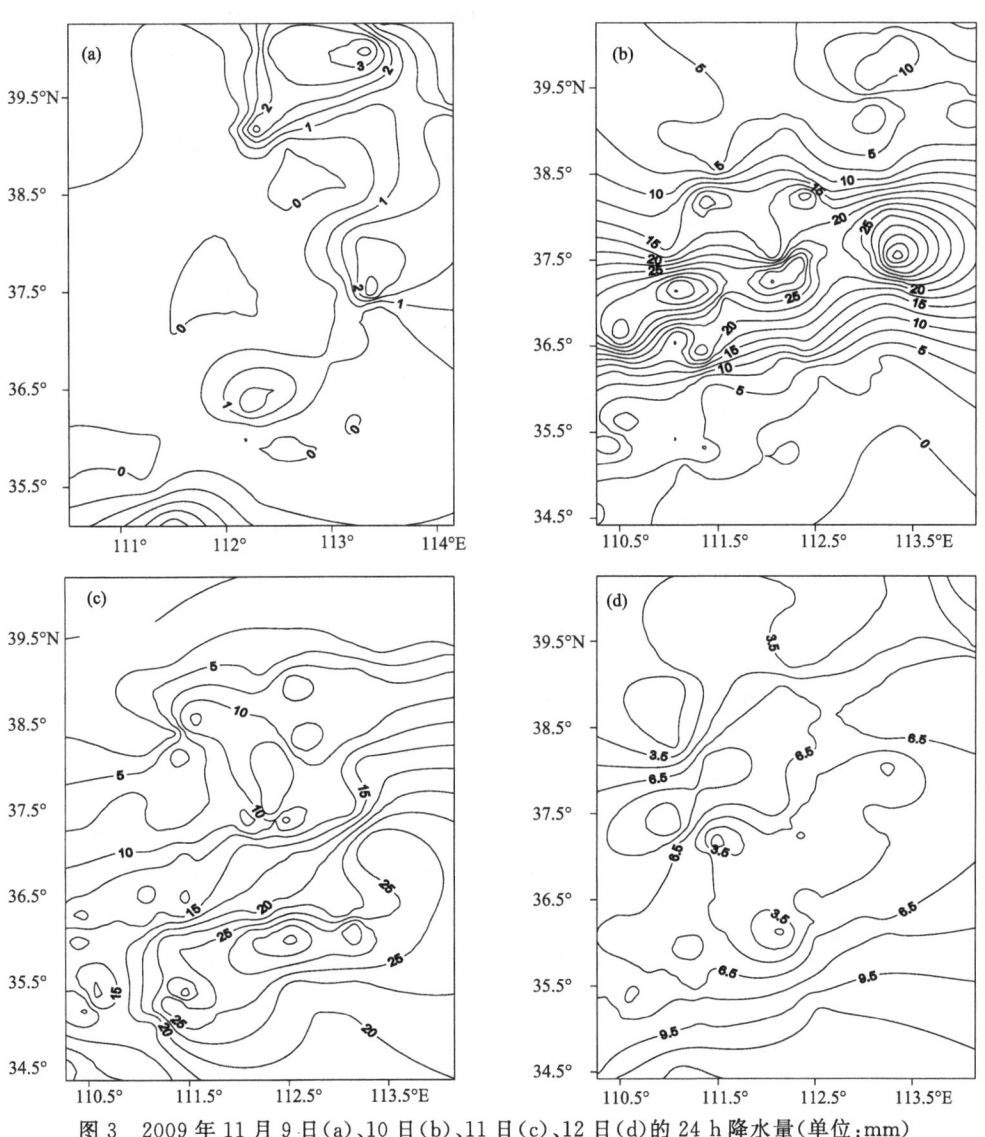

图 3 2009 年 11 月 9 日(a)、10 日(b)、11 日(c)、12 日(d)的 24 h 降水量(单位:mm)

2.2 环流形势演变和主要影响系统分析

降雪前期 7 日 08:00,500 hPa 中高纬度为宽广的低值系统,低压中心位于雅库次克地区,强度达 5010 gpm,对应冷中心达 −45 ℃,且温度槽落后于高度槽,锋区位于蒙古国;该冷气团和锋区一直稳定少动,冷中心强度不断增强;8 日 20:00,横槽穿越贝加尔湖一直到我国新疆以北地区,而位于黑海附近的高压脊开始迅速向东北方向发展,于 9 日 20:00(图 4a)在俄罗斯中部的安加拉河附近形成阻塞高压,在其南侧俄罗斯与蒙古国接壤的地方形成切断低压,前述东部冷空气南压约8个纬度,而此期间,山西一直处于偏西或西南气流控制中。受以上冷暖空气共同影响,9日夜间山西省出现大范围强降雪。10日08:00—11日08:00,锋区不断南压,但阻塞形势稳定维持,直到11日20:00,阻塞形势崩溃,切断低压仍位于贝加尔湖西侧,冷空气沿切断低压底后部不断南下,与山西上游持续加强的西南暖湿空气不断交汇,造成此期间山西大范围持续强降雪天气;直到12日20:00,山西才转为槽后偏西北气流控制,强降雪结束。

对应700 hPa上,雅库次克地区也有-32 ℃的冷中心存在,低压中心强度为2650 gpm,锋区较500 hPa更陡;8日20:00,北部横槽异常稳定,河套切变线东南侧西南气流加强;9日20:00,西南涡形成,涡前西南气流继续加强,形成西南急流,而北部锋区南压;10日20:00(图4b)到11日08:00,西南涡稳定少动并持续加深,出现冷暖两条切变线,暖切变位于山西忻州地区,其南侧偏南急流持续加强,急流头位于山西中部。

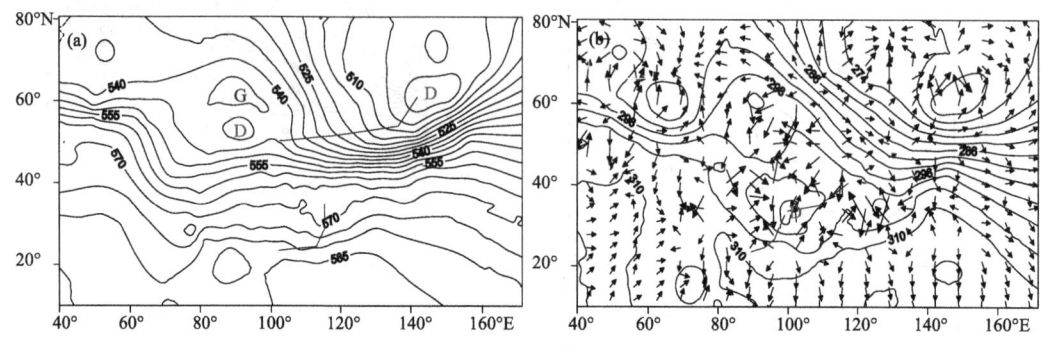

图4 2009年11月9日20:00 500 hPa形势(a)和10日20:00 700 hPa形势(b)

850 hPa上,雅库次克地区也存在冷中心,锋区较700 hPa偏南;8日08:00形成西北涡,伴随冷暖两条切变线,暖切变压至山西中部,之后,西北涡稳定少动,涡东南侧的偏南风不断加大,随着涡的气旋式旋转的加强,于9日08:00,安徽到河南一带形成偏东南急流;9日20:00,偏东南急流加强并北抬,急流头位于山西中南部,而经东北到华北一带形成东北急流,急流头位于山西中部。10日08:00—20:00(图5a),随着冷空气南压,东北风风速继续加大。而925 hPa上(图略),从9日20:00开始,从东北经渤海、北京,到河北、山东、河南形成一条12~20 m·s^{-1}的东北急流,并且稳定维持到11日20:00,山西始终位于急流后部的冷区内,冷湿空气从超低空不断侵入山西。700 hPa偏西南、850 hPa偏东和东北3支急流在山西中南部交替交汇,造成山西中南部持续强降雪。

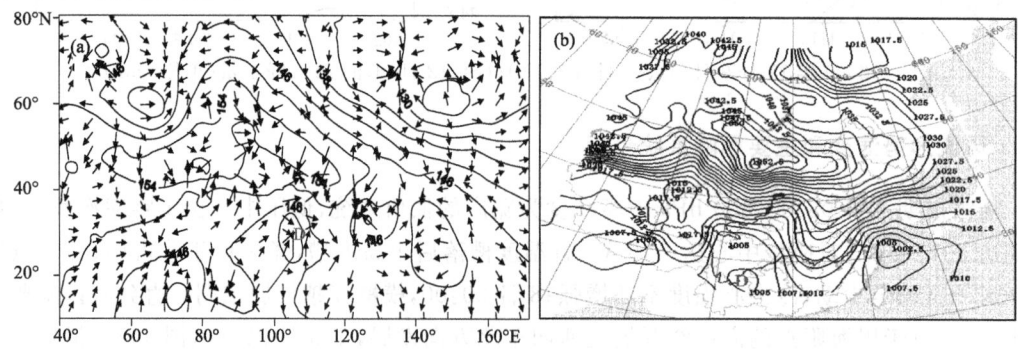

图5 2009年11月10日20:00 850 hPa形势(a)和10日08:00地面形势(b)

地面图上,降雪前期,欧亚大陆受庞大的大陆高压控制,中心位于西西伯利亚,强度1042.5 hPa,在高空偏西气流引导下,高压向东伸展,中心强度不断增强,且稳定少动,而从其前部不断分裂小股冷空气,其南部的偏东气流从渤海一带迂回到华北平原,于8日05:00形成回流形势,山西受回流高压底部的偏东气流影响。之后,高压稳定少动,中心强度继续增强,8日20:00,回流高压中心位于山西正北方(46°~48°N,110°~113°E)附近,中心强度达1046 hPa,其前部冷空气继续南压,河套倒槽开始形成,山西受倒槽前、回流高压底后部偏东南气流影响,8日夜间,山西开始出现零星降雪。之后,此种形势稳定维持到11日14:00,山西出现大范围的持续强降雪。在此期间,9日20:00—10日08:00高压中心强度持续加强,10日08:00达1053 hPa(图5b);10日23:00,高压中心强度再次加强,达1052 hPa,而河套倒槽稳定维持,并几度发展,最强盛时向北伸展达43°N。伴随着高压的加强和河套倒槽的稳定发展,9日夜间到11日夜间,山西出现持续60 h的强降雪。

综上所述,此次超历史极值的大范围强降雪,其环流形势和影响系统特点可概括为:500 hPa为"单阻型",阻塞形势稳定维持,导致中高纬度不断分裂短波槽东移南下持续影响山西地区;700 hPa西南涡切变线和850 hPa西北涡切变线稳定维持,700 hPa西南急流、850 hPa偏东南急流和东北急流3支急流稳定存在;地面回流形势与河套倒槽共同强烈发展并稳定维持,即系统异常深厚、异常稳定、异常强盛、3支急流并存,是造成此次超历史极值的大范围持续强降雪的重要原因。

3 综合诊断分析

3.1 年降雪极值的小波变换

应用Morlet小波变换公式计算北部、中部、南部以及全省的年降雪极值的小波变换实部,分析其变化(图6)表明,年降雪极值存在多尺度结构,且在整个时间尺度上,均存在较强的信号。

全省在16~32年时间尺度上,存在明显的20年周期,20世纪60年代末到70年代初、80年代末到90年代初、21世纪00年代末分别为一个降雪量偏大期,均出现一个极值,而且这个极值有逐步增大的趋势。而在整个时间尺度上,20世纪均存在一个10年周期,但进入21世纪后,这个周期有所缩短。依此推测,21世纪00年代末左右将出现一个降雪极值,而且可能超过历史极值。

北部以及中部的变化特征与全省变化特征类似,尤其是中部,21世纪00年代末的降雪最大值呈现出明显增大的趋势,有可能出现超历史极值的情况。南部则有所不同,在16~32年时间尺度上,存在明显的20年周期,70年代初、90年代初、21世纪00年代末到10年代初,分别为一个降雪量偏大期,均出现一个极值,但这个极值有逐步减小的趋势。在4~8年时间尺度上,存在5年周期,每5年年降雪极值出现一次变化,且有增大的趋势。依此推测,2010年左右将出现一个小幅极值期,但会超过以往的值。

从小波分析的周期上不难看出,2009—2010年,山西省将会出现降雪的极值,这与实况相符。

另外,分析年降雪极值的小波变换趋势(图略)发现,在16年时间尺度上,全省均呈余弦式

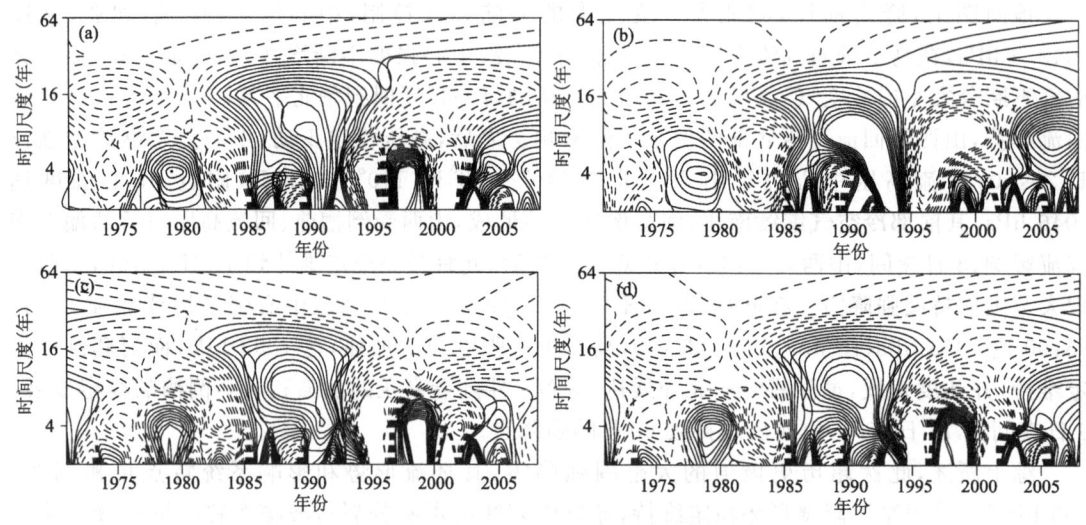

图 6 1971—2008 年山西省最大降雪量的小波变换
(a)北部,(b)中部,(c)南部,(d)全省

波动,有 2 个突变点(1984 年和 1997 年),存在 2 个偏小期(1971—1984 年和 1997 年以后)和 1 个偏大期(1985—1997 年),平均为 13 年周期,依次来判断,2009—2010 年将是一个突变点。且偏小期振幅在减小,线性倾向则为增大的趋势,时间尺度越长,增大的幅度越大。

3.2 热力结构、大气层结与降水性质

3.2.1 降雪前后气温变化特点

选取 4 个大暴雪中心太原、中阳、阳泉、长子,作地面最高气温和最低气温的演变曲线(图略),可看出,从 11 月 2 日开始,气温持续升高,分别于 6 日和 7 日达到最高,过程升温幅度达 18.1~20.9 ℃,特别是阳泉,7 日最高气温达 26.3 ℃,最低气温为 9.3 ℃。持续的升温,为强降雪积累了充分的能量。降雪开始后,气温又持续下降,最高气温持续下降 3 d,于 11 日达到最低,过程降温幅度达 23.9~29.8 ℃,而最低气温自北向南持续下降 5~7 d,过程降温幅度达 14.9~21.3 ℃。前期持续升温和后期持续降温的日数、幅度均属罕见。

3.2.2 热力结构与降雪

3.2.2.1 水平结构特征

从总温度平流的水平变化来看,850 hPa 上,8 日 20:00—9 日 08:00,锋区位于 43°~45°N 附近,中低纬度为暖湿平流;与地面倒槽持续发展相对应,9 日 20:00—11 日 20:00,持续有暖湿舌伸向山西,暖湿中心强度不断增强,10 日 20:00,强中心有所东移,强降雪中心也东移至河北;直至 12 日 20:00,山西到河北变为大片冷平流区,强降雪才减弱结束。说明在此次持续强降雪过程中,低层河套暖湿空气的输送起着关键作用。

从总温度平流演变来看,可将降雪分为 4 个阶段:

第一阶段:锢囚降雪。9 日 20:00(图 7a),暖湿舌两侧为明显冷平流,且西北侧冷空气强于偏东侧,说明在山西上空出现锢囚,9 日夜间的强降雪属于锢囚降雪,暴雪大暴雪出现在总温度平流梯度大值附近靠近暖湿中心一侧,对应风场上,暴雪大暴雪中心有明

显风辐合,干冷的偏北风、西南暖湿气流和偏东冷湿气流在暴雪大暴雪区上空交汇,且偏东风明显大于西南风,近地层已经形成偏东风急流。锢囚降雪时间短,但强度较大,有爆发性增幅的特点。

第二阶段:回流降雪。10日08:00—20:00(图7b),暖湿舌持续发展,中心强度还在加强,中心却有所东移;随着地面高压回流的加强,冷空气沿回流高压前部扩散南下,东路冷平流显著加强,但强降雪中心仍出现在温度平流梯度大值附近靠近暖湿中心一侧,对应风场上,偏北气流有所减弱,西南气流有所加强,偏东急流稳定加强,3支气流在暴雪大暴雪区上空交汇,但偏东风最强。回流降雪不仅时间长,而且强度也大,是整个降雪过程中最强的一个时段。

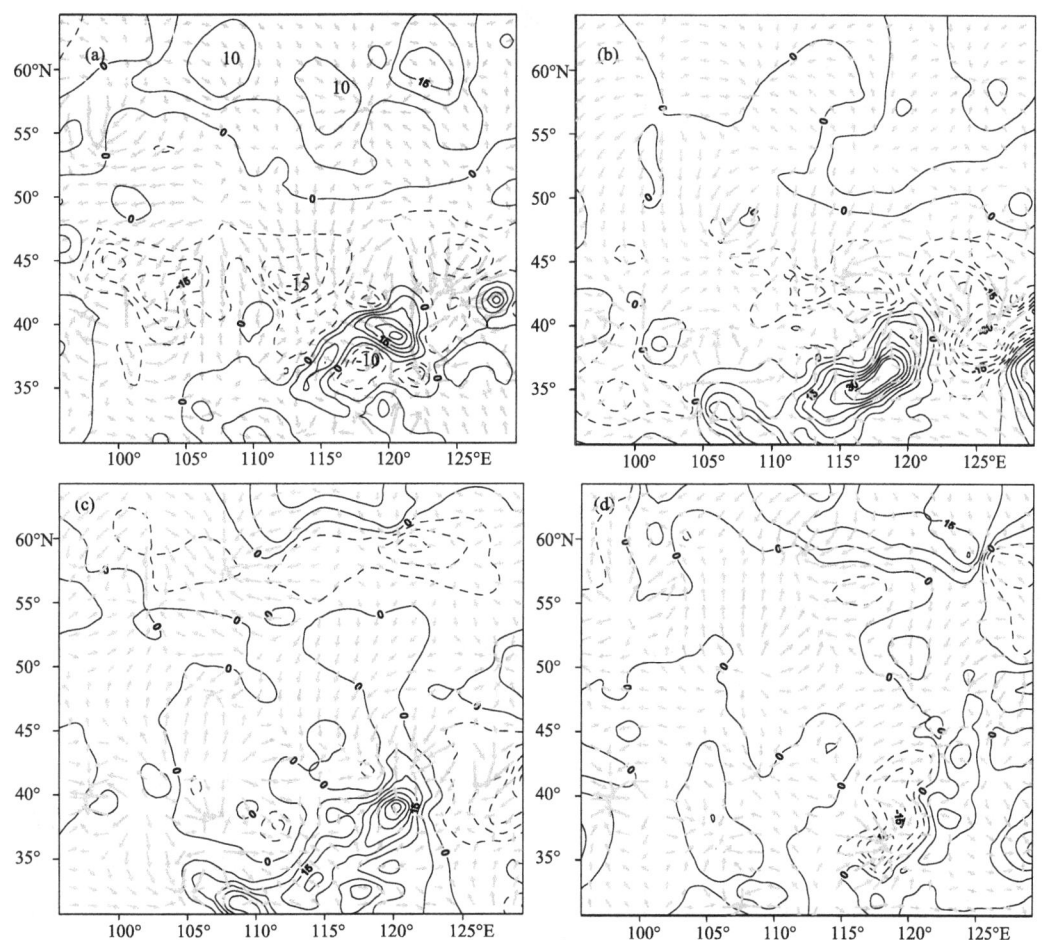

图7 2009年11月9日20:00(a)、10日20:00(b)、11日20:00(c)、12日20:00(d)
850 hPa总温度平流(等值线,单位:10^{-4} K·s^{-1})与风场(矢量,单位:m·s^{-1})叠加

第三阶段:暖倒槽降雪。11日08:00—12日08:00(图7c),暖湿舌稳定存在,但中心强度有所减弱;北路冷平流和东路冷平流均显著减弱,强降雪中心出现在总温度平流梯度大值区附近;对应风场上,偏东急流减弱消失,偏北气流有所加强,3支气流势均力敌。暖倒槽降雪持续时间较长,但强度明显减弱,以大雪为主。

第四阶段:降雪趋于结束,降温持续。12日20:00(图7d),随着西路强冷空气入侵,山西到河北整个变为冷平流区,对应风场上,也基本被偏西北风控制,强降雪结束,但降温持续。

3.2.2.2 垂直结构及"冷垫"的作用

为了更好地揭示降雪的热力结构特征,沿此次降雪过程中最大降雪的阳泉做温度平流的垂直剖面。由图8可看出,强降雪出现前12 h,大暴雪区上空温度平流结构呈现下冷、中暖、上冷的特征,且有向西南—东北向倾斜的特点;800 hPa以下为明显冷平流,暴雪区上空中心强度达到-10×10^{-4} K·s^{-1},而800~700 hPa为明显暖平流,暴雪区上空中心强度达到12×10^{-4} K·s^{-1},700 hPa以上为明显冷平流,中心位于400 hPa,强度达到-18×10^{-4} K·s^{-1},高层冷平流明显大于低层冷平流,说明强降雪出现前,在近地层形成"冷垫",对应湿度分布看,此"冷垫"为"湿冷垫";而干冷空气主要来自高层;中低层存在明显不稳定层结。

此次降雪过程,低层冷平流强度较普通暴雪的强度要大得多。

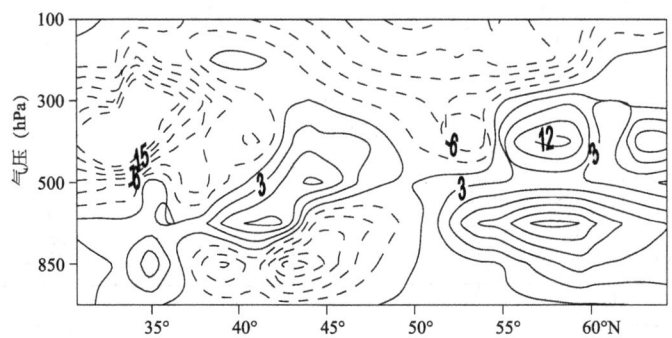

图8　2009年11月9日20:00沿113.2°E的温度平流剖面(单位:10^{-4} K·s^{-1})

3.2.3 大气层结与降水性质

分析大暴雪区太原和阳泉上空大气层结变化情况(表1)表明,从8日20:00开始,对流层中低层出现对流性不稳定,强度分别于9日08:00和20:00达到最强,在不稳定区,持续存在空气的辐散,致使对流性不稳定加强,且在不稳定区持续有暖湿平流输入,有利于降水粒子的碰并、增长,太原的对流性不稳定持续了36 h,阳泉的对流性不稳定持续了48 h,9日夜间的降水主要以对流性降水为主,降水性质以雨为主,阵性强,这与9日属于锢囚降水—爆发性降水特点吻合。10日白天,低层空气出现辐合,对流性不稳定减弱,大气层结变得稳定,10日白天以后的降水为稳定性降水,这与回流稳定相吻合,且随着低层东路冷空气的侵入,低层温度迅速下降,降水也由雨转为雨夹雪或雪,10日夜间以后,低层温度持续下降,降水主要以雪为主。从850 hPa温度来看,当其温度高于-2 ℃时,降水为"雨",当其在-2~-5 ℃时,降水为"雨夹雪",当其≤-5 ℃时,降水为"雪"。

从以上分析不难看出,由于大气层结的不稳定,导致降水出现阵性特点,且由于低层温度较高,降水性质复杂,有雨、雨夹雪和雪,在某种程度上增加了降水总量。与普通暴雪不同的是,这种大气层结的不稳定厚度较薄,但强度大且持续时间长。

表1　2009年11月8—10日太原和阳泉上空大气层结状况

时间	太原				阳泉			
	S_1	S_2	DIV	T_{850}	S_1	S_2	DIV	T_{850}
8日08:00	−3.7	−0.9	16.8	13	−2.7	1.5	10.39	15
8日20:00	2.4	−9.1	6.78	11	2.3	−4	3.13	10
9日08:00	7.8	−17.4	2.34	2	4.1	−13.6	3.95	1
9日20:00	5.5	−20.7	6.7	−1	6.4	−2.3	1.61	−2
10日08:00	−2	−26	−0.39	−5	0.1	−25.7	−7.45	−6
10日20:00	−8.2	−27.2	−8.89	−8	−4.3	−28.8	−12.8	−8

注：S_1 为 500 hPa θ_{se} 与 700 hPa θ_{se} 的差，S_2 为 700 hPa θ_{se} 与 850 hPa θ_{se} 的差，单位：K；DIV 为 700 hPa 散度，单位：10^{-6} s^{-1}；T_{850} 为 850 hPa 温度，单位：℃。

3.3 冷空气活动特征和水汽输送特征

3.3.1 地面冷高压活动特征

强降雪前，无论是 08:00 还是 20:00，24 h 变压均为正，冷高压中心强度呈现持续增强的态势，08:00 的 24 h 变压在 +5 hPa 以上，20:00 的 24 h 变压在 +2.5 hPa 以上，且冷高压中心位置少动；强降雪开始后，冷高压中心强度均呈现减弱的趋势，24 h 变压达 −5 hPa。

对比分析 2004 年 12 月 20—21 日，2006 年 2 月 26—27 日强降雪天气过程[13,14]的地面冷高压活动特征，发现地面冷空气路径均为偏西北路，强降雪前，08:00 和 20:00，24 h 变压在 +2.5～+5.0 hPa，冷高压中心呈现不断分裂的态势，且冷高压中心位置不稳定；强降雪开始后，冷高压中心强度均呈现减弱的趋势，24 h 变压达 −5～−2.5 hPa。

可见，2009 年 11 月 9—12 日超历史极值的强降雪过程，其降雪前冷高压强度持续增强，增强幅度超过 +5 hPa，中心位置稳定少动；而普通暴雪增强幅度明显偏小，中心位置多变。降雪开始后，冷高压中心强度均呈现减弱的趋势，但普通暴雪的负变压值明显偏小。

3.3.2 850 hPa 南北风分量演变

沿 114.6°E 作 850 hPa 南北风分量的时间—纬度剖面，分析 8 日 08:00—12 日 08:00 南北风的变化（图9），发现 8 日 08:00—11 日 08:00，冷空气主体一直稳定在 40°N 以北，中低纬度持续为偏南风控制，期间有三次加强的过程，每加强一次，24 h 后出现一次降雪的增幅。8 日 08:00—20:00，中低纬度南风持续增大，8 日 20:00 在山西省中南部达到最强，中心强度达 10 m·s^{-1}，9 日 08:00，低层一股弱冷空气侵入，12 h 后强降雪中心出现在风速梯度最大处附近；10 日 08:00—20:00，南风再次出现持续加强，且中心向北伸展，山西南部和中部各出现一个大值中心，中心强度分别为 9.8 m·s^{-1} 和 8.9 m·s^{-1}，10 日和 11 日持续出现强降雪，强降雪中心位于风速最大值中心附近；11 日 08:00 以后，冷空气迅速南压，34°N 以北为北风控制，24 h 后强降雪趋于减弱结束。

可见，此次强降雪天气过程，南风的持续加强占主导地位，对应南风的加强，水汽输送得到不断补充，这是强降雪维持时间长的重要原因之一。

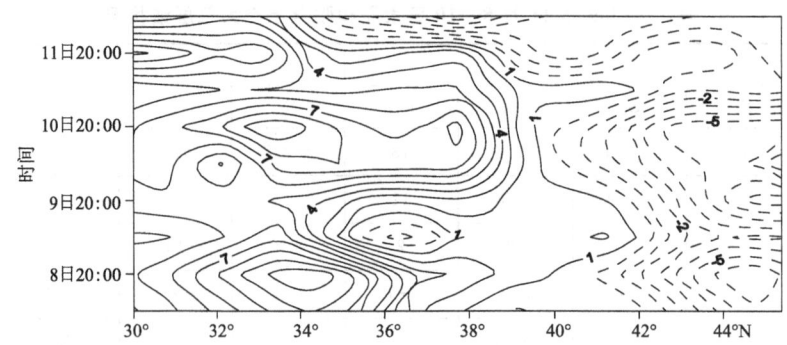

图 9　2009 年 11 月 8 日 08:00—12 日 08:00 沿 114.6°E 作 850 hPa 南北风分量的
时间—纬度剖面(单位:m·s^{-1})

3.3.3　气柱可降水量

某地的可降水量表示了该地上空气柱整层的水汽含量,气柱可降水量为:

$$W = -\frac{1}{g}\int_{p_s}^{p_0} q \mathrm{d}p \tag{1}$$

利用实况资料计算了 11 月 8—12 日的气柱可降水量(间隔 12 h),并计算了每个时次与 8 日 08:00 的差。其中 $g=9.8$ m·s^{-2},g 为重力加速度,q 为比湿,单位为 g·kg^{-1},p_s 为地面气压,$p_0=400$ hPa。分析表明,此次过程水汽含量主要集中在 400 hPa 以下,所以积分上限取为 400 hPa。

分析气柱可降水量(图略)可发现,从 8 日 08:00 开始,每个时次山西省上空的可降水量基本均在 7 mm 以上,而且呈现不断增大的趋势,最大达到 18 mm;累计可降水量达到 35～88 mm。与 8 日 08:00 相比,8 日 20:00,在 850 hPa 偏南风与偏东风形成气旋式旋转的地方(110°～113°E,30°～35°N)出现一个正变值中心,中心强度为 1.5 mm,而在与 700 hPa 西南气流一致的方位上出现一条正值分布带,说明低层 850 hPa 和 700 hPa 的水汽在向山西输送,使得山西上空的可降水量不断增加;9 日 08:00,基本维持此种形势,但在 120°E,38°～42°N 附近 850 hPa 上出现一个气旋式涡旋,而对应可降水量变化值也出现一个正值中心;9 日 20:00,随着地面回流的加强,近地层偏东风不断加强,除了与 700 hPa 西南气流一致的方位上仍维持一条正值分布带外,在 850 hPa 偏东风急流轴附近也形成一条正值分布带,两条分布带中心强度均较前一个时次增大 0.3 mm 以上、较 8 日 08:00 增大 1.8 mm 以上,而且两条分布带在山西交汇,致使山西的水汽持续积聚和不断增大,9 日夜间开始,山西出现大范围强降雪(雨);此后的两个时次,一直维持此种态势,而且可降水量变值中心强度持续增强,直到 11 日 08:00,随着冷空气的大举南下,这种持续了近 60 h 的水汽输送和补充被迫减小直到中断,24 h 后强降雪才减弱结束。

从以上分析不难看出,此次超历史极值的强降雪期间,存在 3 条水汽通道,700 hPa 西南水汽、850 hPa 偏南水汽和 850 hPa 以及近地层偏东水汽,随着低层近地层风场的加强和辐合,山西省上空的大气可降水量总出现相应的增加,强降雪也呈现持续增幅的态势。

与 2009 年 2 月上旬黄河中上游地区的转折性雨雪天气[15]不同的是,这种气柱可降水量的增加不仅强度大,持续时间长,而且水汽通道也多,这也是出现超历史极值降雪的重要原因之一。

4 水汽散度通量诊断分析

冉令坤等[5]把散度与垂直速度结合起来,建立一个新的参数,并将其拓展到含有水汽的情况—水汽散度通量,来分析其演变特征与地面降雪之间的关系。它的分布表征了强降水系统的典型动力场特征,也表征了水汽的垂直输送情况,其计算公式为:

$$\Gamma_m = \frac{\omega}{\rho}\left[\frac{\partial}{\partial x}(uq_v) + \frac{\partial}{\partial y}(vq_v)\right] \tag{2}$$

沿大暴雪区112.5°E作水汽散度通量的垂直剖面,分析其变化发现,9日20:00(图10a),暴雪区上空300 hPa以下为水汽散度通量的正值区(这比文献[5]的高度要高200 hPa,说明此次过程系统要深厚得多),最大在600 hPa左右,中心强度达$82×10^{-9}$ $g·kg^{-2}·m^3·hPa·s^{-1}$(是文献[5]强度的近5倍),而300 hPa以上为负值区,负值中心强度较正值中心强度要弱得多,表明此次过程300 hPa以下为上升运动和水汽辐合,最大上升运动和最强水汽辐合在中层,此层正好为对流不稳定层,强的抬升运动、强的水汽辐合、强的对流不稳定,致使降水粒子不断上升、凝结,加之中层温度已较低,上升的降水粒子迅速碰并增长,形成强的降水。10日08:00和20:00基本维持此种结构,强降雪持续。水汽散度通量正值中心与未来12 h强降雪中心对应,对预报强降雪的出现很好的指示意义。

沿此次大暴雪天气过程降雪量最大的阳泉(37.8°N,113.5°E)作水汽散度通量的时间—高度剖面图(图10b),可看出,9日08:00—11日08:00,300 hPa以下,一直为水汽散度通量正值区,随着高度增加,其数值不断增大,9日20:00,在600～500 hPa附近达到最大,中心强度为$83.4×10^{-9}$ $g·kg^{-2}·m^3·hPa·s^{-1}$;10日20:00,再次出现闭合中心,强度达$48.9×10^{-9}$ $g·kg^{-2}·m^3·hPa·s^{-1}$,11日下午以后,水汽散度通量变为负值,12 h后,强降雪才逐步减弱。可见,整个强降雪期间,垂直上升运动、水汽输送和辐合均很强,且伸展高度很高,是强降雪强度大、持续时间长的重要原因,水汽散度通量的这种垂直结构表明了极端大暴雪的动力学特征。

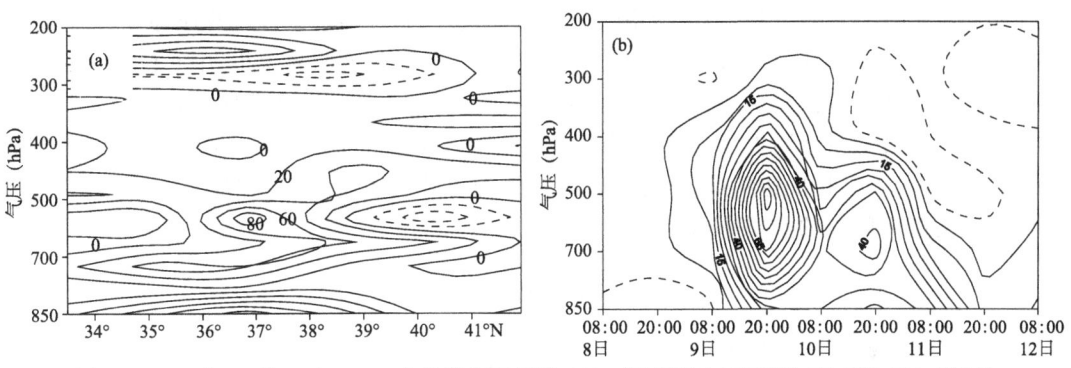

图10 2009年11月9日20:00水汽散度通量沿112.5°E剖面(a)以及沿37.8°N、113.5°E的时间—高度剖面(b)(单位:10^{-9} $g·kg^{-2}·m^3·hPa·s^{-1}$)

5 小结与讨论

通过以上综合分析,不难看出,此次降雪超历史极值的主要原因有:

(1)根据山西省降雪极值的小波重构序列分析推测,山西省降雪极值在2009—2010年将是一个突变点,即会出现一个降雪极值,而且会超过历史极值。

(2)500 hPa为"单阻型",阻塞形势稳定维持,导致中高纬度不断分裂短波槽东移南下持续影响山西地区;700 hPa西南涡切变线和850 hPa西北涡切变线稳定维持,700 hPa西南急流、850 hPa偏东南急流和东北急流3支急流稳定存在,地面回流形势与河套倒槽共同强烈发展并稳定维持,即系统异常深厚、系统异常稳定、系统异常强盛、3支急流并存、低层冷平流超强,是造成此次超历史极值的大范围持续强降雪的重要原因。

(3)热力诊断表明:大暴雪出现前期,地面出现持续增温,其强度大,持续时间长,均属历史罕见,为强降雪积累了充分的能量;大暴雪出现前,与地面倒槽持续发展相对应,低层中纬度持续有暖湿舌伸向山西,暖湿中心强度持续增强,是导致持续强降雪的重要原因之一;此次强降雪垂直热力结构表现为上冷、中暖、下冷的特征,低层冷平流强度较普通暴雪大得多,而低层存在明显的对流性不稳定;从低层总温度平流水平结构变化来看,可将此次强降雪分为锢囚降雪、回流降雪、暖倒槽降雪和持续降温4个阶段;锢囚降雪强度大,但持续时间短,回流降雪持续时间长,强度也大,暖倒槽降雪,持续时间长,但强度明显减弱。

(4)暴雪出现前,对流层中低层持续存在对流性不稳定,在不稳定区不但存在空气的辐散,导致对流不稳定不断增强,而且不稳定区持续有暖湿平流输入,有利于降水粒子的碰并、增长,导致降水出现阵性特点,加之低层温度较高,降水性质复杂,有雨、雨夹雪和雪,在某种程度上增加了降水总量。与普通暴雪不同的是,这种大气层结的不稳定厚度较薄,但强度大且持续时间长。

(5)此次大暴雪天气过程,存在3条水汽通道,700 hPa西南水汽、850 hPa偏南水汽和850 hPa以及近地层偏东水汽,随着低层近地层风场的加强和辐合,山西省上空的大气可降水量总是出现相应的增加,强降雪也呈现持续增幅的态势。与普通暴雪不同的是,这种气柱可降水量的增加不仅强度大,持续时间长,而且水汽通道也多,这也是出现超历史极值降雪的重要原因之一。

(6)此次大暴雪天气过程,地面冷空气活动特征表现为,降雪前地面冷高压强度持续增强,增强幅度超过+5 hPa,中心位置稳定少动;而普通暴雪增强幅度明显偏小,中心位置多变。降雪开始后,冷高压中心强度呈现持续减弱的趋势,但普通暴雪的负变压值明显偏小。

(7)水汽散度通量诊断揭示,强降雪前及整个强降雪期间,垂直上升运动、水汽输送和辐合均很强,在500~600 hPa达到最强,此层存在持续的对流性不稳定;且伸展高度很高,是强降雪强度大、持续时间长的重要原因之一。

参考文献

[1] 李登文,乔淇,魏涛.2008年初我国南方冻雨雪天气环流及垂直结构分析[J].高原气象,2009,28(5):1140-1148.

[2] 辜旭赞.2008年1月我国南方持续性雨雪过程的诊断分析[J].高原气象,2011,30(1):150-157.

[3] 曾明剑,陆维松,梁信忠,等.2008年初中国南方持续性冰冻雨雪灾害形成的温度场结构分析[J].气象学报,2008,66(6):1043-1052.

[4] 施晓辉,徐祥德,程兴宏.2008年雪灾过程高原上游关键区水汽输送机制及其前兆性"强信号"特征[J].气象学报,2009,67(3):478-487.

[5] 冉令坤,楚艳丽.强降水过程中垂直螺旋度和散度通量及其拓展形式的诊断分析[J].物理学报,2009,58

(11):8094-8106.
[6] 赵桂香,许东蓓.山西两类暴雪预报的比较[J].高原气象,2008,26(3):615-623.
[7] 易笑园,李泽椿,朱磊磊,等.一次β中尺度暴风雪的成因及动力、热力结构[J].高原气象,2010,29(1):175-186.
[8] 杨成芳,李泽椿,李静,等.山东半岛一次持续性强冷流降雪过程的成因分析[J].高原气象,2008,27(2):442-451.
[9] 周淑玲,朱先德,符先静,等.山东半岛典型冷涡暴雪个例对流云及风场特征的观测与模拟[J].高原气象,2009,28(4):935-944.
[10] 蒋后硕,吕克利.高低空急流中的锢囚锋环流[J].高原气象,2000,19(3):265-276.
[11] 周雪松,谈哲敏.华北回流暴雪发展机理个例研究[J].气象,2008,34(1):18-26.
[12] 刘宁微,齐琳琳,韩江文.北上低涡引发辽宁历史罕见暴雪天气过程的分析[J].大气科学,2009,33(2):275-284.
[13] 赵桂香,程麟生,李新生."04.12"华北大到暴雪过程切变线的动力诊断[J].高原气象,2007,26(2):615-623.
[14] 赵桂香.一次回流与倒槽共同作用产生的暴雪天气分析[J].气象,2007,33(11):41-48.
[15] 赵桂香,秦春英,赵彩萍,等.2009年冬季黄河中游一次久旱转雨雪天气诊断分析[J].高原气象,2010,29(4):864-874.

太行山地形对山西两次锢囚锋暴雪影响的数值试验*

赵桂香　邱贵强　王晓丽

(山西省气象台,太原 030006)

摘要:为深刻认识太行山地形对降雪的影响,做好降雪天气预报服务,从而适应新型农业种植结构调整,减小降雪天气对农业生产的影响,利用美国国家环境预报中心(National Centers for Environmental Prediction,NCEP)全球再分析资料和实况探测资料,采用天气预报模式(Weather Research and Forecast Model,WRF)中尺度数值模式,对2009年11月10日和2010年3月14日山西省两次锢囚锋暴雪天气进行数值试验,比较分析了太行山地形变化对降雪量级、强度、落区及空间结构特征的影响。结果表明:(1)对于影响系统偏南的暴雪天气,太行山高度适中更能使降雪接近实况,而对于偏北的暴雪天气,则是抬高地形,影响更明显。(2)锢囚锋降雪的不同阶段,太行山地形变化对低层水汽输送的影响差异较大。(3)适当降低太行山高度,使得暴雪区上空高空辐散、低空辐合的垂直结构更明显,中心强度更强,对暴雪的产生更为有利。(4)对于影响系统偏南的暴雪天气,太行山高度降低使得高层干侵入强度增强,造成触发作用加强。

关键词:太行山地形;锢囚锋降雪;水汽输送;动热力结构;差异

引言

地形与大气气候变化关系密切,不同地形因子之间也是相互影响的[1]。大量研究表明[2-14],地形可使气流沿迎风坡产生绕流和被迫爬升,形成气旋性辐合和强的水汽辐合中心,也可使背风向的暴雨区附近形成准定常的绕流汇合区和重力波扰动区,加强垂直运动,从而对降水具有加强作用。此外,地形的存在还会导致风的辐合,风速降低,逆温增强[15];地形与高温日数和积雪深度等的分布也存在关系[16-17];而降水强度又加剧了黄土高原沟谷密度空间分异特征[18]。

太行山位于河北平原和山西高原之间,是黄土高原和华北平原的天然分界线,呈东北—西南走向,北高南低,东陡西缓,山高海拔1500～2000 m,东西两侧气候差异悬殊。太行山地形对降水的影响历来备受气象科技工作者的关注,但大多集中在对暴雨作用的研究方面,如范广洲等[19]利用NCAR-RegCM2模式就地形对华北地区夏季降水的影响进行了数值模拟研究,

---

* 本文发表于《中国农学通报》,2015,31(2):234-242。

指出,降低地形高度时,华北地区夏季降水将明显减少;徐国强等[20]认为"96.8"暴雨过程中太行山地形对垂直运动和水汽辐合均具有增幅作用;候瑞钦等[21-22]应用MM5模式对河北两次暴雨进行了数值模拟,指出近地面层受太行山地形影响,气流表现为局地环流特征。而就太行山地形对暴雪尤其是锢囚锋暴雪天气影响的研究较少。锢囚锋降雪机制复杂,但造成的降雪强度大、灾害重[23-24]。为认识太行山地形对锢囚锋暴雪天气的影响,本文选取2009年11月9—12日和2010年3月13—14日山西省两次暴雪天气过程,采用中尺度数值模式WRFV3.1进行模拟和敏感性试验,对太行山地形对锢囚锋暴雪落区、强度以及水汽输送、动热力结构等特征的影响进行比较分析,以揭示不同系统配置下太行山地形对锢囚锋降雪的影响差异,以便在预报实践中准确把握降雪落区和强度,为农业生产防灾减灾提供精细化服务。

1 天气实况和系统配置差异

1.1 天气实况比较

2009年11月9—12日(简称个例1),山西省出现了有气象记录以来最强的一次降雪天气过程,锢囚锋暴雪出现在10日,主要集中在忻州以南地区(图3a),其中43个县(市)降雪量≥10 mm,15个县(市)≥20 mm,最大为35.0 mm,出现在中部的阳泉。2010年3月13—14日(简称个例2),山西省北部出现少见的暴雪天气过程,锢囚锋暴雪出现在14日(图3c),有16个县(市)降雪量≥10 mm,最大为18.1 mm,出现在浑源,此次过程伴随有大风。两次锢囚锋暴雪均表现出强度大、灾情重的特点,但降雪总量、强度及暴雪落区明显不同。

1.2 系统配置差异

分析锢囚锋出现后,两个个例的系统配置特点,二者差异明显:

个例1(图1a):500 hPa受高原槽影响,槽前西南气流≥16 m·s^{-1},低空700 hPa和850 hPa存在低涡切变线,700 hPa上存在西南急流,而850 hPa上存在≥10 m·s^{-1}的强东北气流,3支强气流在山西中部交汇,500 hPa以下$T-T_d$≤4 ℃,山西位于300 hPa急流出口区,地面上锢囚锋位于河套地区38°N以南,暴雪出现在山西中南部,最大在中部的阳泉(图1a灰色阴影区)。

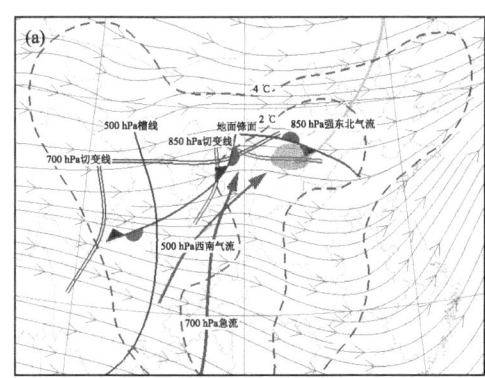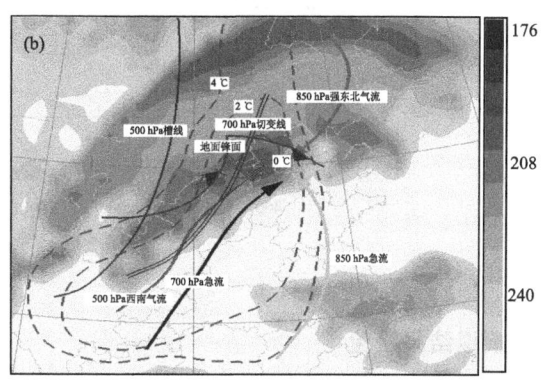

图1 2009年11月10日08:00(a)和2010年3月14日08:00(b)系统配置
(虚线为700 hPa温度露点差等值线,单位:℃;a中灰线为300 hPa流线,b中阴影为TBB等值线,单位:K)

个例 2(图 1b):500 hPa 受较深西风槽影响,槽前西南气流≥16 m·s^{-1},低空 700 hPa 无低涡,切变线较个例 1 偏北偏东,850 hPa 存在西南急流,强东北气流较个例 1 偏东,925 hPa 存在东南急流,5 支强气流在山西北部交汇,700 hPa 上北部 $T-T_d=0$ ℃,空气已处于饱和状态,地面锢囚锋较个例 1 偏东偏北,对应卫星云图上,锋面云系明显,北部 TBB≤208 K,暴雪出现在山西北部,TBB<190 K 的两个中心分别对应北部的两个暴雪中心。

可见,两个个例地面虽然均受锢囚锋影响,但高低空系统配置不同,造成降雪强度和暴雪落区存在很大差异。

2 数值模拟方案设计及结果检验

2.1 模拟方案设计

利用 NCEP/NCAR 再分析资料作为初始场和边界场,应用 WRFV3.1 中尺度模式对两次锢囚锋暴雪天气过程进行数值模拟。模拟起始时间分别为 2009 年 11 月 9 日 00:00(UTC,以下同)和 2010 年 3 月 13 日 00:00,结束时间分别为 2009 年 11 月 11 日 00:00 和 2010 年 3 月 14 日 00:00,积分时间分别为 48 h 和 24 h,3 h 输出一次。模拟中心区域为 37°N、112°E,应用两层双向嵌套方案(图 2),水平分辨率为 1°×1°,时间间隔为 6 h,地面静态数据分辨率为 5 m,格距分别为 30 km、10 km,格点数为 110×110、136×136,时间积分步长均为 180 s。模式垂直方向为 35 层,模式顶气压为 50 hPa。参数化方案分别为:WSM6 微物理过程方案,RRTMG 长、短波辐射方案,YSU 边界层方案,Monin—Obukhov 近地面层方案,Betts—Miller—Janjic 积云参数化方案,Noah 陆面过程方案。模拟过程考虑了云的影响。

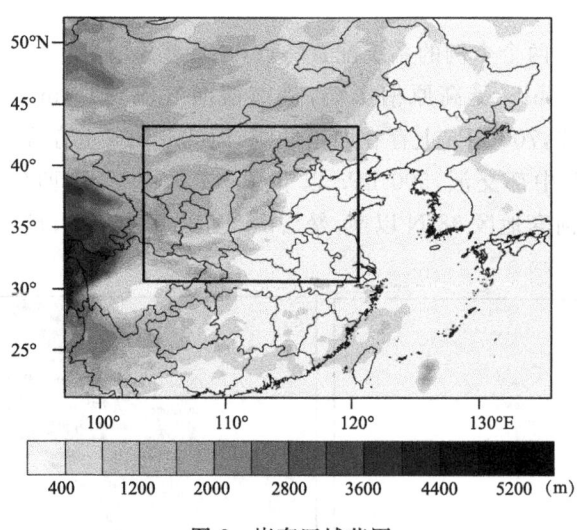

图 2 嵌套区域范围

2.2 模拟结果检验

对降水的模拟能力是检验一个数值模式模拟是否成功的重要标准。图 3 为模拟的降雪量和实况的比较。从图可看出,个例 1 的降雪带基本呈东西向带状分布,24 h 降雪量忻州以南大部分地区超过 10 mm,其中分布着 3 个中心,分别位于中部的阳泉、南部的临汾和长治地区,24 h 降雪量超过 30 mm,模拟的降雪带与实况接近,最大降雪中心也与实况基本吻合,但阳泉地区的中心位置略偏东,强度偏小。个例 2 的降雪带呈西南—东北走向,24 h 降雪量超过 5 mm 的降雪主要集中在北中部,其中有 2 个强降雪中心,分别位于西北角的河曲、兴县、五寨一带和东北角的大同、应县、浑源、五台山一带,24 h 降雪量均超过 10 mm,但后者大于前者,模拟的降雪带与实况基本一致,最大中心也基本与实况吻合,但中心强度偏小。

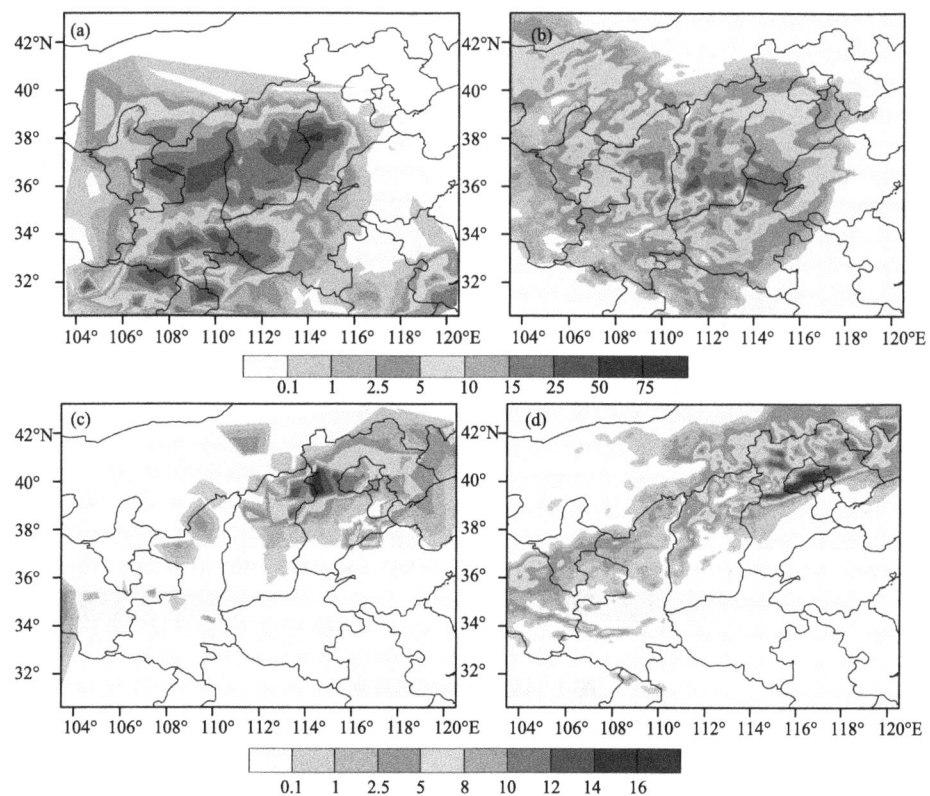

图 3 2009 年 11 月 10 日 08:00—11 日 08:00(a 实况,b 模拟)和 2010 年 3 月 13 日 20:00—14 日 20:00 降雪量(c,实况,d 模拟)(单位:mm)

总之,模式输出结果基本能反映这两次暴雪天气过程的分布特点,因此,可以采用模式模拟结果,对这两次暴雪天气过程的空间结构与水汽输送特征进行比较分析。

3 地形敏感性试验及结果分析

3.1 敏感性试验方案设计

试验区域为太行山 34.76°~40.89°N,112°~114.95°E,敏感性试验主要采用人为改变地形高度的方法,控制试验为原地形高度(方案 1),敏感试验分别为:将试验区域内高于 800 m 的高度统一降为 800 m(方案 2),将试验区域内高度降低一半(方案 3),将试验区域内增加一半(方案 4),4 次试验均采用相同的模拟配置。图 4 为各方案地形高度分布。

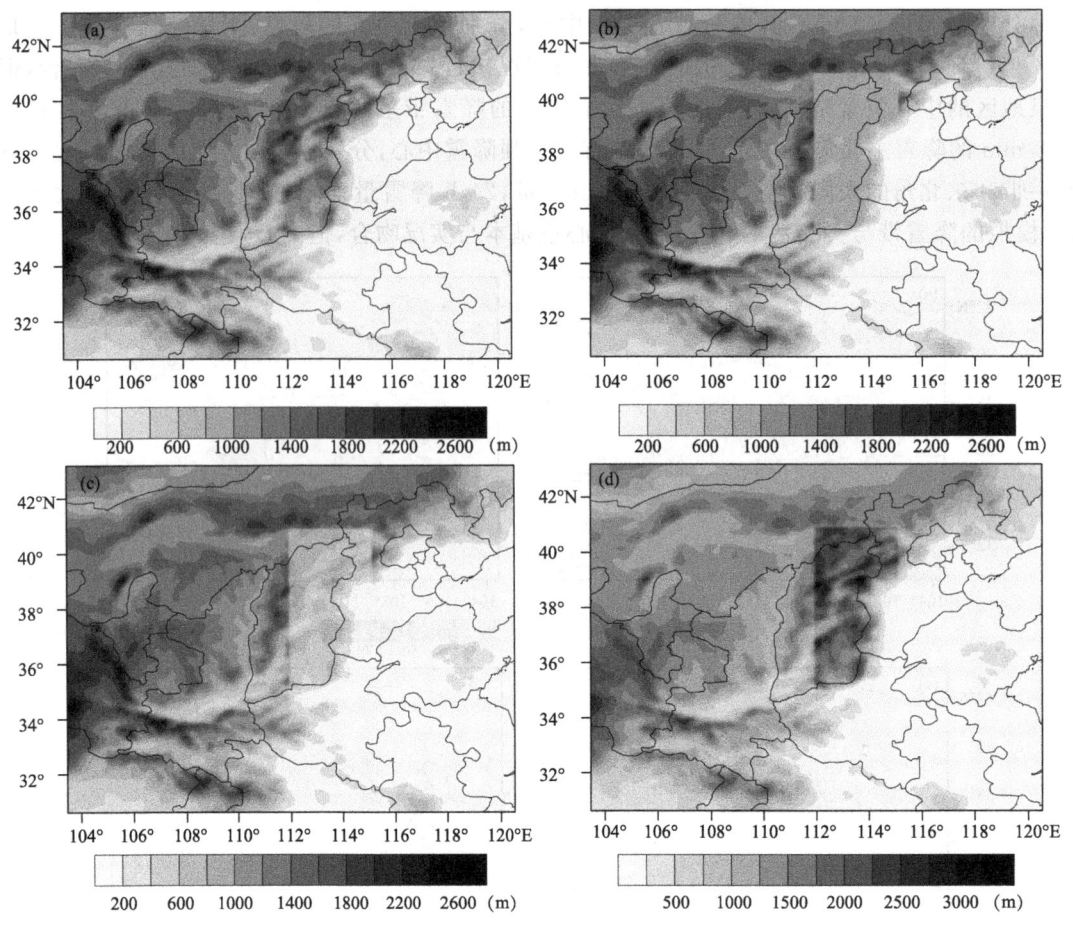

图 4 试验方案地形高度
(a)方案 1,(b)方案 2,(c)方案 3,(d)方案 4

3.2 试验结果分析

为了准确揭示太行山地形对锢囚锋降雪的影响,此次模拟以降雪量(而非降水量)来进行分析。

3.2.1 太行山地形对降雪量、降雪落区和强度的影响

图 5 和图 6 分别为 2009 年 11 月 10 日 08:00—11 日 08:00 和 2010 年 3 月 13 日 20:00—14 日 20:00 的降雪量试验结果。

个例 1:从图 5 可看出,4 个方案中,山西省均出现大范围降雪,降雪量在 4~30 mm,暴雪落区主要集中在中南部,最大降雪量均在 26 mm 以上,但在降雪量、降雪落区和降雪强度上存在一些差异:方案 2,降雪范围较方案 1 略小,暴雪范围和大暴雪范围较方案 1 大,也更集中,成为东西走向的带状分布,中心强度和最大降雪落区与方案 1 接近;方案 3,降雪范围与方案 2 接近,但大暴雪和特大暴雪的范围较方案 2 又大、又集中,是 4 个方案中范围最大、强度最强的,最接近实况;而方案 4,降雪范围最小,暴雪分布最分散,强度最小,大暴雪和特大暴雪的分布区域差异最明显。可见,太行山高度适中使得降雪范围、强度等达到最大、最强,而高度抬高后,反而使降雪范围和强度明显减小、减弱,使暴雪和大暴雪落区东移。

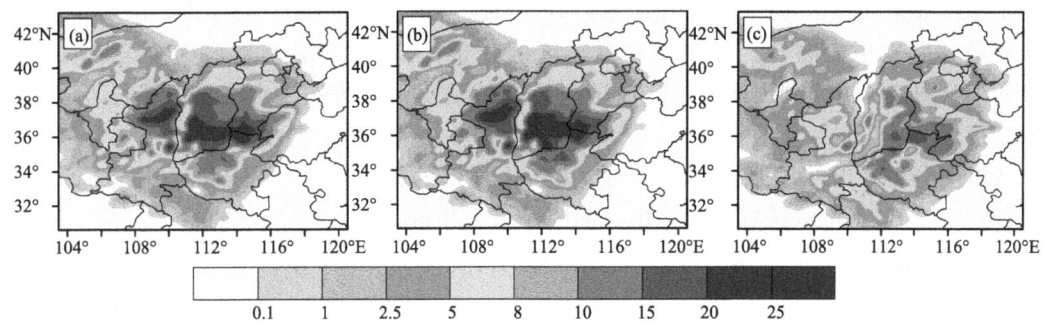

图 5 2009 年 11 月 10 日 08:00—11 日 08:00 降雪量(单位:mm)
(a)方案 2,(b)方案 3,(c)方案 4

个例 2:从图 6 可看出,4 个方案中,降雪均主要集中在北中部,降雪量在 1～18 mm,暴雪落区主要集中在北部,最大降雪量均在 18 mm 左右。方案 1 降雪范围、大(暴)雪范围均与实况接近,但强度较实况略小;方案 2 是 4 个方案中降雪范围最小的,暴雪落区明显偏东偏北,差异较大;方案 3,降雪范围与方案 1 接近,但暴雪落区偏离较远;而方案 4,降雪范围最大,暴雪落区一个接近实况,另一个偏东,强度略小于实况。可见,太行山地形对此次锢囚锋降雪的影响更明显,抬高太行山地形使得暴雪强度更接近实况。

因此,两次过程暴雪落区不同,太行山影响不同,对于暴雪落区在中南部的降雪过程,太行山高度适中更好,而对于暴雪落区在北部的降雪过程,则是抬高地形,影响更明显。

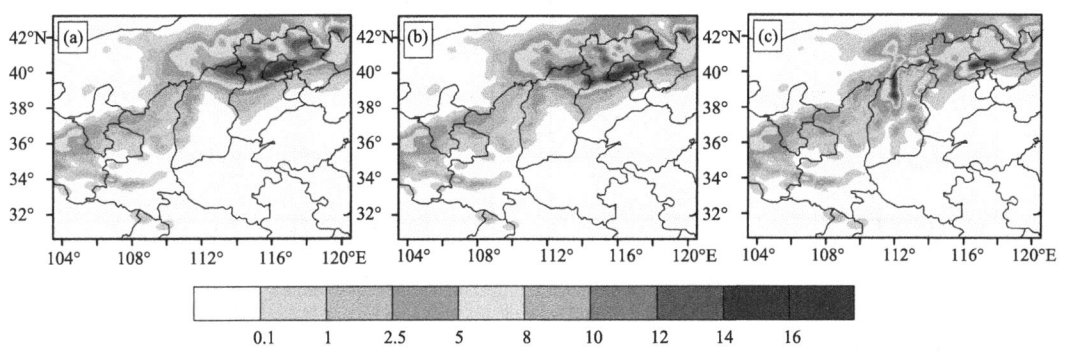

图 6 2010 年 3 月 13 日 20:00—14 日 20:00 降雪量(单位:mm)
(a)方案 2,(b)方案 3,(c)方案 4

3.2.2 太行山地形对降雪天气空间结构的影响

3.2.2.1 水汽输送特征影响的差异

个例 1:水汽通道有两条,一条来自 700 hPa 的西南水汽输送,另一条来自 850 hPa 的东南水汽输送。

锢囚锋暴雪开始前,700 hPa 上(图略),从西南到河套地区出现一条强水汽输送带。4 个方案差异不大,中心强度均 $>9\times10^{-6}$ kg·(s·hPa·m)$^{-1}$,但方案 4 的中心大值区略小;850 hPa 上(图略),从安徽到河南存在一条偏东的水汽输送带,方案 3 的中心强度最小,方案 4 更接近实况。锢囚锋暴雪开始后,700 hPa 上(图 7),上述水汽输送带仍存在,但在山西中部出现一个水汽通量大值区,最大中心在阳泉附近,强度达 11×10^{-6} kg·(s·hPa·m)$^{-1}$,这与10日白天最大降雪中心吻合。方案2和方案3的分布较接近,方案4是水汽输送最弱的,而850 hPa上(图略),河南到山西的水汽输送差异较大,方案1和方案4水汽输送最弱,方案2和方案3接近。

从以上分析看出,锢囚锋暴雪开始前,太行山地形的抬高对700 hPa水汽输送有减弱作用,而对850 hPa水汽输送有加强作用。锢囚锋暴雪开始后,太行山地形的抬高对700 hPa和850 hPa水汽输送均有减弱作用,而太行山地形的降低对850 hPa水汽输送有加强作用。

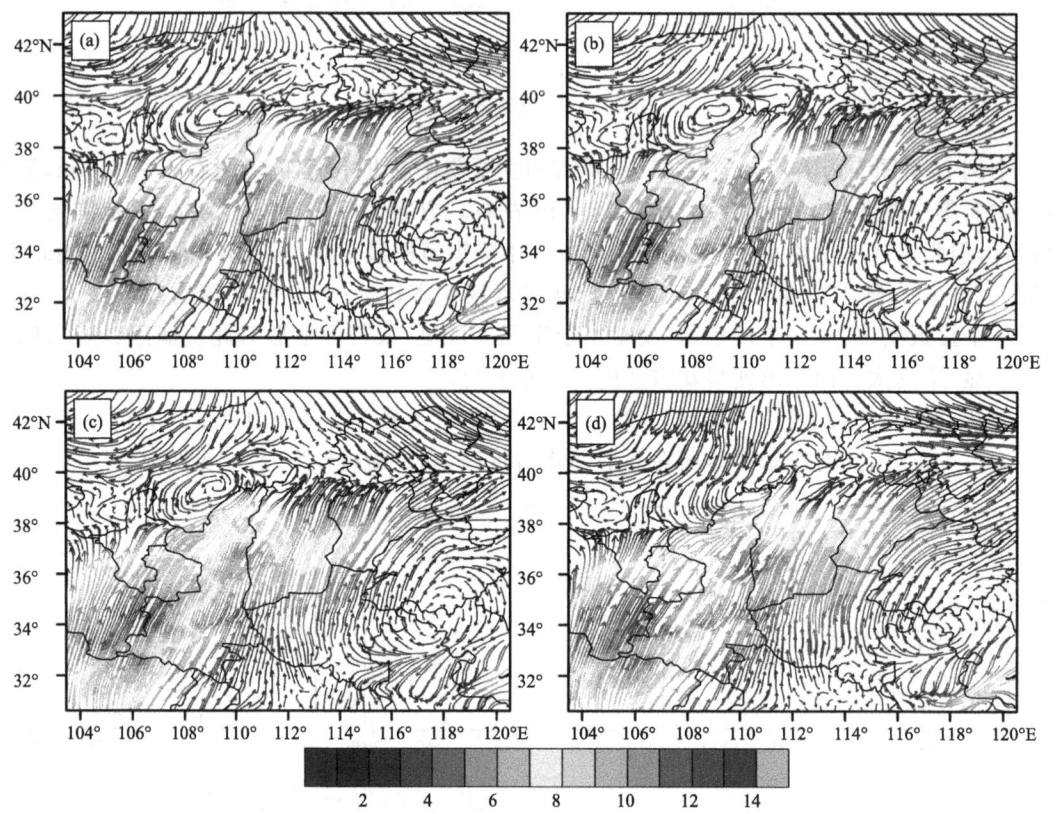

图7 2009年11月10日08:00 700 hPa水汽通量(单位:10^{-6} kg·(s·hPa·m)$^{-1}$)
(a)方案1,(b)方案2,(c)方案3,(d)方案4

个例2:水汽通道只有1条,来自700 hPa的西南水汽输送。

锢囚锋暴雪开始前(图略),方案1,从陕西到山西西部出现一条西南—东北走向的水汽输送带,水汽通量中心位于陕西东南部地区,中心强度达 12.0×10^{-6} kg·(s·hPa·m)$^{-1}$,受强西南气流影响,源源不断的水汽向山西北中部地区输送,山西西北部水汽通量 $>6.0\times10^{-6}$ kg·(s·hPa·m)$^{-1}$。方案2,水汽通量大值区减小,中心强度略有减弱,山西西北部水汽通量明显减小;方案3,水汽通量大值区更小,中心强度明显减弱,山西西北部水汽通量明显减小;方案4,水汽通量大值区和中心强度均与方案1接近,山西西北部水汽通量明显增大。

临近锢囚锋暴雪开始(图8),上述水汽输送带向东北方向移动,中心强度位于山西北部地区,此时,山西北中部已开始出现明显降雪。方案2、方案3与方案1差异不大,而方案4,水汽通量大值区明显减小,中心位置偏西,强度略有减小。

锢囚锋暴雪开始后(图略),随着系统的东移,上述水汽输送带迅速向东北方向移动,中心位置也东移。方案4,水汽通量大值区明显减小,东移速度更快。

可见,在锢囚锋暴雪开始前,太行山地形的抬高,有利于水汽向山西北中部地区的输送。临近暴雪开始,太行山地形的降低,对水汽的输送影响不明显,而地形的抬高则使得水汽的输送明显减弱。暴雪开始后,太行山地形的降低,对水汽的输送影响不明显,而地形的抬高则使得水汽的输送迅速东移。

两次过程中,水汽输送通道不同,太行山地形的影响也不同。

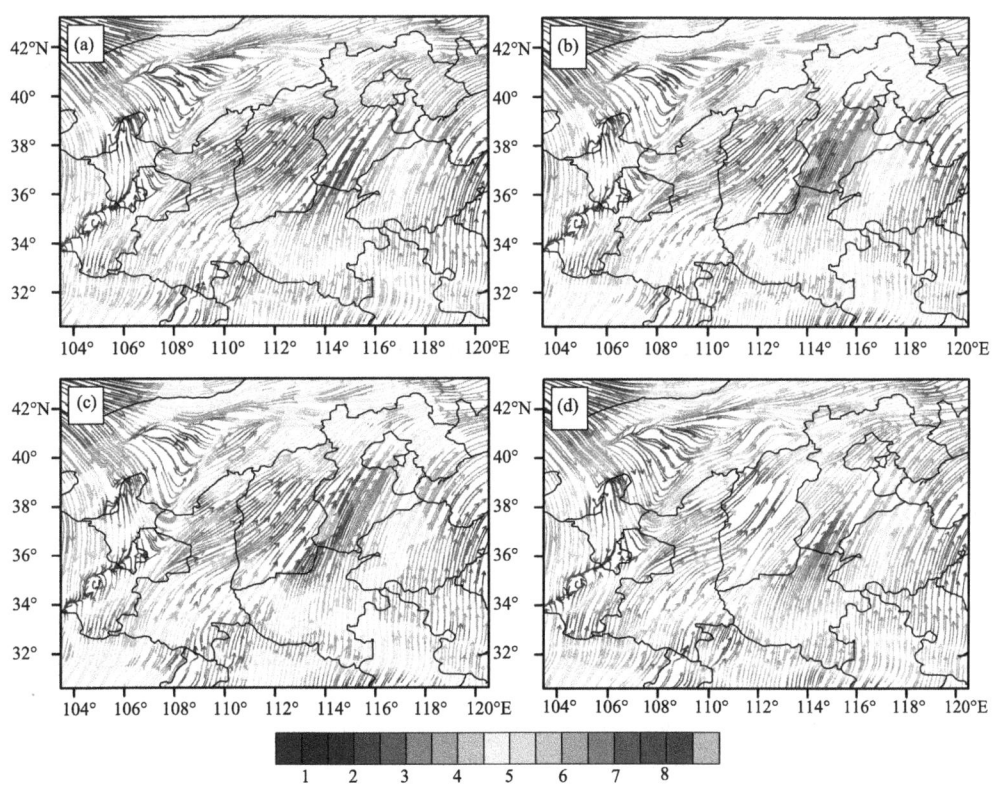

图8 2010年3月14日02:00 700 hPa水汽通量(单位:10^{-6} kg·(s·hPa·m)$^{-1}$)
(a)方案1,(b)方案2,(c)方案3,(d)方案4

3.2.2.2 动力结构特征影响比较
3.2.2.2.1 散度垂直结构

个例1:锢囚锋暴雪期间(图9),山西上空持续存在高空辐散、低空辐合的垂直结构。方案1最接近实况,方案2辐散、辐合的中心低,强度也小,方案3辐散、辐合的中心位置接近实况,但中心强度明显偏强,方案4低层辐合中心低,强度小。

个例2:锢囚锋暴雪期间(图10),山西上空的垂直结构多变:方案1接近实况,方案2辐散、辐合的中心低,但强度大,方案3辐散、辐合的中心位置接近方案1,但中心强度是4个方案中最强的,方案4高层辐散中心和低层辐合中心与方案1接近,但高层辐散中心强度小。另外出现高层辐散、低层辐合的时间上存在差异,方案1在暴雪开始前,方案2在整个暴雪期间,

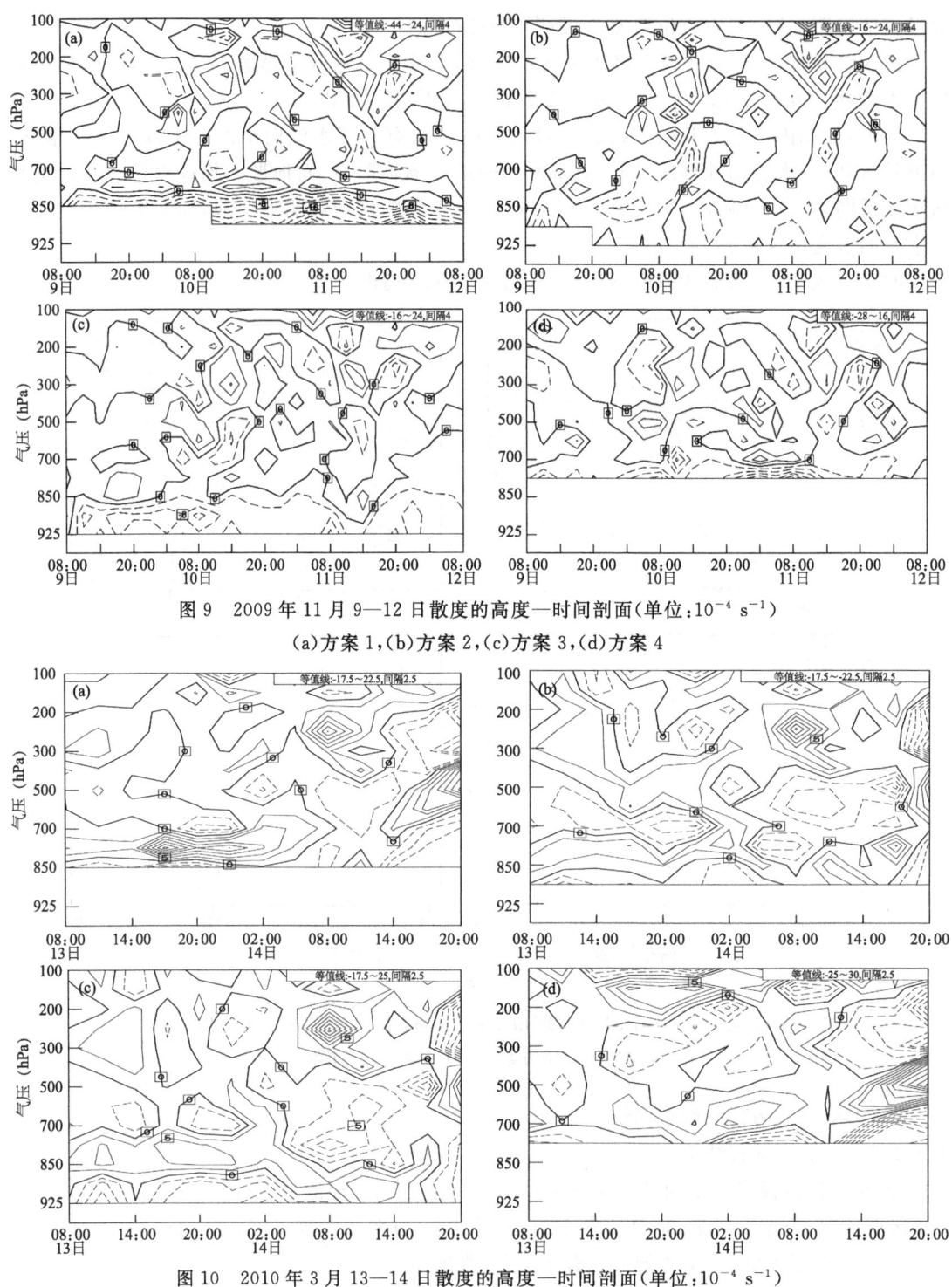

图9 2009年11月9—12日散度的高度—时间剖面(单位:10^{-4} s^{-1})
(a)方案1,(b)方案2,(c)方案3,(d)方案4

图10 2010年3月13—14日散度的高度—时间剖面(单位:10^{-4} s^{-1})
(a)方案1,(b)方案2,(c)方案3,(d)方案4

方案3和方案4在14日02:00—08:00。

对于两次过程,太行山地形的改变对暴雪区上空的垂直结构有明显影响,但均为适当的高度(减为原高度的一半),使得此种垂直结构更明显,中心强度更强,对暴雪的产生更为有利。

3.2.2.2.2 涡度及涡度平流(图略)

个例1:锢囚锋暴雪开始前,山西上空整层为正涡度(方案1~3),存在正的涡度平流,但正涡度中心位置不同,强度也略有差异,方案4却为负涡度。

个例2:其涡度结构特征与个例1显著不同。4个方案均为暴雪前,低层500 hPa以下为正涡度,开始后,变为整层为正涡度,但正涡度中心位置和强度明显不同。

对于个例1,太行山地形的适度降低使得山西上空存在正的涡度输送,对于个例2,太行山地形的抬高使得暴雪区上空正的涡度输送加强,从而使地面气旋发展加深,为暴雪的产生提供了更为有利的动力抬升条件。

3.2.2.3 大气垂直结构演变特征影响差异

个例1:锢囚锋暴雪开始前,4个方案的探空曲线差异不明显:500 hPa以下存在明显的暖平流,以上为冷平流,700 hPa以下空气接近饱和,低层925 hPa以下为一致的偏东风。随着系

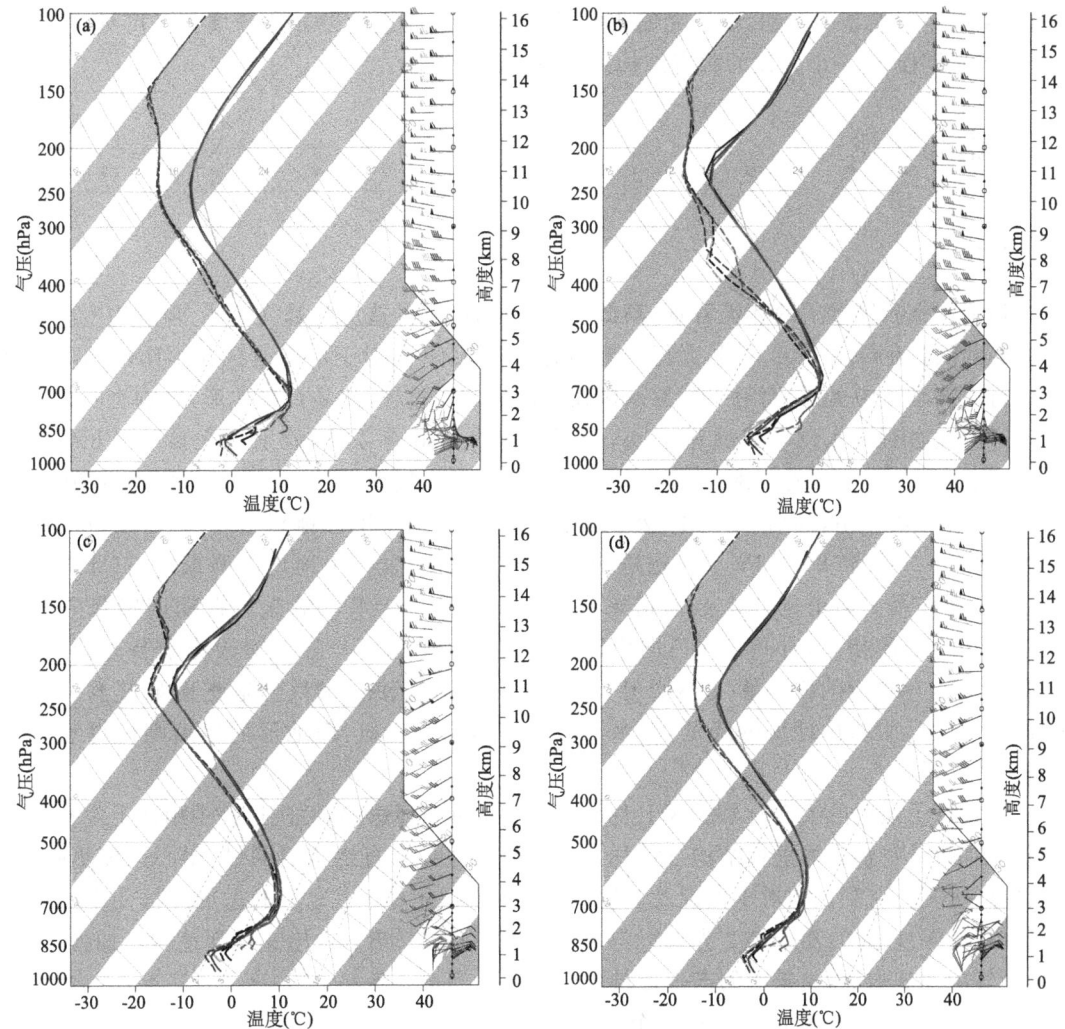

图11 2009年11月10日08:00探空曲线变化特征
(a)方案1,(b)方案2,(c)方案3,(d)方案4

统的临近(图11),湿层厚度增高到 650 hPa 左右,探空曲线的差异变得明显,且在 400~300 hPa最显著,方案 3 干冷空气最强,干侵入也最强;方案 4 干冷空气最弱,干侵入也最弱。风场上,低层 925 hPa 以下风向出现明显差异,风速差异加大;冷暖平流依然存在,但在 300 hPa附近,风速差异加大,方案 3 和方案 4 风速最大,冷平流最强,方案 2 风速最小,冷平流最弱。14:00—20:00,湿层厚度继续增厚,达 600 hPa 左右,但探空曲线的差异迅速减小。可见,在锢囚锋降雪的不同阶段,4 个方案的垂直结构差异明显,适当降低高度使得高空干侵入最强,触发作用也最强。

个例 2(图略):锢囚锋暴雪开始前,4 个方案的探空曲线差异不明显。方案 1 和方案 4 的 850 hPa 以下存在明显逆温。低层 925 hPa 以下为偏东南风,400 hPa 以下存在明显的暖平流,以上为冷平流。随着系统的临近,850~800 hPa 出现空气的饱和,探空曲线的差异变得更小。锢囚锋降雪开始后,600 hPa 以下空气接近饱和,4 个方案的探空曲线几乎重合,低层 925 hPa 以下为一致的偏东南风,以上为一致的偏西南风,风速随着高度增加而增加。锢囚锋降雪结束后空气趋于不饱和,低层受偏北风影响,风向和风速的差异逐渐增大。可见,在锢囚锋降雪的不同阶段,4 个方案的垂直结构差异较个例 1 要小。

4 结论与讨论

4.1 结论

(1)两次锢囚锋暴雪的环流背景、高低空系统配置不同,造成的暴雪落区、强度均不同。

(2)两次过程暴雪落区不同,太行山地形的影响也不同,对于暴雪落区在中南部的降雪过程,太行山高度适中更好,而对于暴雪落区在北部的降雪过程,则是抬高地形,影响更明显。

(3)两次过程的水汽输送通道不同,个例 1 水汽通道有 2 条,分别为来自 700 hPa 的西南水汽输送和 850 hPa 的东南水汽输送。锢囚锋暴雪开始前,太行山地形的抬高对 700 hPa 水汽输送有减弱作用,而对 850 hPa 水汽输送有加强作用。锢囚锋降雪开始后,太行山地形的抬高对 700 hPa 和 850 hPa 水汽输送均有减弱作用,而太行山地形的降低对850 hPa水汽输送有加强作用。而个例 2 水汽通道来自 700 hPa 的西南水汽输送。在锢囚锋暴雪开始前,太行山地形的抬高,有利于水汽向山西北中部地区的输送。临近锢囚锋暴雪开始,太行山地形降低,对水汽的输送影响不明显,而地形的抬高则使得水汽的输送明显减弱。锢囚锋暴雪开始后,太行山地形的降低,对水汽的输送影响不明显,而地形的抬高则使得水汽的输送迅速东移。

(4)太行山地形的改变对暴雪区上空的动力结构有明显影响,两次过程中山西上空持续存在高空辐散、低空辐合的垂直结构,适当的高度,使得此种垂直结构更明显,中心强度更强,对暴雪的产生更为有利。但对于涡度及涡度平流,个例 1 为太行山地形的适度降低使得山西上空存在正的涡度输送,而个例 2 为太行山地形的抬高使得暴雪区上空正的涡度输送加强,从而使地面气旋发展加深,为暴雪的产生提供了有利的动力抬升条件。

(5)在锢囚锋降雪的不同阶段,4 个方案的垂直结构差异个例 1 较个例 2 明显,对于暴雪落区在中南部的过程,适当降低高度,使得高空干侵入最强,触发作用也最强。

4.2 讨论

(1)多数研究[11,19-22]结果显示,太行山地形使得暴雨出现增幅,而本研究则针对锢囚锋暴雪,得到的结论有所不同,因此,在锢囚锋暴雪预报中应慎重考虑地形的作用,还应视不同影响系统具体分析。

(2)本研究对太行山地形对气流特征、水汽输送特征和大气垂直结构等影响作用的结论,可更全面地认识太行山地形在锢囚锋暴雪中的作用。

(3)太行山对降水的作用是复杂的,且其他地形是否也存在类似的情况,还有待进一步深入研究。

参考文献

[1] 张婷,汤国安,王春,等.黄土丘陵沟壑区地形定量因子的关联性分析[J].地理科学,2005,25(4):467-472.

[2] 郭英莲,吴翠红,王继竹,等."7.15"宜昌大暴雨的地形影响特征[J].气象,2012,38(1):81-89.

[3] 孙继松,杨波.地形与城市环流共同作用下的β中尺度暴雨[J].大气科学,2008,32(6):1352-1364.

[4] 廖移山,冯新,石燕,等.2008年"7.22"襄樊特大暴雨的天气学机理分析及地形的影响[J].气象学报,2011,69(6):945-955.

[5] 刘冀彦,毛龙江,牛涛,等.地形对2011年9月华西致灾暴雨强迫作用的数值模拟研究[J].气象,2013,39(8):975-987.

[6] 毕宝贵,刘月巍,李泽椿.秦岭大巴山地形对陕南强降水的影响研究[J].高原气象,2006,25(3):485-494.

[7] 李川,陈静,何光碧.青藏高原东侧陡峭地形对一次强降水天气过程的影响[J].高原气象,2006,25(3):442-450.

[8] 阎丽凤,车军辉,周雪松,等.泰山地形对一次局地强降水过程动力作用的数值模拟分析[J].气象,2013,39(11):1393-1401.

[9] 吴翠红,张萍萍,龙利民,等.峡谷地形对两次大暴雨过程的增幅作用对比分析[J].暴雨灾害,2013,32(1):38-45.

[10] 郭欣,郭学良,付丹红,等.钟形地形动力抬升和重力波传播与地形云和降水形成关系研究[J].大气科学,2013,37(4):786-800.

[11] 赵桂香.一次阻高背景下地形对晋南特大暴雨的作用分析[J].高原气象,2009,28(4):897-905.

[12] 张杰,李栋梁,王文.夏季风期间青藏高原地形对降水的影响[J].地理科学,2008,28(2):235-240.

[13] 刘晓东,安芷生,方建刚,等.全球气候变暖条件下黄河流域降水的可能变化[J].地理科学,2002,22(5):513-519.

[14] 解明恩,程建刚.云南气象灾害特征及成因分析[J].地理科学,2004,24(6):722-726.

[15] 刘宁微,王扬锋,马雁军,等.复杂地形对城市空气污染影响的数值试验研究[J].地理科学,2008,28(3):398-401.

[16] 施洪波.华北地区高温日数的气候特征及变化规律[J].地理科学,2012,32(7):866-871.

[17] 田剑,汤国安,周毅,等.黄土高原沟谷密度空间分异特征研究[J].地理科学,2013,33(5):622-628.

[18] 陈海山,许蓓.欧亚大陆冬季雪深的时空演变特征及其影响因子分析[J].地理科学,2012,32(2):129-135.

[19] 范广洲,吕世华.地形对华北夏季降水影响的数值模拟研究[J].高原气象,1999,18(4):659-667.

[20] 徐国强,胡欣,苏华.太行山地形对"96.8"暴雨影响的数值试验研究[J].气象,1999,25(7):1-7.

[21] 侯瑞钦,景华,王丛梅,等.太行山地形对一次河北暴雨过程影响的数值研究[J].气象科学,2009,29(5):687-693.

[22] 侯瑞钦,景华,陈小雷,等.太行山迎风坡降水云微物理结构数值模拟分析[J].气象科学,2010,30(3):351-357.

[23] 赵桂香,杜莉,范卫东,等.一次冷锋倒槽暴风雪特征及其成因分析[J].高原气象,2011,30(6):1516-1525.

[24] 赵桂香,杜莉,郝孝智,等.3次回流倒槽作用下山西大(暴)雪天气比较分析[J].中国农学通报,2013,29(32):337-349.

山西暴雪天气过程中不稳定特征及干侵入作用分析*

赵瑜　赵桂香　王思慜

（山西省气象台　太原　030006）

摘要：利用地面和高空气象观测资料、NCEP/NCAR FNL $1°×1°$ 逐 6 h 一次的全球再分析资料、卫星和多普勒天气雷达等资料，对山西省三次大到暴雪天气过程（2015 年 2 月 18—20 日，简称个例 1；2016 年 2 月 12—13 日，简称个例 2；2017 年 2 月 20—22 日，简称个例 3）进行了综合分析，结果表明：（1）强降雪前 12 h，水汽通量散度出现上正、下负结构，正值较负值数值大很多，降雪强度与水汽通量散度中心强度、伸展高度、低层负值中心强度均有关；降雪持续时间与这种结构持续时间关系密切，且水汽通量散度负值中心与未来 12 h 强降雪中心对应，对预报强降雪的出现有很好的指示意义。（2）降雪前 12 h，河套地区均出现"Ω"型结构的高能舌，大雪或暴雪的落区均位于高能轴东南侧。3 个个例均存在西南—东北走向的倾斜结构以及正反次级环流，正反次级环流出现在强降雪发生前 6~12 h，暴雪区位于倾斜结构北侧。（3）滤波诊断揭示，由于降雪辐合主要集中在对流层低层，因此 850 hPa 滤波效果较 700 hPa 要明显。滤波后，流场上 3 个个例均出现明显的气旋性环流中心或者是中尺度辐合线；滤波后高度场正值中心对应辐散流场、负值中心对应辐合流场，在辐合、辐散中心区域形成了明显的次级环流圈，暴雪出现在散度场等值线密集区、靠近辐散区一侧以及气旋性环流北侧。强降雪出现前，强降雪区出现中尺度辐合线或中尺度涡旋，降雪强度和持续时间与中尺度辐合线和中尺度涡旋持续时间密切相关。（4）降雪前 12 h，3 个个例均存在明显的干侵入；降雪开始后对流层高层的高值位涡库落到对流层中低层，降雪主要受对流层中低层分裂出的高值位涡扰动影响。等位温密集带与低层高值位涡扰动相叠加，造成降雪出现爆发性增幅。干侵入所引起的对流层中低层垂直方向上的降温，使低层 0 ℃以上暖层明显减弱，700 hPa 温度降为 0 ℃以下，为混合云内雨转雪的发生提供了必要的温度条件。高空分流辐散区和低空冷式切变线稳定维持，干侵入下传位置附近有下沉运动，为对流层高层干空气侵入提供了动力条件；对流层高层干空气向下、向北侵入与冷式切变线附近的辐合上升运动耦合，有利于暴雪的加强和维持。

关键词：暴雪；不稳定；滤波；干侵入；位涡扰动

---

* 本文来源于 2017 年中国气象局预报员专项。

引言

大到暴雪天气是中国北方地区冬半年主要的灾害性天气之一。降雪天气的出现，常常伴随低温冰冻灾害，给城市交通、工业和农牧业生产、电力设施以及人们的生活带来很多不利影响。而山西地区地形复杂，山峦叠嶂，造成山西天气气候的特殊性，因此对降雪强度、落区以及降水相态之间的转换作出准确预报难度较大。一些气象工作者[1-12]利用多种资料、应用多种方法，对华北和山西的大到暴雪天气进行了大量的研究，得出了许多有意义的结论。众所周知，暴雨过程中存在多种不稳定机制，且伴随高不稳定能量释放，因此，对于暴雨过程中能量分布及演变特征、不稳定类型及其演变特征的分析研究较多。然而，研究表明，暴雪过程中也会存在不稳定机制，且伴随高不稳定能量释放，赵桂香等[13]分析了山西连续暴雪天气过程，指出低层露点锋的持续抬升作用，触发中层高不稳定能量的连续释放，是造成山西连续暴雪的重要机制。赵桂香等[14]研究发现，2009年11月的一次持续性强降雪过程中，暴雪区上空存在对流不稳定，使得降雪强度增大。翟丽萍[15]指出"0911"暴雪存在明显的能量锋结构，暴雪中心位于能量锋前高能区。孟雪峰[16]等指出地面副冷锋与气旋合并加强，加强了对流层低层的辐合上升运动，触发不稳定能量释放是强降雪形成的主要原因。王文等[17]的研究认为条件对称不稳定是"96.1"暴雪发生和发展的一种动力机制。

近年来，干侵入[18]在各种天气预报系统中所起的作用，越来越受国内外专家的关注。干侵入是指从对流层顶附近下沉到低层的干冷空气，它可以用相对湿度场和位涡场来表征。研究表明，干侵入对气旋的生成和发展有促进作用[19]。黄彬等[20]发现高层干侵入使得大气静力稳定度减小，绝对涡度增大，促使中低层气旋性涡度发展，垂直运动加强，导致地面气旋强烈发展。Browning和Roberts[21]的研究揭示了当干侵入接近地面冷锋时能够产生不同类型的锋面。熊秋芬等[22]发现对流层上层具有高值位涡的干空气逐渐进入地面气旋中心上空的湿区时，高位涡所携带的高空正涡度平流辐散作用使得低层辐合加强、绝对涡度增大，引起地面气压下降。乔林等[23]认为干冷空气的侵入是锋生和不稳定能量释放的触发机制。张广周等[24]研究发现干侵入沿相当位温密集带向下传播，引起对流层低层气旋性涡度发展，增强辐合上升运动，导致降水的增强；高层干冷空气向下注入，引起温度场扰动，在对流层中低层形成逆温层，有利于暴雪天气的发生。赵桂香等[25]研究还发现，暴雪过程中，地面存在中尺度切变、中尺度涡旋和中尺度辐合3种结构，3种结构的降雪特征差异较大。然而这方面的研究还比较少。另外，滤波方法能较好地在大环流形势背景下，将一定规模的中尺度天气系统分离出来，用以分析其发展变化过程，以揭示中尺度系统的形成机制及其在强天气中的作用。张虹等[26]就曾对一次暴雨过程进行中尺度滤波分析，发现中尺度滤波可以更好地刻画西南地区中尺度环流特征。毕研盟[27]等开发了基于Kalman滤波的GPS水汽层析方法应用于海南地区GPS小网观测试验中，成功地层析出观测站上空大气水汽的垂直结构。

针对山西特殊地形，暴雪过程中能量分布及演变特征如何？存在哪些不稳定特性？其在暴雪过程中作用如何？干侵入存在哪些特征？作用是什么？暴雪过程中的中小尺度特征及其形成维持的原因有哪些？都值得深入研究，为充分认识暴雪形成物理机制提供基础。

研究[6]表明，回流和倒槽、地面冷锋是造成山西降雪天气的主要形势。受以上系统影响，(1)2015年2月18—20日，山西省出现大范围雨雪天气，其中19日白天到夜间24 h降雪量

0.1～18.6 mm,北中部有8个县达到暴雪,20日早晨五台山最大积雪深度达17 cm。(2)2016年2月12—13日,山西出现大范围雨雪天气,其中12日白天到夜间24 h降水量1.4～15.4 mm,最大降雪出现在长治(15.4 mm)。(3)2017年2月20—22日,山西出现明显降雪天气,其中20日夜间到21日白天,24 h降雪量在1.9～18.3 mm,北部4个县、中部7个县、南部7个县达到暴雪,21日20:00,五台山最大积雪深度达16.0 cm。三次过程地面形势类似,但造成的降雪强度、强降雪落区、降雪持续时间却存在很大差异。本研究利用多种实况探测资料和NCEP/NCAR FNL 1°×1°再分析资料,对以上选取的三次降雪过程中的中尺度特征、不稳定性质以及干侵入作用进行诊断分析,以期更全面深入认识暴雪天气形成机制,为暴雪天气预报提供参考。

1 资料来源、处理及技术方法

环流形势分析采用地面和高空气象观测资料。诊断分析、滤波等所用资料为NCEP/NCAR FNL 1°×1°逐6 h一次的全球再分析资料;另外,分析了三次过程的卫星和多普勒天气雷达资料特征。采用数值积分法求得大气可降水量;干侵入、湿位涡、散度、水汽通量、水汽通量散度、假相当位温等物理量通过有关公式求得,公式在相应小节给出。

2 天气实况及环流背景对比

2.1 天气实况

(1)2015年2月18—20日(以下简称个例1):此次过程持续时间长,覆盖范围大,强度强,降水相态复杂。降水从18日夜间(图1a)山西西部和南部开始,到20日夜间结束。降水开始时主要以雨或雨夹雪为主,但很快转为雪,特别是北中部地区多以纯雪为主。降水主要集中在19日08:00—20日08:00(图1b),24 h降雪量为0.0～18.6 mm,其中有31个县(市)降雪量≥5 mm,8个县(市)降雪量≥10 mm,达暴雪。20日08:00—21日08:00(图1c),全省共有78个县(市)出现降雪天气,白天山西北中部为纯雪,南部为雨夹雪或纯雪,主要降水区位于山西南部;24 h降雪量为0.1～6.4 mm,其中有2个县(市)降雪量≥5 mm,最大值出现在长子县(6.4 mm)。20日08:00观测,积雪深度≥5 cm的区域主要位于山西中部,其中最大积雪深度为17 cm,出现在五台山。从19日白天12 h降水量(图1d)可看出,12 h强降雪主要位于忻州东部和吕梁北部,最大降雪量出现五台山,为13 mm。

从离石、五台山逐小时降雪量(图2)可以看出,此次降雪主要从北部开始,从北向南推进。17:00前后,降雪量有一个突增的过程。强降水时段主要集中在19日15:00—20:00,小时降雪量达到1.6 mm。

(2)2016年2月12—13日(以下简称个例2):此次降水从10日夜间开始,一直持续到13日08:00,10日20:00—12日08:00时段内主要为降雨,12日在山西北中部和南部山区主要出现了雪或者雨夹雪转雪,南部河谷地区则为雨或雨转雨夹雪。降雪历时19 h,降雪主要集中在山西省的朔州、忻州、阳泉、晋中、长治等市,24 h降雪量(图3)在0.8～15.4 mm,其中有10个县(市)降雪量>10 mm,出现暴雪,56个县(市)出现大雪(降雪量5～9.9 mm),强降雪带基本呈西北—东南走向。13日08:00,有59个县有积雪,积雪深度在0.1～9.0 cm。

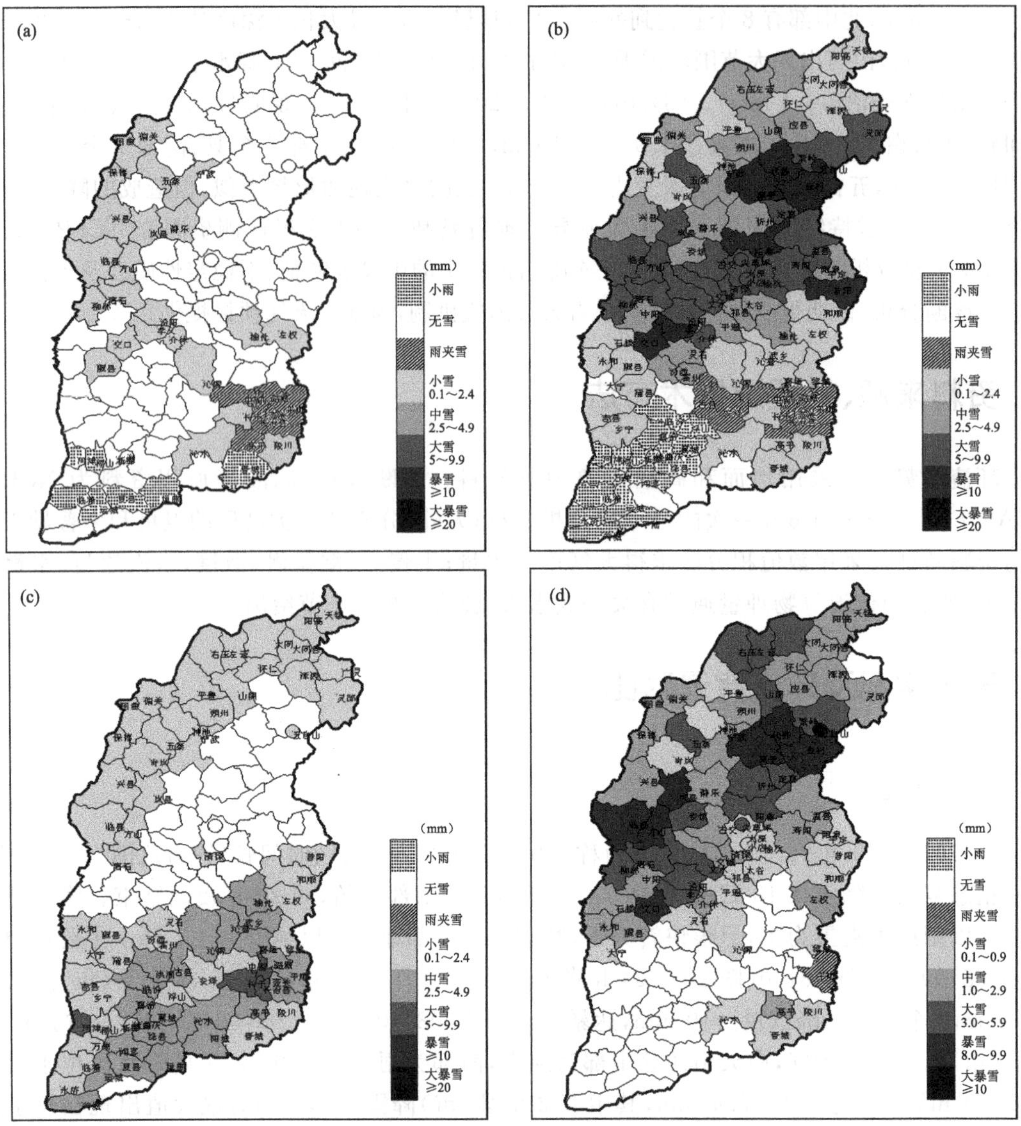

图 1　2015 年 2 月 18—20 日降水量分布

(a)18 日 08:00—19 日 08:00,(b)19 日 08:00—20 日 08:00,(c)20 日 08:00—21 日 08:00,
(d)19 日 08:00—19 日 20:00

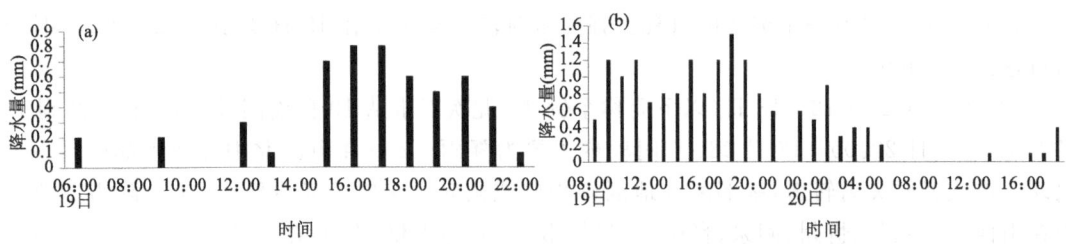

图 2　2015 年 2 月 19 日离石(a)和 19—20 日五台山(b)逐小时降雪量演变

从河曲、长治逐小时降水量(图 4)可以看出,此次降雪主要从山西西北部开始,从西北向东南推进,强降水时段主要集中在 12 日 14:00 之后,最大 1 h 降雪量达到 1.8 mm。

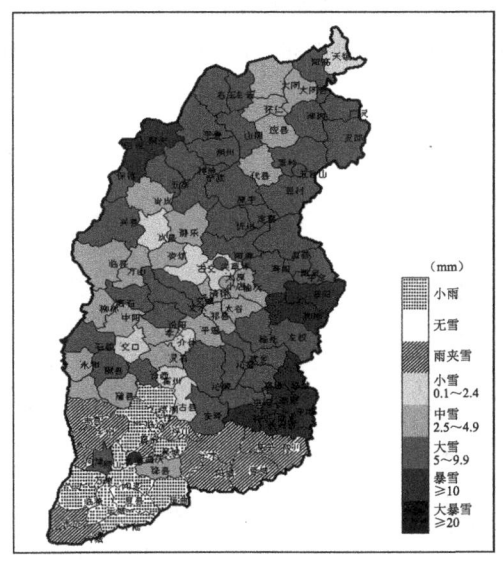

图 3　2016 年 2 月 12 日 08:00—13 日 08:00 降水量分布

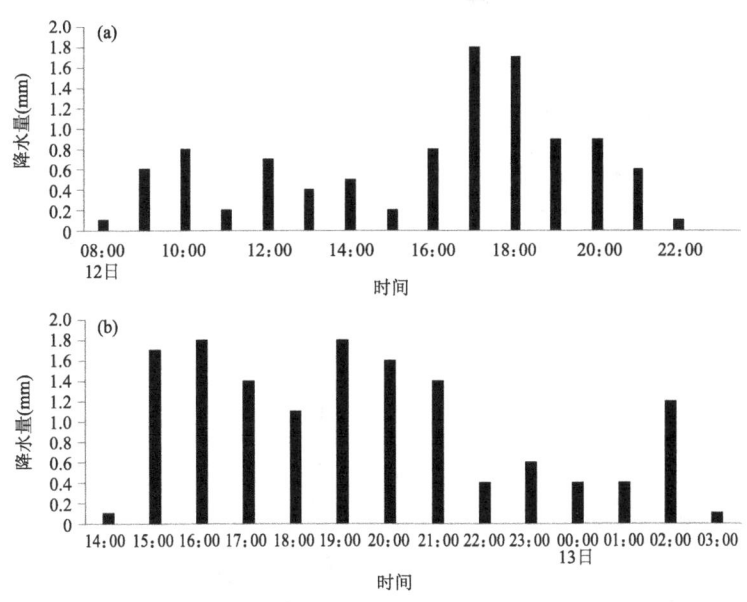

图 4　2016 年 2 月 12 日河曲(a)和长治(b)逐小时降雪量

(3)2017 年 2 月 20—22 日(以下简称个例 3):2017 年 2 月 20—22 日山西出现大范围降雪天气过程,降雪从 21 日 01:00 开始,到 22 日 06:00 结束,历时 28 h,山西的大部分地区达到中到大雪,强降雪时段主要集中在 20 日夜间—21 日白天,24 h 降雪量(图 5a)在 1.9~18.3 mm,积雪深度为 0.6~16.0 cm,其中 74 个县(市)出现大雪(降雪量 5.0~9.9 mm),18 个县(市)降雪量>10 mm,达暴雪(山西西部 13 个县(市),中东部 5 个县(市)),最大降雪中心出现在五台山。降雪带基本呈东北—西南向,强降雪从西向东推进,20日20:00—21日08:00,大到暴雪主要集中在山西西部地区,随着冷空气的进一步向东移动,大到暴雪落区移动到山西的东部地区。20日20:00—22日20:00,五台山的降雪量为19.3 mm,其中20日降雪量为18.3 mm,积雪深度为16 cm。暴雪落区主要位于吕梁山迎风坡、五台山附近以及中部的太原地区。

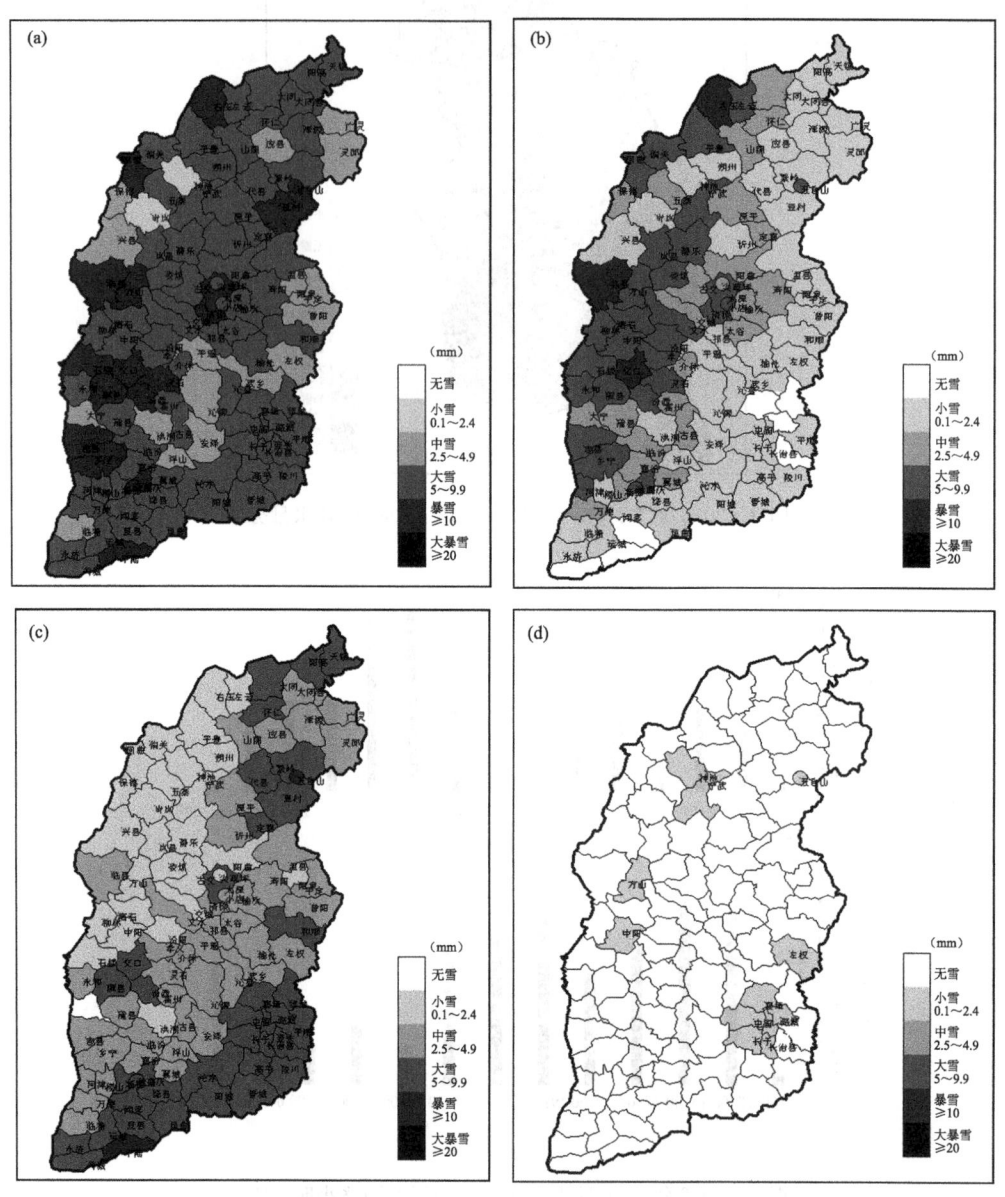

图5　2017年2月20—22日降雪量分布
(a)20日20:00—21日20:00,(b)20日20:00—21日08:00,(c)21日08:00—21日20:00,
(d)21日20:00—22日08:00

从吉县、五台山、河曲逐小时降雪量(图6)可以看出,此次降雪主要从西北部开始,西北部降雪在21日03:00—05:00有一个突增的过程。西部偏南以及东部地区在21日08:00前后降雪量出现了 1 h 极大值。五台山 08:00—11:00,3 h 降雪达到 8.2 mm。

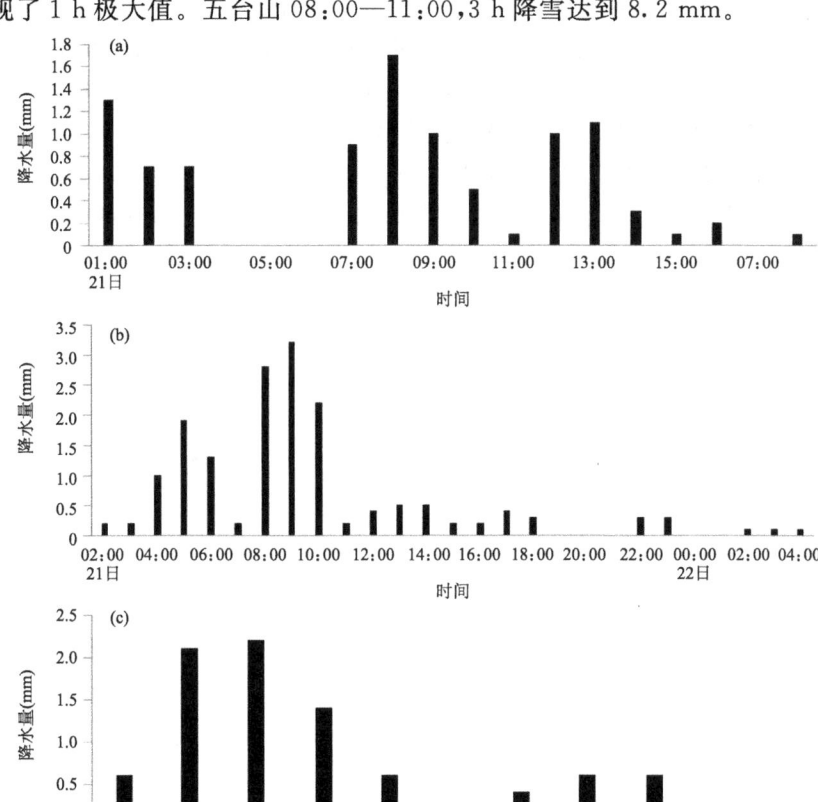

图 6 2017 年 2 月 21—22 日吉县(a)、五台山(b)和河曲(c)逐小时降雪量

可见,三次降雪过程,特点明显不同(表 1)。

表 1 三次降雪特点比较

个例	持续时间(h)	范围	24 h 最大降雪量(mm)	最大积雪深度(cm)	特点
1	37	全省	18.6/北中部交界	17	持续时间较长,范围大,但强度较小,存在雨雪转换;19日降雪存在从北向南推的特点
2	19	全省	15.4/南部	9	持续时间短,范围较大,强度小,存在雨雪转换;降雪存在从西北向东南推的特点
3	28	全省	18.3/西部	16	持续时间长,但强度大,范围大,降雪,积雪深,降雪存在从西向东推进的特点

2.2 环流形势演变特点

个例 1(图 7):降雪前期 500 hPa 亚洲中高纬为"两槽一脊"型,中纬度地区多短波槽活动。19 日 08:00,短波槽移到河套地区,高原槽形成并稳定维持,山西受槽前西南气流影响。受短波槽和高原槽共同影响,山西连续两日出现降雪。

700 hPa 上,18 日 20:00,切变线位于河西走廊,19 日 08:00 切变线东移至河套地区,西南风急流将水汽输送到山西,急流顶端位于山西东北部,19日20:00—20日08:00,切变线呈东北—西南走向,在山西西北部到河套南部一带停滞,直到20日20:00,切变线才移出山西。

850 hPa上,19日08:00,切变线位于河西走廊,四川东部有西南涡形成,西南涡前为$\geqslant 10$ m·s^{-1}的偏南风大风速带,将水汽输送到山西和河南交界处。19日20:00,偏南风风速加大,达急流,急流顶端位于山西和河南交界。20日08:00,切变线东移到山西西部,其右侧山西中部偏南风风速明显减小,降水开始减弱。直到20日20:00,切变线才移出山西。

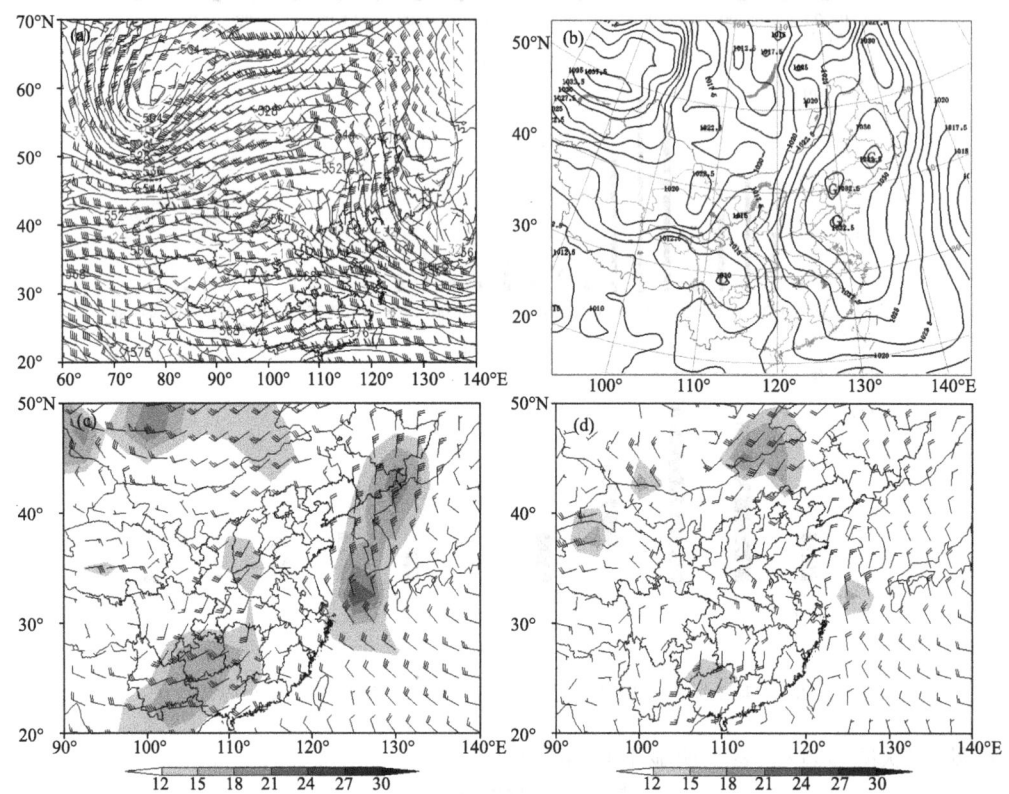

图7 2015年2月18日08:00(a)500 hPa高度场(实线,单位:dagpm)、温度场(虚线,单位:℃)和
风场(单位:m·s^{-1}),19日08:00(b)海平面气压场(单位:hPa),(c)700 hPa风场
(阴影区风速>12 m·s^{-1}),(d)850 hPa风场(阴影区风速>12 m·s^{-1})

对应地面图上,18日08:00呈现"西低东高"的形势,山西位于高压后部。20:00随着500 hPa乌拉尔山高压脊发展,地面上有冷高压形成并加强,气压场逐渐变为"鞍形场"结构,山西仍处于东部高压后部。19日08:00—20:00,"鞍形场"稳定维持,系统移速缓慢,直到20日20:00,东部高压入海减弱,山西位于"鞍形场"内。20日20:00后,上游冷高压发展加强,不断有小股冷空气扩散南下影响山西,山西受小高压控制,降水结束。

总之,此次降水过程持续时间较长,500 hPa受短波槽和高原槽共同影响,对应700 hPa有切变线和西南风急流存在,但850 hPa影响山西的偏南风速较小(2~6 m·s^{-1}),地面受高压后部影响。大到暴雪落区位于500 hPa槽前,低层切变线右侧、低空西南风急流的左前方。

个例2(图8):降雪前期,500 hPa亚洲中高纬为"两槽一脊"型,高压脊位于贝加尔湖附近,两槽分别位于巴尔喀什湖和日本以东,中纬度地区多短波槽活动。10日20:00,位于巴尔喀什湖一带的西风槽缓慢东移南压,中纬度短波槽东移至河套中部,山西上空偏南风风速加大。12日08:00,亚洲中高纬环流变为"一槽一脊"型,乌拉尔山阻塞高压加强,强度达到560 dagpm,贝加尔湖底部有一横槽,带动槽后冷空气分裂南下,温度槽略落后于高度槽,槽加深发展,槽前正涡度平流加强,引起地面低压发展,槽后的负涡度平流引起地面加压,高压也发展。山西受高空槽前西南气流控制,风速明显增大。12日20:00,横槽继续维持,低涡位于贝加尔湖东北部,低涡中心与-44 ℃冷中心并不重合,13日08:00,巴尔喀什湖附近形成切断低涡,阻塞高压中心北上,贝加尔湖以东的冷涡中心对应-44 ℃的冷中心,冷涡底部有一横槽深入到蒙古国至我国新疆北部,冷空气在横槽底部不断堆积,山西受横槽前部偏西气流影响,高空对应冷平流。横槽后部的东北风逆转为北风或西北风,冷平流移到槽前,变压梯度指向南或东南,横槽开始转竖并南压。山西降水结束。

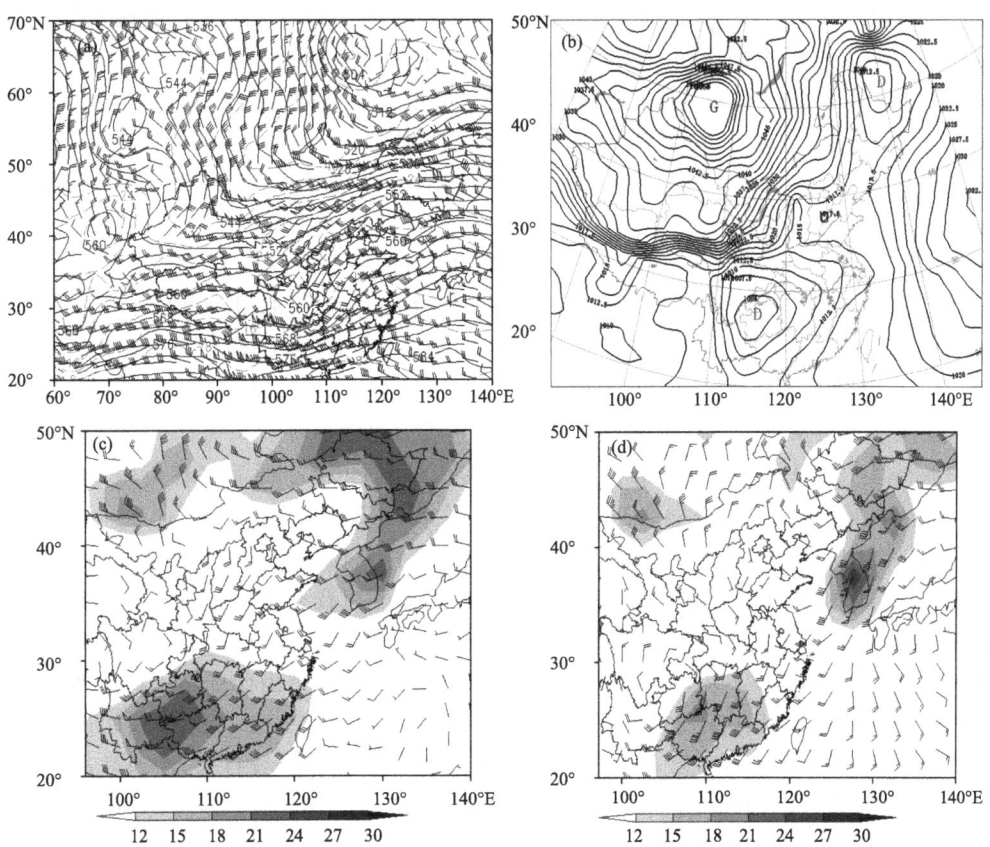

图8 2016年2月12日08:00 500 hPa高度场(实线,单位:dagpm)、温度场(虚线,单位:℃)和风场(单位:m·s^{-1})(a),海平面气压场(b,单位:hPa),700 hPa风场(c,阴影区风速>12 m·s^{-1}),850 hPa风场(d,阴影区风速>12 m·s^{-1})

700 hPa上,12日08:00,四川盆地形成气旋性环流,低涡低槽位于内蒙古中部到河套地区南部,气旋性环流东侧的西南急流将水汽源源不断地输送到山西,山西上空比湿达4 g·kg^{-1},风速辐合位于山西北部与中部交界一带,存在明显的东南风与西南风的暖式切变。20:00,低涡低槽东移,槽线压在山西北部到河套南部一带,气旋性环流加强为西南涡,山西上空西南风转为辐散形势,槽后西北风加大,水汽条件转差。13日08:00,槽线快速移出山西,山西转为西北气流控制,降水趋于结束。

850 hPa上,12日08:00,"人"字型切变线位于山西北中部,锋区位于内蒙古至河西走廊一带,锋区两侧冷暖平流较强,导致河套地区到山西一带锋生,锋生产生的次级环流加强了切变线南侧的上升运动。700 hPa气旋性环流对应位置为西南涡,低涡东侧东南风将水汽不断向山西地区输送,使山西上空局地水汽增加,比湿超过了 5 g·kg^{-1},低层湿层深厚,有利于降水出现。20:00,西南涡东移北抬,锋区压在山西上空,切变线后的偏北风分量加大,冷平流加强,切变线南侧暖平流减弱,切变线移速加快。13日08:00,西南涡北抬至山东一带,山西受低涡后部的偏北风控制,降水结束。

对应地面图上,我国中东部为"东高西低"形势,山西位于地面低压带前部,受偏南气流影响,山西中南部出现弱降水。12日08:00,寒潮地面高压系统位于蒙古国西部,强度达到1067.5 hPa,山西位于暖倒槽内,河北南部有一小高压中心,山西受高压底部偏东气流影响。12日20:00,寒潮地面冷高压位置少动,地面为冷气团控制,山西受偏北风影响,降水开始减弱。13日08:00,中低层有明显的暖平流以及正涡度平流,地面倒槽强烈发展,与850 hPa西南涡对应位置地面有气旋生成发展,寒潮地面冷高压中心位于贝加尔湖西侧,冷平流层层加压,地面高压发展,强度达到1072.5 hPa,冷锋移出山西,山西受锋后偏北气流控制,降水结束。

个例3(图9):降雪前期,500 hPa亚洲中高纬维持"两槽一脊"型,中纬度环流平直。20日08:00,环流形势逐渐转为"西高东低",随着乌拉尔山高压脊的减弱,其后部冷空气经高原地区不断侵入河套地区,在青藏高原以北形成一短波槽,在东移过程中加深发展,槽前正涡度平流有利于上升运动发展。20日20:00—21日20:00,随着乌拉尔山高压脊继续减弱,西南急流持续加强,强风速辐合从河套地区东移至山西境内,造成山西大到暴雪天气。

700 hPa上,20日08:00在青藏高原东北侧形成低涡,20:00低涡东移南压,强度略减弱为296 dagpm,配合有12 ℃暖中心存在,强风辐合主要位于河套地区。21日08:00低涡强度进一步减弱,暖中心消失,低涡北侧的切变线东移加强,山西位于切变线南侧西南急流区,急流核位于山西中部,强度达28 m·s^{-1},等－4 ℃线南压至山西晋东南一带。20:00切变线快速移出山西。

850 hPa上,19日20:00在贝加尔湖南侧蒙古国有高压中心,山西受高压环流外围偏东气流控制,20日08:00,高压南压加强,山西仍受高压脊控制,与700 hPa相对应,四川有一西南涡形成。20:00,高压中心等152 dagpm线与海上的等152 dagpm线打通,山西受高压系统内偏东气流影响。此时,有两支偏东气流影响山西,其中偏东北急流主要是干冷空气,偏东南气流将东海的水汽源源不断地向山西地区输送。切变线位于内蒙古中部—河套地区北部,暖切变线位于山西西部。随着西北路冷空气的持续加强,切变线两侧风速加强。21日20:00,南段切变线移出山西,北段切变线仍压在山西北部,但风速减小。22日08:00,冷式切变线东移至山东境内,山西全境转为西北风控制,西北风再次加强,暴雪天气结束。

对应地面图上,19日08:00,冷高压中心位于贝加尔湖西部,中心强度达1045 hPa,冷锋压在吉林西部—内蒙古中部,山西受锋前暖低压控制。20日08:00,冷高压东移南压至蒙古国中部,锋区压在河套地区,四川—河套地区南部有倒槽发展。20日20:00,低压倒槽强烈发展,中心强度1005 hPa,冷高压主体位于内蒙古中部偏东地区,在东移过程中减弱为1037.5 hPa,冷暖空气在河套地区与山西交界处强烈交汇,降雪开始。21日05:00,地面倒槽强烈发展,在其北侧孤立出一个低压中心,21日08:00,该低压中心与地面倒槽完全脱离,倒槽减弱,山西处

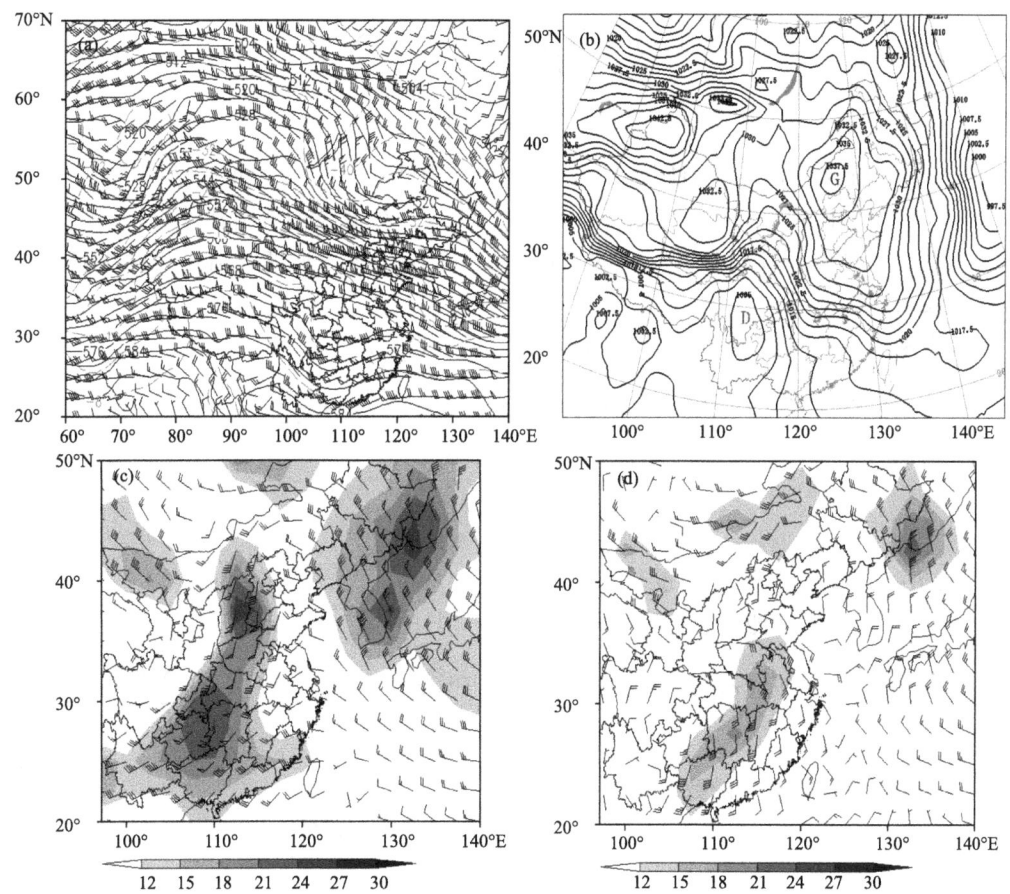

图 9 2017 年 2 月 19 日 08:00 500 hPa 高度场(实线,单位:dagpm)、温度场(虚线,单位:℃)和风场(单位:m·s^{-1})(a),20 日 20:00 海平面气压场(b,单位:hPa),21 日 08:00 700 风场(c,阴影区风速>12 m·s^{-1}),850 风场(d,阴影区风速>12 m·s^{-1})

于高压后部低压前部。强降雪主要集中在这个时段,之后随着位于新疆北部的冷高压逐渐东移南压,22 日 08:00,降水趋于结束。

3 Barnes 带通滤波及中小尺度特征分析

3.1 中尺度滤波

为了更好地分析中小尺度系统对暴雪的作用,将中小尺度系统从大尺度系统中分离出来,在此采用修订的 Barnes 带通滤波器,对三次暴雪过程中的相关物理量进行滤波并分析,以期揭示暴雪发生、发展过程中的一些中尺度特征。

滤波函数的设计和修订方案如下:

设 $F^0(x,y)$ 为分析区域内网格点的气象要素值,由观测值 $F(x,y)$ 确定的低通滤波初值场为:

$$F^0(x,y) = \sum_{k=1}^{m} W_k^1 \times F(x,y) / \sum_{k=1}^{m} W_k^1 \tag{1}$$

$$W_k^1 = \exp\left(-\frac{r_k^2}{4c}\right) \tag{2}$$

式中,$F^0(x,y)$ 为连续函数;k 为波数;$F(x,y)$ 为初始观测场,W_k 为权重函数,其中,r_k 为测站 (x_k,y_k) 到 (x,y) 的距离,c 为滤波常数,m 为参加点 (x,y) 处滤波的资料样本数。

为了更好地排除高频波与低频波的干扰,对上述 Barnes 带通滤波器进行两次修订,以得到最佳滤波效果。

改进方案一:对获取的初值场 $F^0(x,y)$ 进行第一次修订。

$$F^1(x,y) = F^0(x,y) + \sum_{k=1}^{m} W_k^1 \times F(x,y) / \sum_{k=1}^{m} W_k^1 \tag{3}$$

$$D_k = F^0(x,y) - F(x,y) \tag{4}$$

$$W_k^1 = \exp\left(-\frac{r_k^2}{4Gc}\right) \tag{5}$$

式中,G 为另一个滤波常数,一般取为 0.2~0.4。

改进方案二:对上述滤波方案做进一步订正。

$$F^L(x,y) = F^1(x,y) + \frac{3}{4}[F^1(x,y) - F^0(x,y)] - \sum_{k=1}^{m} W_k^1 \times E_k / \sum_{k=1}^{m} W_k^1 \tag{6}$$

$$E_k = F^1(x,y) - F^0(x,y) \tag{7}$$

3 种滤波器对应的响应函数分别为:

$$R_0(k,C) = \exp(-k^2 C) = \exp\left(-\frac{4\pi^2 C}{\lambda^2}\right) \tag{8}$$

$$R_1 = R_0(1 + R_0^{G-1} - R_0^G) \tag{9}$$

$$R_L = R_1 + (R_1 - R_0)\left(\frac{3}{4} - R_0\right) \tag{10}$$

对波长很长的波,响应函数趋于 1,即 $R_0 \to 1$,C 减小时,可以相当好地滤去极小尺度的波(即某些噪音)。

式(5)即为最终选定的 Barnes 带通滤波器。

当 C 取较小的值时,滤波函数在短波处能快速收敛,响应函数急速趋于最大值。当 C 取较大的值时,滤波函数在波长较大处收敛,响应函数缓慢趋近于最大值。在此,滤波常数分别设定为选择两组合适的滤波常数 $C_1=30000$ km,$C_2=150000$ km,$G_1=G_2=0.3$,构造出中尺度滤波器,从其响应函数曲线(图略)可以看出,带通滤波器主要保留水平尺度为 300~700 km 的中尺度波动。应用前述选择的滤波器分别对三次暴雪过程进行中尺度滤波分析。

利用 NCEP/NCAR FNL 1°×1°再分析资料对高度场和流场进行 Barnes 滤波,对比滤波前后的变化,从而得出暴雪发生的中尺度特征。分析 700 hPa 流场和高度场中可以看出三次个例均表现为 700 hPa 滤波后的中尺度系统明显比 850 hPa 弱,滤波效果不明显,是因为造成降水的辐合主要在低层或近地面层,而 700 hPa 主要是输送暖湿空气,在低层或近地面层辐合抬升条件下爬升,使湿度向上层输送,使上升运动加强,降雪增大。正好说明观测资料是基础,滤波只是基于观测资料的分析手段。因此,本篇幅中主要采用 850 hPa 流场和高度场进行滤波,利用式(5)滤波器对这三次暴雪过程进行中尺度滤波,并着重分析在大尺度环流背景中,暴雪发生、发展过程中的中尺度特征。

个例1：降水前，700 hPa大尺度流场为孟加拉湾至河套地区的西南气流控制，从孟加拉湾带来的充沛水汽向河套地区输送，切变线主要位于河套南部至山西中部一带。850 hPa大尺度流场（图10a）上大部分为高压后部的偏东气流控制，为干冷气流，使700 hPa西南暖湿气流在850 hPa于"冷垫"上爬升，在山西中部以及偏东地区对应地面降水的大值中心；降水前期，气流的辐合主要在忻州东部。而从850 hPa中尺度滤波场（图10c）上可以看到，经过滤波之后，山西北部、山西东南部和河南交界处各有一个反气旋和气旋性环流中心。在山西南部有中尺度的气流辐合或切变，地面有降水发生，并且降水中心与辐合中心一致。经过中尺度滤波后，山西上空出现了明显的辐合、辐散中心。未滤波的高度场（图10b）山西处于高压后部。滤波后的流场（图10c）与滤波后的高度场（图10d）对比分析发现，辐散区对应于高度场上的正值区，辐合区对应于高度场上的负值区，山西上空有一个辐散中心与一个辐合中心，暴雪落区靠近辐散区一侧。

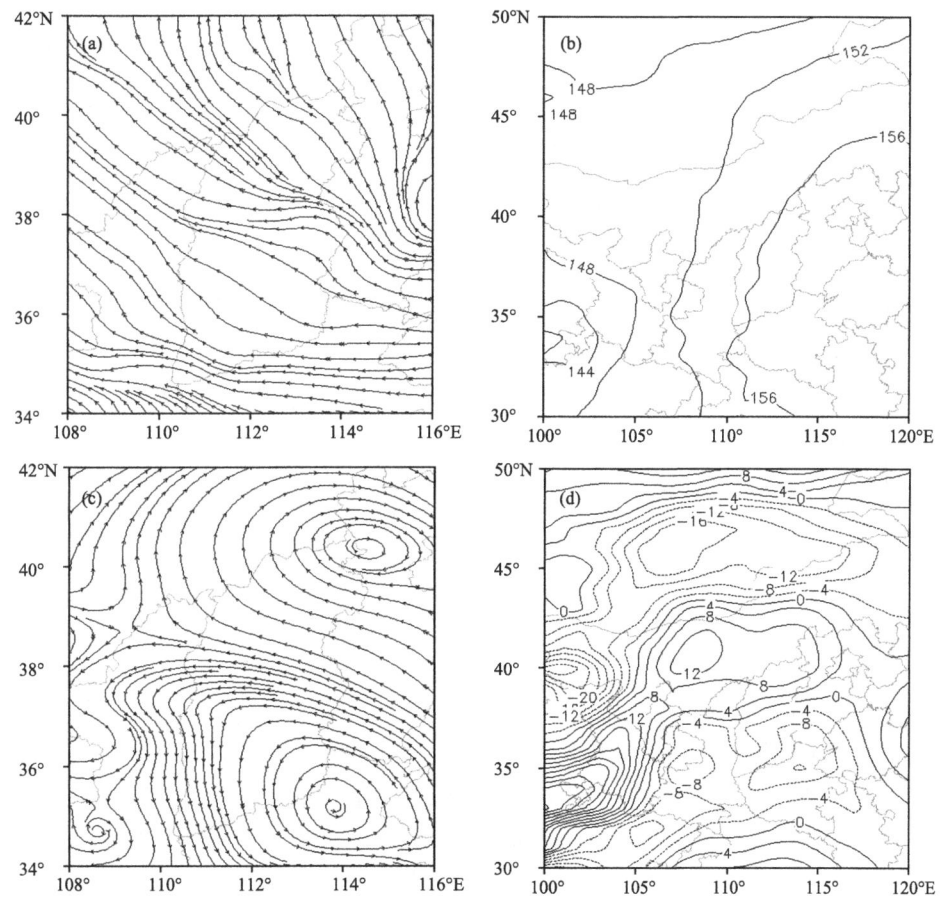

图10 2015年2月18日20:00 850 hPa滤波前流场(a)、高度场(b，单位：dagpm)，
滤波后流场(c)、高度场(d，单位：dagpm)

19日08:00，随着降水的开始，850 hPa气流（图11a）在山西北部偏东地区呈现发散状态，气流主要汇合在山西中部偏西地区，滤波后（图11c），在山西大同出现一个顺时针旋转的反气

旋性环流,而在忻州东部可以看到明显的西南气流和东南气流的汇合区,在陕西中部也分析出一个顺时针旋转的反气旋性环流,此反气旋性环流辐散出的弱西南风与西北风辐合在山西西部地区。14:00(图11b),在忻州东部仅仅只有气流的汇合,而经过滤波后发现(图11d),在上述地区,由08:00明显的气流汇合区,逐渐发展成为逆时针旋转的气旋性环流中心。24 h 降水量的分布(图1)与中尺度辐合区(图11d)相对应,降水中心与辐合中心及辐合中心发展相一致。这表明经过滤波之后的流场与降水的对应关系更加明显,在滤波场上有气旋式辐合或气旋式切变的地方,分别对应降水区且降水量较大,而在原始流场上则不能很好地反映出这一特性。

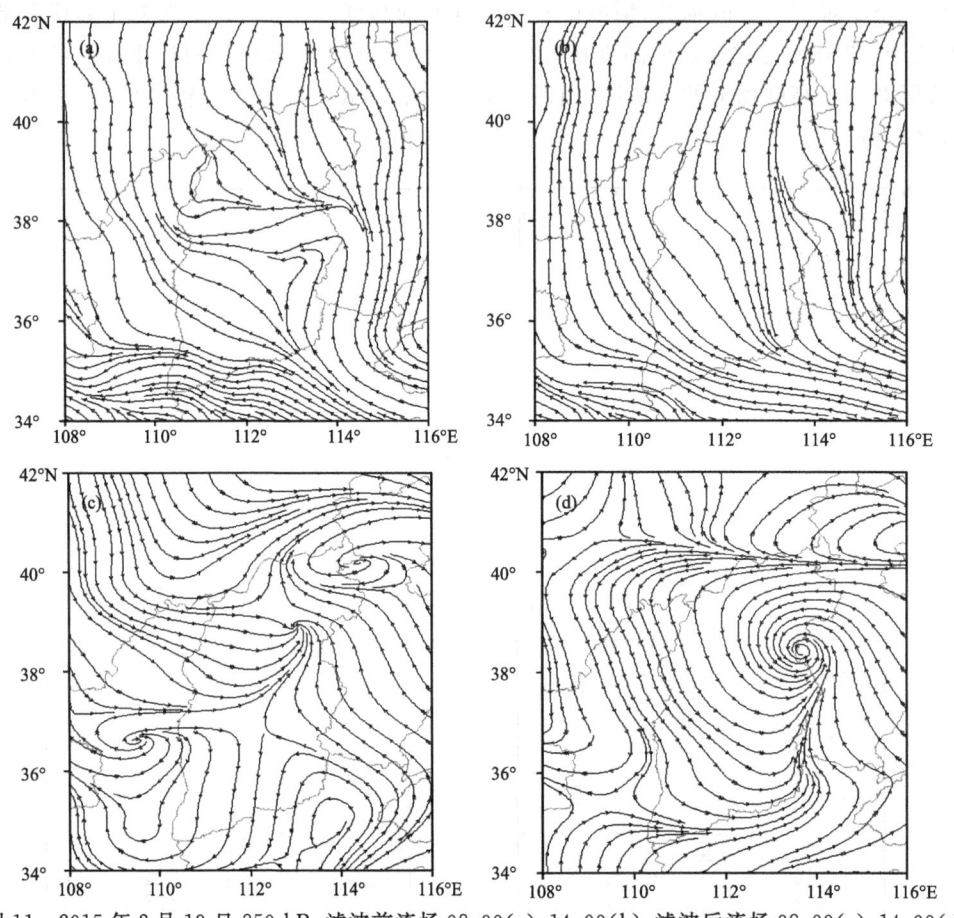

图11 2015年2月19日850 hPa 滤波前流场08:00(a)、14:00(b),滤波后流场08:00(c)、14:00(d)

个例2:降水前,700 hPa(图略)大尺度流场为孟加拉湾至河套地区的西南气流控制,从孟加拉湾带来的充沛水汽向河套地区输送。850 hPa 大尺度流场为鞍形场内偏东气流控制,为干冷气流,使700 hPa 西南暖湿气流在850 hPa 干"冷垫"上爬升。从图12a可以看出,降水前期,气流的辐合主要位于内蒙古,山西处于发散的流场。而从850 hPa 中尺度滤波场(图12c)上可以看到,经过滤波之后,山西北部与中部交界处有一个逆时针旋转的气旋性环流中心,而在其南侧则为发散流场。经过中尺度滤波后,山西上空出现了明显的辐合、辐散中心。与滤波后的高度场(图12d)对比分析发现,辐散区对应于高度场上的正值区,辐合区对应于高度场上的负值区,山西上空有一个辐合中心,暴雪落区靠近辐散区一侧。

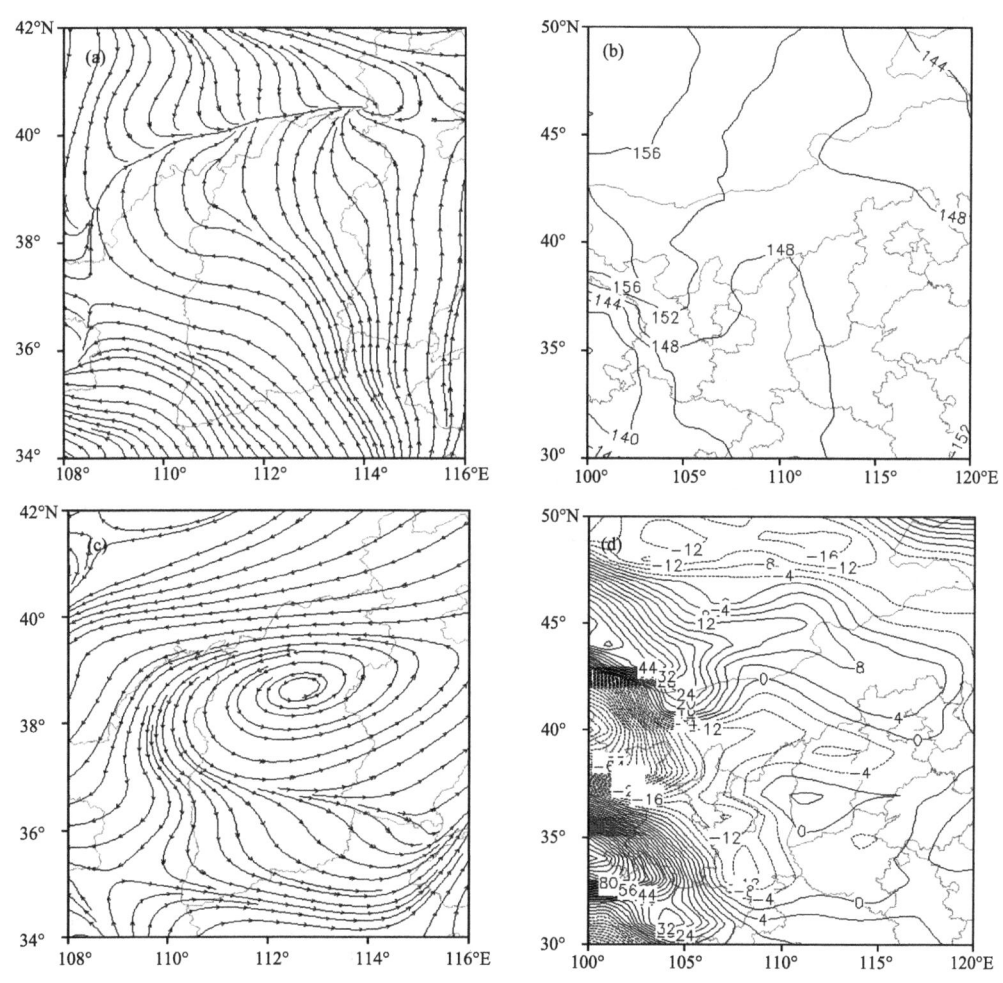

图 12 2016 年 2 月 12 日 02:00 850 hPa 滤波前流场(a)和高度场(b,单位:dagpm),
滤波后流场(c)和高度场(d,单位:dagpm)

从图 13 上可以看到,12 日 08:00 随着降水的开始,850 hPa 气流(图 13a)在山西西部吕梁山的西麓,存在明显的辐合线,经过滤波后发现(图 13c),在河北出现一个逆时针旋转的气旋性环流中心。在气旋性环流中心的北侧,有明显的风速密集带,而在山西与河南交界的东西两处均有明显的辐合线。14:00(图 13b),大同东部—太原有明显的气流的汇合,而经过滤波后发现(图 13d),在上述地区,风场变得近于平行,没有明显的辐合线,而在山西的晋西南地区,经过滤波后出现了一个反气旋旋转的气旋性环流中心,位于河北的气旋性环流中心略微往东移动,辐散出的气流在晋城一带汇合,上述地区出现了 10 mm 以上的降水。与 24 h 降水量的分布相对应的是中尺度辐合区以及辐合区辐散出来的气流又形成的辐合线,降水大值区与气旋式辐合中心及辐合线等相一致。这表明经过滤波之后的流场与降水的对应关系更加明显,在滤波场上有气旋式辐合或气旋式切变的地方,分别对应降水区且降水量较大,而在原始流场上则不能很好地反映出这一特性。强降雪区主要位于 850 hPa 滤波后高度场上的辐合区与辐散区交界处。这些地区形成了一个明显的中尺度次级环流。在次级环流上升支略偏向于下沉支的地区往往是强降雪的集中区域。通过中尺度滤波可以很好地分析出这些中尺度系统,从而更好判断强降雪落区。

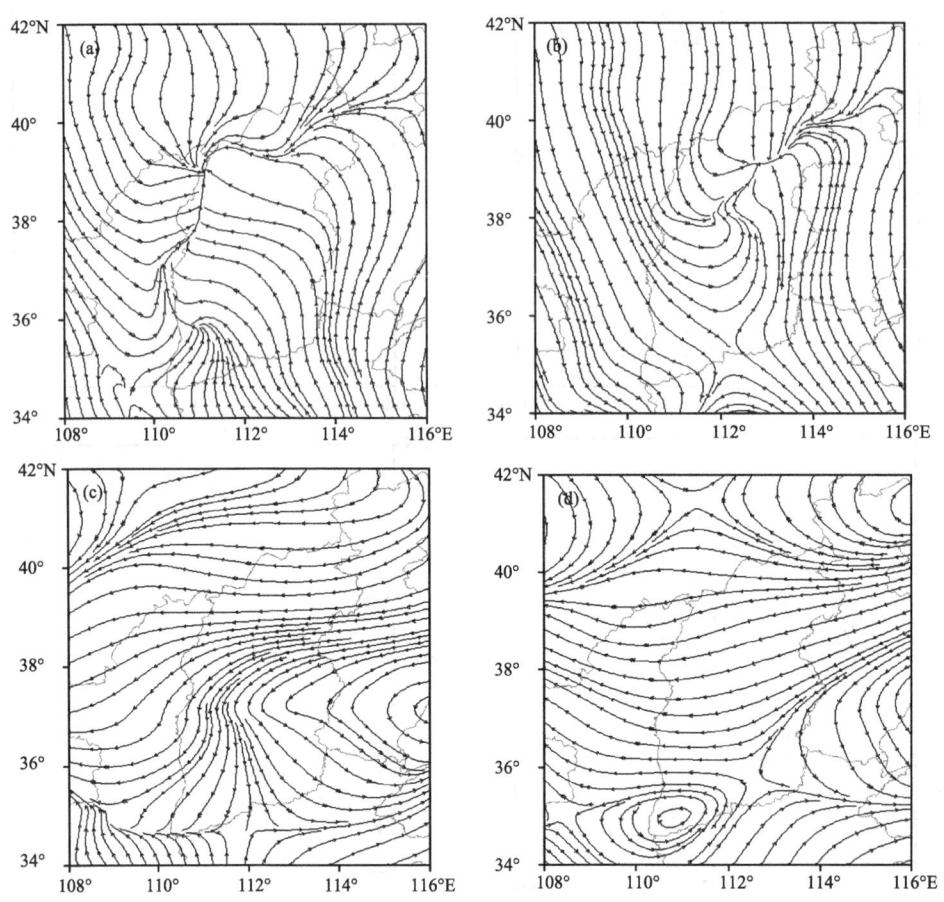

图13 2016年2月12日850 hPa滤波前流场08:00(a)、14:00(b),滤波后流场08:00(c)、14:00(d)

个例3:降水前,700 hPa(图略)大尺度流场为孟加拉湾至河套地区的西南气流控制,从孟加拉湾带来的充沛水汽向河套地区输送,切变线主要位于河套南部至山西中部一带。850 hPa大尺度流场上大部分为高压后部的偏东气流控制,为干冷气流,使700 hPa西南暖湿气流在850 hPa干冷垫上爬升。在山西中部以及偏东地区对应地面降水的大值中心。从图14a可以看出,降水前期,气流的辐合主要在吕梁地区。经过中尺度滤波后(图14c),山西上空出现了明显的辐合、辐散中心。山西北部和南部各有一个反气旋和气旋性环流中心。在气旋性环流中心与反气旋性环流中心之间风速较大,风场较密。与滤波后的高度场对比(图14d)分析发现,辐散区(反气旋性环流中心)对应于高度场上的正值区,辐合区对应于高度场上的负值区,山西上空有一个辐散中心与一个辐合中心,暴雪落区靠近辐散区一侧,辐合到辐散等值线密集区。

之后,21日02:00(图15a)随着降水的开始,850 hPa气流在山西北中部偏西地区呈现辐合状态,而在山西其余地区主要以辐散气流为主。经过滤波后(图15b),在河套地区北部、山西晋东南地区出现了一个逆时针旋转的气旋性环流中心,两个气旋性环流中心呈西北—东南

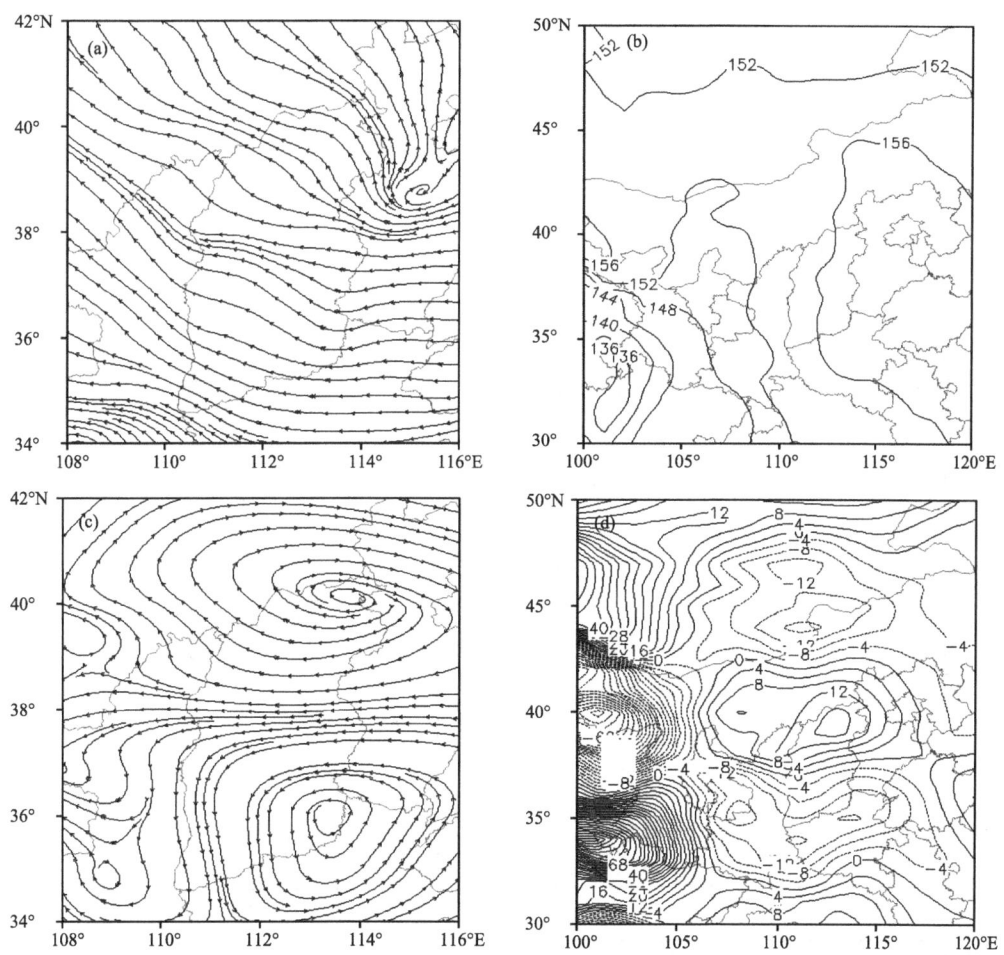

图 14 2017 年 2 月 20 日 20:00 850 hPa 滤波前流场(a)、高度场(b,单位:dagpm),
滤波后流场(c)、高度场(d,单位:dagpm)

走向;而在河套地区中部出现了一个顺时针旋转的反气旋性环流中心。降水首先发生在两个气旋性环流中心的交界处。08:00(图 15c),气流汇合主要在忻州东部以及阳泉地区,陕西南部有一气旋性环流中心,山西南部主要受气旋性环流外部偏东南气流的影响,而经过滤波后发现(图 15d),在忻州中东部、吕梁与临汾交界地区,相比 02:00,出现了两个闭合的气旋性环流中心,而在晋西南略有风速辐合,这与 20 日 20:00—21 日 08:00 12 h 降雪量有非常好的对应关系。14:00(图 15e),整个降水系统向东移动,滤波后忻州中东部的气旋性环流(图 15f)持续加强,此时强降雪已经由山西西部地区移向山西东部地区。24 h 降水量的分布与中尺度辐合区相对应,降水中心与辐合中心及辐合中心发展相一致。这表明经过滤波之后的流场与降水的对应关系更加明显,在滤波场上有气旋式辐合或气旋式切变的地方,分别对应降水区且降水量较大,而在原始流场上则不能很好地反映出这一特性。

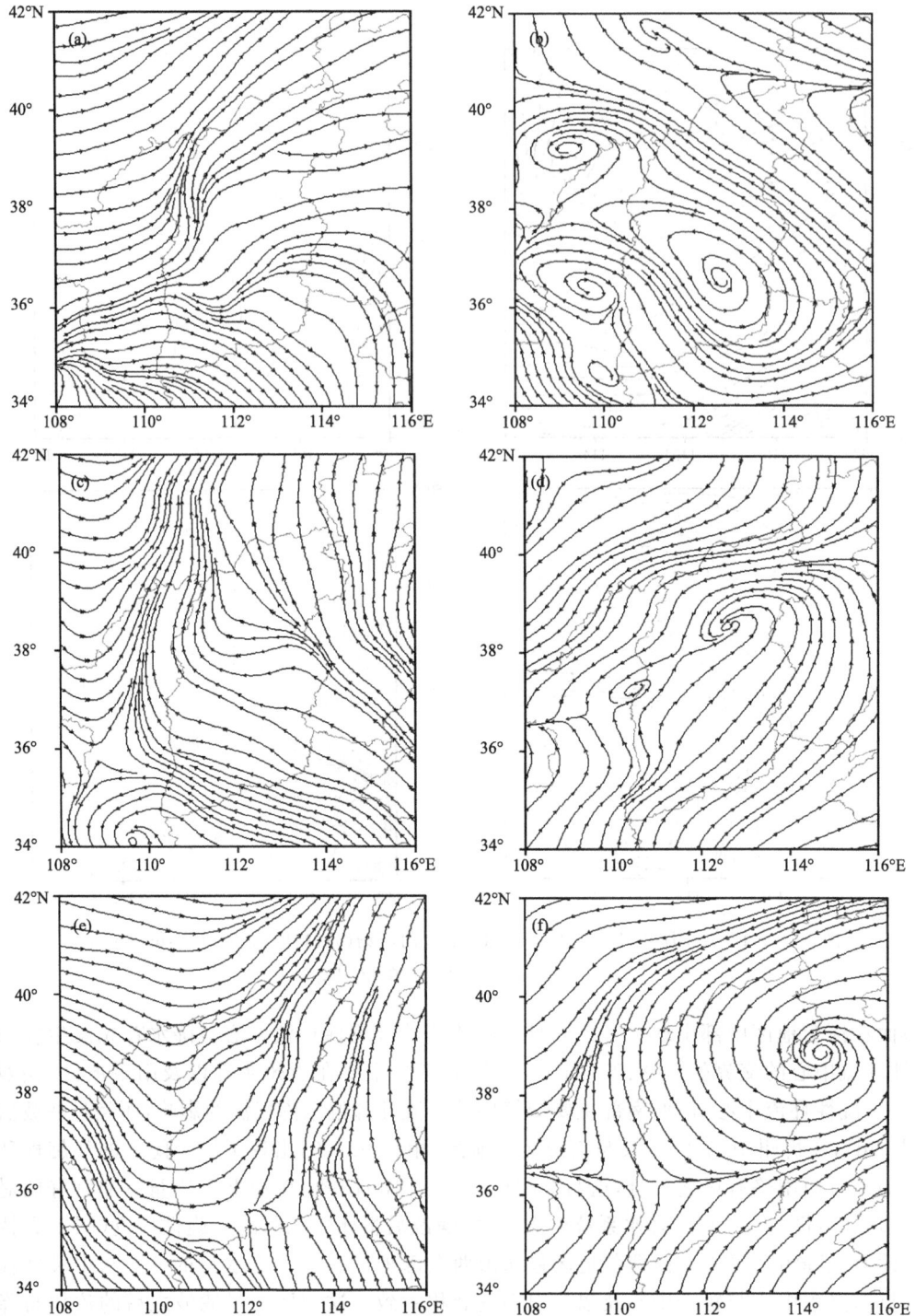

图 15 2017 年 2 月 21 日 850 hPa 滤波前流场 02:00(a)、08:00(c)、14:00(e),滤波后流场 02:00(b)、08:00(d)、14:00(f)

3.2 云图特征

相当黑体亮温(TBB)可以直接展示对流发展的旺盛程度,并据此推断云团发展的强度及所处的阶段。为充分了解降雪过程中不同资料特征,分别分析了三次过程的 TBB 演变。

个例1:为高空槽云系影响,属于云系过境型[28]。

18日夜间(图略),高空槽云系位于蒙古国中部至我国内蒙古西部地区,山西受高空槽云系前部一些零散云系影响,夜间开始出现零星降雪或降雨。19日08:00(图16a),随着云系的移入,降雪范围扩大,量级有所增大,云层变厚,云顶亮温降低,山西出现大范围降雪,北部地区云比较密实,云顶亮温 TBB<-32 ℃,面积达 5×10^4 km^2,其上分布着零星的云顶亮温<-42 ℃的区域,降雪在北中部量级较大。之后(图16b,c,d),随着高空槽云系快速移过,冷空气从西北路径补充而来。高原槽发展,位于新疆西部的高空槽云系与高原槽云系在东移过程中合并叠加,至20日08:00(图略)逐渐演变成一个大的斜压叶云系。而19日白天南部云层较薄,北中部云系在向东北方向移动的过程中逐渐变薄,云顶降低,云顶亮温升高,受北中部高空槽过境的影响,造成了山西北中部的暴雪天气。暴雪出现在 TBB<-42 ℃的区域中。到20日早晨(图略),云系移出山西,降雪结束。整个过程中,北中部的云系云层由厚变薄,云顶高度降低,云顶亮温升高,云系移动快,造成的降雪量级较大,持续时间长。

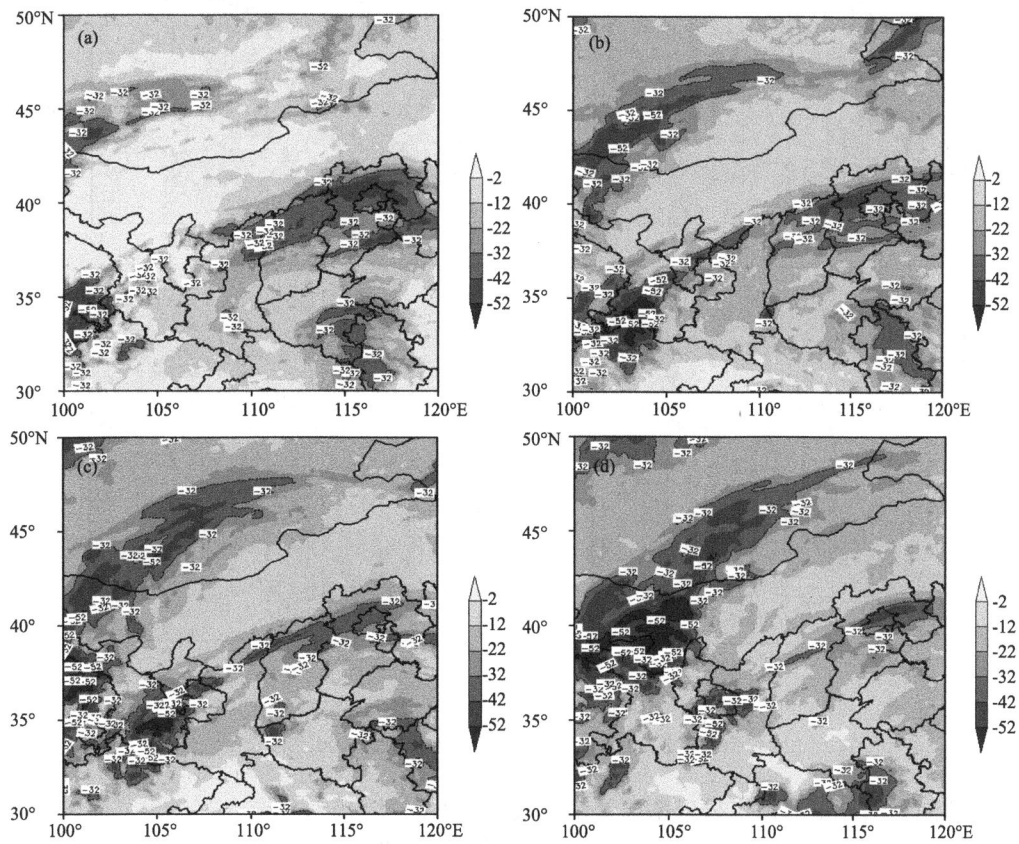

图16 2015年2月19日 TBB 分布(单位:℃)
(a)08:00,(b)12:00,(c)15:00,(d)20:00

个例 2:为高空槽云系与锋面云系共同影响[28]。

12 日 08:00(图 17a),高空槽云系位于内蒙古中部—四川地区,且已逼近山西,山西受高空槽云系前部薄云系影响,开始出现较小降水。在高空槽云系的头部以及暖输送带上有 <−52 ℃ 的 TBB 亮温区。之后(图 17b),高空槽云系不断发展向东北方向移动,但云层变薄,移动较快。晋西南的高空槽前部云系快速发展,范围进一步扩大,云顶高度升高,云顶亮温降低。12 日 18:00(图 17c),高空槽云系继续向东北方向移动,云顶高度降低,低于 −32 ℃ 的范围进一步缩小。晋西南的云系向北向东移动到晋东南一带。在上述云系东移过程中,槽前水汽输送,前述高空槽云系前部不断有云团发展并移入山西,12 日 18:00,在山西南部形成一个片状云团,该云团不断发展加强,变得密实,于 20:00(图 17d)达到最强,同时云顶亮温不断降低,低于 −32 ℃,大的降水主要出现在北部高空槽云系擦边移过的区域以及南部高空槽前部新生的云团内。之后,随着整个高空槽云系移出山西,山西转受高空槽云系后部的高云控制,地面冷锋过境,山西转受西北气流控制,后期出现大风降温天气,降水结束。

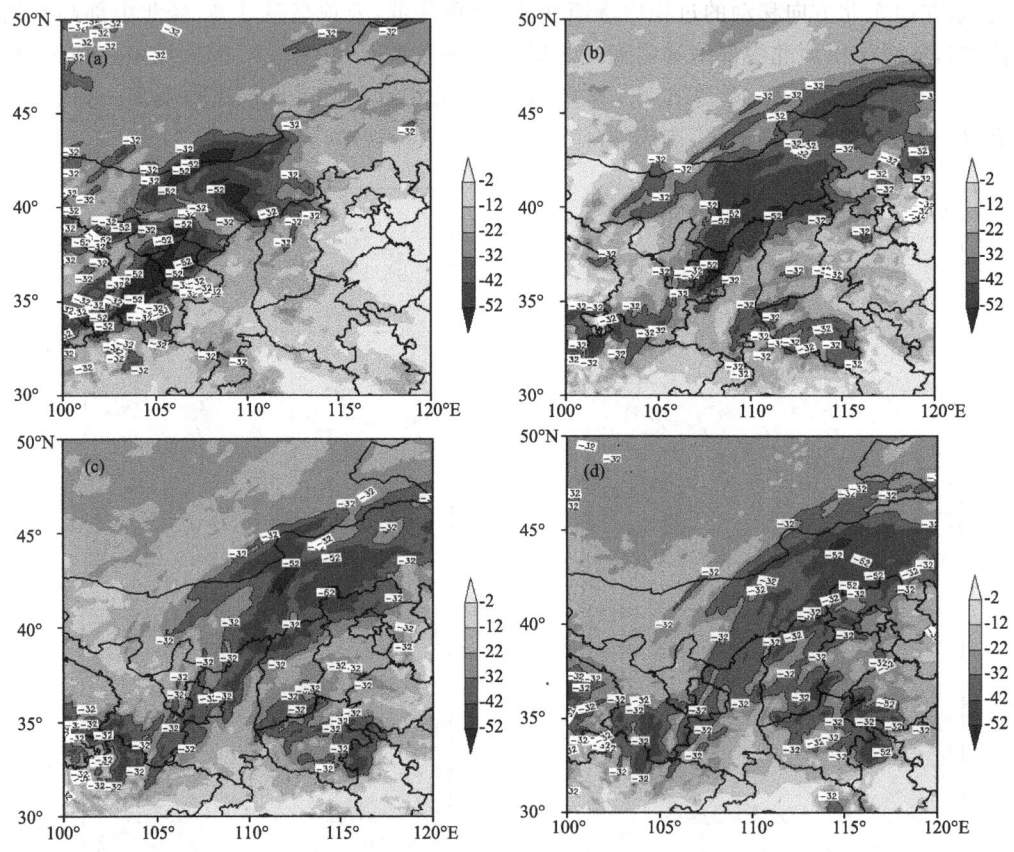

图 17　2016 年 2 月 12 日 TBB 分布(单位:℃)
(a)08:00,(b)15:00,(c)18:00,(d)20:00

个例 3:系高原槽与高空槽云系以及切变线云系共同影响[28]。

20 日 20:00,北端高空槽云系位于新疆和内蒙古的交界处,而从高原上下来的高原槽云系位于青海—四川北部,高空槽落后于高原槽。山西中部被切变线云系所覆盖。21 日 00:00 从云形上可以看出有成熟的逗点状云系。高空槽云系移动速度快于高原槽云系,在朔州—忻州东部以及吕梁北部—晋中北部存在切变线云系,TBB<-42 ℃的面积达 3.5×10⁴ km²,最低达-46 ℃,高原槽底部西南气流中开始新生云团。21 日 02:00(图 18a)高空槽云系缓慢东移且北收,高原槽云系稳定少动,高原槽云系前的切变线云系位置稳定少动,此时山西西部和切变线附近开始出现降雪。04:00(图 18b)高空槽云系向北向东移动到蒙古国中部,高原槽云系缓慢向东推进,仍维持在西北地区东部。08:00(图 18c),高空槽和高原槽同位相叠加,槽位于蒙古国中部—河套地区西南部,槽前西南气流中新生的云团向山西晋西南移动。10:00(图 18d),在山西晋西南地区和太原附近,云团发展为两个 β 中尺度云团,其 TBB 最低达-55 ℃。位于太原的 β 中尺度云团由于移速较快,11:00 向东移出山西进入河北西部,主要造成太原地区明显降雪。而在山西晋西南地区的 β 中尺度云团,向北向东推进,13:00 β 中尺度云团开始变得松散,-42 ℃的低值区面积逐渐缩小。高空槽云系后部不断有云系发展,形成多条带状云系,云层薄,云顶低,降水不大。21 日 21:00 高空槽云系后部的带状云系移出山西。云层变薄,山西降水结束。

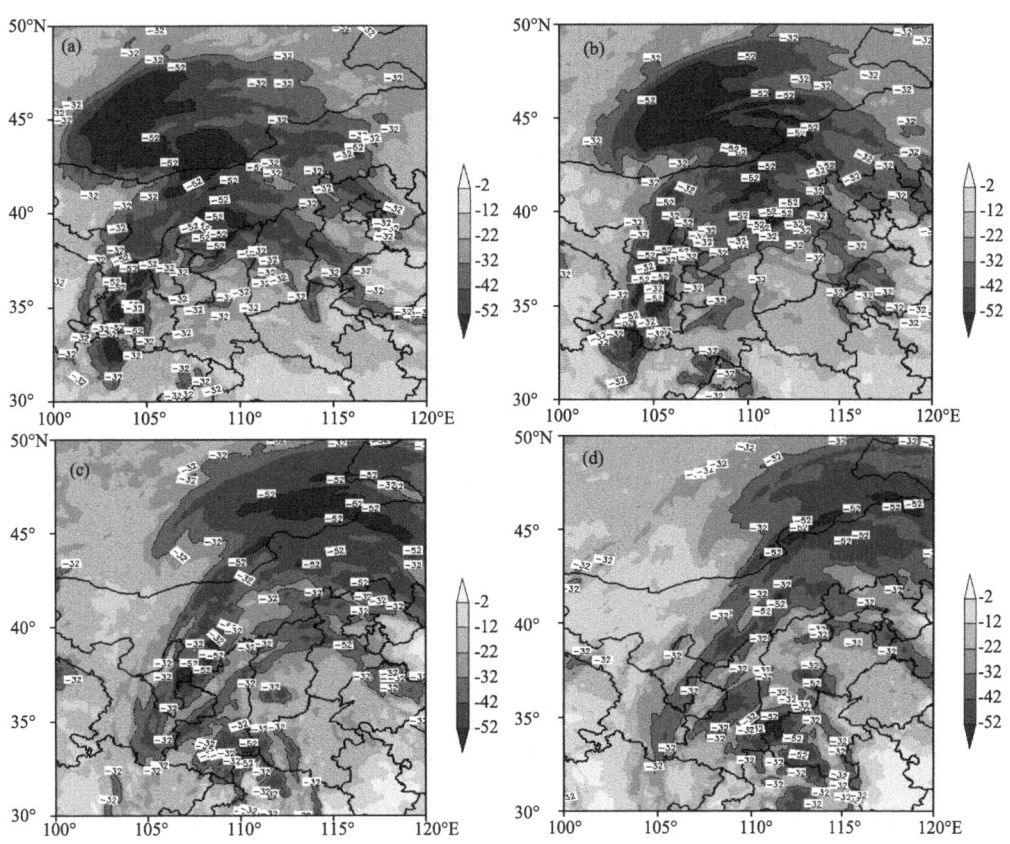

图 18 2017 年 2 月 21 日 TBB 分布(单位:℃)
(a)02:00,(b)04:00,(c)08:00,(d)10:00

综上,3 个个例影响云系及发展特征不同,造成的暴雪落区、强度和持续时间均有差异。个例 1 为高空槽云系过境型,暴雪出现在 TBB<-42 ℃的区域中,且云系持续时间较长,降雪

强度大。个例 2 为高空槽云系与锋面云系共同影响型,云层薄,云顶伸展的高度高,移动快,前部不断有云团生成并发展东移,云顶亮温低,暴雪出现在北部高空槽云系擦边移过的区域以及南部高空槽前部新生的云团内且 TBB<−32 ℃ 的南侧;云系持续时间短,降雪强度较大。个例 3 系高空槽、高原槽以及切变线云系共同影响,云层厚,移动较缓慢,云顶亮温低,暴雪出现在高原槽云系前切变线云系 TBB<−42 ℃ 的东南侧;高空槽和高原槽云系合并后,持续时间较长,降雪强度大。

3.3 地面中尺度特征

个例 1:整个降雪期间地面风场较弱,在暴雪出现前 12 h,暴雪区就已经出现中尺度辐合线,孝义—平遥由东北风与偏南风的地面中尺度辐合线转为 β 中尺度涡旋;五台山附近存在西北风与偏东风的中尺度辐合线,偏东风风速达到 6 m·s^{-1},而后转为 β 中尺度涡旋;昔阳附近存在东北风与东南风的辐合线,风速较小,仅为 2 m·s^{-1},至 19 日 08:00,中尺度辐合线仍然存在,两侧风速并没有明显增大;阳曲附近存在弱偏西北风与偏东北风的中尺度辐合线,随着降雪的开始,转为偏西北风与偏东南风的中尺度辐合线(图 19a)。19 日 16:00(图 19b),位于吕梁中部、五台山附近、昔阳附近等地的中尺度辐合线仍然维持,风速无明显变化,在晋中东山与晋中河谷地区出现了中尺度辐合线。20:00(图 19c),暴雪区上空仍旧维持地面中尺度辐合线,吕梁中部东南风风速增加到 6 m·s^{-1},辐合强度进一步加强,暴雪区中尺度辐合线的长时间维持导致暴雪的出现。20 日 20:00(图略),随着高空冷空气的入侵,降雪逐步减弱结束。辐合线持续时间长,存在中尺度涡旋,降雪强度大。

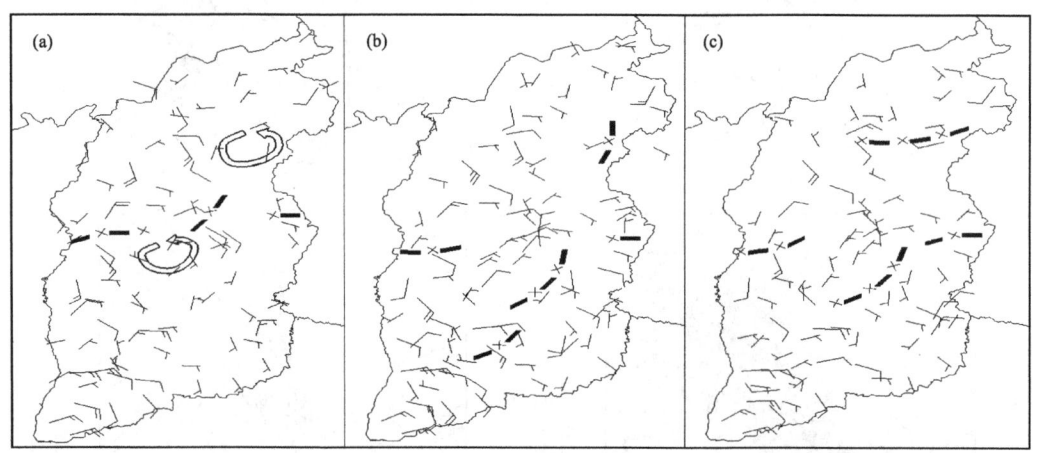

图 19　2015 年 2 月 19 日地面风场(单位:m·s^{-1})
(a)08:00,(b)16:00,(c) 20:00

个例 2:分析中尺度加密气象站风矢量图,整个降雪期间地面风场较弱,与回流暴雪不同,主要是冷锋南下携带西北路冷空气造成的降雪。12 日 14:00(图 20a),降雪开始后,河曲—五寨始终维持西北风与西南风的中尺度辐合线,15:00(图 20b)偏西北风风速由 2 m·s^{-1} 增加到 6 m·s^{-1},西南风风速由 2 m·s^{-1} 增加 6 m·s^{-1},辐合强度明显增强,长治—晋城长时间存在偏西北风与偏西南风的中尺度辐合线,17:00(图 20c)西北风风速由 2 m·s^{-1} 增加到 4 m·s^{-1},辐合强度增强,降水增强;强降雪区出现中尺度辐合线,且持续时间较长,一般超过

5 h,强降雪出现在东南风增大期间。12日22:00(图略),随着高空西北路冷空气的进一步南侵,山西上空大部分地区转受偏西北风控制,降雪逐步减弱结束。

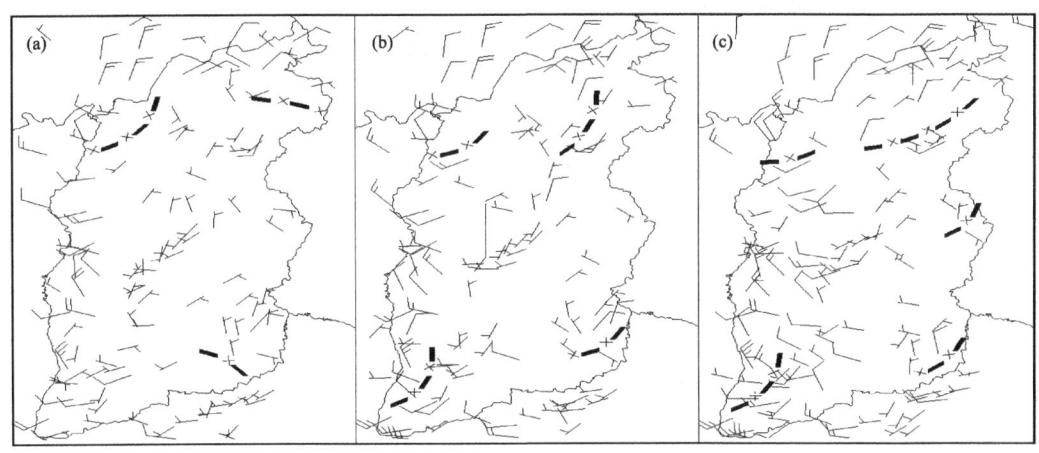

图20 2016年2月12日地面风场(单位:m·s^{-1})
(a)14:00,(b)15:00,(c)17:00

个例3:强降雪开始前8 h(图略),岢岚—河曲存在东南风风速辐合线,风速辐合达12 m·s^{-1},21日02:00降雪开始后,冷空气从东北路渗透,转为东北风与东南风的中尺度辐合线;五台山附近存在偏西南风与偏东南风的中尺度辐合线,后转为近似南北向的偏东北风与偏东南风的中尺度辐合线,偏东南风速增加到8 m·s^{-1},吕梁北部存在偏东北与偏东南风的中尺度辐合线,两侧风速均较大,偏东北风达到6 m·s^{-1},偏东南风风速达8 m·s^{-1},降雪开始后,上述地区由风向的辐合转为东南风速的辐合,风速辐合达4 m·s^{-1};吉县—乡宁东南风风速辐合一直持续到降雪开始;晋中河谷地区一直存在有偏东北风与偏东南风的中尺度辐合线,且偏东北风风速较大,一直持续到降雪开始(图21a)。21日08:00,位于岢岚—河曲、五台山、吕梁北部、吉县—乡宁中尺度辐合线维持,维持了6 h,强度强,而位于晋中河谷一带的中尺度辐合线消失,转为一致的偏北风,晋中河谷向东山过渡一带降雪量较小(图21b);13:00

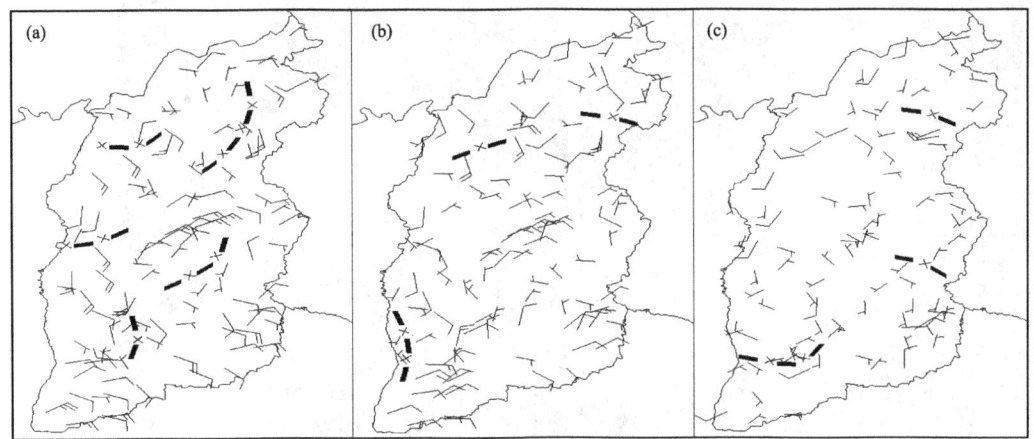

图21 2017年2月21日地面风场(单位:m·s^{-1})
(a)02:00,(b)08:00,(c)13:00

(图 21c),五台山附近、吉县—乡宁中尺度辐合线仍然维持。而后,随着高空冷空气的入侵,暴雪区出现西北风,降雪逐步减弱结束。

比较 3 个个例地面风场特征,可知:

(1)地面辐合强弱与降雪强度关系密切,辐合越强,降雪越强;持续 3 h 以上的大于等于 6 m·s^{-1} 的偏南风,是强降雪出现的指标。

(2)中尺度辐合线和中尺度涡旋持续时间越长,降雪持续时间越长,强度也大。中尺度涡旋造成的强降雪较中尺度辐合的造成的降雪强度大。

(3)对于倒槽回流类降雪,偏东风风速变化对山西强降雪的预报有很好的指示意义。对于锋面类降雪,中尺度辐合线附近风速明显加大 2~6 m·s^{-1},且持续超过 5 h,则未来辐合线附近将出现暴雪。

(4)强降雪开始前及强降雪阶段东南风大于东风和偏北风(一般会达 4~6 m·s^{-1}),而随着东南风的减小,降雪趋于减小;降雪结束阶段,偏北风大于东南风。

3.4 雷达回波特征

利用太原、长治等单站雷达产品(以下时间均为北京时),对照雷达所在站点实况降水资料,详细分析三次过程中不同时刻、不同相态、不同雷达的基本反射率因子和平均径向速度产品,以掌握基本产品的不同特征,进一步提高多普勒天气雷达产品资料在雨雪转换及降雪预报中的分析应用能力。

个例 1:从太原 3.4°仰角的反射率因子图看,降水开始时(图 22a),太原北部出现明显的半环状型回波带,属于层状云降水回波,回波强度<35 dBZ,范围较大,结构较为松散。09:30(图 22b)在古交的西北方向形成一条东北—西南走向的回波带,最强回波值达 28 dBZ,而在太原的西北偏西侧也有一回波带。20~30 dBZ 较强回波向雷达中心缩进,回波高度降低,表现为不完整的回波带。长治雷达回波上(图略),1.5°仰角,14:07,东南侧出现了分散性的回波,>20 dBZ 的回波呈小块状镶嵌在片状回波上。15:04,在长治南部又新生多个分散的回波单体,结构松散,无组织。17:01,长治的南侧、东南侧由 15:04 新生单体不断在向东北移动的过程中合并加强,形成大片的

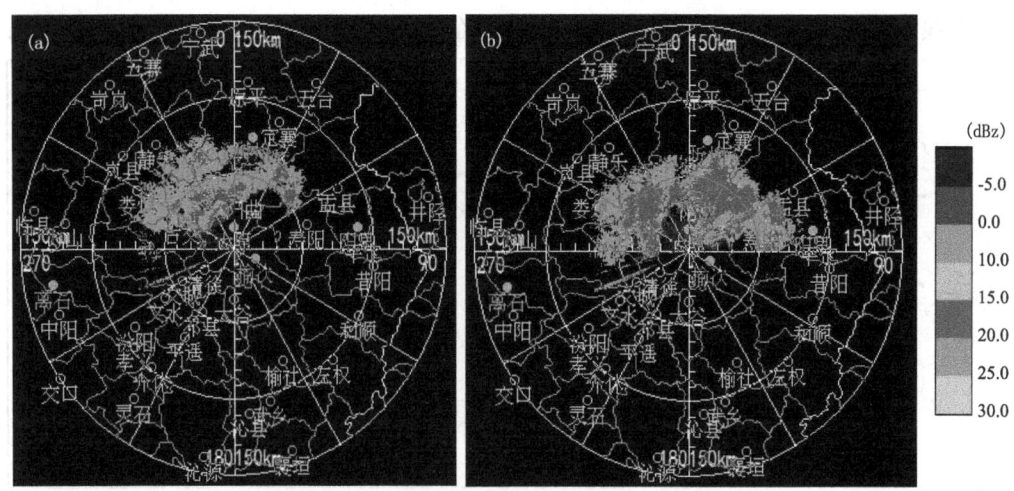

图 22 2015 年 2 月 19 日 3.4°太原雷达站反射率因子
(a)08:30,(b)09:30

层状云降水回波,最强回波强度达到 32 dBZ。层状云降水回波移出后,降水结束。

对应太原速度图上可以看出,降水开始时(图 23a)为明显的西南风,零速度线呈西北—东南走向,从低层到中层均为明显的西南气流,近地面层偏东气流不明显。09:30(图 23b)20 km 范围以内,近地面层出现明显的偏东南风,风速达 9 m·s^{-1},20 km 范围以外,近地面层之上为强劲的西南急流,急流强度达 15 m·s^{-1},近地面层为弱的反"S"型零速度线,有冷平流;而在 20 km 范围以外,高度 2 km 以上,零速度线呈"S"型,吹偏南风,有暖平流。低层是由高压后部回流携带冷空气侵入到降雪区,形成了低层干高层湿的层结结构。有利于降水量级的增大。随着西北路冷空气的入侵,从地面至高空气流逐渐转为偏北气流,降水趋于结束。

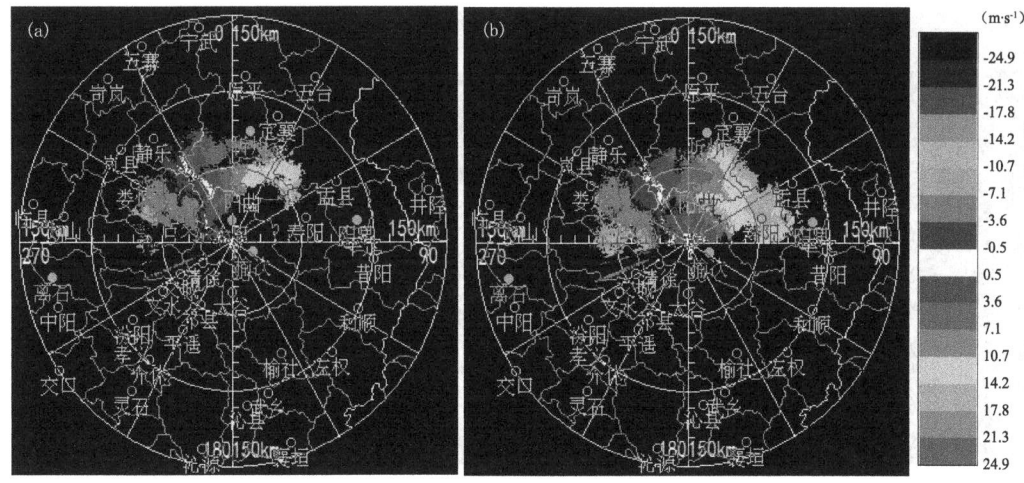

图 23　2015 年 2 月 19 日 3.4°太原雷达站基本径向速度
(a)08:30 (b)09:30

从强回波的剖面图(图 24a)上可以看出,降水开始后 20～30 dBZ 回波高度主要集中在 2～4 km 高度,回波伸展高度在 6 km 以下。14:03(图 24b)20～30 dBZ 回波高度降低到 1～3 km 高度上,回波伸展高度超过 6 km。

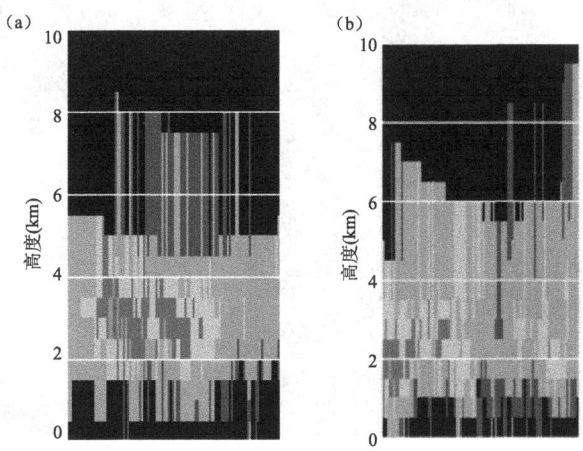

图 24　2015 年 2 月 19 日 3.4°太原雷达站反射率因子剖面
(a)09:30,(b)14:03

个例2:从2.4°仰角的太原雷达站反射率因子图(图25a)看,2月12日08:04降雪开始,整个回波表现并不完整。在其东南侧、东侧、西北侧均存在块状回波。最强反射率因子超过40 dBZ,属于层积混合型降水回波,具有明显的絮状结构。其中积状云降水回波通常具有比较密实的结构,反射率因子空间梯度大,其强度中心的反射率因子通常在35 dBZ以上,而层状云降水回波比较均匀,反射率因子空间梯度较小,反射率因子一般>15 dBZ而<35 dBZ。太原上空回波强度较弱,其外围的回波强度较强,径向速度图(图25b)上无明显急流,因此造成太原本地降雪量级较小。从局部多层CAPPI(图25c)可以看出,>40 dBZ强回波主要集中在2 km以下,回波高度仅伸展到6 km左右。

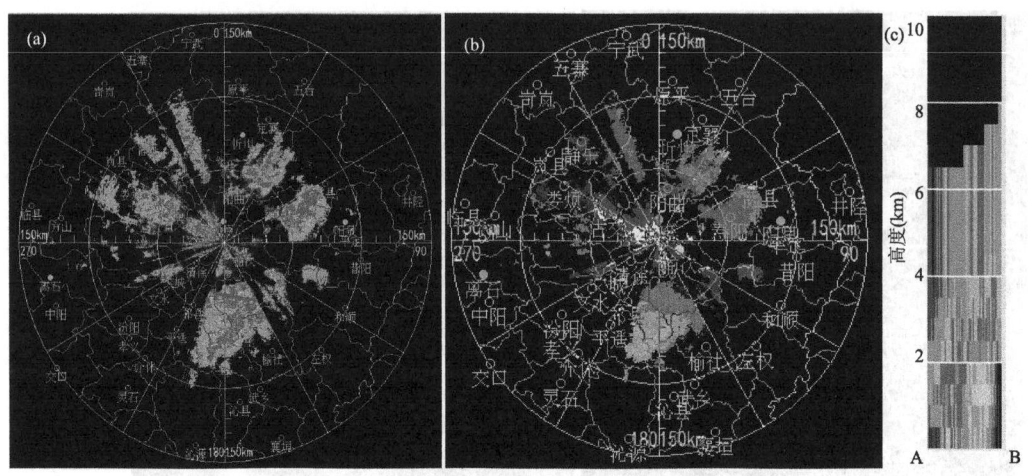

图25　2016年2月12日08:04的2.4°太原雷达站反射率因子(a,单位:dBZ),基本径向速度(b,单位:m·s^{-1}),(c)沿强回波A-B剖面

从1.5°仰角的长治雷达站反射率因子图可以看出,14:03(图26a)在长治的西北侧、西南侧存在有大片的降水回波,回波强度较弱,强度在25~30 dBZ。西北侧的回波向东南方向移

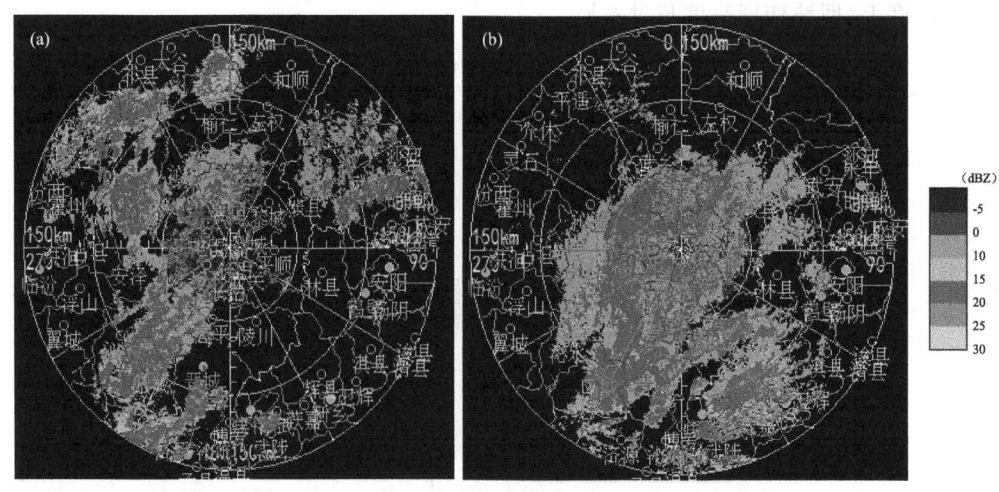

图26　2016年2月12日1.5°长治雷达站反射率因子
(a)14:03,(b)16:03

动,西南侧的回波向东北方向移动,16:03(图26b)回波明显合并,在大片的回波区上出现了比较明显的3条强度超过20 dBZ呈东北—西南走向的回波带,回波带上出现大于35 dBZ的积云回波,在长治雷达的西侧,出现了高度均一的半环形的零度层亮带。受此回波带继续向东北方向移动影响,上述地区出现了>10 mm的降水。

对应速度图上,14:03(图27a)零速度线呈西北—东南走向,可以看出从低层到中层均为明显的西南气流,而没有850 hPa低层偏东气流,是锋面过境引起的降雪天气。16:03(图27b)西南气流明显加强,成为西南急流,风速达到16 m·s^{-1},在12 km范围以内可以看出明显的反"S"型零速度线,吹北风,有冷平流;而在12 km范围以外,零速度线呈"S"型,吹偏南风,有暖平流。低层是由锋面携带冷空气侵入到降雪区,形成了低层干冷高层暖湿的层结结构。有利于降水量级的增大。随着低层干冷空气的强势侵入,从地面至高空气流逐渐转为偏北气流,降水天气就趋于结束。这种低层的偏北气流侵入,由锋面导致的降雪天气持续时间较短,主要是因为西北气流比较强盛,压制低层西南气流的发展,使得西北气流通过后,天气转好,出现大风、降温这样的天气。此次过程中存在雨雪转换,但是零度层亮带并不明显,仅仅为一个半环状的,随着雨转雨夹雪转雪,零度层亮带随高度逐渐降低,零度层亮带消失。

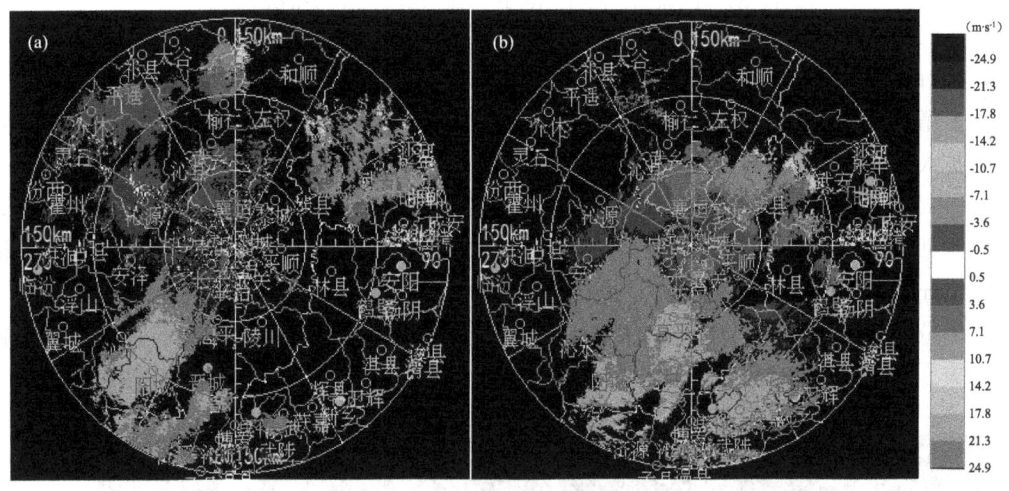

图27　2016年2月12日1.5°长治雷达站基本径向速度
(a)14:03,(b)16:03

另外,从14:03和16:03强回波的剖面图(图28a,b)上可以看出,20~30 dBZ回波高度主要集中在2 km高度以下,回波伸展高度只到了6 km。16:03在长治上空存在明显的静锥区,其西南侧的回波强度比其东北侧的回波强度要大。从局部多层CAPPI(图28c)可以看出,>20 dBZ强回波主要集中在2 km以下,回波高度仅伸展到5 km,在4~5 km出现明显的环状回波带。

此次降雪过程中存在雨雪转换,但零度层亮带影响不明显。低层西南急流的加强,低层偏北空气的侵入,造成了此次降雪。偏北冷空气势力增强造成了降雪后的大风和降温天气。个例2主要是层积混合云降水回波,但回波的伸展高度不高。

个例3:从3.4°仰角的反射率因子图(图29a)看,2月21日02:04降雪开始,太原站东南和南侧以及太原北侧地区100 km范围内就存在回波,强度在10~25 dBZ,此后回波不断向北

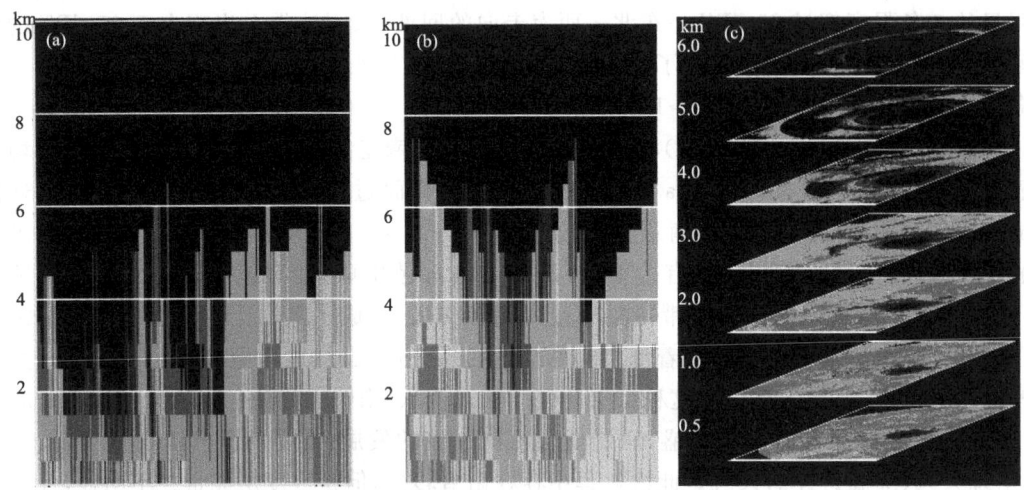

图 28 2016 年 2 月 12 日沿襄垣—屯留—高平反射率量因子剖面
(a)14:03,(b)16:03,(c)16:03 长治西南侧的多层 CAPPI 分布

扩展,而且南边还有回波不断向北移动。在太原和榆次上空有明显的无回波区。03:00 回波范围明显增大,位于阳曲东侧呈西北—东南走向的层状云降水回波区范围较 02:04 范围强度均明显扩大,测站南侧和东南侧的回波区向北移动,距离测站更近,大部覆盖 10~25 dBZ 的片状回波。04:00 位于东北部的层状云回波移到定襄到五台山附近,西侧古交附近出现了大范围的片状回波。测站东南侧和南侧的层状云降水回波向北进一步推进。05:59(图 29b)测站北侧 70 km 范围内全部为层状云降水回波覆盖。其南侧和东南侧移到榆次太原上空。这种回波区的分布持续了多个体扫,至 21 日 18:00 以后,>20 dBZ 的回波区减弱逐渐消失,降水趋于结束。此次过程中没有雨雪转换,主要是层状云降水回波。因此没有出现零度层亮带。

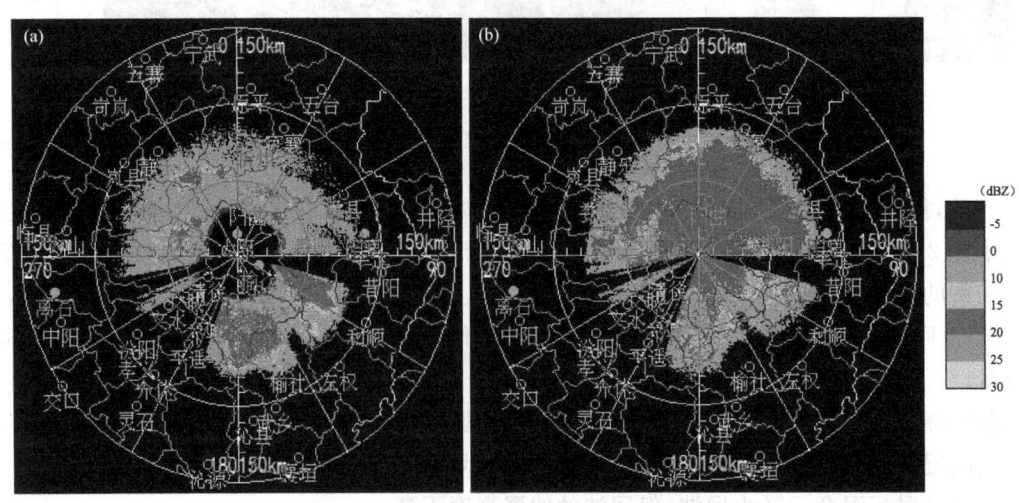

图 29 2017 年 2 月 21 日 3.4°反射率因子
(a)02:04,(b)05:59

对应速度场(图30a)上可以看出在降雪初期,20~70 km范围内存在明显的速度大值区,在祁县东南侧出现速度模糊,模糊速度为20 m·s^{-1},低层主要为东南风而高层转为西南风,且西南风风速超过20 m·s^{-1}。26 km范围内无速度值,26 km范围圈对应的雷达高度约为2.5 km,在700 hPa高度之下,850 hPa高度之上;26 km范围以外,可以看到明显的顺转的零速度线,风随高度顺转,说明存在明显的暖平流。03:00,较02:04没有明显变化,只是位于榆次南侧的负速度区中分离出两个负速度中心,中心强度分别为-18 m·s^{-1}、-29 m·s^{-1},对应近地面层以及对流层低层有东南急流和西南急流。04:00正速度大值区向北推进,负速度大值区稳定在祁县东南侧,仍然存在速度模糊,由此可以看出西南急流一直处于一个稳定维持的状态。且在古交西南侧零速度线左侧的负速度区出现了明显的速度模糊,在忻州—盂县一侧的正速度区的东北侧也出现了速度模糊,可以看出对流层中低层西南风急流在加强,此时,在近地面层零速度线呈反"S"型,而在其上零度线呈"S"型,说明850 hPa以下,有冷平流,其上有非常明显的暖平流,暖平流在850 hPa冷垫上爬升,加强了上升运动以及垂直风切变,有利于降雪的层状云回波长时间维持,导致出现暴雪天气。05:59(图30b)祁县东南侧出现的负速度大值区向北移动,移动到祁县的东北方向;而在太原东侧近地面层,由正速度区转为了负速度区,由东南风转为东风,定襄—盂县存在大片的负速度模糊区,像楔子一样楔入至忻州南部,近地面层零速度线表现为明显的反"S"型,且在50 km范围以内,负速度的面积明显大于正速度的面积,说明在700 hPa以下有明显的汇合流场。雷达图上的这种汇合流场长时间维持,降雪持续。

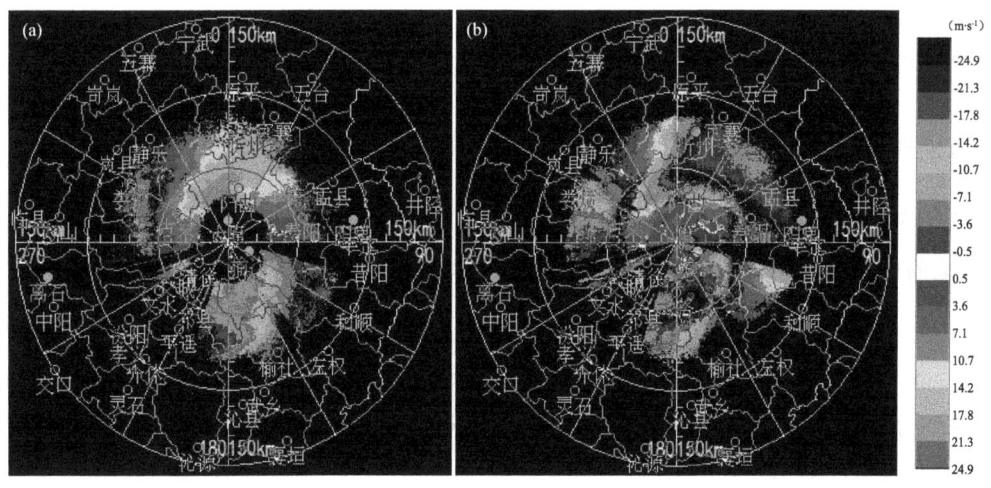

图30 2017年2月21日太原雷达站3.4°基本径向速度
(a)02:04,(b)05:59

沿着榆次—和顺做回波剖面图可看出,02:04(图31a),20~30 dBZ回波高度主要集中在2~4 km高度上,回波伸展高度主要在8~9 km。沿着静乐—太原—榆次做较强回波剖面图,05:59(图31b),在太原上空存在明显的静锥区,其西北侧的回波伸展高度比其东南侧的回波伸展高度要高,西北侧>20 dBZ的回波伸展高度为1.5~4 km,其东南侧>20 dBZ的回波伸展高度为1~3 km。从局部多层CAPPI(图31c)可以看出,>20 dBZ强回波主要集中在2~3 km,其高度一直延伸到7 km,靠近雷达方向,在5~8 km存在明显的无回波区,对应为雷达静锥区。

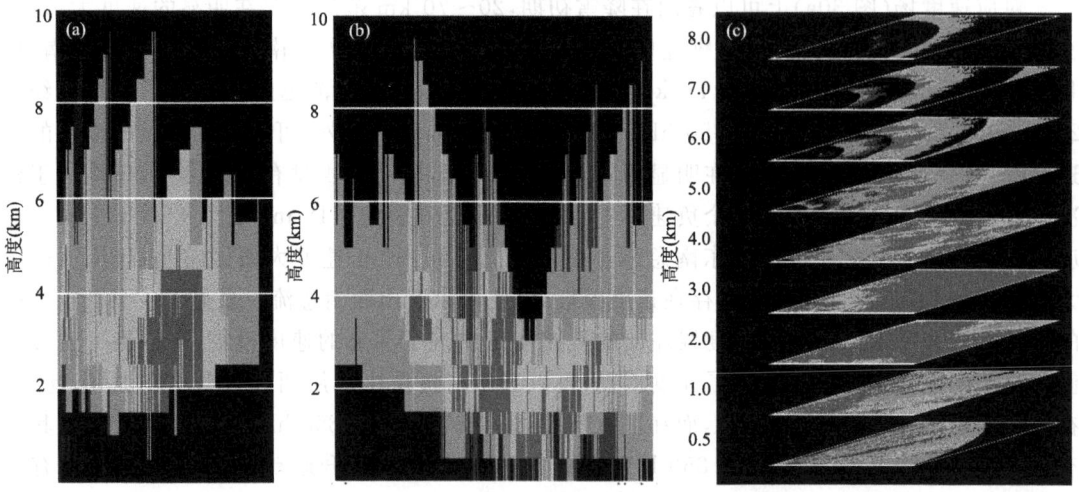

图 31 2017 年 2 月 21 日 02:04 沿榆次—和顺反射率因子剖面(a,单位:dBZ)、
05:59 沿静乐—太原—榆次反射率因子剖面(b,单位:dBZ)、05:59 阳曲东侧的多层 CAPPI 分布(c)

此次降雪过程中不存在雨雪转换,因此,没有形成零度层亮带。低层西南急流的持续维持和加强,造成了降雪时间的持续以及降雪量级的明显增大。以层状云降水回波为主,强回波的伸展高度并不高。

4 水汽、能量及动力结构特征对比

4.1 水汽场和水汽输送特征

4.1.1 气柱可降水量

某地的可降水量表示了该地上空气柱整层的水汽含量,气柱可降水量为:

$$W = -\frac{1}{g}\int_{p_s}^{p_0} q \mathrm{d}p \tag{11}$$

式中,$g=9.8 \text{ m} \cdot \text{s}^{-2}$,$p_s$ 为地面气压,$p_0=300 \text{ hPa}$。大气中的水汽主要集中在对流层中下层,本文积分上限取为 300 hPa;利用 NCEP/NCAR FNL 1°×1°再分析资料分别计算分析了 3 个个例的气柱可降水量。

个例 1:图 32 为 2 月 18—21 日的气柱可降水量分布。由图可看出,降水开始前(图 32a)山西西南部的大气可降水量值>8 mm,之后,随着西南急流的形成加强,山西上空的可降水量不断增加(图 32b,图 32c),全省均超过了 8 mm,为这次降水提供了充足的水汽。19 日 20:00(图 32d),山西中南部的大气可降水量超过了 16 mm,山西中部较 18 日 20:00 增加了 4~6 mm;20 日 08:00(图 32e)大气可降水量开始减少,降雪过程开始趋于减弱。至 21 日 08:00(图 32f)后气柱可降水量迅速减小,降雪结束。

个例 2:图 33 为 2016 年 2 月 12—13 日大气可降水量分布及演变。11 日,山西中南部已经出现了明显的降水天气(相态为雨)。12 日 02:00(图 33a),山西全省的大气可降水量>12 mm,其中在山西西部及其偏南地区,气柱可降水量超过 16 mm,12 日 08:00(图 33b),随

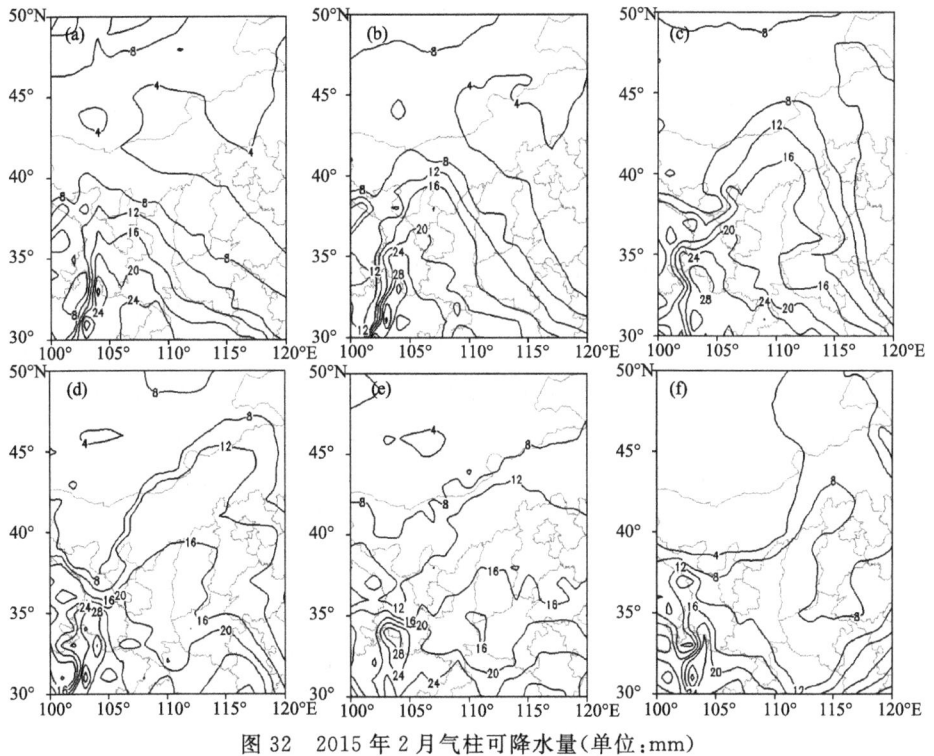

图32 2015年2月气柱可降水量(单位:mm)
(a)18日14:00,(b)18日20:00,(c)19日08:00,(d)19日20:00,(e)20日08:00,(f)21日08:00

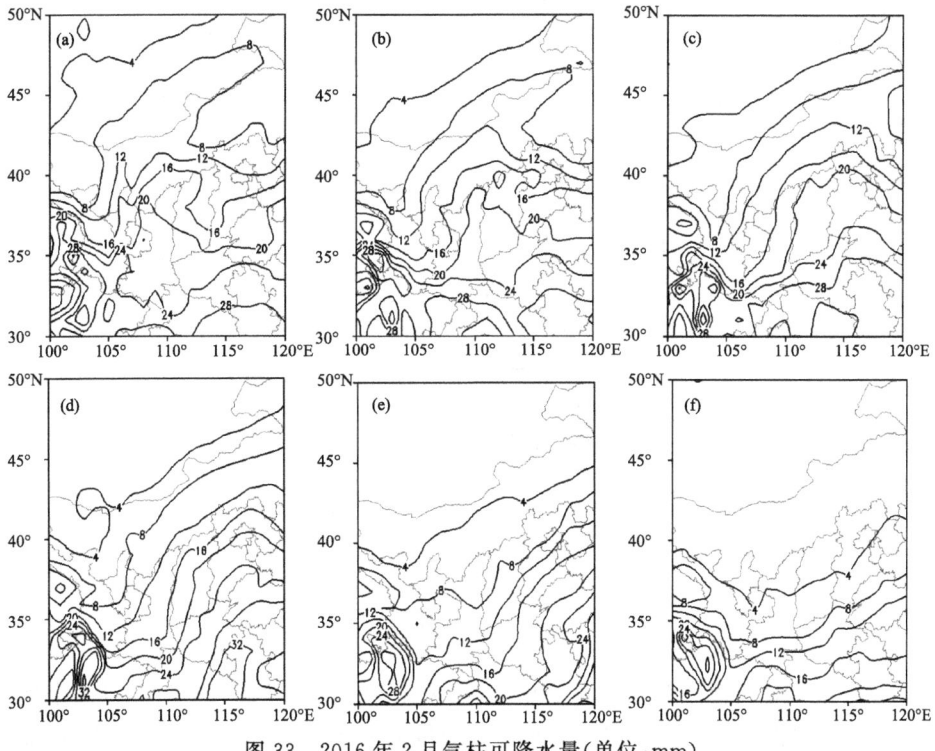

图33 2016年2月气柱可降水量(单位:mm)
(a)12日02:00,(b)12日08:00,(c)12日14:00,(d)12日20:00,(e)13日08:00,(f)13日20:00

着西南急流的形成加强,山西上空大气可降水量快速增加,16 mm线推进山西与内蒙古交界处;12日14:00(图33c),由于西南急流的进一步加强并向北移动,山西上空的可降水量都显著增加,全省均超过20 mm,山西北部的气柱可降水量增加了4 mm,为这次降水提供了充足的水汽。12日14:00后降水量有一个明显的增幅。12日20:00—13日08:00(图33d,e),气柱可降水量开始减小,降雪过程开始趋于减弱。至13:20(图33f),全省大气可降水量快速减小,山西上空气柱可降水量<8 mm,降雪结束。

个例3:图34a为降水前2月20日08:00的气柱可降水量,由图可看到,山西南部的大气可降水量值>8 mm。随着西南急流的形成加强,20日14:00—20:00(图34b,c),气柱可降水量在山西西部地区有一个明显的增加,为这次降雪储备了充足的水汽。20日20:00较08:00增加了4~8 mm,降雪开始,降雪量在山西西部地区有明显的增加,21日08:00后,山西上空的可降水量都显著增加,全省均超过了12 mm,山西东部气柱可降水量增加了4 mm,21日08:00(图34d)后山西东部降雪量有明显增加;随着西北路冷空气的侵入,21日20:00—22日08:00(图34e,f),气柱可降水量快速减小,降雪过程减弱结束。

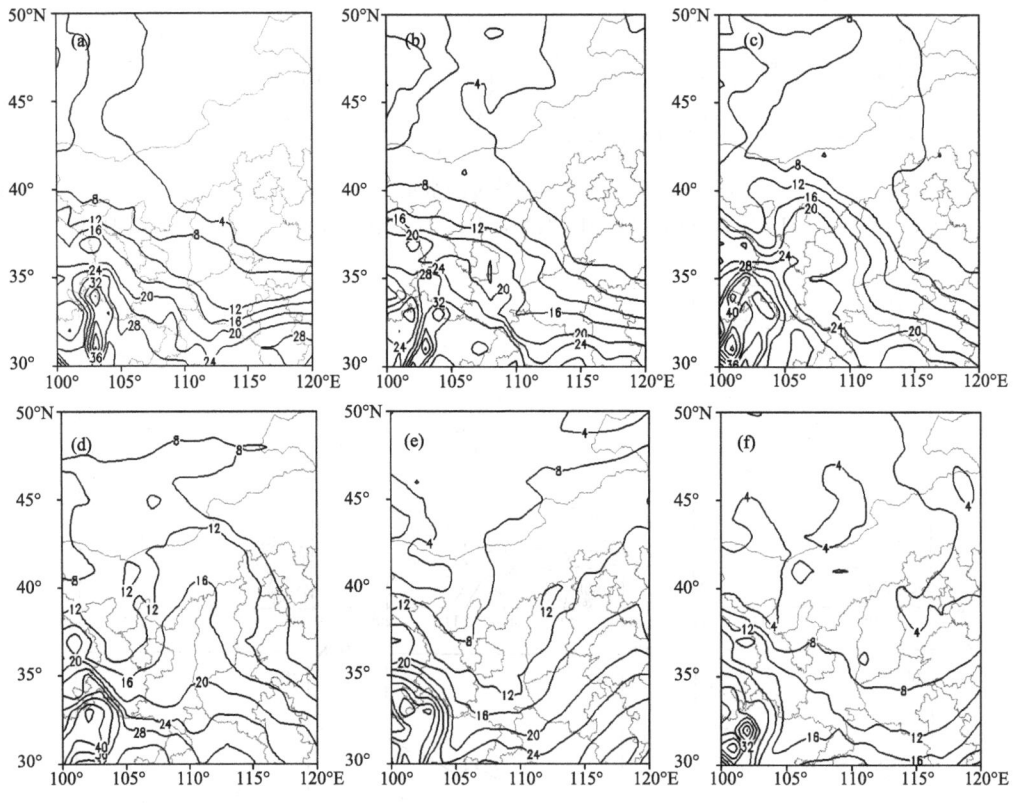

图34 2017年2月气柱可降水量(单位:mm)
(a)20日08:00,(b)20日14:00,(c)20日20:00,(d)21日08:00,
(e)21日20:00,(f)22日08:00

可见,当某地气柱可降水量出现显著增幅时,未来12 h后(个例1)或6 h后(个例2和个例3)有较大降水过程出现。从气柱可降水量增加量的分布也可辅助判断水汽的来源,个例1的降水过程主要有两支水汽向山西强降雪区输送,在上述地区耦合加强并辐合;个例2和个例

3 的降水过程主要是中低层西南急流向山西强降雪区输送水汽,并在上述地区辐合。持续不断的水汽输送和补充及其辐合,使得山地区出现较大降雪。但不同过程,气柱可降水量开始出现显著增幅的时间不同,增幅也存在差异,降雪强度与增幅关系密切。

4.1.2 水汽通量和水汽通量散度

水汽通量是表示水汽输送强度的物理量,水汽通量散度则体现了水汽的集中程度。为了了解三次过程中水汽输送和辐合特征,利用 NCEP/NCAR FNL 1°×1°再分析资料分别计算分析了 3 个个例的水汽通量和水汽通量散度。

个例 1:分析水汽通量演变表明,18 日 20:00(图略),孟加拉湾到河套地区一带,中低层均出现一个水汽通量大值区,对应风矢量图上,700 hPa 有西南急流向大值区内输送,850 hPa 位于东北地区高环流的底部辐散出的偏东急流,700 hPa 西南暖湿气流在 850 hPa "冷垫"上爬升,加强了辐合动力抬升作用。说明强降水开始前,水汽主要来自 700 hPa 孟加拉湾的西南水汽输送,在陕西和甘肃的交界处形成水汽通量的大值区。19 日 08:00(图 35a,b),随着 700 hPa 切变线的东移,西南急流略东移增强,宽度变宽,山西上空水汽通量值超过了 4×10^{-4} g·(s·hPa·cm)$^{-1}$,较 18 日 20:00 增加了 2×10^{-4} g·(s·hPa·cm)$^{-1}$,低层 850 hPa 高环流移到渤海湾附近,山西西部和南部地区水汽通量值超过了 2×10^{-4} g·(s·hPa·cm)$^{-1}$,与

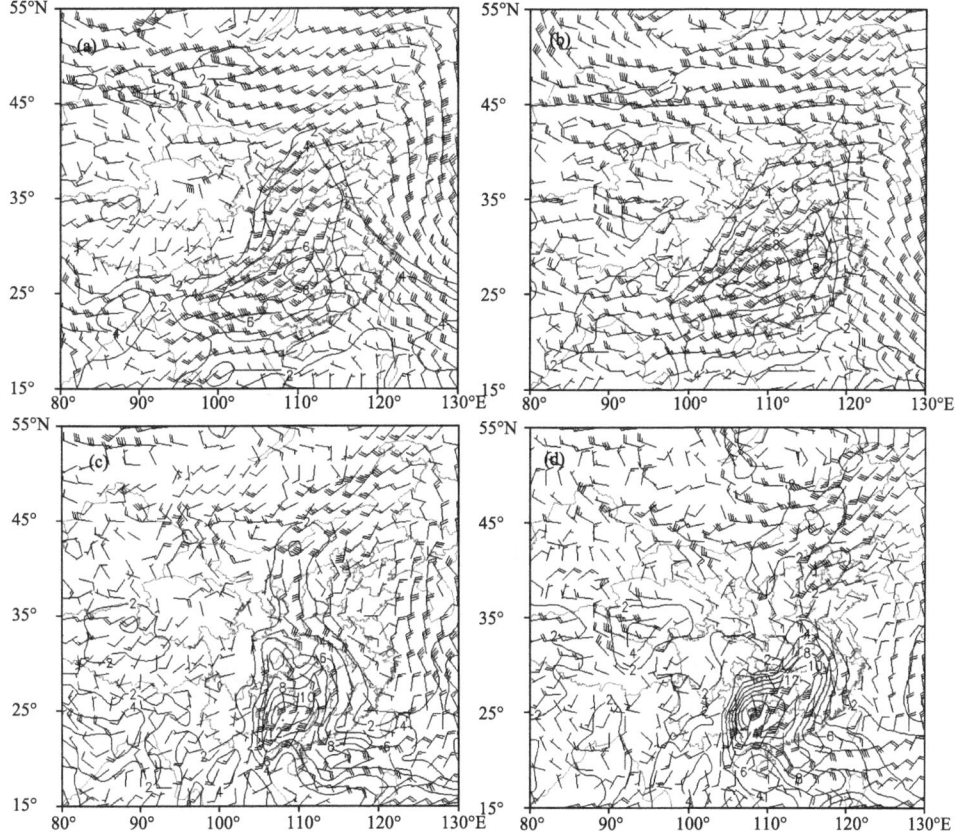

图 35 2015 年 2 月中低层水汽通量(单位:10^{-4} g·(s·hPa·cm)$^{-1}$)与风场(单位:m·s^{-1})的叠加
(a,b 为 700 hPa;c,d 为 850 hPa)
(a,c)19 日 08:00,(b,d)19 日 20:00

18日20:00无明显变化;说明这次降水700 hPa的西南急流水汽输送非常重要;西南急流的作用主要是输送水汽和能量,造成低空急流轴前沿有水汽和质量的辐合,其左侧对应的是正切变涡度区和气旋式涡度区,有利于地面系统减压,从而加强上升运动。对应风矢量图上,低层的水汽通量大值区内出现偏南风的辐合,19日强降水就出现在水汽通量大值区内,同时又有风辐合的区域,在700 hPa上,同时表现为西南急流前端的区域为强降水区。19日20:00(图35c,d),急流轴进一步东移,水汽通量大值区范围开始缩小,中心值为$2×10^{-4}$ g・(s・hPa・cm)$^{-1}$。低层850 hPa上,山西上空水汽通量$<2×10^{-4}$ g・(s・hPa・cm)$^{-1}$。20日08:00—20:00随着中低层切变线移出山西,水汽通量分布变得零散,其值也减小,降水逐步减弱结束。

对应水汽通量散度图上,18日08:00(图略),700 hPa水汽通量散度分布较零散,其值很小,山西上空为水汽辐散区;低层850 hPa受偏东气流影响,山西中部偏西地区出现弱的水汽辐合。18日20:00,随着孟加拉湾西南急流水汽输送持续加强,中低层风辐合加强,水汽通量散度中心数值也在增大,850 hPa偏东风加强为急流,19日凌晨,在山西的西部以及南部地区出现了降水天气。19日08:00(图36a,c),随着孟加拉湾西南水汽输送的不断加强,700 hPa出现风辐

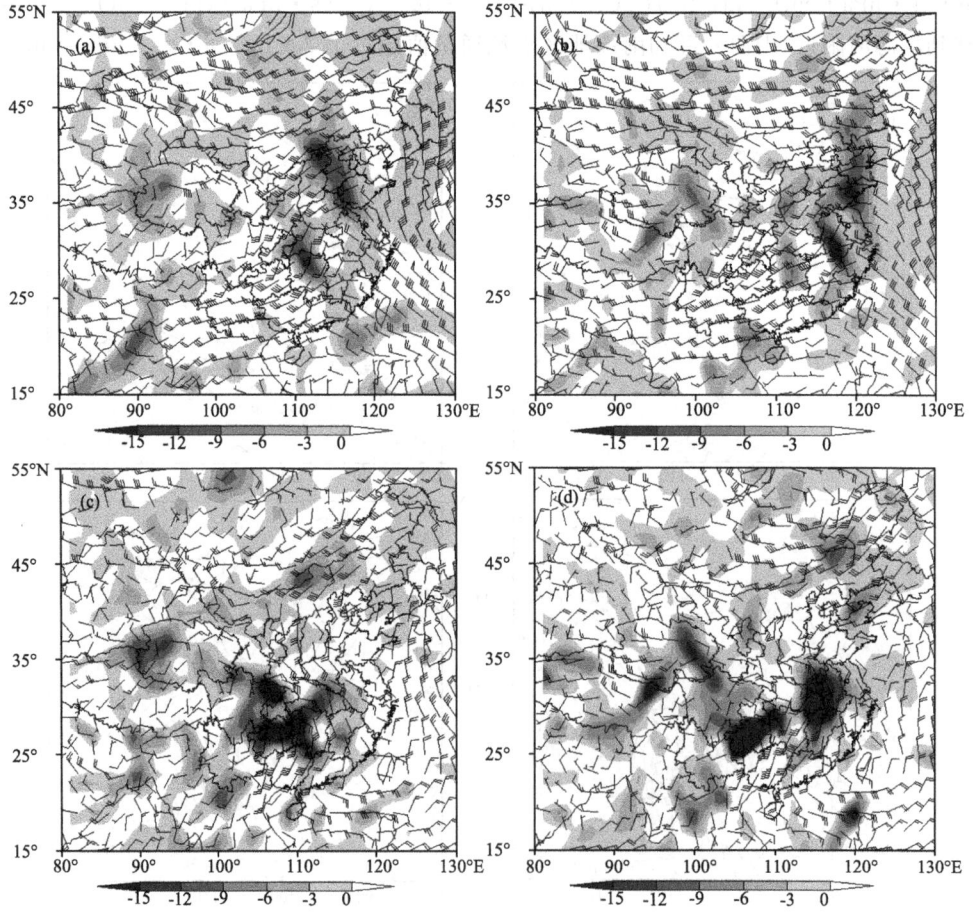

图36　2015年2月中低层水汽通量散度(单位:10^{-5} g・(s・hPa)$^{-1}$・cm^{-2})与风场(单位:m・s^{-1})的叠加
(a,b为700 hPa;c,d为850 hPa)
(a)19日08:00,(b)19日20:00

合,山西北中部形成一个辐合中心,中心数值最大达-15×10^{-5} g·(s·hPa)$^{-1}$·cm^{-2},对应850 hPa 上山西中部偏西地区出现了辐合中心,强度达-3×10^{-5} g·(s·hPa)$^{-1}$·cm^{-2},降雪主要集中在吕梁、太原、阳泉、忻州东部等地,降雪最大中心在中低层水汽通量散度负值中心附近、风速明显辐合的区域。19 日 20:00(图 36b,d),西南急流减弱,中低层水汽通量散度负值区位于山西西部和南部地区,降水开始减弱;20 日 20:00 随着 700 hPa 切变线的东移,山西上空转为水汽通量散度的辐散区,降水也随之结束。

由此可见,降水出现前 12 h,孟加拉湾到山西地区一带,中低层就出现一个水汽通量的大值区,且有西南急流不断向大值区内输送水汽;降水前期,降水区上空只有水汽的输送和明显积聚,而没有水汽的辐合。在整个降水期间,湖南江西交界处,中低层一直维持一个水汽通量的大值区,降水区上空不仅存在持续的水汽补充,还出现明显的水汽辐合,低层的水汽补充非常重要,水汽通量和水汽通量散度在强降水出现前 12 h 均出现明显增加。强降水并不是出现在水汽通量的大值区内,而是出现在水汽通量明显突增区域并有风辐合的区域及水汽通量散度强辐合中心附近。结合中低层西南和东南急流分析,东南急流使 700 hPa 西南急流在其上爬升,主要起到动力强迫抬升作用,使水滴在下降过程中快速凝结冷却降落到地面上,强降雪位于急流前端、水汽突增且水汽辐合强的区域。

个例 2:分析水汽通量分布及演变表明,降水前的 11 日 20:00(图略),华南沿海到东海,中低层均出现一个水汽通量大值带,有两个大值中心分别位于云贵地区和日本西部;对应风矢量图上,700 hPa 有西南急流向大值区内输送,850 hPa 西南急流转向的偏东南风影响山西。临近降水到降水期,12 日 08:00(图 37a,c),700 hPa 切变线维持在河套地区西部,西南急流加强,山西上空形成一个上凸的水汽舌,水汽通量值为 $2\times10^{-4}\sim4\times10^{-4}$ g·(s·hPa·cm)$^{-1}$,较 11 日 20:00 增加了 2×10^{-4} g·(s·hPa·cm)$^{-1}$,低层 850 hPa 贝加尔湖南部高压辐散出的偏东风影响山西,山西水汽通量值低于 2×10^{-4} g·(s·hPa·cm)$^{-1}$,与 11 日 20:00 比无明显变化。说明此次降水 700 hPa 的西南急流水汽输送非常重要;西南急流将水汽和能量输送到山西,造成低空急流轴前沿有水汽和质量的辐合,其左侧对应的是正切变涡度区和气旋式涡度区,有利于地面系统减压,从而加强上升运动,使得强降雪维持;对应风矢量图上,低层的水汽通量大值区内出现偏南风的辐合,12 日强降水就出现在水汽通量上凸的湿舌内,同时又有风速切变和辐合的区域。12 日 20:00(图 37b,d),由于正涡度平流和暖平流作用,急流强度加强,急流在山西与内蒙古交界一带出现转折,其中山西地区风速达到 14 m·s^{-1},湿舌向东北方向伸展;而低层 850 hPa 上,河套切变线北侧的偏北急流加强,南侧偏东风转为偏南风,预示低层冷空气势力加强,降水开始减弱。13 日 08:00 随着中低层切变线移出山西,中低层偏北风加大,向山西地区的水汽输送中断,降水趋于结束。

对应水汽通量散度图上,11 日 20:00,700 hPa 水汽辐合区主要位于河套地区到山西西部地区;低层 850 hPa 处于弱偏东气流的影响中,水汽辐合区较 700 hPa 位置略偏西。至 12 日 08:00(图 38a,c),孟加拉湾西南急流水汽输送继续加强,中低层风辐合加强,山西北中部以及晋东南一带转为水汽辐合区,水汽通量散度中心数值也在增大,850 hPa 河套地区—山西均为水汽辐合区,中心位于山西忻州北部,数值达 -15×10^{-5} g·(s·hPa)$^{-1}$·cm^{-2},低层水汽的强烈辐合作用,导致忻州北部出现暴雪天气;14:00(图 38b,d),700 hPa 山西西部上空逐渐转为水汽辐散区,只在山西东部有弱的水汽辐合;低层 850 hPa 山西上空均是水汽辐合区,大值区位于山西东部地区,这与降水后期集中在山西东部有很好地对应关系。13 日 08:00(图略),

随着中低层切变线移出山西,水汽辐合区移出山西,中低层偏北风加大,山西上空转为水汽辐散区,降水也随之结束。

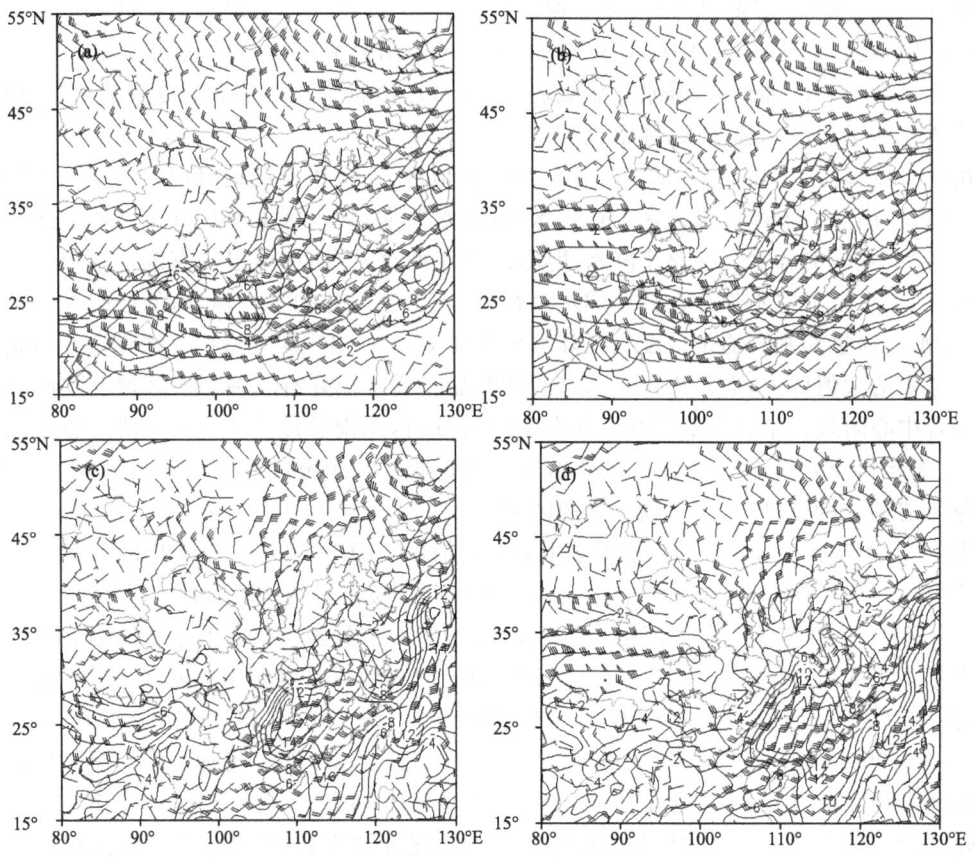

图37 2016年2月中低层水汽通量(单位:10^{-4} g•(s•hPa•cm)$^{-1}$)与风场(单位:m•s^{-1})的叠加
(a,b为700 hPa;c,d为850 hPa)
(a,c)12日08:00,(b,d)12日20:00

由此可见,此次强降水主要是低层850 hPa水汽辐合起主要作用。降水前期,降水区上空没有水汽的明显积聚、辐合,低层弱偏东风对700 hPa西南暖湿气流起动力抬升作用。降水开始后,山西中层一直维持一个水汽通量的大值区,降水区上空还出现明显的水汽辐合,低层水汽的强烈辐合,低层水汽补充非常重要,水汽通量和水汽通量散度在强降水出现前6 h出现增加。强降水出现在水汽通量明显突增区域并有风辐合的区域及水汽通量散度强辐合中心。

个例3:此次强降雪存在两条水汽输送带,一条来自东海,通过偏东急流向山西地区输送;另一条来自南海,通过西南急流向山西地区输送。其中西南急流在降雪过程中起主要作用。

20日08:00,云贵地区和东南沿海,中低层均出现水汽通量大值区,对应风矢量图上,中低层有西南急流向大值区内输送,850 hPa山西受高压底部辐散出的偏东气流影响。20日20:00,随着中低层切变线的东移,700 hPa西南急流在湖南转向偏南风急流,急流轴位于湖南到河套地区一带,山西西部水汽通量开始增加;对应850 hPa上,偏东气流加强为急流;降水首先在山西西部开始,700 hPa西南暖湿气流在850 hPa冷垫上爬升,加强了辐合动力抬升作用。说明

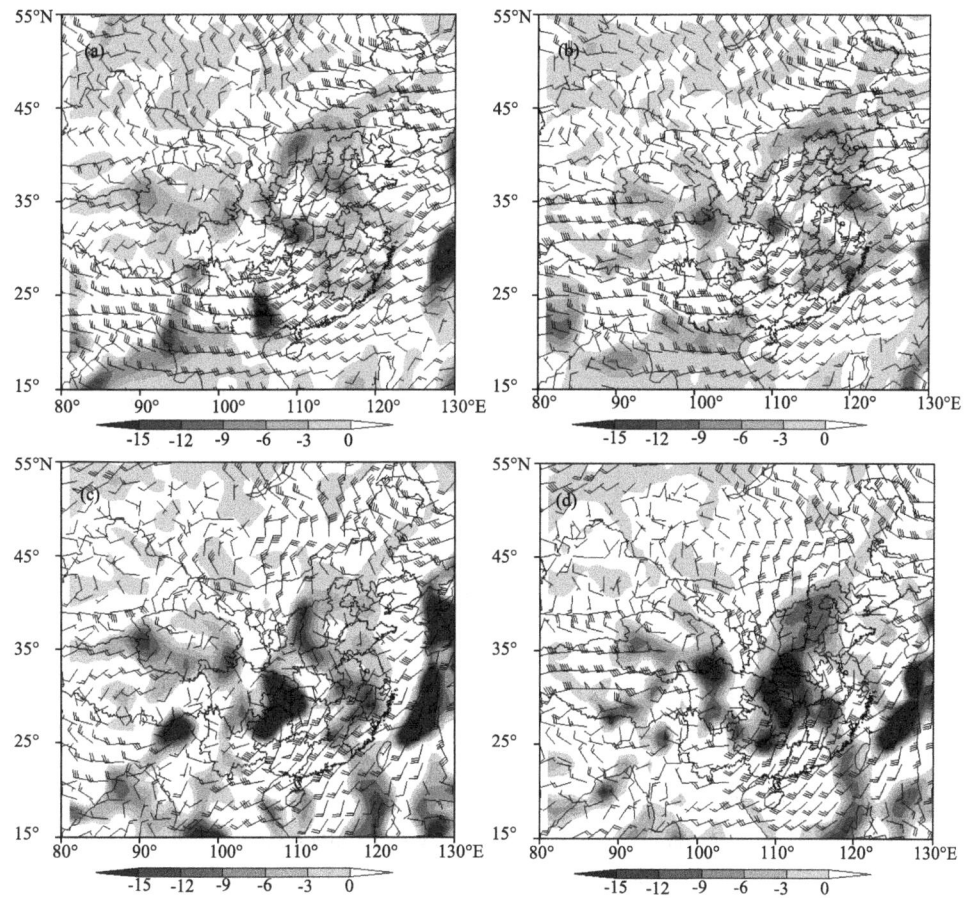

图 38 2016年2月中低层水汽通量散度(单位:10^{-5} g·(s·hPa)$^{-1}$·cm^{-2})与风场(单位:m·s^{-1})的叠加
(a,b 为 700 hPa;c,d 为 850 hPa)
(a,c)12日08:00,(b,d)12日14:00

强降水开始前,水汽主要来自700 hPa南海的西南急流输送。21日02:00,随着切变线的进一步东移,700 hPa(图39a)河套地区—山西出现了明显的水汽通量大值区,中心达10×10^{-4} g·(cm·hPa·s)$^{-1}$;850 hPa(图39c)山西转受偏东南急流的影响,偏东急流将东海的水汽输送到山西西部地区,中低层湿区的叠加,导致山西西部降雪强度大。21日08:00,急流位于山西,最大风速达到20 m·s^{-1},水汽通量大值区位于山西,850 hPa渤海湾的高压阻挡低层切变线东移,使得低层系统移动缓慢,切变线配合前部的高湿区,造成降雪在山西西部停滞,与12 h降雪量对应关系好。21日14:00(图39b,d),中低层切变线与08:00位置基本相同,值得关注的是低层850 hPa渤海湾的高压东移南压,山西上空转受偏西南气流的影响,850 hPa冷垫消失,系统移动速度开始加快,降雪开始趋于减弱。21日20:00(图略),随着中低层切变东移至河北,700 hPa水汽通量大值移出山西,山西地区的湿度明显减小,降雪趋于结束。

700 hPa西南急流将来自南海的水汽源源不断地向暴雪区输送,而850 hPa偏东急流则主要是输送冷而湿的气流,700 hPa西南暖湿气流在850 hPa冷湿的偏东气流上爬升,冷暖空气交汇,加强了大范围的辐合上升运动,增强了大气的斜压性。暖湿空气在爬升过程中冷却凝结

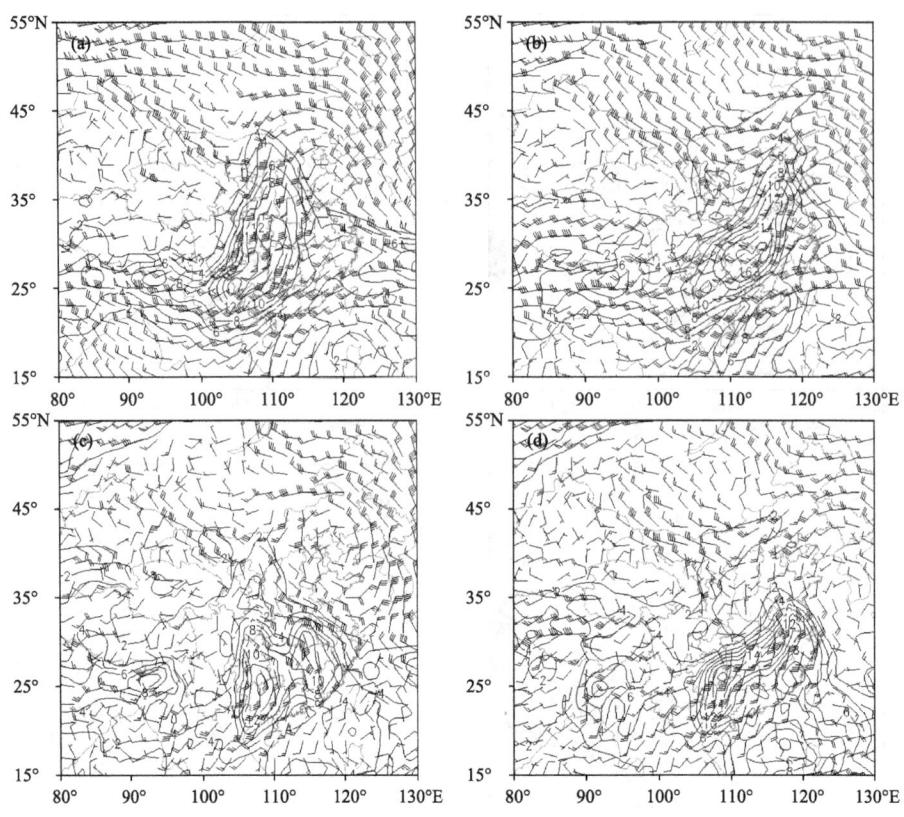

图39 2017年2月中低层水汽通量(单位:10^{-4} g·(s·hPa·cm)$^{-1}$)与风场的叠加
(a,b 为 700 hPa;c,d 为 850 hPa)
(a,c)21 日 02:00,(b,d)21 日 14:00

降落成雪。

20 日 20:00,700 hPa 随着偏南急流的进一步加强,在河套地区存在明显的水汽辐合,中心强度超过 -15×10^{-5} g·(hPa·s)$^{-1}$·cm^{-2},850 hPa 高压后部由东南风将东海水汽输送到山西。21 日 02:00(图 40a,c),随着系统东移,700 hPa 山西水汽辐合较前期明显增强,强辐合中心位于山西西部,中心强度为 -30×10^{-5} g·(hPa·s)$^{-1}$·cm^{-2},850 hPa 上,山西由于偏东急流,水汽辐合位于河套地区。21 日 08:00,700 hPa(图略)山西仍然存在水汽辐合,辐合中心大值区移到山西东部地区,850 hPa 山西西部出现了水汽辐合区;21 日 14:00(图 40b,d),中低层切变线东移,700 hPa 水汽辐合区移到河北地区,而 850 hPa 山西处于水汽辐合区内。21 日 20:00(图略),随着中低层切变东移至河北,850 hPa 水汽辐合区移出山西,降雪趋于结束。

由上可知:降雪开始前,700 hPa 存在水汽的率先辐合,降雪结束时,700 hPa 存在水汽的率先辐散;水汽辐合上升,预示着降水增强,水汽辐散下沉,预示着降水减弱。对流层中低层风速大小对水汽辐合存在明显的影响。

4.2 能量特征

暴雪的产生不仅需要充沛的水汽输送,而且须具备一定的能量和不稳定条件。假相当位温是表征大气温度、压力、湿度的综合特征量,表示了大气的温湿特征和垂直运动,其水平分布

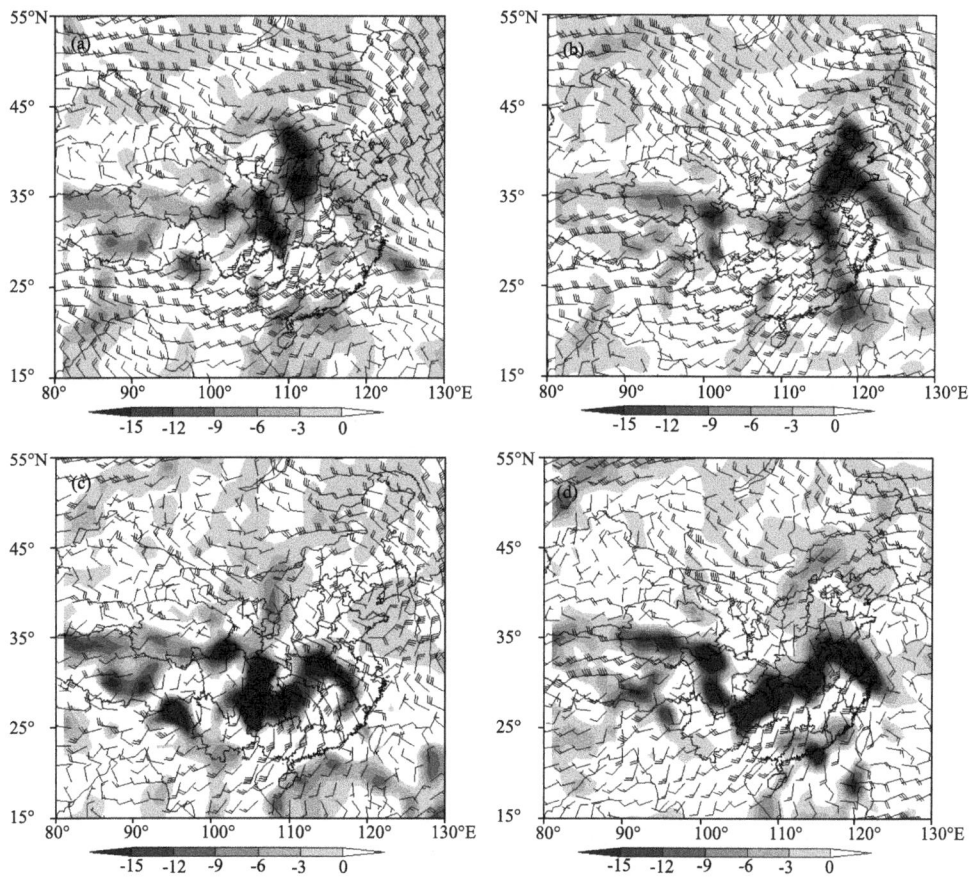

图40 2017年2月中低层水汽通量散度(单位:10^{-5} g·(s·hPa)$^{-1}$·cm^{-2})与风场(单位:m·s^{-1})的叠加
(a,b为700 hPa;c,d为850 hPa)
(a,c)21日02:00,(b,d)21日14:00

特征与对流天气的发生发展有着密切的关系,也反映了大气中能量的分布。为了解三次降雪过程中能量分布及演变特征,利用NCEP/NCAR FNL 1°×1°再分析资料,计算分析了三次过程中的θ_{se}。

个例1:18日20:00强降雪开始前,伴随700 hPa(图41a)西南急流的出现,假相当位温(θ_{se})的高值区从西南方向向暴雪区伸展,但"Ω"型高能舌并不是很明显;19日08:00,随着高能舌继续向东北方向伸展,700 hPa(图41b)山西上空形成明显的"Ω"型高能舌,等304 K线完全控制了山西地区;而随着偏东急流的出现,18日20:00的850 hPa(图41c)以下有一θ_{se}的低值区从东北向暴雪区插入,说明偏东急流将干冷空气带到暴雪区,"Ω"型高能舌位于内蒙古中部—河套地区的西南部;19日08:00,850 hPa(图41d)从东北方向伸向山西的θ_{se}的低值区较18日20:00更甚,"Ω"型高能舌向东北方向强烈伸展,冷暖空气交汇更加剧烈。西南急流在暴雪区上空形成高湿区,从而建立了暴雪区上空的不稳定层结,干冷空气从底层插入θ_{se}的高值区,说明中高层的暖湿气流在东北冷空气之上爬升,触发不稳定能量的释放。到20日20:00(图略),随着上游冷空气的东移南下,高能区迅速东移南撤,降雪结束。

个例2:12日02:00强降雪开始前(图42a),700 hPa能量锋区位于内蒙古东部—新疆南

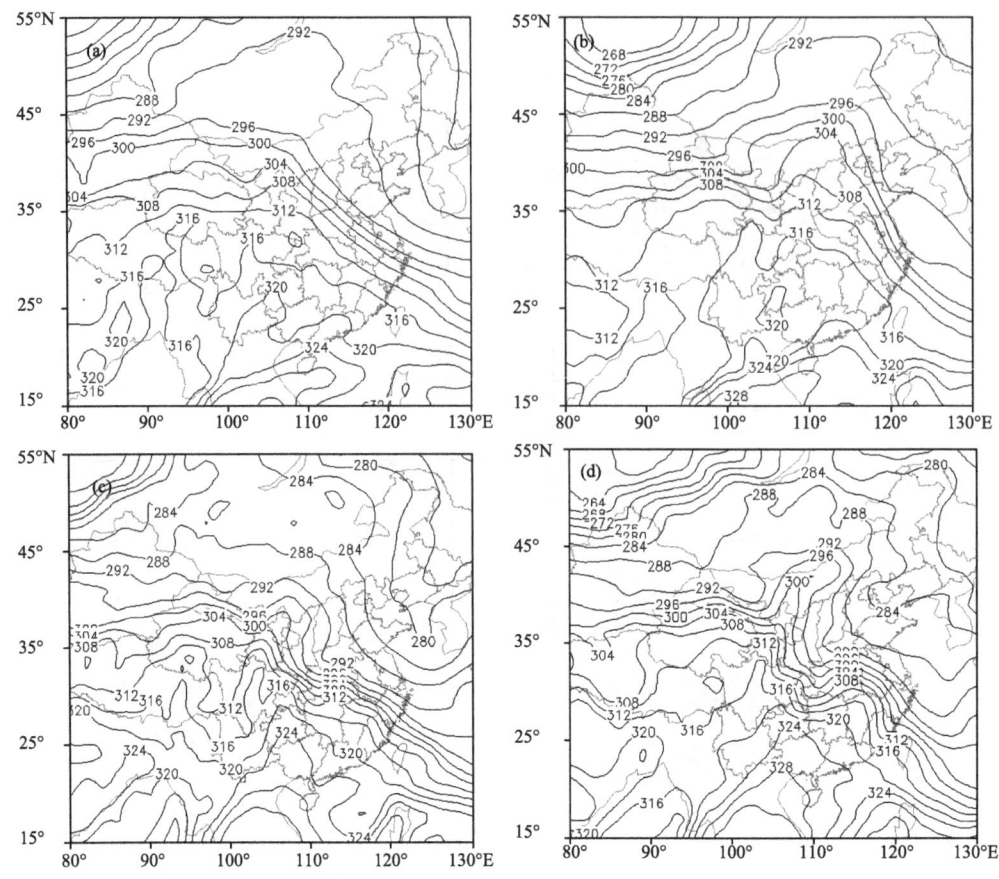

图 41 2015年2月18—19日低层假相当位温分布(单位:K)
(a,b 为 700 hPa;c,d 为 850 hPa)
(a,c)18日 20:00,(b,d)19日 08:00

部地区,河西走廊有一 θ_{se} 的低值区从西北方向插入河套地区,说明西北气流将冷空气带到暴雪区,河套地区—山西西部为"Ω"形高能舌,对应 850 hPa(图 42c),能量锋区位置与 700 hPa 位置近乎重叠,锋区强度较 700 hPa 锋区强度强,10 个纬距内有 7 根等假相当位温线,系统陡立。随着降水的开始,12 日 08:00(图 42b),低层西南急流加强,以及地面冷锋逐渐南压,700 hPa 能量锋区略微南压,"Ω"形高能舌移到山西上空;对应 850 hPa(图 42d)能量锋区整体往南压,锋区压在山西北部,锋区强度较 02:00 更强,西北路冷空气将较低的 θ_{se} 的从西北向河套地区与山西交界处楔入,冷暖空气首先在山西西部开始交汇,降水强度增强。13 日 08:00,随着西北风进一步加强,对流层中低层的能量锋区移到江淮一带,山西上空受西北气流控制,降水结束。

个例 3:分析 θ_{se} 的空间分布图,20 日 20:00,700 hPa(图 43a)河套地区到内蒙古中部为"Ω"型高能舌,能量锋区位于河西走廊一带,对应 850 hPa(图 43c)在四川北部至山西北部呈现东北—西南向的"Ω"型高能舌,能量锋区位于长江下游至四川盆地一带,呈东西向,中心位于广西与贵州交界处,山西位于能量锋区的高能舌前。在黑龙江有一 θ_{se} 的低值区从东北向暴雪区插入,说明偏东急流将干冷空气带到暴雪区;随着西南暖湿气流的加强,冷空气南下加强,各

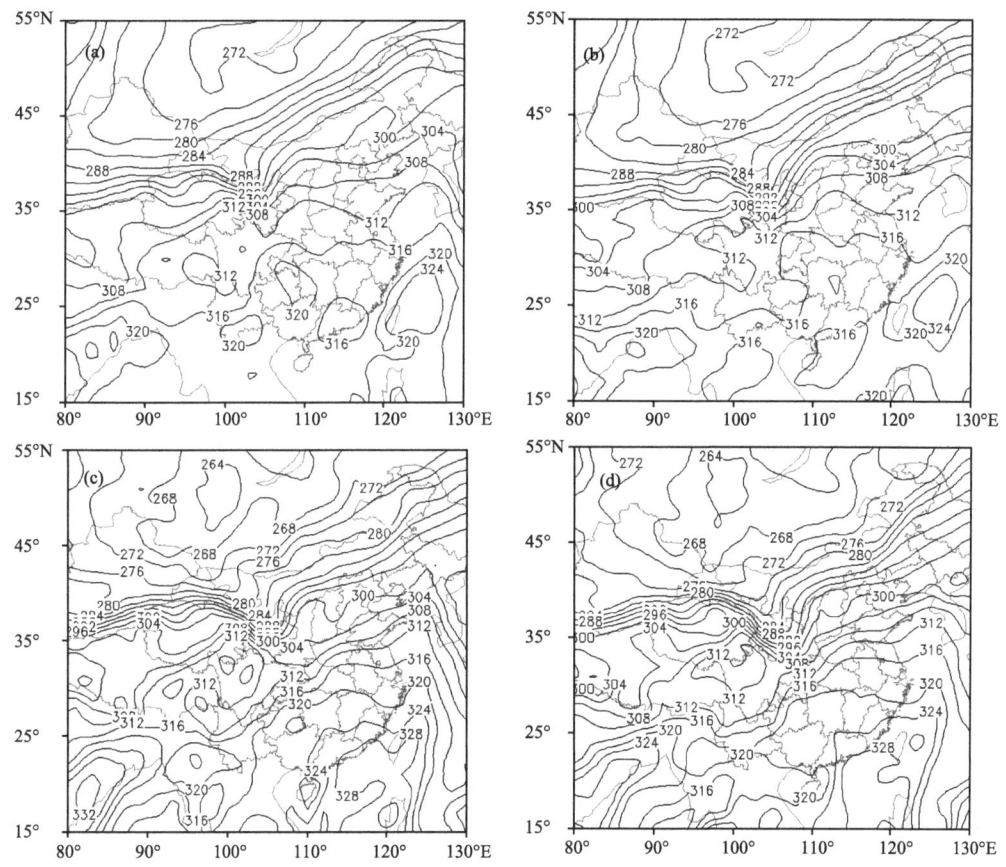

图 42 2016 年 2 月 12 日低层假相当位温分布(单位:K)
(a,b 为 700 hPa;c,d 为 850 hPa)
(a,c)02:00,(b,d)08:00

层的高能区明显向西北方向扩展,降雪开始,强度加大。21 日 08:00(图 43b),随着低层西北路冷空气的南下,700 hPa 能量锋区的高能舌区移到山西东部,西南急流在暴雪区上空形成高湿区,从而建立了暴雪区上空的不稳定层结,干冷空气从底层插入高值区,说明中高层的暖湿气流在东北冷空气之上爬升,触发不稳定能量的释放。850 hPa(图 43d)能量锋区略往南压,高能舌强度减弱,山西上空为弱的高能舌与 θ_{se} 低值区(280 K)相对应,降雪开始减弱。21 日 20:00(图略),850 hPa 锋区南压至云南至江苏一带,呈东北—西南向分布。700 hPa 西北路冷空气东移南下,高能区强度减弱,能量锋区移至山东半岛至四川盆地一带,山西上空能量锋区不复存在,降雪趋于结束。

4.3 动力结构特征

上升运动使大气中的不稳定能量得以释放,同时大气中的水汽凝结(降雪)与上升运动有直接联系,上升运动是水汽凝结、冻结和冰粒子增长的运动学条件。倾斜上升气流使降水质点脱离上升气流,不会因拖曳作用减弱上升气流的浮力,同时可以增强中层干冷空气的吸入,加强云内下沉气流和低层空气外流。倾斜上升气流的宽度越宽,强度越强,降水量级越大。为了

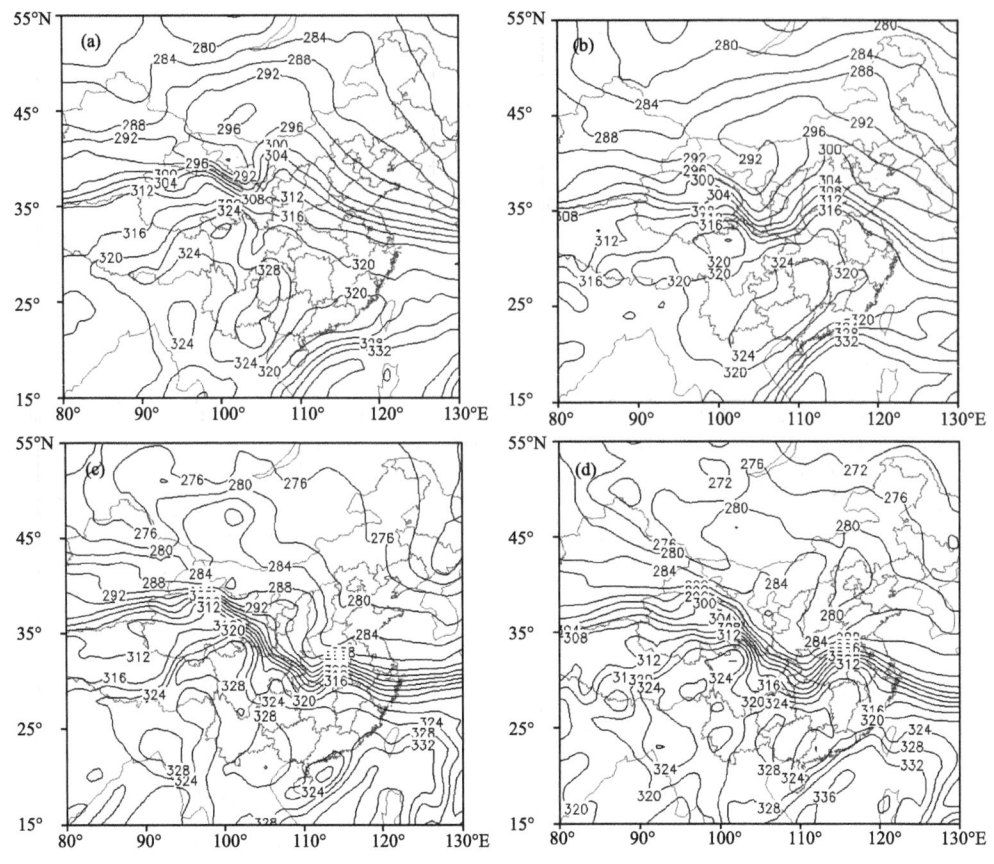

图 43 2017 年 2 月 20—21 日低层假相当位温分布(单位:K)
(a,b 为 700 hPa;c,d 为 850 hPa)
(a,c)20 日 20:00,(b,d)21 日 08:00

了解上升运动结构和特征,利用 NCEP/NCAR FNL 1°×1°再分析资料,计算了 3 个个例的散度,并沿暴雪区作垂直剖面,分析其演变特征。

个例 1:沿 113.5°E 作散度垂直剖面,分析发现强降雪发生前(图 44a),34°~39°N 上空存在正反两个环流圈,呈西南—东北走向的倾斜结构,反环流圈强于正环流圈,此种垂直结构有利于中低层大范围有组织的抬升运动的加强,使得低层暖湿气流沿"冷空气垫"倾斜爬升,在斜升过程中,水汽不断凝结,导致强降水增幅并持续。低层以辐散为主,中层以辐合为主,辐合中心强度大于辐散中心强度。在西南—东北走向的倾斜结构上有两个辐合中心,强度分别为 $-0.5×10^{-5}\ s^{-1}$ 和 $-2×10^{-5}\ s^{-1}$。降雪开始后(图 44b),西南—东北走向的倾斜结构仍然存在,向东北方向伸展至 300 hPa 附近,强度增强为 $-1.5×10^{-5}\ s^{-1}$。700 hPa 强辐合中心从 35°N 移到 39°N,强度仍然维持在 $-2×10^{-5}\ s^{-1}$,在 38°~42°N 上空出现了辐合—辐散—辐合—辐散的结构,且辐合中心强度与辐散中心强度相当,这种倾斜结构的维持以及辐合辐散强度的明显增加,导致降雪持续。20 日 08:00(图 44c),随着降雪能量的进一步释放,辐合、辐散中心强度均明显减弱,西南—东北走向的倾斜结构消失,对流层中层以辐散为主,低层以辐合为主,降水开始减弱。20 日 20:00(图 44d),低层转为辐散,高层转为辐合,降水结束。

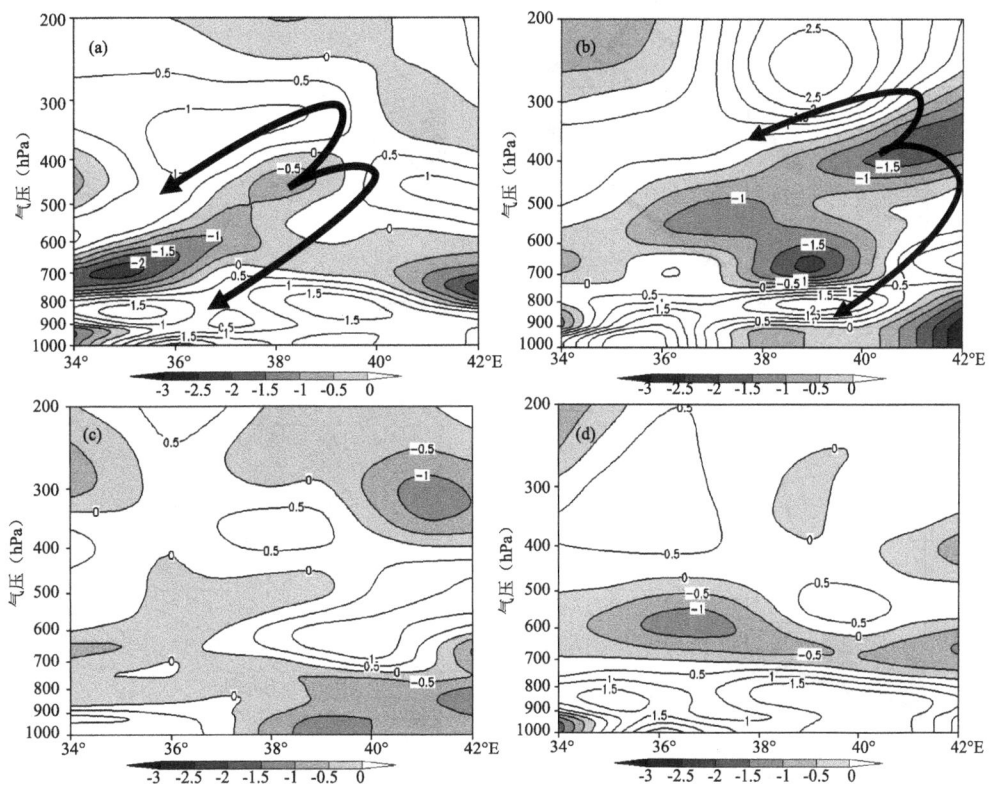

图 44　2015 年 2 月 19—20 日沿 113.5°E 的散度经向垂直剖面(单位:10^{-5} s^{-1})
(a)19 日 02:00,(b)19 日 14:00,(c)20 日 08:00,(d)20 日 20:00

从以上分析可以看出,西南—东北走向的倾斜结构以及正反次级环流出现在强降雪发生前 6 h,倾斜结构的进一步向东北方向伸展以及强辐合中心进一步向北抬,暴雪区位于倾斜结构北侧,这对于强降雪的预报有很好的指示意义。

个例 2:沿 111°E 作散度垂直剖面,分析可知,强降雪发生前(图 45a),500～200 hPa 上存在西南—东北走向的倾斜结构,有两个次级环流圈,反环流圈强于正环流圈,此种垂直结构有利于中低层大范围有组织的抬升运动,抬升运动又加强正反环流,使得低层暖湿气流沿"冷空气垫"倾斜爬升,在斜升过程中,水汽不断凝结,导致强降水增幅并持续。在 36°～39°N 低层以辐散气流为主,中层以辐合气流为主。降雪开始后(图 45b),34°N 附近的强辐合中心由 500 hPa 上升至 400 hPa 附近,800 hPa 以下全部转为辐合,有两个强辐合中心,分别位于 34°N、40°N 附近,强度均为-2.5×10^{-5} s^{-1}。38°N 以南呈现出西北—东南走向的倾斜结构,这与东北路冷空气较弱,而西北路冷空气较强劲有关。整个呈现出辐合—辐散—辐合—辐散的结构,辐合辐散强度均明显增强。辐散中心强度强于辐合中心强度,这种辐合—辐散—辐合—辐散结构的维持以及辐合辐散强度的明显增加,导致降雪持续。12 日 20:00(图 45c),34°～38°N,900～600 hPa 略呈西北—东南走向的倾斜结构,这种结构的出现与山西南部降水量级较大有密切的关系,随着降雪能量的进一步释放(图略),辐合、辐散中心强度均明显减弱,西南—东北走向的倾斜结构消失,对流层中层以辐散为主,低层以辐合为主,降水开始减弱。13 日 20:00(图 45d),整个中低层转为辐散,高层转为辐合,这种配置下,降水结束。

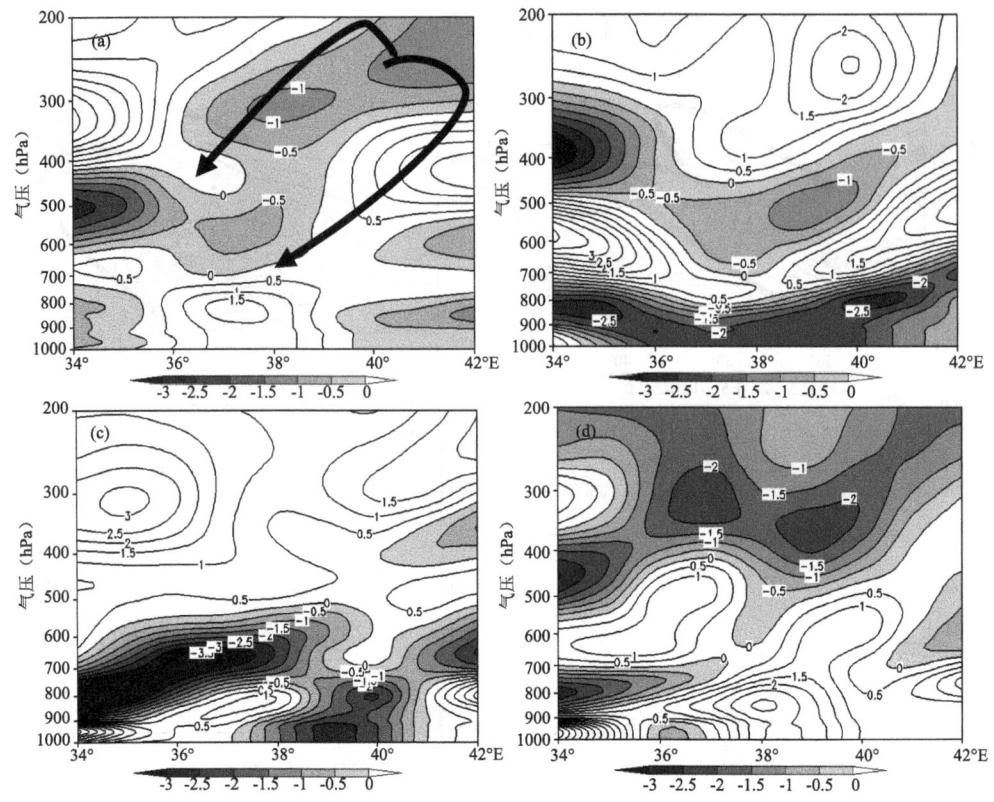

图 45 2016 年 2 月 11—13 日沿 111.5°E 散度经向垂直剖面（单位：10^{-5} s^{-1}）
(a)11 日 20:00,(b)12 日 14:00,(c)12 日 20:00,(d)13 日 20:00

从以上分析可以看出，西南—东北走向的倾斜结构转为西北—东南走向的倾斜结构，以及正反次级环流出现在强降雪发生前 12 h，强降雪主要位于倾斜结构北侧，这对于强降雪的预报有很好的指示意义。

个例 3：沿 111°E 作散度垂直剖面，发现强降雪发生前（图 46a），34°～40°N 上空存在正反两个环流圈，呈西南—东北走向的倾斜结构，正环流圈强于反环流圈，这种倾斜结构有利于中低层大范围有组织的抬升运动的加强，使得低层暖湿气流沿"冷空气垫"倾斜爬升，在斜升过程中，水汽不断凝结，导致强降水增幅并持续。辐合中心位于 550 hPa，强度达 -4.5×10^{-5} s^{-1}。降雪开始后（图 46b），西南—东北走向的倾斜结构消失，对流层低层全部转为辐合，且辐合强度明显增强。强辐合区主要位于 800～700 hPa，两个中心分别位于 36°N、40°N，强度分别为 -5×10^{-5} s^{-1}、-4×10^{-5} s^{-1}。低层辐合、高层辐散的结构，且辐合中心强度远大于辐散中心强度，这种结构的维持导致上升运动的增强，从而导致降雪持续增强。21 日 08:00（图 46c），随着降雪能量的进一步释放，辐合、辐散中心强度均明显减弱，800～700 hPa 转为辐散，在 38°～42°N 低层以辐合为主，强度为 -3.5×10^{-5} s^{-1}，随着低空西南急流的加强，降水区向北抬。山西中南部降水开始减弱。21 日 20:00（图 46d），低层转为辐散，高层转为辐合，辐散中心强度大于辐合中心强度，降水趋于减弱结束。

由此可看出，西南—东北走向的倾斜结构以及正反次级环流出现在强降雪发生前 6 h，暴雪区位于倾斜结构北侧，这对于强降雪预报有很好的指示意义。

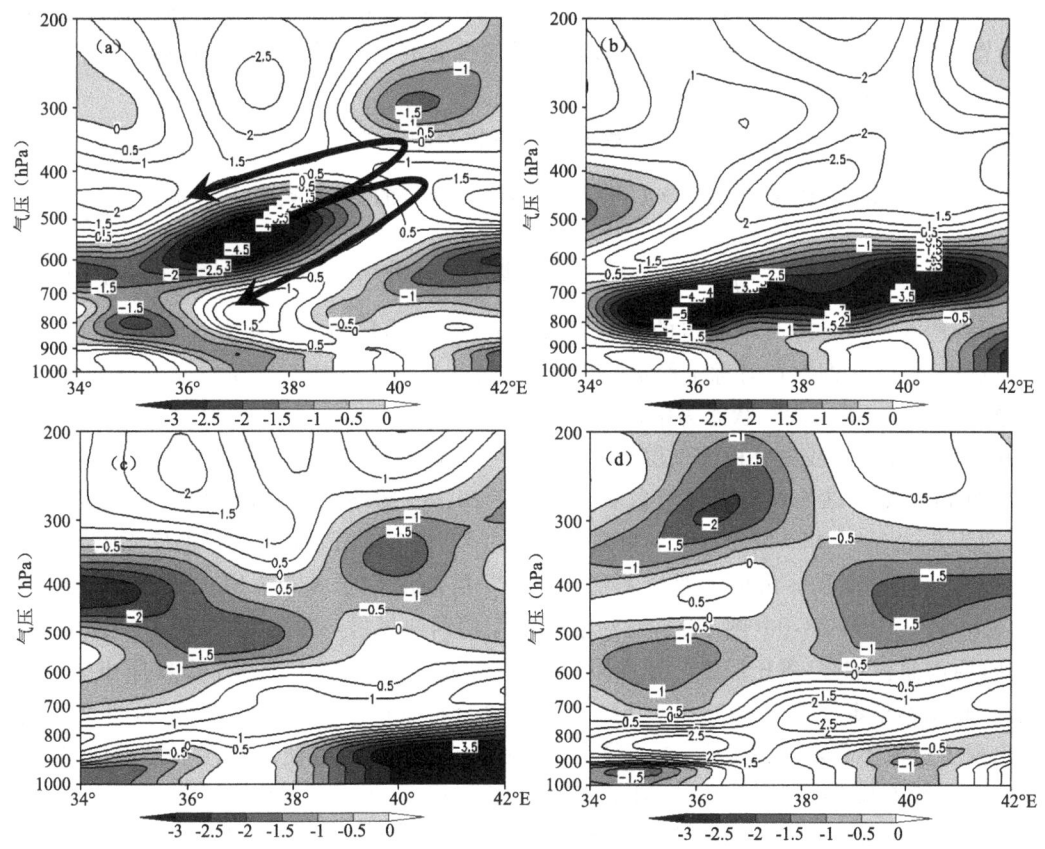

图46　2017年2月20—21日沿111°E散度经向垂直剖面(单位：10^{-5} s^{-1})
(a)20日20:00,(b)21日02:00,(c)21日08:00,(d)21日20:00

5 不稳定特征及干侵入作用分析

5.1 对流不稳定与对称不稳定

对流不稳定,又称位势不稳定。它是指整层气层被抬升后气层的稳定状态,静力稳定、水汽呈下湿上干分布的气层受迫抬升时,整个气层温度都首先按干绝热递减率下降,但气层下部将率先达到饱和,并释放潜热;当气层下部达到饱和后,按湿绝热直减率降温,而气层上部因未达到饱和仍按干绝热直减率降温,导致气层下部的降温速度小于气层上部的干绝热降温,结果整个气层的温度递减率将变大,甚至大于湿绝热递减率,亦即该气层上部降温多,下部降温少,从而导致静力稳定气层转化成了不稳定气层。稳定气层被整层抬升到凝结高度以上而可能变成静力不稳定,则称该气层为对流性不稳定;反之,则称为对流稳定。

对流不稳定的判据:$\frac{\partial \theta_{se}}{\partial z}<0$ 为对流不稳定,$\frac{\partial \theta_{se}}{\partial z}>0$ 为对流稳定,$\frac{\partial \theta_{se}}{\partial z}=0$ 为中性。

当大气处于弱的层结不稳定状态时,虽然在垂直方向上不能有上升气流的强烈发展,但在一定条件下可以发展成斜升气流,这种机制称为对称不稳定。在斜压环境大气中,若在静力平衡下的环境位温(θ_g)面和地转风平衡的环境总动量(m_g)面中间的方向上有一扰动,微团将向远离其平衡位置的方向运动,而科氏力和重力的作用都是使扰动不稳定发展,这就是对称斜压不稳定。

对称不稳定的判据:

设基本状态是斜压的,引入 3 个参数表示基本状态的特征:

Brunt-Vaisala 频率 $N^2 = (\frac{g}{\theta_0}) \cdot (\frac{\partial \theta_0}{\partial z}) > 0$ 为浮力稳定的,惯性频率 $F^2 = f(f + \frac{\partial v}{\partial x}) > 0$ 为惯性稳定的,斜压频率 $S^2 = (\frac{g}{\theta_0}) \cdot (\frac{\partial \theta_0}{\partial x}) > 0$ 表示基本气流的风速是随高度增加的。$q = F^2 N^2 - S^4$,$q < 0 \Rightarrow F^2 N^2 - S^4 < 0$ 是不稳定的必要条件。$q < 0$,表明环境大气动力扰动使向北运动的空气质点得到能量,即存在对称不稳定。当 $q > 0$,说明环境大气使空气质点受到抑制,大气状态是稳定的。当 $q = 0$,大气状态为中性。

利用太原探空曲线先分析大气层结状态。

个例 1:从太原站的探空曲线可以看出,18 日 20:00(图略),700 hPa 以上为较强的西南风,风速为 6 m·s^{-1},850 hPa 及以下为强劲的偏东风,在 770 hPa 上出现了温度露点差≤4 ℃的等压层,750~700 hPa 出现了对流不稳定。0 ℃层高度位于 836.7 hPa,低于抬升凝结高(755.3 hPa)。19 日 08:00(图 47a),对流层中高层的西南风进一步加强,出现了>12 m·s^{-1}的风速,西南急流加强,等压层进一步加厚,甚至在 850~462 hPa 上出现了温度露点差≤2 ℃等压层,对流不稳定层位于 600~500 hPa。西南急流将暖湿气流向暴雪区输送,进而对流层中层出现了对流不稳定达到最强,在不稳定区存在空气的辐散,致使对流性不稳定加强,且在不稳定区持续有暖湿平流输入,有利于降水粒子的碰并、增长。此外,0 ℃层高度下降到 910 hPa,距地面高度为 196.6 m,低于抬升凝结高度(825.9 hPa),冰雪层厚度(一般认为云中温度<-10 ℃到饱和区顶高的部分为冰雪区)增长到接近云体的 1/3,云底的温度为-5.3 ℃。925 hPa 温度为 1 ℃,850 hPa 温度为-4 ℃,779~694 hPa 出现了明显的锋面逆温,700 hPa 温度为-4 ℃,山西北中部和南部高海拔地区降水相态为雪。20 日 08:00(图 47b),对流层中上层 650 hPa 以上有干冷空气侵入,急流减弱,对流不稳定区消失;整层大气温度都≤-1 ℃,全省降水相态以雪为主,饱和区顶高降低,云层变薄,预示着降水减弱。

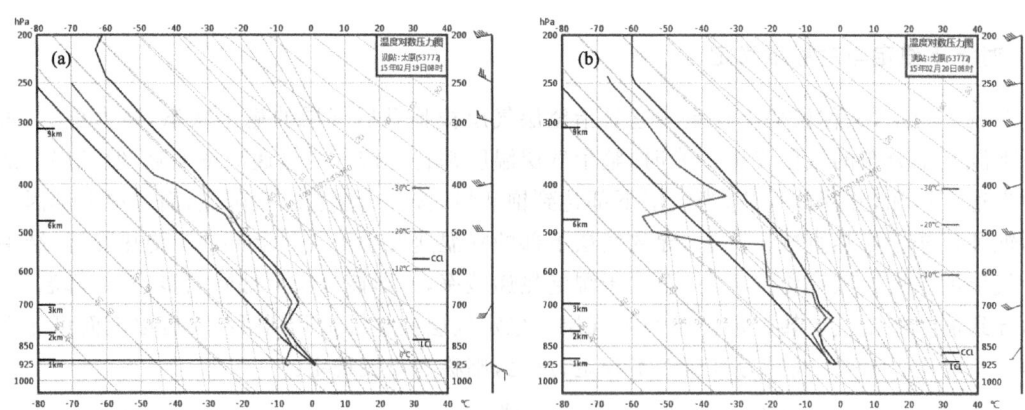

图 47　2015 年 2 月太原探空曲线
(a)19 日 08:00,(b)20 日 08:00

可见,0℃层高度下降,且低于抬升凝结高度是降水相态发生转换的主要原因,同时云中冰雪层厚度的增长也是降水相态发生转换的必需条件。

根据探空资料选取出现对流不稳定的层次,计算19日02:00(图48a)和19日08:00(图48b),对流层中层θ_{se}的差值随气压变化值,暴雪发生前6 h,19日02:00,对流不稳定区域主要集中河套地区,中心强度达2.5 ℃·hPa^{-1},19日08:00山西上空大部分为对流不稳定区域,大值区位于山西北部与中部交界区,达5 ℃·hPa^{-1},这与该地区大的降水量有很好的对应关系,在不稳定区持续存在空气的辐散,致使对流性不稳定加强,且在不稳定区持续有暖湿平流输入,有利于降水粒子的碰并、增长。降水开始后,低层空气出现辐合,对流性不稳定减弱,大气层结趋于稳定,之后降水为稳定性降水,对流性不稳定减弱,大气层结趋于稳定,这与回流稳定相吻合。

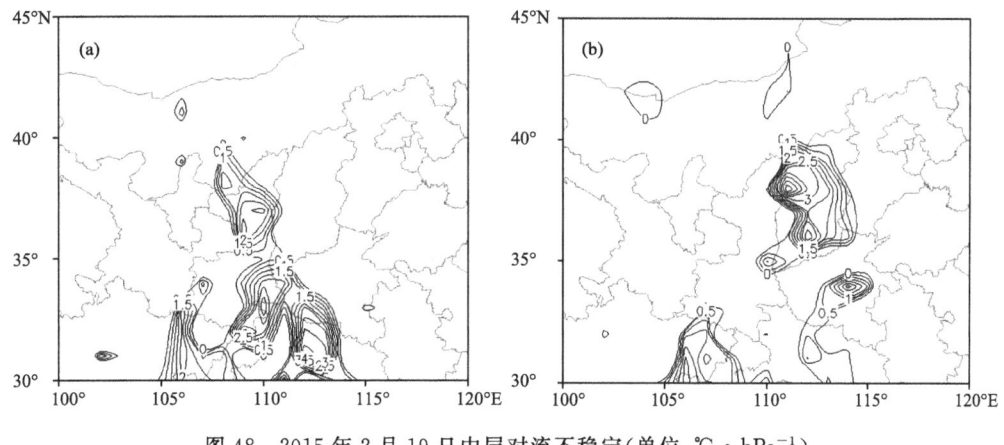

图48 2015年2月19日中层对流不稳定(单位:℃·hPa^{-1})
(a)02:00,(b)08:00

采用对称不稳定判据,计算暴雪前后大气的对称不稳定情况,结果发现,19日02:00降雪开始,700 hPa在山西出现了近西北—东南向的湿球位涡负值区(图49a),表明这里的大气对称不稳定,山西中部的上空,有两个高负值中心,中心值分别为−2.4 PVU(1 PVU=1×10^{-6} m^2·K·(s·kg)$^{-1}$)、−1.6 PVU;晋东南地区也有一个高负值中心。19日08:00(图49b),随着地面倒槽强烈发展,西南急流显著加强,对称不稳定区北移至山西西北部一带,仍然存在两个高负值闭合中心,但是中心强度较19日02:00降低了,分别减小为−1.6 PVU、−0.4 PVU,而位于晋东南地区高负值闭合中心移出山西。山西降水加剧,由于地面中尺度辐合线、中低层的切变线等系统的共同触发作用,使对称不稳定能量进一步释放。19日14:00由于对称不稳定能量的释放,山西西北部地区仅存在一个负值中心,强度仅为−0.8 PVU。至20日08:00山西上空能量已经全部释放完,降水减弱趋于结束。19日02:00,850 hPa(图49c),在山西北部出现近东西向的湿球位涡负值区。有两个负值中心,中心强度分别为−0.8 PVU、−1.2 PVU,19日08:00(图49d)可以看出对称不稳定区移至山西大同东部。两个负值中心变为一个负值中心,中心强度为−1.2 PVU,850 hPa低值区轴线走向与实况降雪带走向有很好的对应关系。特别需要注意的是19日14:00在五台山地区暴雪中心的上空的南北两侧,存在明显的湿球位涡负中心与正中心,正负中心强度分别为1.6 PVU、−0.8 PVU,其中心比值为−2。可以说这对湿球位涡正负中心所对应的不稳定垂直环流系统具有中尺度的特征。而这个地区为西南低空急流的出口处,因此这里存在的这种湿对称不稳定结构是五台山地区出现强降雪的主要原因。

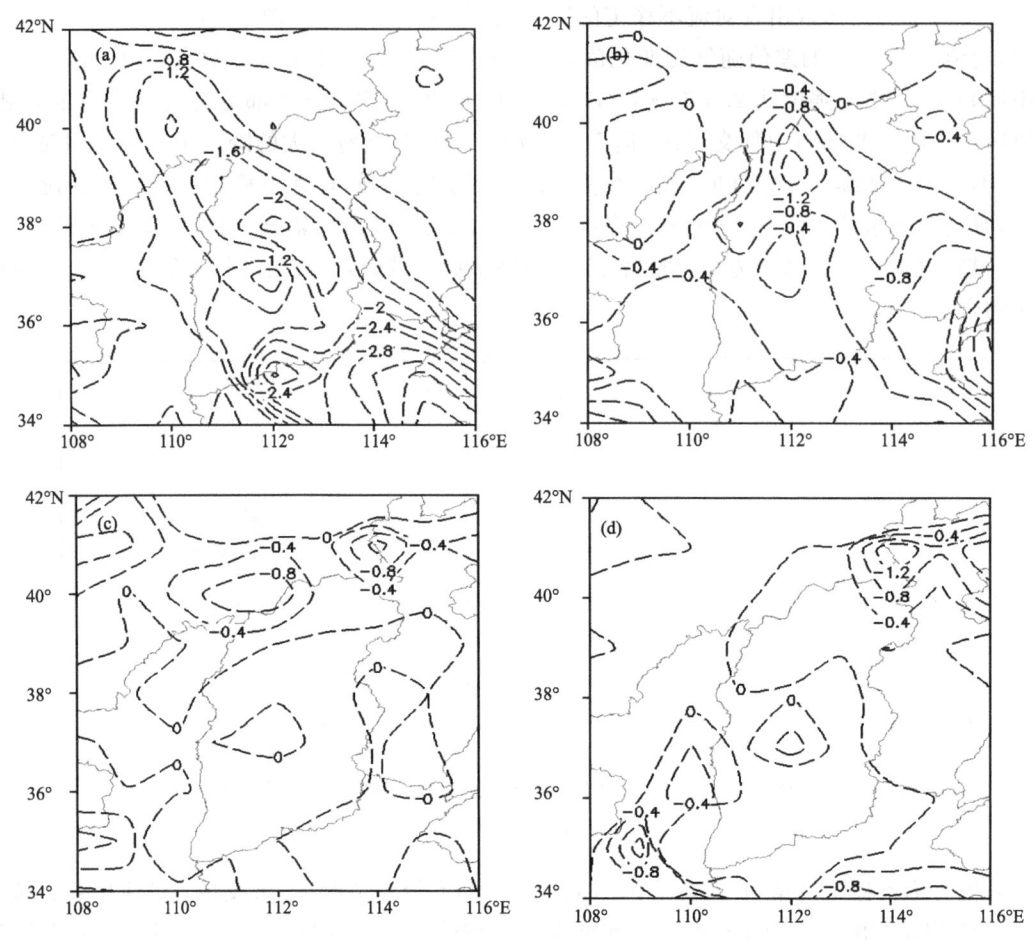

图 49　2015 年 2 月 19 日对称不稳定分布(单位:PVU)
(a,b 为 700 hPa;c,d 为 850 hPa)
(a,c)02:00,(b,d)08:00

此外,山西中部的大雪区,为两个负湿球位涡中心相交的区域,与 700 hPa 风速切变的位置相吻合,强降雪就发生在切变线(或两个负湿球位涡中心相交的区域)。这里的湿球位涡负值比较均匀,负值区的面积大,表征这里被动力学性质较为均一的暖湿气团所占据。低空急流的西面为较宽广的湿球位涡正值区,代表着干燥的冷气团。山西中部大雪的形成不仅与切变线、地面辐合线的作用直接有关,也不能忽略暖湿的西南低空急流中的条件性对称不稳定对它的作用。

个例 2:从太原站的探空曲线(图 50a)可以看出,12 日 08:00,700 hPa 及以上为较强的西南风,风速为 12 m·s^{-1},850 hPa 及以下为东南偏东风,风速仅为 4 m·s^{-1},在 521 hPa 以下出现了温度露点差≤2 ℃的饱和等压层,570~500 hPa 出现了对流不稳定。0 ℃层高度位于 811 hPa,高于抬升凝结高度(908.8 hPa),在 925 hPa、700 hPa 存在两个弱逆温层,逆温厚度薄,强度小。12 日 20:00,随着低层 850 hPa 东南风转为偏西风,700 hPa 西南风风速由原来的

12 m·s^{-1}减小为 8 m·s^{-1},饱和等压层进一步加厚,466 hPa 以下出现了温度露点差≤2 ℃ 的饱和等压层,对流不稳定层由原来的 570~500 hPa 上升到 500~440 hPa,在不稳定区存在空气的辐散,致使对流性不稳定加强,低层风向的转变意味着降水减弱。此外,0 ℃层高度下降到 901 hPa,距地面高度为 1.8 km,低于抬升凝结高度(910.8 hPa)。13 日 08:00(图 50b),700 hPa 以下转为西北风,700 hPa 西南风风速由原来的 12 m·s^{-1}减小为 8 m·s^{-1},饱和等压层变薄,低层由原来的饱和转为不饱和,811~624 hPa 为温度露点差≤2 ℃的饱和等压层,600 hPa 以上有明显的干空气侵入,变成了从低到高的干湿干结构,破坏了有利的降水层结。原有的对流不稳定层消失,由于锋面的进一步东移南压,探空图上可以看出逆温层属于典型的锋面逆温,逆温层上界湿度大于下界湿度,逆温强度增强,厚度增大。整层的气温均在 0 ℃以下。整层大气温度都≤-1 ℃,饱和区顶高降低,云层变薄,预示着降水减弱结束。

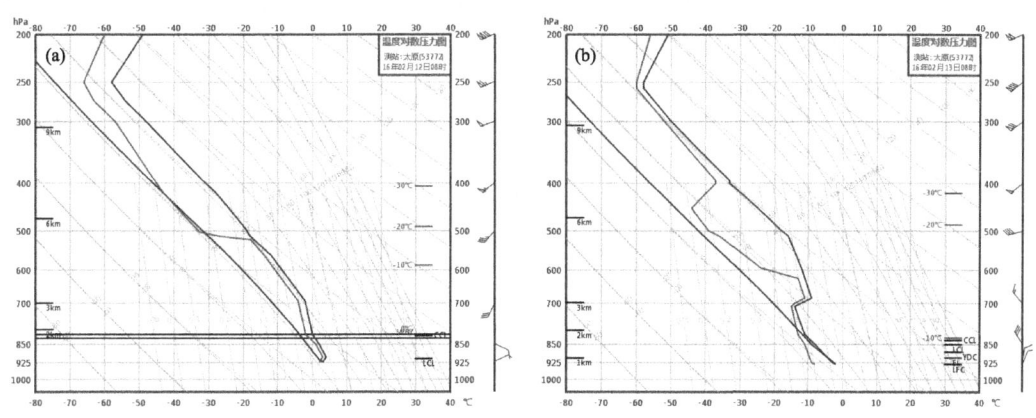

图 50 2016 年 2 月太原探空曲线
(a)12 日 08:00,(b)13 日 08:00

根据探空资料选取出现对流不稳定的层次,计算 12 日 02:00(图 51a)和 12 日 08:00(图 51b),对流层中层 θ_{se} 的差值随气压变化值,暴雪发生前 6 h,12 日 02:00,对流不稳定区域主要集中河套地区、山西西部地区以及山西南部地区,中心强度达 1 ℃·hPa^{-1},12 日 08:00 随着

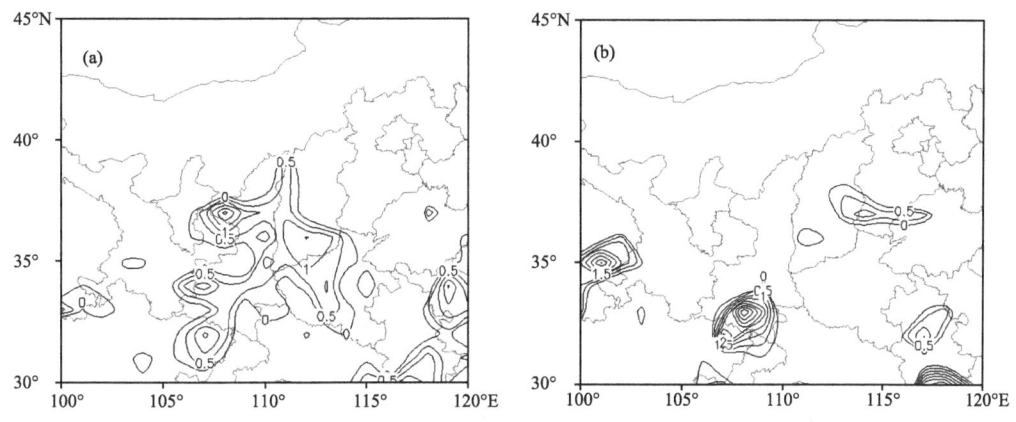

图 51 2016 年 2 月 12 日中层对流不稳定(单位:℃·hPa^{-1})
(a)02:00,(b)08:00

降水开始,对流不稳定区域快速减小,仅在山西东部地区部分为对流不稳定区域,中心强度无变化。这与该地区大的降水量有很好的对应关系,在不稳定区持续存在空气的辐散,致使对流性不稳定加强。降水开始后,低层空气出现辐合,对流性不稳定减弱,大气层结趋于稳定,这与锋面南压,西北路冷空气快速南下相吻合,后期带来降温大风天气。

分析暴雪前后大气的对称不稳定情况,结果发现,12 日 02:00 降雪开始,700 hPa 在山西出现了近东西向的湿球位涡负值区(图52a),表明这里的大气对称不稳定,山西上空有两个高负值中心,分别位于山西东北部、山西南部地区。中心值分别为 -1.2 PVU、-1.6 PVU,特别需要注意的是两个负值之间在山西忻州西部地区有弱的大于 0 的中心,正负中心强度分别为 0.2 PVU、-1.6 PVU,其中心比值为 -0.25。19 日 08:00(图52b),随着地面倒槽发展,西南急流显著加强,对称不稳定区向北推进至山西中部地区,中部偏西、偏东地区存在两个中心,中心值分别为 -1.6 PVU、-2 PVU。中心强度较 19 日 02:00 增加了 0.4 PVU,湿球位涡的弱的正中心消失,这个地区是西南低空急流的出口区,也是西南风与东南风暖式切变线所在处。该处的湿对称不稳定由于地面中尺度辐合线、中低层的切变线、冷锋等系统的共同触发作用,使对称不稳定能量进一步释放。12 日 20:00(图略)由于对称不稳定能量的释放,降水趋于减

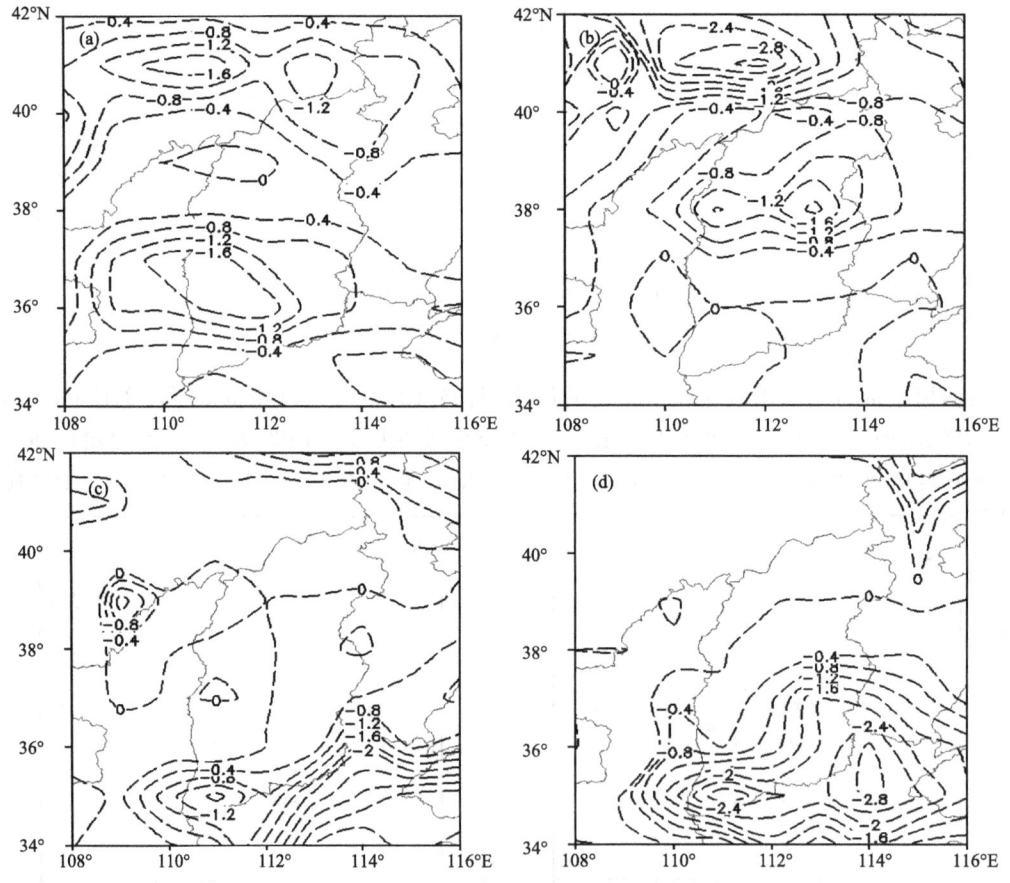

图 52　2016 年 2 月 12 日低层对称不稳定分布(单位:PVU)

(a,b 为 700 hPa;c,d 为 850 hPa)

(a,c)02:00,(b,d)08:00

弱。12日02:00,850 hPa(图52c),在山西南部出现近东西向的窄的湿球位涡负值区。负值中心强度为-1.6 PVU,位于山西晋西南地区。12日08:00(图52d)可以看出对称不稳定区整体向北移动。整个山西南部处于对称不稳定区域中。中心强度增强为-2.8 PVU,850 hPa低值区轴线走向与南部超过10 mm的降水量级有很好的对应关系。

个例3:从太原的探空曲线可以看出,20日08:00(图略),大气层结属于稳定,700 hPa及以上为一致的强劲西北风,700 hPa以下为偏东北风,最大风速达12 m·s^{-1},低层风随高度顺转,有弱暖平流,0 ℃层高度在925 hPa以下,低于抬升凝结高度(693.9 hPa),整层大气温度低于0 ℃,云底温度低于0 ℃,无对流不稳定层。降雪开始前的20日20:00(图53a),700 hPa以上、400 hPa以下,西北风转为西南风,且西南风最大风速达14 m·s^{-1},达到急流标准。700 hPa以下为偏东北风,850 hPa以上风随高度顺转有暖平流,中低层温度露点差≥10 ℃,500 hPa以上为明显的高湿区,特别是在513～495 hPa出现了温度露点差≤2 ℃的饱和等压层。925 hPa以下温度为1～2 ℃,以上整层气温低于0 ℃,近地面出现了弱的增温现象。随着降雪开始,21日08:00(图53b),700 hPa以上均为强劲的西南风,700 hPa风速由原来的10 m·s^{-1}增加到28 m·s^{-1},风随高度明显的顺转,有暖平流;850 hPa以下为较强的偏东北风,且风随高度出现逆转,有冷平流。说明强劲的西南暖湿急流在850 hPa"冷垫"上爬升,有利于冷暖空气交汇,加强了大范围的辐合上升运动,增强了大气的斜压性,加大了垂直风切变,暖湿空气在爬升过程中冷却凝结下落形成雪。在650 hPa处存在明显的逆温层,逆温层厚度达1.5 km,逆温强度达9 ℃,400 hPa以下整层湿,温度露点差≤2 ℃,500 hPa比湿超过了2 g·kg^{-1},0 ℃层高度低于抬升凝结高度(922.6 hPa),20日08:00—21日08:00,抬升凝结高度快速降低,层云云底高度较低,整个云体温度均低于-3 ℃,降水粒子在下落过程中,即使经过逆温区,由于温度低于0 ℃,也不会使降水粒子融化形成水膜在继续下降到逆温层以下冻结,降水相态始终为雪。22日08:00(图略),对流层中层有干冷空气侵入,湿层变浅薄,抬升凝结高度升高到902 hPa。700 hPa以下转为西北风,表明西北路冷空气势力加强侵入降雪区,云层变薄,预示着降水减弱结束。

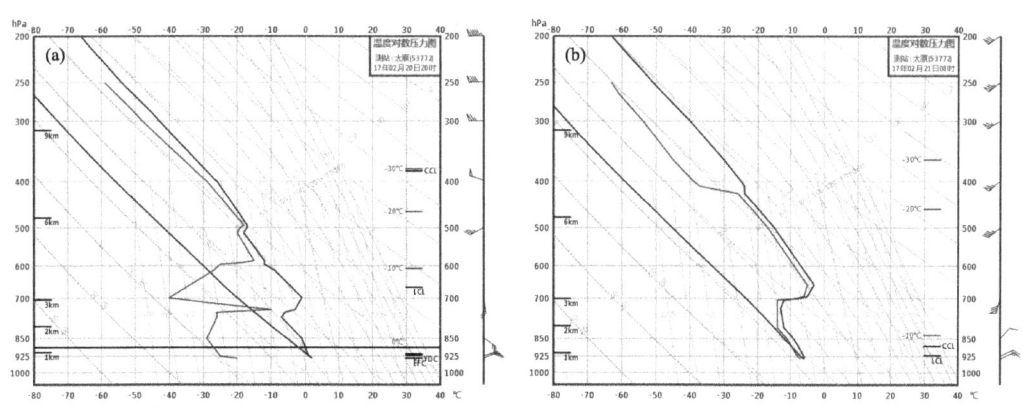

图53 2017年2月太原探空曲线
(a)20日20:00,(b)21日08:00

此外从降雪前及降雪时的 T-ln$p$ 图发现,20日20:00,太原在850 hPa以下有不稳定能量,不稳定层极其浅薄,到21日08:00是稳定的,分析 θ_{se} 随高度的变化发现,降雪发生前和发生时 θ_{se} 随高度增加,由此可见,此次暴雪天气属于对流稳定性降水。

采用对称不稳定判据,计算暴雪前后大气的对称不稳定情况,结果发现,降雪开始前(图略),20日20:00,忻州西部、陕西中部各有两个负的湿球位涡中心,强度分别为-1.2 PVU、-2 PVU。在两个负湿球位中心之间吕梁有一个弱的正湿球位涡中心,这两对湿球位涡正负中心所对应的不稳定垂直环流系统具有中尺度的特征。21日02:00降雪开始,随着地面倒槽强烈发展,低层西南急流持续增强,冷暖空气首先在山西西部地区交汇,位于陕西中部负湿球位涡中心向山西南部移动,上述地区出现了近似东西向的湿球位涡负值区(图54a),有3个负值闭合中心,中心值分别为-6 PVU、-3 PVU、-5 PVU;忻州西部也有一个负值中心,强度为-1 PVU,强度较前一时刻减弱,不稳定能量释放。弱正湿球位涡中心消失,地面倒槽继续发展。21日08:00(图54b),地面倒槽发展在其北端形成一个闭合中心,南端地面倒槽明显减弱。随着低空西南急流向东移动,对称不稳定区向北向东移动,山西西部负湿球位涡值相比21日02:00明显减小,说明该地区对称不稳定能量进一步释放,这与20日20:00—21日08:00 12 h降雪量在山西西部的大值区有很好的对应关系。21日20:00,负湿球位涡东移南退,位于山西东部的负湿球位涡值由-6 PVU减小为-2 PVU,这与21日08:00—21日20:00 12 h降雪量在山西东部偏南地区的大值区有很好的对应关系。至21日20:00山西上

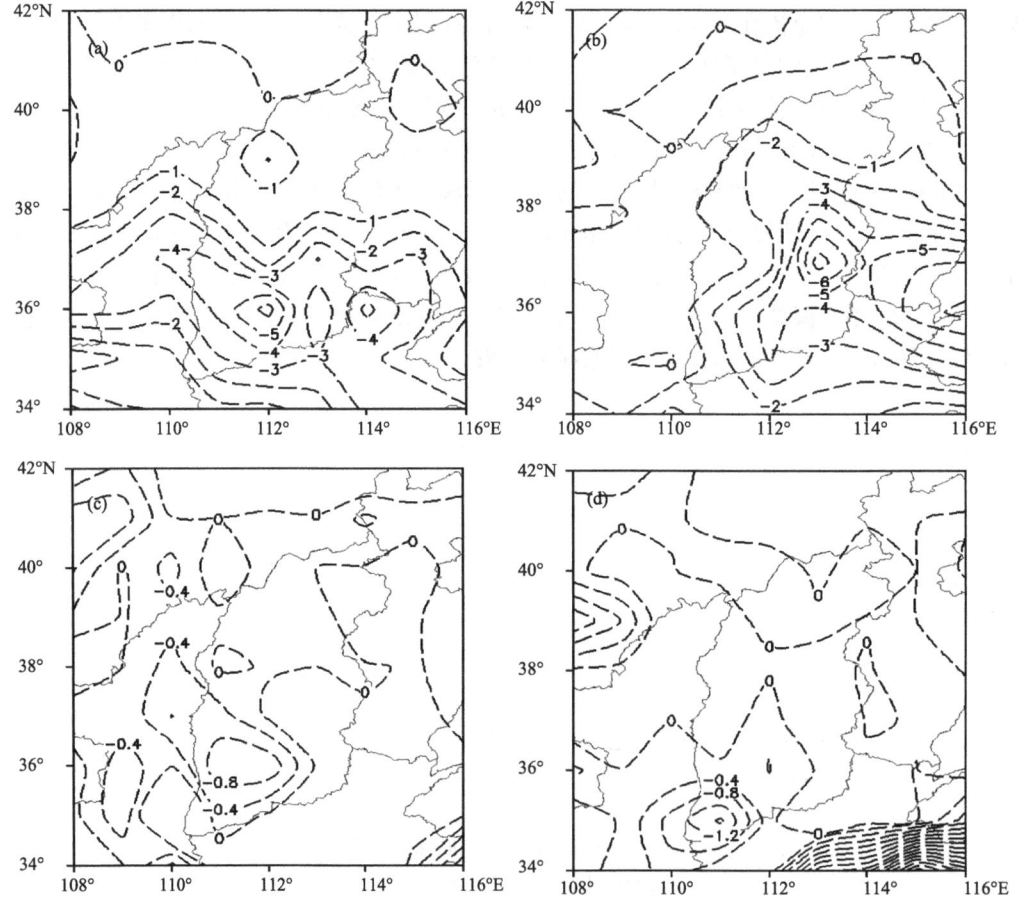

图54 2017年2月21日对称不稳定分布(单位:PVU)
(a,b为700 hPa;c,d为850 hPa)
(a,c)02:00,(b,d)08:00

空能量已经全部释放完,降水减弱趋于结束。这里的湿球位涡负值比较均匀,负值区的面积大,表征这里被动力学性质较为均一的暖湿气团所占据。低空急流的西面为湿球位涡正值区,表示干燥的冷气团向暴雪区侵入。山西大到暴雪的形成受低层切变线、地面辐合线、地面倒槽等共同触发暖湿西南低空急流中的对称不稳定能量释放。20日20:00,850 hPa在山西吕梁北部—忻州东部有一负湿球位涡中心,强度为−0.8 PVU,在陕西中部—山西南部出现近东西向的湿球位涡负值区。有两个负值中心,中心强度分别为−2.4 PVU、−1.2 PVU,21日02:00(图54c)可以看出吕梁北部—忻州东部负湿球位涡中心由于不稳定能量的释放消失。这个地区为西南低空急流的出口处,以及低空风速切变线所在位置。因此这里湿对称不稳定能量释放完毕是造成该地区出现强降雪的主要原因。晋西南地区有从陕西中东移来的负湿球位涡中心,强度减弱为−0.8 PVU。至21日08:00(图54d),晋西南湿球位涡中心强度增强了0.8 PVU,达−1.6 PVU。21日20:00负湿球位涡中心移出山西,对称不稳定能量释放完毕。这与山西南部12 h带状大雪带对应的非常吻合。强降雪就发生在切变线(或地面辐合线附近)。

5.2 干侵入

5.2.1 干侵入特征分析

干侵入是指从对流层顶附近下沉到低层的干空气,它可由高位势涡度(PV,单位:PVU,1 PVU=1×10^{-6} m^2·K·(s·kg)$^{-1}$)和低相对湿度(RH)两个特征量来表示。对流层高层高值位涡库与相对湿度<40%的干区域相对应,可以认为这是干空气侵入的源头。干侵入所引起的垂直方向上不同程度的降温和降湿,有利于气旋的爆发性发展、暴雨的增幅、位势不稳定的增强,以及中气旋的发生、发展,它影响锋面的演变,促进冷锋降水。利用NCEP/NCAR FNL 1°×1°再分析资料计算分析相对湿度和位涡的演变。

个例1:沿38°N作相对湿度和位涡的纬向垂直剖面(图55a)可见,相对湿度低值区及位涡高值区不断向下伸展,100°~128°E河西走廊到渤海湾对流层高层,一直存在一个相对湿度<40%的干中心和位涡>1 PVU的高值位涡库。在104°E和124°E,600~300 hPa相对湿度低值区不断向下伸展,位涡高值区从东向西伸展。18日14:00(图55b),122°E附近对流层高层250 hPa附近有>8.8 PVU高值中心,该高位涡库自上而下呈漏斗状下伸至500 hPa附近,位涡高值区的1 PVU线向下延伸到500 hPa山西中部上空,相对湿度<40%的干区向下侵入到112°~116°E附近,向下侵入到800 hPa附近,形成等湿度密集带。至18日20:00(图55c),高位涡中心进一步下降,降到550 hPa附近,108°~114°E地面至200 hPa相对湿度均小于40%。随着降雪的开始(图55d),湿区进一步向东向对流层低层扩展,在108°E存在等湿度密集带。对流层高层高值位涡库向北向上收缩。19日14:00,山西上空对流层中低层由原来相对湿度小于40%转为相对湿度大于90%,降水持续。21日08:00(图略)山西上空800 hPa以上完全转为干区,这次降雪过程结束。干侵入引起的对流层中低层垂直方向上的降温和降湿,一方面使山西形成雨转雪的温度条件,另一方面使中低层动力辐合加强,形成较强降雪。当干区向南侵入到雨区上空,向下侵入到550 hPa附近时,降雪开始;随着相对湿度低值区和等湿度密集带不断向下伸展,降雪逐渐结束。

分析各时次的相当位温(θ_e)、位涡沿38°N垂直剖面图发现,干空气侵入有沿等相当位温线密集带向下滑的特点。18日20:00(图56a),在对流层高层等相当位温线密集带上,有一呈漏斗状向下伸的高值位涡区。之后,高值位涡库沿等相当位温线密集带向下向西伸展,在

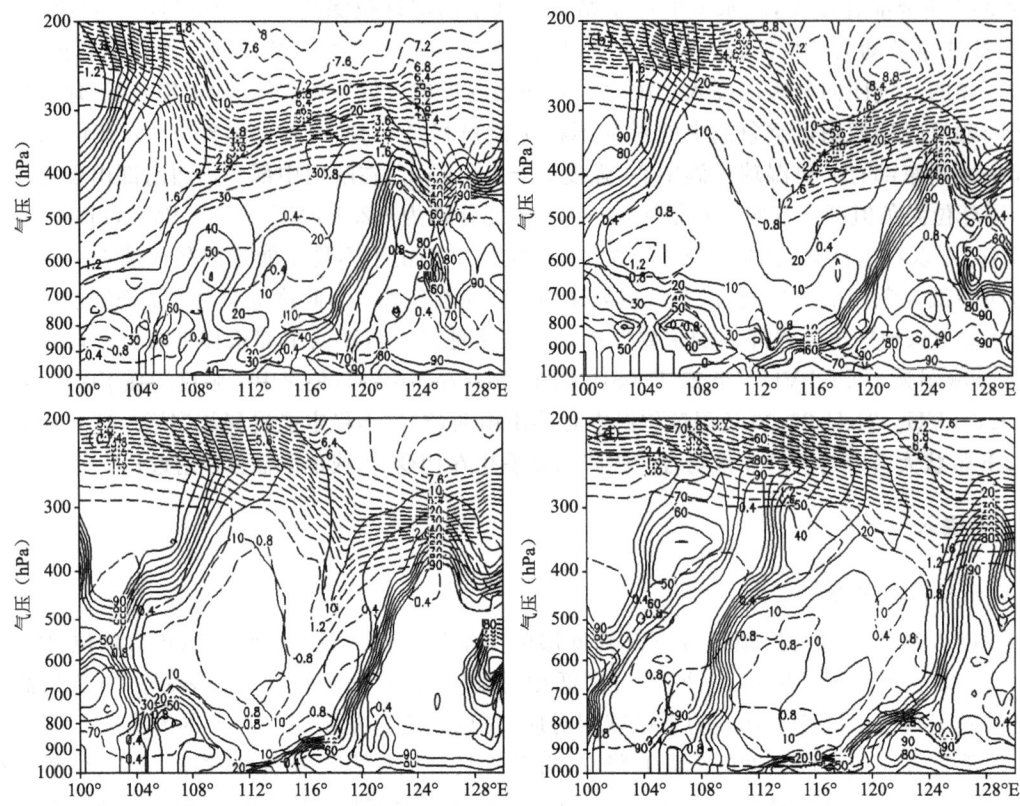

图 55 2015 年 2 月 18—19 日相对湿度、位涡沿 38°N 径向垂直剖面
(实线:相对湿度,单位:%,虚线:位涡,单位:PVU)
(a)18 日 08:00,(b)18 日 14:00,(c)18 日 20:00,(d)19 日 08:00

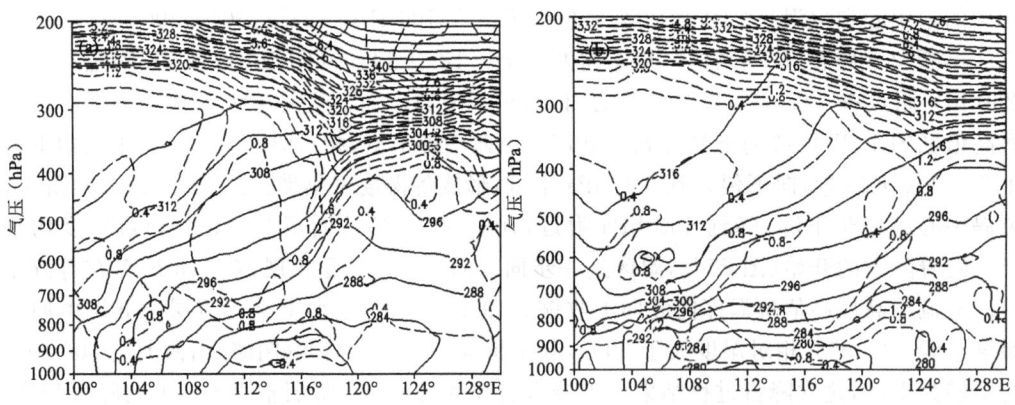

图 56 2015 年 2 月 18—19 日相当位温、位涡沿 38°N 纬向垂直剖面
(实线:相当位温,单位:K,虚线:位涡,单位:PVU)
(a)18 日 20:00,(b)19 日 08:00

116°E 对流层低层分裂出小的位涡扰动。19 日 08:00(图 56b),随着降水开始,高层高值位涡向北向上收缩,等位温相对密集区从对流层中层移动到对流层低层,密集带主要集中在 700~

900 hPa,对流层低层存在两个位涡扰动均不在山西境内。19日20:00(图略),低层西南急流的明显加强,使得108°~113°E 800 hPa附近有一高值位涡扰动,强度为1.6 PVU。在上述位置对应有等位温相对密集带。19日08:00—19日20:00,是此次降雪的最强时段。20日08:00对流层低层高值位涡扰动向东移动,移出山西,山西降水减弱结束。

个例2:分析相对湿度和位涡沿111.5°E经向垂直剖面图(图57a)可见,相对湿度低值区及位涡高值区不断向下伸展,对流层高层300 hPa以上,24°~36°N、48°N以北一直存在一个相对湿度<40%的干中心和位涡>1 PVU的高值位涡库。在34°N和56°N附近,600~300 hPa相对湿度低值区不断向下伸展,位涡高值区呈西南—东北走向向对流层中层伸展,位涡高值区的1 PVU线分别向下延伸到500 hPa以及900 hPa。11日14:00(图57b),山西上空对流层中层由相对湿度>90%转为相对湿度<40%,对流层低层相对湿度较大,大于70%。在44°~52°N对流层低层有从对流层高层呈漏斗状伸展下来的高值位涡扰动,强度达到1.6 PVU。12日02:00(图57c),西北路干冷空气从对流层高层呈西北—东南向侵入山西上空,35°N对流层低层有从西北方向上高位涡库掉下的高值位涡扰动,强度为1.2 PVU。随着降水的开始,等湿度密集带压在山西上空600 hPa附近,呈东北—西南走向,可以看出此次降雪过程主要是西北路的干冷空气向南向下侵入而产生。低层湿中高层干的配置,有利于降水的持续。位涡高值区的1 PVU线向北到700 hPa上。13日08:00,800 hPa以上完全转为干区,这次降雪过程结束。

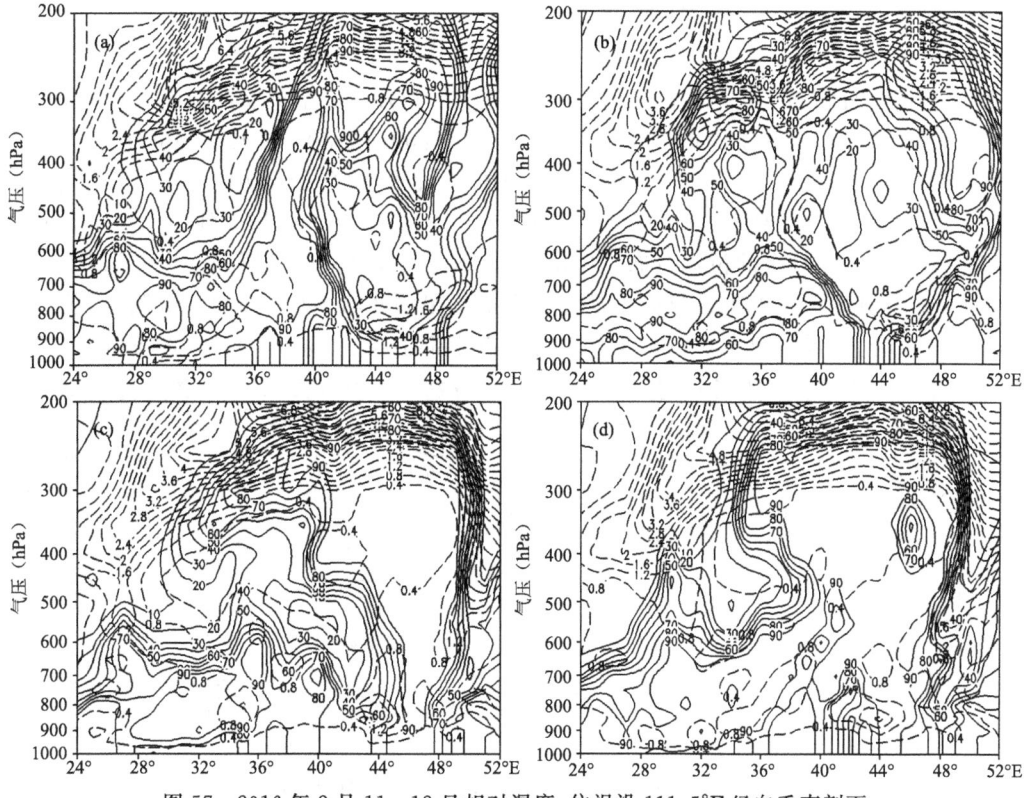

图57 2016年2月11—12日相对湿度、位涡沿111.5°E经向垂直剖面
(实线:相对湿度,单位:%,虚线:位涡,单位:PVU)
(a)11日08:00,(b)11日14:00,(c)12日02:00,(d)12日08:00

分析各时次的相当位温(θ_e)、位涡沿 111.5°E 垂直剖面图发现,干空气侵入有沿等相当位温线密集带向下滑的特点。11 日 14:00(图 58a),在对流层高层等相当位温线密集带上,有一呈漏斗状向下伸的高值位涡区。之后,高值位涡库沿等相当位温线密集带向下向西伸展,于对流层中低层分裂出小的位涡扰动(图 58b),强度为 1.2 PVU。12 日 08:00(图略),低层位涡扰动对应等相当位温密集带。12 日 08:00—12 日 20:00,是此次降雪的最强时段。相当位涡密集区随着低层位涡扰动向下向南移。13 日 08:00(图略),低层位涡扰动消失,降水结束。

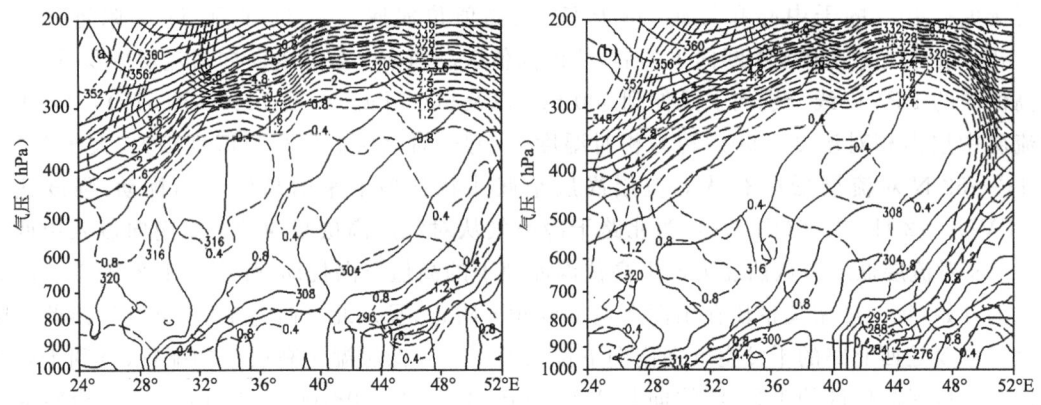

图 58 2016 年 2 月 11—12 日相当位温、位涡沿 111.5°E 径向垂直剖面
(实线:相当位温,单位:K,虚线:位涡,单位:PVU)
(a)11 日 14:00,(b)12 日 02:00

个例 3:通过分析每 6 h 一次的相对湿度和位涡沿 111.5°E 经向垂直剖面图可见,相对湿度低值区及位涡高值区不断向南向下伸展。19 日 08:00(图略),在 42°~46°N 上空,650~200 hPa 存在相对湿度<40%、随高度向北倾斜的广大干空气区(干中心接近 0,位于 300~200 hPa),与其南侧的高湿区对峙;在 36°~40°N、42°~44°N,从 800 hPa 到 200 hPa 形成等湿度线密集带。对比同时次的位涡分布,在 42°~46°N 上空,对流层高层 300~200 hPa 为一高值位涡库,中心值达 6.5 PVU。该高位涡库自上而下呈漏斗状下伸至 600 hPa 附近,位涡高值区的 1 PVU 线向下延伸到 600 hPa 以下的内蒙古中部上空。20 日 02:00(图 58a),在 38°~

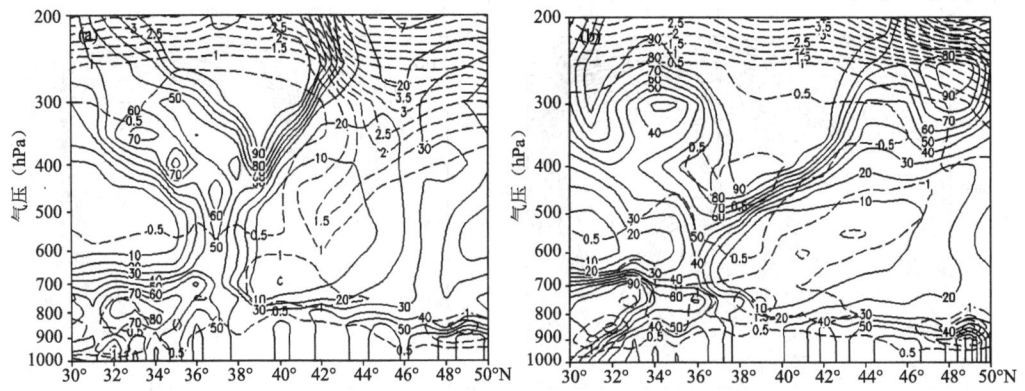

图 59 2017 年 2 月 20 日相对湿度、位涡沿 111.5°E 径向垂直剖面
(实线:相对湿度,单位:%,虚线:位涡,单位:PVU)
(a)02:00,(b)08:00

44°N对流层低层分裂出一个1 PVU的位涡相对高值区,而后又逐渐扩展到对流层中层。20日20:00(图58b),在山西、内蒙古对流层低层连成带状。21日08:00以后(图略),随着对流层高层高值位涡库向北向上收缩,在山西、内蒙古上空,位涡相对高值区在对流层低层逐渐消失,这次降水过程趋于结束。同时,相对湿度低值区也随高位涡区一起向南向下伸展。过程期间,等湿度线密集带不断南压。

分析各时次的相当位温(θ_e)、位涡沿111.5°E垂直剖面图发现,干空气侵入有沿等相当位温线密集带向南向下滑的特点。19日08:00(图60a),在对流层高层等相当位温线密集带上,有一呈漏斗状向下向南伸的高值位涡区。之后,高值位涡库沿等相当位温线密集带向下向南发展,于对流层中低层分裂出小的位涡扰动(图60b),山西省上空形成了一个向北倾斜的相对高值位涡柱。20日20:00(图60c),高层高值位涡与低层位涡扰动彻底分离,相当位涡密集区随着低层位涡扰动向下向南移。21日08:00(图60d),34°~42°N有一个随高度向北倾斜的高值位涡区,对应有等位温相对密集区。20日20:00—21日08:00,是此次降雪的最强时段。

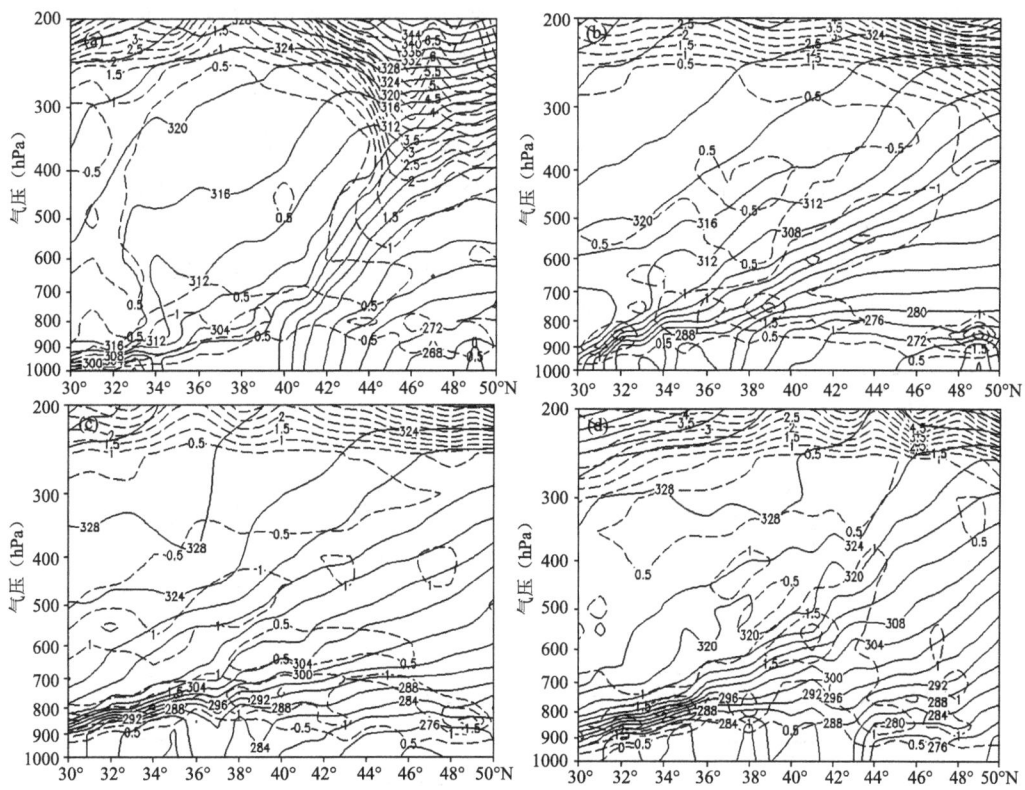

图60 2017年2月19—21日相当位温、位涡沿111.5°E径向垂直剖面
(实线:相当位温,单位:K,虚线:位涡,单位:PVU)
(a)19日08:00,(b)20日08:00,(c)20日20:00,(d)21日08:00

5.2.2 干侵入对温度场影响分析

降水的云物理过程,无论是降雨还是降雪都是在一定的热力、动力条件下由云内部微物理过程产生。

按云的微结构特征,云可分为水云(完全由水滴组成)、冰云(完全由冰晶组成)和混合云

(由水滴和冰晶共同组成)3类。三次降雪过程中2015年和2016年都是雨转雪过程。因此这两次为混合云降水,而2017年为冰云降水。对于混合云,按温度和高度可将其自上而下分为3层:一是高层为冰晶区,温度为-25~-30 ℃以下;二是中间层为冰晶和过冷水滴共存区,温度为0 ℃以下;三是低层为水滴区,温度为0 ℃以上。

对于具有不同层次的混合云,云底附近的降水物是不同的。当云体只有高层时,在近地面为冰雾,一般无降水;如有高、中两层,可以生成雪片和霰;若有中、低两层,可以生成毛毛雨。3层都有的云,可以生成较强降水。因此,混合云内没有0 ℃以上的最低层,或有降温使0 ℃以上的最低层温度降为0 ℃以下,是混合云降雪的必要条件。

由于日常业务中,所探测的大气温度并非云体温度,但已有研究[20]表明,雪的增长主要分布在500 hPa以下的中低层,因此500 hPa以下气层的温度分布尤其是0 ℃层对于混合云降雪的形成有重要影响。

个例1:分析每6 h一次的温度沿113.5°E经向垂直剖面图(图61)可以发现,19日08:00 27°~36°N上空的950~700 hPa自南向北伸出一条随高度升高而向北倾斜的暖脊,暖脊之下的800~950 hPa叠加了一条随高度降低而向南倾斜的冷舌,在27°~36°N暖脊和冷舌之间700 hPa形成锋面逆温。山西上空0 ℃线位于700 hPa以下,逆温层位于800~650 hPa,暖脊内0 ℃线北界位于33°N上空的700 hPa,0 ℃线以南形成0~1 ℃的暖层,在暖层以下形成-4 ℃的冷层。在34°N以北除山西南部外山西地区整层大气温度都为0 ℃以下,该区域为降雪。850 hPa冷垫上的西南急流风速达到16 m·s^{-1}。接下来的几个时次内,暖脊内0 ℃线北界(以下简称0 ℃线北界)由700 hPa下降到800 hPa,19日14:00—20:00低层850 hPa以下为偏东风,其上为强劲的西南暖湿急流,西南暖湿急流在850 hPa干冷垫上爬升,有利于冷暖

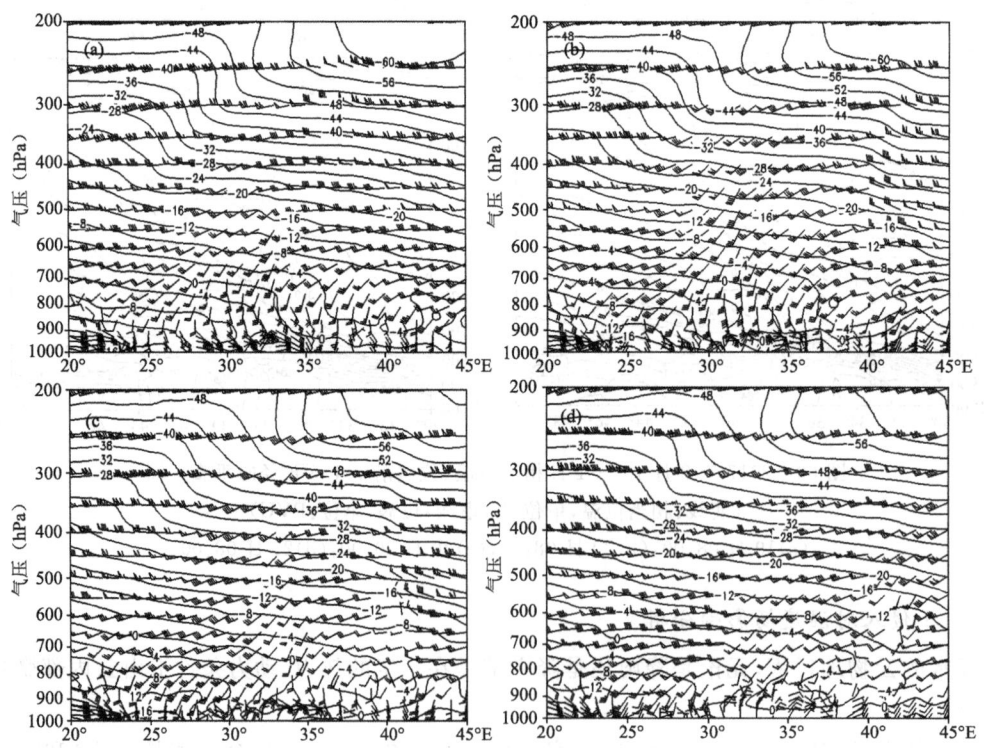

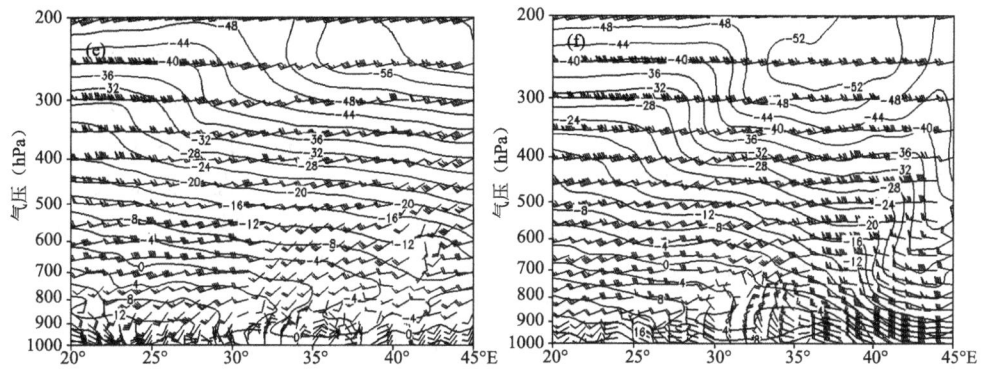

图 61 2015 年 2 月温度场(单位:℃)和风场(单位:m·s^{-1})沿 113.5°E 经向垂直剖面
(a)19 日 08:00,(b)19 日 14:00,(c)19 日 20:00,(d)20 日 08:00,(e)20 日 20:00,(f)21 日 14:00

空气交汇,加强了大范围的辐合上升运动,增强了大气的斜压性,加大了垂直风切变,暖湿空气在爬升过程中冷却凝结下落形成雪。西南急流维持的时间与降雪的主要时段吻合。

20 日 08:00,850 hPa 偏东风速减小,西南急流风速减弱,变为 8 m·s^{-1},降雪开始减弱。20 日 20:00—21 日 14:00 对流层低层冷垫消失,山西近地面层转为北风控制,整个山西上空逐渐转为了反环流控制,降水结束。

个例 2:分析每 6 h 一次的温度沿 111.5°E 经向垂直剖面图(图 62)可以发现,11 日 20:00 暖脊主要位于对流层高层,山西上空对流层低层等温线近于平行,2 ℃线位于 800 hPa 附近。

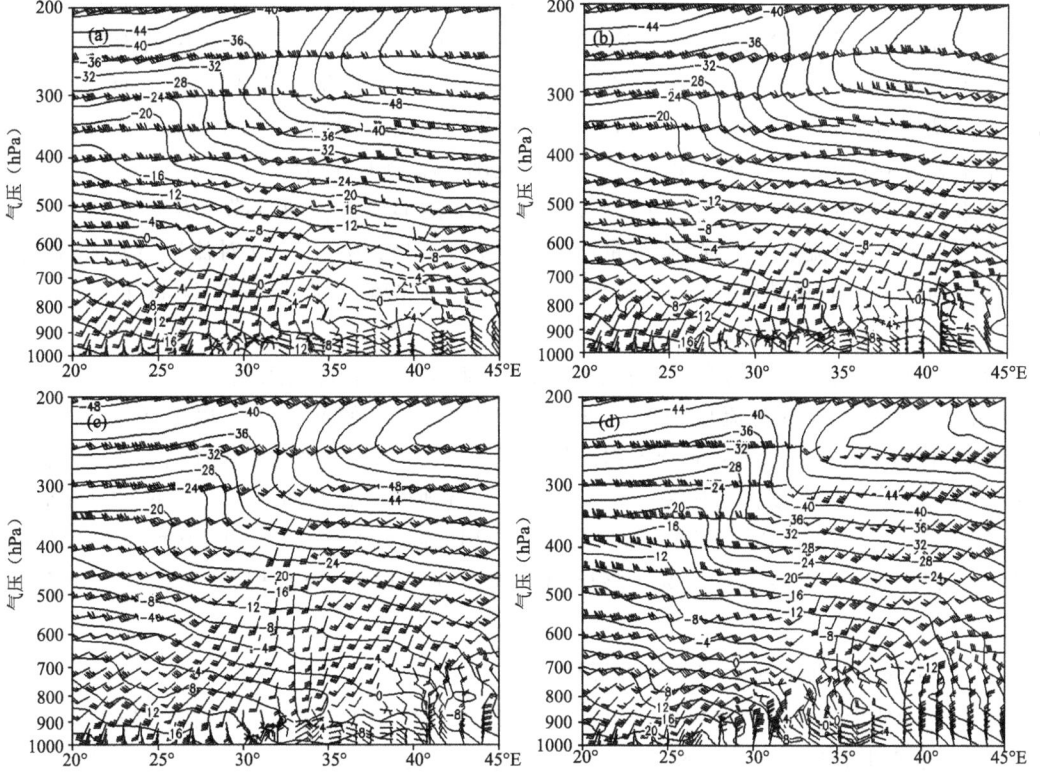

图 62 2016 年 2 月温度场(单位:℃)和风场(单位:m·s^{-1})沿 111.5°E 经向垂直剖面
(a)11 日 20:00,(b)12 日 02:00,(c)12 日 08:00,(d)12 日 20:00

12日02：00 35°N自南向北伸出一条随高度升高而向北倾斜的暖脊，暖脊之下叠加了一条随高度降低而向南倾斜的冷舌，在33°～34°N暖脊和冷舌之间800 hPa形成锋面逆温。山西上空0 ℃线位于750 hPa附近。12日08：00随着降水的开始，暖脊进一步向东北方向伸展，逆温层厚度、强度进一步加大，位于900～750 hPa。暖脊内0 ℃线北界位于41°N上空的800 hPa。强盛的偏南暖湿气流叠加在低层干冷的偏东气流之上，加大了风速垂直切变，促使上升运动的加强和暴雪天气过程的发生发展。使得冷暖空气交汇，增强了大气的斜压性，降水量增大，湿空气在干冷垫上爬升过程中冷却凝结下落形成雪。此时冷锋压在山西南部。12日14：00（图略），冷锋移动到山西北部，32°N上空对流层低层为西南急流与东南急流的暖式切变线，西南急流强度达到16 m·s^{-1}，随着西南急流的加强，其携带的暖空气与冷锋携带的冷空气相遇，造成了降雪量级的增幅。暖脊内0 ℃线北界（以下简称0 ℃线北界）在800 hPa，因此，混合云降雪与700 hPa大气温度密切相关。当850 hPa到近地面层温度都为0 ℃以下，700 hPa温度为0 ℃以上；850～700 hPa有逆温层，只有当700 hPa温度降为0 ℃以下，从而整层大气温度都为0 ℃以下，雨将转雪。12日20：00，低层冷垫消失，冷锋移动到33°N移出山西，山西上空对流层低层转受偏北风控制。整层大气温度都在0 ℃以下，降水结束。

个例3：分析每6 h一次的温度沿111°E经向垂直剖面图（图63）可以发现，20日14：00，28°～43°N上空的900～600 hPa自南向北伸出一条随高度升高而向北倾斜的暖脊，暖脊之下的39°～44°N上空800～700 hPa叠加了一条随高度降低而向南倾斜的冷舌，在39°～44°N暖脊和冷舌之间形成锋面逆温。山西上空0 ℃线位于800 hPa以下，逆温层位于750～700 hPa，暖脊内0 ℃线北界位于34°N上空的700 hPa，0 ℃线以南形成0～2 ℃的暖层，在暖层以下形成−4 ℃的冷层。在34°N以北的山西地区整层大气温度都为0 ℃以下，该区域为降雪。接下来的几个时次内，暖脊内0 ℃线北界（以下简称0 ℃线北界）都位于700 hPa，20日14：00—21日02：00低层850 hPa以下为偏东风，其上为强劲的西南暖湿急流，西南暖湿急流在850 hPa干冷垫上爬升，有利于冷暖空气交汇，加强了大范围的辐合上升运动，增强了大气的斜压性，加大了垂直风切变，暖湿空气在爬升过程中冷却凝结下落形成雪。随着降雪开始后，850 hPa冷垫厚度变薄，西南急流显著加强，降雪量级增大。21日14：00—20：00对流层低层冷垫消失，随着冷锋向东南方向移动，整个山西上空逐渐转为了西北风控制，降水在21日14：00后开始减弱。

综上所述，个例1和个例2过程存在雨转雪，都与干冷空气侵入到600 hPa的时间相对应，因此干侵入所引起的对流层中低层垂直方向上的降温，使低层0 ℃以上暖层明显减弱，700 hPa温度降为0 ℃以下，为混合云内雨转雪的发生提供了必要的温度条件。因此，混合云降雪与700 hPa大气温度密切相关。当850 hPa到近地面层温度都为0 ℃以下，700 hPa温度为0 ℃以上；850～700 hPa有逆温层，只有当700 hPa温度降为0 ℃以下，从而整层大气温度都为0 ℃以下时，雨将转雪。个例3整层温度均在0 ℃以下，降水相态以雪为主，不存在雨转雪。

5.2.3 干侵入下伸导致强降雪的动力解释

上升运动使大气中的不稳定能量得以释放，同时大气中的水汽凝结（降雪）与上升运动有直接联系，垂直上升运动是水汽凝结、冻结和冰粒子增长的运动学条件[20]。水汽在上升气流的顶部迅速凝结、冻结形成冰晶，同时因云中"蒸—凝过程"增强，使冰晶和雪晶的比含水量迅速增大，其最大值区与上升速度大值区相对应，中心值位于上升运动的顶部附近。因此，上升运动越强,水汽凝结、冻结和冰粒子增长的动力条件越强,越有利于降雪强度的增大。

降水粒子碰并的路程长短在很大程度上受云内湍流运动的影响,而在逆温明显的静力层结稳定的层状云中,云内的湍流又主要是由于风的垂直切变造成的[21]。当风的垂直切变能量足够大时,就可以在静力稳定的湍流状态的云层内,造成尺度大小不等的一系列垂直涡旋运动,使上升运动加强,降水量增大。

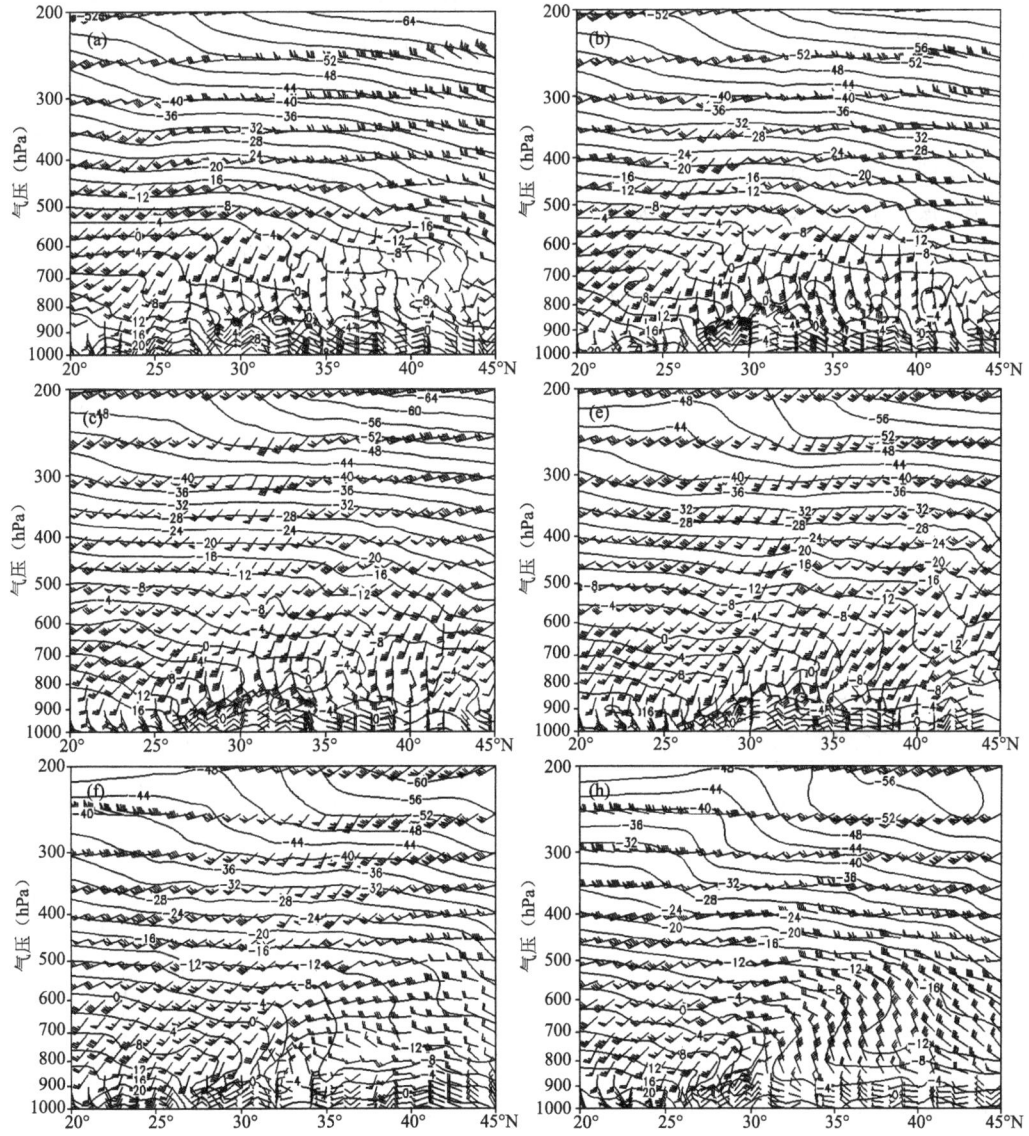

图 63　2017 年 2 月温度场(单位:℃)和风场(单位:m·s^{-1})沿 111°E 经向垂直剖面
(a)20 日 14:00,(b)20 日 20:00,(c)21 日 02:00,(d)21 日 08:00,(e)21 日 14:00,(f)21 日 20:00

个例 1:18 日 20:00,200 hPa 高空槽位于新疆东部一带。19 日 08:00,高空槽明显加深发展,河西走廊至山西西部转受西南气流影响。槽前为正涡度平流,且涡度平流随高度增加,气旋性涡度增加,使风压场不平衡,在地转偏向力的作用下,必产生水平辐散,为保证质量连续,其下将出现补偿上升运动。同时,700 hPa图上,在内蒙古西部—河套地区南部附近形成一近似南北向的冷式切变线,19日08:00,冷式切变线北端向东移动,南端稳定少动,形成西南—东北走向的切变线,其两侧最大西南风速达14 m·s^{-1};19日20:00,该切变线缓慢东移;20日20:00切变线移到河北境内。200 hPa高空分流辐散区和低空冷式切变同时出现时段和山西省暴雪集中降水时段一致。通过分析每6 h 1次的垂直速度沿113.5°E经向垂直剖面图(图64)发现,从18日08:00,36°N附近,从地面到400 hPa存在一支随高度略向北倾斜的垂直下沉运动区,该下沉运动区与对流高层干空气侵入下传的位置相一致。同时发现,在下沉运动北侧的38°N附近以及下沉运动南侧35°N以南有两个上升运动区,而在40°N附近又有一下沉运动区,上升运动的强度、高度均比下沉运动要弱。38°N附近的上升运动区在18日20:00达最强,高度伸展至400 hPa附近,最大上升速度为-1.5×10^{-1} Pa·s^{-1}。19日08:00,随着降雪的开始,该处上升运动强度减弱,为-0.5×10^{-1} Pa·s^{-1},高度进一步伸展至300 hPa附近。19日20:00,在37°~42°N近地面层均为上升运动,38°~40°N从地面到300 hPa均为上升运动。20日20:00(图略),山西上空从地面到高空均为下沉运动,山西这次暴雪天气过程结束。

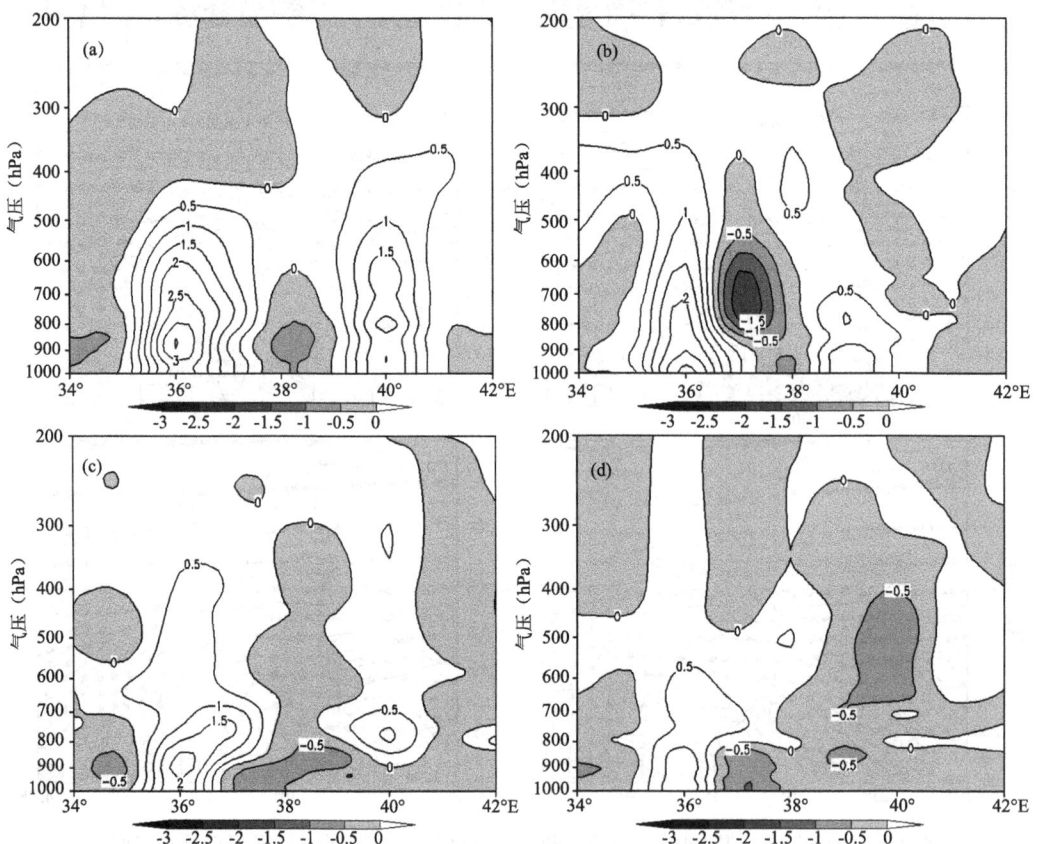

图64 2015年2月18—19日垂直速度沿111°E经向垂直剖面(单位:10^{-1} Pa·s^{-1})
(a)18日08:00,(b)18日20:00,(c)19日08:00,(d)2月19日20:00

高空分流辐散区和低空冷式切变稳定维持,干侵入下传位置附近有下沉运动,正是这支下沉气流为对流层高层干空气侵入提供了动力条件。对流层高层干空气向下向北侵入与冷式切变附近的辐合上升运动结合在一起,十分有利于暴雪的加强和维持。

个例 2:11 日 20:00,32°N 上空 200 hPa 附近存在一支东西向带状的高空急流,中心风速达 66 m·s^{-1},该急流 12 日 08:00 北抬到 34°N 附近(图略),急流带由东西向转为东北—西南走向。山西处于高空急流出口区左侧的分流辐散区,有利于通风和抽气作用,12 日 20:00,该急流又南压至 31°N 附近,急流中心风速减小至 56 m·s^{-1}。此后一直稳定少动。同时,700 hPa 图上,在 35°N 附近形成一暖式切变,12 日 08:00,暖切向北推进到 38.5°N 附近。其两侧最大风速达 12 m·s^{-1};12 日 20:00,暖式切变消失,受西北路冷空气东移南压影响,山西西部转为南北向的冷式切变。13 日 08:00,冷式切变移出山西,山西转受西北风控制,西北风风速达 16 m·s^{-1},降水结束。高空急流和低空暖式切变同时出现时段以及暖式切变位置和山西暴雪集中降水时段一致。通过分析每 6 h 1 次的垂直速度沿 111.5°E 经向垂直剖面图(图 65)发现,从 11 日 20:00,38°~40°N 从地面到 400 hPa 存在一支随高度略向南倾斜的垂直下沉运动区,该下沉运动区与对流高层高值位涡库掉入对流层低层高值位涡扰动位置相一致。同时发现,在下沉运动南北两侧各有一个上升运动区,南侧的上升运动的强度、高度比下沉运动要强,北侧的上升运动的强度、高度比下沉运动要弱。12 日 02:00 下沉运动区范围进一步扩大。降水开始后 34°~37°N 从地面至 200 hPa 均为上升运动区,且存在多个大值中心。下沉运动区随高度向南倾斜。12 日 14:00 随着地面冷锋进一步南侵。其携带的西北路冷空气像

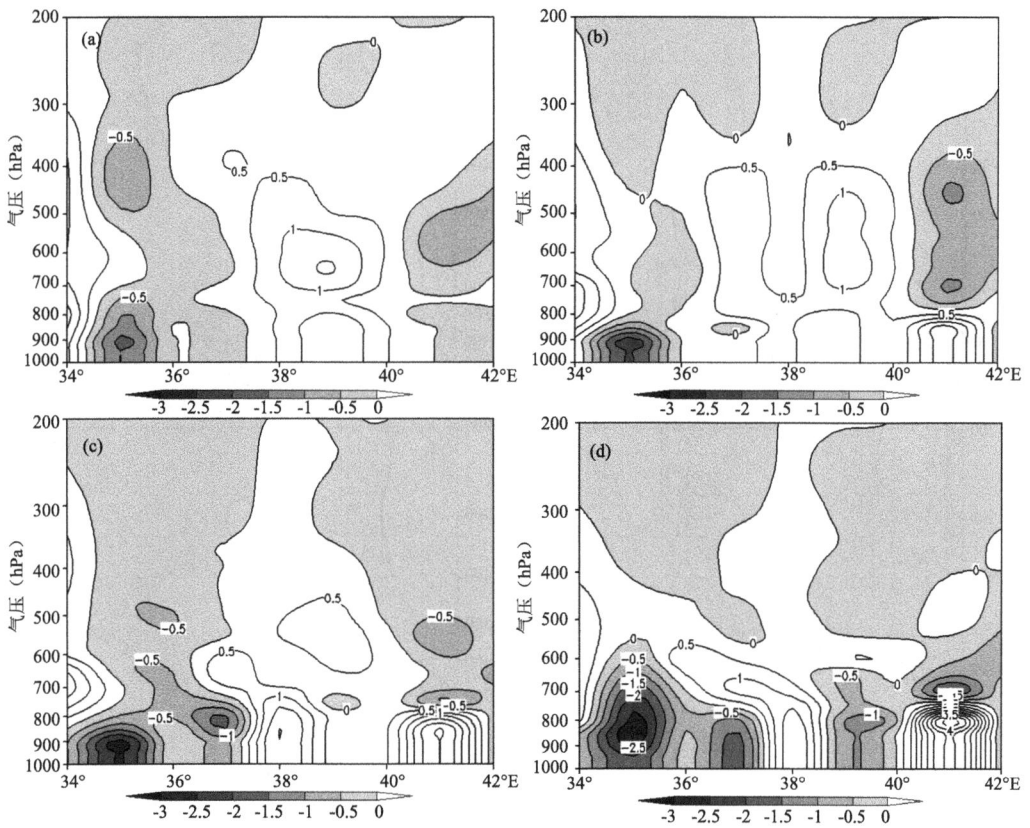

图 65　2016 年 2 月 11—12 日垂直速度沿 111.5°E 经向垂直剖面(单位:10^{-1} Pa·s^{-1})
(a)11 日 20:00,(b)12 日 02:00,(c)12 日 08:00,(d)12 日 14:00

楔子打通了上升运动区,使 34°～37°N 上空呈现为上升—下沉—上升的结构特征。最大上升速度位于 850 hPa,为 -2.5×10^{-1} Pa·s^{-1}。39°～40°N 对流层低层由原来的下沉运动转为上升运动。这与强降雪集中的时间相吻合。12 日 20:00(图略),山西上空从地面到高空均为下沉运动,山西这次暴雪天气过程结束。

个例 3:通过分析垂直速度沿 111°E 经向垂直剖面图发现,20 日 02:00(图 66a)在 40°N～42°N 的 1000～400 hPa,存在一个随高度略向北倾斜的下沉运动区,其位置恰好与对流层高层干空气侵入下传的位置相符。同时发现,在下沉运动区南部的 38°～40°N 区域,有一上升运动区,上升运动区也略向北倾斜,上升运动从地面一直延伸到对流层顶 200 hPa 处,有两个中心分别位于 500 hPa 以及地面到 700 hPa 处。上升运动区在 20 日 08:00(图 66b)增强,中心位于 800 hPa 附近,强度为 -1.5×10^{-1} Pa·s^{-1}。其两侧有下沉运动区,构成了两个正反环流圈,其中反环流圈强度大于正环流圈强度,南侧的下沉运动区强度达到 2.5×10^{-1} Pa·s^{-1},北侧的下沉运动区强度减弱变为 0.5×10^{-1} Pa·s^{-1},这与对流层高层干冷空气下传高值位涡库至对流层中层相对应。20 日 20:00(图略),随着低层西北路冷空气的逐渐侵入,上升运动与下沉运动强度均明显增加,强度分别为 -2×10^{-1} Pa·s^{-1}、4×10^{-1} Pa·s^{-1}。可以看出上下运动与下沉运动均随高度向南倾斜。36°N 附近地面至 750 hPa 为上升运动区。21 日 02:00(图 66c)38°～40°N 整层为上升运动区,上升运动的强中心向南倾斜。21 日 14:00 34°～36°N 地

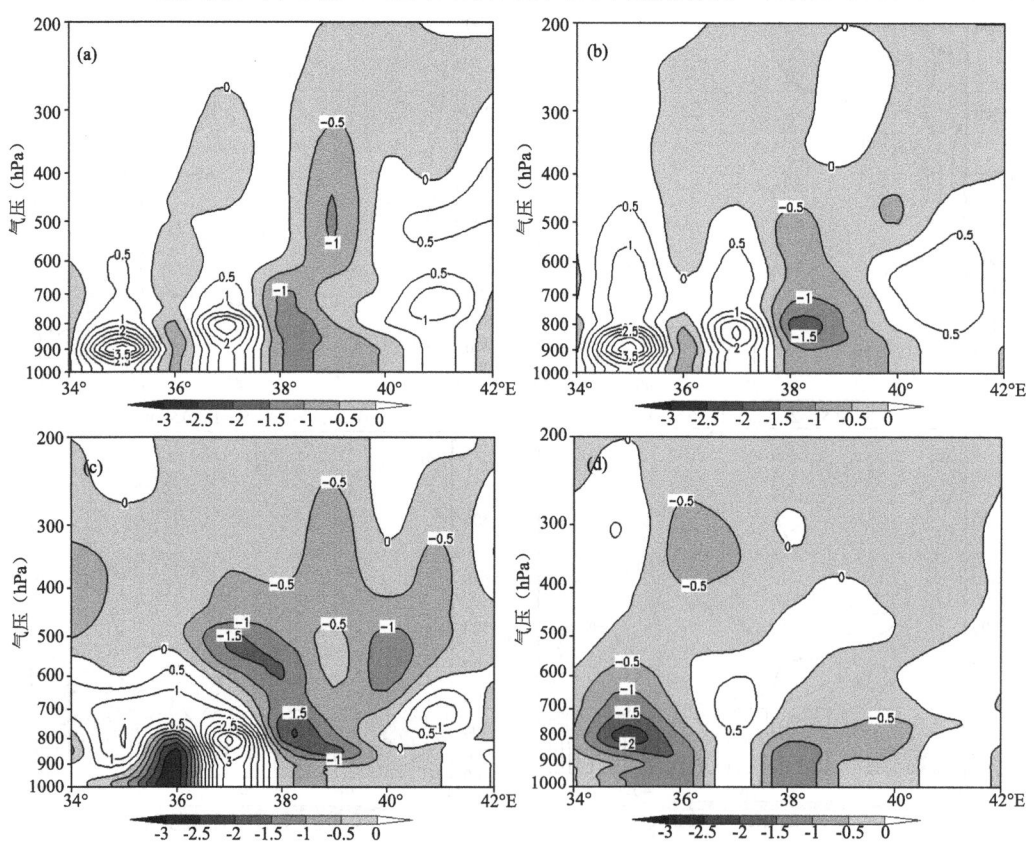

图 66 2017 年 2 月 20—21 日垂直速度沿 111°E 经向垂直剖面(单位:Pa·s^{-1})
(a)20 日 02:00,(b)20 日 08:00,(c)21 日 02:00,(d)21 日 14:00

面至 500 hPa 为上升运动区,中心上升至 800 hPa 附近,强度增加为 -2×10^{-1} Pa·s^{-1},两个上升运动区间的下沉运动明显减弱。强降雪主要集中在 21 日 02:00—21 日 20:00,这与上升运动的持续增强以及次级环流圈的维持相一致。21 日 20:00 以后,上升运动明显减弱,降雪逐渐结束。因此,山西北部的下沉气流,为对流层高层干空气侵入提供了动力条件。高层干冷空气向南、向下侵入,导致对流层低层 850 hPa 偏东气流加强并维持,700~500 hPa 强盛西南急流叠加在偏东气流上,加大了垂直切变;而西北路干冷空气的侵入,使得冷暖空气在山西上空交汇,使层状云内上升运动加强,为水汽凝结、冰晶和雪晶比含水量的增加提供了必要条件,而使降雪得到发展。

6 流型配置与预报着眼点

6.1 流型配置

对比三次过程,个例 1 和个例 3 为倒槽与回流共同作用,个例 2 为冷高压前的锋面降水,低空存在切变线,水汽条件较好,风场也较强,但高低空系统配置不同,导致强降雪落区、降雪强度、持续时间上均存在很大差异(表2)。

表 2 三次降雪形势特点比较

个例	500 hPa	700 hPa	850 hPa	地面	系统配置
1	"两槽两脊"型,短波槽和高原槽共同影响	切变线,东移北抬;偏南风急流,急流轴偏南,强度弱	偏东南气流	倒槽呈东北—西南向,位置偏西	系统配置较弱,但移动较慢
2	"一槽一脊"型,出现阻塞形势,"单阻"型	切变线,西南急流持续存在	偏东风,第二次出现较强偏东北风	低压带内的中尺度的小高压	系统稳定、深厚,配置完整
3	低值系统,短波槽加深发展东移	切变线,西南急流持续存在,位于河套地区与山西交界	东南气流输送水汽、东北急流冷垫作用,辐合线	倒槽位于河套地区	系统配置完整,但移动较快

总体来看,个例 1(图 67a)系统配置完整,但移动较慢;个例 2(图 67b)系统配置完整,但系统移速快;个例 3(图 67c)系统配置完整,但移动较慢,持续时间较长。

500 hPa 出现阻塞形势是导致系统稳定维持的最重要因素;急流强度、湿层厚度与降雪强度关系密切;地面特征线、急流位置、切变线位置与强降雪落区关系密切。

6.2 预报着眼点

从以上分析总结,可以提炼出冬末三次山西大(暴)雪天气的预报着眼点和一些物理量指标(表3)。预报着眼点如下:

(1)判断天气形势是否能造成山西强降雪。

(2)分析高低空流型配置特点(图67),大致判断降雪起始时间、强度和落区。回流降雪主要出现在地面倒槽与回流特征线之间、低空切变线南侧,低空急流头与 850 hPa 偏东风汇合区三者重合的区域。锋面降雪主要出现在冷锋前,低层切变线附近、低空急流与偏东气流汇合

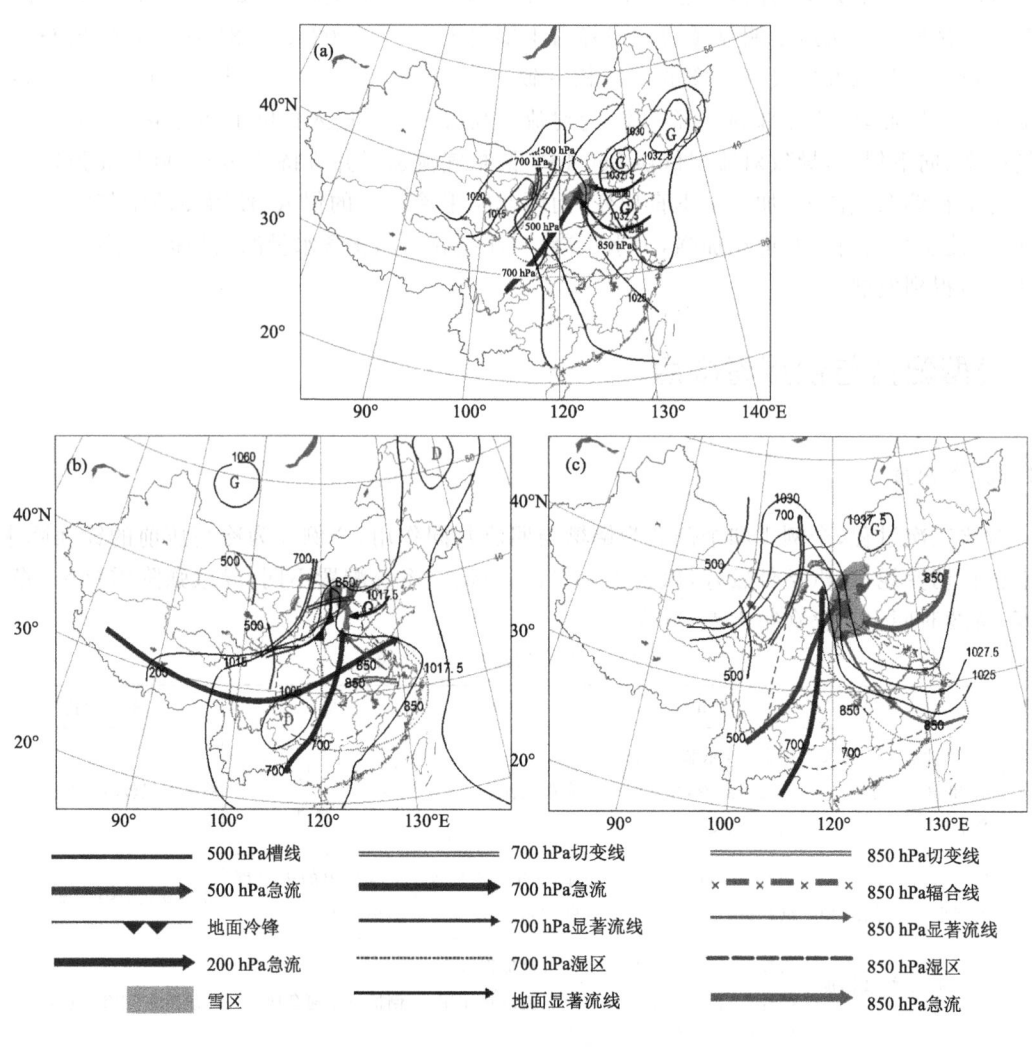

图 67 流型配置

(a)2015年2月19日08:00,(b)2016年2月12日08:00,(c)2017年2月20日20:00

区。强降雪出现在700 hPa和850 hPa高比湿区域重叠区域。重点考虑700hPa西南急流的强度和持续时间以及西南急流与低层偏东气流汇合的区域会造成大雪以上的量级。

(3)结合物理量场分布特征,确定强降雪强度与落区、持续时间。

表3 强降雪出现前12 h物理量特征及阈值

物理量	指标阈值
中尺度滤波	850 hPa风场出现明显的气旋性环流中心或中尺度辐合线,高度场滤波后正值中心对应辐散流场,负值中心对应辐合流场,在辐合辐散中心区域形成了明显的次级环流圈。暴雪落区靠近辐散区一侧,辐合到辐散等值线密集区附近以及气旋性环流北侧
地面风场	地面出现中尺度辐合线或中尺度涡旋,其持续时间与降雪持续时间有关;若出现持续时间较长的中尺度涡旋以及中尺度辐合线,$\geqslant 6 \mathrm{~m} \cdot \mathrm{s}^{-1}$的偏东南风持续3 h以上,考虑暴雪

续表

物理量	指标阈值
卫星资料	高空槽云系过境型,云顶降低,云顶亮温升高,暴雪出现在 TBB<−42 ℃的区域中。云系持续时间较长,降雪强度大;高空槽云系与锋面云系共同影响。云层薄,云系伸展的高度高,移动快,前部不断有云团生成并发展东移,云顶亮温低,暴雪出现在高空槽云系擦边移过的区域以及高空槽前部新生的云团内且 TBB<−32 ℃的南侧;高空槽、高原槽以及切变线云系共同影响,云层厚,移动较缓慢,云顶亮温低,暴雪出现在高原槽云系前切变线云系 TBB<−42 ℃的东南侧;高空槽和高原槽云系合并后,持续时间较长,降雪强度大
雷达资料	反射率因子为层状云降水回波或层积混合云降水回波。回波强度>15 dBZ、<40 dBZ。速度场上一般在近地面层存在冷空气侵入,其上对流层低层出现明显的西南风加强为西南急流。西南急流的持续时间与降雪持续时间一致。层状云降水回波和层积混合云降水回波中>20 dBZ 的回波伸展高度一般都在 4 km 以下。西南急流加强、维持时间与降雪持续时间有关;若低层出现冷空气侵入,其上西南急流加强且持续多个时次,考虑暴雪
大气可降水量	气柱可降水量出现显著增加 4~8 mm 时,预示着未来 12 h 后有较大降水过程出现,并且从气柱可降水量增加的分布也可判断水汽的输送
水汽通量	水汽通量大值区内,同时又有风辐合的区域,在 700 hPa 上,同时表现为西南急流前端的区域为强降水区
水汽通量散度	上正下负结构,降雪强度与水汽通量散度中心强度、伸展高度、低层负值中心强度均有关;降雪持续时间与这种结构持续时间有关,水汽通量散度负值中心与未来 12 h 强降雪中心对应
θ_{se}	能量为"Ω"型结构,降雪强度与"Ω"型结构的强弱有关
雨雪转换	0 ℃层高度下降,且低于抬升凝结高度是降水相态发生转换的主要原因,同时云中冰雪层厚度的增长也是降水相态发生转换的必需条件
不稳定特征	两个负湿球位涡中心相交的区域,与 700 hPa 风速切变的位置相吻合,强降雪就发生在切变线(或两个负湿球位涡中心相交的区域)。西南—东北走向的倾斜结构以及正反次级环流出现在强降雪发生前 6~12 h,暴雪区位于倾斜结构北侧,这对于强降雪的预报有很好的指示意义
干侵入	对流层高层的高值位涡库落到对流层中低层,降雪主要受对流层中低层分裂出高值位涡扰动影响。等位温密集带与低层高值位涡扰动相叠加重合,造成降雪出现爆发性增幅。雨转雪都与干冷空气侵入到 600 hPa 的时间相对应,因此干侵入所引起的对流层中低层垂直方向上的降温,使低层 0 ℃以上暖层明显减弱,700 hPa 温度降为 0 ℃以下,为混合云内雨转雪的发生提供了必要的温度条件。高空分流辐散区和低层冷式切变稳定维持,干侵入下传位置附近有下沉运动,正是这支下沉气流为对流层高层干空气侵入提供了动力条件

7 结论和讨论

(1)个例 1 和个例 2 均存在雨雪转换,个例 3 不存在雨雪转换,纯降雪;个例 1 和个例 3 持续时间较长,个例 2 持续时间较短;3 个强降雪范围均比较大,3 个个例降雪起始位置和移动方向均不同。

(2)从流型配置看,3 个个例系统配置完整,影响系统各不相同。急流越强、湿层越厚,降雪量越大;急流、切变线的位置以及地面回流特征线影响强降雪落区。个例 1 和个例 3 系统移速缓慢,个例 2 系统移速较快。个例 1 受短波槽和高原槽影响,配合低层切变线和西南急流,大到暴雪落区位于500 hPa槽前,低层切变线右侧、低空西南风急流的左前方。个例2中纬度多短波槽,地面"东高西低",暖倒槽发展强盛,冷锋快速过境,降雪时间短,范围和量级均不大。个例3中纬度环流平直,乌拉尔山高压脊的减弱,青藏高原以北形成的短波槽在向东移过程中加深发展;西南急流持续加强造成山西强降雪天气。

(3)对3个个例进行Barnes带通滤波分析,发现滤波后流场上均出现明显的气旋性环流中心或者中尺度辐合线,且高度场滤波后正值中心对应辐散流场、负值中心对应辐合流场,在辐合辐散中心区域形成了明显的次级环流圈。暴雪落区靠近辐散区一侧,辐合到辐散等值线密集区附近以及气旋性环流北侧。

(4)降雪前,强降雪区出现中尺度辐合线或中尺度涡旋。中尺度辐合线和中尺度涡旋持续时间越长,降雪持续时间越长,强度也大。中尺度涡旋造成降雪强度强于中尺度辐合造成降雪强度。地面风场强弱与降雪强度关系密切,风场越强,降雪越强。持续3 h以上的≥6 m·s^{-1}的偏南风,是暴雪出现的风速指标。对于倒槽回流类降雪,偏东风风速变化对山西强降雪的预报有很好的指示意义。对于锋面类降雪,中尺度辐合线附近风速明显加大2～6 m·s^{-1},且持续超过5 h,则未来辐合线附近将出现暴雪。

(5)分析TBB可知,造成三次暴雪的云系有所差别,个例1属于高空槽云系过境,暴雪出现在TBB<-42 ℃的区域中。云系持续时间较长,降雪强度大。个例2在高空槽云系与锋面云系共同影响,暴雪出现在高空槽云系移过的区域以及南部高空槽前部新生的云团内且TBB<-32 ℃的南侧;云系持续时间短,降雪强度较大。个例3在高空槽、高原槽以及切变线云系共同影响,暴雪出现在高原槽云系前切变线云系内TBB<-42 ℃的东南侧;持续时间较长,降雪强度大。

(6)3个个例的反射率因子均<40 dBZ,回波纹理均匀,>20 dBZ的回波高度均没有超过4 km,属于典型的层状云降水回波或层积混合云降水回波。个例1和个例2存在雨雪转换,因此,零度层亮带影响不明显。速度场上没有出现速度模糊。个例3以降雪为主,不存在雨雪转换。速度场上出现了明显的速度模糊。西南急流加强、维持时间与降雪持续时间有关;若低层有冷空气侵入,其上西南急流加强且持续多个时次,考虑暴雪。

(7)气柱可降水量出现显著增加4～8 mm时,预示着未来12 h后有较大降水过程出现,并且从气柱可降水量增加的分布也可判断水汽的输送。个例1主要两支水汽向山西强降雪地区输送。个例2中低层西南急流向山西强降雪地区输送。个例3西南急流向山西强降雪地区输送水汽。水汽通量大值区内,同时又在风辐合的区域,在700 hPa上,同时表现为西南急流前端的区域为强降雪区。水汽通量和水汽通量散度在强降雪出现前6～12 h均出现明显增加。强降雪出现在水汽通量明显突增区域并在风辐合的区域及水汽通量散度强辐合中心。强降雪前12 h,水汽通量散度出现上正下负结构,降雪强度与水汽通量散度中心强度、伸展高度、低层负值中心强度均有关;降雪持续时间与这种结构持续时间有关,水汽通量散度负值中心与未来12 h强降雪中心对应,对预报强降雪的出现有很好的指示意义。个例1降雪前期,强降雪区上空只有水汽的输送和明显积聚,而没有水汽的辐合。在整个降水期间,中低层一直维持一个水汽通量的大值区,强降雪区上空存在持续的水汽补充和明显的水汽辐合。个例2降水前期,降水区上空没有水汽的明显积聚、辐合,低层弱偏东风对700 hPa西南暖湿气流起动力抬升作用。降水开始后,山西中层一直维持一个水汽通量的大值区,降水区上空还出现明显的水汽辐合。个例3降雪开始前,存在水汽的率先辐合,降雪结束时,存在水汽的率先辐散;

水汽辐合上升高度降低,预示着降水增强,水汽辐散下沉高度升高,强度减弱,预示着降水减弱。对流层中低层风速大小对水汽辐合存在明显的影响。

(8)降雪前12 h,河套地区均出现"Ω"型结构的高能舌,大雪或暴雪的落区均位于高能轴东南侧。降雪强度与"Ω"型结构的强弱有关,降雪持续时间与"Ω"型结构持续时间相关。个例1和个例3"Ω"型结构强即经向度大,持续时间也长,因此降雪强度大,持续时间也长;个例2"Ω"型结构弱即经向度小,持续时间也短,因此降雪强度小。

(9)通过动力条件诊断分析发现,3个个例均存在西南—东北走向的倾斜结构以及正反次级环流,出现在强降雪发生前6~12 h,暴雪区位于倾斜结构北侧,这对于强降雪的预报有很好的指示意义。

(10)不稳定诊断分析表明3个个例均出现对称不稳定的特征;个例1和个例2兼有对流不稳定特征。3个个例中强降雪出现在切变线(或两个负湿球位涡中心相交的区域)。个例1山西中部大雪的形成不仅与切变线、地面辐合线的作用直接有关,也不能忽略暖湿的西南低空急流中的条件性对称不稳定对它的作用。个例2西南低空急流的出口区,即西南风与东南风暖式切变线所在位置的对称不稳定是由地面中尺度辐合线、中低层的切变线、冷锋等系统的共同触发作用。个例3两对湿球位涡正负中心所对应的不稳定垂直环流系统具有中尺度的特征。

(11)三次降雪过程前12 h均存在明显的干侵入特征,降雪开始后对流层高层的高值位涡库落到对流层中低层,降雪主要受对流层中低层分裂出高值位涡扰动影响。等位温密集带与低层高值位涡扰动相叠加重合,造成降雪出现爆发性增幅。个例1和个例2出现雨转雪,与干冷空气侵入到600 hPa的时间相对应。干侵入引起的对流层中低层垂直方向上的降温,使0 ℃以上暖层明显减弱,700 hPa温度降为0 ℃以下,为混合云内雨转雪的发生提供了必要的温度条件。个例3整层温度均在0 ℃以下,降水相态以雪为主。干侵入下传位置附近有下沉运动,这支下沉气流为对流层高层干空气侵入提供了动力条件。对流层高层干空气向下向北侵入与切变线的辐合上升运动结合在一起,有利于暴雪的加强和维持。

参考文献

[1] 宋晓辉,田利庆,田秀霞,等.河北省一次回流暴雪的数值模拟[J].气象与环境学报,2013,29(3):8-14.
[2] 张迎新,侯瑞钦,张守保.回流暴雪过程的诊断分析和数值试验[J].气象,2007,33(9):25-32.
[3] 田秀霞,宋晓辉,程序,等.华北南部一次回流暴雪天气的诊断分析[J].气象与环境学报,2011,27(1):35-39.
[4] 赵桂香,杜莉,范卫东,等.一次冷锋倒槽暴风雪过程特征及其成因分析[J].高原气象,2011,30(6):1516-1525.
[5] 张迎新,张守保.华北平原回流天气的结构特征[J].南京气象学院学报,2006,29(1):107-113.
[6] 赵桂香,杜莉,范卫东,等.山西省大雪天气的分析预报[J].高原气象,2011,30(3):727-738.
[7] 赵桂香,程麟生,李新生."04.12"华北大到暴雪过程切变线的动力诊断[J].高原气象,2007,26(2):615-623.
[8] 赵桂香,许东蓓.山西两类典型暴雪预报的比较[J].高原气象,2008,27(3):615-623.
[9] 王正旺,苗爱梅,庞转棠,等.山西中南部区域性暴雪天气诊断分析[J].高原气象,2010,29(2):531-538.
[10] 李兆慧,王东海,王建捷,等.一次暴雪过程的锋生函数和急流-锋面次级环流分析[J].高原气象,2011,30(6):1505-1515.

[11] 张守保,张迎新,杜青文,等.华北平原回流天气综合形势特征分析[J].气象,2008,36(2):25-30.
[12] 周雪松,谈哲敏.华北回流暴雪发展机理个例研究[J].气象,2008,34(1):18-27.
[13] 赵桂香.一次回流与倒槽共同作用产生的暴雪天气分析[J].气象,2007,33(11):41-48.
[14] 赵桂香.诊断分析技术在山西强降雪预报中的应用[J].高原气象,2014,33(3):838-847.
[15] 翟丽萍.华北暴雪和暴雨的大气能量结构研究[D].南京:南京信息工程大学,2012.
[16] 孟雪峰,孙永刚,姜艳丰.内蒙古东北部一次致灾大到暴雪天气分析[J].气象,2012,38(7):877-883.
[17] 王文,程麟生."96.1"高原暴雪过程湿对称不稳定的数值研究[J].高原气象,2000,19(2):129-140.
[18] 于玉斌,姚秀萍.干侵入的研究及其应用进展[J].气象学报,2003,61(6):699-778.
[19] BROWNING K A. The dry intrusion perspective of extra-tropical cyclone development[J]. Meteor Appl, 1997, 4: 317-324.
[20] 黄彬,钱传海,聂高臻,等.干侵入在黄河气旋爆发性发展中的作用[J].气象,2011,37(12):1534-1543.
[21] BROWNING K A, ROBERTS N M. Variation of frontal and precipitation structure along a cold front[J]. Quart JRoy Meteor Soc, 1996, 122: 1845-1872.
[22] 熊秋芬,苟尚,张昕.一次温带气旋特殊移动路径及其结构和成因分析[J].高原气象,2016,35(4):1060-1072.
[23] 乔林,林建.干冷空气侵入在2005年12月山东半岛持续性降雪中的作用[J].气象,2008,34(7):27-33.
[24] 张广周,沈桐立,李戈,等.干空气侵入对河南省2006年1月18—19日暴雪形成的作用[J].气象与环境科学,2007,30(2):43-47.
[25] 赵桂香,杜莉,郝孝智,等.3次回流倒槽作用下山西大(暴)雪天气比较分析[J].中国农学通报,2013,29(32):337-349.
[26] 张虹,李国平,王曙东.西南涡区域暴雨的中尺度滤波分析[J].高原气象,2014,33(2):361-371.
[27] 毕研盟,毛节泰,毛辉.海南GPS网探测对流层水汽廓线的试验研究[J].应用气象学报,2008,19(4):412-419.
[28] 赵桂香,张运鹏,张朝明.山西省降雪天气的云系分型及其发展原因[C]//杨军.2013年卫星遥感应用技术交流论文集.北京:气象出版社,2014.

山西回流强降雪发展机理及数值模拟研究*

马严枝　赵桂香　赵建峰

（山西省气象台 太原 030006）

摘要：利用气象观测资料、降雪加密观测资料、多普勒雷达资料和 NCEP/NCAR FNL 1°×1°再分析资料等，采用天气学诊断和数值模拟方法，对山西三次回流强降雪过程进行了诊断分析。结果表明：高空槽、低空切变线、中低层急流及地面回流是导致山西三次强降雪的主要系统；急流强度、湿层厚度、水汽的含量与降雪强度关系密切，而地面倒槽位置、急流位置、切变线位置以及水汽强辐合区与强降雪落区关系密切。强降雪区存在明显的上升运动，且上升运动区有正涡度平流输送；强降雪前12 h，水汽通量散度出现上正下负结构，正值强度较负值强度大得多，降雪强度与水汽通量散度中心强度、伸展高度、低层负值中心强度均有关；地面β中尺度涡旋和中尺度辐合线持续时间越长降水量级则越大，且强降雪区出现在β中尺度涡旋和中尺度辐合线附近两个纬度内；降雪强度与能量Ω型结构的强弱以及位置有关，降雪持续时间与Ω型结构持续时间呈正相关；暴雪出现在 TBB＜－42℃ 的区域及其东南侧；低空急流可以输送和传导中低层的水汽和能量，急流轴的分流区为水汽辐合和强上升运动区；降水期盛行的南风为降水提供了水汽、输送了能量，低层的东风回流形势促进水汽的凝结和降落，高层西风急流抽吸作用加大了低层的上升运动。

关键词：回流形势；倒槽；数值模拟和诊断；中尺度

引言

冬季暴雪天气是我国北方地区冬半年常见的灾害天气现象。降雪天气的出现，常常伴随有低温冰冻灾害，给城市交通、工农牧业生产、电力设施和人们的生活带来很多不利影响。而山西地区地形复杂，山峦叠嶂，造成山西天气气候的特殊性，因此准确预报降雪强度、落区以及降水相态之间的转换难度较大。我国对暴雪的研究始于 20 世纪 70 年代[1-6]，从起初的机理研究到应用高分辨率数值模式分析暴雪的中尺度特征以及降雪过程中的云微物理参数数值模拟研究，气象工作者利用多种资料、应用多种方法，对暴雪展开了研究。对华北和山西的暴雪天

---

* 本文来源于2018年中国气象局预报员专项。

气,赵桂香等就山西暴雪的动力过程[7-8]、暴雪天气分型以及预报[9-11]、回流和冷锋暴雪天气过程的对比分析[12-15]等进行了较为系统的研究,得出了许多有意义的结论。

回流型降雪是华北冬季降雪的主要天气类型之一,实际业务中常常存在空报、漏报现象,回流天气的复杂性引起了众多学者关注。王迎春等[16]对北京降雪个例进行分析指出,华北地区近地面层存在一个浅薄的冷空气垫,南方的暖湿空气在冷空气垫上爬升造成降雪。张迎新等[17-18]研究指出,低层回流冷空气是干冷的,回流降水的水汽来自南方。王东勇等[19]研究表明,强降雪时近地面925 hPa附近存在东北风超低空急流。李青春等[20]通过数值模拟分析北京降雪个例表明,低层回流冷空气湿度较大,对低层大气起到水汽输送作用,水汽主要集中在对流层中低层600 hPa以下。有学者认为回流是一种冷锋[21],周雪松等[22]认为动力锋生是华北回流暴雪的主要动力机制。

地形与天气气候变化关系密切,大量研究表明[23-26],地形可使气流沿迎风坡产生绕流和被迫爬升,形成气旋性辐合和强的水汽辐合中心,也可使背风向的暴雨区附近形成准定常的绕流汇合区和重力波扰动区,加强了垂直运动,从而对降水具有加强作用。但在降雪机制研究中,地形对暴雪的作用机理研究较少,山西东部由于太行山地形的影响,气流爬坡和绕流作用明显加强,回流暴雪中东风的作用明显,加上高低层风场的不同分布,地面偏东风的强度大小等均对降雪落区有很大的影响。

另外,关于华北回流暴雪中尺度特征研究,近年来也越来越受到气象专家的关注。赵桂香[15]等研究发现暴雪过程中,地面存在中尺度切变、中尺度涡旋和中尺度辐合3种结构,3种结构的降雪特征差异较大。张迎新等[5]利用MM5对一次回流暴雪进行了数值试验,得出回流降水的主要水汽源地和气团性质。数值模拟发展到当代,模式分辨率大大提高,对于微物理过程和积云降水过程的描述越来越细致,因此,对于降水过程中中小尺度特征的描述有了很大改进。利用数值模拟对暴雪过程进行模拟,可更清楚地揭示暴雪过程中的中小尺度特征,对提高暴雪机理研究认识具有重要作用。

然而回流暴雪过程中高低层风场的分布如何对降雪落区产生影响,怎么影响?风速的大小和方向如何对水汽的输送产生影响?地形高度变化怎样对东风回流的阻挡或绕流作用会加剧?暴雪过程中的中小尺度特征及其形成维持的原因有哪些?都值得深入研究,以帮助充分认识暴雪形成机理。

受回流形势影响,(1)2015年2月18—21日山西省出现了大范围的雨雪天气,山西省共有105个县(市)出现降雪天气,24 h累积降水量为0.1~18.6 mm(五台山),其中有21个县(市)为中雪,23个县(市)为大雪,8个县(市)达暴雪,强降雪区主要位于忻州东部及吕梁北部,最大降雪出现在五台山(18.6 mm),最大积雪深度出现在五台县,为17 cm。此外,山西省18个县(市)出现了雾或浓雾。降水相态南部以雨或雨夹雪为主,北中部为纯雪。(2)2015年11月23—24日,山西省忻州及其以南的大部分地区出现雨雪天气,24 h降水量0.1~17.7 mm,共29个县(市)降水量在10 mm以上,晋城最大(17.7 mm),31个县(市)达大雪。(3)2018年4月4—5日,山西省自北向南出现降水天气,此次降水强度大、降水时间集中、影响范围广,24 h降水量在1.1~26.7 mm,积雪深度为1.0~14.0 cm。以上三次过程都受地面回流的影响,但造成的降雪强度、强降雪落区、降雪持续时间却存在很大差异。

本文将对以上三次回流强降雪过程开展研究。

1 资料来源、处理及技术方法

(1)三次个例的模拟所用资料为 NCEP/NCAR FNL 1°×1°每 6 h 一次的再分析资料,由网址 https://rda.ucar.edu/下载获取。

(2)环流形势分析采用地面和高空观测资料以及 NCEP/NCAR FNL 1°×1°再分析资料,个例实况资料由山西省气象信息中心提供,均经过质量控制。

(3)WRF 模式采用版本 V3.5.1,地形采用美国地质测量局(USGS)提供的 2′(4 km)地形高度数据。

(4)多源精细化资料为每 1 h 一次的卫星云图 TBB 资料,每 6 min 一次的多普勒天气雷达的基本产品和每 1 h 一次的地面自动站加密风场资料。

2 天气实况及环流背景对比

2.1 天气实况特征

(1)2015 年 2 月 18—21 日(以下简称个例 1):

受回流形势影响,2015 年 2 月 18—21 日山西省出现了大范围的雨雪天气,降水主要集中在 18 日夜间至 21 日白天,其中 19 日累积降水量和降水范围最大,降水相态南部以雨或雨夹雪为主,北中部为纯雪。18 日 08:00—19 日 08:00(图 1a),共有 38 个县(市)出现降雪天气,主要分布在山西西部和南部地区,降水量在 0.1~1.9 mm,最大出现在临县(1.9 mm),最大积雪深度也在临县,为 2.1 cm。19 日 08:00—20 日 08:00(图 1b),山西省共有 105 个县(市)出现降雪天气,24 h 累积降雪量为 0~18.6 mm(五台山),其中有 21 个县(市)为中雪,23 个县(市)为大雪,8 个县(市)达暴雪,强降雪区主要位于忻州东部和吕梁北部,最大降雪出现在五台山(18.6 mm),最大积雪深度出现在五台县,为 17 cm。此外,全省 18 个县(市)出现了雾或浓

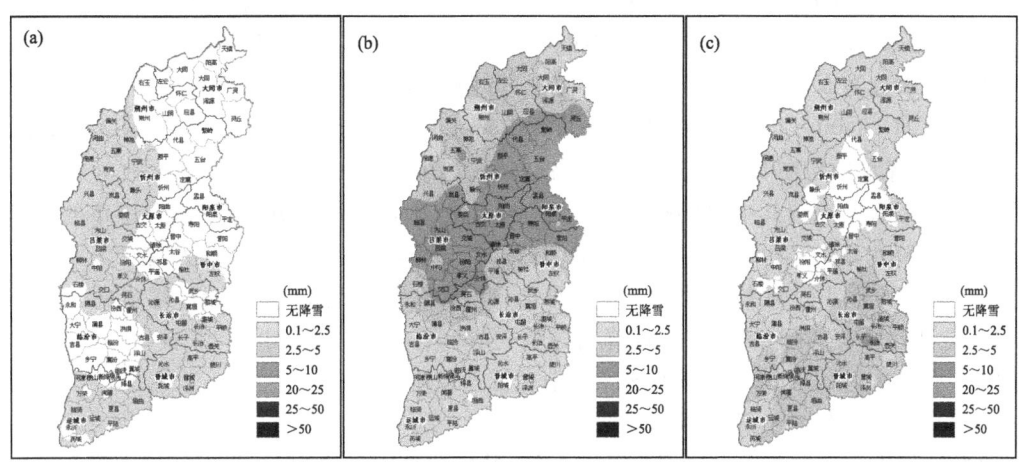

图 1 2015 年 2 月 18—21 日 24 h 降水量
(a)18 日 08:00—19 日 08:00,(b)19 日 08:00—20 日 08:00,(c)20 日 08:00—21 日 08:00

雾。20日08:00—21日08:00(图1c),全省共有78个县(市)出现降雪天气,降水量在0.1~6.4 mm,有21县(市)为中雪,2个县(市)为大雪,分别为长治(5.9 mm)和长子(6.4 mm),主要降水区位于山西南部。

从强降雪站点逐小时降水量(图2)可以看出,此次降水各站点均属于双峰结构,说明降水过程有短暂的间歇期,1 h最大降水量为2.5 mm,以稳定性降水为主。降水落区主要从西部向东部扩展推进。

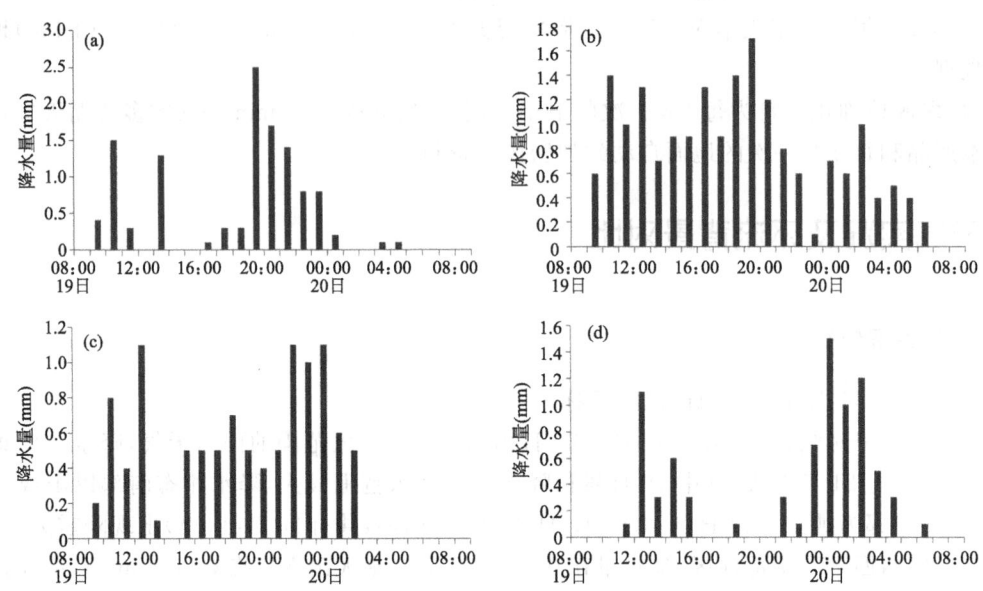

图2 强降雪站点交口(a)、五台山(b)、阳曲(c)、寿阳(d)逐小时降水量

(2)2015年11月22—24日(以下简称个例2):

此次降水过程为山西省南部的初雪,降水从22日夜间开始,一直持续到24日12:00左右,23日14:00—24日11:00为主要降水时段,22日以雨或雨夹雪为主,23日和24日以雨夹雪和雪为主。降雪历时21 h,暴雪区主要集中在山西省中南部。21日08:00—22日08:00(图3a),24 h降水量为0.1~11.4 mm,其中,右玉、昔阳、左权、安泽和高平均在5.0 mm以上,昔阳最大。22日08:00—23日08:00(图3b),24 h降水量为0.1~7.3 mm,其中,阳高、天镇、大同县、怀仁的降水量均在5.0 mm以上,阳高最大。23日08:00—24日08:00(图3c),24 h降水量在0.1~17.7 mm,其中,晋城市全区、长治、运城、临汾市的部分及吕梁、晋中市的局部共29个县(市)降水量在10 mm以上,晋城最大(17.7 mm),31个国家站出现大雪。

从代表站点逐小时降水量(图4)可以看出,此次降雪主要从南部开始,逐步向北中部推进,降雪主要呈单峰结构,属于稳定性降雪过程,强降雪时段主要集中在23日14:00之后,最大小时降水量达到2.3 mm,强降雪落区集中在忻州以南,晋东南最大。

(3)2018年4月4—5日(以下简称个例3):

此次过程山西省自北向南出现强降雪天气,其中北部以暴雪为主,中南部以大雨和雨夹雪为主,此次降雪强度大、降水时间集中、影响范围广,由于正值南部农作物花期,雨雪冰冻灾害造成了农作物受灾,经济损失十分严重。此次强降雪时段主要集中在4日下午至5日凌晨,

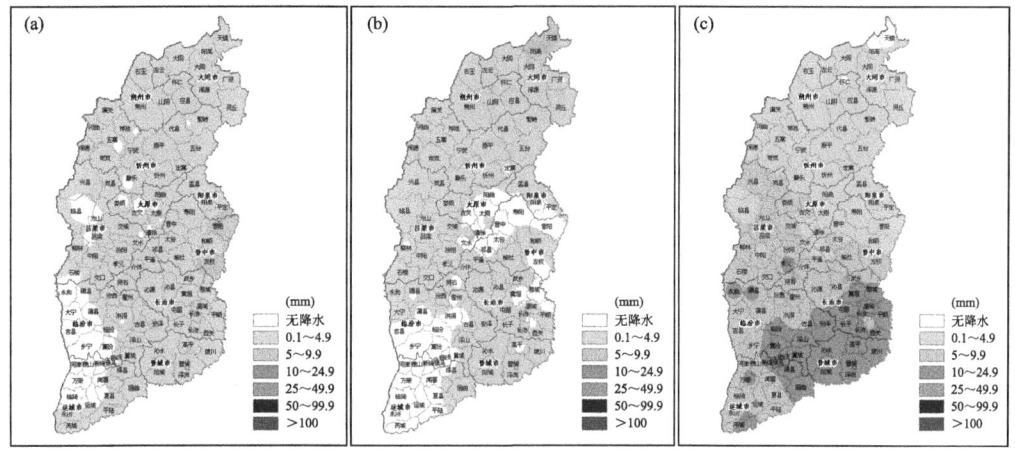

图3 2015年11月21—23日24 h降水量(单位:mm)
(a)21日08:00—22日08:00,(b)22日08:00—23日08:00,(c)23日08:00—24日08:00

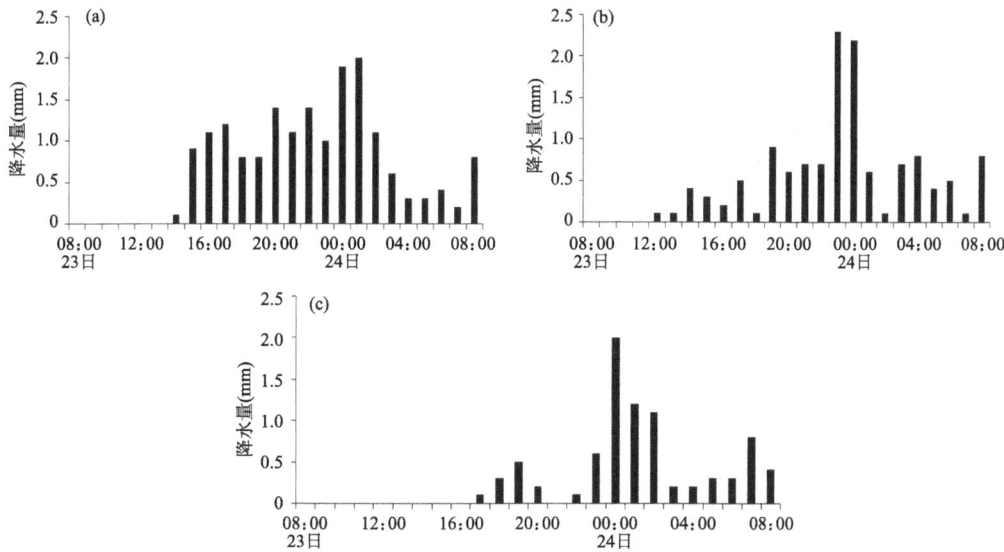

图4 代表站点晋城(a)、垣曲(b)、交口(c)逐小时降水量

24 h降水量(图5)在1.1~26.7 mm,积雪深度为1.0~14.0 cm;截至5日08:00,山西省109个国家站均出现降水天气过程,其中14站暴雪,暴雪落区集中在山西西北部,最大降水量为怀仁26.7 mm,对应积雪深度为12 cm。大的暴雪落区主要出现在管涔山脉的喇叭口区和吕梁山脉的迎风坡。

从典型站点的逐小时降水量分布图(图6)可以看出,此次降水过程是从北向南由西向东推进的,主要降水时段出现在4日12:00至5日凌晨,小时降水量不超过5 mm,以稳定性降水为主,大的降水落区位于山西省西北部。

表1概括了三次过程的降雪特点。

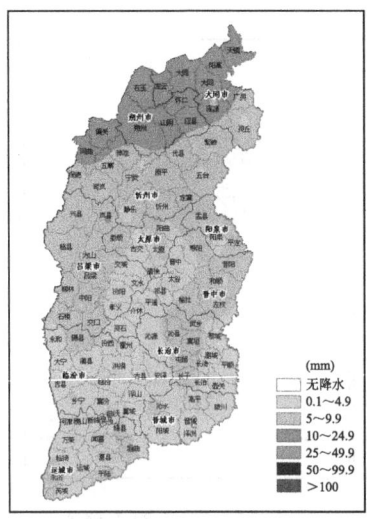

图 5 2018 年 4 月 4 日 08:00—5 日 08:00 山西省 24 h 降水量

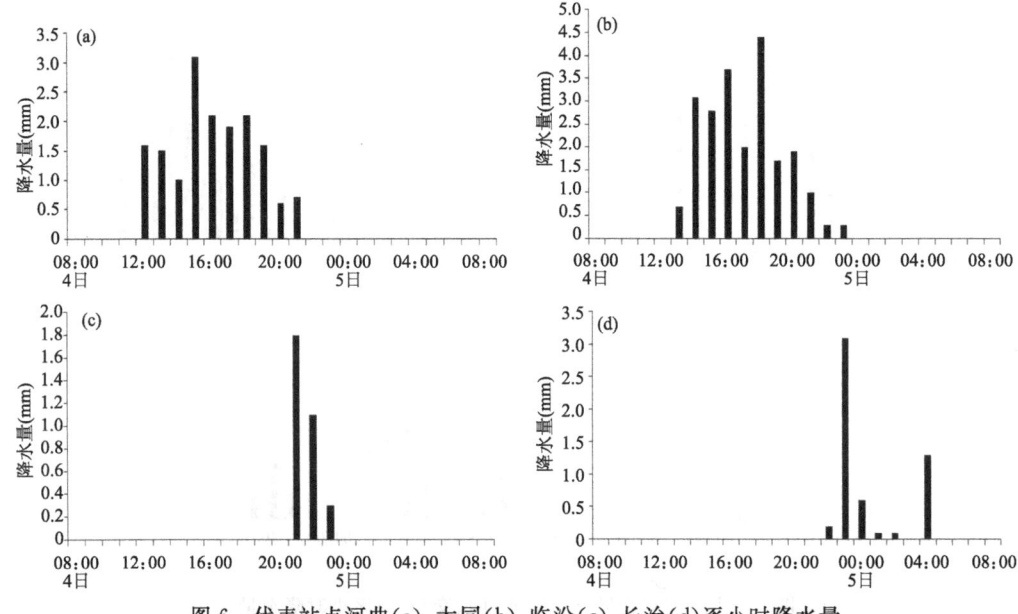

图 6 代表站点河曲(a)、大同(b)、临汾(c)、长治(d)逐小时降水量

表 1 三次降雪特点比较

个例	持续时间(h)	范围	24 h 最大降水量(mm)	最大积雪深度(cm)	特点
1	36	全省	18.6/北中部交界	17	持续时间长,范围大,强度较大,存在雨雪转换;降雪存在从西南向东北推的特点
2	21	全省	17.7/南部	9	持续时间较长,范围较大,强度小,存在雨雪转换;降雪存在从南向北推的特点
3	18	全省	26.7/北部	14	持续时间短,但强度大,范围大,积雪深,存在雨雪转换,降雪存在从北向南推进的特点

2.2 环流背景特征分析

个例1:500 hPa上,亚洲中高纬为"两槽一脊"型,两槽位于贝加尔湖两侧,乌拉尔山地区大槽东移发展过程中分裂出短波槽;19日08:00(图7a),高空形成切断低压,短波槽移到河套地区并长时间盘踞,山西受槽前偏西南气流影响,东阻型稳定维持,使得降水持续2 d时间。

700 hPa上(图7c),云贵高原低涡逐渐东移,18日20:00,在河套西部形成切变线,同时20 m·s^{-1}的西南急流将水汽源源不断地输送到河套地区,19日08:00切变线东移至河套中部地区,西南急流将水汽输送到山西,急流头位于山西大同一带,整个山西均处于高湿区;19日20:00—20日08:00,切变线移动缓慢,呈东北—西南向,停滞在山西西北部到河套南部,20日20:00,切变线移出山西,山西转受西北气流控制。

850 hPa上(图7d),18日08:00,山西受偏东风和东北风影响,相对湿度较小;20:00,干冷的偏东风增大,河西走廊有"人"字形切变线,在云贵高原有风场辐合,18日18:00形成低涡,低涡带动南风急流逐渐将水汽输送至山西南部;19日20:00,"人"字形切变线压在陕西西部。20日08:00,切变线东移到山西西部,其右侧山西中部偏南风风速明显减小,降水开始减弱。20:00,切变线移出山西,山西转受西北风控制,降水结束。

对应地面图上(图7b),18日08:00,冷高压位于内蒙古北部,低压中心位于云南地区和贝加尔湖西侧,呈现"东高西低"形势,山西位于高压底后部;随着500 hPa乌拉尔山高压脊发展,位于云南的低压北上。19日08:00,海平面气压场呈现"鞍形场"形势,系统移速缓慢;19日20:00,东部高压逐渐入海减弱,山西位于均压场内。乌拉尔山冷高压携带冷空气东移南下影

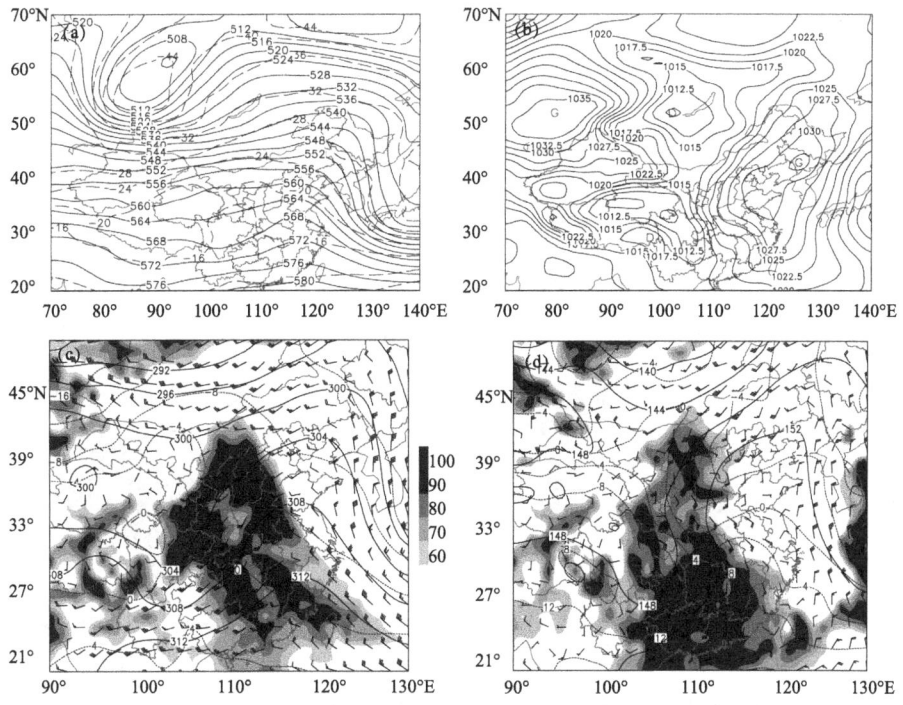

图7 2015年2月19日08:00的(a)500 hPa高度场(实线,单位:dagpm)、温度场(虚线,单位:℃),
(b)海平面气压场,(c)700 hPa高度场(阴影:相对湿度),(d)850 hPa高度场(阴影:相对湿度)

响山西,降水结束。

综上所述,本次降水过程持续时间较长,500 hPa受短波槽影响,对应低层切变线和低空西南风急流,地面主要受高压后部影响,有利于降雪;强降雪落区位于500 hPa槽前,低层切变线右侧、低空西南风急流的左前方。

个例2:降雪前期,亚洲中高纬度为"两槽一脊"型,高压脊位于贝加尔湖西南侧,两槽分别位于巴尔喀什湖和贝加尔湖西南侧,-36℃的冷中心几乎与冷涡中心重合,未来贝加尔湖南侧的槽发展东移过境影响山西,同时山西地区上游多短波槽活动。23日08:00(图8a),巴尔喀什湖大槽东移携带冷空气南下,高原槽形成,山西处于槽前西南气流控制,而槽前正涡度平流加强,引起地面低压发展,槽后的负涡度平流引起地面加压,高压发展。24日02:00,高原槽东移从山西南部过境,降水趋于结束。24日08:00,贝加尔湖北部形成切断低涡,新一轮冷空气南下。

700 hPa上(图8c),23日08:00,山西北中部受低涡底部低槽后部西北气流控制,贵州一带形成弱的气旋性环流,气旋性环流东侧的显著西南风将水汽向山西南部输送,山西南部上空相对湿度达70%以上,西北风和西南风在山西南部形成辐合区;23日14:00—20:00,西南风显著增大形成西南急流,水汽输送加强,高湿区(RH≥80%)范围略增大,暖湿气流与干冷气流在山西南部持续交汇,造成强降水;24日02:00,河套中部形成切变线,山西中南部受切变线右侧西南风急流控制,24日08:00,切变线快速过境山西,山西转受西北气流控制,水汽条件转差,降水趋于结束。

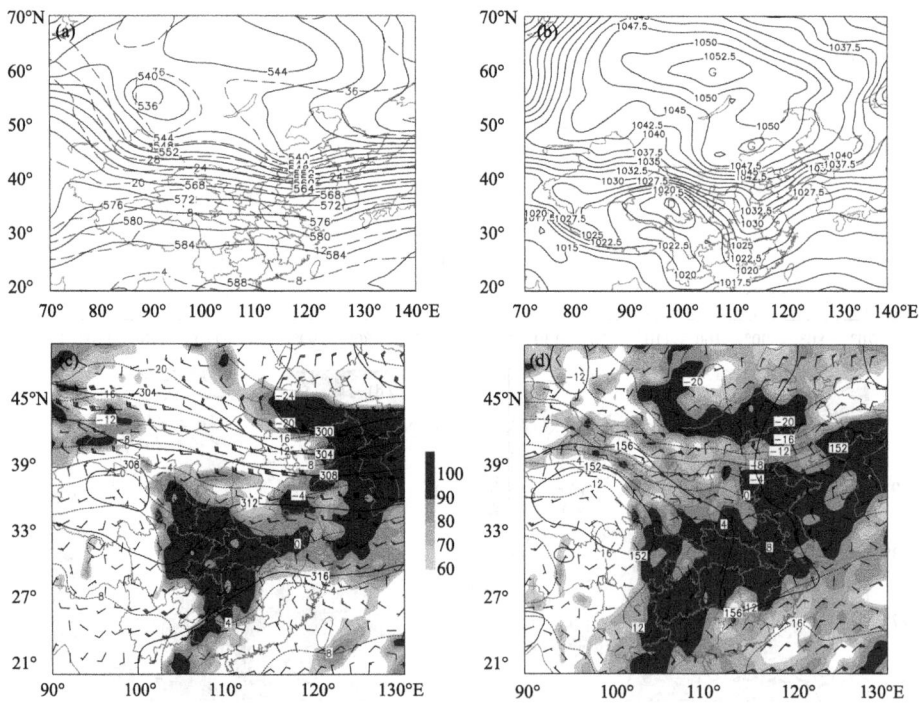

图8 2015年11月23日08:00(a)500 hPa高度场(实线,单位:dagpm)、温度场(虚线,单位:℃),
(b)海平面气压场,(c)700 hPa高度场(阴影:相对湿度),(d)850 hPa高度场(阴影:相对湿度)

850 hPa 上(图 8d),22 日 08:00,山西北中部受低涡后部干冷偏北风影响,四川盆地 700 hPa 气旋性环流对应位置为西南涡,其东侧的东南风使山西南部上空水汽增加;14:00 北部低涡东移入海,川贵低涡发展东移,低涡前部的偏东气流向山西南部输送水汽,湿度增大;20:00,山西转受一致的偏东气流,高湿区北扩至中南部;24 日 02:00,偏北风和偏东风形成的切变线位于山西与陕西交界处,同时西南涡东移南压,暖切变位于湖北一带阻止来自孟加拉湾的水汽向北输送,山西中南部受渤海湾干冷空气和东海暖湿气流影响;24 日 08:00,切变线东移至山西中部偏西一带,冷空气开始侵入山西西部,东北风增大,雨区东移,随着高空冷槽的过境,山西转受西北气流控制,降水结束。

对应地面图上(图 8b),23 日 08:00,冷高压主体位于贝加尔湖北部,强度为 1055 hPa,贝加尔湖南部不断有分裂小高压形成,山西位于地面冷高压底部,同时在高空低涡位置对应处有气旋的发展东移,山西中南部受气旋东部偏南气流的控制;23 日 20:00,贝加尔湖南部冷高压和地面气旋在东移南压过程中有所减弱,暖倒槽位于山西与陕西交界处,山西受高压前部偏东风和气旋东侧东南风的控制,冷暖空气在山西中南部交汇,造成强降水天气。24 日 08:00,地面转受东北气流控制,降水开始减弱。

个例 3:降水开始前,500 hPa 欧亚中高纬维持"两槽两脊"形势,乌拉尔山附近为高压脊区,贝加尔湖附近为弱高压脊区,华北地区上空环流较平直,鄂霍次克海附近为低压槽区,未来影响山西的低压中心在贝加尔湖西北侧,并配合中心强度为 -44 ℃ 的冷中心,之后位于乌拉尔山东部的高压脊不断发展,脊前偏北气流带动极地冷空气南下,促使低压发展加深,环流径向度加大,并在内蒙古北部形成切断低涡,低涡底部形成短波槽,槽前的正涡度平流加大了上升运动,山西处于槽前的上升运动区。4 日 08:00(图 9a),东北地区冷涡加强发展东移,底部低槽东移至河南与晋城交界,北疆地区的槽发展移至河套西部,山西省受槽前西南气流控制。

对应 700 hPa(图 9c)在河套西部有切变线,切变线右侧为一致的西南风急流,急流头位于山西的中部偏北地区,急流中心强度达 24 m·s^{-1},西南气流源源不断地向山西输送暖湿空气。20:00,切变线压至山西西北部,切变线右侧为一致的西南急流,此时急流增强至 28 m·s^{-1}。

850 hPa(图 9d)上冷空气自东北地区南下到达渤海湾转为偏东风入侵山西北中部,另外来自南海的偏南风向山西南部输送水汽,20:00 山西东南部形成偏东风与东南风的切变,冷暖空气在此交汇,山西南部出现降水;山西受两支气流影响,分别为偏东气流、东南气流,一方面起到冷垫的作用,另一方面提供了降水需要的一部分水汽。

同时,地面暖低压(图 9b)位于河套西部并发展北抬东移,冷高压中心位于内蒙古东部,冷高压强度为 1032.5 hPa,山西处于东高西低的偏东气流控制之下,高压中心冷空气回流南下与 700 hPa 的暖湿空气相互作用形成华北回流天气形势,冷暖空气在山西上空交汇,造成了山西的暴雪天气过程。之后倒槽发展,冷高压入海,位于乌拉尔山附近的冷高压发展东移,山西省转受西北气流影响,降水天气趋于结束。

以上分析可知,此次暴雪过程为山西典型的回流降雪形势,500 hPa 高空槽前暖湿气流,低层切变线右侧和西南急流提供的暖湿气流与低层 850 hPa 和地面东北回流南下的冷空气在山西上空交汇,造成了此次的暴雪天气过程。

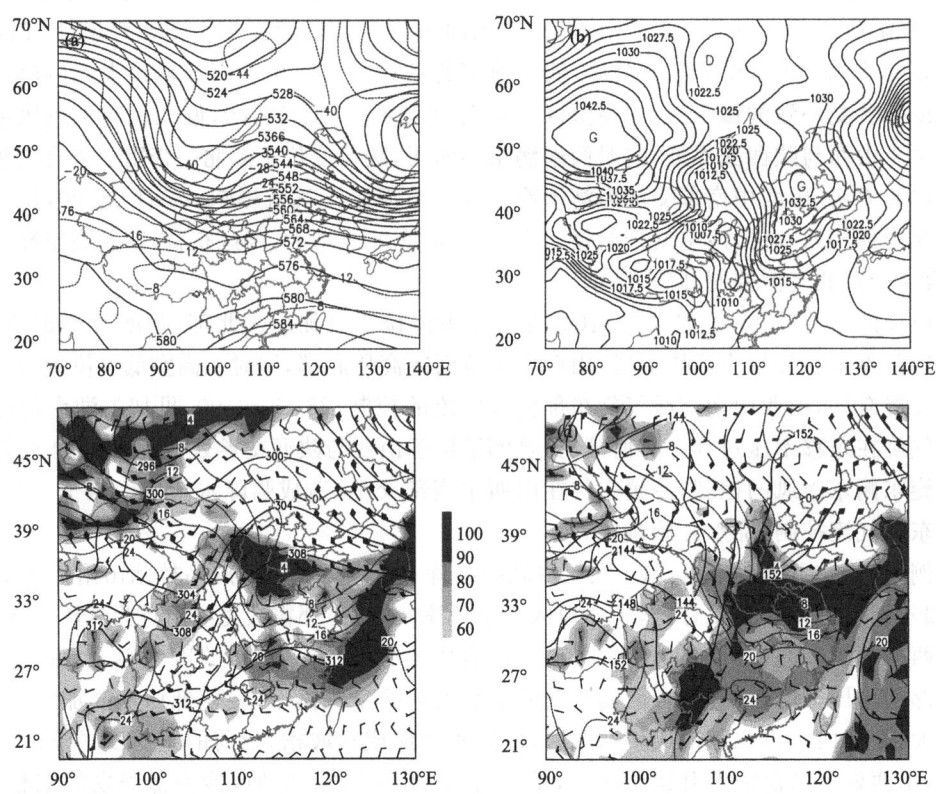

图 9 2018 年 4 月 8 日 08：00(a)500 hPa 高度场(实线,单位：dagpm)和温度场(虚线,单位：℃)，(b)海平面气压场,(c)700 hPa 高度场(阴影：相对湿度),(d)850 hPa 高度场(阴影：相对湿度)

表 2 概括了三次过程的环流形势特点的差异。

表 2 三次降雪环流形势特点比较

个例	500 hPa	700 hPa	850 hPa	地面	系统配置
1	两槽一脊型,短波槽和高原槽共同影响	切变线东移；西南风急流,急流头位于山西北部	切变线,偏南气流与 700 hPa 急流有交汇	高压后部回流形势,倒槽位置较远	系统配置较好,水汽输送好,湿层较深厚
2	两槽一脊型,高原槽发展东移,位置略偏南	西南涡切变线,西南气流发展加强为低空急流,急流头位于山西东南部	西南涡切变线,东北气流与东南气流汇合于山西南部	倒槽加回流,倒槽持续时间较长,高压中心 1055 hPa	系统配置完整,动力条件好,水汽输送强,冷暖空气交汇剧烈
3	两槽两脊型,高原槽发展东移,移速较快	西南涡切变线,西南急流强度大,急流头位于山西北部	西南涡切变线,东北气流与西南气流汇合于山西北部	倒槽加回流,倒槽持续时间较长,高压中心 1032.5 hPa	系统配置完整,动力条件好,水汽输送强,能量条件强,冷暖空气交汇剧烈

3 降雪的卫星、雷达及自动站资料特征

3.1 降雪的卫星特征

个例1:高空槽云系过境影响

2015年2月18日夜间,高空槽云系位于蒙古国中部至我国内蒙古西部地区,山西受高空槽云系前部一些零散云系影响,夜间开始出现零星降雪或降雨。19日08:00(图10a),随着云系的移入,降雪范围扩大,量级有所增大,云层变厚,云顶亮温降低,山西出现大范围降雪,北部地区云比较密实,云顶亮温TBB<-32 ℃,面积达 5×10^4 km²,其上分布着零星的云顶亮温<-42 ℃的区域,降雪在北中部量级较大。19日白天(图10b,c),随着高空槽云系快速移过,冷

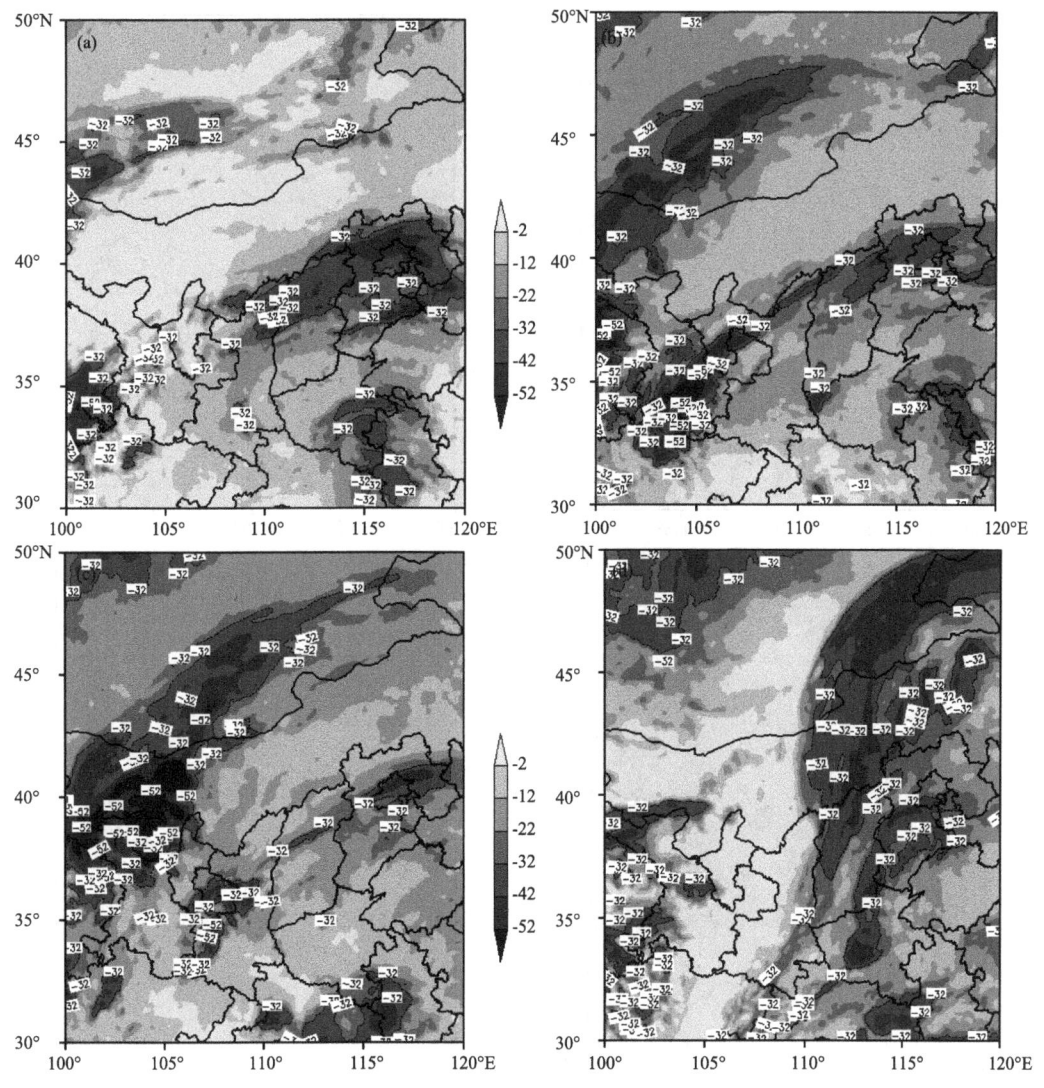

图10 2015年2月19—20日TBB分布(单位:℃)
(a)19日08:00,(b)19日14:00,(c)19日20:00,(d)20日08:00

空气从西北路径补充而来。高原槽发展,位于新疆西部的高空槽云系与高原槽云系在东移过程中合并叠加,至20日08:00(图10d)逐渐演变成一个大的斜压叶云系。19日08:00—20:00南部云层较薄,北中部云系在向东北方向移动的过程中逐渐变薄,云顶降低,云顶亮温升高,受北中部高空槽过境的影响,造成了山西北中部的暴雪天气。此次过程的暴雪落区出现在TBB<－42 ℃的区域中。到20日凌晨,云系移出山西,新的弱冷空气补充南下,对山西北部造成影响。整个过程中,北中部的云系云层由厚变薄,云顶高度降低,云顶亮温升高,云系移动快,造成的降雪量级较大,持续时间短。

个例2:切变线云系过境影响

2015年11月23日08:00(图11a),山西上空云系浅薄。23日12:00(图11b),在河套地区西部触发生成切变线云系,云系呈准东西向,云系中部凸起且中心亮温低于－42℃,此时山

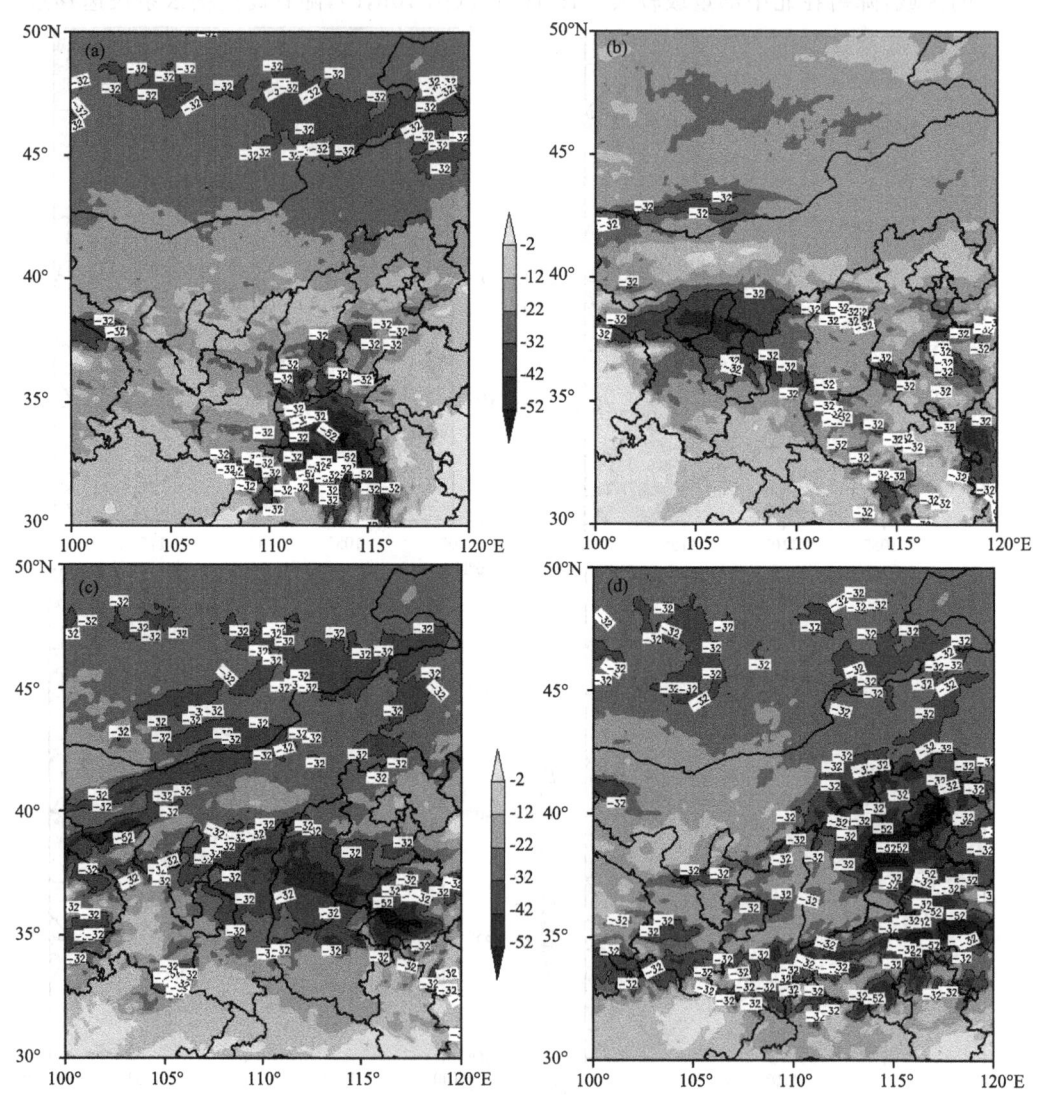

图11 2015年11月23—24日TBB分布(单位:℃)
(a)23日08:00,(b)23日14:00,(c)23日20:00,(d)24日08:00

西地区有少量云系覆盖出现降水。之后切变线云系不断东移,云层增厚,云顶亮温降低,但移速较快。23日20:00(图11c),切变线云系向东南方向(山西南部)移动,云顶高度降低,山西晋中至长治一带为云顶亮温低值区,不断有云团经过晋东南一带,此时云层深厚,低于$-42\ ℃$的范围明显增大,且云系变得紧密,强度达到最强,大的降水主要出现在切变线云系中心及其南侧(云系移动方向的南侧)。随着系统的移出,整个切变线云系从东南方向移出山西,云系变得浅薄零散,山西转受西北气流控制,降水趋于结束。

个例3:高空槽云系以及切变线云系共同影响

2018年4月4日08:00(图12a),北端高空槽云系位于内蒙古一带,山西除大同地区以外云系浅薄,大同地区有超过$-32\ ℃$的云系生成,这也与降水从山西北部开始相一致。4日14:00(图12b),在河套地区西部有切变线云系生成,高空槽云系发展东移,在朔州—大同一带

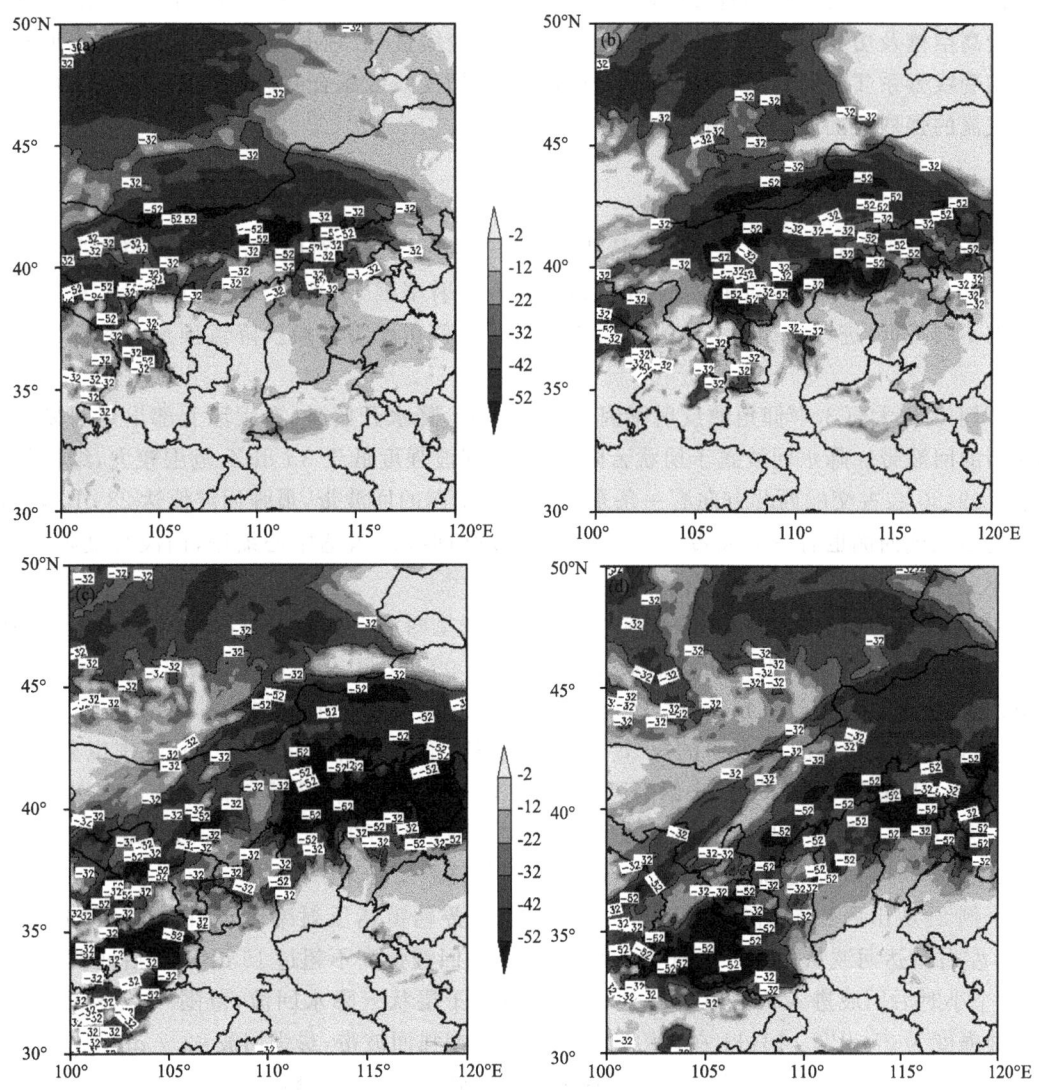

图12 2018年4月4日TBB分布(单位:℃)
(a)4日08:00,(b)4日14:00,(c)4日16:00,(d)4日20:00

形成-52 ℃的深厚云系,此时,山西北部已经开始出现降水,山西西部地区出现新生云团,这与切变线前侧的西南气流密切相关。随后,4日16:00(图12c)高空槽云系缓慢东移且北抬,切变线云系迅速向东移动并与高空槽云系底部合并,小于-52 ℃的云系范围明显增大,降水范围进一步扩大。4日20:00(图12d)合并后的高空槽云系向北向东移动,槽前西南气流中新生的云团向山西中南部移动,山西南部被高空槽底部的浅薄云系覆盖。之后山西上空云团开始变得松散,-52 ℃的低值区面积逐渐缩小,云层变薄,山西降水结束。

总之,个例1为高空槽云系过境型,北中部云系在向东北方向移动的过程中逐渐变薄,云顶降低,云顶亮温升高,受北中部高空槽过境的影响,造成了山西北中部的暴雪天气;暴雪出现在TBB<-42 ℃的区域中;云系持续时间较长,降雪强度大。个例2为切变线云系影响型,云层薄,云顶伸展的高度高,移动快,云团在东移过程中受西南气流影响有所发展,云顶亮温低,暴雪出现在切变线云系中心且TBB<-32 ℃的南侧;云系持续时间长,降雪强度大。个例3则是受高空槽及切变线云系共同影响,云层厚,移动较缓慢,云顶亮温低,暴雪出现在高原槽云系前切变线云系TBB<-42 ℃的东南侧;高空槽和切变线云系合并后,不稳定能量得以释放,冷暖气流的强烈交汇,造成降雪强度突增。

3.2 降雪的雷达特征

分析强降雪中心附近单站雷达产品特征。对三次过程分别对照雷达所在站点实况降水资料,详细分析不同时刻、不同相态、不同雷达的基本反射率因子、平均径向速度产品,掌握基本产品的不同特征,进一步提高多普勒天气雷达产品资料在雨雪转换及降雪预报中的分析应用能力。

个例1:从太原3.4°仰角的反射率因子(图13)看,降水开始时,在太原北部出现明显的半环状型的回波带。降水回波属于层状云降水回波,回波强度低于35 dBZ,范围较大,结构较为松散。09:30在古交的西北方向有一条东北—西南走向的回波带,最强回波值达28 dBZ,而在太原的西北偏西侧也有一回波带。20~30 dBZ较强回波向雷达中心缩进,回波高度降低,表现为不完整的回波带。

对应太原速度图上,为明显的西南风。零速度线呈西北—东南走向,可以看出从低层到中层均为明显的西南气流,近地面层偏东气流不明显。09:30,20 km范围圈以内,近地面层出现明显的偏东南风,风速达9 m·s^{-1},20 km圈以外,近地面层之上为强劲的西南急流,急流强度达15 m·s^{-1},近地面层为弱的反"S"型零速度线,有冷平流;而在20 km范围以外,高度2 km以上,零速度线呈"S"型,吹偏南风,有暖平流。低层是由高压后部回流携带冷空气侵入到降雪区,形成了低层干高层湿的层结结构,有利于降水量级的增大。随着西北路冷空气的入侵,从地面至高空气流逐渐转为偏北气流,降水天气就趋于结束。

个例2:从山西长治站(暴雪区)的0.5°仰角多普勒雷达反射率因子(图14)可知,23日10:00左右雷达回波从西部开始进入山西南部,最强回波强度不超过15 dBZ;之后回波快速东移,一个小时后回波进入长治地区上空,降水回波属于层状云降水回波,范围广,结构松散,最强回波强度为25 dBZ。13:11在长治西部有一条线型强回波带,最强回波42.7 dBZ,强回波持续了11个体扫移入长治市区上空后逐渐衰减,13:22强回波西部紧跟着一个回波强度>35 dBZ的强回波,经过5个体扫该回波发展加强到40.4 dBZ,之后迅速衰减,同时在13:42紧跟着一个回波单体,最强回波强度超过43.7 dBZ,东移至长治地区后持续12个体扫逐渐衰减,15:42

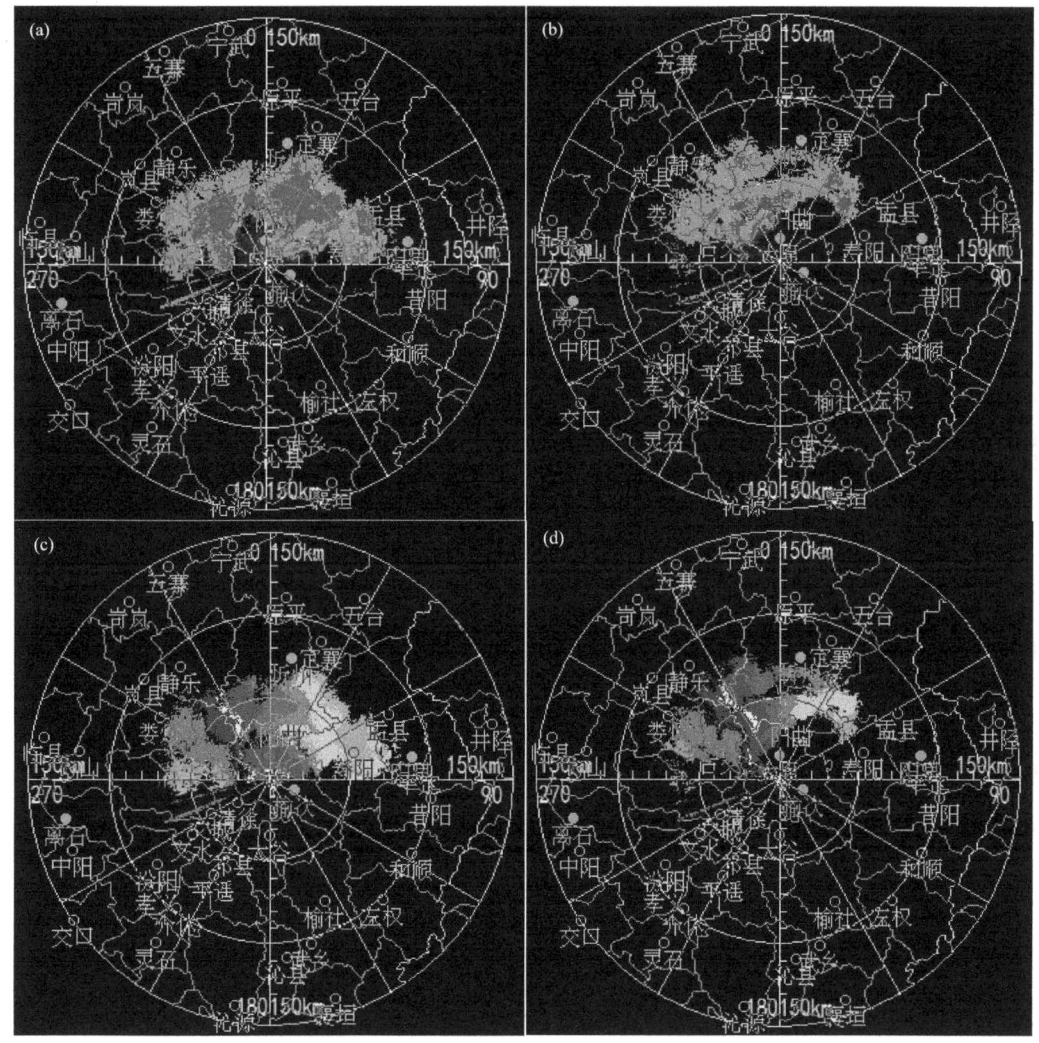

图 13 2015 年 2 月 19 日 3.4°太原雷达站反射率因子(a,b)和基本径向速度(c,d)
(a,c)09:30,(b,d)14:07

新的回波单体在临汾地区生成并东移；回波发展高度基本在 4 km 以内，最强回波强度超过 45 dBZ，但强回波持续时间较短，不超过 3 个体扫，但是持续的回波经过长治地区，易造成相当强度的强雪量，可以看出造成长治地区强降雪的主要机制是列车效应。

对应速度图上，1.5°仰角上，降雪期间，长治西部低层吹偏东风，高层吹西风，长治西部低层吹偏西风，高层吹偏东风，且低层的偏东风随着时间出现激增，达到了急流标准；低层零速度线随高度逆转，有冷平流，高层零速度线随高度顺转有暖平流，预示着暖湿气流沿着冷垫爬升，具有明显的回流形势特征。

个例 3：从强降水区逐 6 h 降水量可知，4 日下午有 10 个站点降水量＞10 mm，其中阳高最大达 20 mm，同时北部的浑源、广灵等地伴随有春雷，在中部交城出现了冰雹现象，说明此次过程具有明显的对流降水特征。

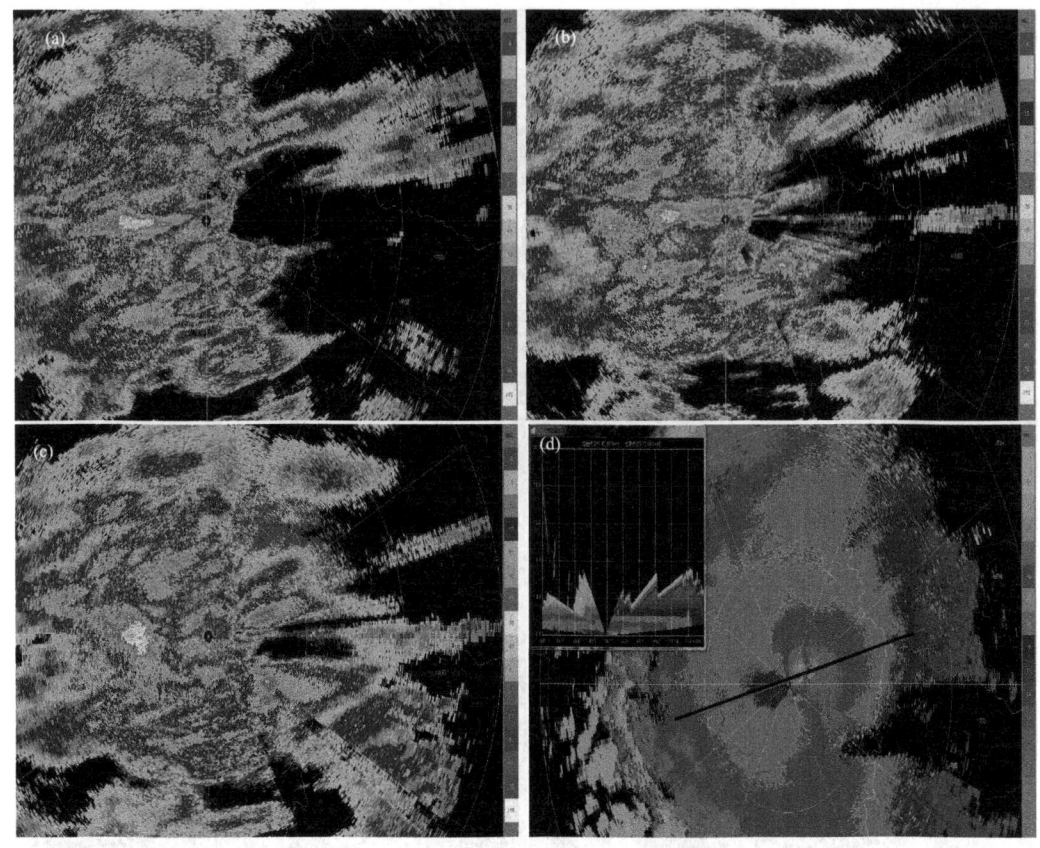

图 14 2015 年 11 月 23 日长治站多普勒雷达回波特征
(a)13:22,(b)13:42,(c,d)14:03

从山西大同站(暴雪区)的多普勒雷达回波可知,整个降水时段雷达回波先从西南移至东南,再由西北移至东南,回波形态为层状云回波镶嵌积云降水回波的混合性降水回波,呈现片状,大部分降水来自层云,为稳定性降水;11:13(图15a)雷达回波呈现明显的零度层亮带特征,高度在离地 2 km 左右,之后零度层亮带范围逐渐减小并靠近雷达,说明降水形态为雨雪混合相态,到了 12:07(图 15b),零度层亮带消失,此时降水相态发生变化。降水开始时,强雷达回波强度维持在 35 dBZ 以上,18:39,降水回波逐渐衰减为 25 dBZ 以下;12:50 左右大同南部出现对流性降水回波,最强回波为 50 dBZ,之后强回波东移,经过浑源、广灵,于 13:54 衰减为 35 dBZ;过 13:19 雷达强回波所在(浑源上空)中心做垂直剖面看回波(图 15d)的发展,强回波中心强度 56 dBZ,回波顶发展高度为 10 km 以上,说明强降雪来自积云,对流性质明显。

3.3 降雪的自动站资料特征对比

从以上分析可知,在相似的环流背景下,三次过程产生的雨强和雨区有很大的区别,降雪过程中伴随的不稳定层结建立和对流云团的生成和发展与中尺度系统息息相关,正是由于不同尺度的系统互相影响才造成了不同的天气过程。地面辐合线是常见的中尺度系统,往往对局地降水的产生有着很好的指示意义。

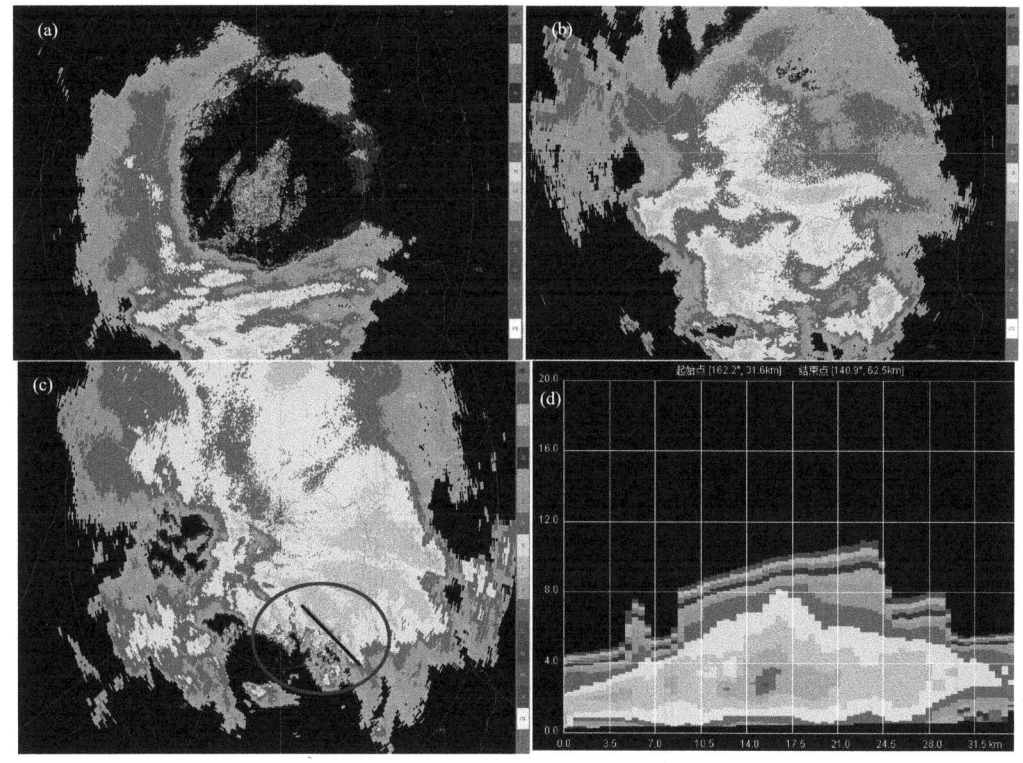

图 15　2018 年 4 月 4 日大同站多普勒雷达特征
(a)11:13,(b)12:07,(c,d)13:19

个例 1:在降水前期 18 日 20:00(图略),强降雪区就已经出现中尺度辐合线,整个降雪期间地面风场较弱。19 日 08:00(图 16a),晋中西部孝义附近出现 β 中尺度涡旋,同时五台山附近存在的西北风与偏东风的中尺度辐合线发展为 β 中尺度涡旋;昔阳附近存在东北风与东南风的辐合线,风速较小,仅为 2 m·s^{-1},阳曲附近存在弱偏西北风与偏东北风的中尺度辐合线,随着降雪的开始,转为偏西北风与偏东南风的中尺度辐合线,与辐合线相对应,在山西中部存在一条明显的干线(图 16d),露点梯度最大为 6 ℃。19 日 14:00(图 16b),位于吕梁中部、五台山附近、昔阳附近等地的中尺度辐合线仍然维持,风速无明显变化,在晋中东山与晋中河谷地区出现了中尺度辐合线,与此相对应干线(图 16e)略往南压,梯度减小。20:00(图 16c),强降雪区上空仍旧维持地面中尺度辐合线,中部辐合线和干线(图 16f)位置重合,吕梁中部东南风风速增加到 6 m·s^{-1},辐合强度进一步加强,中尺度辐合线和干线的长时间维持导致强降雪的出现。之后随着高空冷空气的入侵,降雪逐步减弱结束。

个例 2:在降水开始前期(图 17a),忻州中部开始出现风速较弱的 β 中尺度涡旋,但该系统维持时间较短,山西南部的长治和运城均开始出现中尺度辐合线。降水开始时(图 17b),忻州五寨出现偏东风和东北风的中尺幅辐合线,风速明显增大,晋中东部附近出现偏东风和东南风的中尺度辐合线,忻州中部的 β 中尺度涡旋减弱,同时山西南部的东北风与西南风的中尺度辐合线继续维持且强度略增大,地面风场速度增大 2～4 m·s^{-1}。23 日 20:00(图 17c),位于晋中地区、长治附近、运城一带的中尺度辐合线仍然维持,风速增大 1～2 m·s^{-1},辐合强度进一

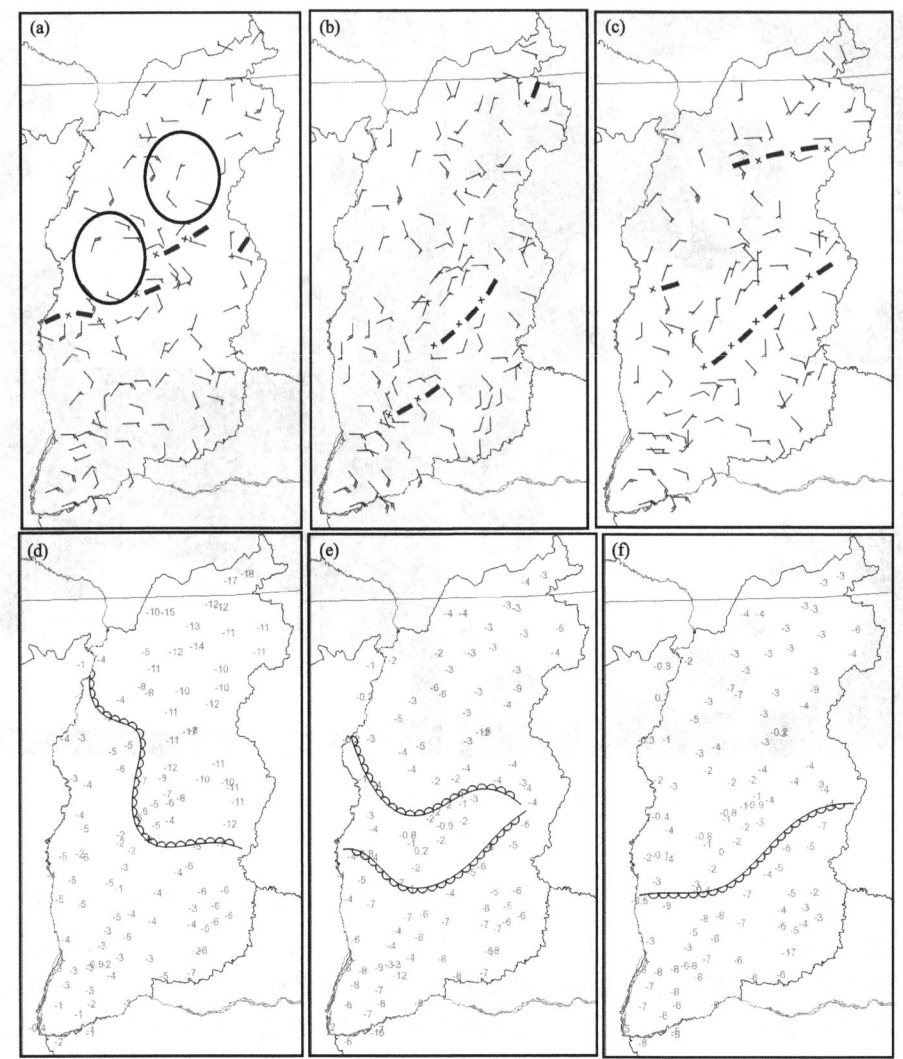

图 16　2015 年 2 月 19 日 08:00(a,d),14:00(b,e),20:00(c,f)地面风场(a,b,c)和露点锋(d,e,f)

步加强,在晋中汾西一带出现了中尺度辐合线。与辐合线相对应,整个降水期间,始终存在一条西北—东南向的露点锋(图 17d),梯度超过 4 ℃,随着降水的开始,露点锋位置略往南压(图 17e),梯度减小。对照 24 h 降水量可以看出,存在中尺度辐合线的地区往往对应大的降水量级。

个例 3:在降水开始前(图 18a),山西北部的大同一带出现西北风和偏东风的中尺度辐合线,河曲一带出现东南风和东北风的中尺度辐合线,吕梁中部为偏北风和偏南风的对吹风,晋中东山一带存在西南风和东北风的中尺度辐合线,整个降雪期间偏东风的强度超过 $6 \text{ m} \cdot \text{s}^{-1}$,局部超过 $12 \text{ m} \cdot \text{s}^{-1}$,使得辐合强度增大。随着降雪的开始(图 18b),山西北部、吕梁中部、和晋中东山等地的中尺度辐合线继续维持,强度增大,风速增大了 $2\sim4 \text{ m} \cdot \text{s}^{-1}$。4 日 20:00(图 18c),随着风场的减弱大同、吕梁等地的辐合线强度明显减少甚至消失,长治一带出

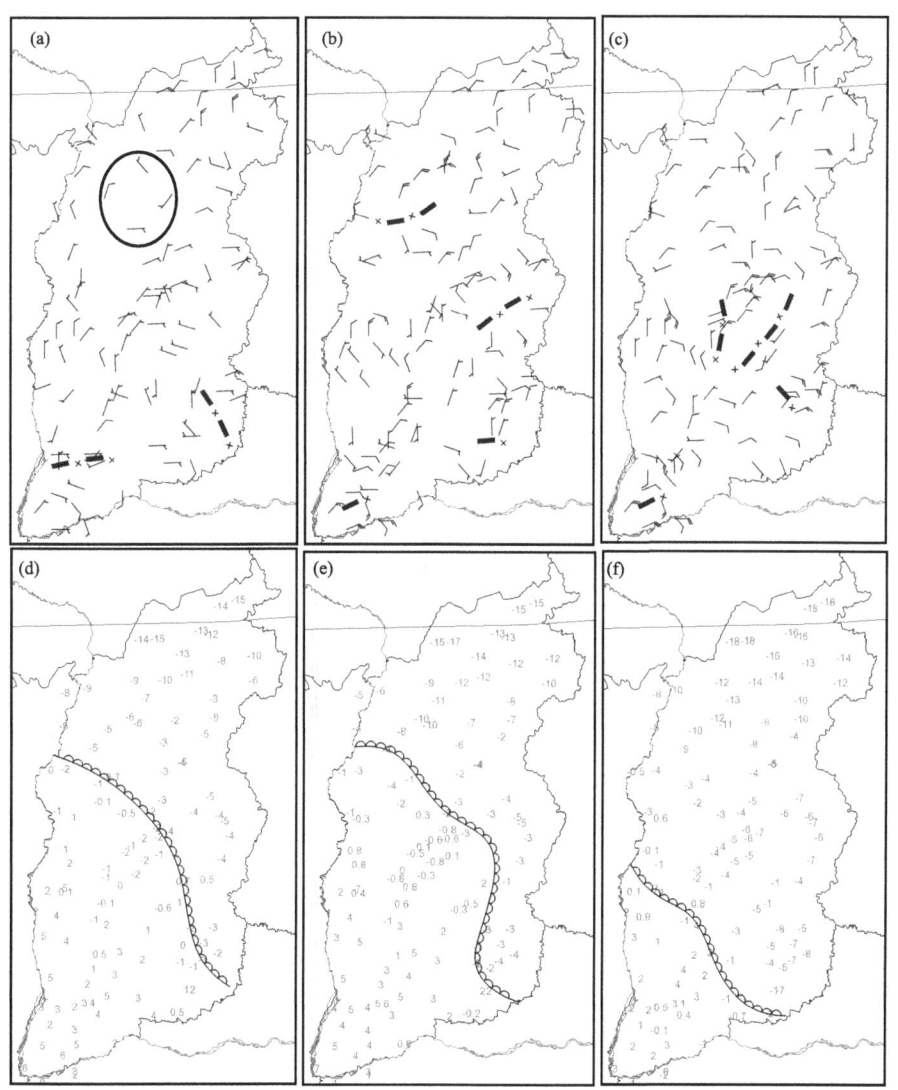

图17 2015年11月23日08:00 (a,d),14:00(b,e),20:00(c,f)地面风场(a,b,c)和露点锋(d,e,f)

现弱的偏北风和偏南风的中尺度辐合线,说明强降雪区南压。与辐合线相对应,整个降水期间,山西北部和南部分别存在一条露点锋(图18d),露点梯度最大为5 ℃,且随着降水的开始(图18e),南北两条露点锋逐步靠近,梯度减小。从露点锋的移向可以看出冷空气从北路侵入山西地区,降水随之减弱结束。

综合对比三次过程可知,在降水出现前的12 h,地面已经出现了中尺度辐合线,地面风场的强度依次为个例1<个例2<个例3,因此地面中尺度辐合线的强度个例3最强,从降水量级也可以得到很好的印证。整个降水期间,中尺度辐合线和干线的长时间维持导致强降雪的出现,辐合线和干线的位置与强降雪区基本一致。因此,地面中尺度辐合线和干线,对强降雪的强度和落区有很好的指示意义,可以作为预报指标之一供实际业务中参考。

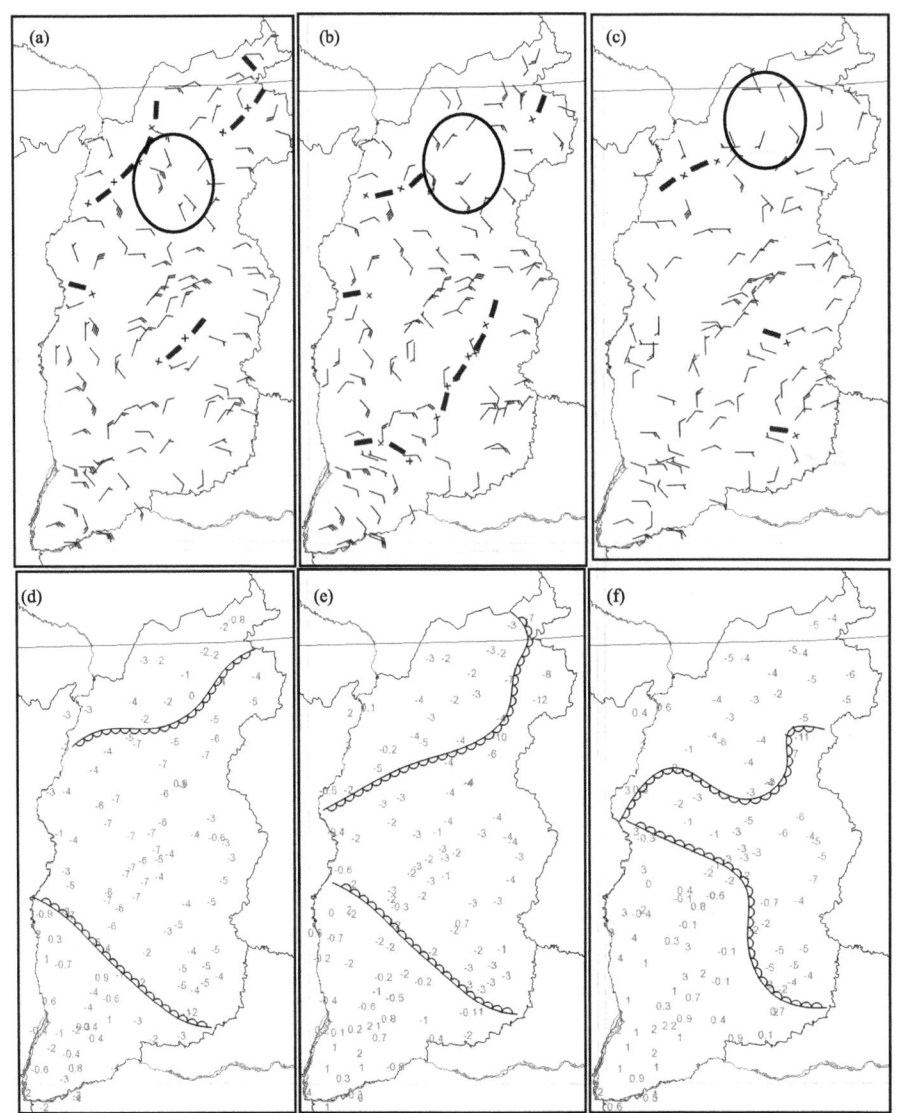

图18 2018年4月4日08:00(a,d),14:00(b,e),20:00(c,f)地面风场(a,b,c)和露点锋(d,e,f)

4 数值模拟及试验

山西地区东侧为太行山脉,地貌复杂,地形对强降水有着重要的影响。研究表明:通过改变地形、低层东南风大小等敏感性试验,发现高山的西部和北部地形对降水影响很大,降低地形高度后,雨区的位置和强度都发生变化;减弱低层东南风后,蒙古国东部冷涡的强度和移动速度都有不同程度的改变,并且层次越低影响越明显[27]。因此本研究从降低地形高度出发,模拟强降雪中地形的作用,并通过模拟结果分析,揭示强降雪的形成机理,得到相关的预报指标,以期为实际业务中的强降雪预报和预警提供参考。

(1)试验设计方案

利用 1°×1°的 NCEP/NCAR FNL 再分析资料、自动站观测资料以及非静力中尺度数值模式 WRF(V3.5.1 版本),采用网格嵌套技术,母域中心定位于(112°E,37°N),子域分别以母域的(45,38)和(40,40)为起点,粗、细网格的格距分别为 30 km 和 10 km,格点数分别为(110×110)和(136×136)。模式顶高为 50 hPa,垂直方向分为 38 层,越接近地表分层越密,其中 2 km 以下 16 层,模式的主要参数化方案见表 3,模式积分为强降水前 6 h 至降水结束,时间积分步长均为 180 s。本研究设计两组对比试验,控制试验地形采用美国地质勘探局(United States Geological Survey,USGS)提供的 2′(4 km)地形高度数据。敏感性试验区域为太行山(34.76°~40.89°N,112°~114.95°E)将区域内地形高度下降至一半,通过两次试验探讨地形高度对降水的影响(图 19)。在模拟较为成功的基础上,利用模式输出的结果,分析降雪过程的中低层风场特征以及造成强降雪的成因。

表 3 模式参数化方案

分辨率(km)	模拟区域	微物理方案	积云参数化	边界层	陆面过程	长波辐射	短波辐射	近地面层方案
30	D1	WSD-5	GD	YSU	Noah	rrtm	Dudhia	Monin-Obukhov
10	D2	WSD-5	GD	YSU	Noah	rrtm	Dudhia	Monin-Obukhov

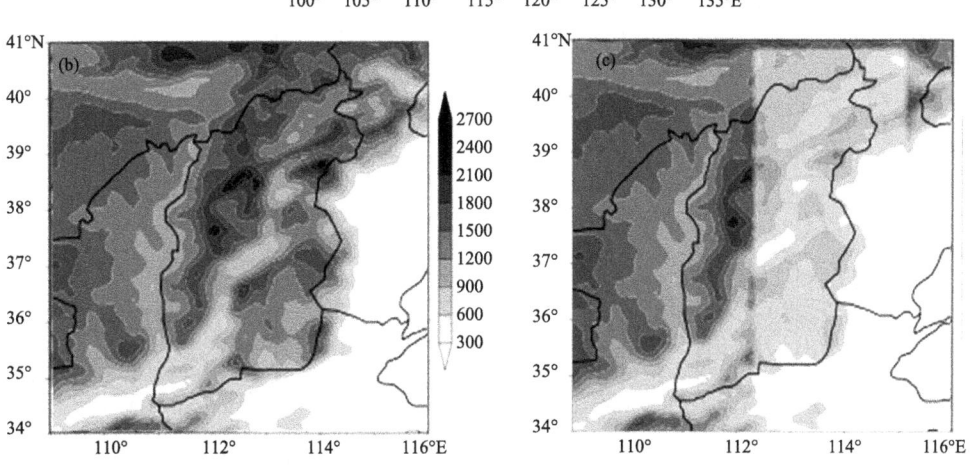

图 19 模拟区域(a)、控制试验(b)和敏感试验地形高度(c)图(阴影为地形高度,单位:m)

(2) 模拟结果的客观检验

个例1：从模式输出的同时段24 h累积降水与实况24 h降水(图20a)对比可以看出：模拟得到的降水分布与实况分布较为接近，但是模拟的各量级降水的范围和强度有明显不同。控制试验(图20b)模拟降水中心有两个，分别在五台山附近和长治—晋中一带，雨强均为大雪，模式对山西北部的降水范围模拟较好，但是雨强偏小。敏感试验内部嵌套D2(图20c)模拟的降水中心有3个，除了五台山和长治的强降水中心，同时模拟出了吕梁中部的大雪中心，3个降水中心的强度较实况略偏小。模拟试验基本模拟出此次强降雪的分布特征，但是落区和量级存在差异。

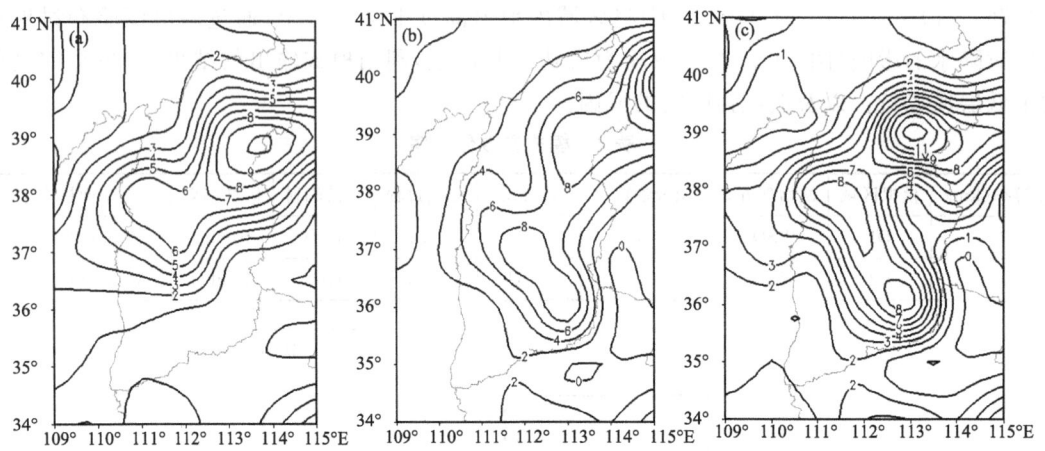

图20　2015年2月19日08:00—20日08:00降水量(单位:mm)
(a)实况,(b)控制试验,(c)(D2)模拟

个例2：从模式输出的同时段24 h累积降水与实况24 h降水(图21a)对比可以看出：模拟得到的降水分布与实况分布接近，但是模拟的降水强度偏大。控制试验(图21b)模拟降水中心有一个，位于山西南部的晋城地区，这与实况很接近，但是强度要远远大于实况，中雪以上量级模拟的范围与实况接近，强度略偏大。敏感试验内部嵌套D2(图21c)模拟的降水中心有3

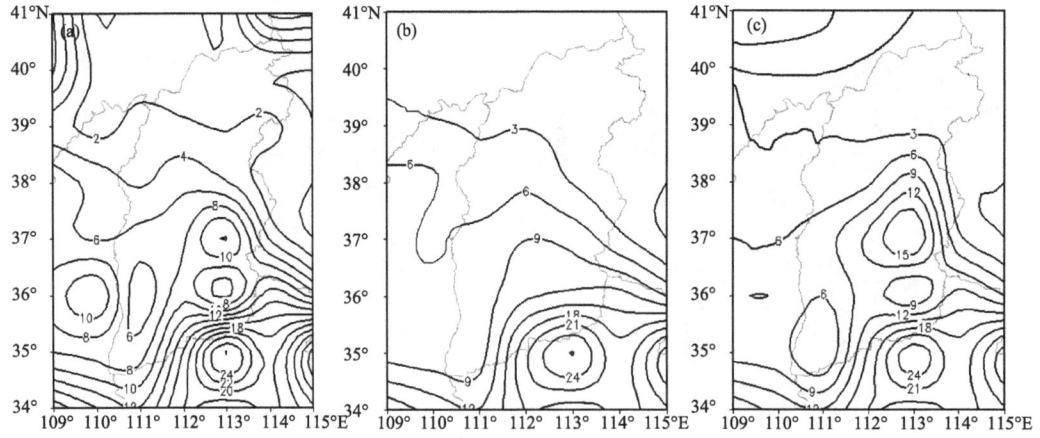

图21　2015年11月23日08:00—24日08:00降水量(单位:mm)
(a)实况,(b)控制试验,(c)(D2)模拟

个,分别位于晋中、长治和晋城,除晋中地区模拟为虚假中心外,其余两个与实况位置接近,但是强度要大于实况。此次模拟试验基本模拟出山西南部的强降雪分布特征,但是存在1个虚假中心。

个例3:从模式输出的同时段24 h累积降水与实况24 h降水(图22a)对比可以看出:模拟得到的降水分布较好的再现了山西北中部的强降雪分布特征,但是对山西南部的降水落区把握不太好。控制试验(图22b)模拟降水中心有一个,位于山西西北部的右玉地区,这与实况很接近,但是模拟的降水强度要远远大于实况,中雪以上量级模拟的范围与实况偏小。敏感试验内部嵌套D2(图22c)模拟的降水中心有两个,位于右玉和长治,强度较实况偏大,且模拟漏报了山西阳泉和吕梁一带的强降雪。此次模拟试验基本模拟出山西北中部的强降雪分布特征,对山西南部的降雪存在一定的差异。

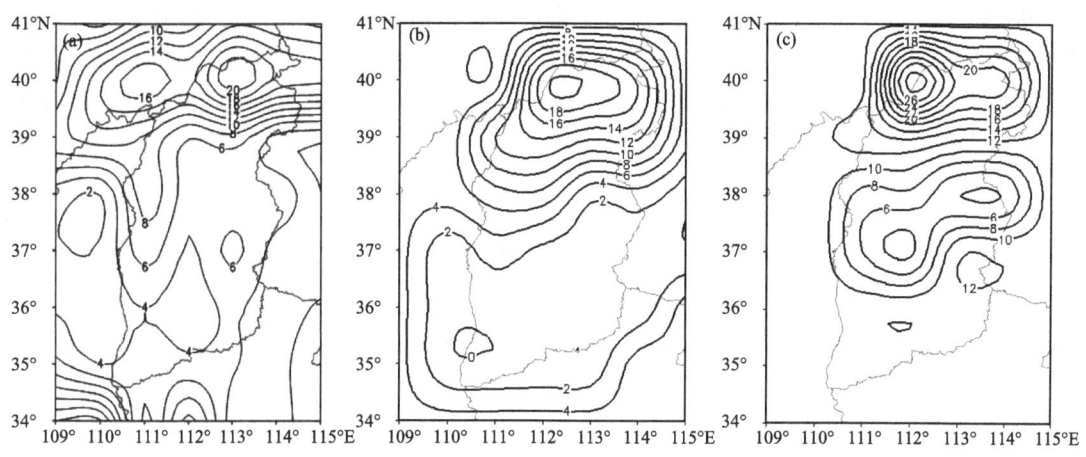

图22 2018年4月4日08:00—5日08:00降水量(单位:mm)
(a)实况,(b)控制试验,(c)(D2)模拟

为了客观的检验模拟效果的好坏,将山西省区域内的强降雪(24 h降水量≥5 mm)的台站的降水情况作为检验对象,统计强降雪的ETS评分(表4)。ETS评分的计算公式[57]:$ETS=\frac{N_{fc}-CH}{N_f+N_o-N_{fc}-CH}$,式中,$N_f$为模拟暴雪的台站数,$N_o$为实况发生暴雪的台站数,$N_{fc}$为模拟暴雪准确的台站数,$N$为评分区域台站总数,$CH=\frac{N_f}{N}\times N_o$;与TS评分($TS=\frac{N_{fc}}{N_f+N_o-N_{fc}}$)相比,ETS评分消除了参加统计的台站的多少对TS评分影响,因为称为公平的TS评分。

表4 地形试验的ETS评分

个例	ETS(控制)	ETS(D2)
1	0.1781	0.1540
2	0.1394	0.1101
3	0.1228	0.0963

通过模拟试验与实况的主观分析和客观比较可以看出,三次试验基本上能模拟出强降雪走向,只是降雪落区的位置略有偏差,降雪强度偏大,模拟分辨率越高,空报率也随之升高。综合分析,采用二重嵌套的模拟结果,研究地形对三次强降雪过程的动力性成因。

5 模拟结果分析

5.1 中低层风场的作用

在回流形势造成的强降雪中,中低层风场的作用对强降雪的落区和强度有什么影响,这往往与风矢有密切关系。为了更好地研究山西东部太行山对风场的作用,利用模式模拟结果,对中低层风场进行分解,研究回流强降雪过程中的高低层风场(急流)的耦合作用,因此分析强降雪发展时段的纬向风分量(U 分量)与经向风分量(V 分量)的垂直剖面图和平面图。

个例1:从风场的垂直剖面(图 23)可以得知,对于 U 分量,800 hPa 以上盛行西风,800 hPa 以下盛行东风,且整个降水时段的中高层均存在西风分量>东风分量,且最大西风分量的量级是东风分量的 8 倍以上;对于 V 分量,降水发展初期至降水趋于结束时期,南风分量呈现先增大后逐渐减小的趋势,而北风分量则相反。降水开始前 19 日 08:00(图 23a),欧亚大陆中高纬存在两支高空急流,北支位于蒙古国至我国内蒙古中部一带,呈西北—东南走向,南

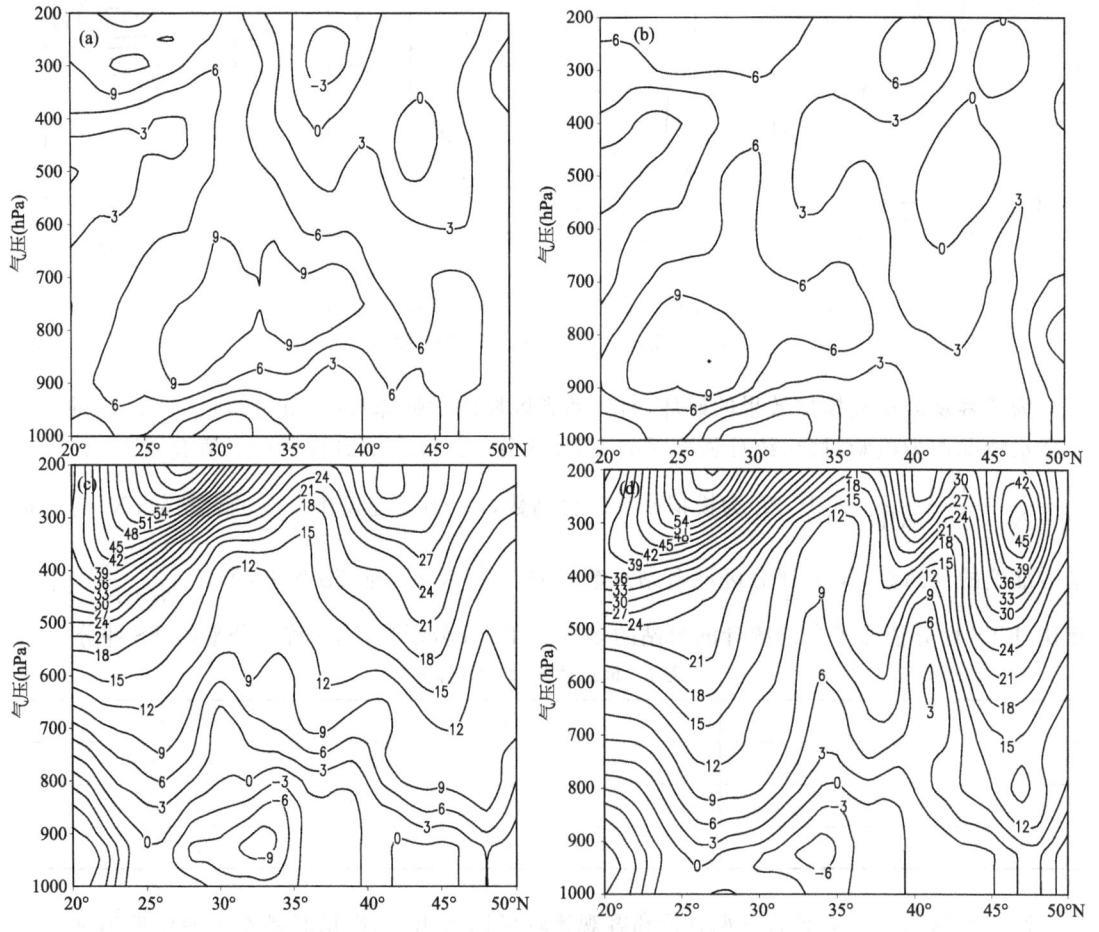

图 23 2015 年 2 月 19 日 U,V 分量垂直剖面(a,b:U;c,d:V;单位:m·s^{-1})
(a,c)08:00,(b,d)20:00

支位于长江中游至广东一带,呈东北—西南走向,北支急流风速小于南支急流,急流核最大风速超过50 m·s^{-1},而低层(800 hPa以下)从河南至内蒙古均为偏东风,在30°~35°N和42°~46°N范围存在两个东风中心,这与强降水区对应,最大东风强度为9 m·s^{-1};降水初期(图23c)整个山西中低层盛行偏南风,最大南风中心位于河南至山西北部,风速超过9 m·s^{-1},强盛的南风给山西带来了暖湿气流,为强降水的发生提供了良好的水汽条件和能量条件。到了19日20:00(图23b),高层的西风急流继续增大,北支急流出现分流,一支呈东北—西南向位于山西省北中部,一支呈准南北向位于内蒙古,且急流强度增大,最大风速由36 m·s^{-1}增大至45 m·s^{-1}以上,山西北部最大风速达36 m·s^{-1};南支急流维持,对山西的影响较小,降雪区主要出现在北支急流分流区,对应着高层辐散,高层辐散使得低层出现上升运动,促进降雪强度的增大;800 hPa以下的东风强度和范围减小。此时(图23d)南风分量被北风切断,范围减小,但强度增大至急流强度,位置南压,急流轴呈东北—西南走向,急流中心出现在800 hPa,山西北中部南风分量超过了6 m·s^{-1},强度明显减弱,水汽的输送明显减小。

可见,低空急流可以输送和传导中低层的水汽和能量,急流轴的分流区为水汽辐合和强上升运动区,与强降水落区相对应,因而对于暴雪的产生有着至关重要的作用。

个例2:从风场的垂直剖面(图24)可以得知,对于U分量,800 hPa以上盛行西风,800 hPa以下盛行东风,且整个降水时期的中高层均存在西风分量>东风分量,且最大西风分量的量级是东风分量的6倍以上,同时西风分量的变化不明显,东风分量呈先增大后减小的趋势;对于V分量,降水发展初期至降水趋于结束时期,南风分量呈现先增大后逐渐减小的趋势,而北风分量则相反。降水开始前23日08:00,欧亚大陆中高纬存在两支高空急流(图24a),北支位于蒙古国至我国内蒙古中部一带,呈南北走向,南支位于长江中游至广东一带,呈东北—西南走向,北支急流强度明显大于南支急流,急流核最大风速超过45 m·s^{-1},而低层(800 hPa以下)均为偏东风,在25°以南、32°~35°N和44°~48°N范围存在3个东风中心,但是强度均不大,说明此时的东风回流形势刚刚建立;降水初期整个山西中低层(400~800 hPa)盛行偏南风(图24c),最大南风中心位于长江中游,说明此次降水的水汽来源于孟加拉湾。降水发展时期(23日20:00),高层的西风急流增大(图24b),南支急流北抬,北支急流位置稳定,两支急流出现汇合加强的趋势;低层的东风明显增大,最大东风超过12 m·s^{-1},且位置北抬,强东风中心位于35°N附近,这与山西晋东南一带的强降水区相对应;同时,南风分量(图24d)的范围和强度也增大,强风速中心位于30°~36°N,风速轴呈东北—西南走向,中心出现在700 hPa,说明此次降水的水汽来源于中高层,850 hPa为弱的南风和强北风带。降雪区主要出现在北支急流出口区的左侧和南风分量大值中心,强烈的上升运动和水汽输送,对强降水的产生提供动力和水汽条件。

个例3:从垂直剖面(图25)可以得知,整个时期及其高度的西风分量>东风分量,且最大西风分量的量级是东风分量的10倍以上;降水发展初期至降水趋于结束时期,南风分量呈现先增大后逐渐减小的趋势,而北风分量则相反。降水开始前4日08:00,整个山西中低层盛行偏南风,高层为急流核60 m·s^{-1}以上的西风急流,欧亚大陆存在两支高空急流,北支位于蒙古国至我国东北一带,呈东北—西南走向,南支位于四川至江苏一带,呈准东西走向,800 hPa以下为明显的东风分量,最大风速达12 m·s^{-1}。4日08:00(图25a,c),南风分量范围及强度明显增大,发展至急流强度,急流轴呈东北西南走向,最大15 m·s^{-1}以上,急流中心出现在700 hPa,38°N(山西大同)附近,与强降雪中心相对应;同时高层的西风急流继续增大,北支急

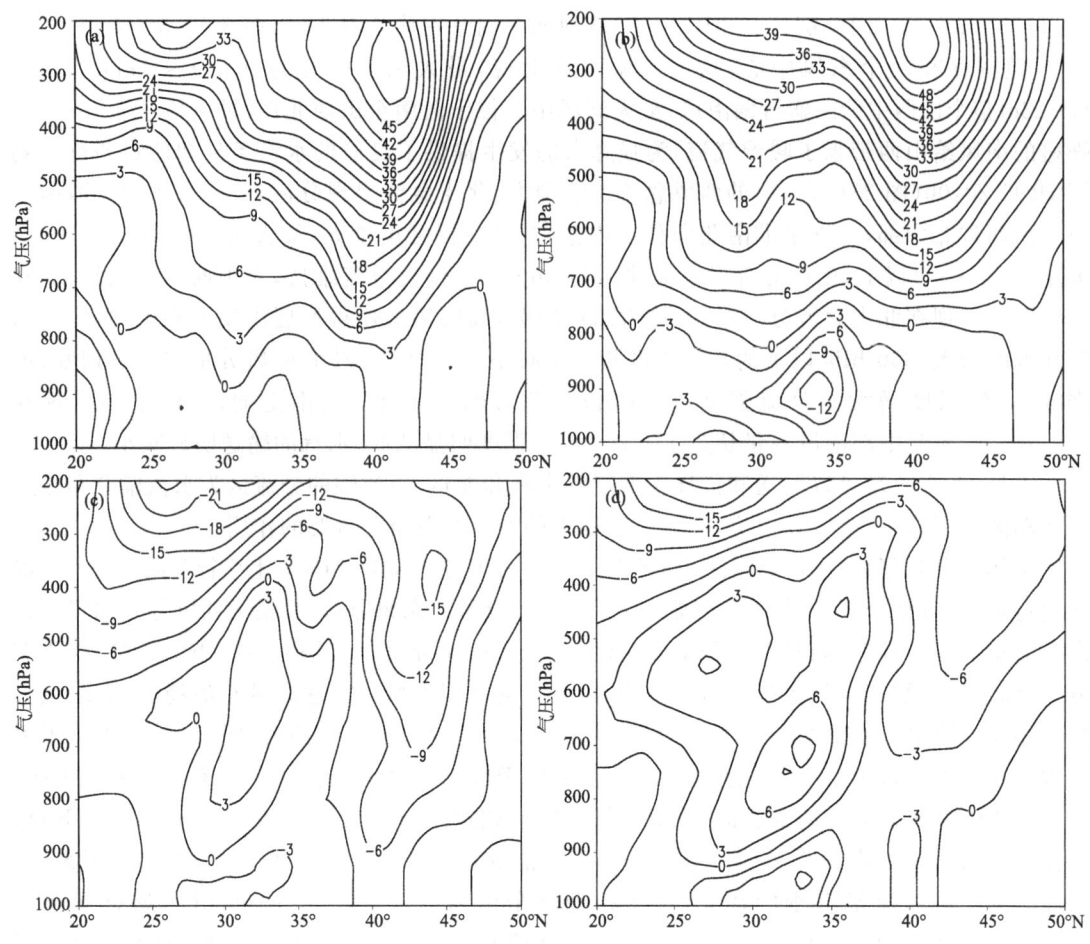

图 24 2015 年 11 月 23 日 U,V 风量垂直剖面(a,b:U 风量;c,d:V 风量;单位:m·s^{-1})
(a,c)08:00 (b,d)20:00

流东移南压,急流核范围增大,最大风速增大至 70 m·s^{-1} 以上,山西北部最大风速在 50～70 m·s^{-1},降水期间,山西处于急流入口区右前侧;南支急流逐渐东移,急流核压在江苏一带,对山西的影响较小,降雪区主要出现在北支急流入口区的右侧,对应着高层辐散区,由质量连续原理可知,高层辐散使得低层出现上升运动,促进降雪强度的增大;800 hPa 以下的东风强度略增,范围维持。4 日 20:00(图 25b,d),中低层急流中心被北风切断,山西北部的南风急流强度明显减弱,急流中心移至山西中西部地区 35°N 附近,象征强降雪范围南落西移;同时高层西风南压,东风回流形势集中在 800 hPa 以下,范围达到最大,东风分量最大值中心在 35°N。急流轴的左前方为水汽辐合和强上升运动区,与强降水落区相对应。

纵观三次过程,高层起主导作用的始终为西风分量,而 700 hPa 前期盛行南风分量,850 hPa 以下为盛行东风形势,暖湿气流在冷垫上爬升造成强降雪,降水后期南风减弱被北风取代,东风被西风取代,整个过程均有西风分量>东风分量。由此可知,降水期盛行的南风分量为降水提供了水汽输送了能量,低层的东风回流形势促进水汽的凝结和降落,高层西风急流抽吸作用加大了低层的上升运动。

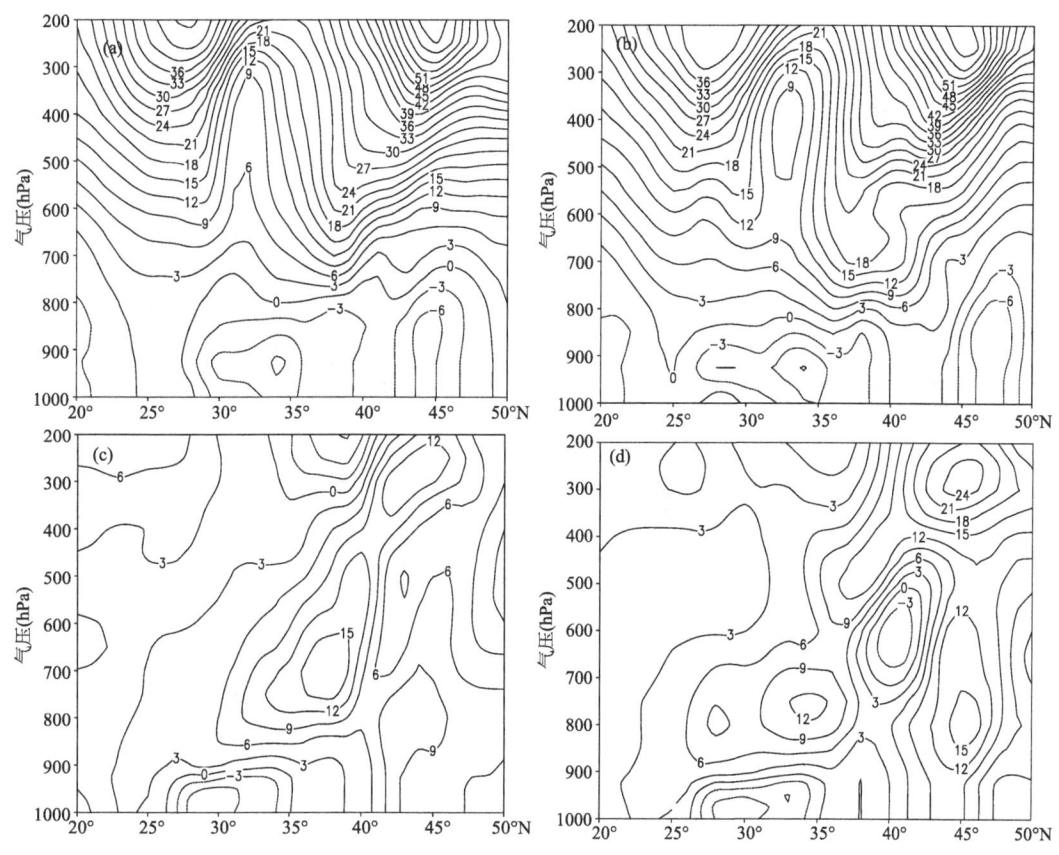

图 25 2018 年 11 月 4 日 U,V 风量垂直剖面(a,b:U 风量;c,d:V 风量;单位:m·s^{-1})
(a,c)08:00,(b,d)20:00

5.2 与强降水相关的风场的性质研究

个例 1:从温度平流叠加相对湿度的垂直剖面图上可以看出,18 日 18:00(图略),在强降雪区(35°~40°N)上空的对流层高层(250 hPa 以上)和低层(850 hPa 以下)均存在弱的干冷平流,对流层中低层(250~850 hPa)存在暖湿平流,且暖平流强度为冷平流的 3 倍左右,气层较稳定,不利于对流的发展。19 日 08:00(图 26a),对流层高层和低层的干冷平流强度明显增大,表明高空槽后部的冷空气首先从高层沿着东北向南侵入山西地区,同时低层的东风气流为冷性,并在降雪区上空冷暖气团交界面上形成等温度平流密集带,暖湿空气沿着等温线密集带向上爬升。19 日 14:00(图 26b),冷平流范围扩大,高层 35°~45°N 有一高值冷平流柱向下伸展,40°N 附近的低层由于出现降雪,湿度明显增大,同时在整个山西地区中层的暖平流强度减弱,降水开始出现减弱。19 日 20:00(图 26c),高层干冷平流继续向低层伸展,中层的暖平流强度继续减弱。20 日 08:00(图 26d),强降雪区上空整层对流层有冷平流沿着西南向侵入,降水结束。整个降水期间中低层暖平流中心始终维持在 900 hPa 附近,暖平流沿着低层的西南风向降水区上空输送暖湿气流,暖湿气流在低层的"冷垫"上爬升,同时高层的干冷气流侵入中部暖湿气流,造成了山西中部地区的强降雪天气。

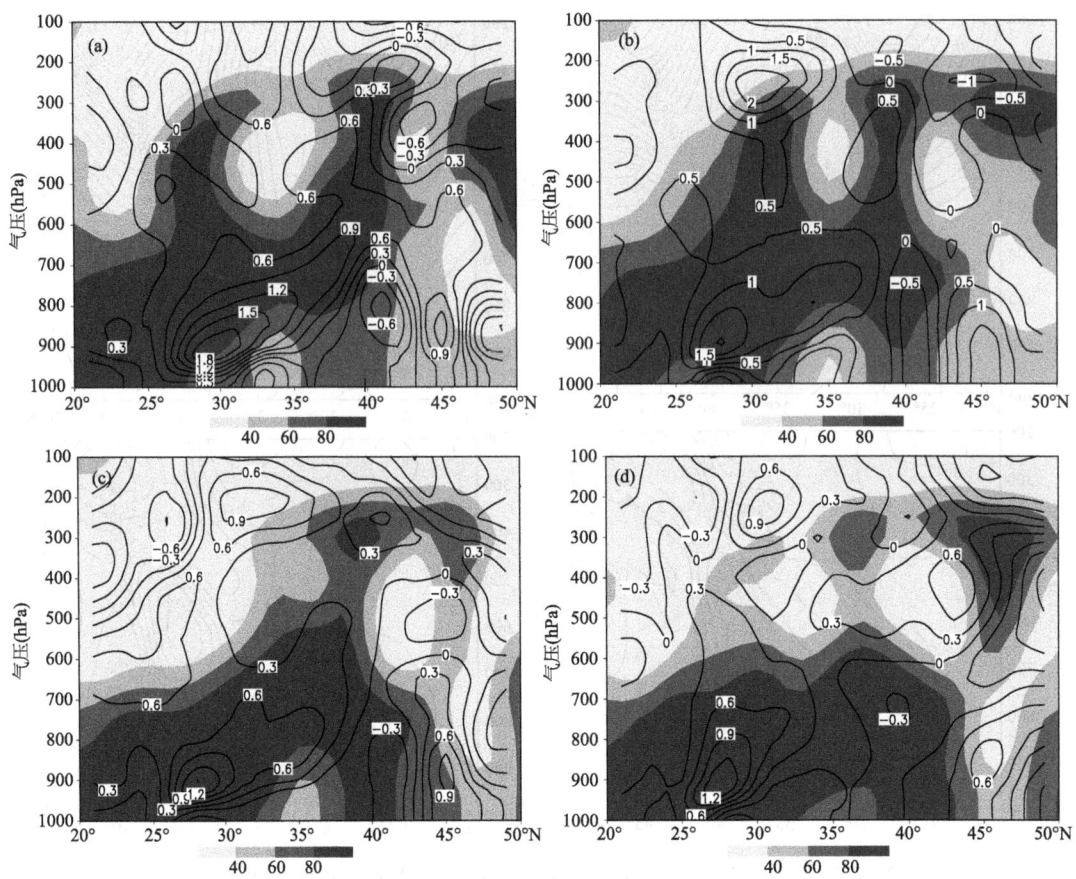

图 26 2015 年 2 月 19—20 日温度平流(等值线,单位:10^{-4} K·s^{-1})和相对湿度(阴影,单位:%)叠加
(a)19 日 08:00,(b)19 日 14:00,(c)19 日 20:00,(d)20 日 08:00

个例 2:从温度平流叠加相对湿度的垂直剖面(图 27)可以看出,23 日 08:00(图 27a),在强降雪区(35°~41°N)上空的对流层中高层(600 hPa 以上)存在显著的暖平流,且暖平流与相对湿度大值区相对应,在降水区北侧的整层对流层存在干冷平流,且干冷气流从东北向侵入,有两个冷平流中心,分别出现在 300 hPa 和 800 hPa,可知高层的西风和低层的偏东风呈现冷性,但是低层的偏东风较湿,冷暖平流强度相当,均为 $2×10^{-4}$ K·s^{-1}。23 日 14:00(图 27b),暖湿平流向上伸展至对流层顶,向下发展至 900 hPa 附近,但强度略有减弱,与此同时低层的冷平流范围也向南扩大,降水区北侧的冷平流柱与暖平流呈现同相变化,暖湿平流与干冷平流在 38°~40°N 附近交汇,造成强降水。23 日 20:00(图 27c),暖湿平流在北伸过程增强,高层的干冷平流明显减弱,低层冷平流回落中增强,降水范围明显减小。24 日 08:00(图 27d),暖湿平流强度减小,冷暖气流在 35°N 以南交汇,强降雪区南压移出山西省,同时高层冷平流减弱,山西省降水趋于结束。整个降水期间中低层暖平流中心在 400~700 hPa 附近,低层始终维持冷平流,可见暖湿气流主要来自中层,低层的偏东风起冷垫作用。

个例 3:从温度平流叠加相对湿度的垂直剖面图上可以看出,降水前期(图略),高层和低层的冷平流起主导作用,暖平流集中在 600~800 hPa,且强度只有冷平流的 1/3。4 日 08:00

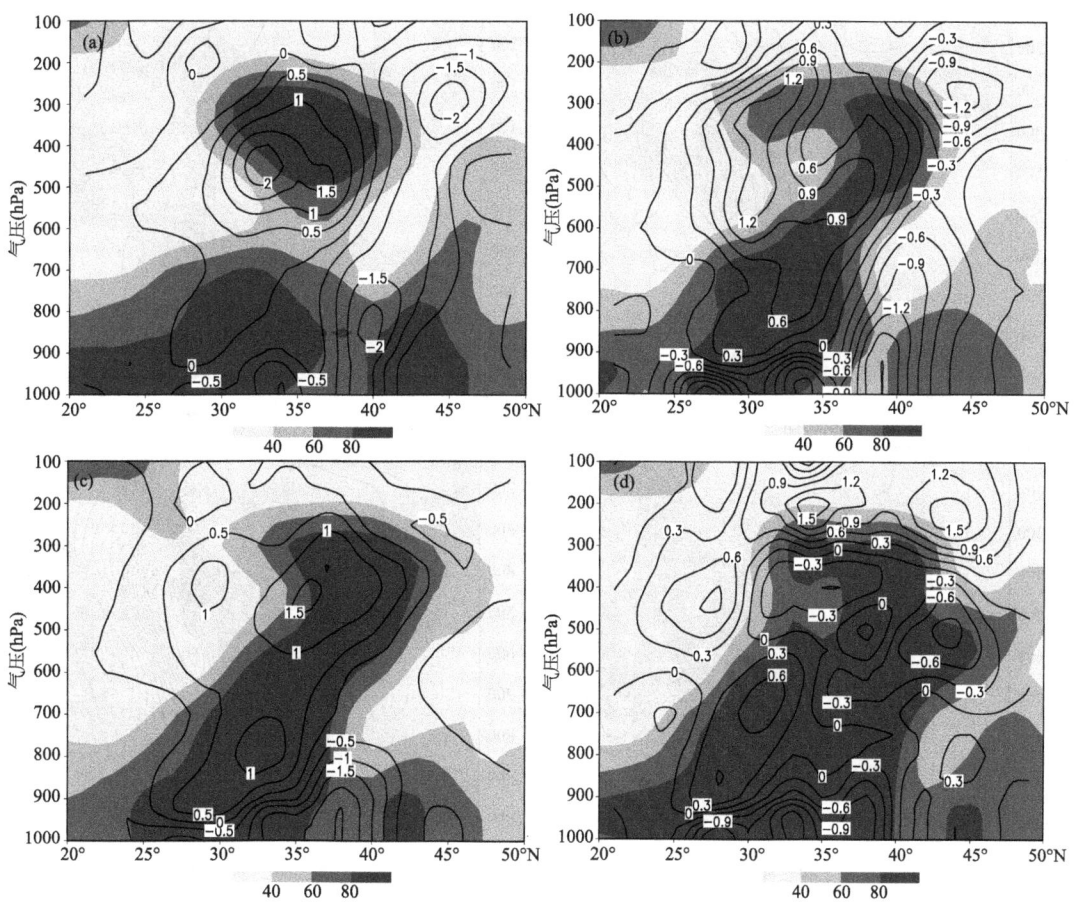

图 27 2015 年 11 月 23—24 日温度平流(等值线,单位:10^{-4} K·s^{-1})和相对湿度(阴影,单位:%)叠加
(a)23 日 08:00,(b)23 日 14:00,(c)23 日 20:00,(d)24 日 08:00

(图 28a),暖湿平流迅速增大,结合 V 分量分布可知,南风达到急流强度,预示着暖湿气流输送通道建立,同时范围延伸至 300~800 hPa,暖湿中心在 41°N 附近重合,中心强度超过 $4×10^{-4}$ K·s^{-1},中心轴呈东北—西南向(与南风急流走向一致),高层有弱的冷平流输送,低层的冷平流强度较前期略有减弱,冷暖气流在 32°~42°N 交汇,造成强降雪。4 日 14:00(图 28b),暖湿平流范围增大,暖湿气流的输送向上延伸,暖平流中心下降至 720 hPa 附近,800 hPa 以下为冷平流,在强降雪区上空冷暖气团交界面上形成了等温度平流密集带,暖湿空气沿着等温线密集带爬升,同时在等温度平流密集带有中尺度锋生现象。4 日 20:00(图 28c),低层冷平流向上延伸将暖平流切断,整个对流层分布两个明显的暖平流带,且高层暖平流强度是低层暖平流强度的 3 倍,高层暖平流移出我国,低层暖平流南压,中心降至 800 hPa 附近,冷暖平流强度均减弱并在 26°~38°N 交汇,降水区南压且降水强度减小。之后高空槽过境,槽后的西北气流侵入山西(图 28d),对流层整层受冷平流影响,在 32°~42°N 的高空冷暖平流密集带对应锋面,降水结束,冷锋过境为山西带来了大风降温天气。

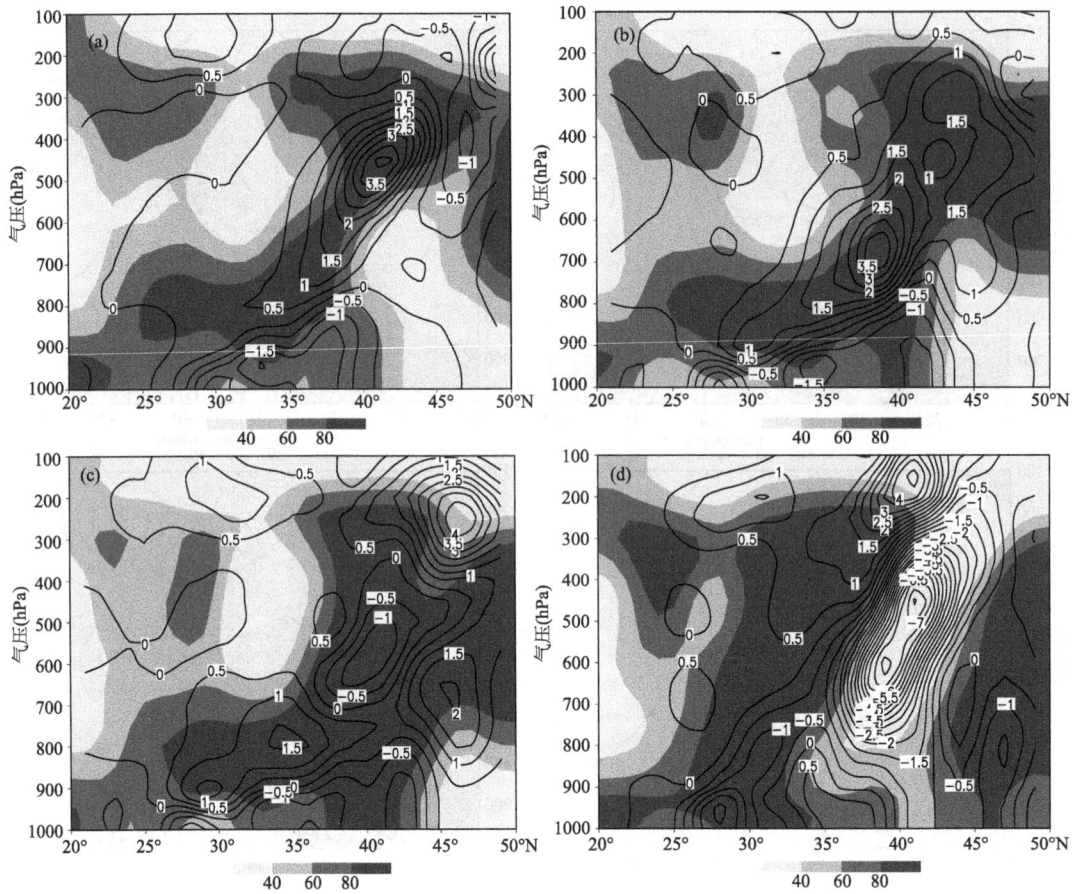

图 28 2018 年 4 月 4—5 日温度平流(等值线,单位:10^{-4} K·s^{-1})和相对湿度(阴影,单位:%)叠加
(a)4 日 08:00,(b)4 日 14:00,(c)4 日 20:00,(d)5 日 08:00

综合三次过程可知,高层的西风急流和低层的偏东风均呈现冷性,高层的西风急流为干冷气流,低层的偏东风在降水前期湿度不超过 60%,中层的偏南风呈现明显暖湿性质,为主要的水汽来源。个例 1 和个例 2 过程中存在干侵入现象,个例 3 有中尺度锋生现象,不稳定能量高于前两次过程。三次过程中低层的偏东风一方面起着冷垫的作用,另一方面有水汽补充作用。因此,回流形势的降雪天气中,低层的东风主要起着"冷垫"作用,促使暖湿气流的抬升造成强降水天气。

5.3 风场的动力学特征研究

个例 1:降水前期(图略)700 hPa 上整个山西地区上空受西南风影响,在河套地区有中尺度切变线发展生成并东移,19 日 14:00(图 29a),伴随着降雪的开始,西南气流东移,山西五台山和西部吕梁一带的涡度迅速增大,带来了强烈的上升运动,同时流线变密集,出现弱的中尺度辐合线,19 日 20:00(图 29b),切变线东移,西南气流在山西阳泉附近出现汇合,形成弱的风场辐合,随后冷空气迅速侵入,山西转受西北气流影响。对应 850 hPa,强烈的东南风气流伴随着整个降水期间,降水开始时(图 29c),在山西晋中—阳泉一带存在风场的辐合,同时与正的涡度区重合,且维持了 12 h,随后辐合线北抬东移至河北地区(图 29d),山西地区降水结束。可以看出整个降水期间山西东部均为正涡度的大值区,低层存在强烈的上升运动,为降水的产生提供了良好的动力条件。整个降水过程中,雨区位置与 850 hPa 中尺度辐合线位置对应,且降地形高度后,西南气流向北向东延伸发展。

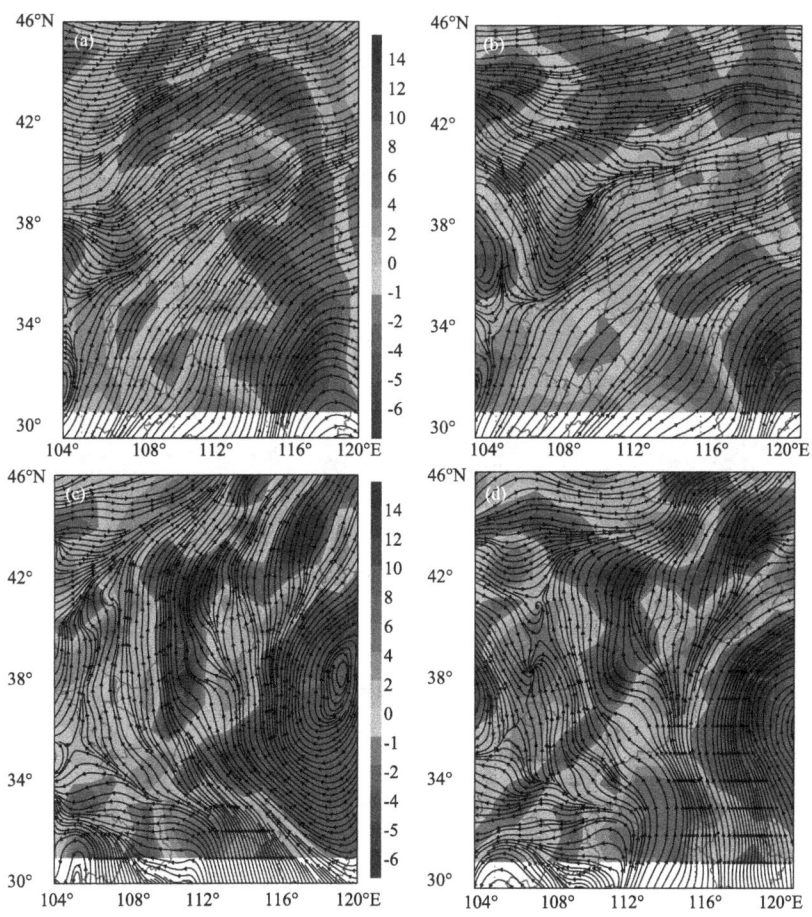

图 29 2015 年 2 月 19 日 700 hPa(a,b)和 850 hPa(c,d)流场(流线)和涡度场(阴影,单位:10^{-5} s^{-1})叠加
(a,c)14:00,(b,d)20:00

个例 2:降水前期(图略)700 hPa 上,西南气流在河套地区出现转向,并与来自内蒙古的偏北气流交汇在延安一带形成中尺度辐合线,23 日 14:00(图 30a),辐合线北抬,在山西阳泉一带汇合,同时西南气流东移,23 日 20:00(图 30b),辐合线向东南发展,并加强为两条,随后辐合线移出,山西转受西北气流影响。可以看出整个降水期间,山西中南部均为负的涡度。对应 850 hPa,山西表现为一致的偏东风,23 日 14:00(图 30c),在西部地区有中尺度辐合线的生成,但是持续时间较短(图 30d)。强降雪区位置与 700 hPa 和 850 hPa 中尺度辐合线位置对应,气旋式环流不强,由于系统移动较快,造成的降水量不大。

个例 3:降水前期(图略)700 hPa 上整个山西地区上空受西南风影响,西南风在大同附近出现转向,同时在忻州北部和朔州一带有正的涡度,风场的旋转带动气流上升,为降雪的产生

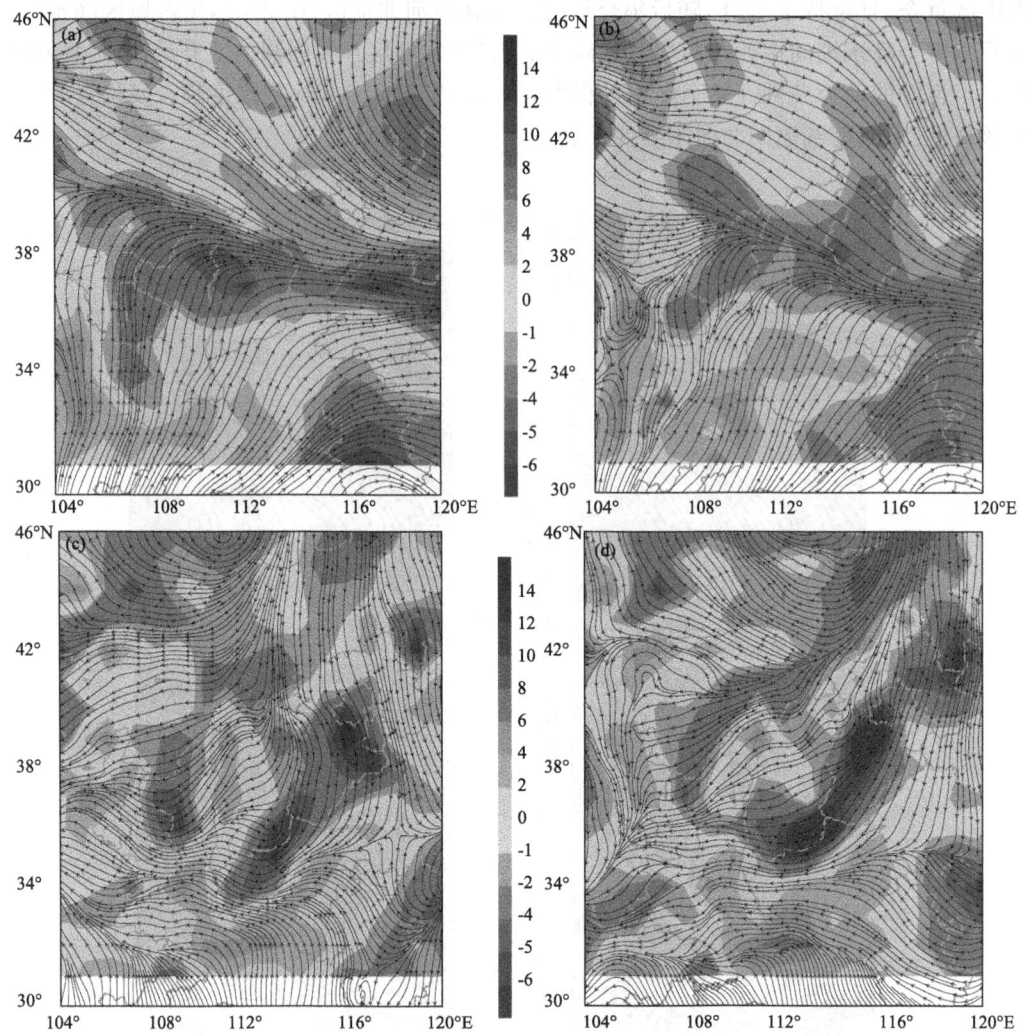

图30 2015年11月23日700 hPa(a,b)和850 hPa(c,d)流场(流线)和涡度场(阴影,单位:10^{-5} s^{-1})叠加 (a,c)14:00,(b,d)20:00

提供垂直上升运动。4日14:00(图31a),伴随着降雪的开始,山西北部和忻州—吕梁一带的涡度迅速增大,带来了强烈的上升运动,同时流线变密集,出现弱的中尺度辐合线,同时在河套地区西部有切变线生成发展。4日20:00(图31b),来自北方的冷空气侵入山西北中部,同时河套地区切变线移入山西运城—临汾一带,在山西晋东南有中尺度辐合,此时正涡度大值区集中在山西西部。随后冷空气迅速侵入,山西转为西北气流控制。对应850 hPa,强烈的东风气流伴随着整个降水期间,4日14:00(图31c),在忻州西部有中尺度辐合线的生成,并在河套地区西部发展为β中尺度涡旋,4日20:00(图31d)该涡旋东移过程中加强,但是持续时间较短,此时在阳泉—晋中东部生成中尺度辐合线。整个降水过程中,雨区位置与850 hPa β中尺度涡旋和中尺度辐合线位置对应。

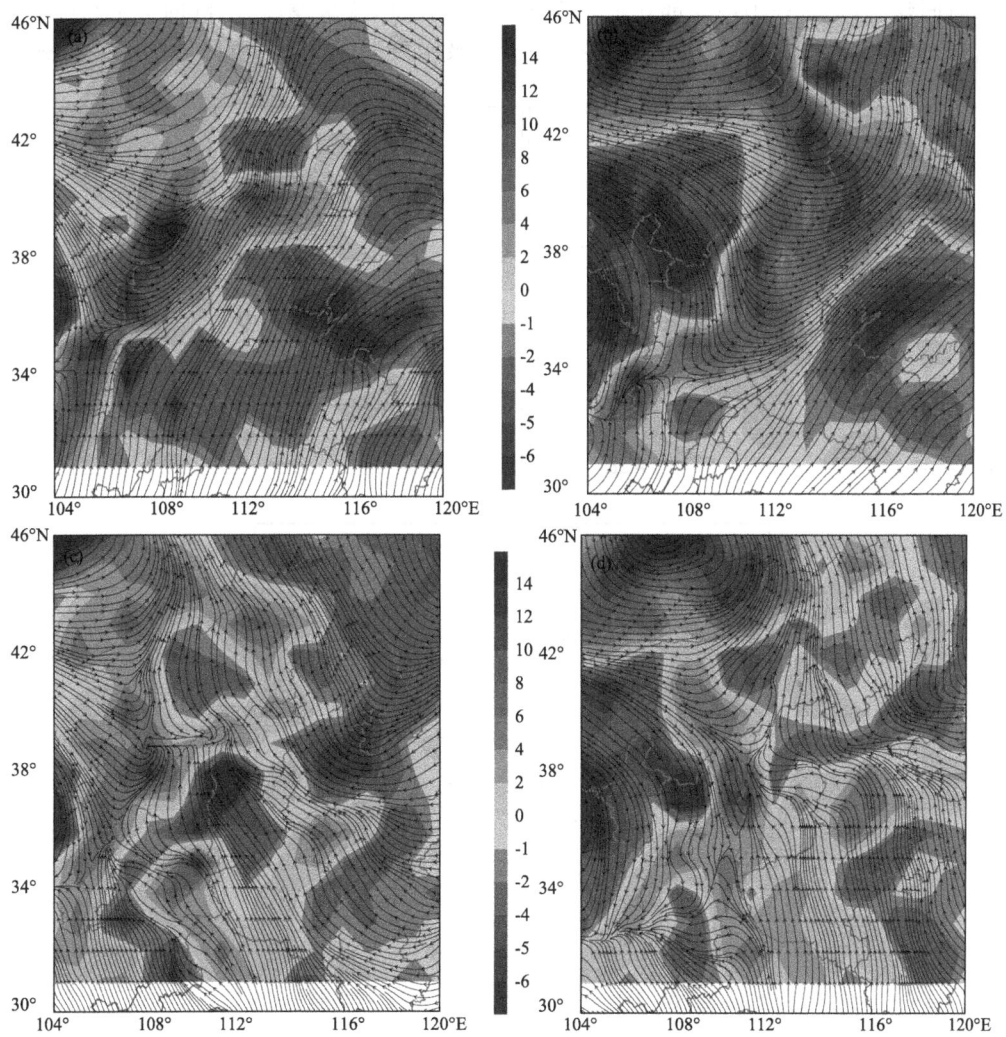

图 31 2018年4月4日700 hPa(a,b)和850 hPa(c,d)流场(流线)和涡度场(阴影,单位:10^{-5} s^{-1})叠加
(a,c)14:00,(b,d)20:00

6 流型配置及预报技术凝练

6.1 流型配置

对比三次过程,个例1(图32a)和个例3(图32c)为倒槽与回流共同作用,个例2(图32b)为回流降雪,低空均存在切变线和低空急流,强度和位置不同,加之高低空系统配置不同,导致强降雪落区、降雪强度、持续时间上均存在差异。个例1回流形势稳定维持,切变线偏北,低空急流轴偏南,系统移速较慢;个例2冷槽和冷式切变线位置几乎重合,系统陡立,暖切变南部和低空急流轴左侧强烈的上升暖湿气流在850 hPa和地面的冷空气垫上爬升形成降雪;个例3中回流和倒槽共同作用,冷高压位置偏北,东北路冷空气的强势侵入,强的低空急流使得水汽

通道长时间建立,降雪在山西北部开始并持续。急流强度、湿层厚度、水汽的含量与降雪强度关系密切;地面倒槽位置、急流位置、切变线位置以及水汽强辐合区与强降雪落区关系密切。

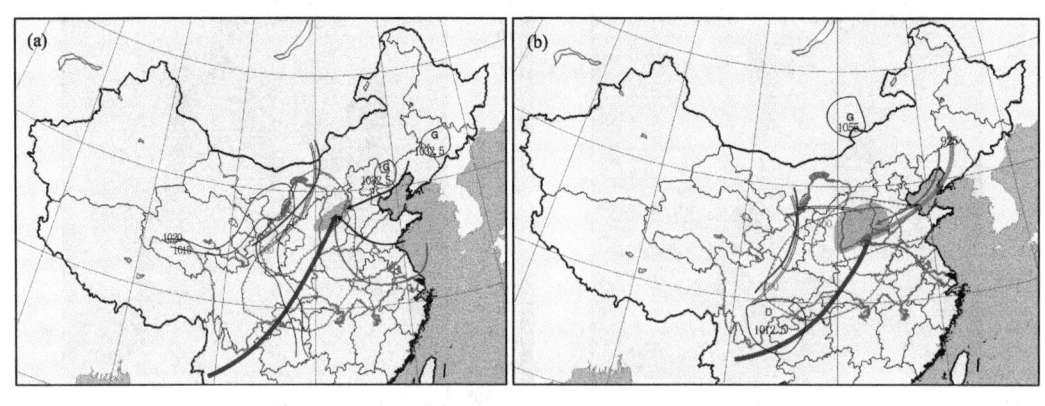

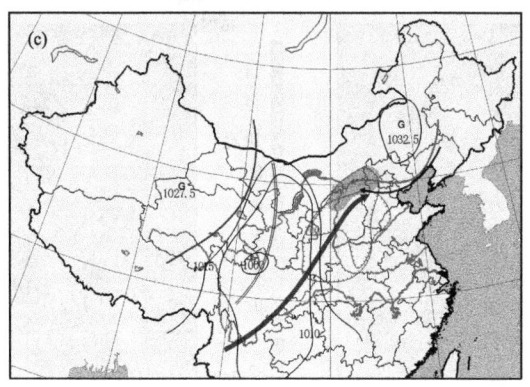

图 32　2015 年 2 月 19 日 08:00(a)、2016 年 2 月 23 日 20:00(b)、2018 年 4 月 4 日 08:00(c)
高低空系统配置

6.2　预报技术凝练

强降雪落区:(1)回流降雪主要出现在地面倒槽与回流特征线之间、低空切变线右侧,低空急流前方与 850 hPa 偏东南风汇合区三者重合的区域。(2)强降雪出现在暖切变南侧、700 hPa 和 850 hPa 高比湿区重叠的区域。(3)强降雪落区在低空急流头左上侧、700 hPa 高湿区和低层东北气流重合区域。

强降雪强度:(1)低空 700 hPa 风速达到急流标准是判断降雪强度的重要指标之一,达到急流,一般考虑暴雪。(2)700 hPa 上低空急流与 850 hPa 上偏东气流首先汇合叠置区域,也是判断降雪强度的重要指标之一,若重叠,则降雪量级较大;若不重叠,则降雪量级相对小,考虑大雪。

强降雪出现和结束时间:出现以上配置 12 h 后,出现强降雪。系统配置稳定维持,是判断强降雪能否持续的重要因素。强降雪的结束:以上配置消失,地面转为高压或高压前部、高空为偏北气流控制,同时低空不再存在明显切变线,强降雪结束。如果低空依然存在明显切变线,水汽条件满足,要考虑降雪的持续,至少会有小雪甚至中雪出现。

7 实施业务检验

7.1 降雪实况特征

2019年2月13—15日受地面倒槽和回流形势的共同影响,山西省大部分地区出现降雪天气,过程降水量0.1~8.2 mm,强降水时段集中在13日下午至14日下午,其中13日08:00—14日08:00山西省96个县(市)出现降水(图33a),降水量为0.1~7.5 mm,其中有20个县(市)中雪,5个县(市)达大雪,分别为晋城7.5 mm、阳城5.8 mm、高平5.7 mm、长治5.2 mm、沁水5.1 mm,大的降水出现在南部,降水相态以雪为主,南部局部地区有雨夹雪,其中积雪深度超过5 cm的有5个县(市),最大积雪深度为晋城,达9 cm。降雪从南向北推进,较强降雪时段出现在13日16:00—22:00,以稳定性降水为主,从单站小时降水量可以看出,降雪从东南向西北推进,强降雪时段出现在14日下午至夜间(图34)。14日08:00—15日08:00山西省97站出现降水(图33b),降水量为0.1~4.8 mm,全省以小雪为主,其中有10个县(市)中雪,最大为五台山(4.8 mm),降水相态为纯雪,其中积雪深度超过5 cm的有5站,最大积雪深度为晋城,达8 cm。

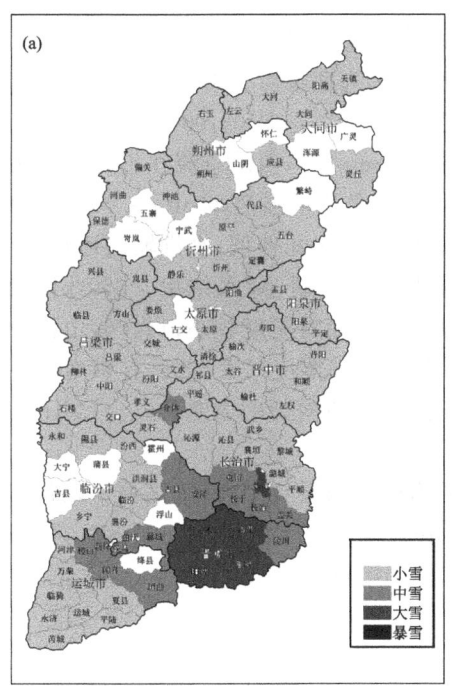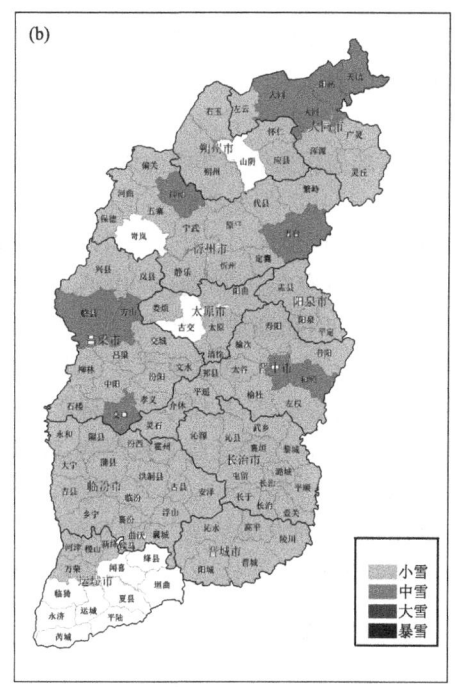

图33 2019年2月13—15日24 h降雪分布
(a)13日08:00—14日08:00,(b)14日08:00—15日08:00

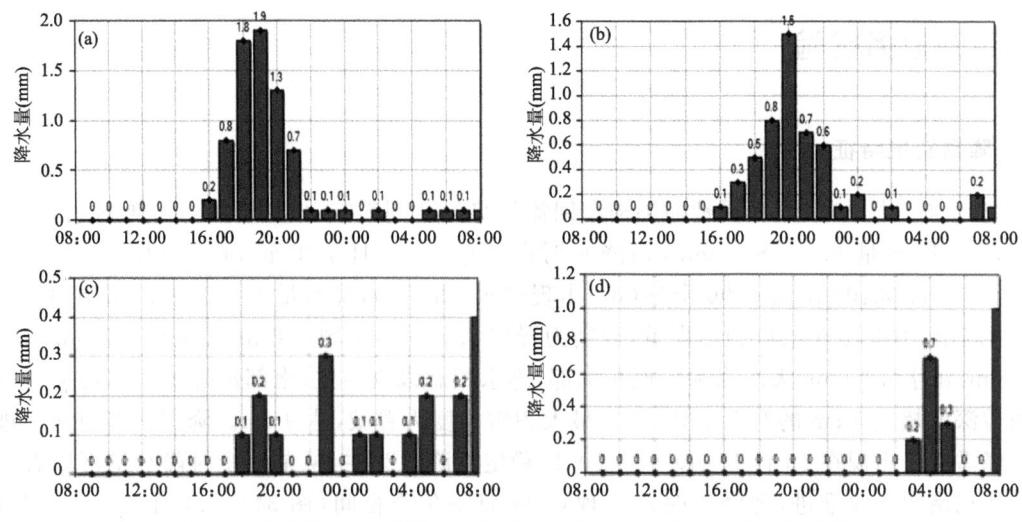

图 34　代表站点(a)晋城、(b)长治、(c)寿阳、(d)右玉逐小时降雪量

7.2　环流形势特征

500 hPa 上,亚洲中高纬为"两槽一脊"型,一个槽位于北疆,另一个槽位于青藏高原东部。13 日 14:00(图 35a),位于北疆的槽移到新疆东部,而高原槽则移到山西—陕西交界,但位置偏南,山西受槽前偏西南气流影响。对应 700 hPa 上(图 35c),有两条切变线存在,一条切变线位于内蒙古西部,另一条位于甘肃一带,两条切变线东移影响山西。13 日 08:00,山西北部受西北气流控制,中南部受切变线前部西南风影响,且风速达到 20 m·s^{-1},西南急流在山西太原附近出现转向,13 日 14:00,切变线东移至山西与甘肃交界,西南急流增强至 24 m·s^{-1},将水汽源源不断地输送到山西地区,13 日 20:00,切变线移向河北一带,向北伸展,水汽输送通道北上,14 日 14:00,北方冷空气大举南下,山西大部转受西北气流控制,降水结束。850 hPa 上(图 35d),13 日 08:00,切变线位于甘肃,山西受偏东南风影响,相对湿度较小;14:00,山西中南部东南风超过 12 m·s^{-1},强风速带位于山西晋城一带,且南部湿度增大,之后有东南风不断地向山西中南部输送水汽,且切变线东移影响山西省,造成山西南部的大雪天气。14 日 20:00,切变线移出山西,山西转受西北风控制,降水结束。

对应地面图上(图 35b),13 日 08:00,冷高压主体位于内蒙古中北部,高原—四川—甘肃呈现一低压带,亚洲大陆呈现"东高西低"形势,山西位于高压底前部;随着 500 hPa 系统东移,冷高压南下切断低压北上,之后冷高压控制山西省,降水结束。

7.3　降雪成因分析

(1)水汽场和水汽输送特征

降水出现前 12 h,中低层 600 hPa 以下出现一个水汽通量的大值区,且其上有显著的西南气流,风速在 10 m·s^{-1};降水前期(图 36a),水汽通量大值中心集中在 750 hPa 附近,且其上的西南风速达到急流强度,水汽通道建立,此时降水区上空有水汽的输送,而没有水汽的辐合。13 日 14:00,水汽通量大值区范围扩大,西南急流增大,水汽输送旺盛,且有水汽在降水区上空聚集,此时在降水区上空(35°N 附近)的中低层出现弱的水汽辐合,降水开始。13 日 20:00,水

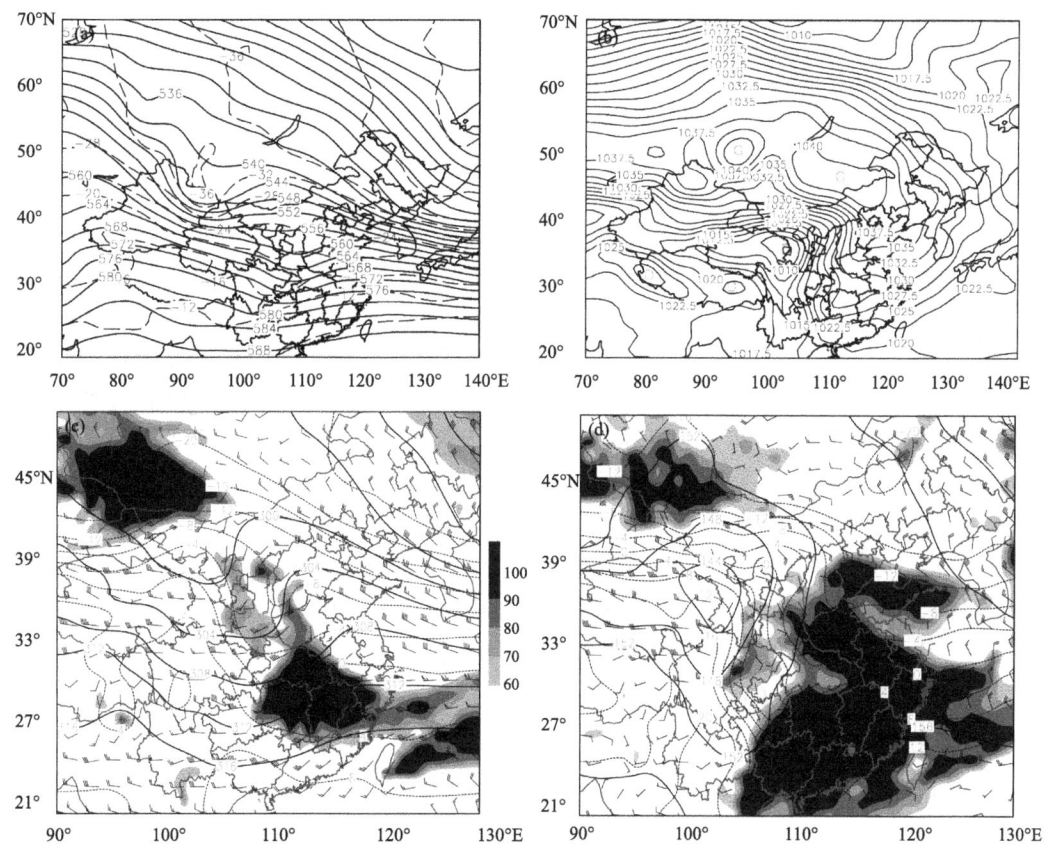

图35 2019年2月13日14:00(a)500 hPa高度场(实线,单位:dagpm)和温度场(虚线,单位:℃),
(b)海平面气压场,(c)700 hPa高度场(阴影:相对湿度),(d)850 hPa高度场(阴影:相对湿度)

汽通量大值区回落,强度也随之减小,700 hPa以上出现了水汽的辐散,降水区上空的中低层仍有水汽的输送,但没有明显的水汽辐合。14日08:00,水汽通量大值区强度明显减弱,西南急流也随之减弱,降水区上空有弱的水汽通量大值区,说明仍有水汽的输送。纵观此次降水,在整个降水期间,降水区上空存在明显的水汽输送和水汽集聚,但是没有明显的水汽辐合,水汽通量和水汽通量散度在强降水出现前12 h均出现明显增加。强降水并不是出现在水汽通量的大值区内,而是出现在水汽通量明显突增并有风的辐合的区域。降水伊始,降水区上空的低层850 hPa始终维持干冷的偏东风,强降雪位于在急流前端、水汽突增的地区。此次降雪过程的水汽源地为孟加拉湾。

(2)垂直运动和涡度平流输送特征

13日08:00,37°N以南盛行弱的上升运动,中心有两个,其中一个在32°N附近,最大上升速度为-0.3 Pa·s^{-1},另一个在36°N附近,最大上升速度为-0.2 Pa·s^{-1},对应上升区有弱的正涡度平流中心;37°N以北为较强的下沉运动,下沉速度达3.5 Pa·s^{-1},下沉速度对应负的涡度平流,说明山西南部的降雪较北强,整个山西存在一个反环流圈,反环流圈呈南—北走向的近似垂直结构。降水开始时(图37b),上升运动区范围和强度均增大,发展高度延伸至整个对流层,上升速度增大至-0.4 Pa·s^{-1},中心位于600 hPa附近,同时高空的正涡度平

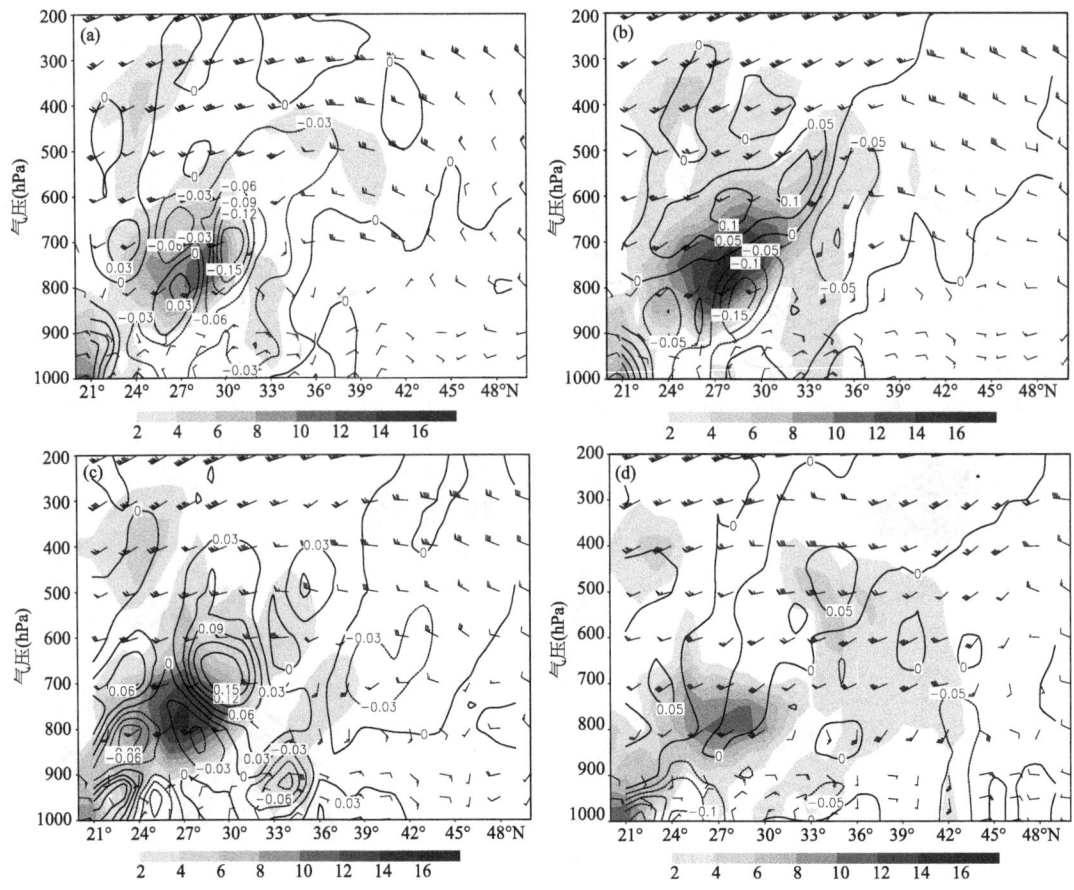

图 36 2019年2月13—14日水汽通量(阴影,单位:g·cm^{-1}·hPa^{-1}·s^{-1})、水汽通量散度
(等值线,单位:10^{-7} g·hPa^{-1}·cm^{-2}·s^{-1})和风(单位:m·s^{-1})沿113°E剖面
(a)13日08:00,(b)14:00,(c)20:00,(d)14日08:00

流增大至0.1×10^{-5} s^{-2}以上;此时37°N以北的下沉运动范围和强度减少,下沉速度减少至0.15 Pa·s^{-1},下降速度中心附近的负涡度平流略增大;山西南部上升速度的增大为强降雪的增大提供了有利的动力条件。13日20:00,上升运动范围和强度继续增大,降水区上空对应着明显的上升速度中心,速度达-0.6 Pa·s^{-1},此时上升运动发展旺盛,整层为上升运动,同时正涡度平流的范围和强度也增大,此时的降雪强度达到最大。14日08:00(图37d),降雪区上空的垂直上升运动区范围减小,上升运动中心分布零散,降水区上空的上升速度减小至-0.1 Pa·s^{-1}左右,同时上升运动区出现明显的负涡度平流中心,范围超过正涡度平流,说明上升运动正在减小,此时北部的下沉运动区增大,预示着降水趋于结束。

纵观此次过程,正涡度平流的变化与上升运动的变化呈现明显的正相关,说明造成垂直运动变化的直接原因是涡度平流的变化,强降雪区出现在上升运动中心附近,因此正涡度平流的变化可以很好地指示强降水的出现。

(3)降雪的能量特征

强降雪开始前,随着偏东气流的出现,850 hPa(图38c)有一假相当位温(θ_{se})的低值区从东北向插入山西南部和东部,说明来自东北向的干冷空气通过低层的偏东气流输送到强降雪区,

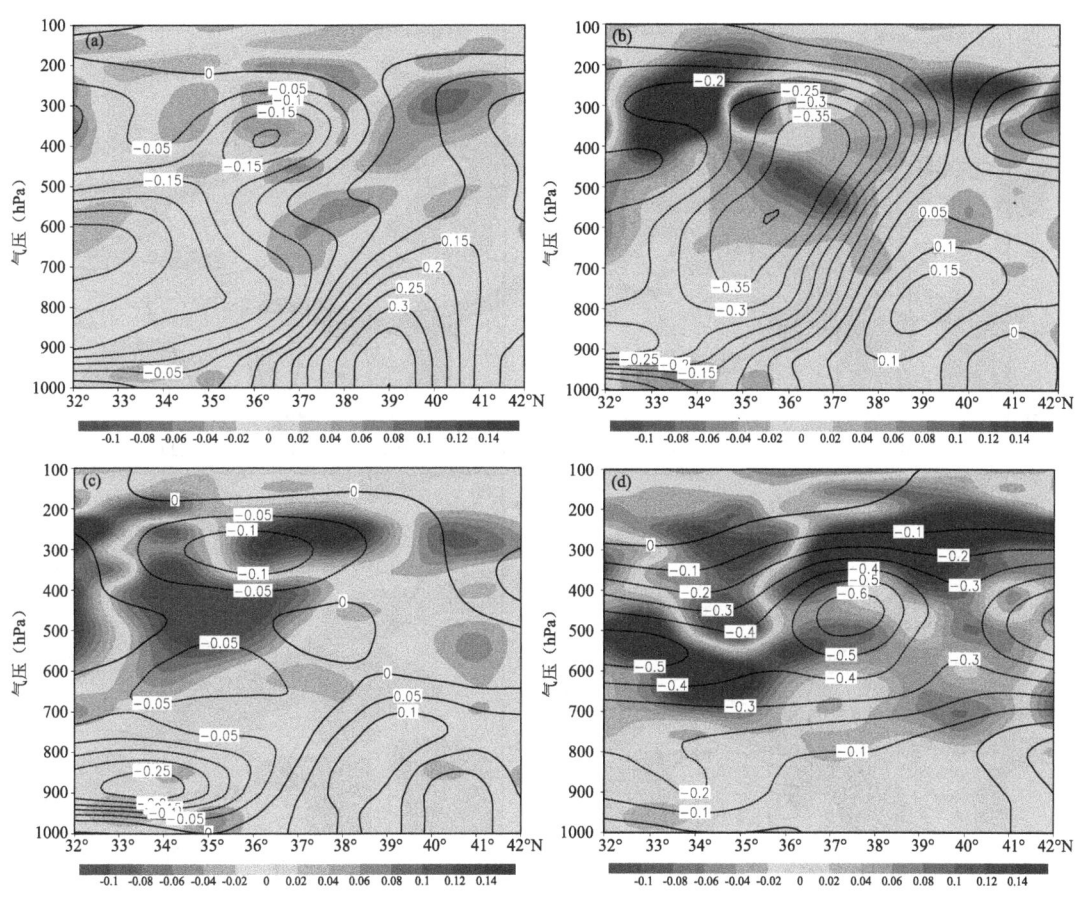

图37 2019年2月13—14日垂直速度(等值线,单位:Pa·s^{-1})和涡度平流(阴影,单位:10^{-5} s^{-2})沿113°E的剖面
(a)13日08:00,(b)13日14:00,(c)13日20:00,(d)14日08:00

"Ω"形高能舌位于河套地区西部;700 hPa(图38a)东南急流的出现,使θ_{se}的高值区从东南方向向强降雪区伸展。13日14:00(图38b),700 hPa高能舌迅速南落,850 hPa(图38d)从东北方向伸向山西的θ_{se}的低值区较13日08:00强度减弱,"Ω"形高能舌向西南方向收缩。东南急流在暴雪区上空形成高湿区,从而建立了暴雪区上空的不稳定层结,干冷空气从底层插入θ_{se}的高值区,说明中低层的暖湿气流在东北冷空气之上爬升,触发不稳定能量的释放。到14日08:00(图略),随着上游冷空气的东移南下,高能区迅速南撤,降雪结束。此次过程的能量条件较弱,"Ω"形高能舌影响时间较短,因此不具有明显的对流性质,降水以稳定性为主。

(4)降雪层结特征

从太原探空曲线可知,13日08:00(图39a),850 hPa以上为较强的西北风,850 hPa以下为4 m·s^{-1}的东北风,在925 hPa上出现了温度露点差≤4 ℃的湿层和2 m·s^{-1}的西南风,850 hPa附近和460～500 hPa出现了对流不稳定,整个对流层的温度均低于0 ℃,低于抬升凝结高度(885.6 hPa),说明此次过程的降水相态以纯雪为主。13日20:00(图37c),600 hPa以下为东南风,最大风速达到急流强度出现在750 hPa附近,850 hPa以下的东南风增大至8 m·s^{-1},从露点变化看,925 hPa以下为相对干层,露点超过5 ℃,898～760 hPa以上出现了

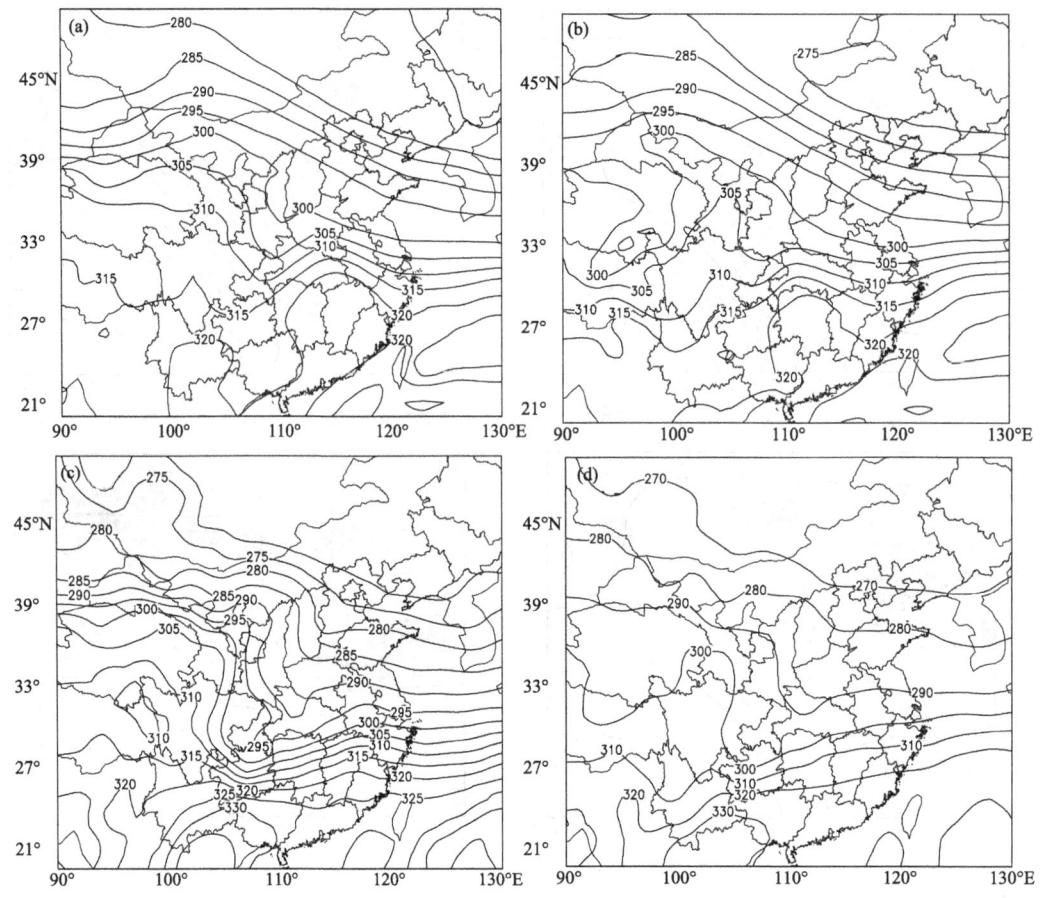

图 38　2019 年 2 月假相当位温场(a,b 为 700 hPa；c,d 为 850 hPa；单位：K)
(a)13 日 08：00，(b)13 日 14：00，(c)13 日 08：00，(d)13 日 14：00

温度露点差≤2 ℃湿层，对流不稳定层降低范围增大，位于 630～850 hPa。西南急流将暖湿气流向强降雪区输送，进而对流层中低层对流不稳定达到最强，700～850 hPa 存在偏南风的辐散，致使对流性不稳定加强，且在不稳定区持续有暖湿平流输入，有利于降水粒子的碰并、增长。14 日 08：00(图略)，850 hPa 以下西南风继续增大至 16 m·s^{-1}，925 hPa 以下的偏东风减弱至 4 m·s^{-1}，暖湿气流持续向降水区输入，之后对流层中上层 700 hPa 以上有干冷空气侵入，急流减弱；饱和区顶高降低，云层变薄，预示着降水减弱结束。

(5)地面中尺度特征

在降水开始前(图 40a)，山西中南部各有一条中尺度辐合线，分别为晋中地区的西南风和东北风辐合线和晋城地区的东南风和东北风辐合线，最大风速为 4 m·s^{-1}。随着降雪的开始(图 40b)，两条中尺度辐合线继续维持，中部辐合线位置略往西南移动，偏北风速增大 8 m·s^{-1}，但偏南风不变，南部辐合线维持。13 日 20：00，随着降水的发展，两条辐合线始终维持，南部辐合线范围明显增大至晋城—运城东部。与辐合线相对应，整个降水期间，山西北部和南部分别存在一条露点锋(图 40c)，露点梯度最大为 7 ℃，且随着降水的开始(图 40d)，南部露点锋南压，北部露点锋北抬，两条露点锋距离增大，梯度均减小。从露点锋的移向可以看出

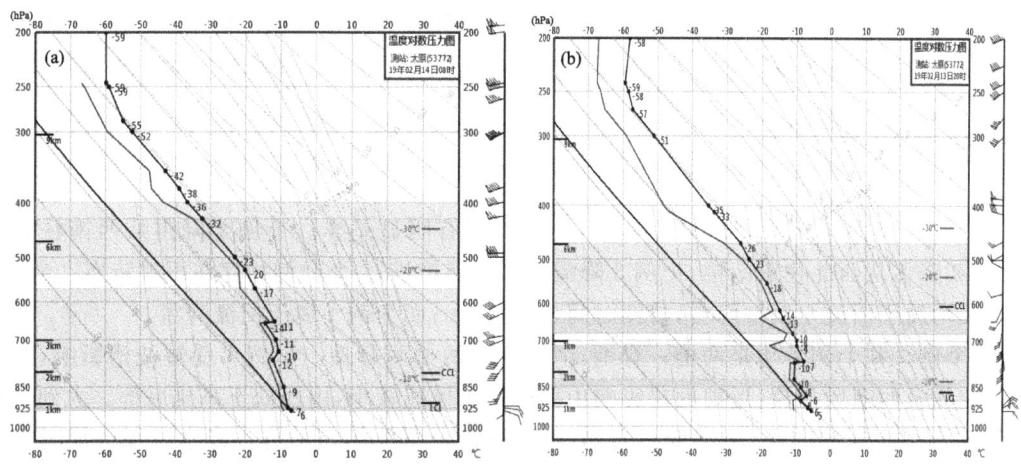

图 39 2019 年 2 月 13—14 日太原探空曲线
(a)13 日 20:00,(b)14 日 08:00

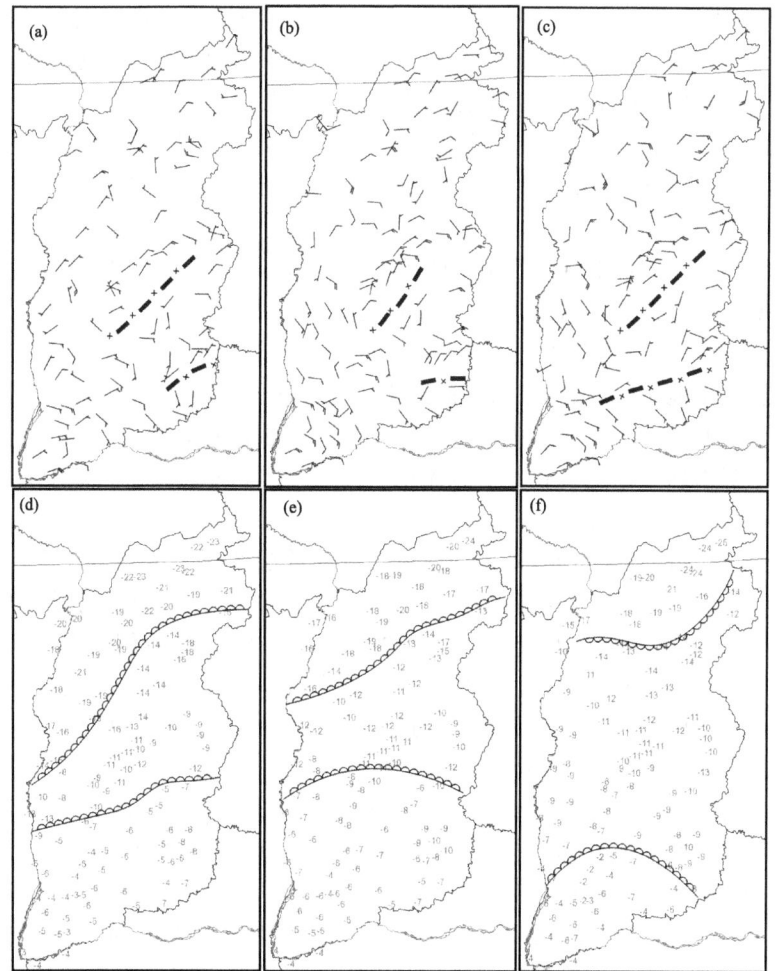

图 40 2019 年 2 月 13 日 08:00(a,d),14:00(b,e),20:00(c,f)地面风场(a,b,c)和露点锋(d,e,f)

冷空气从中路侵入山西地区,降水随之减弱结束。纵观此次过程发现,中尺度辐合线和露点锋同时存在的地区降水量也大,说明中尺度系统的存在有利于促使干湿空气的交汇形成强降水。

8 结论和讨论

(1)3个个例系统配置均比较完整,但降雪特征有明显差异。个例1降雪从西南往东北推,个例2降雪从西北往东南推,个例3降雪从北向南推进;3个个例均存在雨雪转换。个例2和个例3均属于回流+倒槽降雪,持续时间长、范围大;而个例1属于回流降雪。

(2)个例1和个例2均是两槽一脊型,个例3为两槽两脊型。个例1受短波槽影响,配合低空切变线及西南风急流,近地面层影响山西的偏东风速较小,山西处于高压后部。大到暴雪落区位于500 hPa槽前,低层切变线右侧、低空西南风急流的左前方。降水过程持续时间较长,强度大。个例2出现明显的阻塞形势,多短波槽,低空切变线、西南急流和较强偏北气流存在,地面图上西高东低,暖倒槽发展强盛。个例3中纬度环流平直,乌拉尔山高压脊减弱后冷空气经高原不断侵入河套地区,短波槽东移中发展;西南急流持续加强,地面图暖倒槽和回流发展强盛,造成山西暴雪天气。3个个例系统配置均比较完整,均出现了明显的倒槽形势。个例1回流形势稳定维持,系统移速较慢;个例2回流加倒槽,降雪持续时间较长,范围大,强度小;个例3中回流和倒槽共同作用,西北路冷空气的强势侵入,使得降雪在山西北部开始。短波槽与切变线的同位相叠加,使得系统移动较慢,持续时间较长,降雪量级大。急流强度、湿层厚度、水汽的含量与降雪强度关系密切;地面倒槽位置、急流位置、切变线位置以及水汽强辐合区与强降雪落区关系密切。

(3)分解风场可知,高层起主导作用的始终为西风分量,而700 hPa前期盛行南风分量,850 hPa以下盛行东风,暖湿气流在冷垫上爬升造成强降雪,降水后期南风减弱被北风取代,东风被西风取代,整个过程均有西风分量>东风分量。由此可知,降水期盛行的南风分量为降水提供了水汽输送了能量,低层的东风回流形势促进水汽的凝结和降落,高层西风急流抽吸作用加大了低层的上升运动。个例1中急流轴的分流区为水汽辐合和强上升运动区,对应强降水落区。个例2降雪区主要出现在北支急流出口区的左侧和南风分量大值中心。个例3强降雪区出现在低空急流轴左前方。

(4)从高低层风场的性质可知:高层的西风急流和低层的偏东风均呈现冷性,高层的西风急流为干冷气流,低层的偏东风在降水前期湿度不超过60%,中层的偏南风呈现明显暖湿性质,为主要的水汽来源。个例1和个例2过程中存在干侵入现象,个例3有中尺度锋生现象,不稳定能量高于前两次过程。三次过程中低层的偏东风一方面起着冷垫的作用,另一方面有弱的水汽输送,但是强度很小,可以忽略。因此,回流形势的降雪天气中,低层的东风主要起着冷垫作用,促使暖湿气流的抬升造成强降水天气。

(5)从流场的演变中发现,在发生强降雪时,低层往往存在β中尺度涡旋和中尺度辐合线,β中尺度涡旋和中尺度辐合线持续时间越长降水量级则越大,且强降雪区出现在β中尺度涡旋和中尺度辐合线附近两个纬度内。

(6)3个个例降雪前对流层中低层均存在明显的水汽通量大值区,水汽通量和水汽通量散度在强降水出现前6~12 h均出现明显增加。强降水并不是出现在水汽通量的大值区内,而是出现在水汽通量明显突增并有风辐合的区域。个例1降雪前期,降雪区上空只有水汽的输送和明显积聚,而没有水汽的辐合。降雪开始后,降雪区上空不仅存在持续的水汽补充,还出现明显的水汽辐合。强降雪位于在急流前端、水汽突增且水汽辐合强的地区。个例2降水前期,降雪区上空没有水汽的明显积聚、辐合。降水开始后,山西中层一直维持一个水汽通量的大值区,降水区上空还出现明显的水汽辐合。强降雪出现在水汽通量明显突增并有风辐合及水汽通量散度强辐合中心重叠的区域。个例3降雪开始前,存在水汽的率先辐合,降雪结束时,存在水汽的率先辐散;水汽辐合上升高度降低,预示着降水增强,水汽辐散下沉高度升高,强度减弱,预示着降水减弱。对流层中低层风速大小对水汽辐合存在明显的影响。强降雪前12 h,水汽通量散度出现上正下负结构,正值强度较负值强度大得多,降雪强度与水汽散度通量中心强度、伸展高度、低层负值中心强度均有关;降雪持续时间与这种结构持续时间有关,水汽通量散度负值中心与未来12 h强降雪中心对应,对预报强降雪的出现有很好的指示意义。

(7)强降雪区存在明显的上升运动,且上升运动区有正涡度平流输送,正涡度平流的强弱直接影响上升运动的大小,强降雪区与上升运动区相对应,上升运动中心位置的变化也预示着暴雪落区的变化。

(8)降雪前12 h,河套地区均出现"Ω"型结构的高能舌,大雪或暴雪的落区均位于高能轴东南侧。个例1和个例3,"Ω"型结构强即经向度大,持续时间也长,因此降雪强度大,持续时间也长;个例2,"Ω"型结构弱即经向度小,持续时间也短,因此降雪强度小;可见,"Ω"型结构的能量分布的出现,对大雪以上天气有指示意义,降雪落区与高能轴位置关系密切;降雪强度与"Ω"型结构的强弱以及位置有关;降雪持续时间与"Ω"型结构持续时间呈正相关。

(9)3个个例存在雨转雪的相态变化,冷空气的入侵使得温度降低,当850 hPa到近地面层温度都为0 ℃以下,700 hPa温度为0 ℃以上,为雨夹雪;850~700 hPa有逆温层,只有当700 hPa温度降为0 ℃以下,从而整层大气温度都为0 ℃以下时,雨将转雪。同时3个个例均有一定程度的对流不稳定性。

(10)3个个例属于典型的层状云降水回波或层积混合云降水回波,回波发展强度为个例3>个例2>个例1。个例1主要是层状云降水回波,回波的伸展高度在2~4 km。低层西南急流的持续维持和加强,以及在低层偏东气流"冷垫"上爬升加强了垂直上升运动以及风速垂直切变,造成了降雪时间的持续以及降雪量级的明显增大。速度场上没有出现速度模糊。个例2回波发展较强,持续一定的体扫,有明显的列车效应,主要是层积混合云降水回波,低层西南风的加强以及偏北空气的侵入,造成了此次降雪。速度场上没有出现速度模糊。个例3回波发展旺盛,强回波范围广,发展高度4 km以上,积状云回波明显,零度层亮带的降低预示着雨雪转换。

(11)个例1属于高空槽云系过境型,云系在向东北方向移动的过程中逐渐变薄,云顶降低,云顶亮温升高,造成了山西北中部的暴雪天气。暴雪出现在TBB<-42 ℃的区域中。云系持续时间较长,降雪强度大。个例2是切变线云系影响。云层较厚,云顶伸展的高度高,移动快,云顶亮温低,暴雪出现在切变线云系移过的区域的南侧。个例3属于高空槽云系以及切变线云系共同影响,云层厚,移动较缓慢,云顶亮温低,暴雪出现在高原槽云系前切变线云系TBB<-42 ℃的东南侧。

(12)在强降雪出现前12 h,强降雪区出现中尺度辐合线或中尺度涡旋,中尺度辐合线和中尺度涡旋持续时间越长,降雪持续时间越长,强度也大。若地面出现持续时间较长的中尺度涡旋,则未来6~10 h后,要考虑暴雪。地面风场强弱与降雪强度关系密切,风场越强,降雪越强;整个降水期间,中尺度辐合线和干线的长时间维持导致强降雪的出现,辐合线和干线的位置与强降雪区基本一致。因此,地面中尺度辐合线和干线,对强降雪的强度和落区有很好的指示意义。

参考文献

[1] 宋晓辉,田利庆,田秀霞,等.河北省一次回流暴雪的数值模拟[J].气象与环境学报,2013,29(3):8-14.
[2] 张迎新,侯瑞钦,张守保.回流暴雪过程的诊断分析和数值试验[J].气象,2007,33(9):25-32.
[3] 田秀霞,宋晓辉,程序,等.华北南部一次回流暴雪天气的诊断分析[J].气象与环境学报,2011,27(1):35-39.
[4] 赵桂香,杜莉,范卫东,等.一次冷锋倒槽暴风雪过程特征及其成因分析[J].高原气象,2011,30(6):1516-1525.
[5] 张迎新,张守保.华北平原回流天气的结构特征[J].南京气象学院学报,2006,29(1):107-113.
[6] 赵桂香,杜莉,范卫东,等.山西省大雪天气的分析预报[J].高原气象,2011,30(3):727-738.
[7] 赵桂香,程麟生,李新生."04.12"华北大到暴雪过程切变线的动力诊断[J].高原气象,2007,26(2):615-623.
[8] 赵桂香,许东蓓.山西两类典型暴雪预报的比较[J].高原气象,2008,27(3):615-623.
[9] 王正旺,苗爱梅,庞转棠,等.山西中南部区域性暴雪天气诊断分析[J].高原气象,2010,29(2):531-538.
[10] 李兆慧,王东海,王建捷,等.一次暴雪过程的锋生函数和急流—锋面次级环流分析[J].高原气象,2011,30(6):1505-1515.
[11] 张守保,张迎新,杜青文,等.华北平原回流天气综合形势特征分析[J].气象,2008,36(2):25-30.
[12] 周雪松,谈哲敏.华北回流暴雪发展机理个例研究[J].气象,2008,34(1):18-27.
[13] 赵桂香.一次回流与倒槽共同作用产生的暴雪天气分析[J].气象,2007,33(11):41-48.
[14] 赵桂香.诊断分析技术在山西强降雪预报中的应用[J].高原气象,2014,33(3):838-847.
[15] 翟丽萍.华北暴雪和暴雨的大气能量结构研究[D].南京:南京信息工程大学,2012.
[16] 孟雪峰,孙永刚,姜艳丰.内蒙古东北部一次致灾大到暴雪天气分析[J].气象,2012,38(7):877-883.
[17] 王文,程麟生."96.1"高原暴雪过程湿对称不稳定的数值研究[J].高原气象,2000,19(2):129-140.
[18] 于玉斌,姚秀萍.干侵入的研究及其应用进展[J].气象学报,2003,61(6):699-778.
[19] BROWNING K A. The dry intrusion perspective of extra-tropical cyclone development[J]. Meteor Appl, 1997, 4: 317-324.
[20] 黄彬,钱传海,聂高臻,等.干侵入在黄河气旋爆发性发展中的作用[J].气象,2011,37(12):1534-1543.
[21] BROWNING K A, ROBERTS N M. Variation of frontal and precipitation structure along a cold front [J]. Quart J Roy Meteor Soc, 1996, 122: 1845-1872.
[22] 熊秋芬,苟尚,张昕.一次温带气旋特殊移动路径及其结构和成因分析[J].高原气象,2016,35(4):1060-1072.
[23] 乔林,林建.干冷空气侵入在2005年12月山东半岛持续性降雪中的作用[J].气象,2008,34(7):27-33.
[24] 张广周,沈桐立,李戈,等.干空气侵入对河南省2006年1月18—19日暴雪形成的作用[J].气象与环境科学,2007,30(2):43-47.
[25] 赵桂香,杜莉,郝孝智,等.3次回流倒槽作用下山西大(暴)雪天气比较分析[J].中国农学通报,2013,29(32):337-349.
[26] 张虹,李国平,王曙东.西南涡区域暴雨的中尺度滤波分析[J].高原气象,2014,33(2):361-371.
[27] 毕研盟,毛节泰,毛辉.海南GPS网探测对流层水汽廓线的试验研究[J].应用气象学报,2008,19(4):412-419.

[28] 王建中,丁一汇.一次华北强降雪过程的湿对称不稳定研究[J].气象学报,1995,53(4):451-460.
[29] 孙晶,王鹏云,李想,等.北方两次不同类型降雪过程的微物理模拟研究[J].气象学报,2007,65(1):30-44.
[30] 赵彩.贵州雨凇积冰过程的云层特征及环流背景[J].气象,1995,21(5):48-52.
[31] 张虹,李国平,王曙东.西南涡区域暴雨的中尺度滤波分析[J].高原气象,2014,33(2):361-371.

山西中部一次暴雪天气过程分析*

闫慧[1] 赵桂香[1] 张朝明[2] 赵颖[2] 薄燕青[1]

(1. 山西省气象台 太原 030006;2. 山西省大气探测技术保障中心 太原 030002)

摘要:利用常规气象观测资料和 NCEP/NACR FNL 1°×1°再分析资料,对 2013 年 4 月 19 日出现在山西中部的一次暴雪天气过程进行了综合分析。结果表明:高原槽、低空低涡切变线、地面回流以及河套气旋等的共同存在为暴雪天气提供了有利的流型配置;700 hPa 西南急流、850 hPa 偏东南急流和 925 hPa 偏东急流为此次暴雪天气提供了强的水汽输送和补充;500 hPa 偏西北急流和 850 hPa 偏东北强气流耦合加强,且高层正涡度输送以及低层辐合、高层辐散的倾斜垂直结构使得上升运动加强,触发低层不稳定能量释放,导致暴雪天气的发生。低层和近地层温度变化、0 ℃层高度下降、逆温层增厚以及垂直风切变加大是判断此次降水过程相态变化和降雪强度增强的重要指标。

关键词:暴雪;流型配置;急流;倾斜结构;降水相态

引言

暴雪是山西省冬半年的主要灾害性天气之一。多年来,气象科技工作者曾对暴雪天气作过较多的研究[1-25]。如杨晓霞等[14]对山东省两次暴雪天气进行了对比分析,指出产生暴雪天气的共同机制,并着重分析了大气温度对降水形态的影响;赵俊荣等[15]分析了新疆一次致灾大暴雪天气的物理量特征,指出其与大暴雪发生时间和落区的关系;王清川等[16]分析了河北廊坊市初冬雨转暴雪天气中雷达资料特征,得出 0 ℃层亮带高度迅速下降后 1~2 h,即可以推断廊坊降水相态由雨转为雪;马秀玲等[17]分析了华北一次局地暴雪天气过程中温度露点差的特征,认为深厚倾斜的湿层导致暖湿西南气流在冷湿偏东气流上爬升,加强了大范围的辐合抬升,加大了大气的斜压性。对于山西地区的暴雪天气,赵桂香等[18-24]对 1981—2008 年山西大雪天气进行了较为系统的分析,概括了其主要影响系统和环流结构特征,得出了概念模型,并对山西典型暴雪天气个例进行了分析,提炼了一些关键预报技术指标。以上研究结论对认识暴雪天气成因、做好暴雪天气预报提供了重要参考。山西省降雪天气主要集中在 10 月到次年 4 月[18],而 4 月气温回升较快,降水相态复杂,因此,对春季降雪过程中降水相态及降雪强

---

* 本文发表于《干旱气象》,2015,33(5):838-844。

度的预报仍存在较大难度。2013年4月19—20日山西省出现了大范围的降水天气过程,其中存在多种降水相态及其转换,山西中部由于降雪量和降温幅度大,造成严重积雪,给交通运输、农业生产、电力设施等带来很大影响。本文利用实测资料和NCEP/NCAR FNL 1°×1°再分析资料,对此次过程进行综合分析,探讨雨雪转换季节暴雪天气成因及降水相态转换特点,为今后类似天气的预报提供参考。

1 实况概述和环流形势

1.1 实况概述

2013年4月18日20:00—20日08:00,山西出现了一次全省性降水过程,历时36 h。全省过程降水量在0.2~41.2 mm,其中有9个区域站超过25 mm,125个区域站在10~25 mm,其余在10 mm以下;强降水主要出现在19日白天到夜间;暴雪区主要位于山西中部地区(图1a)。此次过程中,降水相态复杂,为雨、霰(或冰粒)转雨夹雪或雪,18日夜间西北地区开始出现降水,19日05:00忻州及其以北的大部分地区为降雪,太原、阳泉出现冰粒和霰,而南部为雨,08:00山西中部转为降雪,降雪强度突然增大,17:00—20:00,东南部由雨转雪(图1b)。19日白天气温大幅下降,20日早晨全省积雪深度为0~23 cm,最大在山西中部。

此次强降水过程具有降水范围大、降温幅度大、降水相态复杂、强降雪时间集中、积雪深度厚、影响大等特点。

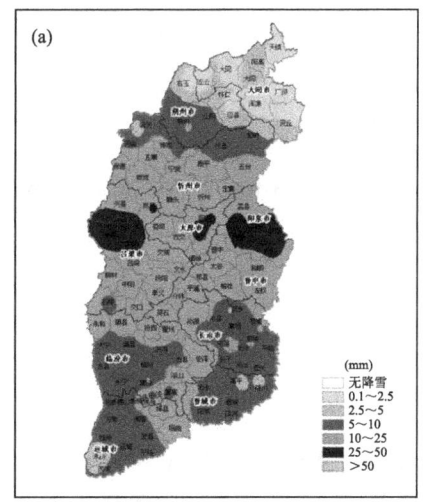
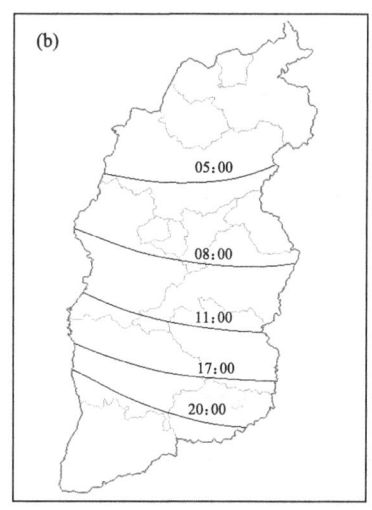

图1 2013年4月18日20:00—20日08:00累计降水量(a)和
2013年4月19日雨雪分界线动态图(b)

1.2 环流形势特点及系统配置

降雪前期,500 hPa上,亚欧中高纬为"两槽一脊"型,其中一个槽位于85°E左右,另一个位于东北到渤海湾地区,同时,河套以西有高原槽形成,东北冷涡稳定维持并缓慢东移;对应700 hPa和850 hPa,内蒙古中东部受东北冷涡后部的偏北气流控制,冷空气沿冷涡后部侵入山西地区。18日20:00至19日08:00,500 hPa上随着西部东亚大槽后冷空气不断南下,东北冷涡后部西北气流也加强南下,两支偏北气流合并,内蒙古到山西北部形成偏西北急流,同时高原槽东移发展加深,山西中南部受高原槽前不断加强的西南气流影响(图2a);低层西北涡形成并东移北上发展,涡前伴随冷暖两条切变线,700 hPa上冷切变线前西南急流不断加强东移,850 hPa上冷切变线前偏东南急流稳定维持,还有一支强偏北气流沿渤海转为偏东气流影响山西地区,同时,925 hPa上偏东急流位于渤海到山西南部与河南交界,4支强气流在山西中部形成强烈而持续的交汇。

对应地面图上,降雪前期,大陆高压稳定维持在蒙古国地区,受高空引导气流影响不断东移南压,冷空气沿高压前部扩散南下,经渤海湾到华北地区形成回流形势,同时,河套气旋稳定北上,山西持续受回流形势和河套气旋共同影响,19日02:00大陆高压达到最强。

综上所述,此次暴雪天气过程受500 hPa高原槽、低层低涡(切变线)、地面回流和河套气旋共同影响,以上5支强气流:500 hPa偏西北急流、700 hPa西南急流、850 hPa偏东南急流和偏东北强气流以及925 hPa偏东急流均于19日08:00达到最强(图2b),19日白天,山西出现大范围降水,强降水位于强气流交汇区的山西中部。

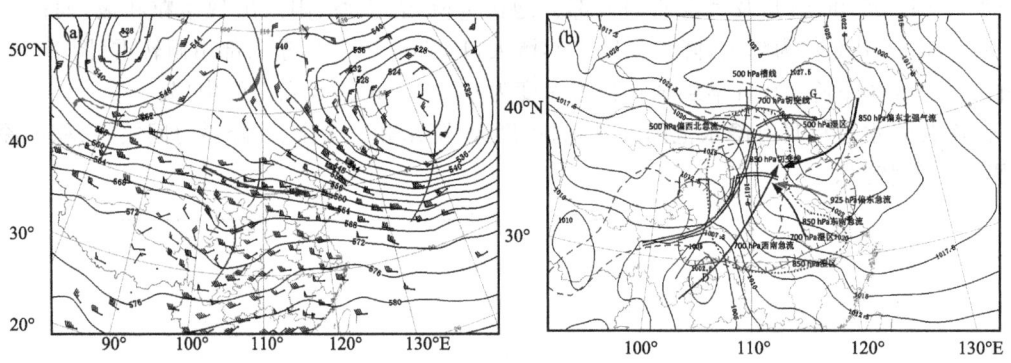

图2 2013年4月19日08:00 500 hPa形势(a),地面形势(单位:hPa)和高低空系统配置(b)

2 暴雪天气诊断

2.1 强烈的水汽输送和辐合

水汽的输送和辐合与降水关系密切。从水汽通量及其散度(图略)的变化来看:降雪前期,随着500 hPa高原槽前和低层西南气流的不断加强,500 hPa以下河套地区出现一条西南—东北向的水汽输送带,700 hPa上,水汽通量轴线呈"人"字形结构,山西中南部位于"人"字形东南侧,850 hPa上,与偏东南急流相对应,水汽通量轴呈东南—西北走向。19日08:00,水汽输送带东移南压,中心强度加强,700 hPa中心强度达11 g·(s·cm·hPa)$^{-1}$,对应水汽通量散度的中心强度达$-10×10^{-7}$ g·(cm^2·s·hPa)$^{-1}$,且中心位于山西中北部。由以上分析可见,强降雪发生前,500 hPa以下存在明显的向山西地区的水汽输送;暴雪发生期间,低空存在强烈的水汽输送和辐合,暴雪出现在水汽通量轴线东南侧也就是水汽通量的强辐合区。

温度露点差($T-T_d$)表征空气饱和程度,分析其变化特征发现,强降雪前期到强降雪发生期间,500 hPa 以下 $T-T_d$ 持续减小,尤其是山西中部减小幅度最大,湿层厚度持续增加。19日 08:00(图 2b),500 hPa 以下空气接近饱和,山西中部的温度露点差均≤3 ℃,对应风场上,出现明显的风向和风速的辐合,强降雪出现在空气接近饱和后,暴雪位于低层风辐合区。

2.2 有组织的辐合抬升运动及不稳定能量

2.2.1 500 hPa 正涡度输送

利用实况资料分析高空涡度场(图略)的变化,强降雪前的 18 日 20:00,受高原槽后西北气流的影响,正涡度带呈西北向从新疆东部输送到内蒙古西部,中心强度最大达 $3.2×10^{-5}$ s^{-1};随着冷空气东移南压,正涡度带呈南北走向,于 19 日 08:00 分别在蒙古国与内蒙古交界处及四川北部形成两个正涡度中心(分别标记为中心 1 和中心 2),中心强度均>$2.1×10^{-5}$ s^{-1},其中,中心 1 附近存在指向山西的偏西北急流,风速≥20 m·s^{-1},中心 2 东侧存在指向山西的强西南风,风速≥16 m·s^{-1};之后,随着高原槽进一步东移,正涡度带也东移,强降雪出现在较大正涡度控制的时段内。可见,降雪前到降雪期间,500 hPa 上持续存在向山西地区的正涡度输送,不仅加强了低层辐合上升运动,而且有利于低空低涡和地面气旋的发展加深,对强降雪预报有一定的指示意义。

沿暴雪区(吕梁站)作涡度平流的时间剖面图(图 3),可以看出,19 日 08:00—20:00,暴雪区上空存在一个较强的正、负涡度平流中心,正涡度平流中心位于 200 hPa 左右,最大中心强度为 $14×10^{-11}$ s^{-2},负涡度平流中心位于 700~500 hPa,强度为 $6×10^{-11}$ s^{-2},正涡度平流场明显强于负涡度平流场。高层正涡度平流、低层负涡度平流的结构有利于高层反气旋性涡旋环流、低层气旋性涡旋环流的增强,从而有利于上升运动的增强发展,导致降雪显著增强。而且正涡度输送的增强出现在强降雪出现前 12 h,对强降雪预报具有指示意义,强降雪位于正涡度带东侧、较大正涡度平流输送的区域。

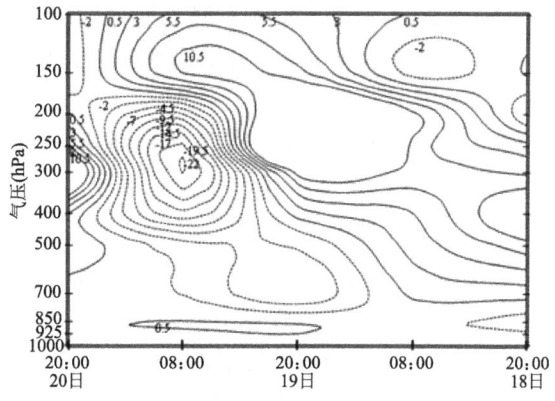

图 3 2013 年 4 月 18 日 20:00—20 日 08:00 沿吕梁站的涡度平流垂直剖面(单位:10^{-11} s^{-2})

2.2.2 高层辐散、低层辐合的倾斜垂直结构

利用 NCEP/NCAR FNL 1°×1°再分析资料,沿 111°E 作散度垂直剖面(图 4),分析其垂直结构特征。强降雪发生前,36°~40°N 上空已经出现低层辐合、高层辐散的结构,随着降雪的临近,辐合、辐散中心强度明显增强,且辐合中心强度明显大于辐散中心强度,并呈西南—东

北走向的倾斜结构。在强降水发展阶段,暴雪区上空仍然维持低层辐合、高层辐散的结构,辐合、辐散中心均南压到山西中部地区,最大辐散中心升高,位于 400 hPa 左右,强度增强到 7×10^{-5} s^{-1},此种高空辐散、低空辐合的结构有利于上升运动的增强。同时,在暴雪区两侧存在正反两个环流圈,同样呈西南—东北走向的倾斜结构,反环流圈强于正环流圈,此种垂直结构更有利于中低层大范围有组织的抬升运动的加强,使得低层暖湿气流沿"冷空气垫"倾斜爬升,在斜升过程中,水汽不断凝结,导致强降水增幅并持续。19 日 20:00,低层转为辐散,高层转为辐合,降水趋于减弱结束。

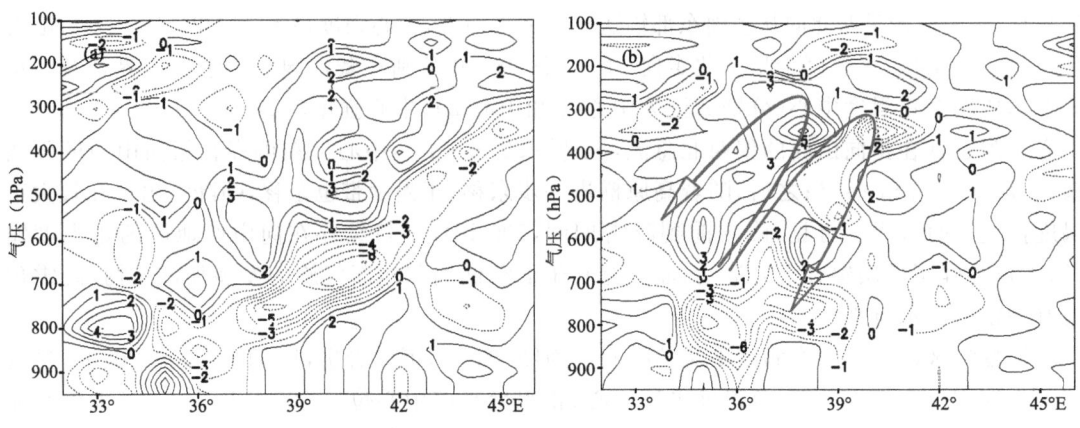

图 4 2013 年 4 月 19 日 02:00(a)和 08:00(b)沿 111°E 的散度垂直剖面(单位:10^{-5} s^{-1})

从以上分析可以看出,明显的高层辐散、低层辐合的倾斜垂直结构出现在强降雪发生前 6 h,暴雪区位于倾斜结构南侧,这对于强降雪的预报有很好的指示意义。

2.2.3 垂直速度场和不稳定能量

从垂直速度分布场(图略)可看出,强降雪前到强降雪期间,与高空辐散、低空辐合相对应,山西上空垂直上升运动不断加强,且向高层伸展,为暴雪提供了有利的动力结构,强降雪发生在垂直上升运动加强期间。

分析流场和假相当位温(θ_{se}),降雪前期和强降雪发生期间,随着低层西南和东南暖湿气流的输送,θ_{se}场呈"Ω"型分布,山西一直位于大值中心东北侧梯度大值区,大气湿斜压性持续增强。"Ω"型形成于暴雪增幅前 12 h,暴雪区位于风速辐合和"Ω"流型东侧 θ_{se} 梯度大值区。

计算 500 hPa 和 700 hPa、700 hPa 和 850 hPa θ_{se} 的差值,暴雪发生前 12 h,暴雪区上空 $\theta_{se500}-\theta_{se700}<-2\ ℃$,$\theta_{se700}-\theta_{se850}>27\ ℃$,中心强度分别达 $-6\ ℃$ 和 $33\ ℃$,表明中层存在对流不稳定。暴雪发生期间,暴雪区上空中层仍然维持强的不稳定。

可见,强烈的垂直上升运动触发中低层强不稳定能量释放,导致强降雪,中层对流不稳定使得降雪出现明显增幅。

2.3 5 支强气流的作用

此次暴雪天气过程中,高低空存在 5 支强气流,即 500 hPa 偏西北急流、700 hPa 西南急流、850 hPa 偏东南急流和偏东北强气流以及 925 hPa 偏东急流,叠加相对湿度场分析,5 支强气流性质不同,作用不同。

18日20:00—19日08:00,500 hPa西北气流不断增强,达到急流标准,对应相对湿度<30%。随着500 hPa东北冷涡后部冷空气强烈下沉向南扩散,850 hPa偏东北气流沿渤海湾南下,形成从渤海到山西东部偏东北强气流,最大风速达12～14 m·s^{-1},对应相对湿度<40%。这两支偏北气流均为干冷性质,经渤海湾汇合后,向山西中部输送干冷空气,沿低层"冷空气垫"前方楔入,与沿"冷空气垫"爬升的暖湿气流强烈交汇,从而导致暴雪。

700 hPa西北涡前部川、陕直至山西存在≥12 m·s^{-1}西南急流;850 hPa存在经苏、皖到河南、山西的偏东南急流;925 hPa从渤海到山西河南交界存在≥12 m·s^{-1}的超低空偏东风急流,3支急流不断向山西地区输送水汽,山西上空整层相对湿度持续增大。19日08:00,山西中部地区空气已接近饱和,700 hPa和850 hPa两支急流终止的地方基本位于山西中部地区,使得该地区水汽的辐合达到最强;强降雪开始后,由于850 hPa和925 hPa的偏东急流维持,加强了向该地区水汽的补充,使得强降雪持续。低空、超低空3支急流均为暖湿性质,为此次暴雪的产生提供了水汽的输送和能量的补充,而且加强了低层中尺度辐合抬升运动,触发低层不稳定能量释放。

3 降水相态

3.1 降水相态演变与近地层温度变化

19日凌晨,山西出现冰粒、霰、雨或雪,其中山西北部地区为雪,中部为冰粒和霰,南部为雨;08:00后,北中部大部分地区逐步转为雪,南部除海拔较高地区转为雨夹雪外,其余地区仍为雨;20:00,除临汾、晋城的部分地区以及运城为雨外其余地区均为雪。

分析近地层温度场变化,18日20:00,850 hPa上山西区域温度为0～4 ℃,925 hPa温度为6～10 ℃,地面温度为1～13 ℃(五台山-6 ℃);19日08:00,随着偏东北强气流南下,冷舌向西南方向伸展,山西区域温度迅速下降,850 hPa下降到-4～0 ℃,925 hPa下降到-1～3 ℃,地面温度下降到-4～8 ℃(五台山-10 ℃)。结合雨雪分界线,当850 hPa温度<-3.5 ℃、925 hPa温度<-0.5 ℃、地面温度<-3 ℃时,降水相态为雪;当850 hPa温度为-3.5～-3 ℃、925 hPa温度为0～0.5 ℃、地面温度为0～3 ℃时,降水相态为雨夹雪;当850 hPa温度>-3 ℃、925 hPa温度>0.5 ℃、地面温度>3 ℃时,降水相态为雨。霰与冰粒出现在降雪之前,与中层强对流不稳定有关。此次降水相态复杂,中南部有雨、雨夹雪、雪,由于湿雪含水量大,某种程度上使得降水量增大。

3.2 0 ℃层高度变化与降水相态

由太原站的探空曲线(图5)可以看出,18日20:00,0 ℃层位于850 hPa附近,在800～700 hPa有明显的逆温层,850 hPa以下低层风向随高度顺转,风速增大,存在明显的暖平流。19日08:00,0 ℃下降到925 hPa,逆温层加厚,700 hPa以下风垂直切变加大,

500 hPa以上风随高度逆转为冷平流,各层温度显著下降。19日20:00,0 ℃层仍在925 hPa,逆温层减弱,整层风速减小,低层由偏东风转为偏北风。

可见,降雪前期,低层存在明显逆温,有明显的暖平流;强降雪即将开始时,0 ℃层下降,逆温层加厚,风垂直切变加大;随着逆温层减弱,风速减小,降雪趋于结束。

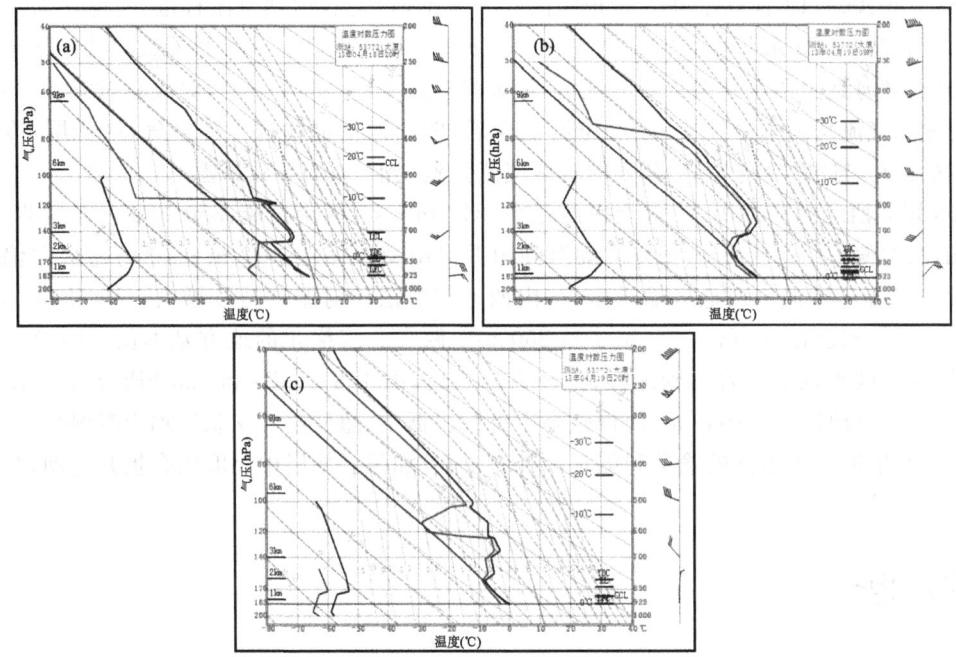

图 5 2013 年 4 月 18 日 20:00(a)、19 日 08:00(b)和 20:00(c)太原探空曲线

4 结论和预报关注重点

4.1 结论

(1)此次暴雪天气是由 500 hPa 高原槽、低空低涡(切变线)、地面回流和河套气旋的共同影响产生的。暴雪过程中,存在 5 支强气流,其性质不同,作用也不同,700 hPa 西南急流、850 hPa 偏东南急流和超低空偏东风急流,为强降雪提供了充足的能量和水汽;500 hPa 偏西北急流和 850 hPa 偏东北强气流耦合加强,不仅使大气温度迅速下降,使降水相态发生变化,而且触发低层强不稳定能量释放。中层对流不稳定的存在和地面河套气旋是降雪出现爆发性增幅的重要因素。

(2)通过对物理量的诊断分析表明,降雪前,低层出现两条指向山西地区的强水汽输送带、山西上空低层大气逐步趋于饱和、湿层厚度不断加大,高空存在强的正涡度输送,低层辐合、高层辐散的倾斜垂直结构,中层具有对流不稳定,为此次暴雪提供了水汽、能量和动力抬升条件。因此,强的水汽辐合和补充、辐合抬升运动加强、不稳定能量释放是强降雪开始的信号。

(3)此次降雪过程,降雪存在霰、冰粒、雨、雨夹雪、雪等多种相态及相态的转换,霰与冰粒出现在降雪前,与中层对流不稳定有关。近地层温度的变化与雨雪相态关系密切,0 ℃ 层高度下降、逆温层加厚以及风的垂直切变增大是强降雪开始的先兆信号。

4.2 预报关注重点

(1)高低空形势的综合分析以及系统的发展演变细节非常重要。由于早间会商时当日

08:00实况资料还没有,预报员习惯于分析数值预报产品,而忽略了实况图的细致分析,往往实况上已经出现了明显系统,却未引起高度重视,比如往往只关注西南或偏东南急流,而忽视了干冷空气的作用。

(2)物理量特征的变化对预报强降雪出现时间、强度以及落区都有指示意义,但在应用上具有一定技巧,不同天气过程应分别对待。另外,对于春季降水预报不仅要考虑量级大小而且要考虑降水相态的变化和积雪深度,探空曲线的分析对其具有参考作用。

(3)此次暴雪天气过程中,水汽输送有700 hPa西南急流、850 hPa偏东南急流和925 hPa的偏东急流,此时,降雪量要比其他情况下偏大。在实际业务分析时,将水汽通量叠加风场,能更好地反映水汽的输送和辐合。

(4)此次暴雪天气过程中,强降雪区上空存在西南—东北向倾斜的垂直动力结构,这种倾斜结构配合中层有对流不稳定,更易使中低层有组织的大范围辐合上升运动持续和加强,这种情况下针对降雪量级的预报要考虑比其他情况下偏大。

(5)地面气旋与对流不稳定的存在,使降雪出现爆发性增幅,降雪量级比倒槽和稳定层结下要偏大。

参考文献

[1] 易笑园,李泽椿,朱磊磊,等.一次β中尺度暴风雪的成因及动力热力结构[J].高原气象,2010,29(1):175-186.

[2] 张腾飞,鲁亚斌,张杰,等.一次低纬高原地区大到暴雪天气过程的诊断分析[J].高原气象,2006,25(4):696-703.

[3] 周淑玲,朱先德,符长静,等.山东半岛典型冷涡暴雪个例对流云及风场特征的观测与模拟[J].高原气象,2009,28(4):935-944.

[4] 刘宁微,齐琳琳,韩江文.北上低涡引发辽宁历史罕见暴雪天气过程的分析[J].大气科学,2009,33(2):275-284.

[5] 杨成芳,李泽椿,李静,等.山东半岛一次持续性强冷流降雪过程的成因分析[J].高原气象,2008,27(2):442-451.

[6] 陈涛,崔彩霞."2010.1.6"新疆北部特大暴雪过程中的锋面结构及降水机制[J].气象,2012,38(8):921-931.

[7] 叶成志,吴贤云,黄小玉.湖南省历史罕见的一次低温雨雪冰冻灾害天气分析[J].气象学报,2009,67(3):488-499.

[8] 时青格,周须文.2009年河北省初冬暴雪天气过程的诊断分析[J].干旱气象,2011,29(1):82-87.

[9] 吴蓁,赵培娟,苏爱芳,等.2008年河南持续低温、冻雨和暴雪成因[J].气象与环境科学,2009,32(1):9-15.

[10] 王珏,梁琪瑶,易伟霞,等.2008年1月18—22日南阳市强降雪过程诊断分析[J].气象与环境科学,2009,32(2):54-58.

[11] 靳冰凌,孙仲毅,王辛方,等.2009年11月10—12日河南北部暴雪天气诊断分析[J].气象与环境科学,2010,33(2):63-67.

[12] 蓝俊倩,余健,王健疆.浙江2011-01-20强降雪过程降雪带南压成因的诊断分析[J].气象与环境科学,2011,34(4):52-58.

[13] 褚昭利,李建华.高空形势与山东半岛冷流暴雪的关系[J].气象与环境科学,2012,35(2):44-48.

[14] 杨晓霞,吴炜,万明波,等.山东省两次暴雪天气的对比分析[J].气象,2012,38(7):868-876.

[15] 赵俊荣,杨雪,蔺喜禄,等.一次致灾大暴雪的多尺度系统配置及落区分析[J].干旱气象,2013,32(1):201-210.

[16] 王清川,寿绍文,霍东升.河北省廊坊市一次初冬雨转暴雪天气过程分析[J].干旱气象,2011,29(1):62-68.

[17] 马秀玲,彭九慧,杨雷斌,等.华北地区一次局地暴雪天气过程的诊断分析[J].干旱气象,2008,26(1):64-68.

[18] 赵桂香,杜莉,范卫东,等.山西省大雪天气的分析预报[J].高原气象,2011,30(3):727-738.

[19] 赵桂香,许东蓓.山西两类暴雪预报的比较[J].高原气象,2008,27(5):1140-1148.

[20] 赵桂香,杜莉,范卫东,等.一次冷锋倒槽暴风雪过程特征及其成因分析[J].高原气象,2011,30(6):1516-1525.

[21] 赵桂香,程麒生,李新生."04.12"华北大到暴雪过程切变线的动力诊断[J].高原气象,2007,26(3):615-623.

[22] 赵桂香,李韬光,范卫东,等.山西省大雪以上天气气候特征分析研究[C]//第27届中国气象学会年会应对气候变化分会场——人类发展的永恒主题论文集.2010.

[23] 赵桂香,杜莉,郝孝智,等.3次回流倒槽作用下山西大(暴)雪天气比较分析[J].中国农学通报,2013,29(32):337-349.

[24] 赵桂香.一次回流与倒槽共同作用产生的暴雪天气分析[J].气象,2007,33(3):41-48.

山西省降雪天气的云系分型及其发展原因*

赵桂香[1] 张运鹏[2] 张朝明[3]

(1. 山西省气象台 太原 030006；2. 国家卫星气象中心 北京 10081；
3. 山西省大气探测技术保障中心 太原 030002)

摘要：利用 2002—2012 年的逐日降水资料、卫星资料(包括红外卫星云图、相当黑体亮温(TBB)、对流层上层水汽含量等)、常规观测资料等，采用统计分析和数值诊断分析方法，分析了山西省降雪天气的云型特征及云系发展原因。结果表明：依据卫星云图特征，可以将造成山西省降雪天气的云系概括为高空槽云系、锋面云系、高空急流云系、螺旋状云系、斜压叶状云系 5 种。不同云系生成在不同的环流背景下，在其影响下，造成的降雪量级、范围及持续时间均不同。但无论是哪种云系影响，较大降雪均出现在黄褐色或红色云团内。降雪一般出现在 TBB<240 K 的冷云团内，且 TBB 大小与未来 6 h 或 1 h 降雪量关系密切；对流层上层水汽含量的增加，是降雪出现的先兆信号，水汽含量大值区与未来 6 h 大的降雪落区对应，且先于降雪出现，对预报降雪有指示意义。云系的发展加强与低层暖湿气流输送、辐合上升、地形动力抬升有着密切关系。

关键词：降雪；云图分型；TBB；对流层上层水汽含量；环境场

引言

降雪天气往往伴随着强降温，造成道路结冰、电线覆冰等，给交通运输、电力、农业等部门造成巨大压力。因此，降雪天气的成因及其预报技术成为 21 世纪以来气象工作者的研究重点之一。气象卫星资料以其分辨率高、覆盖范围广的优点，在天气分析和预报中发挥了重要作用。研究表明，由尺度分离法得到的中尺度系统与卫星云图中尺度云团有很好的对应，中尺度对流云团是造成陕西省 2009 年 11 月 9—10 日特大暴雪的直接原因[1]。在 2000 年冬季阿勒泰地区三次典型的大降雪过程中，大降雪由 TBB<-60 ℃的中尺度云团造成，降雪出现在中尺度云团 TBB 等值线梯度最大处[2]。山东半岛出现 5 mm 以上降雪时，半岛北部的积云线呈现气旋性弯曲，降雪越强气旋性弯曲越明显[3]。而新疆阿勒泰地区爆发性发展的中尺度冷云团(TBB≤-60 ℃)和境外生成的冷云团(TBB≤-60 ℃)先后影响造成了 2010 年 1 月阿勒泰

---

* 本文收录于《2013 年卫星遥感应用技术交流论文集》，北京：气象出版社，2014。

地区暴雪天气,暴雪出现在中尺度冷云团外围 TBB 等值线梯度最大区域[4]。辽宁低涡影响系统的云系,云团云顶亮温 TBB<−50 ℃,暴雪的发生,与 TBB<−60 ℃ 的 α 中尺度云团加强密切相关[5]。山东半岛冷涡暴雪发生时,暴雪区有西南—东北向的对流云线发展,与对流层低层的西北风近乎垂直[6]。波状云带中镶嵌的云顶温度很低的对流云团使得冬季降雪中出现雷电现象[7]。卫星云图可清楚地揭示南支槽云系生成、东移发展、并与静止锋云系交汇、减弱移出云南的整个过程,南支槽云系与静止锋云系交汇产生低纬高原地区大到暴雪天气过程[8]。对造成大雪或暴雪天气的卫星探测资料进行分析,还发现,地面降雪时段,云中液态水含量相应减小[9]。模式模拟的 2009 年 11 月华北暴雪过程中,冰水含量主要分布在中纬地区,分布形态与卫星观测到的相似[10]。

山西省由于地理、地形特殊,造成降雪的时空分布极不均匀,降雪预报难度很大,降雪强度、降雪出现时间、降雪落区均难以把握,而随着对山西暴雪天气的深入研究[11-15],造成山西暴雪天气的原因不断被揭示和认识。但如何充分发挥卫星资料的作用,全面系统地分析山西省降雪天气的卫星资料特征,寻找对预报有指示意义的信息,为做好降雪天气预报提供一些参考,显得非常必要。

1 资料及方法

选取 2002—2012 年(10 月至次年 4 月)逐日降水量资料,以记录有雪或雨夹雪天气现象、降水量>1.0 mm 作为统计对象,按照日常业务划分法,24 h 降雪量<2.5 mm 为小雪,2.5~5.0 mm 为中雪,5.1~10.0 mm 为大雪,>10.0 mm 为暴雪,进行分级统计。

卫星资料来源于山西省气象台卫星接收系统所提供的产品,包括红外卫星云图、TBB(相当黑体亮温)、TZT 资料(对流层中上层水汽含量)。

诊断分析所用资料为地面和高空常规探测资料,资料范围为 90°~125°E,25°~60°N,应用逐步订正方案对资料进行客观分析,并采用 Kriging 网格化方法,生成格点数为 51×51 的网格资料,水平分辨率为 0.7°×0.7°,垂直分为 9 层。垂直速度采用运动学订正方法计算求得。

2 降雪天气的卫星资料特征

2.1 降雪天气的云系分型

分析近 10 年山西省降雪天气的卫星云图特征,可以将造成山西省降雪天气的云系概括为高空槽云系、锋面云系、高空急流云系、螺旋状云系、斜压叶状云系 5 种。

2.1.1 高空槽云系

高空槽云系又可分为高空槽云系过境型和后部云团发展型两类。

(1)高空槽云系过境型

降雪前 12 h,500 hPa 上,山西多受高空槽或高原槽前西南气流控制,对应高空槽云系多位于河套地区,呈西南—东北向的带状分布,红外云图上多表现为黄褐色和灰色相间。由于高原槽移动较快,云系也移动较快,因此,此类云系影响下,造成的降雪小,持续时间短。若云层薄,云顶亮温高,降雪以小雪为主;若随着贝加尔湖冷空气补充南下,高原槽有所发展,云层变厚,云系变得密实,云顶亮温降低,则山西会出现大范围小雪天气,有时会出现局部大雪。如2011年2月8—10日的降雪就属此类。

8日20:00,500 hPa上(图1a),山西受高原槽前弱西南气流控制,对应8日夜间,高空槽云系位于河套地区,山西受高空槽云系前部一些零散云系影响,夜间开始出现零星降雪。9日凌晨,随着云系的移入,降雪范围扩大,强度有所增大,但云层薄,云顶亮温高,降雪以零星小雪为主。9日白天,随着贝加尔湖冷空气补充南下,高原槽发展,河套地区又有一股高空槽云系发展东移,到9日下午,云系基本覆盖山西,云层变厚,云顶亮温降低,中心值接近235 K,山西出现大范围降雪,9日18:00(图1c)达到最强,北部地区云团比较密实,云顶亮温较低,中心值在230 K左右,而中南部云层较薄(图1d),云顶亮温相对较高,在230~240 K,受以上云系影响,山西北中部以连续性小雪为主,局部还出现大雪,南部则为阵性降雪。到10日凌晨,云系基本移出山西(图1e),降雪结束。此次降雪主要集中在9日白天到夜间,全省普降小雪,24 h降雪量在0.1~7.4 mm(图1e),其中北部2个县、南部3个县达到大雪,大雪出现在黄褐色[①]云团内、TBB等值线梯度最大靠近中心(中心值小于220 K)一侧。

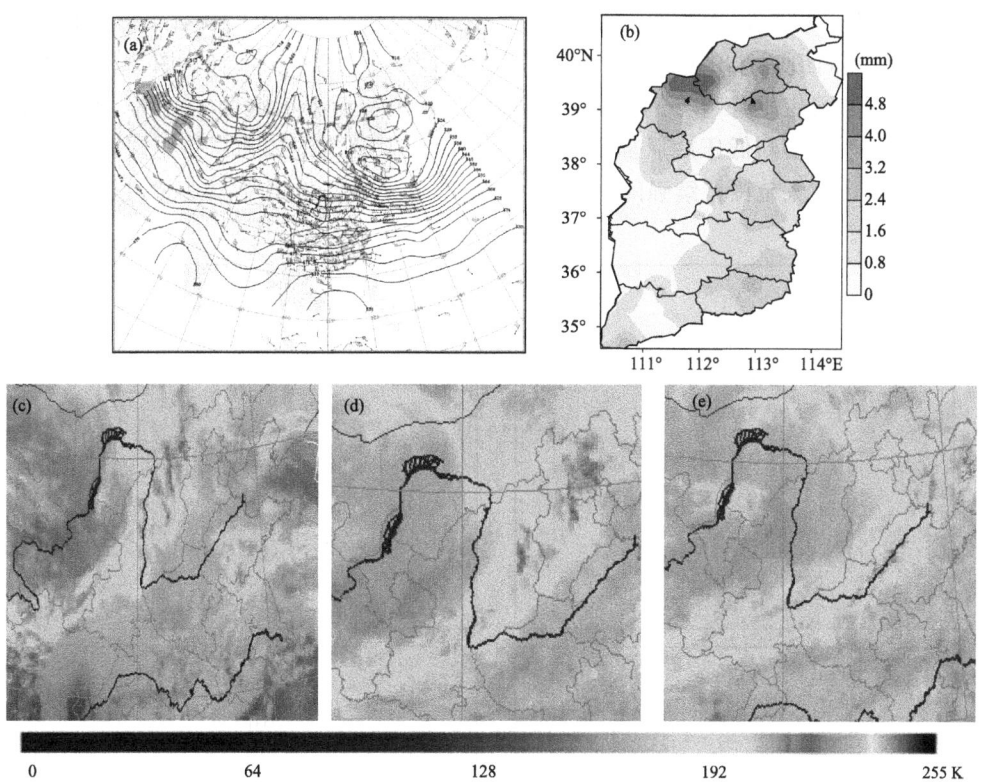

图1 2011年2月8日20:00 500 hPa形势(a),9日白天到夜间的降雪量(b),9日18:00(c)、20:00(d),10日00:00(e)的红外云图

(2)高空槽云系后部云团发展型:

与高空槽云系过境型不同的是,500 hPa上,新疆北部、贝加尔湖以西的地区常存在阻塞

---

① 本文刊登在《2013年卫星遥感应用技术交流论文集》一书中,若阅读相关彩图,请读者查阅该书。

形势,贝加尔湖地区存在切断低压,河套地区多有高原槽形成。由于切断低压前冷空气不断南下,使得高原槽后不断有短波槽发展,与高原槽合并,使得高原槽不断发展加深,槽前水汽输送得到加强,高空槽云系后部会不断有新的云团生成、发展并移入山西,在山西形成盾形云团或叶状云团,云团呈黄褐色与灰色相间,期间往往会有红色小块云团,随着云团的不断变得密实,云顶亮温降低,云层变厚,山西出现大范围降雪,降雪以小到中雪为主,部分地区还会出现大雪或暴雪,大雪或暴雪出现在盾形云团内或叶状云团内的红色或褐色云团区域。一般叶状云团较盾形云团更易出现暴雪。此类云系影响下,云系移动较慢,造成的降雪大,持续时间也长。如 2009 年 11 月 9—12 日的降雪就属此类。

降雪前期 7 日 08:00,500 hPa 中高纬度为宽广的低值系统,低压中心位于雅库次克地区,强度达 5010 gpm,对应冷中心达 -45 ℃,且温度槽落后于高度槽,锋区位于蒙古国;该冷气团和锋区一直稳定少动,冷中心强度不断增强;8 日 20:00,横槽穿越贝加尔湖一直到我国新疆以北地区,而位于黑海附近的高压脊开始迅速向东北方向发展,于 9 日 20:00(图 2a)在俄罗斯中部的安加拉河附近形成阻塞高压,在其南侧俄罗斯与蒙古国接壤的地方形成切断低压,前述东部冷空气南压约 8 个纬度,而此期间,山西一直处于偏西或西南气流控制中。受以上冷暖空气共同影响,9 日夜间山西省出现大范围强降雪。10 日 08:00—11 日 08:00(图 2b,c),锋区不断南压,但阻塞形势稳定维持,直到 11 日 20:00(图 2d),阻塞形势依然存在,切断低压位于贝加尔湖西侧,冷空气沿切断低压底后部不断南下,与山西上游不断加强的西南暖湿空气不断交汇,造成此期间山西大范围持续强降雪天气;直到 12 日 20:00,山西才转为槽后偏西北气流控制,强降雪结束。

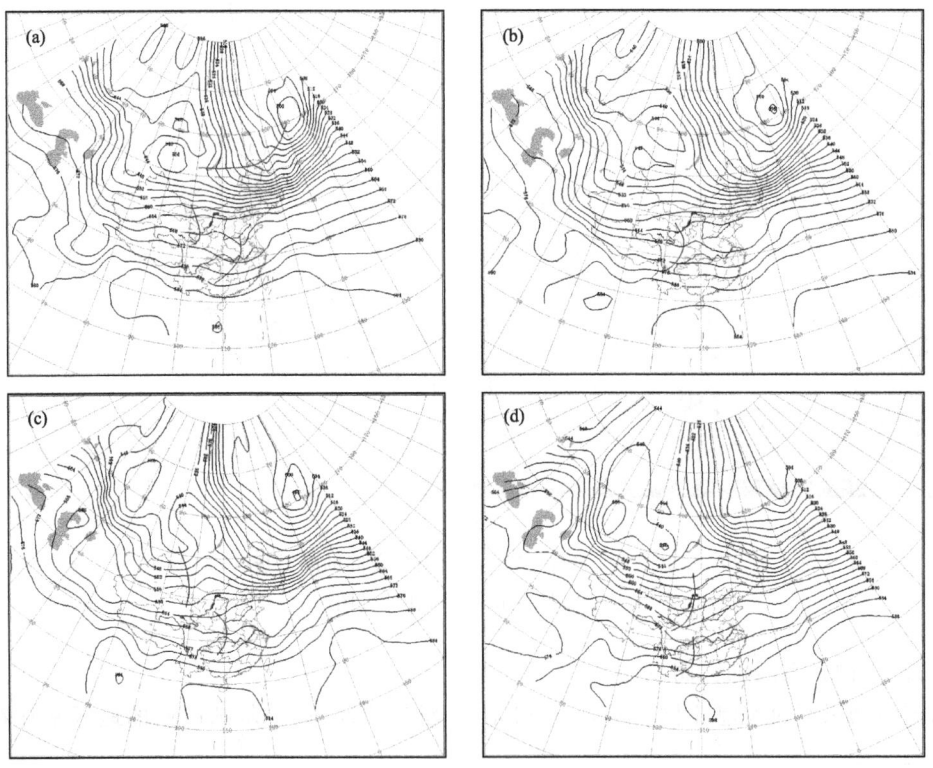

图 2 2009 年 11 月 9 日 20:00(a)、10 日 08:00(b)、10 日 20:00(c)、11 日 20:00(d)500 hPa 形势

分析卫星云图演变发现,此次降雪过程,高空槽云系后部不断有新的云团生成、发展、东移,先后由叶状云团、盾形云团、高空槽云系过境及叶状云团造成山西大范围大暴雪天气,历史罕见。9日20:00,河套地区形成高空槽云系,云系呈近似南北向,为黄褐色与灰色相间,于10日凌晨进入山西,山西开始出现降雪,随着高空短波槽的补充南下,槽前西南气流不断加强,云系后部不断有新的云块生成、发展、东移,并入云系内,于10日06:00形成叶状云团,呈红色,整个云团覆盖了山西的忻州到临汾一带,造成此区域大范围强降雪,降雪以中到大雪为主,红色云团内出现暴雪。此云团在山西停留时间较长,而且后部不断还有云块移入、合并,10日09:00(图3a)达到最强。10日午后,云团开始减弱,颜色由红变为黄褐色,降雪强度有所减小。10日17:00发展为盾形云团,盾形向西北上拱,之后,云团范围不断加大(图3b),降雪持续,以中雪或大雪为主。该盾形云团于11日04:00移出山西,山西受其后部零散灰色云团影响,11日上午降雪出现短暂的减小,但河套地区又有高空槽云系发展东移(图3c),该云系属过境型云系,移动速度较快,11日18:00(图3d)已移出山西,但河套地区又有叶状云团发展东移,于11日22:00(图3e)达到最强,其间还出现红色小云块,叶状云团范围较大,持续时间较长,造成山西11日夜间再次出现降雪的增幅。此云团覆盖山西中南部,强降雪也位于中南部,暴雪出现在红色云团内。此云团于12日08:00(f)基本移出山西,并入前述过境型高空槽云系内,山西强降雪结束,但受其影响,内蒙古、河北、北京、天津、山东出现强降雪。12日白天,受其后部灰色零散云系影响,山西仍出现小雪。

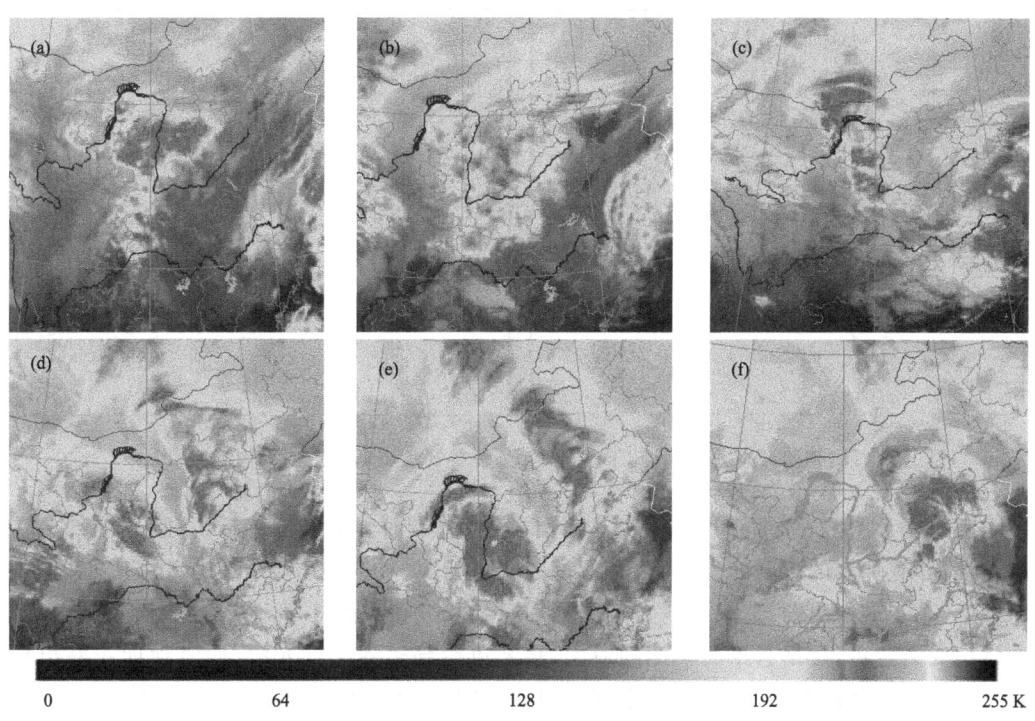

图3 2009年11月10日09:00(a)、10日19:00(b)、11日08:00(c)、11日18:00(d)、11日22:00(e)、12日08:00(f)红外云图

2.1.2 锋面云系影响型

降雪前,地面图上,存在典型的锋面,对应500 hPa上,锋区位于50°~60°N附近,贝加尔

湖以西存在横槽,南支槽位于河套南部,横槽和南支槽在东移过程中同位相叠加,使得槽前水汽输送不断加强,横槽转竖又导致冷空气大举南下,造成冷暖空气的强烈交汇。锋面云系首先生成于河套地区,呈带状分布,宽约 60 km,长约 130 km,呈红色,其西北方存在向西北上拱的红色云罩。发展初期,前部较毛,为黄色毛齿状;发展强盛时,云罩后部边界光滑,干区非常明显,有时地面会出现锢囚,云系头部出现气旋式弯曲。此种云系影响下,山西出现大范围降雪,以小到中雪为主,部分地区出现大雪或暴雪,若地面出现锢囚,则降雪量更大,暴雪出现在干湿交界处接近湿区一侧。随着锋面的移出,云系也逐步移出山西,后部边界更为光滑,则降雪结束,降雪后山西出现大风天气。后部边界非常光滑是典型的大风云型特征。锋面云系云顶伸展得更高,云层更厚,此类云系影响下,降雪持续时间较长,降雪强度大,若地面出现锢囚,降雪则出现爆发性增幅的特点,降雪后伴有大风和强降温天气。如 2010 年 3 月 14—15 日的北中部区域暴雪就属此类。

13 日 20:00,500 hPa 上(图 4a),贝加尔湖地区存在切断低压,横槽穿越贝加尔湖地区,锋区位于 40°~50°N 附近,贝加尔湖西南方有短波槽,南支槽位于 30°~38°N,90°~95°E 附近,短波槽在东移过程中,与南支槽合并加强,横槽转竖使得冷空气大举南下,冷暖空气在山西地区交汇。地面图上,13 日 20:00,回流倒槽形势强盛,在河套地区形成锋面,在东移发展过程中,于 14 日 05:00(图 4b)出现锢囚。

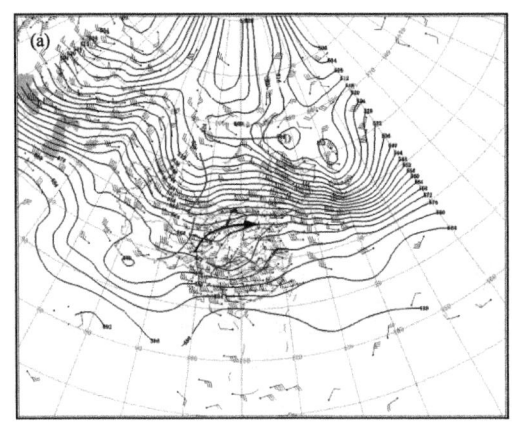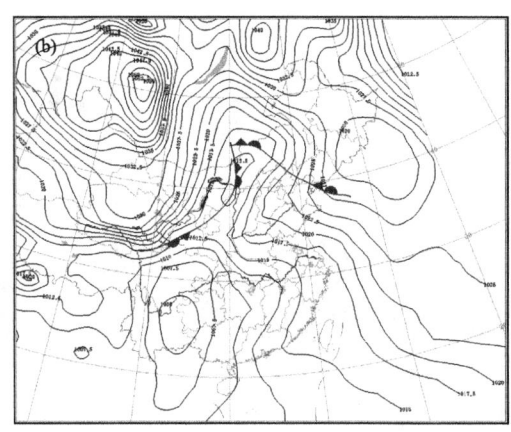

图 4 2010 年 3 月 13 日 20:00 500 hPa 形势(a)、14 日 05:00 地面形势(b)

对应卫星云图上,13 日 20:00(图 5a),锋面云系位于河套地区已移近山西,其前部呈灰色毛齿状,后部有伸展的较高的、向西北方上拱的红色云罩,在高空引导气流作用下,云系向偏东方向移动,逐步进入山西,造成山西大范围降雪,14 日 05:00(图 5b),云系发展达到最强盛,前部毛齿状变为黄色,后部云罩曲率达到最大,且云罩后部边界非常光滑,此时地面正好出现锢囚,此云团移动较慢(图 5c 和 d),造成 14 日上午山西北中部的降雪出现爆发性增幅,降雪强度大,持续时间也较长,暴雪出现在锋面云系内红色云团周围。14 日 14:00(图 5e),锋面云系在东移过程中逐步减弱,颜色变为黄色或灰色,但后部边界仍非常光滑,14 日下午,降雪减弱,出现大风强降温天气,14 日 17:00(图 5f),云系移出山西,降雪结束,大风持续。

2.1.3 高空急流云系

高空 200 hPa 存在西风急流,500 hPa 中高纬度环流较平,地面多为回流形势或回流与倒槽

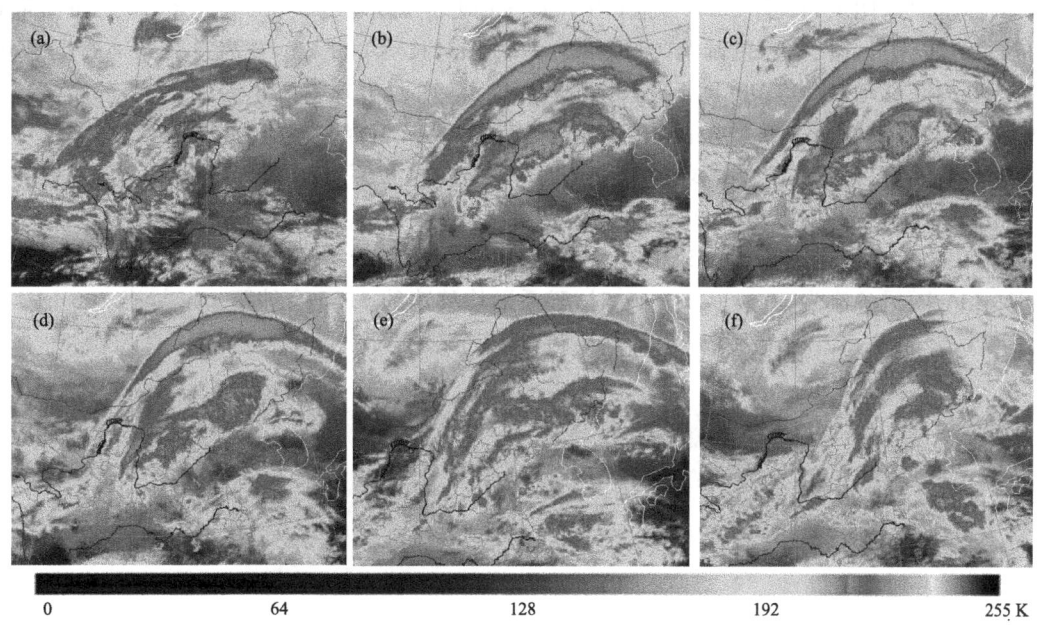

图 5 2010 年 3 月 13 日 20:00(a)、14 日 05:00(b)、08:00(c)、10:00(d)、14:00(e)、17:00(f)红外卫星云图

共同影响。此种环流形势下易出现高空急流云系。云系呈近似东—西向带状分布,与 200 hPa 急流位置和走向均一致,一般为红色或黄色,色调较均匀,说明云顶高度伸展得较高。云系发展初期,四周边界清晰,发展强盛时,宽可达 70 km 左右,长达 230 km 左右。在高空引导气流作用下,向东移动,移动速度与高空 200 hPa 西风风速有关,在东移过程中,前部会逐步变毛。发展后期,内部出现丝缕状结构,此时,云系已开始减弱。此类云系造成的降雪范围大,但强度小,一般以小雪为主,降雪分布相对均匀,持续时间较短。如 2012 年 12 月 20 日的降雪就属此类。

12 月 20 日 08:00,高空 200 hPa 中纬度形成强的西风急流(图 6a),对应 500 hPa 上(图 6b),中高纬度环流较平,水汽相对较差,冷空气势力也较弱,内蒙古到河套一带存在短波槽,在短波槽东移南下过程中,与弱的偏西南气流交汇,造成弱的降雪。

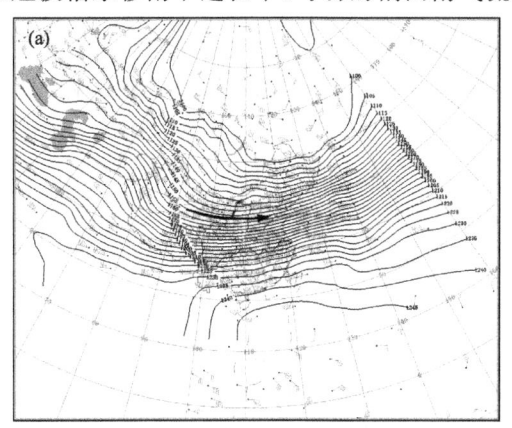 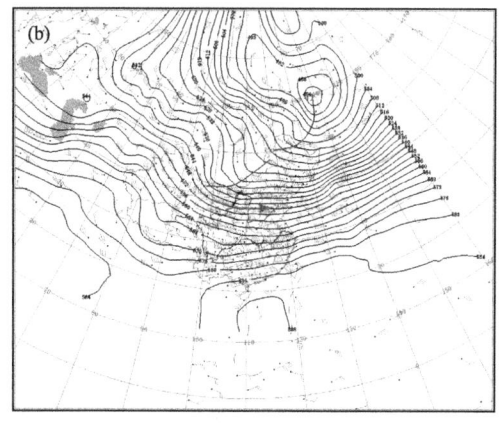

图 6 2012 年 12 月 20 日 08:00 200 hPa(a)和 500 hPa(b)高度场和风场

对应卫星云图上,12月20日凌晨(图7a),在河西走廊形成高空急流云系,呈东西向带状分布,边界较光滑,呈红色,色调均匀,云系宽约50 km,长约200 km,在高空引导气流作用下,云系不断向东移动,于03:00(图7b)进入山西西南部,山西出现零星小雪。之后,迅速向东北方向移动,10:00(图7c),覆盖山西,造成山西大范围降雪,但降雪较小,此时,云系前部已出现黄色毛齿状,这已是云系开始减弱的信号;12:00(图7d),云系变得弯曲,色调不均匀,变为红黄色相间,毛齿状加剧,降雪明显减弱。

计算多个个例表明,当200 hPa西风急流>60 m·s^{-1}时,云系平均移速约1.1个纬距·h^{-1},当200 hPa西风急流为50～60 m·s^{-1}时,云系平均移速约0.85个纬距·h^{-1},当200 hPa西风急流为40～50 m·s^{-1}时,云系平均移速约0.73个纬距·h^{-1}。

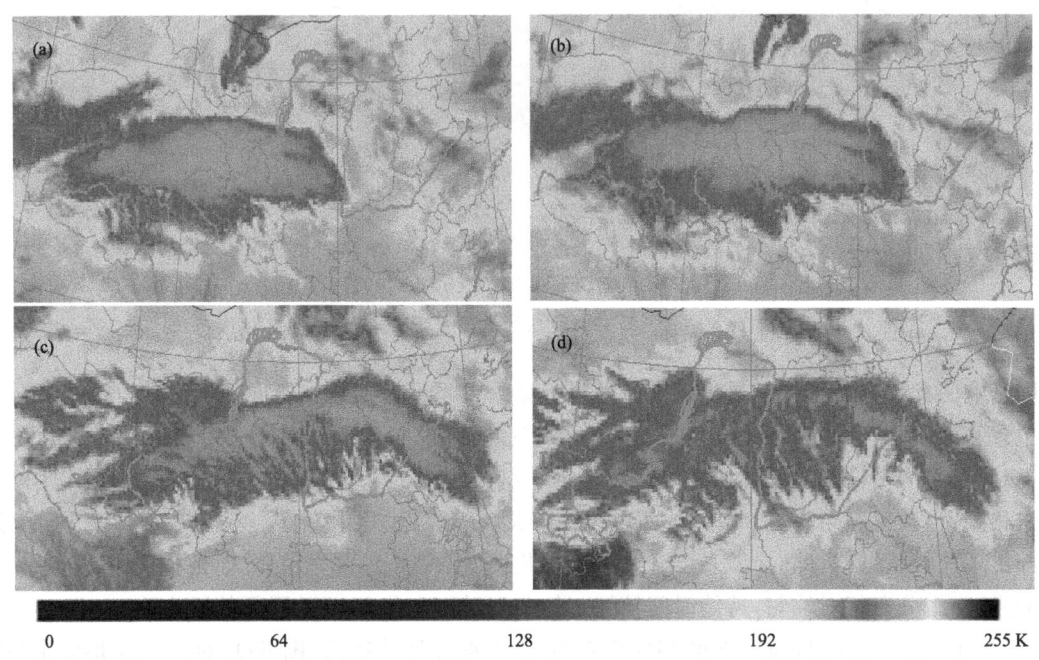

图7　2012年12月20日01:00(a)、03:00(b)、10:00(c)、12:00(d)红外卫星云图

2.1.4　螺旋状云系

地面常为回流与倒槽共同影响,500 hPa上高原槽走向呈西北—东南向(这是与其他类云系明显不同之处),对应云系也呈西北—东南向,但分布呈现出明显的螺旋状结构,丝缕状层次感强烈,黄褐色、灰色相间,有时中间会有红色小云块,地面记录多为层状云,云顶高度较低,云层较厚。云系宽60 km左右,长220 km左右,其移向为西南—东北,在东北移过程中,逐步影响山西,造成山西大范围降雪,降雪以小到中雪为主,部分地区会出现大雪或暴雪,大雪或暴雪出现在黄褐色或红色云团内。如2006年1月18—19日的降雪就属此类(图略)。

2.1.5　叶状云系

降雪前12 h,地面常为回流形势,冷高压中心位于贝加尔湖以西,对应500 hPa上极涡偏北,冷空气势力偏北,中高纬度环流较平,贝加尔湖地区为发展强盛的高压脊。一般先形成盾形云团,造成小雪,河套西部地面高压底部、500 hPa短波槽底前部易形成叶状云系,叶状云系形成于回流加强时期。云系首先生成于河套地区,形似一片叶子,呈红色,色调较均匀,说明云顶高度较高,其北侧边界比较光滑,其他方向边界较毛。在高空引导气流作用下,向东移动。在移动过程中,影响山西地区,造成山西大范围降雪,以中到大雪为主,云团最密实区域则出现暴雪。一般叶状云系造成的降雪范围大,强度也大,如 2006 年 2 月 26—27 日的降雪就属此类。此次过程先后由盾形云团和叶状云系共同影响造成(图 8 和图 9)。

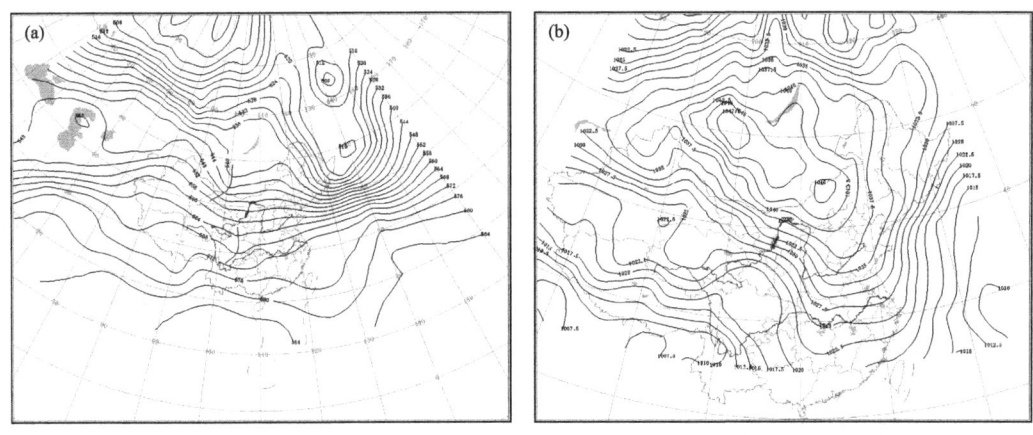

图 8 2006 年 2 月 27 日 08:00(a)500 hPa 高度场和 26 日 08:00(b)地面形势

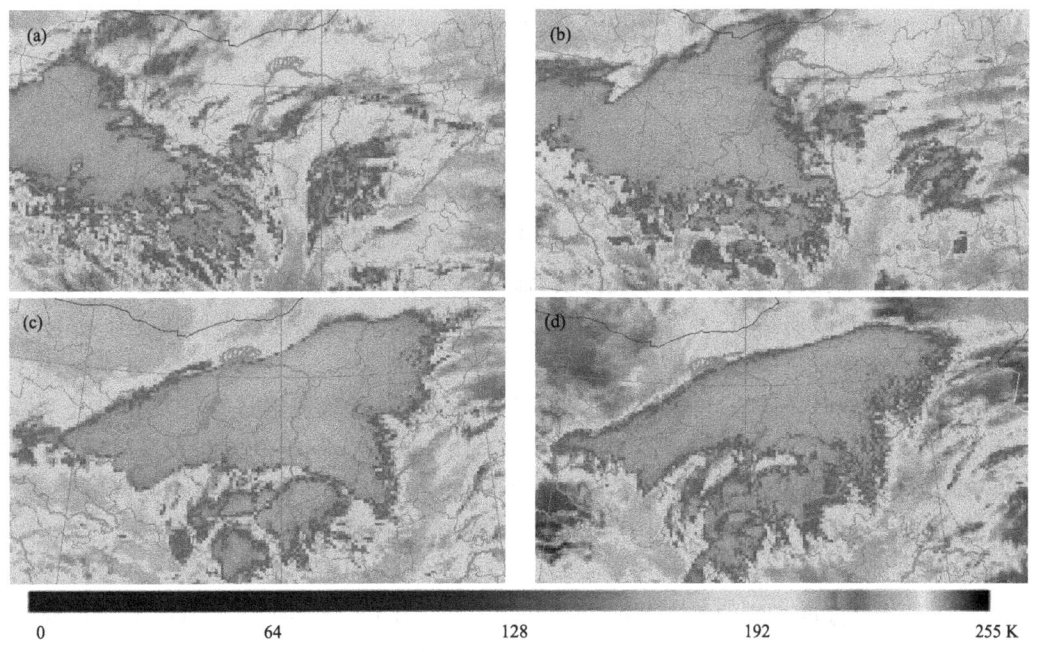

图 9 2006 年 2 月 26 日 21:00(a)、27 日 02:00(b)、08:00(c)、10:00(d)红外卫星云图

2.2 TBB、对流层上层大气水汽含量分布与降雪

分析降雪过程的 TBB 演变发现,降雪一般出现在 TBB<240 K 的冷云团内,且 TBB 大小与未来 6 h 或 1 h 降雪量关系密切,概括为表 1。

表 1 TBB 与降雪

TBB 阈值(K)	降雪量级	时间提前量(h)	降雪落区
230~240	小雪	6	该区域内
220~230	中雪	6	该区域内
<220	大雪	3	等值线密集处、靠近大值中心附近
<210	暴雪	1	等值线密集处、靠近大值中心附近

分析降雪过程的对流层上层水汽含量资料分布特征(图略),降雪前,河套到山西的水汽含量明显增加,会出现一条水汽输送带,一般水汽输送带与云系走向接近,期间会出现大值中心,水汽含量大值区与未来 6 h 的降雪落区相对应,降雪出现在水汽带东南侧,湿度大值中心附近。若水汽含量>60%,以小雪为主,水汽含量>70%,会出现中雪,水汽含量>80%,会出现大雪,水汽含量>90%,则是暴雪的信号。

可见,对流层上层水汽含量的增加,是降雪出现的先兆信号,水汽含量大值区与未来6h大的降雪落区对应,且先于降雪出现,对预报降雪有指示意义。

3 云团发展成因分析

任何云系均生成于一定的有利环流背景下,受环境场影响,有的原地减弱,有的东移很快,有的停留时间较长,且后部不断有新生的云块发展、东移,并入前部云团,使得云团进一步发展加强,造成降雪持续,降雪量也较大。

3.1 暖湿气流输送的作用

将降雪个例按照小雪、中雪、大雪、暴雪分类,分别计算降雪期间的总温度平流并分析其变化特征:降雪前 12 h,山西上空出现明显的暖湿气流输送,暖湿中心强度与低层风速有关,若降雪开始后,暖湿平流持续,则降雪不仅持续,强度也会增大;随着暖湿平流输送的减弱,冷平流的增强,降雪逐步减弱结束。降雪强度与近地层冷平流和中高层暖湿平流强度有关,降雪结束后,降温幅度与冷平流中心位置及强度有关。

选取 2007 年 3 月 3—4 日降雪个例,分析降雪期间的暖湿气流输送特征及其对云系发展的影响。2007 年 3 月 3—4 日,受螺旋状云系影响,山西出现大范围暴雪和大暴雪天气,降雪主要出现在 3 日白天到夜间,24 h 降雪量全省为 7.2~27.7 mm,其中有 5 个强降雪中心,分别位于西部的吕梁地区、北部的大同到忻州、晋中东部、临汾东部以及运城西南部,24 h 降雪量均超过 17 mm。

沿 112°E 作总温度平流的垂直剖面,分析其特征,3 日 08:00(图10),山西上空出现明显的暖湿平流,存在两个中心,分别位于 850~700 hPa 和 400~300 hPa,中心强度分别达到 22 ℃·s^{-1} 和 48 ℃·s^{-1},高层强度明显大于低层,而在近地层为弱的冷平流,对应风场上,整层为西南或偏西南气流,在低层 850~700 hPa 形成西南急流,急流风速达到 16 m·s^{-1},暖湿气流自西南向东北方向输送到山西地区。暖湿气流的输送,使得山西上空的云系不断发展加强,云的色调逐步加深,云层变厚(图11),云系随着引导气流不断向东北方向移动,在移动过程中,持续发展加强,造成所到之处的强降雪。4 日 08:00,随着山西上空冷平流的加强,暖湿气流输送减弱,整层变为冷平流,降雪减弱结束。

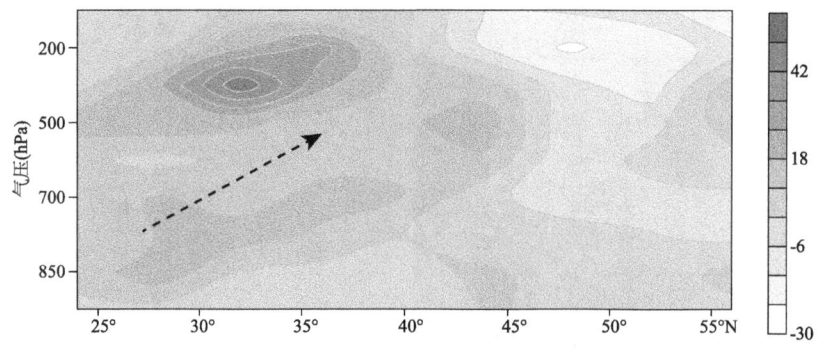

图10 2007年3月3日08:00总温度平流沿112°E剖面(单位:℃·s^{-1})
(虚线箭头为低层暖湿气流向云区的输送)

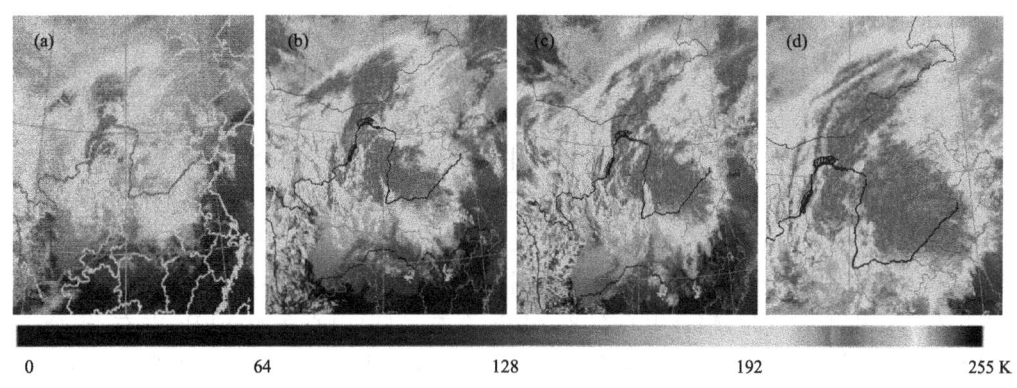

图11 2007年3月3日07:00(a)、11:00(b)、14:00(c)、16:00(d)的红外卫星云图

3.2 低层辐合上升的作用

分析降雪期间低空风场和地面风场发现,低空700 hPa存在强偏西南气流,850 hPa存在强的偏东南或偏东气流,两支气流常在山西耦合加强;同时,地面出现中尺度辐合,辐合线东南侧存在西南或偏东气流。低空强气流前和地面中尺度辐合造成强烈的辐合上升运动,使得水汽不断从云团前部向云内卷入,致使云系不断发展加强,造成降雪的加强。如低空强气流达到急流,则降雪一般会达到大雪或暴雪,甚至大暴雪。

以2007年3月3—4日大暴雪天气为例,3日08:00(图12a),螺旋状云系覆盖山西中南部,对应低空700 hPa形成偏西南急流,850 hPa形成偏东南急流,两支急流在山西中南部发生转折,其前部产生强烈的辐合上升运动;而对应地面图上,08:00和11:00(图12b)均存在明显的中尺度辐合,辐合线东南侧也存在西南气流和偏东气流,使得低层水汽不断向云团内卷入,云系不断发展、加强,在山西上空停留时间较长,造成山西大范围、长时间强降雪。

为了量化表征低空及地面的辐合作用,将降雪个例按照小雪、中雪、大雪、暴雪分类,分别计算降雪期间散度并分析其变化特征(图略)。

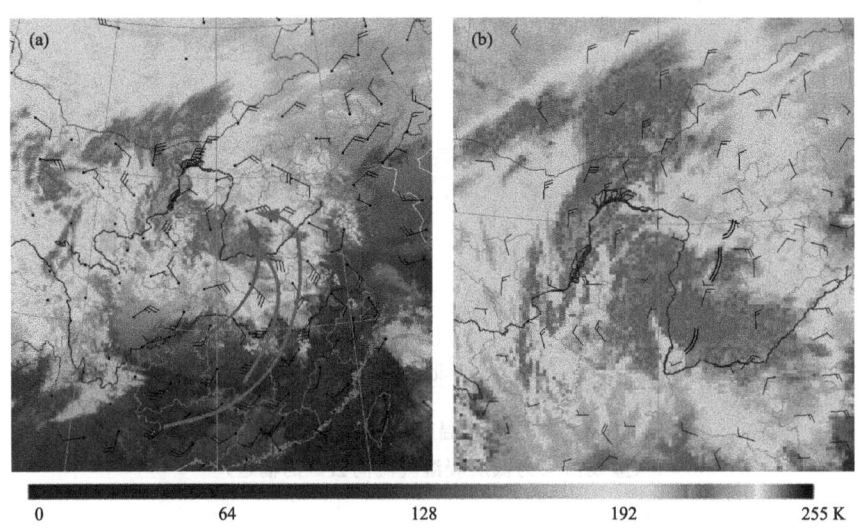

图 12　2007 年 3 月 3 日 08:00 卫星云图和 700 hPa、850 hPa 急流(a)，
11:00 云图和地面中尺度辐合(b)

降雪期间，山西上空均存在高空辐散、低空辐合的垂直结构，辐合中心一般在 850～800 hPa，辐散中心一般在 400～200 hPa，辐散中心强度明显大于辐合中心强度。降雪强度与辐散中心高度及辐合辐散中心强度有关，降雪持续时间与这种垂直结构维持时间有关。

小雪天气时，辐合中心较高，辐散中心较低，有时会出现在 600 hPa 附近，且中心强度较小，辐合中心强度一般＞-16×10^{-6} s^{-1}，辐散中心强度一般＞14×10^{-6} s^{-1}，这种结构持续时间仅 6 h 左右。中雪天气时，辐合中心在 850 hPa 左右，辐散中心在 400 hPa 左右，辐合、辐散中心强度一般分别＜-20×10^{-6} s^{-1} 和＞18×10^{-6} s^{-1}，这种结构一般会持续 6～12 h；大雪天气时，辐合中心在 850 hPa 左右，有时会达到 800 hPa，辐散中心在 400～300 hPa，辐合、辐散中心强度一般分别＜-25×10^{-6} s^{-1} 和＞22×10^{-6} s^{-1}，这种结构一般会持续 10～18 h；暴雪天气时，辐合中心在 800 hPa 左右，辐散中心在 400～200 hPa，有时会达到 200 hPa，辐合、辐散中心强度一般分别＜-28×10^{-6} s^{-1} 和＞25×10^{-6} s^{-1}，这种结构一般会持续 12～20 h，或在短暂的消失后，会再次出现此种结构，此时，不仅降雪持续，强度还会出现二次增幅，这种垂直结构，导致强烈的上升运动，使得云系不断发展、加强、合并，长时间在山西上空停留，造成山西长时间降雪。随着这种结构的减弱或消失，云系移出山西或不再发展，降雪逐步减弱结束。

3.3　地形的作用

吕梁山使得云系在山西西部加强，常会造成吕梁地区强降水，云系翻越吕梁山后，常发生断裂现象，影响区域分为北部和中南部，当云系移近山西境内其他山脉时，如太行山、王屋山等，受山脉前地形动力抬升影响，云系又会得到发展、加强，造成降水的二次增幅。

从大雪日数分布(图略)可看出，在西部吕梁山、东南部太行山、北部五台山、南部王屋山附近均出现一个大值中心，年均日数均在 1.5 d 以上，最大达到 2 d。分析大雪日数与经度、纬度、海拔高度的关系(图略)发现，年大雪日数与经度的关系为先递增、后减小、再递增的关系，在两翼山区达到最多，东部山区多于西部山区；与纬度的关系为先增后减，在 36°N 左右达到最多；而随着海拔高度的增加几乎呈线性增加。说明由于地形动力抬升作用更易出现大雪天气。

3.4 各类云系及其环境场特征

从以上分析不难看出,高空槽云系影响下,如果是过境型云系影响,一般降雪较小,持续时间也短,如果是后部云团发展型,则降雪时间长,强度也大。锋面云系影响下,降雪范围大,强度大,但时间相对短,若地面出现锢囚,降雪存在爆发性增幅的特点;降雪过后,会出现大风强降温。高空急流云系影响下,降雪范围大,但强度小,这是各类云系中,强度最小的一种。螺旋状云系影响下,降雪范围主要集中在中南部,强度较大。叶状云系影响下,降雪强度大,范围也大,但持续时间相对较短,若有其他云系合并影响,降雪持续时间则较长。

另外,一次过程中,有时会出现先后两种云系影响,特别是出现云系合并时,降雪不仅会持续,而且会出现降雪的增幅,造成降雪持续时间长、强度大、影响范围广。

各种云系影响下,其云型及其环境场特征以及降雪特点概括为表2。

表2 云型及其环境场特征以及降雪特点

云系分类		云型特征	环境场特征	降雪特点
高空槽云系	过境型	西南—东北向带状分布,黄褐色与灰色相间	500 hPa 高原槽,低空无明显系统配置,地面常为回流弱	降雪分散,量级小,持续时间短
	后部云团发展型	形似盾形或叶子状,近似南北向,盾形向西北上拱,其间黄褐色与灰色相间,有时会有红色云块	500 hPa 高原槽,上游不断有短波槽补充,低空存在低涡或切变线配置,常形成低空急流,地面回流明显	降雪范围大,强度大,持续时间长
锋面云系		呈带状分布,宽约60 km,长约130 km,红色,其西北方存在向西北上拱的红色云罩;发展初期,前部较毛,为黄色毛齿状,发展强盛时,云罩后部边界光滑,有时云系头部出现气旋式弯曲,其间会有对流云团发展	地面存在典型的锋面,500 hPa高原槽,上游不断有短波槽补充,低空存在低涡或切变线配置,常形成低空急流,环境场会出现不稳定层结,地面有时会有锢囚	降雪范围大,强度大,有爆发性增幅特点,持续时间较长;降雪后会伴随大风降温
高空急流云系		近似东西向带状分布,一般为红色或黄色,色调较均匀;发展初期,四周边界清晰,发展强盛时,宽可达70 km左右,长达230 km左右	200 hPa 西风急流,500 hPa 中纬度环流较平,地面多为回流形势;低空切变线不明显	降雪分布较均匀,量级小,持续时间短
螺旋状云系		西北—东南向,但分布呈现出明显的螺旋状结构,丝缕状层次感强烈,黄褐色、灰色相间,有时中间会有对流云团;云系宽60 km左右,长220 km左右	地面多为回流与倒槽共同影响,500 hPa 西风槽为西南—东北走向;环境场会出现不稳定层结;低空会伴有低涡切变线	降雪范围大,强度大,持续时间较长
叶状云系		形似一片叶子,呈红色,色调较均匀,其北侧边界比较光滑,其他方向边界较毛;形成于地面回流加强期间	500 hPa 中纬度环流较平,冷空气势力偏北;地面多为回流形势	降雪范围大,强度大

4 结论

(1)依据卫星云图特征,可以将造成山西省降雪天气的云系概括为高空槽云系、锋面云系、高空急流云系、螺旋状云系、斜压叶状云系5种。不同云系生成在不同的环流背景下,在其影响下,造成的降雪量级、范围及持续时间均不同。但无论是哪种云系影响,较大降雪均出现在黄褐色或红色云团内。

(2)降雪一般出现在TBB<240 K的冷云团内,且TBB大小与未来6 h或1 h降雪量关系密切;对流层上层水汽含量的增加,是降雪出现的先兆信号,水汽含量大值区与未来6 h大的降雪落区对应,且先于降雪出现,对预报降雪有指示意义。

(3)一次过程中,若有两种云系影响,特别是出现云系合并时,降雪不仅会持续,而且会出现降雪的增幅,造成降雪持续时间长、强度大,影响范围广。

(4)云系的发展加强与低层暖湿气流输送、辐合上升、地形动力抬升有着密切关系。

参考文献

[1] 杨文峰,郭大海,刘瑞芳,等.2009年11月10—12日陕西特大暴雪诊断分析[J].气象科学,2012,32(3):347-354.

[2] 赵俊荣,杨雪,杨景辉.新疆北部冬季暖区大降雪过程中尺度云团特征分析[J].高原气象,2010,29(5):1280-1288.

[3] 姜俊玲,魏鸣,康浩,等.2005年12月山东半岛暴雪成因及多尺度信息特征[J].大气科学学报,2010,33(3):328-335.

[4] 李进忠,王旭,郝雷.2010年1月阿勒泰地区特大暴雪过程的云图分析[J].干旱区资源与环境研究,2012,26(6):52-55.

[5] 刘宁微,齐琳琳,韩江文.北上低涡引发辽宁历史罕见暴雪天气过程的分析[J].大气科学,2009,33(2):275-284.

[6] 周淑玲,丛美环,吴增茂,等.2005年12月3—21日山东半岛持续性暴雪特征及维持机制[J].应用气象学报,2008,19(4):444-453.

[7] 苏德斌,焦热光,吕达仁.一次带有雷电现象的冬季雪暴中尺度探测分析[J].气象,2012,38(2):204-209.

[8] 张腾飞,鲁亚斌,张杰,等.一次低纬高原地区大到暴雪天气过程的诊断分析[J].高原气象,2006,25(45):696-703.

[9] 王晓滨,李淑日,游来光,等.北京冬夏降水系统中的云水量及其统计特征分析[J].应用气象学报,2001,12(增刊):107-112.

[10] 吴伟,邓莲堂,王式功."0911"华北暴雪的数值模拟及云微物理特征分析[J].气象,2011,37(8):991-998.

[11] 赵桂香,程麟生,李新生."04.12"华北大到暴雪过程切变线动力诊断[J].高原气象,2007,26(3):615-623.

[12] 赵桂香.一次回流与倒槽共同作用产生的暴雪天气分析[J].气象,2007,33(11):41-48.

[13] 赵桂香,许东蓓.山西两类暴雪预报的比较[J].高原气象,2008,27(5):1140-1148.

[14] 赵桂香,杜莉,范卫东,等.山西大雪天气的分析预报[J].高原气象,2011,30(3):727-738.

[15] 赵桂香,杜莉,范卫东,等.一次冷锋倒槽暴风雪过程特征及其成因分析[J].高原气象,2011,30(6):1516-1525.

多源资料在山西暴雪天气预报中的应用技术研究*

李新生　赵桂香　赵建峰

（山西省气象台　太原　030006）

摘要：针对2015年2月和11月发生在山西的4次区域性大到暴雪天气过程，应用常规观测和探测资料、GPS/MET水汽资料及预报产品（利用模式输出产品反演探空曲线）、卫星、雷达、L波段探空秒数据等多种精细化监测资料和NCEP/NCAR FNL $1°\times1°$ 再分析等资料进行诊断分析研究，结果表明：(1)强降雪出现在地面倒槽与回流气压特征线之间、低空切变线东侧或东南侧、低空急流终止点附近或偏左侧、700 hPa和850 hPa空气饱和区（即 $T-T_d\leqslant4\ ℃$）四者重合的区域；(2)较强的云系范围内或相当黑体亮温(TBB)中心值附近及梯度大值区容易出现较大的降雪天气，尤其是沿低空切变线或低空急流终止点区域所激发的中（小）尺度云团持续影响的地方会出现暴雪；(3)降雪天气的雷达回波以层状云降水回波为主，回波强度一般在30 dBZ以下，但如果过程中存在降水相态转换时，回波中心强度可达到40 dBZ或以上；速度图上，近地层通常为偏东风，中高层为较强的西南风，零速度线呈"S"形，测站上空有明显暖平流，当西南风速较大时有利于出现暴雪；(4)L波段探空秒数据显示，降雪开始前，太原站0 ℃层高度出现明显下降的特征，通常会下降到1 km以下，能长时间维持时，降雪持续时间长，凝结高度下降后很快抬高时，降雪持续时间较短；太原站温湿曲线上，强降雪开始前，700～870 hPa存在较强的逆温层，逆温层过高或过低且比较浅薄时，不利于强降雪的出现。

关键词：暴雪；多源资料；诊断分析；关键技术

引言

　　大到暴雪天气是中国北方地区冬半年主要的灾害天气之一，随着社会经济的发展，降雪天气给城市交通、工业生产、农牧业生产、电力设施和人们的生活带来的影响日益严重。暴雪天气与降温密切相关，常常伴随降水相态的转换，因此降雪天气的预报除降雪强度、落区外，还涉及降水相态的问题，这在一定程度上增加了预报难度。近年来，中国北方地区多次发生雨雪冰冻灾害，造成严重影响，一些气象科技工作者[1-12]利用多种资料，应用多种方法，对华北地区的

---

* 本文来源于2016年中国气象局预报员专项。

大到暴雪天气进行了大量的研究,得出了许多有意义的结论。降水相态及其转换的预报技术研究也引起了越来越多的重视,但由于一次过程中有时会存在多种降水相态以及相互转换,有必要充分利用多源资料,应用多种技术手段,如诊断分析、数值模式产品反演等,对降水相态的转换进行深入研究。

研究表明[13-20],回流和倒槽是造成山西降雪天气的主要形势。选取2015年2月和11月的4次降雪天气过程进行分析发现,4次过程都受地面回流和倒槽的共同影响,但总体流型配置有所差异,造成的降水强度、大降水落区、降水持续时间都存在很大差异,同时11月的两次过程均出现了雨雪相态的转换。众所周知,不同相态的降水,即使降水量相同,造成的影响却不同,如5 mm的降雨对各行各业及人们的出行影响较小,但5 mm的降雪却可以造成较大的积雪,对交通运输、电力设施、设施农业以及人们的出行影响很大。在秋冬和冬春转换季节,山西常常出现雨雪的转换,给预报增加了很大难度,而目前的社会公众及政府部门对天气预报提出了更为精细的需求,为了更好地为各级政府和社会公众提供更有针对性的气象预报服务,有必要研究此类降水天气的特征,深入分析此类天气的形成原因,尤其是要关注降水相态的转换,提炼预报着眼点和预报先兆信息,以提高预报预警准确率。

1 资料来源及处理

环流演变、影响系统分析、卫星云图和降水实况等使用MICAPS资料;诊断分析所用的风场、高度场、地面气压场、物理量场以及物理量场剖面图采用NCEP/NCAR FNL 1°×1°再分析资料;GPS/MET反演的气柱水汽总量资料、山西及其周边14部多普勒雷达拼图资料及其相关基础数据资料为日常业务中所用资料。

详细分析4次过程的环流形势、主要影响系统演变特征,揭示大到暴雪天气成因;利用物理量诊断分析技术,对4次过程的能量、水汽、动力等条件进行全面分析,认识4次过程的动热力结构特征;利用GPS/MET水汽总量、云图等资料,结合地面自动站、探空实况及预报产品(利用模式输出产品反演)和L波段探空秒数据资料等,对降水各个阶段的特征进行细致分析,提炼降雪预报关键技术指标和降水相态转换先兆信息;通过预报难度对比分析,提炼预报着眼点,以完善降雪预报技术。

2 天气实况及环流背景对比

2.1 大到暴雪实况

2015年2月18—20日(以下简称个例1):山西省出现大范围降雪天气过程,其中18日08:00—19日08:00,全省共有38个县(市)出现降雪天气,集中分布在山西西部和南部地区,24 h降水量在0.1~1.9 mm;主要降雪时段出现在19日08:00—20日08:00(图1a),共有105个县(市)降雪,降水量在0.1~18.6 mm,其中21个县(市)为中雪,23个县(市)为大雪,8个县(市)达暴雪,大雪区和暴雪区比较集中,主要位于山西的吕梁、太原、晋中北部、阳泉和忻州东部等地,最大降雪出现在五台山(18.6 mm),最大积雪深度出现在五台县,为17 cm;20日08:00—21日08:00,仍有78个县(市)出现降雪天气,降水量在0.1~6.4 mm,其中有21个县

(市)为中雪,2个县(市)出现大雪,分别为长治(5.9 mm)和长子(6.4 mm),主要降雪区移至晋东南一带。按照降雪集中时段,把此次过程称为"0219"个例即个例1。

2015年2月26—28日(以下简称个例2),山西省出现大范围降雪,降雪从26日夜间开始,28日上午基本结束,历时近36 h;降雪主要集中在27日白天到夜间,27日08:00—28日08:00(图1b),全省普降小到中雪,24 h降雪量0.1~7.7 mm,北部4个县、中部3个县、南部1个县达到大雪,大雪站点比较分散,最大降雪出现在交口(7.7 mm),最大积雪深度出现在偏关,达10 cm,把此次过程称为"0227"个例即个例2。

2015年11月5—7日(以下简称个例3),山西出现大范围的降水天气,5日后半夜开始山西北部地区转为降雪,6日08:00—7日08:00(图1c),山西北部地区出现强降雪天气,24 h降雪量为2~17 mm,其中有11个县(市)达到暴雪,最大降雪出现在天镇(17 mm),中南部地区始终为降雨,以小到中雨为主,24 h降雨量为2.4~14.6 mm,此次降水过程持续时间长,降水范围大,但转为降雪的范围较小,只出现在北部地区,降雪强度大。把此次过程称为"1106"个例即个例3。

2015年11月23—24日(以下简称个例4),全省大部地区都出现降雪,降雪最强时段主要集中在23日夜间,24 h降雪量(图1d)为0.6~17.7 mm,中南部有13个县(市)达到暴雪,最大降雪出现在沁水(17.7 mm),在强降雪开始前的21—22日山西大部地区已出现降水天气,降水强度总体较弱,23日上午降水短暂停歇后,自南向北出现一次更强的降水天气,夜间降水从东南开始逐渐转为降雪,并向北部扩展,山西全省都出现明显降雪天气,24日白天降雪持续。此次降水天气过程持续时间长,影响范围广,降雪强度大,南部存在雨转雪的现象。把此次过程称为"1123"个例即个例4。

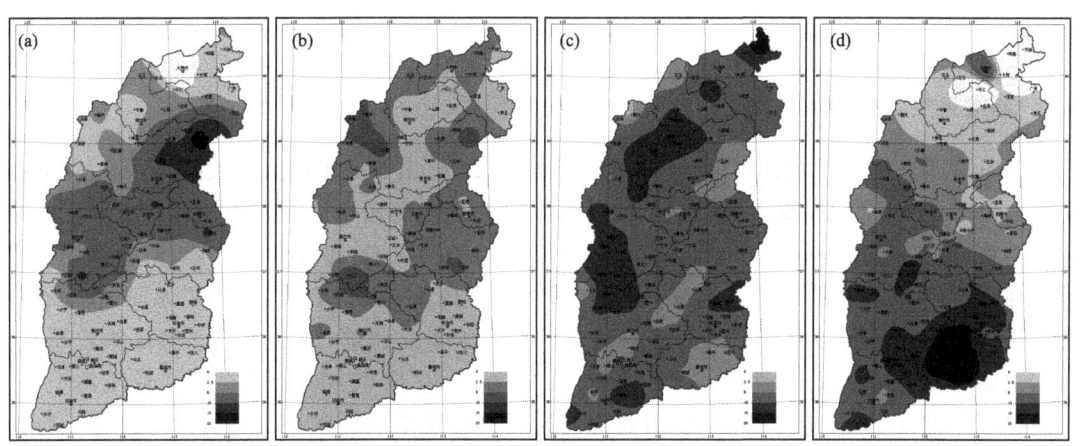

图1　2015年4次大到暴雪24 h降水量的空间分布(单位:mm)
(a)2月19日08:00—20日08:00,(b)2月27日08:00—28日08:00,
(c)11月06日08:00—07日08:00,(d)11月23日08:00—24日08:00)

总之,4次大到暴雪过程特点可概括为表1。由表1可知,2月的两个个例以降雪为主,相态比较单一,强降雪区域集中在北中部地区,大雪和暴雪站数较11月的两次过程要少很多,暴雪站数不足10个站,尤其第2个个例只出现8个站大雪,未出现暴雪,强度明显要小,降雪中心区域较分散,降水持续时间最短,是4个个例中最弱的一次过程。从影响过程看,第1个个例自西向东向全省扩展,而第 2 个个例是从晋东南开始影响山西,向西向北推进影响全省。11月的两个个例过程持续时间较长,均超过 48 h,降雪区域比较集中。第 3 个个例强降雪主要集中在北中部,第 4 个个例主要集中在中南部,2 次过程降雪强度均较大,大雪站数超过 30 个、暴雪站数超过 15 个,第 3 个个例雨雪相态转换现象主要出现在北中部,而南部始终为降雨。第 4 个个例南部开始时为降雨,后转为降雪,其余地区为降雪。影响过程看,第 3 个个例从北部开始,而第 4 个个例从南部开始影响,向北部扩展影响全省。

表 1 2015 年山西 4 次大到暴雪天气实况概括

个例	1	2	3	4
大到暴雪主要时段	2月19—20日	2月27—28日	11月6—7日	11月23—24日
大雪站数(国家站)(个)	23	8	35	31
暴雪站数(国家站)(个)	8	0	15	29
大到暴雪落区	北中部(集中)	北中部(分散)	北中部(集中)	中南部(集中)
降雪中心强度(mm)	五台山(18.6)	交口(7.7)	天镇(17)	晋城(17.7)
过程持续时间(h)	39	36	78	51
降水相态特征	雪	雪	雨转雪	雨转雪
降水过程范围	全省	全省	全省	全省
过程特点	持续时间较长,范围大,强度大,自西向东向全省扩展	持续时间较长,范围大,强度小,自晋东南开始向全省扩展	持续时间较长,雪区范围小,强度大,降水自北向南向全省扩展,后北中部先后由雨转为降雪	持续时间较长,范围大,强度大,自南向北向全省扩展,南部先后由雨转雪

2.2 暴雪天气发生的环流背景特征

"0219"即个例 1:地面图(图 2a,b,c)上,降雪前 24 h,山西处于庞大的大陆高压底后部,高压中心位于 116°E,45°N 附近,中心强度为 1040 hPa,随后高压中心东移南压,19 日 20:00,高压中心移至东部沿海,期间山西始终受高压后部偏南气流影响,回流形势持续,河套倒槽始终维持在 105°E 附近,未出现明显东移,与回流形势配合较差,因此山西南部降雪偏弱,北部有蒙古气旋发展,中心强度为 1005 hPa,气旋与高压交汇于华北北部,因此山西北部降雪较明显,降雪主要出现在特征线 1022.5 hPa 与 1030 hPa 之间,20 日 08:00,高压减弱东移至海上,气旋南压至华北北部,回流形势崩溃,山西降雪天气过程逐渐减弱结束。回流形势持续维持近 48 h,有利于出现较长时间的降雪。此次过程暴雪天气出现在五台山附近,而从降雪量看,五台山与邻近最大量级的站点降雪量相差 7 mm,体现了地形在降雪中起明显的增幅作用。

500 hPa 图上(图 2d),暴雪发生前,2 月 19 日 08:00,亚欧中高纬为"两槽一脊"型,东西伯利亚有低涡存在,伴随新疆北部有高空槽发展,同时西北地区东部有高原短波槽发展东移,高压脊位于华北东部至东北一带,山西位于脊后槽前西南气流控制区,山西开始出现降雪,新疆一带高空槽发展东移,山西一带降雪天气持续,短波槽和高空槽的先后影响,使降雪天气持续较长时间,21 日 08:00 冷空气继续东移,高空槽移至山西上空,降雪天气也随之结束。

对应 700 hPa 上(图 2e),19 日 08:00,河套西部至西南一带有切变线,切变线前侧存在西南低空急流,急流强盛,从西南一直伸展至华北北部,与急流相对应为大范围的空气饱和区和暖平流区,山西位于急流区下方,急流将水汽和能量向山西上空输送,形成明显的降雪天气,由于急流出口位置明显偏北,强降雪中心位置也较北,20日20:00,山西上空转为较强的西北风急流,降雪天气结束。

850 hPa上(图2f),降雪前24 h,山西处于偏东气流区,后逐渐转为偏南气流,暖湿平流加强,暖湿空气抬升至近地层冷空气上方,凝结而产生降雪,20日20:00与700 hPa一致,也转为西北气流,降雪过程结束。

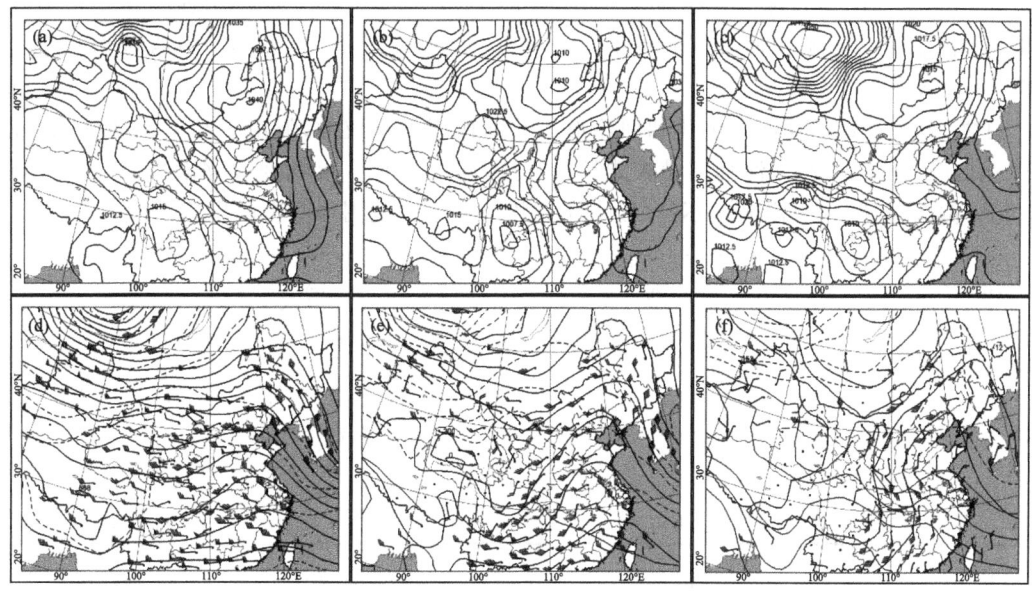

图2 2015年2月18日08:00(a)、19日20:00(b)、20日08:00(c)海平面气压场和19日08:00
500 hPa(d)、700 hPa(e)、850 hPa(f)高空形势
(实线为等值线,虚线为温度)

总之,此次降雪过程主要受地面回流形势影响,河套倒槽位置偏远,作用不大,中层出现低空急流,中低层的暖湿平流强盛,降雪主要因为暖湿空气移至回流冷垫上造成的,急流输送位置偏北是强降雪落区偏北的主要原因。

"0227"即个例2:地面图上(图3a,b,c),2月26日14:00,冷高压位于内蒙古中部,中心强度1032.5 hPa,山西处于高压底部,形成回流形势,此高压中心稳定维持至27日08:00,中心强度有所加强,达1037.5 hPa,27日11:00开始高压中心减弱扩散东南下影响华北东部和东北南部,山西处于高压后部,26日14:00,对应冷高压的出现,四川盆地北部有气旋发展,中心强度1005 hPa,27日05:00,气旋减弱河套倒槽发展,山西处于倒槽和回流形势控制下,开始出现降雪,随着倒槽的发展,降雪范围和强度增大,27日14:00,倒槽减弱南退,山西主要受高压后部的回流影响,降雪持续,降雪主要出现特征线1027.5 hPa与1032.5 hPa之间,较"0219"个例降雪特征线提高5 hPa,28日08:00,高压减弱东移至日本海,西北一带有另一高压东移前部影响山西,山西降雪过程结束。

对应500 hPa图上(图3d),2月26日20:00,亚欧中高纬总体为"两槽一脊"型,新疆北部有高空槽发展东移,东北地区存在一低涡,两系统之间为弱高压脊,山西上空主要受平直环流控制,27日08:00,新疆高空槽东移,山西处于高空槽前偏西气流区,环流仍较平直,动力条件很差,因此山西降雪天气总体偏弱,28日08:00,高空槽移至河套北部一带,山西降雪天气基本结束。

700 hPa上(图3e),26日20:00,山西受高压脊控制,甘肃中部一带有南北向切变线生成,27日08:00切变线东移至河套西部,切变线前侧的西南气流影响山西,向山西上空输送暖湿空气,山西上空空气达到饱和,开始出现降雪,27日20:00切变线减弱东移至山西一带,28日08:00移出山西,降雪天气结束,此次过程,切变线东移后明显减弱,并且移速快,影响山西时间短,因此山西降雪量级小,未出现暴雪,且降雪中心分散。

850 hPa上(图3f),降雪开始时,27日08:00,河套西部出现切变线,山西一带受东南气流影响,27日20:00,影响山西的气流减小,水汽输送明显偏弱,28日08:00,山西转受西北气流影响,降雪结束。

总之,此次过程是受河套倒槽和回流形势共同作用下形成的,但由于高空系统较弱,环流平直,动力抬升条件较差,河套倒槽未能长久维持,同时,700 hPa切变线移动快、影响时间短,850 hPa偏南风速小,水汽输送不足,以上条件均不利于大范围强降雪的出现。

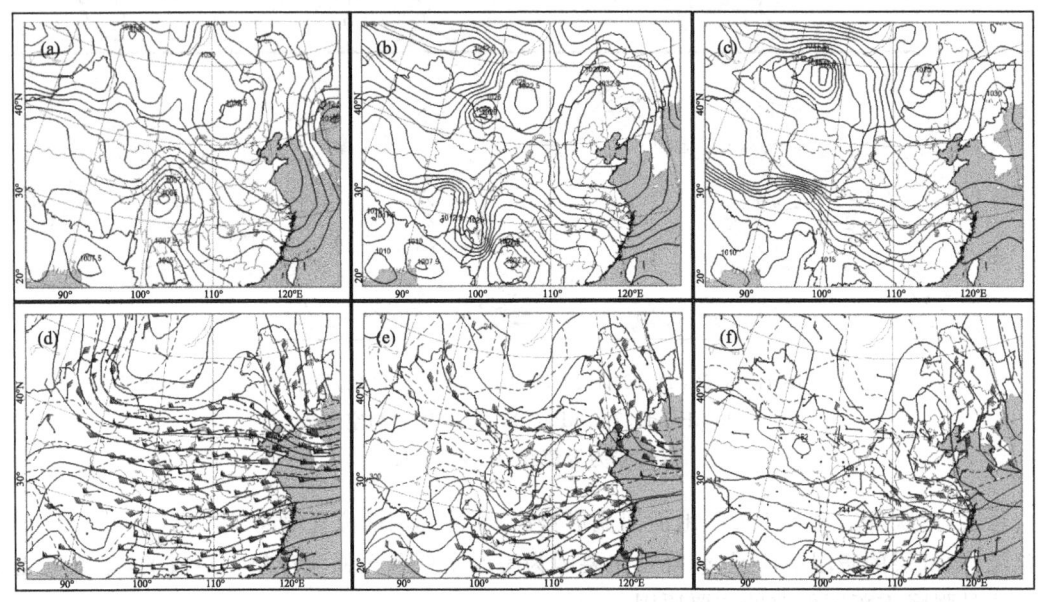

图3 2015年2月26日14:00(a)、27日14:00(b)、28日08:00(c)海平面气压场和2月27日08:00 500 hPa(d)、700 hPa(e)、850 hPa(f)高空形势
(实线为等值线,虚线为温度)

"1106"即个例3:11月5日20:00(图4a),地面冷高压前部东移至内蒙古东部地区,地面暖低压位于华西地区,低压顶部的低压倒槽伸向河套地区,位于内蒙古东部的地面冷高压底部的冷空气经东北地区南部向华北地区渗透,地面暖低压顶部的暖区和冷高底部的冷舌呈西南—东北向,形成倒槽加回流的形势,位于倒槽区内的降水以降雨为主,地面冷高压底部靠近高压一侧以降雪或雨夹雪为主,山西北部地区则出现了雨夹雪;11月6日11:00、14:00(图4b)和20:00,与5日20:00相比,环流形势无大变化,地面倒槽无明显变化,但东路冷空气明显加强,山西位于东路冷空气渗透路径的西侧,因此在山西北部及中部偏东的地区出现了降水相态的转换,以雨夹雪或纯雪为主;7日08:00(图4c),东路冷空气渗透至华中地区,地面倒槽也

开始减弱,但还维持在河套地区,降雪天气减弱但仍维持。由地面气温(图略)变化情况可知,降雪区域和地面气温<0 ℃区域对应较好。

11月5日08:00,500 hPa亚欧中高纬环流为"两槽一脊"型,东北地区上空和新疆西部地区上空有西风槽存在,在两支西风槽之间为宽广的脊区,而在青藏高原东部地区有南支槽存在,等588 dagpm线位于华南地区,南支槽前和等588 dagpm线间有明显的偏南气流向西北地区东部至华北地区输送;6日08:00(图4d),500 hPa环流形势没有明显的变化,山西仍然位于南支槽前的西南气流之中;7日08:00,随着东北地区的西风槽略向东移动,等588 dagpm线也略往北伸,但亚欧中高纬地区仍维持"两槽一脊"的环流形势;8日08:00,影响山西地区降水的南支系统逐步减弱东移,短波槽位于山西偏西地区,随着短波槽的东移,此次降水天气过程也趋于结束。分析整个降水发生期间500 hPa的环流形势可知,中高纬地区的"两槽一脊"环流形势保持稳定少动,山西位于高纬脊底部的南支系统之中,低纬地区有副热带特征线等588 dagpm的稳定维持,使整个山西上空不断有水汽由低纬度向高纬度地区输送,为持续性降水提供了丰富的高层水汽,南支槽后部不断有从高原下来的短波槽依次影响山西地区,为长时间的降水提供了必要的动力条件。

700 hPa上,11月5日08:00,有一支西南低空急流经云贵高原—四川盆地一线向河套地区输送暖湿空气,同时在河套地区至山西北部地区有暖式切变线存在,从700 hPa的温度分布情况来看,0 ℃线穿过山西中部向东西方向伸展,以山西中部为界,北部位于-4 ℃和0 ℃线之间,山西南部位于0 ℃和4 ℃线之间;5日20:00,在内蒙古西部一带形成西北涡,6日08:00(图4e),西南风低空急流东移,急流出口区位于山西东北部一带,水汽和能量输送明显,温度分布无明显的变化,西北涡东移,其前侧的暖式切变线位置略向东北方向伸展,暖式切变线的主体仍然位于河套至内蒙古中部一带,在山西的北中部地区不仅有暖切变线的影响,还存在一定的风速辐合;6日20:00,位于河套地区的气旋式涡旋略东移,山西仍位于气旋式涡旋的第二象限之中,对比同时次的降水分布(图略)来看,6日14:00—20:00是山西降水较强的时段;7日08:00,山西的北中部基本受偏西气流控制,对应于温度场上,在河套地区则有一温度槽生成,山西南部则位于偏西和偏西南的气流之中。700 hPa上影响山西的降水系统主要是低涡、低涡切变线,系统稳定少动,且存在持续的西南暖湿气流输送,山西北中部地区一直位于-4 ℃和0 ℃线温度线之间,随着河套地区的温度槽生成,温度槽后的冷平流加强,此次降水天气过程也趋于结束。

850 hPa上,11月5日08:00,有一支偏南气流经广西—四川—河南一线然后折向河套南部地区,山西北部受偏东气流控制,整体而言山西南部受暖平流影响,北部受弱冷平流影响,北部850 hPa温度为0~4 ℃;6日08:00(图4f),与5日08:00(图略)相比,仍有偏南暖湿气流向河套至华北地区输送,位于内蒙古地区的温度槽向南压,0 ℃线也略南压,切变线位于山西西部地区,湿度条件明显增大;6日20:00,整体形势无明显变化,在山西南部有冷式切变线形成并维持,0 ℃线位置也基本保持不动;7日08:00,山西受偏西气流控制,而在山西西部地区又有切变线生成,这也是造成7日白天仍有弱降水的原因。通过分析850 hPa各个时次的风场、温度场,影响山西的降水系统主要是偏东气流、切变线,同时不断有水汽的输送,0 ℃线的位置基本与雨雪转换线的位置相对应。

此次过程是由地面倒槽与回流形势相结合造成的,高空短波槽发展东移,为低压倒槽的发展维持提供有利的动力抬升条件,700 hPa有西北涡配合切变线东移影响,切变线东侧和南侧西南低空急流强盛,850 hPa东南气流较强,与700 hPa低空急流耦合,为暴雪区持续提供充足的水汽和能量,并有利于水汽和能量的抬升,持续完整的系统配置,造成了区域性的暴雪天气;山西北中部受回流冷空气南下影响,出现雨转雪的现象,而南部地区始终受强盛的倒槽影响,850 hPa和地面气温均维持在0 ℃以上,降水相态始终为雨。

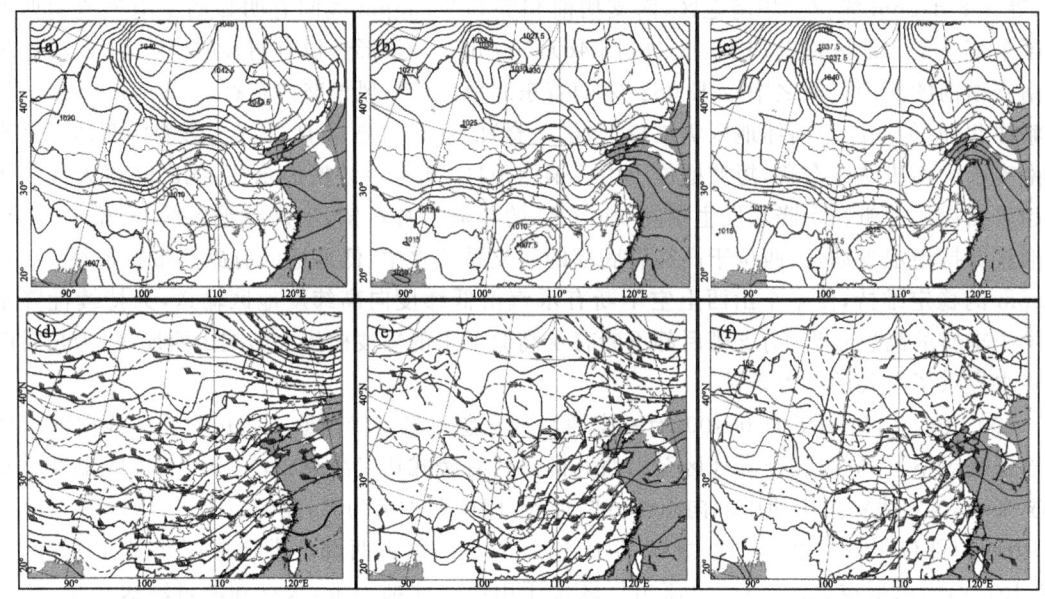

图4 2015年11月5日20:00(a)、6日14:00(b)、7日08:00(c)海平面气压场和6日08:00 500 hPa(d)、700 hPa(e)、850 hPa(f)高空形势

(实线为等值线,虚线为温度)

"1123"即个例4:地面图上,23日08:00(图5a),贝加尔湖东侧存在强度为1060 hPa的冷高压,华北地区受高压环流影响,回流形势明显,高原上有一低压不断发展加强,低压倒槽位于川东—陕西一带,山西受回流和倒槽共同影响。20:00,高原上的低压东移到四川盆地,强度由原来的1015 hPa加强到1012.5 hPa,东北—西南向的倒槽已伸展到38°N以北;24日08:00(图5b),华北地区仍然受高压环流影响,位于四川盆地的低压不断减弱,但倒槽仍然明显,回流加倒槽形势仍然维持。20:00(图5c),冷空气向南扩张,前沿到达长江流域,低压填塞、倒槽崩塌,降水逐渐减弱并趋于结束。

对应500 hPa图上,23日08:00,亚洲中高纬地区为"一槽一脊"环流型,内蒙古及其以北为一庞大的低值系统,低值系统后部不断有冷空气南下影响我国北方地区,青藏高原东部有高原槽东移;山西位于高原槽前西南气流中;23日20:00(图5d),"一槽一脊"环流型维持,系统东移,温度场上,河套地区的温度槽有所加深使高空低槽发展加强,低层与地面系统加强,降雪天气加强;24日08:00,位于贝加尔湖附近的低值系统发展,其后的偏北风不断将冷空气向低槽内灌入,使位于河套地区的低槽发展东移,山西一带降雪天气持续;24日20:00,位于河套地区的低槽东移到华北东部一带,山西转为槽后西北气流控制,天气逐渐转好。

700 hPa上,23日08:00,华北北部有一低槽,山西北中部位于低槽底部,受偏西气流控制;同时高原东部也有一低槽,其槽前存在风速>10 m·s^{-1}的西南风速带,大风带的存在不断将水汽和能量向山西输送;而山西中南部的比湿已达2~4 g·kg^{-1},表明本地水汽也较充足;

23日20:00(图5e),高原东部形成低涡,其涡前西南风加强,达急流标准;涡前陕西—山西南部有切变线存在,且急流终止点位置恰好位于山西南部;24日08:00,低涡消失,四川东部—山西中南部地区形成东北—西南向切变线,同时比湿为 2 g·kg^{-1} 的等值线由忻州北移至大同,表明湿区进一步扩大,降雪范围向山西北部扩展;24日20:00,切变线东移,山西转受西北气流控制,降雪天气结束。

850 hPa上,23日08:00,山西位于等156 dagpm线形成的反气旋环流中,风场与等温线夹角近乎垂直,表明有冷平流影响山西;高原南部有低值系统存在,其东侧偏南气流较强;23日20:00(图5f),华北北部高压环流维持并有所加强,高原东侧低涡逐渐形成并加强,其东侧偏南气流随之加强达 12 m·s^{-1} 以上,同时还存在一支东南气流将东海的水汽向山西输送;24日08:00,山西至四川东部形成一条切变线,从东北方向入侵的冷空气与从西南和东南方向来的暖湿空气交汇于山西中南部地区;温度场上:23日08:00,0 ℃等温线位于山西临汾、长治一带;23日20:00,南移至河南中部;24日08:00,0 ℃等温线继续南压,-4 ℃等温线已南压到河南。

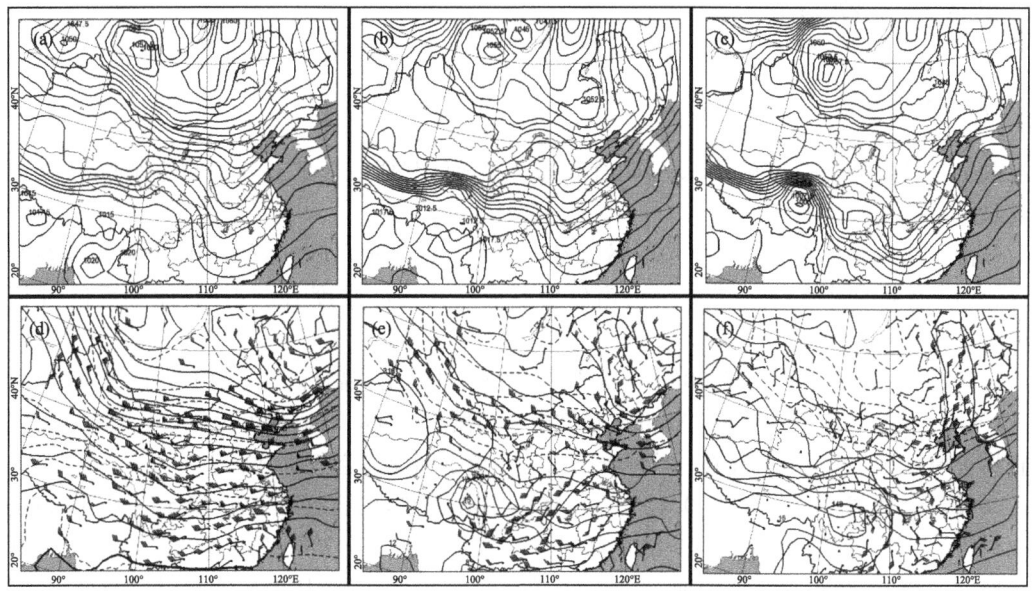

图5 2015年11月23日08:00(a)、24日08:00(b)、24日20:00(c)海平面气压场和
23日20:00 500 hPa(d)、700 hPa(e)、850 hPa(f)高空形势
(实线为等值线,虚线为温度)

此次过程先由回流形势影响,后地面倒槽发展,与回流形势相结合而造成,降雪有由南向北推的特点,高空短波槽发展东移,为低压倒槽的发展维持提供有利的动力抬升条件,700 hPa有西南涡配合切变线东移影响,切变线东侧西南低空急流强盛,只影响到山西南部,850 hPa东北和东南两支气流在山西南部交汇,与700 hPa低空急流耦合,为暴雪区持续提供充足的水汽和能量,并有利于水汽和能量的抬升,持续完整的系统配置,造成了山西南部区域性的暴雪天气;回流冷空气南下初期,山西南部地区气温仍较高,山西南部出现降雨,而随着冷空气的不断南下,850 hPa和地面气温均明显下降,降雨转为降雪天气。

从4次过程看,前3个个例均为"两槽一脊"型环流,"1123"个例为"一槽一脊"型,"0219"个例、"1106"个例和"1123"个例青藏高原东侧均有短波槽东移,"1123"个例的短波槽位置偏南,"0227"个例为平直环流影响。通常,高低空系统是相互耦合的,高空环流形势的不同会造成低层影响系统位置与强度的不同。从低层影响系统看,"0219"个例,与短波槽对应,低层存在南北向切变线,700 hPa切变线前侧低空急流强,出口区位置偏北,850 hPa偏南风未达急流标准,"0227"个例,南北向切变线减弱东移,移速快,前侧700 hPa偏南气流和850 hPa东南气流均未达低空急流标准,"1106"个例,配合短波槽发展东移低层出现西北涡与冷暖切变线,低涡暖切变线影响山西北部地区,700 hPa西南低空急流强盛,出口达山西东北部,850 hPa有偏东风急流,"1123"个例存在西南涡切变线,700 hPa偏南风急流出口影响山西南部,850 hPa东北、东南两支气流交汇于山西南部。从地面形势看,"0219"个例为高压后部的纯回流形势影响,其他3个个例均为回流形势与倒槽配合共同作用造成,回流冷高压的位置与强度有所差异,同时"0227"个例倒槽维持时间较短。高空环流特征、低层影响系统和地面形势的不同,造成4次过程降雪的落区与强度有明显差异。

3 物理量诊断分析

3.1 动力条件分析

散度是较好的动力诊断量,低层辐合和高层辐散的强弱表征了上升运动的强弱,能够较好地反映降雪过程的抬升条件。

分析4次大到暴雪过程降雪中心散度经向垂直剖面发现,强降雪前,4个个例均存在低层辐合、高层辐散的垂直结构,但辐合、辐散层厚度及其中心强度有所不同,能够反映过程的强弱。

"0219"个例,2月19日08:00(图6a),降雪中心区的上空,辐合区在600 hPa以下,中心强度为$-1×10^{-5}$ s^{-1},辐散区伸展到300 hPa,辐散中心高度位于500 hPa,强度为$2×10^{-5}$ s^{-1},总体的垂直抬升厚度较小,近地层存在一个薄的辐散层,指示回流冷空气的入侵。

"0227"个例,2月27日08:00(图6b),降雪中心上空,辐合区在600 hPa以下,中心强度$-1.5×10^{-5}$ s^{-1},辐散层达到300 hPa,辐散中心高度位于400 hPa,强度为$2×10^{-5}$ s^{-1},垂直抬升厚度较小,上升运动总体偏弱,近地层存在一个薄的辐散层,从中心值看,较"0219"个例回流强度要强一些。

"1106"个例,11月06日08:00(图6c),降雪中心上空,辐合层达到400 hPa,中心强度$-1×10^{-5}$ s^{-1},以上为辐散层,辐散中心高度位于250 hPa,强度达$4.5×10^{-5}$ s^{-1},此次过程的辐散抽吸作用明显,加强了上升运动,此种结构垂直抬升厚度大,持续时间长,有利于出现持续性的强降雪,近地层也同样出现一个浅薄的辐散层,但回流冷空气较弱,主要影响山西北中部地区,南部处于倒槽的辐合区内。

"1123"个例,11月23日20:00(图6d),暴雪区上空,辐合层达到600 hPa,中心强度较强,达$-2×10^{-5}$ s^{-1},辐散层伸展至200 hPa,辐散中心高度位于250 hPa,强度达$4×10^{-5}$ s^{-1},表明高层的辐散抽吸作用强,有利于低层上升运动的加强,低层辐合中心与高层辐散中心向北倾斜,有利于上升运动的持续,辐合中心与辐散中心均较强,预示未来降雪天气强度较大并能持续,近地层也同样出现一个辐散层,强度大且伸展高度高,山西北部达到800 hPa,表明影响山西的回流冷高压强度较强。

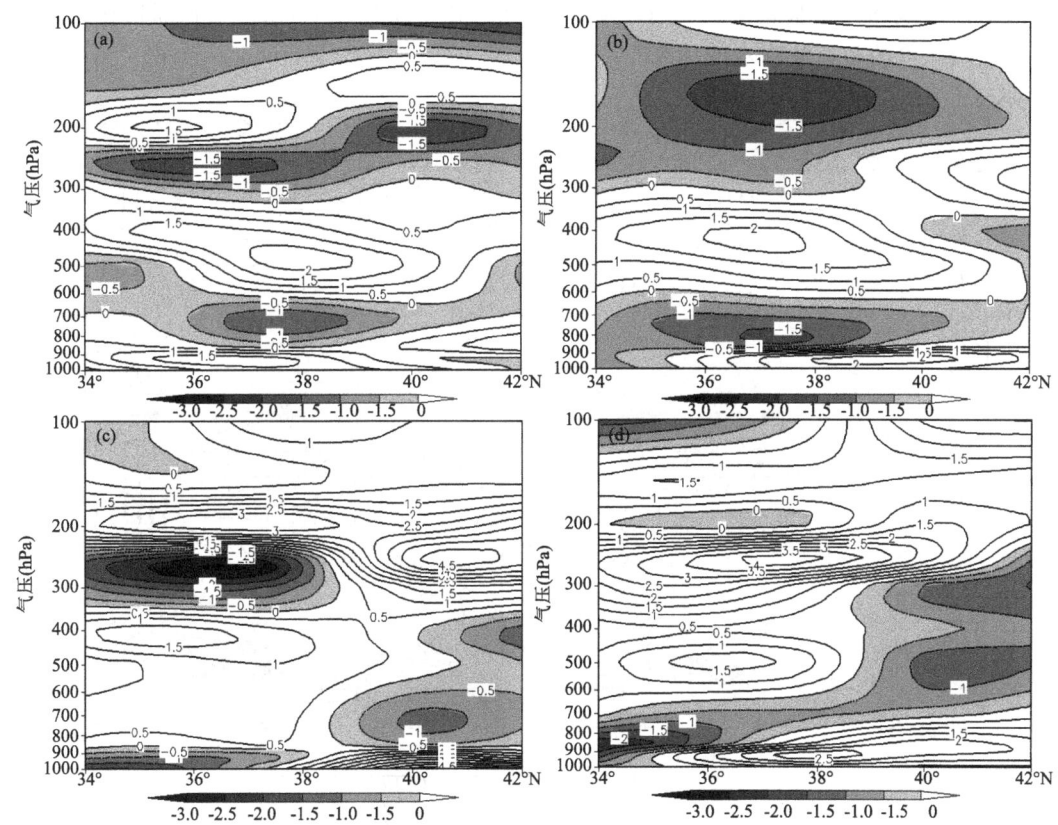

图 6　2015 年 4 次过程降雪中心散度(单位:10^{-5} s^{-1})纬向垂直剖面
(a)2 月 19 日 08:00 沿 113.5°E,(b)2 月 27 日 08:00 沿 111.1°E,(c)11 月 6 日 08:00 沿 114.0°E,
(d)11 月 23 日 20:00 沿 112.1°E

以上分析可知,4 个个例散度的垂直结构存在较大差异,前两个个例垂直抬升厚度小,辐散层较低、强度较弱,不利于上升运动的持续维持,降雪的量级与持续时间均要小一些;后两个个例垂直抬升厚度大,辐散层较高、强度较强,有利于加强上升运行,也有利于上升运动的维持,降雪的量级与持续时间均较前两个个例要大。因此,降雪量的大小和降雪的持续时间与辐合、辐散层厚度及其中心强度关系密切。

3.2　水汽条件分析

水汽条件是成云降水的必要条件,暴雪预报对水汽的分析尤为重要,从水汽通量散度、水汽通量等物理量做分析,得出水汽条件在大到暴雪预报着眼点。

3.2.1　水汽通量

水汽通量表示了水汽输送的强度和方向,对于强降水的强度和落区有一定的指示作用。水汽通量和风向的叠加图,可以判断过程的水汽来源和水汽输送通道是否畅通,对于预报降水的强度和持续时间非常有利。由 850 hPa 和 700 hPa 水汽通量和风场叠加图分析:

"0219"个例,2 月 19 日 08:00(图 7a,b),700 hPa 和 850 hPa 我国西南一带有水汽通量大值中心,此次过程的水汽主要来源于孟加拉湾,700 hPa 偏南气流较强,从西南至华北北部均为一致的西南风,850 hPa偏南风相对较弱,但输送通道也是连续的,水汽输送通道畅通,有利于降水区域水汽的补充和降水的持续。

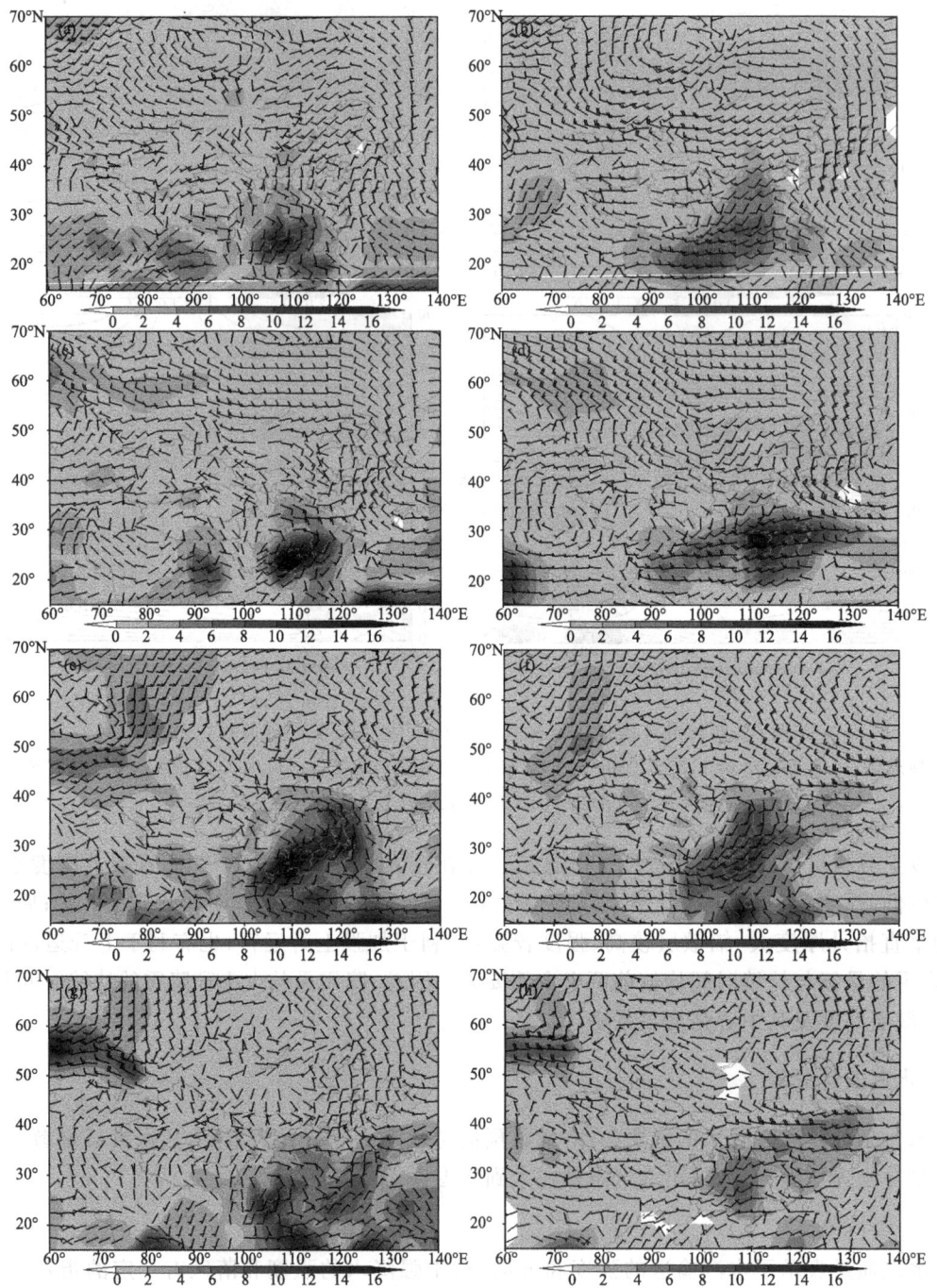

图7 2015年4次降雪过程水汽通量(单位:10^{-4} g·(hPa·cm·s)$^{-1}$与风场(单位:m·s^{-1})叠加
(a)2月19日08:00 850 hPa,(b)2月19日08:00 700 hPa,(c)2月27日08:00 850 hPa,
(d)2月27日08:00 700 hPa,(e)11月6日08:00 850 hPa,(f)11月5日20:00 700 hPa,
(g)11月23日20:00 850 hPa,(h)11月23日08:00 700 hPa

"0227"个例,2月27日08:00(图7c,d),700 hPa和850 hPa的水汽通量中心位于我国华南沿海,此次过程的水汽主要来源于南海,从水汽输送分析来看,700 hPa总体水汽输送偏南,主要影响长江一带,只分裂一小分支向山西输送,风速较小,850 hPa有偏东气流向山西省输送水汽,但输送通道上未出现水汽通量大值区,且700 hPa和850 hPa影响山西的风速较小,均未达到急流的标准,因此对本地降雪区的水汽补充有限,由此判断不利于出现大范围的强降雪天气。

"1106"个例,11月5日20:00(图7f),700 hPa湖南与贵州一带为水汽通量大值区,有西南和偏南气流向此地交汇,说明此次过程的水汽来源为孟加拉湾和南海,西南气流向河套与山西一带输送水汽和能量,水汽通量大值区向北方扩展,6日08:00(图7e),850 hPa西南气流的位置略偏东偏南,水汽输送至淮河流域后转为偏东气流,继续向山西北部地区输送,偏东风输送通道上存在水汽通量大值区,且偏东风在山西一带有明显的风向辐合,因此,700 hPa和850 hPa的两支气流均为山西输送了源源不断的水汽和能量,有利于山西降雪天气的持续,而出现暴雪天气。

"1123"个例,11月23日08:00(图7h),700 hPa水汽通量大值中心区位于贵州一带,西南气流经过其向北输送水汽,水汽的来源主要为孟加拉湾海域,西南气流略弱,只影响到山西南部地区,但影响山西北中部的偏西气流与南部西南气流在山西南部汇合,冷暖空气明显交汇,有利于出现较强的降雪,23日20:00(图7g),850 hPa东北风与东南风两支气流也在山西南部交汇,两层辐合气流在山西南部叠加,有利于此地水汽的抬升凝结而出现较强的降雪天气。

综上,造成山西降雪(雨)的水汽源地主要为孟加拉湾海域和我国南海,有时有黄渤海的补充。从水汽输送看,偏南风速越强,水汽输送越强,水汽输送通道上风速达到低空急流标准且配合有水汽通量大值区时,急流出口区的位置最有利于出现强降雪,是判断降雪强度和落区的重要指标。

3.2.2 水汽通量散度

水汽通量散度可以表征水汽在何处集中的程度,与较强降水出现在何处和降水强度关系密切。因此,低层水汽的辐合区与未来降雪中心有较好的对应关系,对于暴雪预报具有较强的指示意义。由700 hPa水汽通量散度图分析可知:

"0219"个例,强降雪开始前(2月19日08:00,图8a),暴雪区上空由于低空急流和水汽通道的建立,低层水汽辐合明显、强度大,700 hPa水汽辐合中心强度为-10×10^{-5} g·hPa^{-1}·cm^{-2}·s^{-1},此辐合中心正对应未来24 h暴雪出现的位置,因此低层水汽的辐合对于暴雪预报具有较强的指示意义。

"0227"个例,降雪开始前(2月27日08:00,图8b),降雪区上空低层水汽出现辐合,700 hPa山西大部水汽辐合强度均在-4×10^{-5} g·hPa^{-1}·cm^{-2}·s^{-1}以上,水汽辐合中心位于山西北中部,强度为-6×10^{-5} g·hPa^{-1}·cm^{-2}·s^{-1},此辐合中心区域及周边未来24 h内出现了部分大雪天气。

"1106"个例,降雪开始前(11月6日08:00,图8c),700 hPa山西东北部至河北北部一带水汽辐合较强,中心强度为-10×10^{-5} g·hPa^{-1}·cm^{-2}·s^{-1},而河套北部至内蒙古中部一带有水汽辐合带东移,辐合带强度达到-6×10^{-5} g·hPa^{-1}·cm^{-2}·s^{-1},造成山西西部和北部地区均出现较强的降水,北部为暴雪,而中南部偏西地区则达到中雨。

"1123"个例,11月23日20:00(图8d),700 hPa山西东南部水汽辐合明显,强度在$-4\times$

10^{-5} g·hPa^{-1}·cm^{-2}·s^{-1}以上,此地开始出现强降雪,但从总体强度上较前3个个例明显偏小,虽然能够预示出现较强降雪,但要预报暴雪仅用此物理量的指示意义稍差,需结合其他指标综合判断。

总之,水汽通量散度在强降雪落区的预报及对降雪的强度有较强的指示意义,但在"1123"个例中指示意义稍差,需要结合其他物理量指标来综合判断降雪强度。

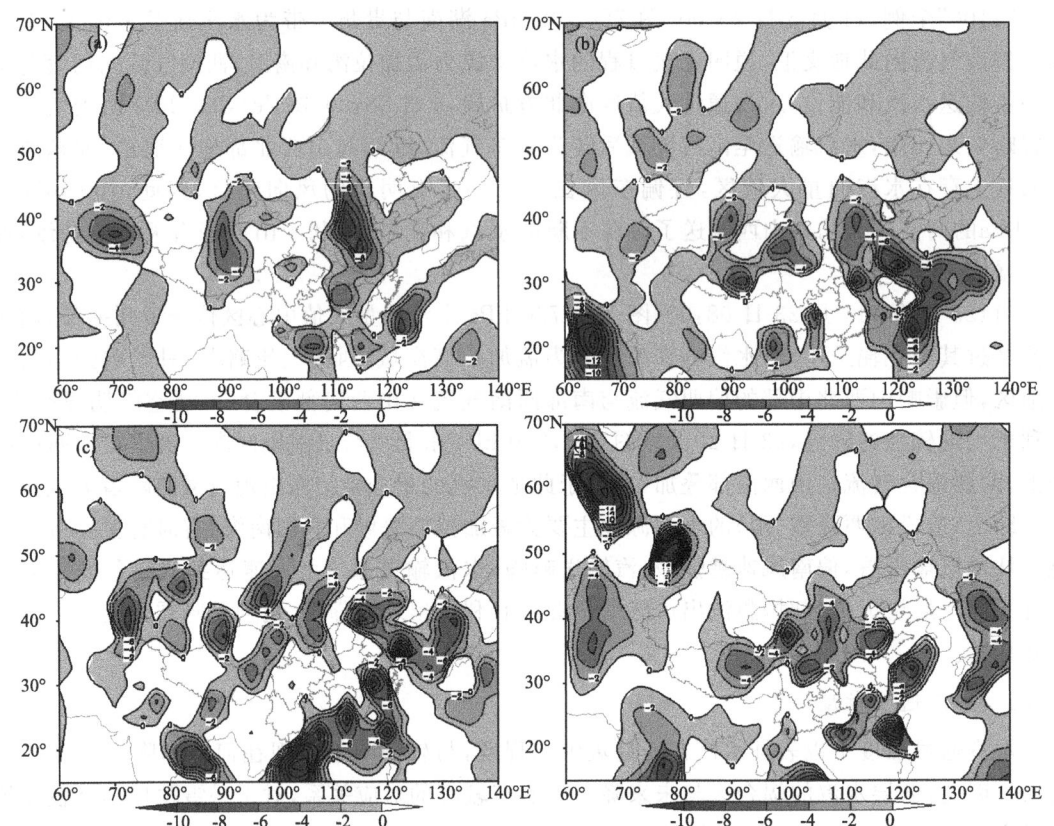

图8　2015年4次降雪过程700 hPa水汽通量散度(单位:10^{-5} g·hPa^{-1}·cm^{-2}·s^{-1})
(a)2月19日08:00,(b)2月27日08:00,(c)11月6日08:00,(d)11月23日20:00

3.3　热力条件分析

3.3.1　温度平流分析

温度平流是表征冷暖空气输送的物理量,可以直接引起某地大气热力结构的变化,而造成较强的灾害性天气。

由降雪中心温度平流经向垂直剖面图分析可知:

"0219"个例,强降雪开始前(2月19日08:00,图9a),850 hPa以下存在冷平流侵入,形成"冷垫",冷平流中心贴地,强度超过-12 ℃·s^{-1},其上至300 hPa均为暖平流,而从水汽通量和风场叠加图可以看出,暖平流区对应700 hPa和850 hPa均为湿区,形成暖湿空气向冷空气上方爬升的态势,湿空气上升凝聚而产生降雪。降雪持续期间,地面回流形势维持,"冷垫"始终存在,随着高空系统的东移,高层强冷空气入侵,山西上空转为西北气流,地面回流形势崩溃,山西上空整层转为冷平流控制,降雪过程结束。

"0227"个例,强降雪开始前(2月27日08:00,图9b),"冷垫"位于800 hPa以下,强度超过 $-10\ ℃\cdot s^{-1}$,800~500 hPa为暖平流,暖平流向北逐渐增厚,38°N以北升高至300 hPa,暖平流中心强度超过10 ℃·s^{-1},同样符合暖空气向冷空气上方爬升的形势,有利于降雪天气的出现。

"1106"个例,强降雪开始前(11月6日08:00,图9c),"冷垫"位于850 hPa以下,冷平流中心贴地,强度超过 $-20\ ℃\cdot s^{-1}$,指示近地层有强冷空气侵入,回流形势强,850~400 hPa为暖平流层,暖平流中心高度较低,位于700 hPa,暖平流也较强,中心强度超过12 ℃·s^{-1},而从近地层湿度看(图略),空气湿度大,基本达到饱和,回流形势携带冷湿空气入侵,形成"湿冷垫",对降雪有较大的增幅作用。

"1123"个例,强降雪开始前(11月23日08:00,图9d),"冷垫"位于700 hPa以下,冷平流中心强度超过 $-24\ ℃\cdot s^{-1}$,700~200 hPa为暖平流层,在200 hPa和500 hPa高度出现两个暖平流中心,强度较强,均超过18 ℃·s^{-1},热力条件好,有利于出现强度较大的降雪,而近地层形成的也是"湿冷垫",可有效增加降雪量。

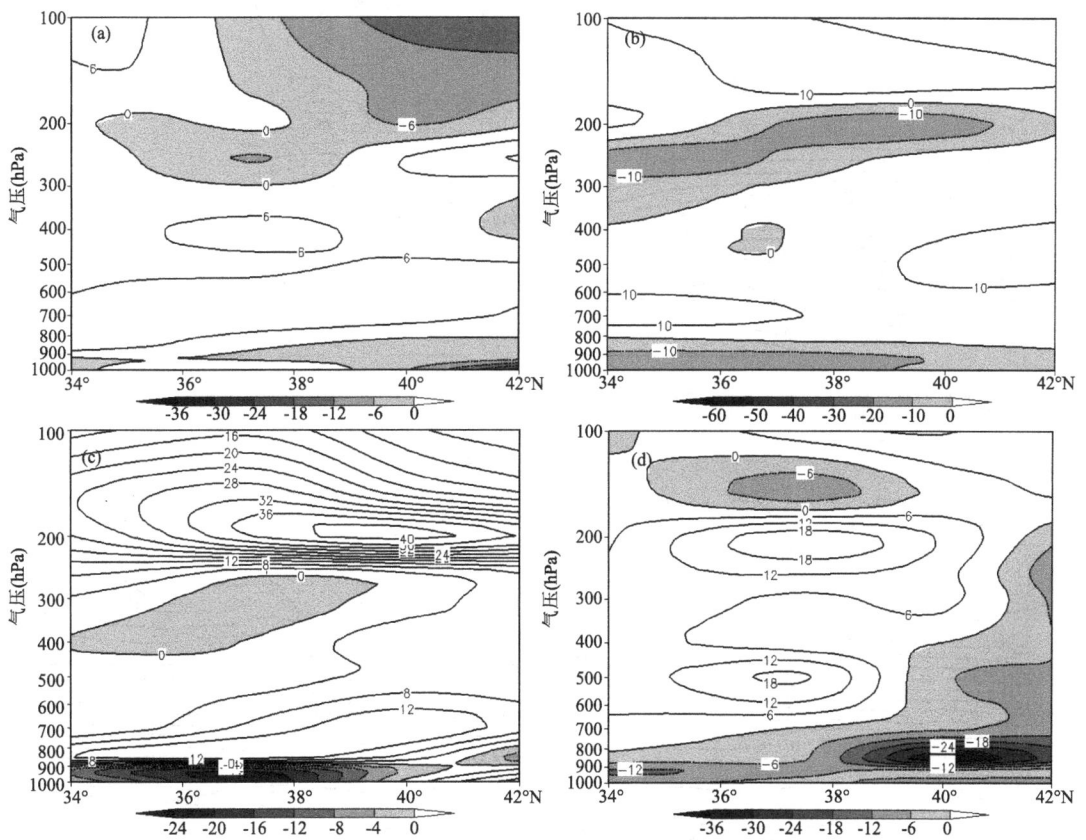

图9 2015年4次过程降雪中心温度平流纬向垂直剖面(单位:℃·s^{-1})
(a)2月19日08:00,(b)2月27日08:00,(c)11月6日08:00,(d)11月23日08:00

从降雪中心温度平流纬向垂直剖面图(图略)分析,也可得到相同的结论。

总之,4次过程强降雪发生前,近地层均出现了明显的"冷垫",冷垫厚度一般达850 hPa,

有时可达 700 hPa,"冷垫"的强弱和厚度都对强降雪有较大的影响,"冷垫"越强、厚度越大,降雪强度越强,"冷垫"是回流造成的,回流形势通常会携带东部海洋的湿空气侵入,因此形成的大多为"湿冷垫",对于降雪有明显的增幅作用,暖平流中心较强时,常对应西南风速较大,也有利于出现较强的降雪。

3.3.2 逆温层分析

逆温层的建立对于降雪预报有较强的指示性作用,逆温层和低层温度对降水相态有重要影响。

从 4 次过程太原站(53772)温度时间剖面图分析发现:

"0219"个例,2 月 17 日 08:00—19 日 08:00(图 10a),逆温层位于 925～850 hPa,降雪前逆温层持续 2 d,而降雪出现后,逆温层出现跳跃式抬升,位于 850～700 hPa,一直持续至 20 日 20:00,这可能是暖湿空气输送的结果,也预示着降雪持续时间较长,而从各层的温度看,整层温度均在 0 ℃ 以下,因此,本次过程始终为降雪,未出现降水相态转换现象。

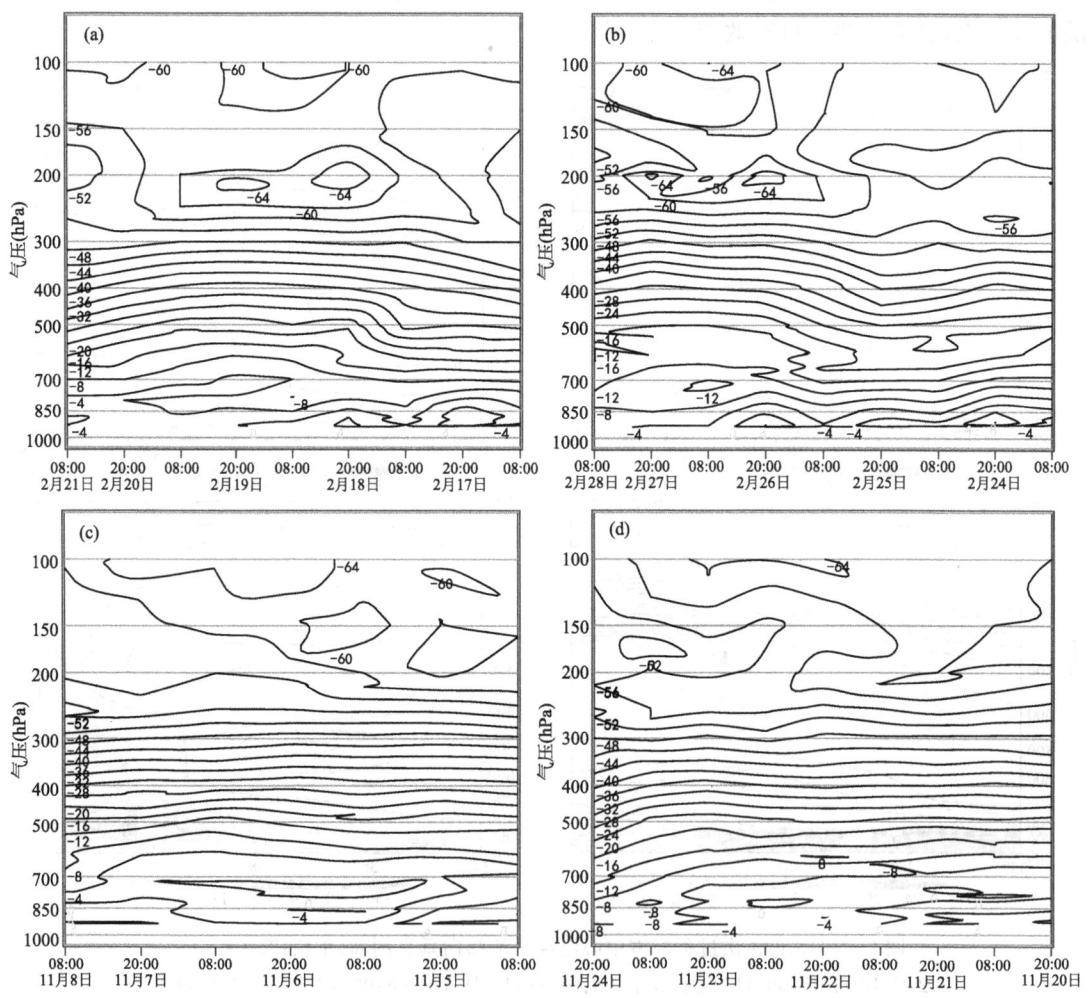

图 10　2015 年 4 次降雪过程太原站(53772)探空温度时间剖面(单位:℃)
(a)2 月 17 日 08:00—21 日 08:00,(b)2 月 24 日 08:00—28 日 08:00,
(c)11 月 5 日 08:00—8 日 08:00,(d)11 月 20 日 20:00—24 日 20:00

"0227"个例,2月24日08:00—27日08:00(图10b),逆温层位于925~850 hPa,而降雪出现后,逆温层也出现了跳跃式抬升,位于700 hPa附近,但持续时间较短,很快逆温层消失,指示暖湿空气输送没能长时间持续,预示降雪持续时间较短,过程较弱,从各层的温度看,整层温度均在0 ℃以下,因此,本次过程也只有降雪,没出现降水相态转换。

"1106"个例,11月5日08:00—20:00(图10c),逆温层位于925 hPa以下,5日20:00后,逆温层跳跃式抬升至850~700 hPa,并一直持续至7日20:00,表征在强降雪开始前和开始后,850 hPa~700 hPa始终有暖湿空气输送,为强降雪提供充足的水汽和能量,有利于降雪的长时间维持;5日08:00,太原的0 ℃高度位于700 hPa,6日08:00,0 ℃层高度快速下降至925 hPa,并在此高度维持,因此太原及其以北地区受冷空气影响,降水相态由降雨转为降雪,而出现暴雪天气,但山西中南部地区始终为降雨。

"1123"个例,11月20日20:00—24日08:00(图10d),逆温层始终存在,逆温层主要位于850~700 hPa,但逆温层高度有波动,21日20:00—22日20:00、23日08:00—23日20:00,逆温层主要位于850~925 hPa,表征在强降雪出现前后,850 hPa或700 hPa始终有暖湿空气输送,为强降雪提供充足的水汽和能量,有利于降雪的长时间维持,而形成暴雪;从20日20:00到22日08:00,太原的0 ℃层高度明显下降,从800 hPa下降到925 hPa,在23日08:00,由于受暖湿空气的输送影响,800~850 hPa出现高于0 ℃的区域,地面气温则低于0 ℃,考虑晋西南地区与太原的海拔和纬度差异,气温明显高于太原地区,因此晋西南一带开始为降雨,23日20:00,太原地面气温<−4 ℃,此时,山西大部地区地面气温下降到0 ℃以下,基本转为降雪天气。

从以上分析不难看出,降雪过程前和降雪过程中均会出现逆温层,过程前和过程中逆温层的高度有所差异,通常降雪开始后逆温层具有跳跃式抬升现象,降雪时的逆温层高度通常位于850~700 hPa,一定程度可以表征暖湿空气的输送,当此逆温层持续时间较长时,有利于降雪的持续,而出现暴雪,反之,降雪过程较弱。

3.3.3 相态转换与850 hPa温度分析

"0219"个例和"0227"个例不存在降水相态转换,从850 hPa温度线(图略)可看出,2月19日08:00,山西北中部的东部达到−4 ℃线以下,其余地区处于−4~−2 ℃,全省都为降雪天气;2月27日08:00,山西几乎全部都处于−4 ℃线以下,北部和中部偏东地区甚至达到−8 ℃,因此全省均为降雪。

"1106"个例,11月5日20:00,只有山西西北部为降雪,其余地区均为降雨,6日08:00山西北中部的东部地区转为降雪,6日20:00太原及其以北地区(除忻州西部边界、吕梁西部外)转为降雪天气,而太原以南地区始终为降雨,对应850 hPa温度线(图略),5日20:00—6日08:00,850 hPa的0 ℃线从山西北部南压至山西中部一带,致使雨雪分界线也明显南压至850 hPa上0 ℃线略北的位置。

"1123"个例,11月23日14:00,山西南部地区开始出现明显降水,只有长治一带为降雪,23日20:00晋东南地区转为降雪,24日02:00,南部地区降水均转为降雪,降雪区向北扩展,24日05:00,降雪区扩展至中部一带,24日08:00,全省均出现降雪天气,对应850 hPa温度线(图略),23日08:00,850 hPa上0 ℃线过临汾长治北部一线,23日20:00,0 ℃线南压移出山西省,−4 ℃线移至吕梁南部和长治一带,可以看出海拔较高的降雪区与850 hPa上0 ℃线对应关系较好,24日08:00,−4 ℃线南压移出山西省,全省均转为降雪天气。

从以上分析可以看出,降水相态的转换与 850 hPa 温度关系密切,850 hPa 上 0 ℃线的位置对于判断山西北中部和晋东南一带的降水相态有较好的参考作用,但北中部的西部边界区域对应关系不好,可能是由于西部地区常处于地面倒槽前部,受回流冷空气影响较小,地面气温偏高的原因,因此山西西部地区和晋西南地区需结合 850 hPa 温度和地面气温来综合判断,通常,850 hPa 上 −4 ℃线移出山西省时,全省均转为降雪天气。

4 多源资料在暴雪预报中的应用比较分析

4.1 卫星云图资料的应用

在静止卫星云图上可以分析出行星尺度、天气尺度以及中尺度等各种尺度的天气系统,揭示了大气中热力和动力过程的结果,所有卫星云图在各类天气系统预报中具有很高的直观性和实用性,不仅可以识别天气系统的位置和强度,还能估计出其变化趋势和对下游的影响程度,为天气分析和预报提供客观依据。

从 FY-2G 红外卫星云图对此 4 次过程进行分析:

"0219"个例,2 月 19 日 08:00(图 11a),高空槽云系东移,云系上有较强的块状云团,此云团位于河套北部 700 hPa 切变线前侧的西南气流区内,云团对应相当黑体亮温(TBB)中心值达 220 K,中心前侧的 TBB 梯度大值区开始影响山西西北部地区,此地已出现降雪天气,随着系统的东移,云系东移影响山西北中部地区,19 日 20:00(图 11b),700 hPa 切变线移至山西西北部,西南风急流主要影响山西北中部的偏东地区,块状云团减弱东移至山西北部与河北北部交界一带,其后部不断有云团沿切变线前部的西南气流东移北上影响山西北中部偏东地区,造成此地持续降雪,达到暴雪天气。

"0227"个例,2 月 27 日 08:00(图 11c),山西大部已受大范围的切变线云系覆盖,云团强度强,在呼和浩特附近的中心区 TBB 达到 210 K,山西大部均处在 TBB 为 220 K 的区域,已出现明显降雪天气,但降雪强度较小,同时由于影响系统东移较快,此云团也是快速东移,27 日 20:00(图 11d),此云团主体已东移出海,其后不断有云系补充影响山西,但云系总体偏弱,且持续影响固定地点时间较短,因此本次过程降雪量偏小,未出现暴雪天气。

"1106"个例,从红外卫星云图上分析发现,此次大范围降雪是低涡切变线云系所致,是切变线南侧低空急流终止点区域激发的中(小)尺度云团直接造成的。11 月 06 日 09:00(图 12a),700 hPa 低涡切变线影响到河套北部,在切变线南侧激发出较强的 α 中尺度云团,对应 TBB 中心值达 230 K,其前侧已影响到山西西北部地区,开始出现降雪天气,06 日 15:00(图 12b),云团强度增强、面积增大,中心移至山西西北部,TBB 中心值降至 220 K 以下,造成此地降水持续并加强,06 日 20:00(图 12c),低涡系统减弱,但切变线仍维持在华北北部地区,稳定少动,对应云团东移缓慢,持续影响山西北部,虽然强度有所减弱,但降雪天气仍维持,长时间的降雪造成区域性暴雪天气。

"1123"个例,此次大范围降雪系高原槽云系影响所致,而大雪、暴雪是由沿低空切变线或低空急流终止点区域激发的中(小)尺度云团直接造成的。11 月 23 日下午到夜间,高原槽云系逐渐进入山西上空,于 23 日 21:00(图 12d)形成较强的降雪云团并逐渐东移,影响山西中南部地区,对应 TBB 看,存在多个低值中心,初生云团中心 TBB 值达 230 K,23 日 23:00(图

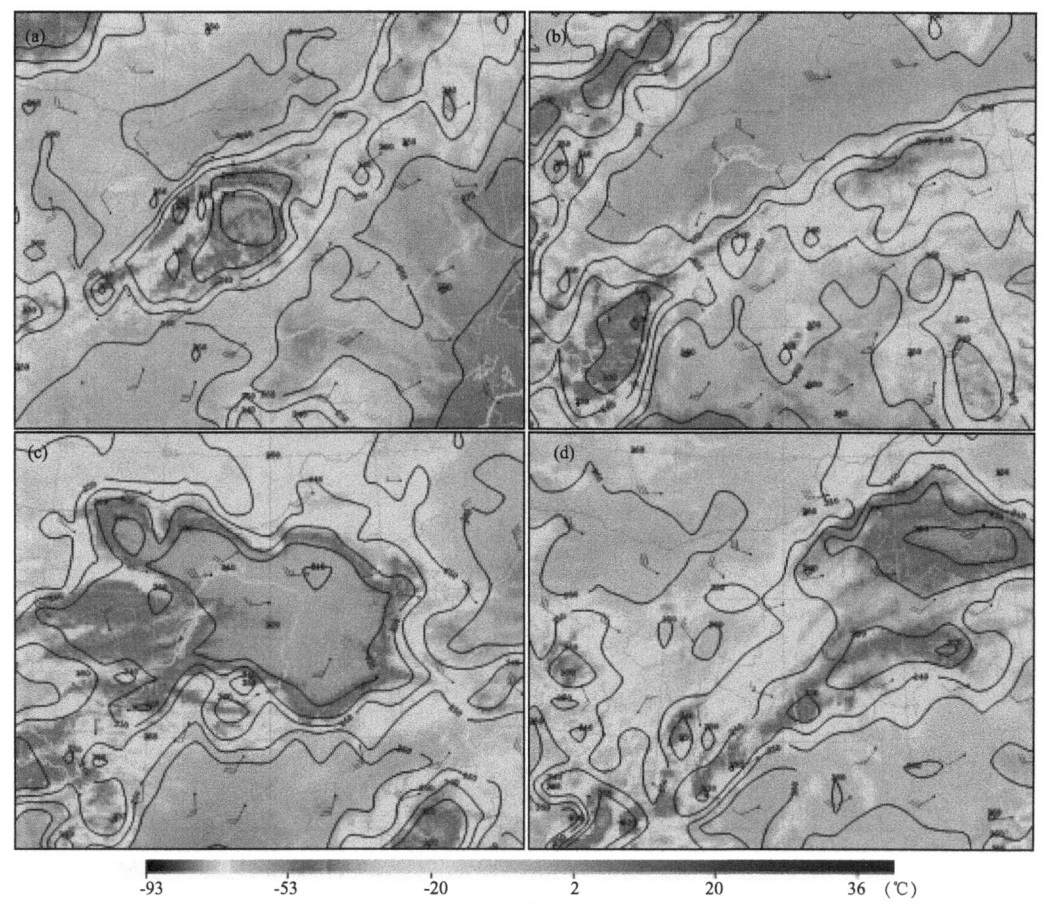

图 11 FY-2G 红外卫星云图和相当黑体亮温等值线(单位:K)
(a)2 月 19 日 08:00,(b)2 月 19 日 20:00,(c)2 月 27 日 08:00,(d)2 月 27 日 20:00

12e),云团合并加强并东移,覆盖山西省晋东南大部地区,随着云团的增强,云顶亮温值下降,中心范围增大,中心值强度下降至 220 K,晋东南地区出现强降雪,24 日 05:00(图 12f),此云团东移至山东地区,其西侧受低层西南气流的影响,不断有新的降雪云系生成东移,影响山西南部地区,出现持续性的降雪,达到区域性的暴雪天气,直至 24 日 20:00 云系基本移出山西省,降雪天气结束。

4.2 雷达产品资料的应用

多普勒雷达产品在天气预报服务中越来越重要,尤其在冰雹、龙卷、雷雨大风及短时强降水等强对流的监测和预警中发挥了重要作用,而在降雪过程的预报中也能发挥其不可替代的作用,如临近预报降水性质的转变、临近预报降雪停止时间等都有一定的指示意义。

分析 4 个个例的雷达回波特征,以此总结提炼预报指标。

"0219"个例,本次过程的暴雪位于忻州东部,降雪回波高度较低,有效探测距离偏短,大同雷达和太原雷达与此暴雪区域距离都比较远,不能进行有效探测,而大雪范围在山西中部一线,故选择太原雷达资料进行分析(图 13),太原雷达资料总体质量较差,多处出现遮挡。雷达

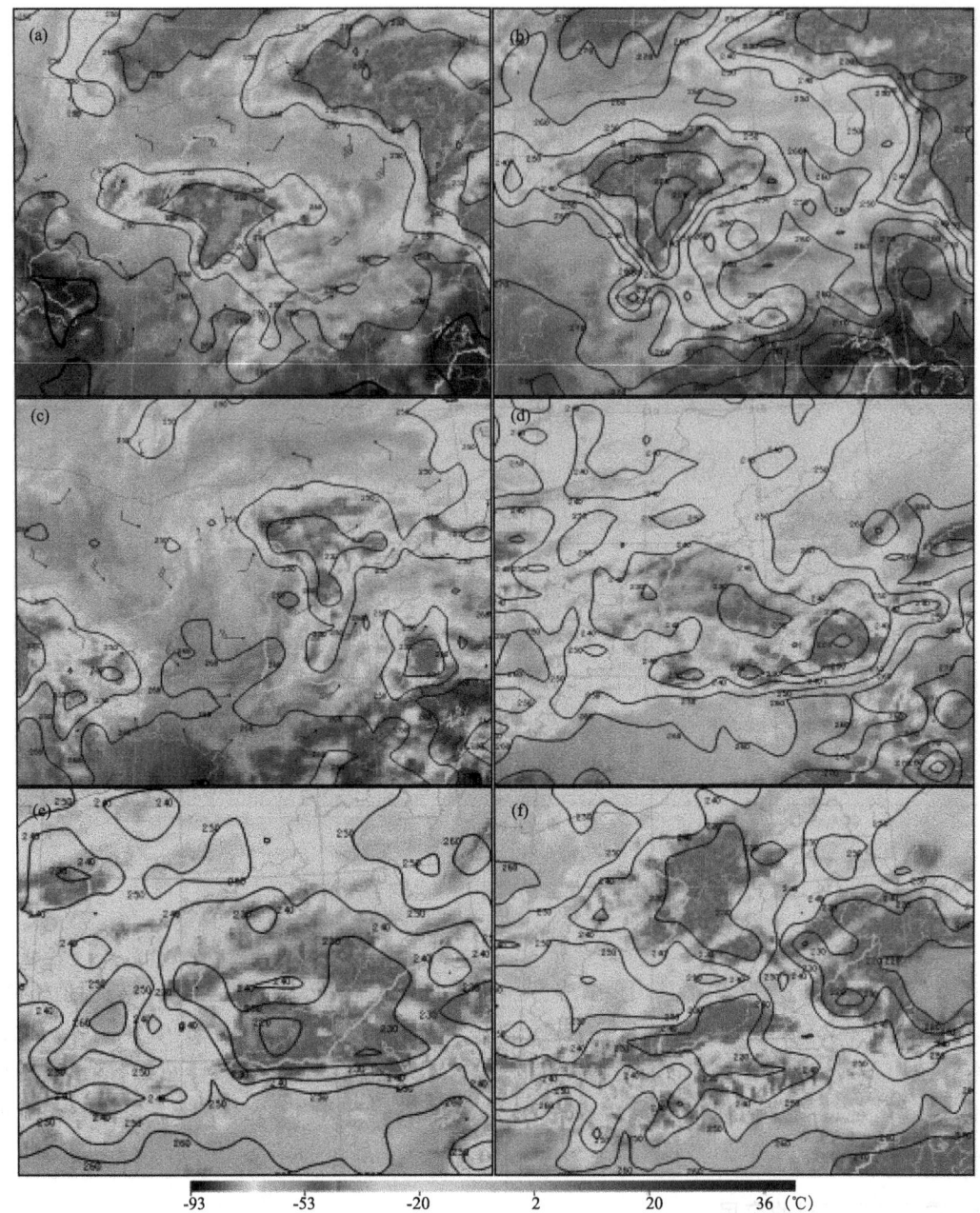

图 12 FY-2G 红外卫星云图和相当黑体亮温等值线(单位:K)
(a)11月06日09:00,(b)11月06日15:00,(c)11月06日20:00,(d)11月23日21:00,
(e)11月23日23:00,(f)11月24日05:00

反射率因子图分析,2月19日10:00(图13a),雷达周边出现分散的块状回波,强度基本都在15~25 dBZ,之后,块状回波有所合并加强,11:58(图13b)合并成两个区域较大的片状回波,中心强度达到30 dBZ左右,降雪增强,随着降雪的持续,回波逐渐东移减弱,15:02(图13c)雷达区内回波很弱,只有雷达站北部有几块强度为15 dBZ的回波,降雪间断,夜间,西南风又逐渐加强,由 23:58 雷达速度图(图 13e)可以看出西南风达到 14 m·s^{-1},此时反射率因子强度(图 13d)也再次加强,雷达站的东部和南部均出现 30 dBZ 以下的大片回波区,降雪天气出现增幅,此两个时段的持续降雪叠加而造成大范围的大雪天气,20 日 06:31 速度图(图 13f)上,雷达站的东南方只有零散的弱回波,并均为远离雷达的,因此此时已经转为西北风或偏西风,降雪过程结束。

从反射率因子垂直剖面图(图 13g,h),回波高度伸展较低,最强时段回波顶高只达 5 km,30 dBZ 左右的较强回波位于 3 km 以下,因此此次降雪强度较小,大雪或暴雪主要由于降雪持续时间长而造成的。

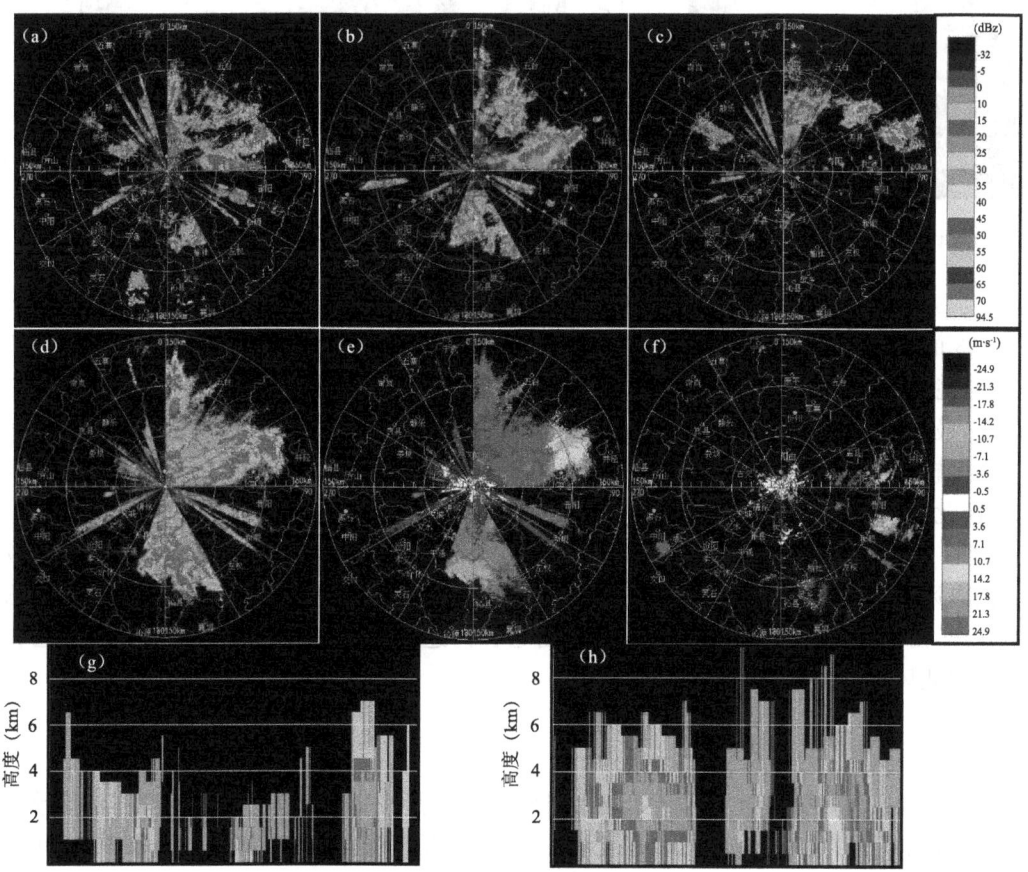

图 13 2015 年 2 月 19—20 日太原多普勒雷达反射率因子强度、速度和垂直剖面
(a)19 日 10:00,(b)11:58,(c)15:02,(d)23:58,(e)23:58,(f)20 日 06:31,(g)10:00,(h)11:58

"0227"个例,此次过程大雪区比较分散,没有很好地落在雷达的有效探测范围内,山西多部雷达均未能捕捉到足够多的有效信息,只能挑选太原雷达站最强时次的回波进行粗略分析,2 月 27 日 11:00(图 14a,b),雷达周边有层状云降雪回波,强度很弱,为 15~25 dBZ,且 15 dBZ 的回波高度不足 3 km,从对应的速度图(图 14c)看出,低层存在西南气流,但总体风速较小,水汽和能量的补充不足,因此出现的降雪较弱。

"1106"个例,此次过程暴雪区位于山西北部地区,故利用大同雷达资料进行分析,从 11 月 06 日 10:34 的雷达反射率因子图(图 15a)上可看出,在雷达的南部出现大范围 20~30 dBZ 的回波区,中心强度达到 45 dBZ,因此此时降雪强度较大。从反射率因子垂直剖面图(图 15b)可看出,回波顶高达 7 km,25 dBZ 回波高度超过 4 km,35 dBZ 以上的较强回波主要在 2 km 以下,无论回波强度还是回波高度均较前两个个例明显强一些,显示出本个例系统强、配置完整,同时可能与存在雨雪转换有一定关系。

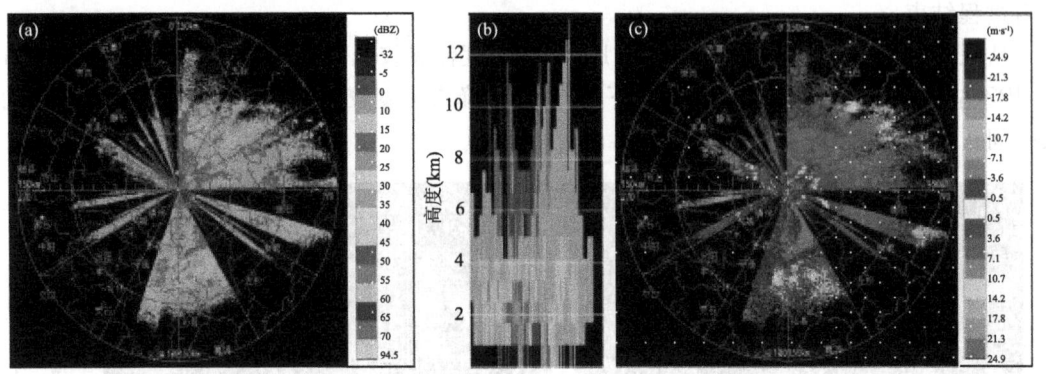

图 14 2015 年 2 月 27 日 11:00 太原多普勒雷达反射率因子(a)及其垂直剖面(b)、径向速度(c)

"1123"个例,此次过程暴雪区主要位于晋东南地区,利用长治雷达资料进行分析,11 月 23 日 13:53 的雷达强度图(图 15c)看出,雷达周围为大片的层状云降水回波,并存在明显的零度层亮带,亮带区最强回波达 40 dBZ,强度较强,有利于出现较强的降雪,但强度垂直剖面图(图 15d)上,最高的回波顶高在 5 km,35 dBZ 以上的较强回波高度较低,基本在 1 km 以下,回波伸展高度较"1106"个例要明显偏低,这与动力抬升分析结果一致,"1106"个例的垂直抬升厚度最大,因此回波伸展高度最高。

23 日 13:53 的雷达反射率因子图(图 15e)上看出,雷达站近地层有明显东北风入侵,较高层为西南风急流,零速度线为"S"形,表征雷达站上空存在暖平流,西南风将暖湿空气向测站上空输送,出现明显的降雪,24 日 12:23 的雷达径向速度图(图 15f)可知,雷达站上空已转为较强的西北风,降雪天气结束。

4.3 L 波段探空秒数据的应用

L 波段探空秒数据是近年来开始应用到预报中的新型探测资料,其产品丰富,包括单站风的垂直剖面、零度层演变曲线、凝结高度演变曲线、温湿廓线,多站点单时次分布图、空间剖面图等,在天气分析和预报中能够发挥重要作用。

分析 4 个个例的 L 波段探空秒数据资料,以提炼对降雪预报有指示意义的信息。

"0219"个例,分析太原站 2 月 16—21 日零度层高度变化曲线(图 16a)发现,降雪开始前,太原站 0 ℃层高度出现明显下降的特征,18 日 19:00—19 日 07:00 的 0 ℃层高度下降到 1 km,高度下降了 800 m,而 1 km 高度对于山西北中部大部地区和南部山区已达地面,同时从 2 月 19 日 08:00 太原周边多站点的零度层高度分布(图 17c)看,除延安、陕西超过 1 km 外,山西周边零度层高度均低于 1 km,因此降水开始后山西大部都以纯降雪为主;太原站 2 月 16—21 日凝结高度曲线(图 16b)分析可知,18 日 19:00—19 日 19:00 对应 0 ℃层高度的下降,凝结高度也出现明显下降,达到 1 km 以下,接近太原站地面,因此为降雪天气。

从风的时间垂直剖面(图 16c)分析可看出,降雪开始前,低层 925 hPa 从 17 日 07:00 转为

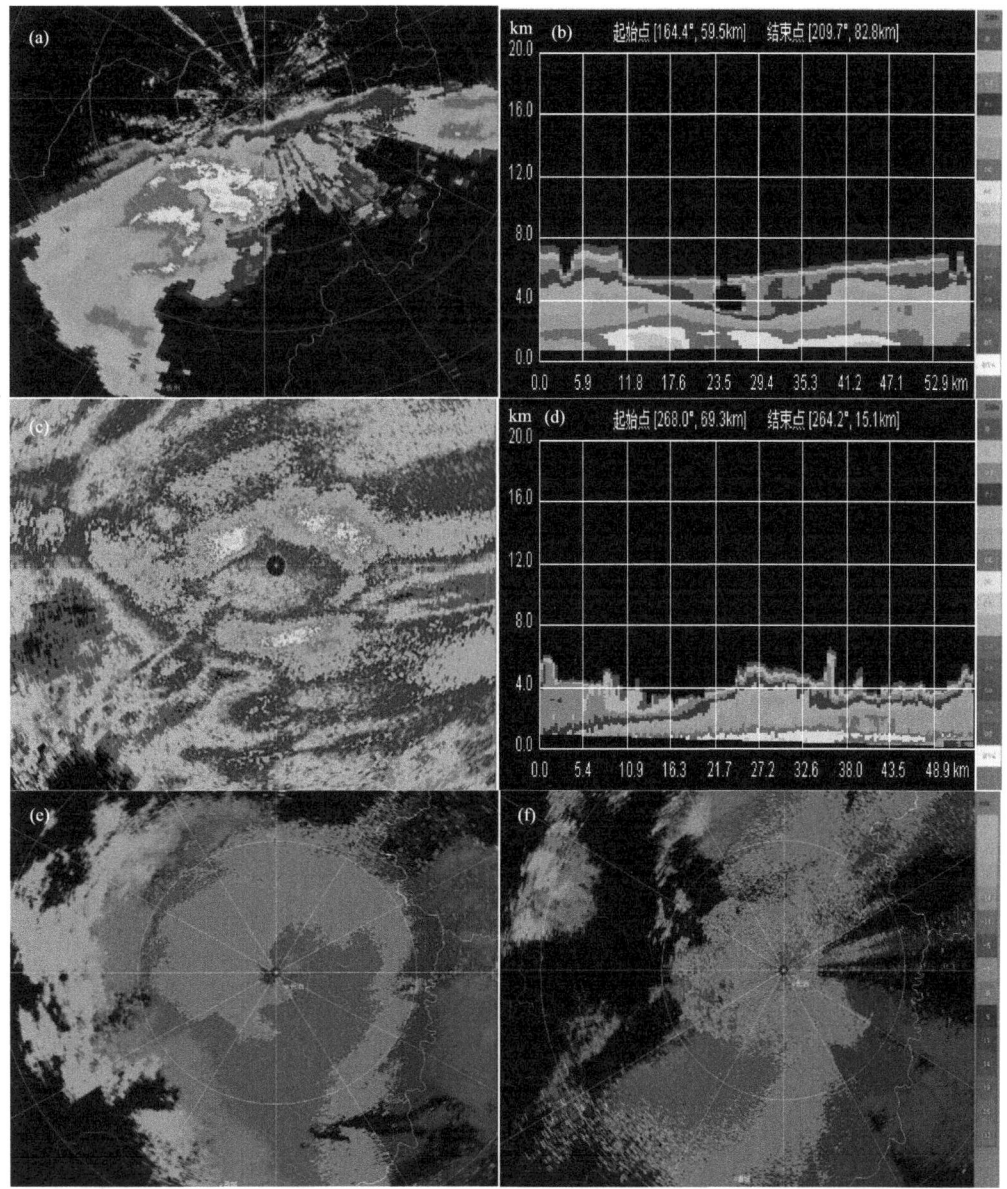

图 15 2015年11月06日10:34大同多普勒雷达回波强度(单位:dBZ)(a)和强度垂直剖面(b),
11月23日长治多普勒雷达13:53回波强度(c)和13:01强度垂直剖面(d),11月23日长治雷达
13:53速度(单位:m·s^{-1})(e)和24日12:23速度(f)

偏东风,至18日19:00偏东风持续增强,是回流形势在近地层的反映,700 hPa从18日19:00由西北风转为西南风后,19日07:00风速为12 m·s^{-1},达急流标准,并持续维持至20日07:00,19日19:00的925 hPa上转为偏北风,降雪天气减弱,20日19:00,整层均转为西北风,降雪过程结束,从风的垂直剖面可以很好地反映出暖湿气流在回流"冷垫"上爬升的形势。2月19日08:00太原站温湿曲线(图17a)上,700~850 hPa存在较强的逆温层,是暖湿气流输送的结果。2月19日08:00 K指数分布(图17b)看,太原与北京站的 K 指数差值达35.4 ℃,

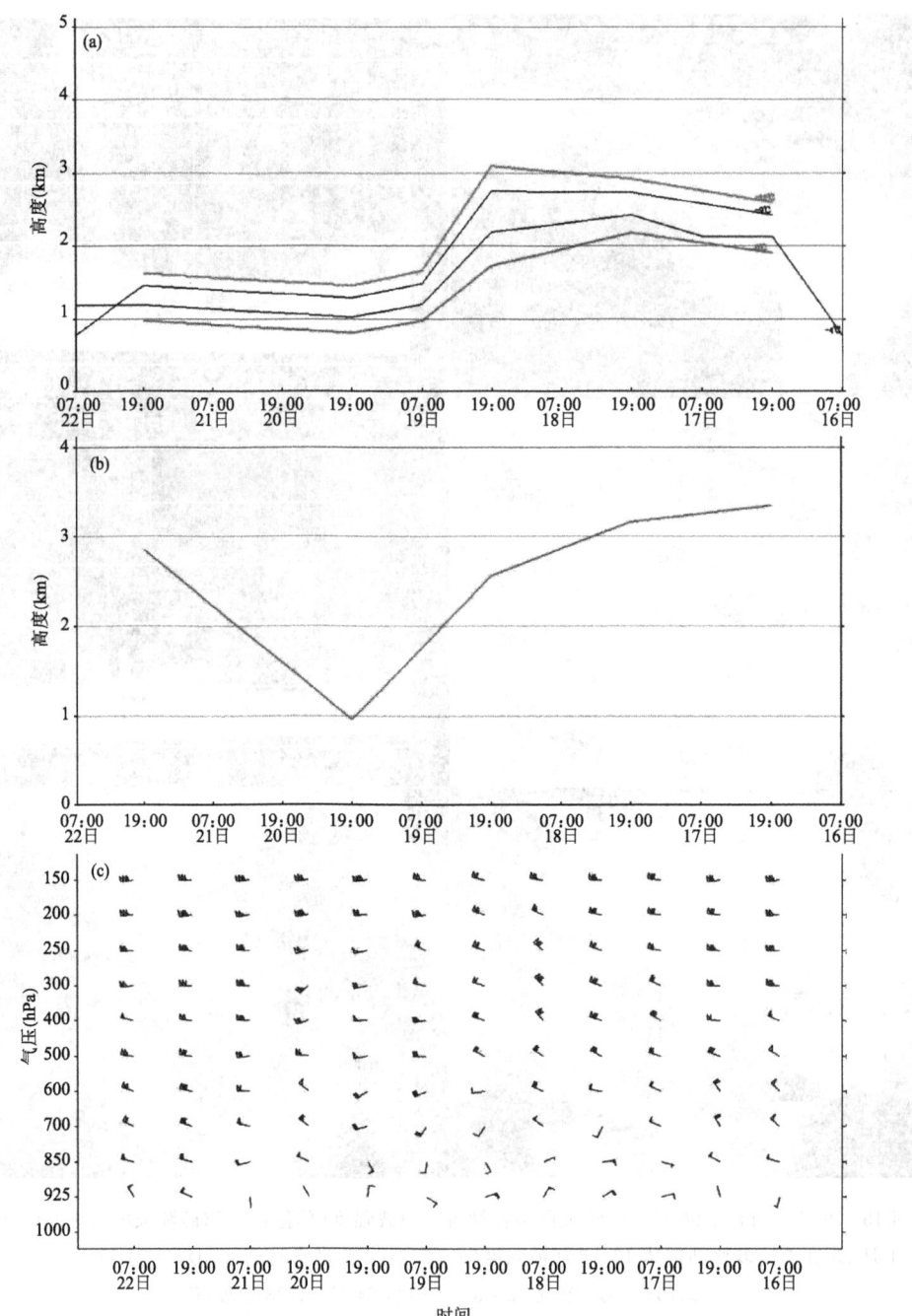

图16 2月16—21日太原站多时次零度层高度曲线(a)、多时次抬升凝结高度曲线(b)、风的时间垂直剖面(c)
(2月20日07:00的资料缺测)

强降雪落区基本落于梯度较大地方的偏高值区一侧,由于此地常为冷暖空气交汇最强而能量较好的区域。

"0227"个例,太原站2月24—28日零度层高度变化曲线(图18a)看,25日0℃层高度有

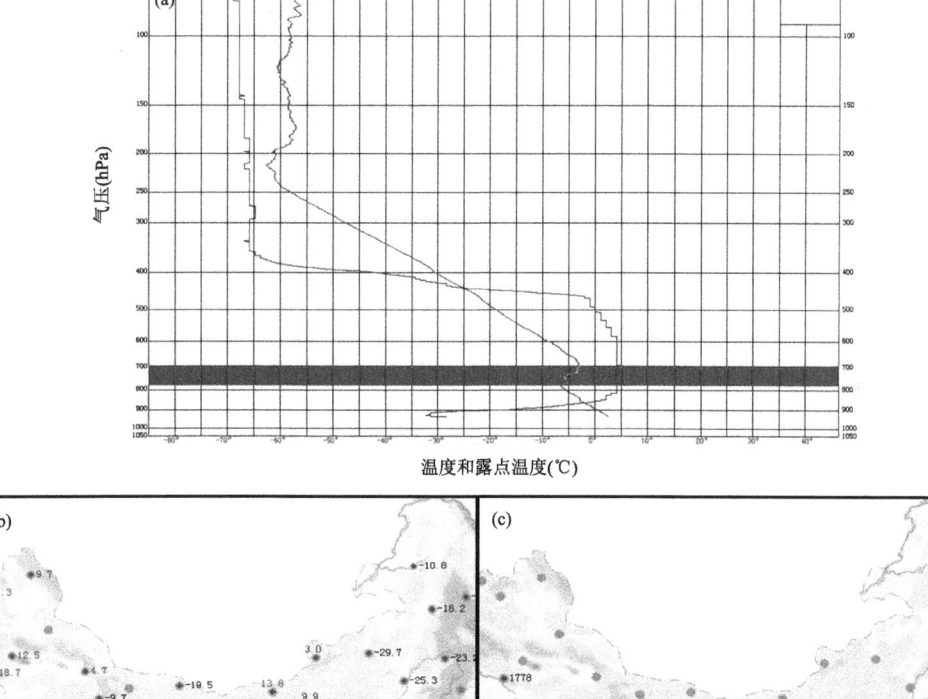

图 17　2月19日08:00太原站温湿曲线(a)、K指数分布(b)、零度层分布(c)

明显下降,26日有所抬升,但0℃层高度仍在1.5 km以下,降雪开始前,太原站0℃层高度下降幅度较小,27日07:00的0℃层高度下降到1.3 km(从图中看可能27日资料缺失造成的),从2月19日08:00太原周边多站点的零度层高度分布(图19c)看,邢台、郑州的0℃层高度都在600 m以下,由此推断山西大部地区的0℃层高度都在1 km以下,因此降水开始后山西大部都以纯降雪为主。对应太原站2月24—28日凝结高度曲线(图18b)分析可知,此次过程凝结高度较高,达到2.8 km左右,这可能也是造成降雪偏小的原因;从风的时间垂直剖面(图18c)分析可知,降雪开始前,低层925 hPa在27日07:00降雪临近时才转为偏东风,700 hPa只在26日19:00和27日07:00为偏西南风,27日19:00则转为偏西北风,低层的偏东风与700 hPa的西南风维持时间均较短,因此降雪天气持续时间短。2月27日08:00太原站温湿曲线(图19a)上,700 hPa附近和550 hPa附近分别存在逆温层,但逆温层厚度不大且高度较高,不利于暖湿空气的垂直抬升,降雪天气也因此偏弱。2月27日08:00的K指数分布(图19b)看,太原与北京站的K指数差值达37.5 ℃,强降雪落区基本位于梯度较大地方的偏高值区一侧,因为此地常为冷暖空气交汇最强而能量较好的区域。

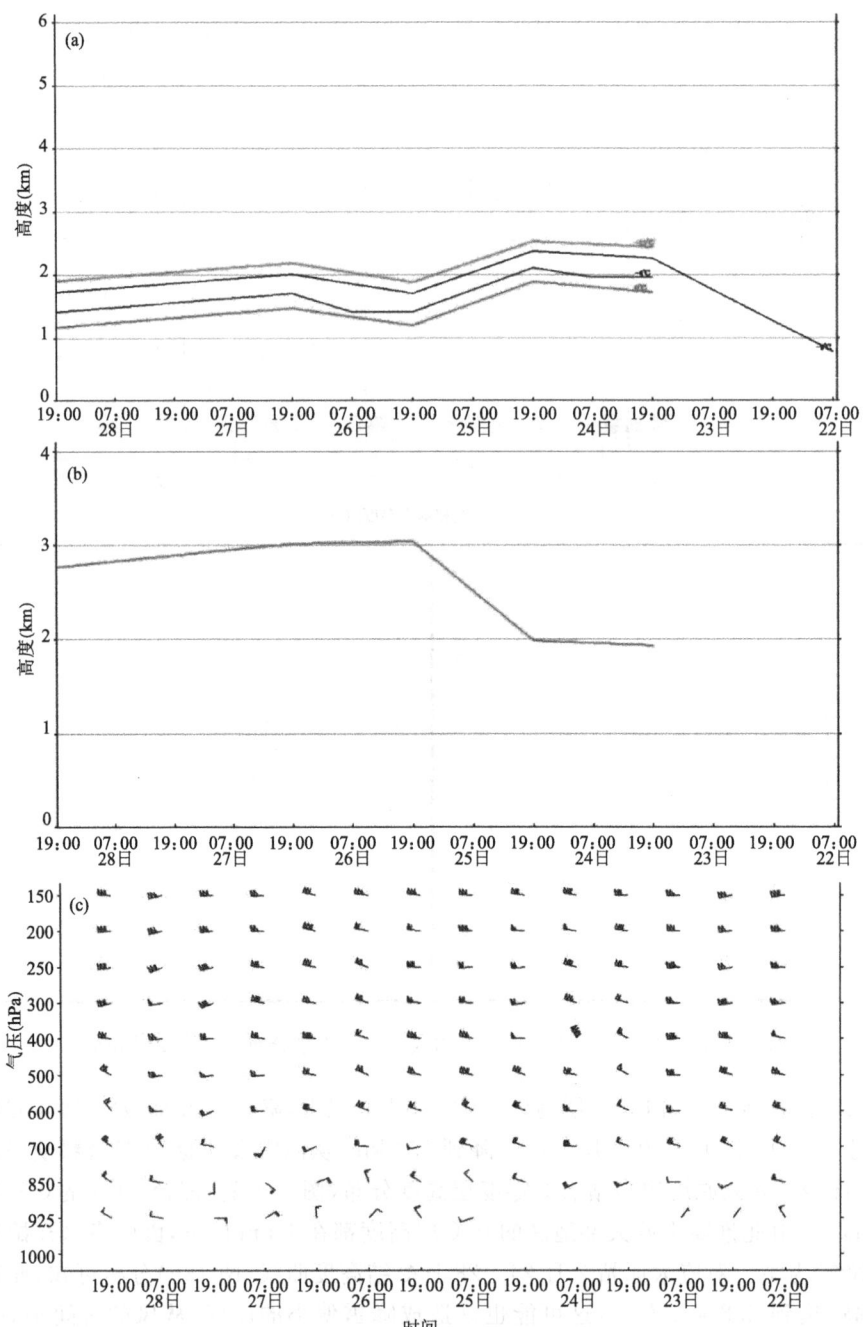

图18 2月24—28日太原站多时次零度层高度曲线(a)、多时次凝结高度曲线(b)、风的时间垂直剖面(c)

"1106"个例,从太原站11月3—8日零度层高度变化曲线(图20a)可以看出,降雪开始前,太原站0℃层高度出现显著下降,5日07:00—6日07:00的0℃层高度由3.2 km下降到900 m,而900 m高度对于山西北中部大部地区和南部山区已达地面,但从11月6日08:00太原周边多个站点的零度层高度分布(图21c)看,郑州、延安、西安3站的0℃层高度均超过

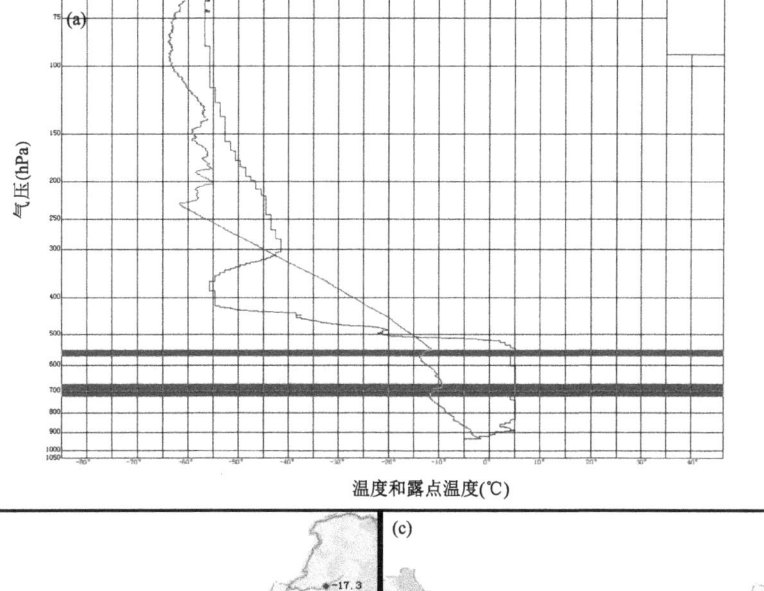

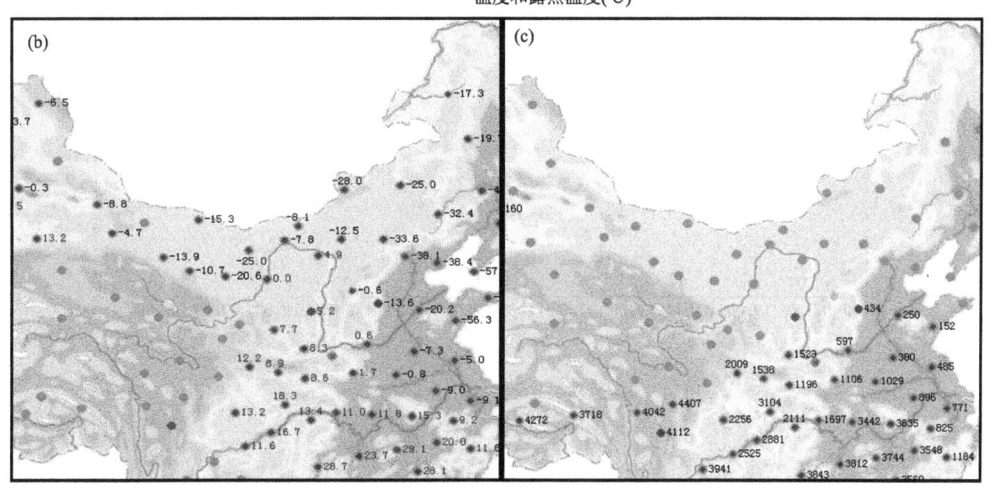

图 19 2 月 19 日 08:00 太原温湿曲线(a)、K 指数(单位:℃)分布(b)、零度层高度(单位:m)分布(c)

3 km,可以判断出冷空气未影响到山西南部地区,因此山西南部为降雨,北部则转为降雪天气。

太原站 11 月 3—8 日凝结高度曲线(图 20b)分析可知,与 5 日 07:00—6 日 07:00 的 0 ℃层高度的下降相对应,凝结高度也下降了 400 m,达到 1 km 左右,并维持至 8 日 07:00,出现有利于降雪天气持续的凝结条件;从风的时间垂直剖面(图 20c)分析发现,降雪开始前,低层 850 hPa 和 925 hPa 从 5 日 07:00 转为较强偏东风,至 6 日 19:00 持续受偏东风影响,风速较大,最强时的 5 日 19:00,850 hPa 偏东风达低空急流标准,是强回流形势的反映,对应高层 700~400 hPa 则受较强的西南风影响,在 700 hPa 达到低空急流标准,7 日 07:00 的 700 hPa 和 850 hPa 均转为偏北风,降雪天气逐渐减弱结束。从风的垂直剖面可以很好地反映出强的西南暖湿气流在强偏东风回流"冷垫"上爬升的形势。11 月 06 日 08:00 太原站温湿曲线(图 21a)上,730~870 hPa 存在较强的逆温层,逆温层较厚,是暖湿气流输送较强的表现。11 月 06 日 08:00 的 K 指数分布(图 21b)看,郑州、延安、西安三站的 K 指数达到 20 ℃ 左右,因此山西南部也出现较强的降雨天气。

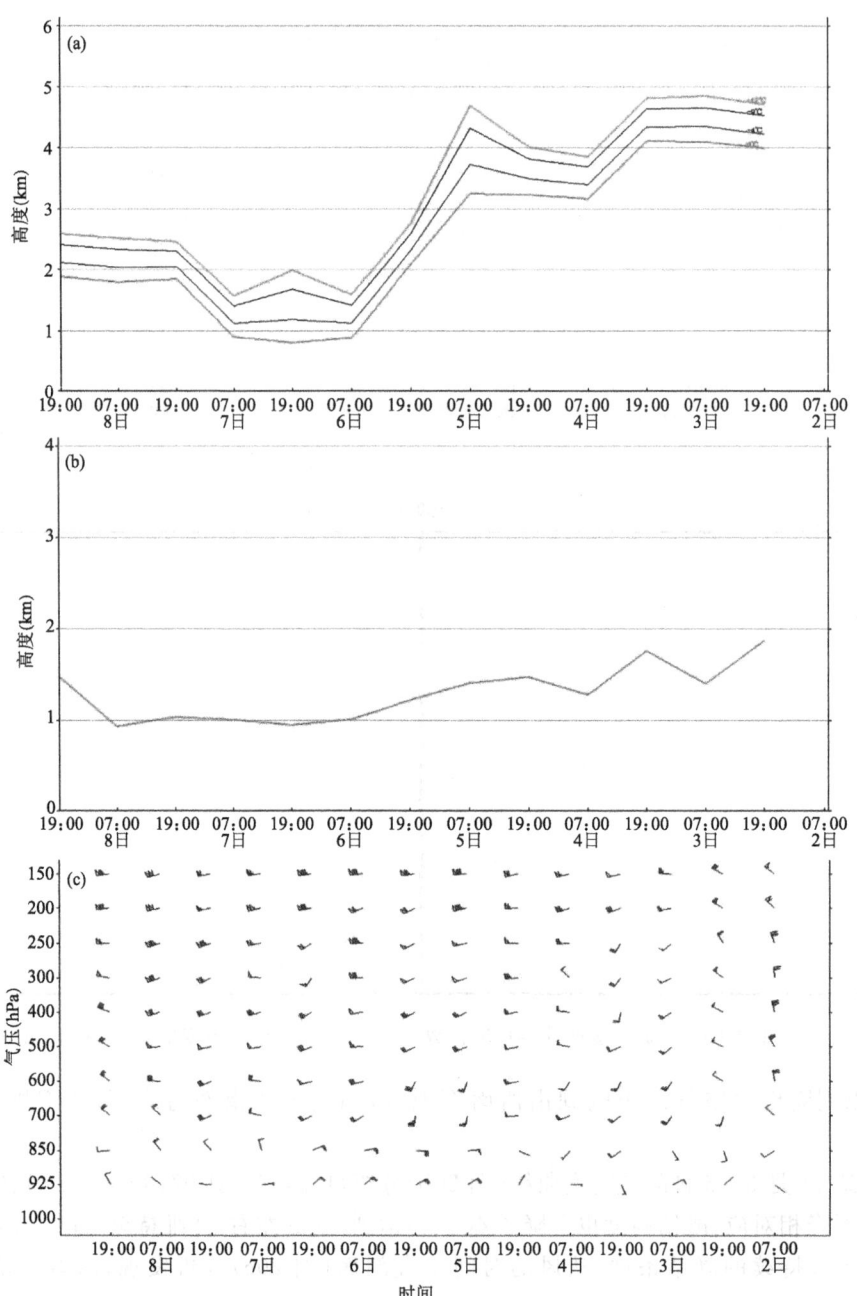

图 20　11 月 2—8 日太原站多时次零度层高度曲线(a)、多时次凝结高度曲线(b)、风的时间垂直剖面(c)

"1123"个例,太原站 11 月 20—22 日(23—26 日缺资料)零度层高度变化曲线(图 22a)看,降雪开始前,0 ℃层高度同样出现了明显下降的特征,21 日 19:00—22 日 07:00 的 0 ℃层高度由 1.9 km 下降到 800 m,晋东南地区海拔均超过 800 m,此地降雨开始后很快就转为降雪天气,从 11 月 23 日 08:00 太原周边多个站点的零度层高度分布(图 23d)看,西安 0 ℃层高度超过 3 km,因此山西西南部地区以降雨开始,23 日 20:00 零度层高度分布(图 23e)看,西安 0 ℃

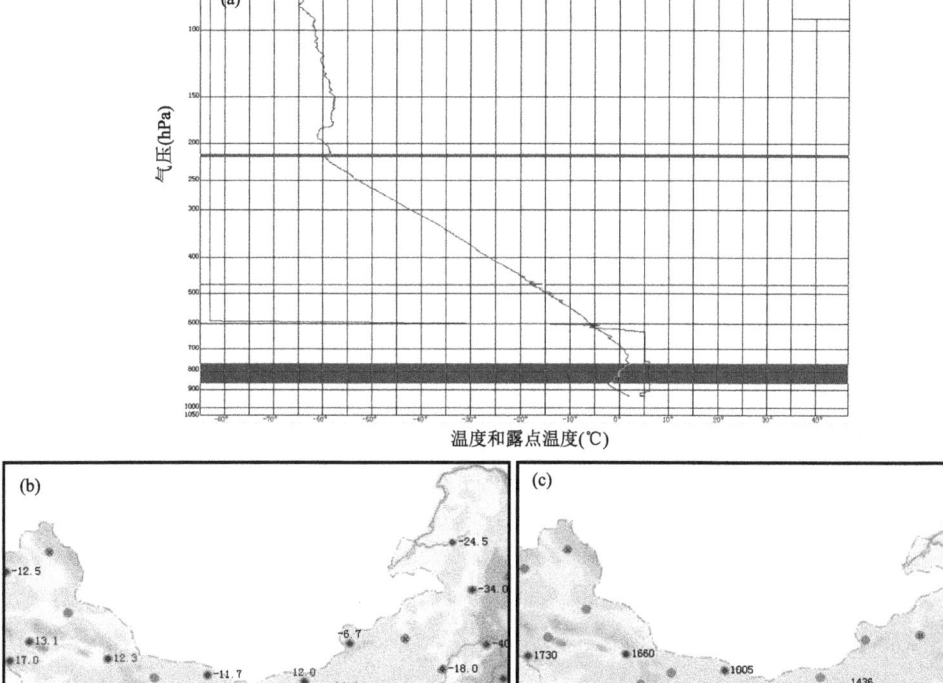

图 21 11月6日08:00太原站温湿曲线(a)、K指数(单位:℃)分布(b)、零度层高度(单位:m)分布(c)

层高度下降到2 km,山西西南部地区受回流冷空气的影响,转为降雪天气;太原站11月23—26日凝结高度缺测,未进行分析;从风的时间垂直剖面(图22b)分析发现,20日19:00开始,低层925 hPa 转为偏东风,持续至24日07:00,700 hPa 21日07:00—22日07:00为西南风,对应21—22日山西均出现了降水天气,22日19:00—23日07:00为偏西北风,山西降水出现间隙,其后又转为较强的西南风,造成山西新一轮的降水天气,24日19:00,太原上空转为一致的西北风,降水过程结束。由此可以看出西南暖湿气流的输送对降水的发生起到决定性的作用。

11月23日07:00太原站温湿曲线(图23a)上,820～910 hPa 存在逆温层,逆温层高度较低且比较浅薄,判断出此逆温层并不是暖湿平流输送的结果,从风场看此时太原上空为西北风,山西北中部的降雪开始较晚。11月23日08:00 K 指数分布(图23b)看,郑州、西安的 K 指数接近20 ℃,23日20:00的 K 指数分布(图23c),此两站 K 指数值明显下降,郑州站只有4.7 ℃,因此此时山西南部基本转为降雪天气。

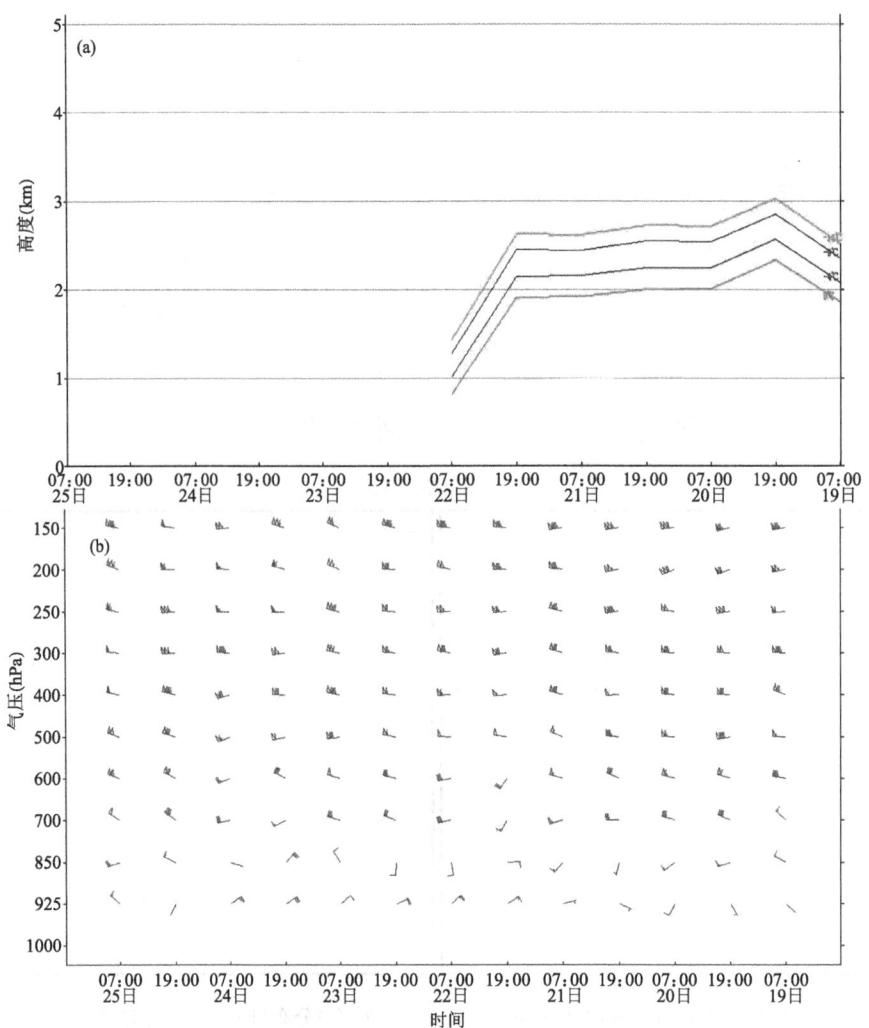

图 22　11 月 19—25 日太原站多时次零度层高度曲线(a)、风的时间垂直剖面(b)

4.4　GPS/MET 资料的应用

GPS/MET 即全球定位系统气象参数探测技术,主要是通过测量穿过空间/大气层的 GPS 信号的延迟来获得大气/空间环境中的各种参数,其中包括大气温、压、湿以及电离层等信息。连续工作的地基 GPS 测量可用来估算测站上空的水汽总量、电子浓度总量等。

分析降雪中心测站上空的水汽总量与降雪之间存在的可能关系,以此来提取对降雪预报有用的信息,发挥其在天气预报中的作用。

分析 2015 年 2 月 26—28 日文水站水汽总量与降雪对比图(图 24a),降雪开始前 10 h,测站上空的水汽总量有一个明显的跃增,从 2～3 mm 突然增加至 8～10 mm,高水汽总量持续 10 h 后测站开始出现降雪,由此可见,水汽出现跃增现象较降雪开始有明显的提前量,对于提前预报降雪天气有较好的参考价值。

分析 2015 年 11 月 5—7 日天镇站水汽总量并与降雪对比图(图 24b)可知,11 月 5 日

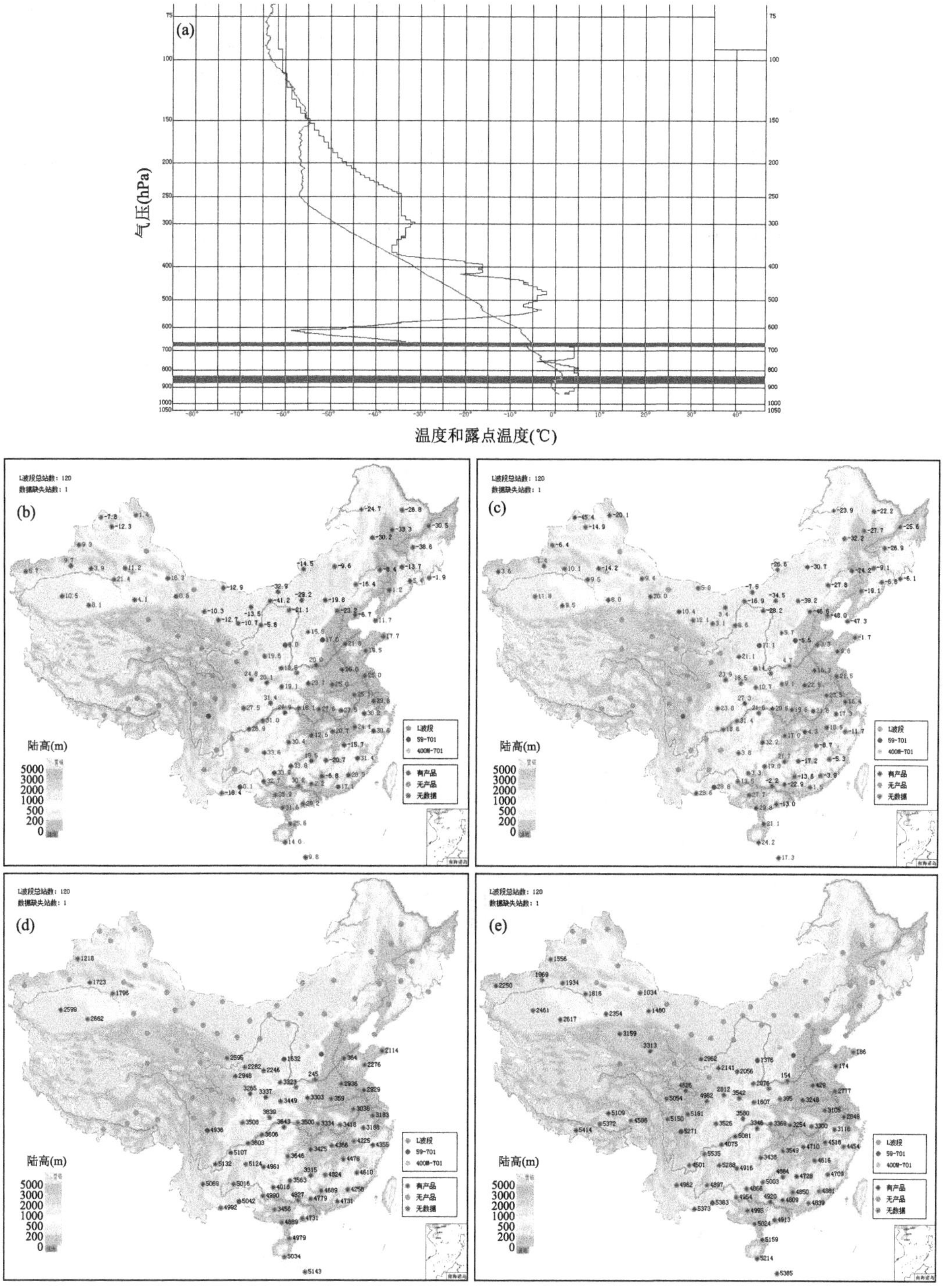

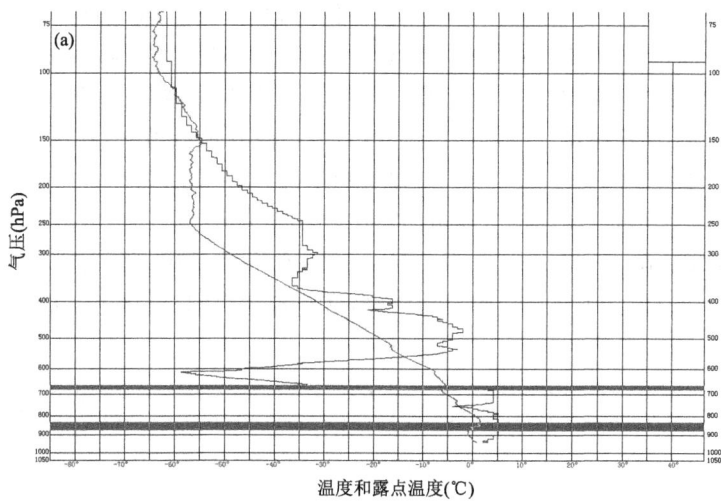

图23 11月23日08:00太原站温湿曲线(a)、K指数(单位:℃)分布(b)、零度层高度(单位:m)分布(d)和23日20:00 K指数(单位:℃)分布(c)、零度层高度(单位:m)分布(e)

06:00测站上空水汽总量开始明显增加,从2.8 mm增加到6 mm左右,持续4 h后开始出现降雪,降雪持续期间测站上空水汽总量一直维持较高值,当水汽总量从最高峰下降到最低谷时,降雪结束。可见,降雪的持续时间取决于水汽总量高值维持时间和下降到最低值时间总和,6日14:00—18:00,测站上空水汽总量又出现一个峰值,持续时间较短,高值维持3 h后开始下降,21:00,又出现持续的降雪天气,测站上空水汽总量下降到最低值时,降雪结束。

由于11月22—24日GPS/MET水汽总量资料缺测,故应用2015年11月20—22日晋城站水汽总量资料来进行分析,分析其与降雨的对比(图24c)可知,20日15:00—21日04:00测站上空的水汽总量维持在4～6 mm,21日05:00开始水汽总量逐渐增加,17:00水汽总量增加至最大,超过13 mm,18:00测站开始出现降水,降水持续期间,测站上空的水汽总量维持在10 mm左右。

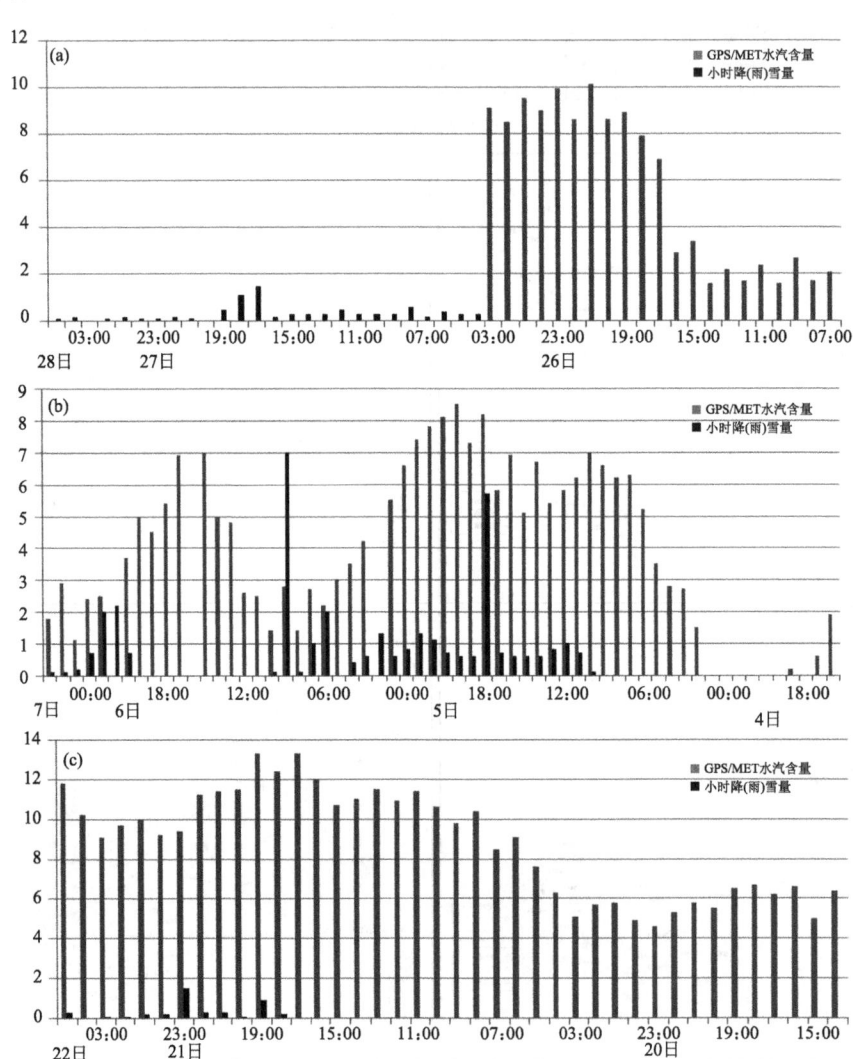

图24　2015年2月26—28日文水站(a)、11月5—7日天镇站(b)、11月20—22日晋城站GPS/MET水汽含量(单位:mm)与小时降(雨)雪量(单位:mm)对比

从以上分析表明,测站上空水汽总量的增加对预报降雪(雨)有较好的指示作用,但站点位置不同,其指示性存在差异,如纬度较北的站点,通常测站上空的水汽总量比较小,在降雪开始前会出现跃增现象,并在水汽总量高值位维持较长时间后,才开始出现降雪;而纬度更北的站点,测站上空水汽总量是不断增加的,当增加到较高位时即开始出现降雪,降雪持续时间与水汽总量高位持续时间和下降到低值的时间总和有关;南部的站点,测站上空日常的水汽总量就较高,降水开始前水汽总量有持续增加的过程,水汽总量增加到最大时开始出现降水,降水与水汽总量高位值对应。测站的南北差异,导致降雪出现时对测站上空的水汽总量要求不同,北部的站点在水汽总量上升期为 5 mm 以上,而在降雪临近结束时,水汽总量在 1 mm 以上就有可能让降雪持续,但水汽总量小时降雪量较小;中部的站点,测站上空水汽总量出现持续 7～10 mm 一段时间后,才会出现降雪;南部的站点出现降水天气,要求的水汽总量更高,达到 10 mm 左右或以上时才出现降水天气。以上的分析结果是在特定月份的个例中得出的,不同季节不同月份出现降水时可能需求的水汽总量不同,有待更多个例分析进行验证。

4.5 地面自动站风场资料的应用

研究表明,地面中尺度特征对强降水天气有较好的指示意义。分析 4 次过程的地面自动站风场资料,以寻求在暴雪天气预报中的可用信息指标。

"0219"个例,整个降雪期间地面风场都不太强,从降雪开始前到降雪结束,风场有逐渐减弱的趋势,在大降雪出现前 10 h(图 25a),大雪区出现中尺度辐合区或中尺度涡旋,持续时间较长,当降雪出现时(图 25b)中尺度涡旋仍维持,山西西北部出现中尺度切变线,并持续较长时间,中尺度涡旋或切变线东侧均为明显的东南风,有利于辐合区的维持和降雪天气的持续,辐合区持续时间达 10 h 以上,随着高空冷空气的侵入,辐合区南压(图 25c),五台山站的地面风转为偏西风,降雪区南压,并逐渐减弱结束。地面辐合区的位置与大量级降雪区对应较好,辐合区的持续时间和风场的强弱与降雪的强度关系密切。

"0227"个例,总体看,降雪前和降雪期间风场相对较强,降雪开始后风场明显减弱,在降雪出现前 12 h(图 25d),地面风场上山西西北部和中南部交界一带出现两条中尺度辐合线,尺度在 150～220 km,辐合线区域内的部分站点均出现了大雪天气,降雪开始时(图 25e),西北部的辐合线有所增强,但随着降雪天气的继续,风场和辐合线逐渐减弱,2 月 27 日 17:10(图 25f),辐合线消失,风场也明显减弱,五台山站的地面风转为偏西风,风速有所增大,说明高空已有冷空气入侵,山西降雪天气逐渐结束,此次过程辐合线和风场强度维持时间较短,因此降雪天气较弱。

"1106"个例,在降雪开始前 11 h(图 25g),大量级降水区域对应出现中尺度辐合区或风向辐合区,风场强度较强,随着降水开始后不断持续,辐合线或辐合区仍然存在(图 25h),但风场明显减弱,当风场很弱时(图 25i),辐合线和辐合区消失,降雪过程结束。

"1123"个例,此次过程相对特殊,由于降雪过程前一天已经出现明显降水天气,与此次过程间隔时间短,因此此次过程的辐合线较降雪开始只提前 2 h,并且两次过程间隔时段正处于夜间,辐合线出现时风场很弱(图 25j),但辐合线的位置与暴雪出现的区域对应较好,而降雪开始时(图 25k),风场出现明显增强,降雪持续期间,辐合线和风场持续,直到 11 月 24 日 15:00(图 25l),山西西部和五台山均出现明显的西北风,冷空气入侵山西,降雪过程减弱结束。

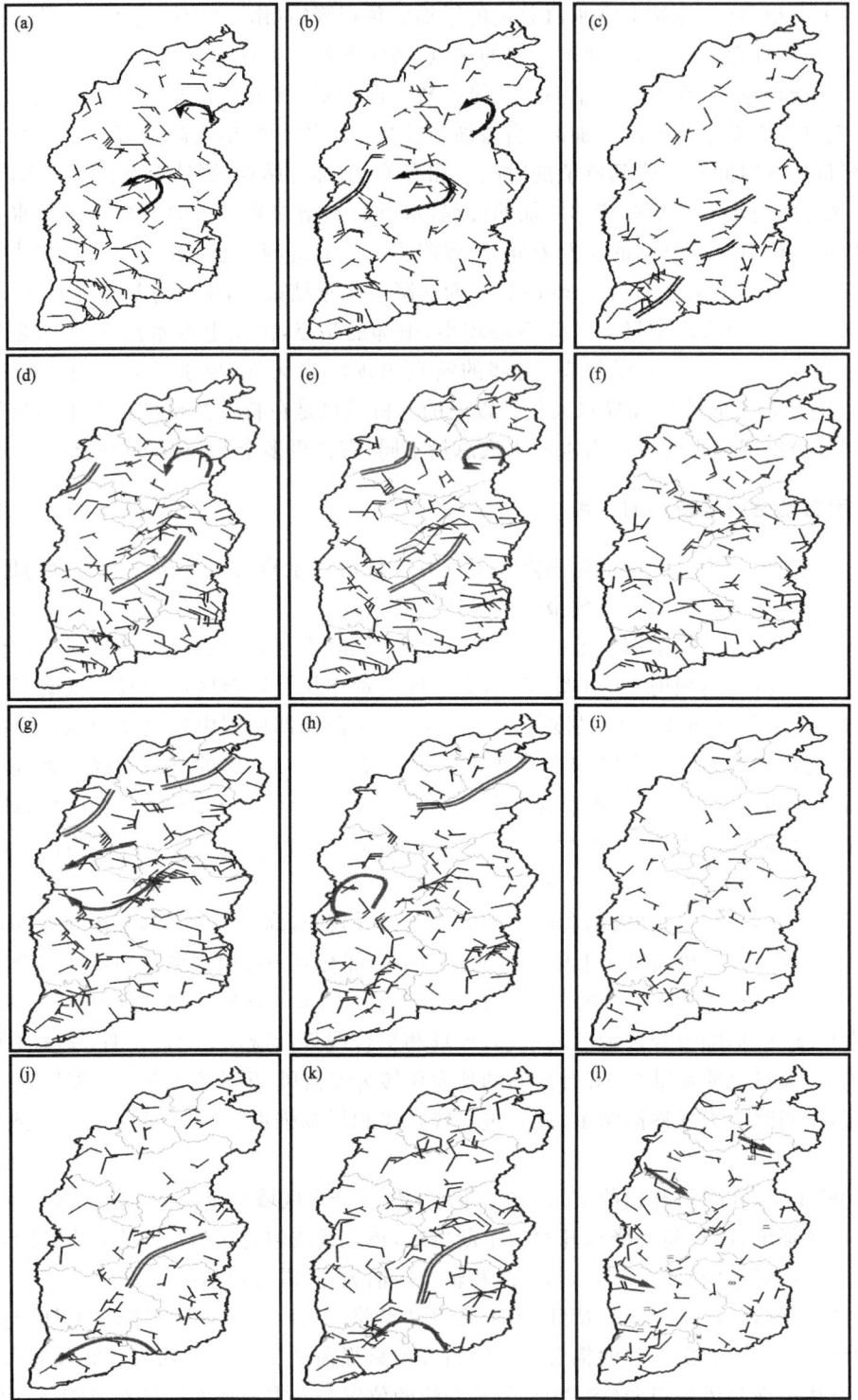

图 25 2月地面风场18日22:25(a)、19日08:00(b)、20日00:00(c)、26日20:05(d)、27日08:10(e)、27日17:10(f)和11月地面风场5日21:00(g)、6日16:50(h)、7日05:00(i)、23日03:45(j)、23日04:05(k)、24日15:00(l)

综上,地面辐合线或辐合区较降雪开始提前10 h左右,但若前一次过程与本次过程间隔时间较短,则辐合线出现的提前量较小,辐合线或辐合区出现的位置与较大量级的降雪落区有较好的对应关系,辐合线维持的时间长短、地面风场的强弱均与降雪强度有密切关系,辐合线维持时间越长,风场越强,则降雪的持续时间也越长,累积的降雪量也越大。

5 流型配置与预报着眼点

5.1 流型配置与大到暴雪落区

图26为山西省大到暴雪发生前2015年2月19日08:00、2月27日08:00、11月5日08:00、11月23日08:00、11月23日20:00的流型配置图。

2月19日08:00(图26a),高低空系统配置完整,500 hPa有高空槽东移,低层有切变线配合,同时700 hPa有西南风低空急流,850 hPa有偏南风显著气流,两支气流配合较好,水汽输送通道连续,两层湿区重叠,湿层深厚,地面回流形势,近地层冷空气入侵明显,以上形势均有利于出现强降雪,强降雪主要出现在特征线1022.5 hPa与1030 hPa之间和低层两支偏南气流出口靠近的区域。此次过程的不利条件是没有倒槽配合、850 hPa偏南风未达急流标准。

2月27日08:00(图26b),地面形势为倒槽与回流的结合,但高空系统配置弱,500 hPa维持平直环流,致使倒槽没有明显的发展,并维持时间较短,同时,也不利于低层切变线的发展,动力条件一般,700 hPa和850 hPa低空急流位置明显偏南,影响山西的气流风速较小,水汽输送条件较差,对水汽的补充不利,因此,此次过程总体较弱,降雪中心分散,强度小,未出现暴雪天气,强降雪主要出现在特征线1027.5 hPa与1032.5 hPa之间和低层两支气流交叉的区域。

11月6日08:00(图26c),高低空系统配置完整,500 hPa有高空槽东移,低层有低涡切变线配合(既出现西北涡又出现西南涡),700 hPa西南风低空急流和850 hPa偏东风低空急流出口区交汇于山西北部,两层湿区范围广且重叠,山西全省地区水汽均达到饱和,地面倒槽与回流结合好,高空系统配置完整东移有利于地面系统的加强,地面倒槽维持时间较长,有利于出现强降水天气,强降水主要出现在特征线1022.5 hPa与1030 hPa之间和低层低空急流出口区的左侧。

11月23日08:00(图26d),700 hPa和850 hPa四川盆地北部一带有低涡切变线发展,配合500 hPa有高空槽东移,低空两层的偏南气流伸展至河套南部一带,山西中南部地区湿度增大,两层空气均达到饱和,地面回流形势形成、倒槽开始发展,预示降水天气将从山西南部逐渐开始;23日20:00(图26e),随着高空系统的东移北抬,700 hPa西南气流发展加强为低空急流,山西南部处于急流出口区的左侧,850 hPa偏东气流发展,形成东北和东南两支气流,并交汇于山西南部一带,使此地水汽充足、抬升力增强,有利于出现较强降水,而高空系统的发展也有利于地面倒槽的发展维持,倒槽与回流形势更加稳定,有利于冷暖空气在山西一带长时间交汇而造成持续降水天气。强降水主要出现在特征线1032.5 hPa与1037.5 hPa之间和低层气流汇合的区域。

表2概括了4次降雪过程的形势特点。由表2可知,除"0219"个例为单纯的回流形势外,

其他3个个例均为倒槽和回流共同影响造成的,4个个例低层均存在切变线,500 hPa均有高空槽东移,水汽条件均较好,但高低空的配置不同、系统的强弱不同、低层气流的强弱和位置等都对强降雪的落区、强度和持续时间有较大的影响。

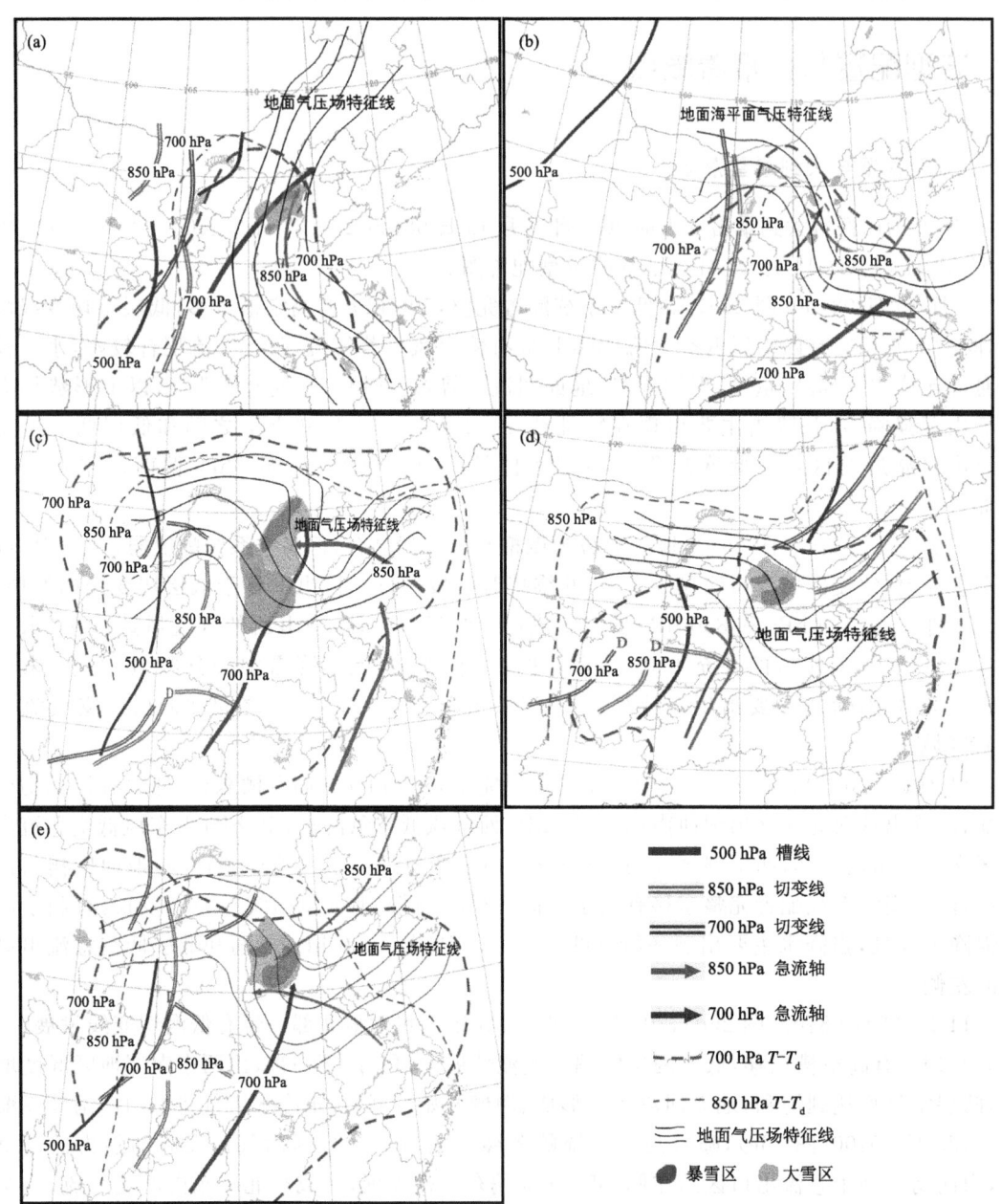

图26 2015年山西省4次大到暴雪过程的流型配置
(a)2月19日08:00,(b)2月27日08:00,(c)11月06日08:00,
(d)11月23日08:00,(e)11月23日20:00

表2 4次降雪形势特点

个例	500 hPa	700 hPa	850 hPa	地面	系统配置
1	两槽一脊型,短波槽和高原槽共同影响	切变线东移;西南风急流,急流终止点位于山西北部	切变线,偏南气流与700 hPa急流有交汇	高压后部回流形势,倒槽位置较远,无明显作用	系统配置较好,水汽输送好,湿层较深厚
2	两槽一脊型,平直环流,高空槽位置较远	切变线,西南气流	切变线,东南气流持续时间短	倒槽与回流形势共同作用,但倒槽持续时间短	系统配置弱,移动快,动力抬升弱,水汽输送较差
3	两槽一脊型,高原槽发展东移	西北涡切变线,偏南风急流终止点位于山西东北部	西北和西南涡切变线,偏南风急流,急流终止点位于山西北部,与700 hPa急流有交汇	倒槽加回流,倒槽持续时间较长,高压中心强度1045 hPa	系统配置完整,动力条件好,水汽输送强
4	一槽一脊型,高原槽发展东移,位置略偏南	西南涡切变线,西南气流发展加强为低空急流,急流终止点位于山西东南部	西南涡切变线,东北气流与东南气流汇合于山西南部	倒槽加回流,倒槽持续时间较长,高压中心较强达1055 hPa	系统配置完整,动力条件好,水汽输送强,冷暖交汇剧烈

强降雪落区:强降雪出现在地面倒槽与回流气压特征线之间、低空切变线东侧或东南侧、低空急流终止点附近或偏左侧、700 hPa和850 hPa空气饱和(即 $T-T_d \leqslant 4$ ℃)重叠区四者重合的区域,同时结合物理量指标即可给出强降雪具体的落区。

降雪强度:700 hPa和850 hPa空气饱和(即 $T-T_d \leqslant 4$ ℃)重叠区,是判断降雪强度的重要指标之一,大到暴雪均落到此区域范围内;低空风速是否达到急流标准是判断降雪强度的重要指标之一,若700 hPa和850 hPa达到急流标准,一般考虑有较强的暴雪,若两层都达不到急流,但风速较强,存在 $6 \sim 10 \mathrm{~m} \cdot \mathrm{s}^{-1}$ 的风速带,一般只考虑大雪,若700 hPa达到急流标准,850 hPa存在 $6 \sim 10 \mathrm{~m} \cdot \mathrm{s}^{-1}$ 的风速带,且两支气流有交汇,也要考虑有暴雪出现。

强降雪持续时间:回流形势是否稳定维持,高低空系统配置是否持续保持完整,是判断强降雪能否持续的重要因素。如果倒槽崩溃、回流高压东移入海、700 hPa和850 hPa转为偏北气流控制,强降雪结束。

4次大到暴雪过程的高低空系统配置比较分析表明:系统的流型配置是否完整、水汽的输送是否充足对暴雪是否出现起决定性作用。

5.2 大到暴雪天气预报技术指标

通过分析4次大到暴雪天气过程的环流特征、系统配置,提炼出如下预报技术指标:

(1)强降雪落区:强降雪出现在地面倒槽与回流气压特征线(地面冷暖空气交汇区域)之间、低空切变线东侧或东南侧、低空急流终止点附近或偏左侧、700 hPa和850 hPa空气饱和(即 $T-T_d \leqslant 4$ ℃)重叠区四者重合的区域,同时结合物理量指标即可给出强降雪具体的落区。

(2)降雪强度:700 hPa和850 hPa空气饱和(即 $T-T_d \leqslant 4$ ℃)重叠区,是判断降雪强度的重要指标之一,大到暴雪均落到此区域范围内;低空风速是否达到急流标准也是判断降雪强度的重要指标之一,若700 hPa和850 hPa达到急流标准,一般考虑有较强的暴雪,若两层都达不到急流,但风速较强,存在 $6 \sim 10 \mathrm{~m} \cdot \mathrm{s}^{-1}$ 的风速带,一般只考虑大雪,若700 hPa达到急流标准,850 hPa 存在 6~10 m·s^{-1} 的风速带,且两支气流有交汇,在交汇区也要考虑有暴雪出现,但如果低空急流维持时间很短时,需要降级发布预报。

(3)强降雪持续时间:回流形势是否稳定维持,高低空系统配置是否持续保持完整,是判断强降雪能否持续的重要因素。如果倒槽崩溃、回流高压东移入海、700 hPa 和 850 hPa 转为偏北气流控制,强降雪结束。

(4)动力抬升条件:降雪强度和降雪持续时间与辐合、辐散层厚度及其中心强度关系密切。动力抬升条件弱,则垂直抬升厚度小,辐散层较低、中心值较小,不利于上升运动的持续维持,降雪的量级与持续时间均要小一些;反之,垂直抬升厚度大,辐散层较高、强度较强,有利于加强上升运行,也有利于上升运动的维持,降雪的量级与持续时间均较大,因此,动力抬升条件的强弱(散度垂直剖面上辐合辐散中心的高度和强度)是判断是否出现暴雪天气的重要条件。

(5)水汽条件分析:水汽通量散度在强降雪落区的预报上有较强的指示作用,对降雪的强度也有较强的指示意义,通常情况下,低层水汽通量强辐合区对应未来强降雪中心,水汽通量辐合越强,降雪也越强。水汽通量与风场叠加图可以分析降水过程的水汽来源和水汽输送强度,造成山西降雪(雨)的水汽源地主要为孟加拉湾海域和我国南海,有时有黄海和渤海的补充,从水汽输送看,偏南风速越强,水汽输送越强,水汽输送通道上风速达到低空急流标准且配合有水汽通量大值区时,急流出口区的位置最有利于出现强降雪,是判断降雪强度和落区非常重要的指标。

(6)热力条件:强降雪发生前,近地层均出现了明显的"冷垫",冷垫厚度一般达 850 hPa,有时可达 700 hPa,"冷垫"的强弱和厚度都对强降雪有较大的影响,"冷垫"越强、厚度越大,降雪强度越强,"冷垫"是回流造成的,回流形势通常会携带东部海洋的湿空气侵入,因此形成的大多为"湿冷垫",对于降雪有明显的增幅作用,较高层次的暖平流中心较强时,常对应西南风速较大,为降雪区上空输送充足的水汽和能量,有利于出现较强的降雪。降雪过程前和降雪过程中均会出现逆温层,过程前和过程中逆温层的高度有所差异,通常降雪开始后逆温层具有跳跃式抬升现象,这也反映出暖湿空气在回流"冷垫"上爬升的特征,降雪时的逆温层高度通常位于 850~700 hPa,一定程度可以表征暖湿空气的输送,当此逆温层持续时间较长时,有利于降雪的持续,而出现暴雪,反之,降雪过程较弱。

(7)卫星云图:降雪通常为稳定性降水,基本为中低层的层状云造成的,因此云顶温度不一定会很低,从云图强度上较难分析出降雪的强度。从 4 次过程的卫星云图资料看,单纯从云图强度和 TBB 中心值很难判断出降雪到底有多强,需要结合云图的移动来判断,如果较强的云系移动缓慢或其后不断有较强云团影响本地时,会出现较强的降雪,如果较强的云系快速东移,后面也没有云团补充影响,则降雪较弱,但总体看,较强的云系范围内或 TBB 中心值大梯度区容易出现较大的降雪天气,尤其是沿低空切变线或低空急流终止点区域所激发的中(小)尺度云团持续影响的地方即为暴雪区。

(8)多普勒雷达特征:降雪天气的回波通常为层状云降水回波,回波强度一般在 30 dBZ 以下,但如果过程中存在降水相态转换时,回波中心强度可达到 40 dBZ 或以上,如果只出现 25 dBZ 以下的回波强度时,基本不用考虑暴雪天气;降雪过程回波顶高都比较低,多数不会超过 6 km,若回波顶高超过 5 km,30 dBZ 左右的回波能伸展到 3 km,则考虑会出现暴雪,35 dBZ 以上强度的回波只要伸展到 1.5 km 就可能出现暴雪;速度图上,近地层通常为偏东风,较高层为较强的西南风,零速度线呈"S"形,测站上空有明显暖平流,当西南风速较大时有利于出现暴雪,当测站上空转为偏西风或西北风时,降雪过程结束。

(9) L 波段探空秒数据:降雪开始前,太原站 0 ℃层高度出现明显下降的特征,通常会下降到 1 km 以下,如果太原周边郑州、延安、西安 3 站的 0 ℃层高度均超过 3 km,山西南部为降雨,北部则转为降雪天气,如果只有西安站的 0 ℃层高度超过 3 km,其他两站 0 ℃层高度较低时,只有晋西南地区为降雨,其余地区均为降雪;太原站凝结高度下降到 1 km 左右,并能长时间维持时,降雪持续时间长,凝结高度下降后很快抬高时,降雪持续时间较短,如果凝结高度始终较高时,降雪天气较弱,不利于出现暴雪;风的时间垂直剖面,降雪开始前,低层 925 hPa 为偏东风,对应时次高层 700 hPa 为西南风,此种结构维持时间越长,降雪持续时间越长,如果低层风速较大,850 hPa 也为较强偏东风,而 700 hPa 达到低空急流标准时,降雪强度较强,700 hPa 和 850 hPa 均转为偏北风,降雪天气逐渐减弱结束。太原站温湿曲线上,通常降雪开始前 700~870 hPa 存在较强的逆温层,逆温层较厚,是暖湿气流输送较强的表现,逆温层过高或过低且比较浅薄时,不利于强降雪的出现。K 指数分布看,强降雪落区基本落于梯度较大地方的偏高值区一侧,而 K 指数达到 15 ℃以上,基本为降雨天气。

(10) GPS/MET 水汽含量:测站上空水汽总量的增加对预报降雪(雨)有较好的指示作用,但站点位置不同,其指示性存在差异,如纬度较北的站点,日常测站上空的水汽总量比较小,在降雪开始前会出现跃增现象,并在水汽总量高值位维持较长时间,才开始出现降雪;而纬度更北的站点,测站上空水汽总量是不断增加的,当增加到较高位时即开始出现降雪,降雪持续时间与水汽总量高位持续时间和下降到低值的时间总和有关;南部的站点,测站上空日常的水汽总量就较高,降水开始前水汽总量有持续增加的过程,水汽总量增加到最大时开始出现降水,降水与水汽总量高位值对应。测站的南北差异,导致降雪出现时对测站上空的水汽总量要求不同,北部的站点在水汽总量上升期为 5 mm 以上,而在降雪临近结束时,水汽总量在 1 mm 以上就有可能让降雪持续,但水汽总量小时降雪量较小;中部的站点,测站上空水汽总量出现持续 7~10 mm 一段时间后,才会出现降雪;南部的站点出现降水天气,要求的水汽总量更高,达到 10 mm 左右或以上时才出现降水天气,但这些结论是以单个个例单个站点推断出来的,需要众多个例验证后才能使用。

(11) 自动站风场:通常情况下,地面辐合线或辐合区较降雪开始提前 10 h 左右,但若前一次过程与本次过程间隔时间较短,则辐合线出现的提前量较小,辐合线或辐合区出现的位置与较大量级的降雪落区有较好的对应关系,辐合线维持的时间长短和地面风场的强弱均与降雪强度有密切关系,辐合线维持时间越长,风场越强,则降雪的持续时间也越长,累积的降雪量也会越大。

5.3 预报指标提炼及预报着眼点

表 3 为对 4 个个例分析总结后降雪的预报指标及着眼点和降水相态转换指标进行了提炼,以期为今后的预报工作提供参考。

表 3 大到暴雪过程预报指标及着眼点

项目	指标阈值
环流特征	两槽一脊\一槽一脊,西南气流(强)\平直气流(弱),高原槽\短波槽
影响系统	切变线\低涡切变线(强),低空急流(强)\低层显著气流(两层时弱)
地面系统	回流\倒槽加回流,倒槽维持时间短时(弱);回流特征线与冷高压强度和冷高压南下位置有关,通常 1022.5~1032.5 hPa,特别强时,达 1032.5~1037.5 hPa

续表

项目	指标阈值
散度	低层辐合、高层辐散的垂直结构；降雪强度及持续时间与辐合、辐散层厚度及其中心强度关系密切，垂直抬升厚度大，辐散层较高时，降雪的强度较强、持续时间较长
水汽通量散度	低层水汽通量散度辐合中心与强降雪区有较好的对应关系，700 hPa水汽通量散度辐合中心强度达-10×10^{-7} g·hPa^{-1}·cm^{-2}·s^{-1}，此中心通常对应降雪区域
水汽通量与风场	水汽输送通道上风速达到低空急流标准且配合有水汽通量大值区时，急流出口区的位置最有利于出现强降雪，风速越强，降雪越强
热力平流	近地层为明显的"冷垫"，厚度一般达850 hPa，有时可达700 hPa，"冷垫"较强、厚度较大，更容易出现强降雪，其上的暖平流厚度较大，中心较强时，降雪强，暖平流中心达12 ℃·s^{-1}时，将出现暴雪
逆温层	降雪开始后逆温层具有跳跃式抬升现象，降雪时的逆温层高度通常位于850～700 hPa，当此逆温层持续时间较长时，有利于降雪的持续，而出现暴雪，反之，降雪过程较弱
卫星云图	较强的云系范围内或TBB中心值大梯度区容易出现较大的降雪天气，尤其是沿低空切变线或低空急流终止点区域所激发的中(小)尺度云团持续影响的地方即为暴雪区
雷达回波	降雪过程通常为层状云降水回波，回波强度一般在30 dBZ以下，降水相态转换时，回波中心强度可达到40 dBZ或以上，只出现25 dBZ以下的回波强度时，基本不用考虑暴雪天气；回波顶高多数不会超过6 km，回波顶高超过5 km，30 dBZ左右的回波能伸展到3 km，则考虑会出现暴雪，35 dBZ以上强度的回波只要伸展到1.5 km就可能出现暴雪；速度图上，近地层通常为偏东风，较高层为较强的西南风，零速度线呈"S"形，测站上空有明显暖平流，当西南风速较大时有利于出现暴雪，测站上空转为偏西风或西北风时，降雪过程结束
L波段探空秒数据	降雪前，太原站0 ℃层高度出现明显下降的特征，通常会下降到1 km以下；太原站凝结高度下降到1 km左右，并能长时间维持时，降雪持续时间长，凝结高度下降后很快抬升时，降雪持续时间较短，如果凝结高度始终较高时，降雪天气较弱，不利于出现暴雪；风的时间垂直剖面，降雪开始前，低层925 hPa为偏东风，对应时次高层700 hPa为西南风，此结构维持时间越长，降雪持续时间越长，如果低层风速较大，850 hPa也为较强偏东风，700 hPa达到低空急流标准时，降雪强度较强，700 hPa和850 hPa均转为偏北风，降雪天气逐渐减弱结束；太原站温湿曲线上，通常降雪前700～870 hPa存在逆温层，逆温层较厚，是暖湿气流输送较强的表现，逆温层过高或过低且比较浅薄时，不利于强降雪的出现；K指数分布看，强降雪落区基本落于梯度较大地方的偏高值区一侧
GPS/MET水汽总量	北部的站点在水汽总量上升期到5 mm以上，降雪开始，而在降雪临近结束时，水汽总量在1 mm以上就有可能让降雪持续，但水汽总量小时降雪量较小；中部的站点，测站上空水汽总量出现持续7～10 mm一段时间后，才会出现降雪；南部的站点出现降水天气，要求的水汽总量更高，达到10 mm左右或以上时才出现降水天气
自动站风场	地面辐合线或辐合区较降雪开始提前10 h左右，辐合线或辐合区出现的位置与较大量级的降雪落区有较好的对应关系，辐合线维持的时间长短和地面风场的强弱均与降雪强度有密切关系，辐合线维持时间越长，风场越强，则降雪的持续时间也越长，累积的降雪量也会越大
降水相态的转换	太原的0 ℃层高度24 h内明显下降，通常下降至925 hPa，下降后始终维持在925 hPa，降水相态转换主要出现在山西北中部，0 ℃层高度下降至925 hPa后很快消失，则山西自北向南均会转为降雪天气；850 hPa 0 ℃线的位置对于判断山西北中部和晋东南一带的降水相态有较好的参考，通常，850 hPa -4 ℃线移入山西省时，全省都为降雪天气；从L波段秒探空数据分析，降雪开始前，太原站0 ℃层高度出现明显下降的特征，通常会下降到1 km以下，如果郑州、延安、西安3站的0 ℃层高度均超过3 km，山西南部为降雨，北部则转为降雪天气，如果只有西安站的0 ℃层高度超过3 km，其他两站0 ℃层高度较低时，只有晋西南地区为降雨，其余地区均为降雪，K指数分布达到15 ℃以上，基本为降雨天气

6 结论与讨论

针对山西4次不同区域、不同范围、不同强度和不同性质的大到暴雪天气过程,从环流特征、流型配置、动力水汽热力条件、卫星、雷达、自动站、GPS/MET 水汽总量、L 波段秒探空数据等方面进行了综合分析,以提炼大到暴雪天气的预报技术指标和降水相态转换技术指标,给出大到暴雪天气的预报着眼点。

(1) 低层水汽通量散度辐合中心与强降雪区有较好的对应关系,700 hPa 水汽通量散度辐合中心强度达 -10×10^{-5} g·hPa^{-1}·cm^{-2}·s^{-1},该中心通常对应暴雪区域。

(2) 降雪开始后逆温层具有跳跃式抬升现象,降雪时的逆温层高度通常位于 850~700 hPa,当该逆温层持续时间较长时,有利于降雪的持续而达到暴雪,反之,降雪过程较弱。

(3) 较强的云系范围内或 TBB 中心值大梯度区容易出现较大的降雪天气,尤其是沿低空切变线或低空急流终止点区域所激发的中(小)尺度云团持续影响的地方即为暴雪区。

(4) 降雪过程通常为层状云降水回波,强度一般在 30 dBZ 以下,存在降水相态转换时,中心强度可达到 40 dBZ 或以上,若只出现 25 dBZ 以下的回波时,基本不考虑暴雪天气;回波顶高多数不会超过 6 km,30 dBZ 的回波能伸展到 3 km,则考虑会出现暴雪,35 dBZ 以上的回波只要伸展到 1.5 km 就可能出现暴雪。

(5) 太原站抬升凝结高度下降到 1 km 左右,并能长时间维持时,降雪持续时间较长,凝结高度下降后很快抬高时,降雪持续时间较短,不利于出现暴雪;风的时间垂直剖面显示,低层 925 hPa 为偏东风,对应时次 700 hPa 为西南风,此种结构维持时间越长,降雪持续时间越长,如果低层风速较大,700 hPa 达到低空急流标准时,降雪强度较强,700 hPa 和 850 hPa 均转为偏北风,降雪天气逐渐减弱结束;温湿曲线上,通常降雪前 700~870 hPa 存在逆温层,逆温层较厚,是暖湿气流输送较强的表现,逆温层过高或过低且比较浅薄时,不利于强降雪的出现;K 指数分布看,强降雪落区基本落于梯度较大地方的偏高值区一侧。

(6) 太原的 0 ℃ 层高度 24 h 内明显下降,通常下降至 925 hPa,下降后始终维持在 925 hPa,降水相态转换主要出现在山西北中部,0 ℃ 层高度下降至 925 hPa 后很快消失,则山西自北向南均会转为降雪天气;850 hPa 0 ℃ 线的位置对于判断山西北中部和晋东南一带的降水相态有较好的参考,通常,850 hPa -4 ℃ 线移出山西省时,全省都为降雪天气;从 L 波段探空秒数据分析,降雪开始前,太原站 0 ℃ 层高度出现明显下降的特征,通常会下降到 1 km 以下,如果郑州、延安、西安 3 站的 0 ℃ 层高度均超过 3 km,山西南部为降雨,北部则转为降雪天气,如果只有西安站的 0 ℃ 层高度超过 3 km,其他两站 0 ℃ 层高度较低时,只有晋西南地区为降雨,其余地区均为降雪,K 指数分布达到 15 ℃ 以上,基本为降雨天气。

(7) 由于此 4 次过程强降雪的落区位置差异大,有些资料分析出的预报指标同一性较差;部分新应用的资料得出的分析结论是以单个个例单个站点推断出来的,缺乏广泛的代表性,需要在众多个例验证后使用。

参考文献

[1] 宋晓辉,田利庆,田秀霞,等.河北省一次回流暴雪的数值模拟[J].气象与环境学报,2013,29(3):8-14.
[2] 张迎新,侯瑞钦,张守保.回流暴雪过程的诊断分析和数值试验[J].气象,2007,33(9):25-32.

[3] 田秀霞,宋晓辉,程序,等.华北南部一次回流暴雪天气的诊断分析[J].气象与环境学报,2011,27(1):35-39.
[4] 赵桂香.一次回流与倒槽共同作用产生的暴雪天气分析[J].气象,2007,33(11):41-48.
[5] 赵桂香,杜莉,范卫东,等.一次冷锋倒槽暴风雪过程特征及其成因分析[J].高原气象,2011,30(6):1516-1525.
[6] 赵桂香,杜莉,郝孝智,等.3次回流倒槽作用下山西大(暴)雪天气比较分析[J].中国农学通报,2013,29(32):337-349.
[7] 张迎新,张守保.华北平原回流天气的结构特征[J].南京气象学院学报,2006,29(1):107-113.
[8] 赵桂香,杜莉,范卫东,等.山西省大雪天气的分析预报[J].高原气象,2011,30(3):727-738.
[9] 赵桂香,程麟生,李新生."04.12"华北大到暴雪过程切变线的动力诊断[J].高原气象,2007,26(2):615-623.
[10] 赵桂香,许东蓓.山西两类典型暴雪预报的比较[J].高原气象,2008,27(3):615-623.
[11] 王正旺,苗爱梅,庞转棠,等.山西中南部区域性暴雪天气诊断分析[J].高原气象,2010,29(2):531-538.
[12] 孟雪峰,孙永刚,姜艳丰.内蒙古东北部一次致灾大到暴雪天气分析[J].气象,2012,38(7):877-883.
[13] 李兆慧,王东海,王建捷,等.一次暴雪过程的锋生函数和急流—锋面次级环流分析[J].高原气象,2011,30(6):1505-1515.
[14] 张守保,张迎新,杜青文,等.华北平原回流天气综合形势特征分析[J].气象,2008,36(2):25-30.
[15] 周雪松,谈哲敏.华北回流暴雪发展机理个例研究[J].气象,2008,34(1):18-27.

三次降水相态转换过程的对比分析*

薄燕青　赵桂香　郝婧宇

（山西省气象台 太原 030006）

摘要：本文利用常规探空和地面观测资料、NCEP/NCAR FNL 1°×1°再分析资料及多普勒雷达资料，对发生在 2011 年 11 月 28—30 日（秋末，以下简称个例 1）、2013 年 4 月 18—20 日（仲春，以下简称个例 2）和 2015 年 2 月 19—21 日（冬末，以下简称个例 3）三次暴雪过程中雨雪相态转换特征进行对比分析。结果表明：(1)前两个个例地面均为倒槽与回流共同作用，但个例 2 倒槽发展强盛，经向度大，个例 3 山西处于地面高压后部；700 hPa 切变线以及急流终止的位置存在差异；850 hPa 风向风速辐合大小不同。以上差异导致强降雪落区不同。(2)基本反射率因子特征表明，层云降水回波一般为 15 dBZ，最大可达 25～30 dBZ，降雪强度小；而积云层云混合降水回波，强回波中心强度可达 45～50 dBZ，降雪强度大。径向速度图上，低层出现"牛眼型"结构，风向随高度顺转，有暖平流，3～5 km 有西南风急流存在。而降雪过程中回波顶一般较低，层云回波顶高一般为 3 km 左右，最高可达 4～5 km；积云回波顶高为 5～6 km，最高可达 7～8 km。根据雷达基本反射率因子和径向速度特征，可判断降水的开始和结束时间，当西北风入侵时，降水将减弱结束。(3)诊断分析揭示，随着对流层中层暖平流增强，强降雪出现，当存在"湿冷垫"时，暖平流越强，降雪强度越大。随着上升运动的增强，降雪增强，降雪量与上升运动伸展高度、中心强度有关，个例 1 和个例 2 由于近地层的湿冷垫形成下沉运动，迫使暖湿空气抬升，垂直上升运动伸展高度较高。(4)结合高低空系统配置，整层大气可降水量＞10 kg·m^{-2} 与大雪量级以上的落区相对应，＞12 kg·m^{-2} 与暴雪落区相对应。6 h 大气可降水量增量的正负态势变化对降水开始和结束时间有提前 12 h 的指示意义。(5)考虑到山西地形复杂，通过地面温度区分降水相态比较困难，但是地面温度下降是降水相态发生转换的前提条件。温度层结显示：降水相态发生雨雪转换时，对流层中下层温度下降，零度层高度下降，低于抬升凝结高度，距离地面较近（≤200 m），850 hPa 温度≤−4 ℃，925 hPa 温度≤1 ℃，并满足云中有适宜冰雪形成和增长的环境，保证云中冰雪层厚度达到云体的 1/3 以上时，才能使得雪花降落至地面。

关键词：降水相态；雷达产品特征；大气可降水量；温度层结；诊断分析

---

* 本文来源于 2015 年中国气象局预报员专项。

引言

降水相态预报是山西省秋冬和冬春过渡季节中降水预报的一个重要方面,降水量相同但降水相态不同,降水所产生的影响存在显著差异。例如,24 h 累积降水量为 10 mm,如果降水相态为雨,只是中雨量级,对社会生产和交通影响较小;如果降水相态为雪,则达到暴雪量级,会产生较大的积雪深度,对农业生产(大棚)、电力设施以及交通运输都将产生严重影响;如果降水相态是冰粒或冻雨时,对城市运行及生产环节的影响则可能是致命的,如 2008 年冬季的冰冻雨雪过程给我国南方地区带来了严重的社会影响。因此,关于降水相态的预报受到气象工作者以及社会大众的高度关注。许多气象学者[1-17]从观测实况、物理量诊断、数值模拟等方面进行了大量分析研究,逐渐认识了降雪天气产生的机理,也给出了一些降水相态预报的关注点,但同一次过程不同区域、同一区域不同季节降水相态仍很复杂,一直是天气预报中的难点,其判断准确与否往往决定了一次降水过程的预报服务效果。

山西处于中纬度地带,南北跨度大(7 个纬度左右),地形又复杂,山脉与盆地相互交错,海拔高低悬殊,在季节转换期间,往往一次降水过程中从北到南存在多种降水相态。已有研究表明,降水相态不仅与天气系统有密切关系、同时也受到地形等多种因素的影响。因此,为了更好地为各级政府和社会公众提供更有针对性的气象预报服务,有必要对秋冬、冬春过渡季节中的降水相态问题做深入研究,揭示此类天气成因,提炼一些预报指标应用于实际业务。

本文针对三次典型个例,分别发生在秋冬转换季节(2011 年 11 月 28—30 日)、仲春季节(2013 年 4 月 18—20 日)和冬末时期(2015 年 2 月 19—21 日)的雨雪天气过程进行分析,三次降水相态复杂,给预报带来一定的难度。

三次过程的雨雪强度、强降雪落区、降雪持续时间均存在很大差异,而目前的社会公众及政府部门对天气预报提出了更为精细的需求,特别是对道路交通运输、电力、通信以及工农业生产等有重大影响,往往需要提供包括降水相态、降水开始和结束时间、强降雪的落区、具体降雪量的更为精细的预报。因此,有必要研究此类降水天气的特征,深入揭示此类天气的形成原因,重点揭示降水相态转换的原因。

1 资料来源、处理及技术方法

1.1 资料来源及处理

所用降水量资料、积雪深度由山西省气象信息中心提供,资料经过审核,数据无误。利用常规地面、高空观测资料进行环流背景分析,利用 NCEP/NCAR FNL 1°×1°再分析资料进行物理量诊断分析,此外还收集和分析了雷达资料。

1.2 技术方法

(1)收集、处理 3 个个例所需的常规观测资料、NCEP/NCAR FNL 1°×1°再分析资料、雷达资料以及自动站资料。

(2)分析 3 个个例的降水特征、环流形势和主要影响系统演变特点及其差异,冷空气活动特征与降水相态的关系;分析地面温度、大气层结温度变化与降水相态的关系,零度层高度变化对降水相态的影响。

(3)分析3个个例的热力、动力结构特征、演变特点和水汽输送及其与降水强度、降水量级和降水开始结束时间的关系。

(4)分析雷达回波特征以及雷达产品在此类天气中的表现。

(5)给出此类天气预报着眼点,提炼降水相态关键预报指标。

2 降水特征及环流形势特点比较

2.1 降水特征比较

(1)2011年11月28—30日(以下简称个例1):

2011年11月28日下午,降雨首先出现在晋东南地区,而大部分地区降水开始于29日早晨,主要降水时段集中在29日白天,29日08:00山西北中部以雨夹雪转雪为主,11:00—14:00南部大部分地区出现雨转雨夹雪或雪,而运城盆地仍以降雨为主。从28日20:00—29日20:00 24 h降水量(图1a)分布看出,忻州及其以南大部分地区降水量≥10 mm,吕梁西部和运城地区降水量≥20 mm,最大降水量为35.2 mm(芮城)。从图1b看出,30日08:00观测,积雪深度为0~18 cm,其中有56个站积雪深度≥5 cm,有38个站≥10 cm,主要集中在36°~39°N,范围较广,其中最大雪深18 cm出现在和顺。

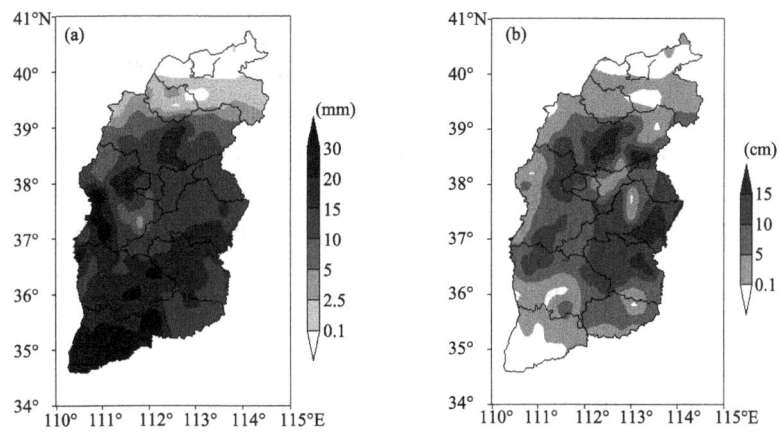

图1 2011年11月28—30日实况降水量和积雪深度
(a)28日20:00—29日20:00 24 h降水量,(b)30日08:00积雪深度

(2)2013年4月18—20日(以下简称个例2):

2013年4月18日20:00—20日08:00,山西出现一次全省性的降水过程,历时36 h,降水性质为雨—霰或冰粒—雨夹雪—雪。强降水主要出现在18日20:00—19日20:00(图2a),24 h降水量在0.2~44.5 mm,其中有60个站≥10 mm,有20个站≥20 mm,最大降水量出现在吕梁临县,暴雪区主要位于山西中部地区。18日夜间山西省西北地区开始出现降水,随着冷空气东移南压,19日02:00山西西部、北部的一些县(市)开始降水,19日05:00忻州及其以

北的大部分地区出现降雪,太原、阳泉出现冰粒和霰,南部为降雨,19 日 08:00 山西中部逐渐转为降雪,19 日 17:00 北中部部分地区出现中雪,除运城、晋城外大部分地区均为降雪,19 日 20:00 晋城北部的一些县(市)出现雨转雪,北中部降雪减弱,南部降水持续,19 日 23:00,南部降水减弱,20 日 08:00,降水过程结束。据 20 日 08:00 观测,积雪深度为 0～20 cm(图 2b),其中积雪深度≥5 cm 的有 27 站,≥10 cm 的有 14 站,最大雪深 20 cm 出现在阳泉平定。

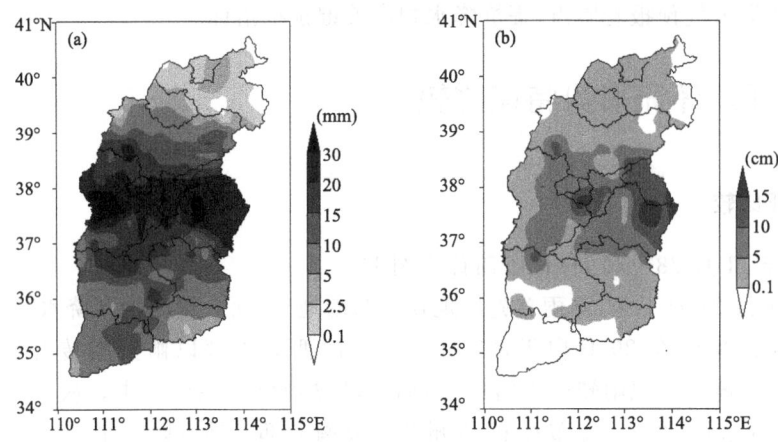

图 2　2013 年 4 月 18—20 日实况降水量和积雪深度
(a)18 日 20:00—19 日 20:00 24 h 降水量,(b)20 日 08:00 积雪深度

(3)2015 年 2 月 19—21 日(以下简称个例 3):

此次降水从 2 月 18 日夜间开始,降水首先出现西部和南部地区,由于 2015 年已取消了夜间人工观测天气现象,所以不能确定降水开始时的降水相态,从长治的逐时温度演变(图略)看出 18 日夜间温度在 1.1～5.5 ℃,有可能降水之初是雨或雨夹雪。降水主要集中在 19 日白天到夜间,除临汾、运城为雨外,其余大部分地区为纯雪,个别县(市)为雨夹雪转雪,大雪—暴雪区主要位于山西北中部,24 h 降雪量为 0.0～18.6 mm,其中有 31 个站降雪量≥5 mm,8 个站降雪量≥10 mm,最大值 18.6 mm 出现在五台山;降水持续到 20 夜间结束,20 日白天山西北

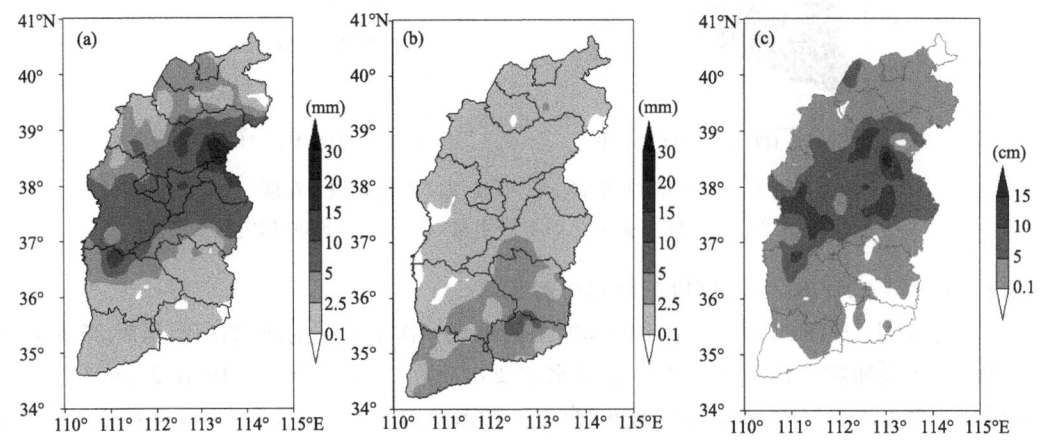

图 3　2015 年 2 月 19—20 日实况降水量和积雪深度
(a)19 日 08:00—20 日 08:00 24 h 降水量,(b)20 日 08:00—20:00 12 h 降水量,(c)20 日 08:00 积雪深度

中部为纯雪,南部为雨夹雪或纯雪,主要降水区位于山西南部(图 3b),12 h 降雪量为 0.1～6.4 mm,其中有 2 个站降雪量≥5 mm,最大值 6.4 mm 出现在长子县。20 日 08:00 观测,积雪深度≥5 cm 主要位于山西中部(图 3c),其中最大雪深为 17 cm 出现在五台山。

三次降雪过程的特点可概括为表 1。

表 1 三次降水特点比较

个例	持续时间(h)	范围	24 h 最大降水量(mm)	最大积雪(cm)	特点
1	42	全省	35.2/南部	18	发生在秋末,存在降水相态转换,持续时间较长,范围大,强度大;积雪深
2	36	全省	44.5/中部	20	发生在春季,降水相态复杂,持续时间长,范围大,强度强;积雪深
3	48	全省	18.6/北部	17	发生在冬末,持续时间长,范围大,积雪较深,但强度相对略小

2.2 环流形势特点比较

(1)个例 1

降水开始前 2011 年 11 月 28 日 08:00,500 hPa 上欧亚高纬为"一槽一脊"型,东部极涡位置偏南,同时巴尔喀什湖附近有切断低涡出现,低纬度地区有南支槽活动;20:00,内蒙古西部到甘肃东部有短波槽形成,温度槽落后于高度槽。29 日 08:00(图 4a),短波槽发展加深形成高原槽东移到河套地区,东部极涡后部、贝加尔湖高压脊前西北气流引导冷空气南下,与高原槽前的西南气流交汇于山西;20:00,系统缓慢东移,高原槽移到山西和河北交界,北中部降水趋于结束,南部降水减弱。30 日 08:00,山西转受槽后脊前西北气流控制,降水结束。

700 hPa 上,28 日 20:00,冷式切变位于河西走廊,西北涡前的偏南急流将水汽输送到河套地区。29 日 08:00(图 4a),冷式切变线位于河套到四川盆地一带,暖式切变线位于山西北部,≥12 m·s^{-1} 的低空西南急流将暖湿水汽输送到山西;850 hPa 上(图 4b),蒙古国中部到我国内蒙古中西部有闭合的高压环流,其南部为倒槽形势,高压前部的东北风携带冷湿气流(冷气团)和倒槽前部东南风(暖气团)交汇于山西南部地区。29 日 20:00,低层转为偏北风控制,降水趋于结束。

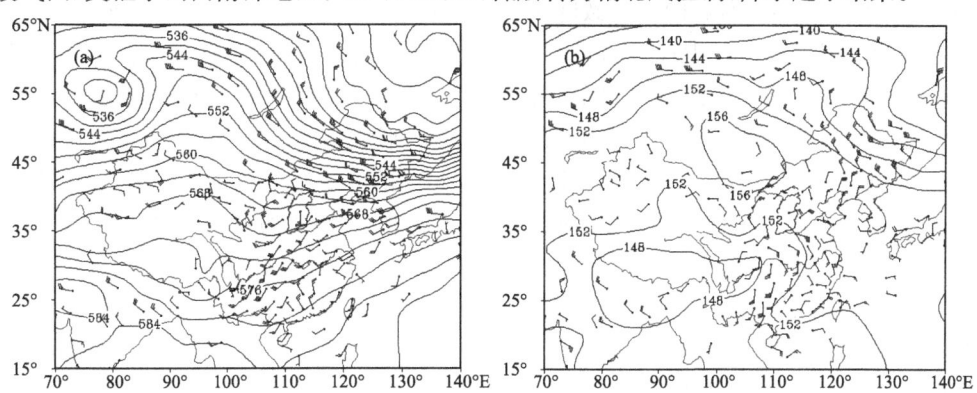

图 4 2011 年 11 月 29 日 08:00 500 hPa 高度场(等值线,单位:dagpm)和 700 hPa 风场(风向杆,单位:m·s^{-1})(a)和 850 hPa 高度场(等值线,单位:dagpm)与风场(风向杆,单位:m·s^{-1})(b)

地面与850 hPa形势类似,北高南低型,28日白天,冷高压主体位于蒙古国西部,其前部有冷空气扩散东移,并有极地冷空气南下补充,在渤海湾附近堆积后迂回到华北地区,形成典型的华北"回流"形势,同时河套地区有倒槽形成发展,山西受回流和倒槽形势的共同影响;29日02:00(图5a),这种"回流倒槽"形势发展最为强盛;随着冷空气南侵,29日11:00(图5b)开始,倒槽逐渐减弱;20:00,倒槽消失,冷高压主体南压,降水趋于结束。

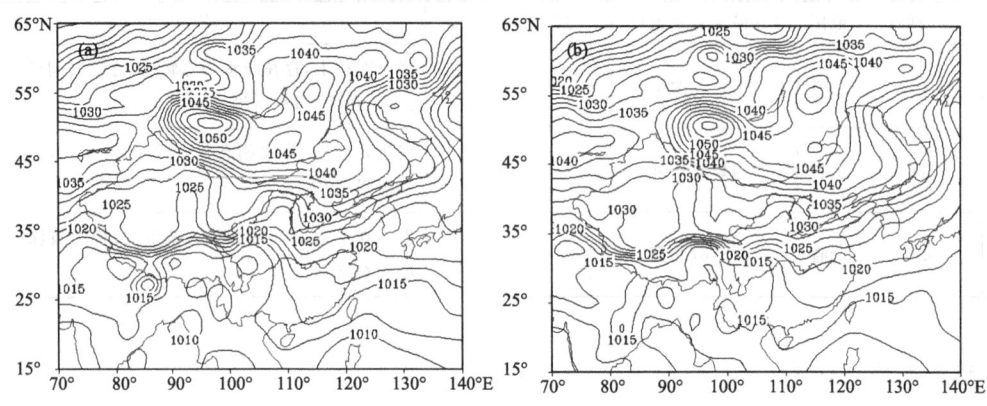

图5　2011年11月29日02:00(a)、11:00(b)海平面气压场(等值线,单位:hPa)

总之,此次降水过程,地面受倒槽和回流形势的共同影响,对应500 hPa为高原槽东移,700 hPa有西南风急流输送暖湿水汽到山西,并沿850 hPa偏东风形成的冷垫爬升,造成山西大范围雨雪天气。暴雪区位于700 hPa暖切变的南侧,低空西南风急流的左前方,850 hPa切变线右侧东北风和东南风极大风速带相交的地方,地面倒槽前部。

(2)个例2

2013年4月18日到20日(图6a),500 hPa上,欧亚中高纬呈现"两槽一脊"的环流形势,东北冷涡稳定维持并缓慢东移,同时,贝加尔湖西南侧存在短波槽,冷空气不断补充南下。18日08:00—19日08:00(图6c),随着短波槽东移,从内蒙古到山西北部形成偏西北急流,而青藏高原以东高原槽不断发展加深,山西受高原槽前不断加强的西南气流控制,冷暖空气持续交汇。

对应700 hPa和850 hPa上,18日08:00,内蒙古中东部受东北冷涡后部的西北气流控制,有明显的冷平流影响山西北部,导致降水前期温度明显下降。18日20:00,低层西北涡形成,并伴随冷暖切变线,700 hPa(图6a)上冷切变线前形成西南急流,急流头位于山西中部;850 hPa(图6b)上,冷切变线前形成偏东南急流,另外,有一支强东北气流沿渤海向山西地区输送冷空气。以上3支强气流在山西中南部耦合加强,形成强的冷暖空气交汇,造成山西大范围明显降水,强降水区主要出现在700 hPa和850 hPa的3支强气流的交汇处。19日08:00(图6c),500 hPa高原槽东移,西北急流加强,低层低涡北上,同时切变线东移,700 hPa(图6c)西南急流和850 hPa(图6d)偏东急流加强,山西中部仍位于急流交汇区,降水出现明显增幅。19日20:00—20日08:00,500 hPa高原槽、低空低涡切变线逐步移出山西,山西转受西北气流控制,降水过程逐步减弱,趋于结束。

地面图上,18日08:00开始,稳定维持在蒙古国的大陆高压受高空引导气流影响不断东移南压,冷空气不断扩散南下,沿渤海湾向华北地区输送,形成回流形势,同时,河套倒槽发展加强形成地面气旋,于18日23:00—19日02:00(图7a)达到最强,山西受回流形势和河套倒

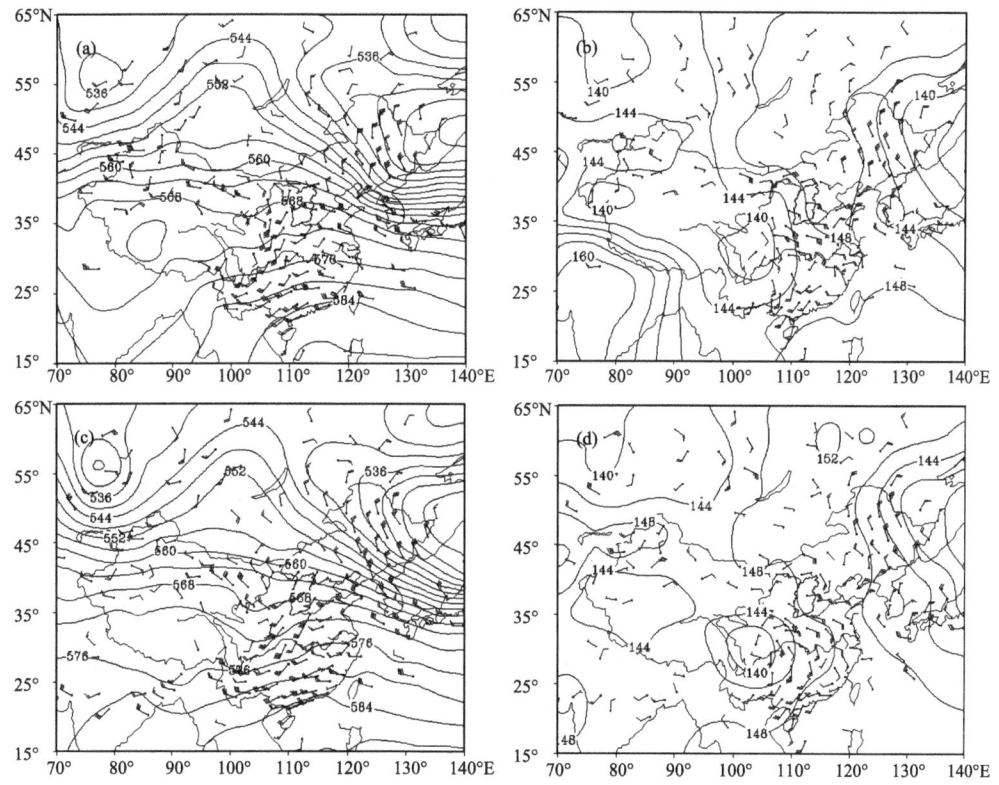

图6 500 hPa 高度场(等值线,单位:dagpm)和 700 hPa 风场(风向杆,单位:m·s⁻¹)(a,c),
850 hPa 高度场(等值线,单位:dagpm)和风场(风向杆,单位:m·s⁻¹)(b,d)
(a,b)2013 年 4 月 18 日 20:00,(c,d)2013 年 4 月 19 日 08:00

槽共同影响,这是山西冬半年暴雪天气的典型地面形势。19 日 08:00(图7b),这种回流倒槽形势稳定维持;19 日 17:00(图7c),回流冷空气继续西侵,倒槽减弱;23:00(图7d),山西受高压中心控制,降水趋于结束。

综上所述,此次暴雪过程 500 hPa 上高原槽东移发展加深、内蒙古到山西北部存在偏西北急流,700 hPa 和 850 hPa 上低涡切变线稳定维持,切变线前西南和东南急流不断加强,同时 850 hPa 上存在强偏东北气流,地面为回流和河套倒槽共同发展,强降水主要集中在 18 日夜间到 19 日白天,且具有爆发性增幅特点,暴雪位于低层 3 支强气流的交汇处。

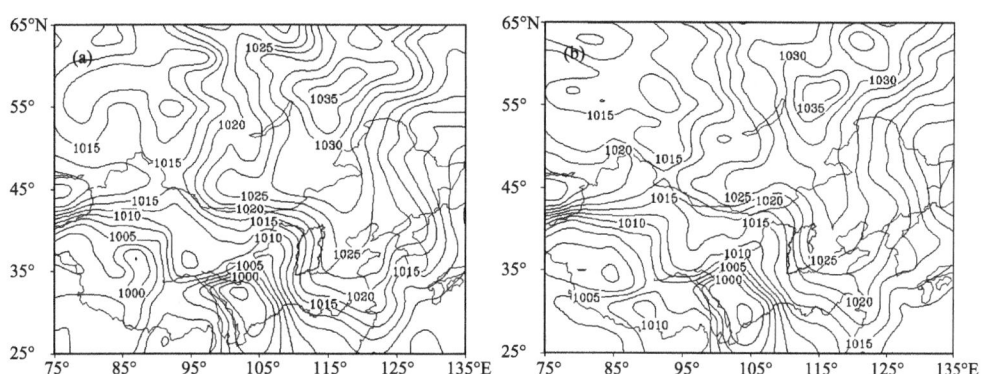

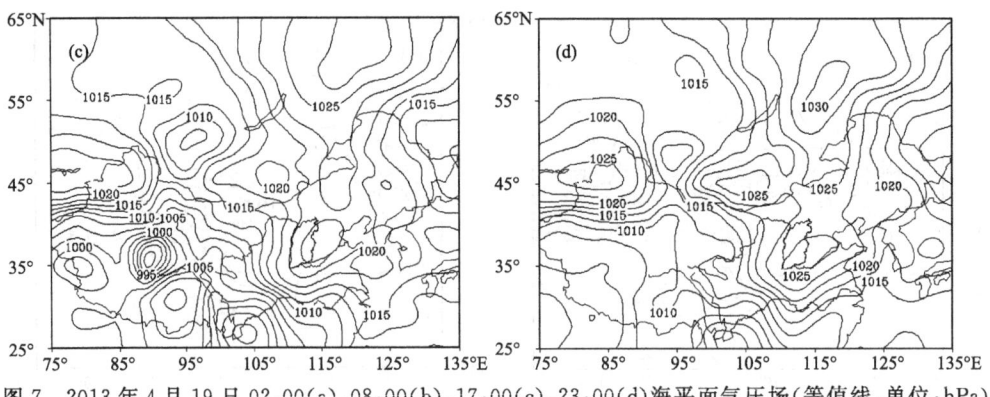

图 7 2013 年 4 月 19 日 02:00(a)、08:00(b)、17:00(c)、23:00(d)海平面气压场(等值线,单位:hPa)

(3)个例 3

2015 年 2 月 18 日 20:00,500 hPa 欧亚中高纬地区为"两脊两槽",西侧西风槽位于贝加尔湖西侧,中纬度环流多短波活动,内蒙古西部到甘肃东部有短波槽存在。19 日 08:00(图 8a),短波槽移到河套地区,同时在青藏高原东部有高原槽形成,山西处于低槽前部;20:00,西风槽东移到蒙古国西部到我国新疆东部一带,且高原槽缓慢东移发展,山西仍处于高原槽前。20 日 08:00(图 8c),系统发展,移速缓慢,导致降水持续。20:00,山西受西风槽底部偏西气流影响。21 日 08:00,西风槽切断形成蒙古冷涡,山西受蒙古冷涡底部影响。

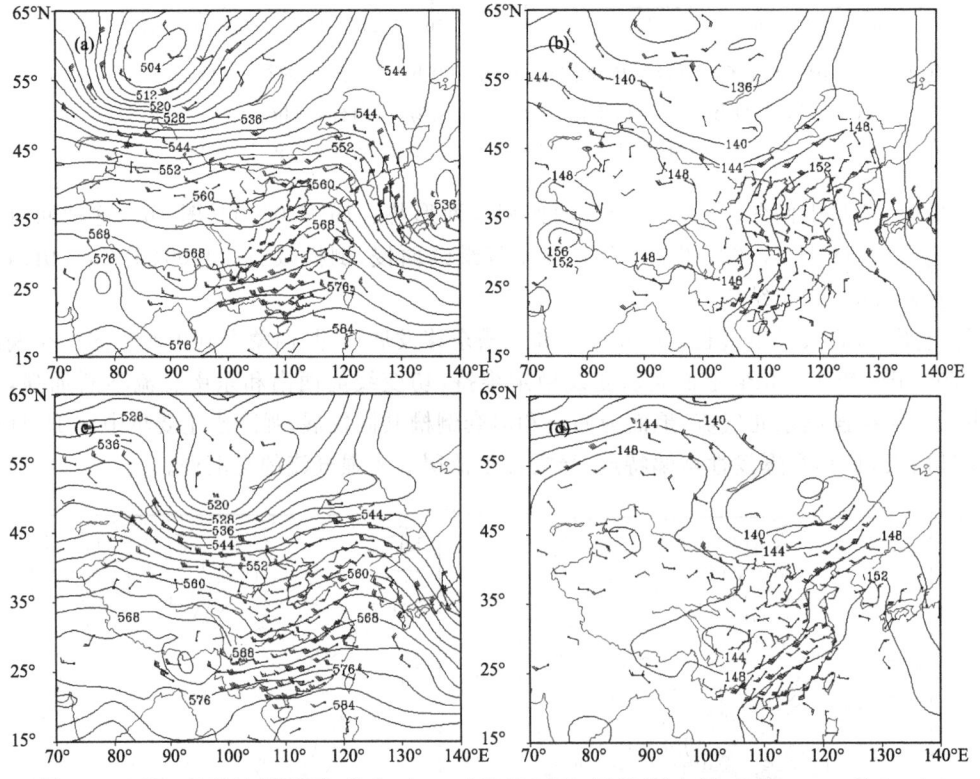

图 8 500 hPa 高度场(等值线,单位:dagpm)和 700 hPa 风场(风向杆,单位:m·s^{-1})(a,c),
850 hPa 高度场(等值线,单位:dagpm)和风场(风向杆,单位:m·s^{-1})(b,d)
(a,b)2015 年 2 月 19 日 08:00,(c,d)2015 年 2 月 20 日 08:00

对应700 hPa上,18日20:00,河西走廊有切变线存在,西南风急流将水汽输送到河套地区;19日08:00(图8a),切变线东移到河套地区,西南风急流将水汽输送到山西,急流头位于山西东北部,19日20:00—20日08:00(图8c),切变线移动缓慢,呈东北—西南向,位于山西西北部到河套南部,20日20:00,切变线过境,山西转受西北气流控制。

850 hPa上,19日08:00(图8b),切变线位于河西走廊,西南涡位于四川东部,涡前≥10 m·s^{-1}的偏南风大风速带将水汽输送到山西和河南交界。19日20:00;偏南风风速加大,形成急流,急流头位于山西和河南交界。20日08:00(图8d),切变线东移到山西西部,其右侧山西中部偏南风明显减小,降水较前期减弱。20:00,切变线东移出山西,山西转受西北风控制,降水结束。

对应地面图上,在降水前18日08:00,呈现"西低东高"的形势,山西位于东部高压后部;20:00,随着乌拉尔山高压脊发展,对应地面上有冷高压形成发展,逐渐呈现"鞍形"气压场形势,山西仍位于东部高压后部。19日08:00(图9a)—20:00(图9b),这种"鞍形"气压场稳定维持,山西仍受高压后部影响。由于系统移速缓慢,到20日08:00(图9c),东部高压入海减弱,山西基本位于鞍形场中部均压场内。20日20:00(图9d)后,由于上游冷高压发展加强,其前部不断有冷空气扩散南下到山西,山西受小高压控制,降水结束。

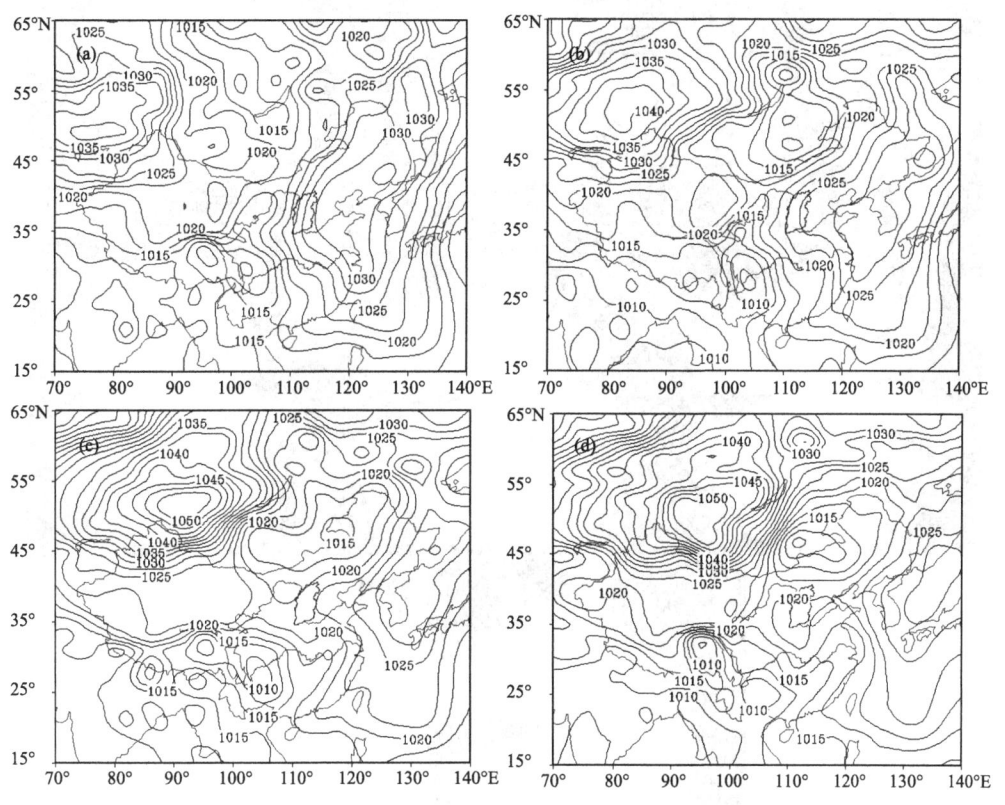

图9　2015年2月19日08:00(a)、19日20:00(b)、20日08:00(c)、20日20:00(d)
海平面气压场(等值线,单位:hPa)

综上所述,本次降水过程持续时间较长,500 hPa受短波槽和高原槽共同影响,同时低层700 hPa有切变线和低空西南风急流存在,但850 hPa影响山西的偏南风速较小(2~6 m·s^{-1}),

地面主要受高压后部影响。大到暴雪落区位于 500 hPa 槽前,低层切变线右侧、低空西南风急流的左前方。

3 雷达特征分析

3.1 基本反射率因子特征

(1)个例 1

本次降雪过程中回波于 29 日 00:00 首先出现忻州中部,回波强度不大,一般＞5 dBZ,02:30 之后强度有所增强,最强回波达 25 dBZ,05:23 之后回波减弱,同时在太原以西的吕梁地区有回波发展。07:21(图 10a)太原以西以北的回波再次发展,范围扩大,发展形成片状,自西北向东南方向移动,具有较为均匀的回波特征,均匀回波中有较强的回波单体相继发展,以层状云

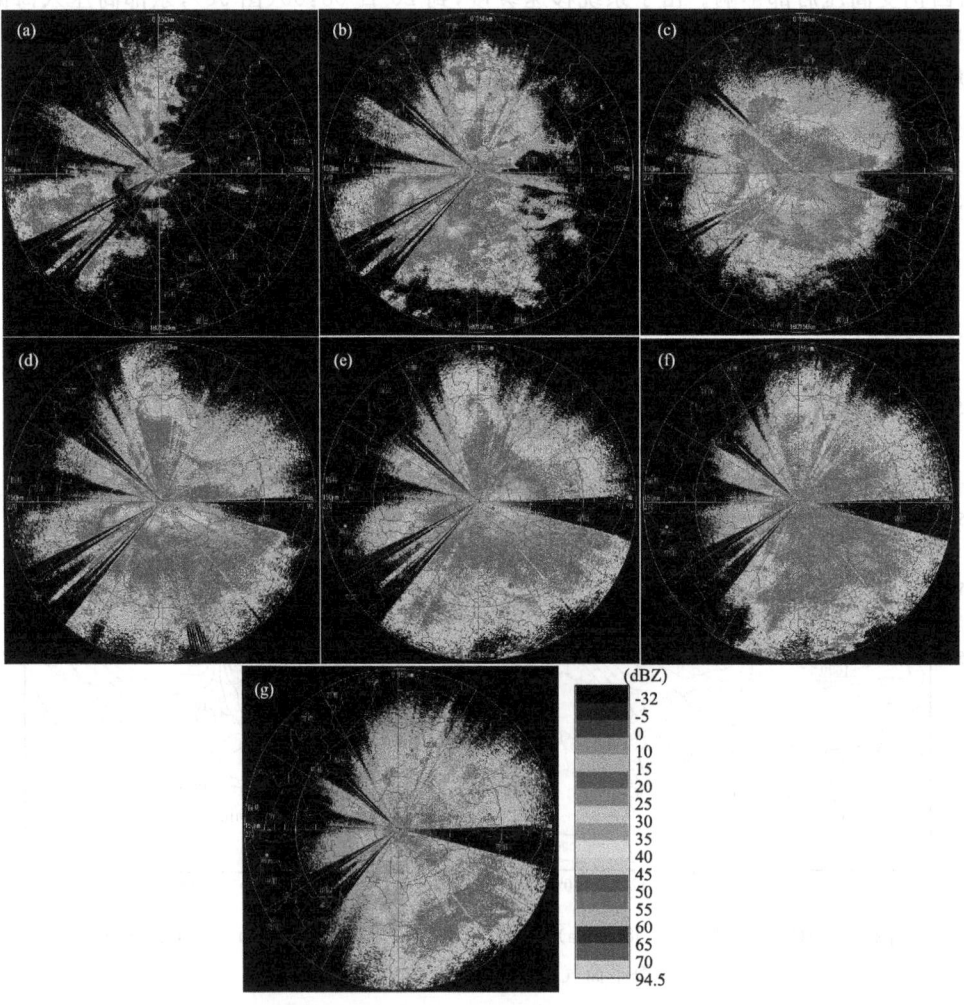

图 10　2011 年 11 月 29 日 07:21(a)、09:02(b)、10:02(c)、11:04(d)、12:00(e)、13:01(f)、14:02(g)雷达 1.5°仰角基本反射率因子演变

降水回波为主,强回波中心<35 dBZ。29 日 08:00—14:00 太原降雪强度 12 mm·(6h)$^{-1}$,07:00—13:00(图 10a,b,c,d,e,f),1.5°仰角基本反射率因子图上回波强度维持在 15 dBZ 左右影响太原,回波维持时间较长,其中有 25~35 dBZ 的较强回波移过太原上空;14:00(图 10g)后减弱为 5~10 dBZ。

由于回流冷空气的持续影响,气温较低,雪花降落到地面时仍成固态,虽然是层云降水,但在 1.5~2.4°仰角基本反射率因子图上没有零度层亮带产生。

(2)个例 2

此次降雪过程中首先在 19 日 01:00 忻州西部出现零星降水回波,回波强度达 15 dBZ 左右,之后发展形成大片片状回波,强度明显增强,03:32,在娄烦古交阳曲一带出现≥35 dBZ 的降水回波,强回波中心强度可达 45~50 dBZ,是以层状云为主的积云层状云混合降水回波。04:33(图 11a),太原附近发展形成大片积云降水回波,强回波中心强度达 50 dBZ。从 05:30 反射率因子沿强回波中心的剖面可以看出(图 11h):回波高度可达 6~8 km,≥40 dBZ 的降水

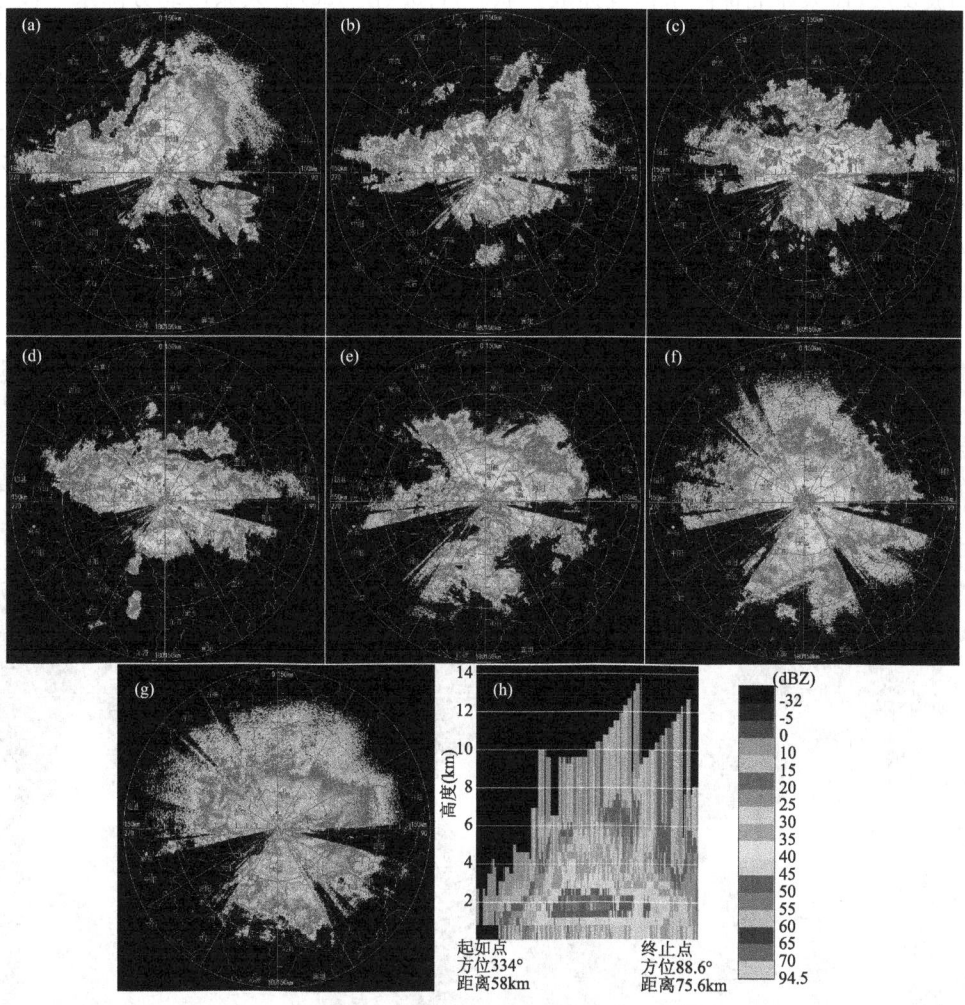

图 11 2013 年 4 月 19 日 04:33(a)、05:30(b)、06:31(c)、07:32(d)、09:04(e)、11:02(f)、12:03(g) 雷达 2.4°仰角基本反射率因子演变,05:30(h)沿强回波中心反射率因子的垂直剖面

回波集中在 1～6 km。太原附近的积云降水回波维持时间较长(图 11a,b,c,d,e,f),于 12:00 (图 11g)后逐步减弱为层云降水回波,维持到 17:00,由于高空西北风携带冷空气入侵,之后西北方降水回波减弱消失。

≥35 dBZ 的降水回波持续影响太原及其附近地区,导致 19 日 02:00—14:00,降雪强度大,尤其强度达 40～50 dBZ 的降水回波持续影响太原北部,19 日 08:00—14:00 太原北郊降雪强度 17 mm·(6h)$^{-1}$。

同个例 1 类似,受回流冷空气的持续影响,近地层气温降低,雪花降落到地面时仍成固态,虽然是层云积云混合降水,但在 1.5°～2.4°仰角基本反射率因子图上没有零度层亮带产生。回波强度明显强于个例 1。

(3)个例 3

本次降雪过程以层状云降水回波为主。29 日 09:30(图 12a)降水回波出现在太原北部和忻州交界,回波强度不大,≥15 dBZ 的回波呈块状。10:00 后(图 12b)太原以南地区逐步有零星的降水回波发展,而太原北部降水回波连成片状。11:32(图 12c)后太原西北方降水回波东移,≥15 dBZ 的回波呈块状,强回波中心强度达 25 dBZ。13:55(图 12d)太原西北方再次有零星的降水回波形成,维持到 19:00,强度不大,>5 dBZ 的回波中镶嵌着 15 dBZ 左右的块状回波。20:00 后(图 12g,h,i,j)的太原附近≥15 dBZ 的回波连成片状,影响太原地区时间较长,维持到 20 日 02:00,19 日 20:00—20 日 02:00 太原降雪强度 7 mm·(6h)$^{-1}$,之后降水回波向偏东方向移动。

综上,对比分析 3 个个例的降水回波,个例 2 降水回波最强,回波呈现片状,以积云层云混合降水回波为主;个例 1 和 3 回波较弱,以层云降水回波为主,个例 1 回波呈现片状,个例 3 回波出现块状和片状回波。

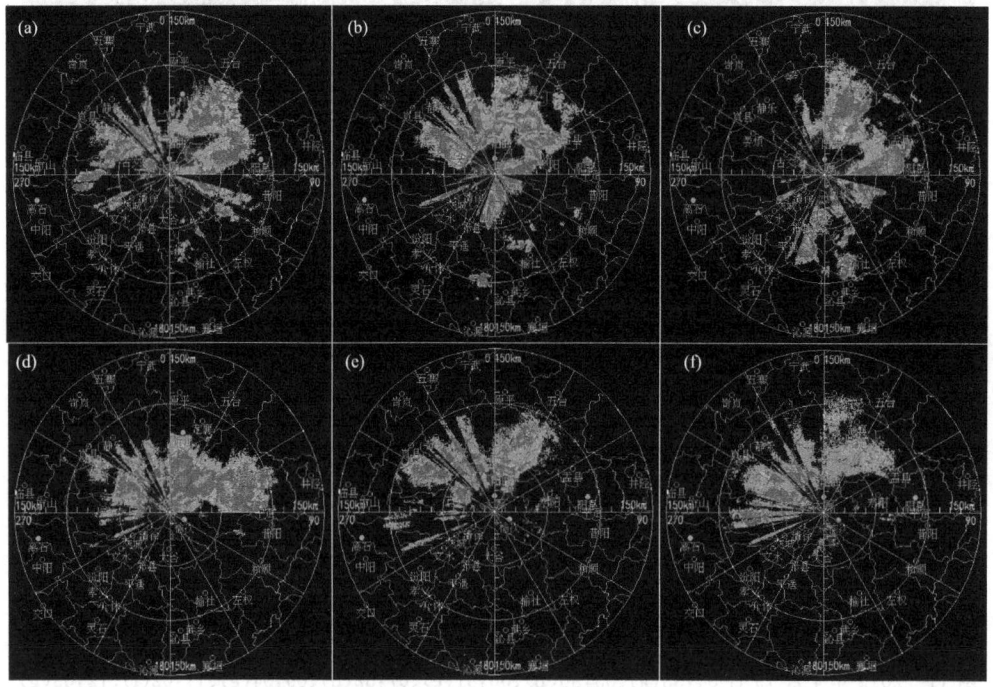

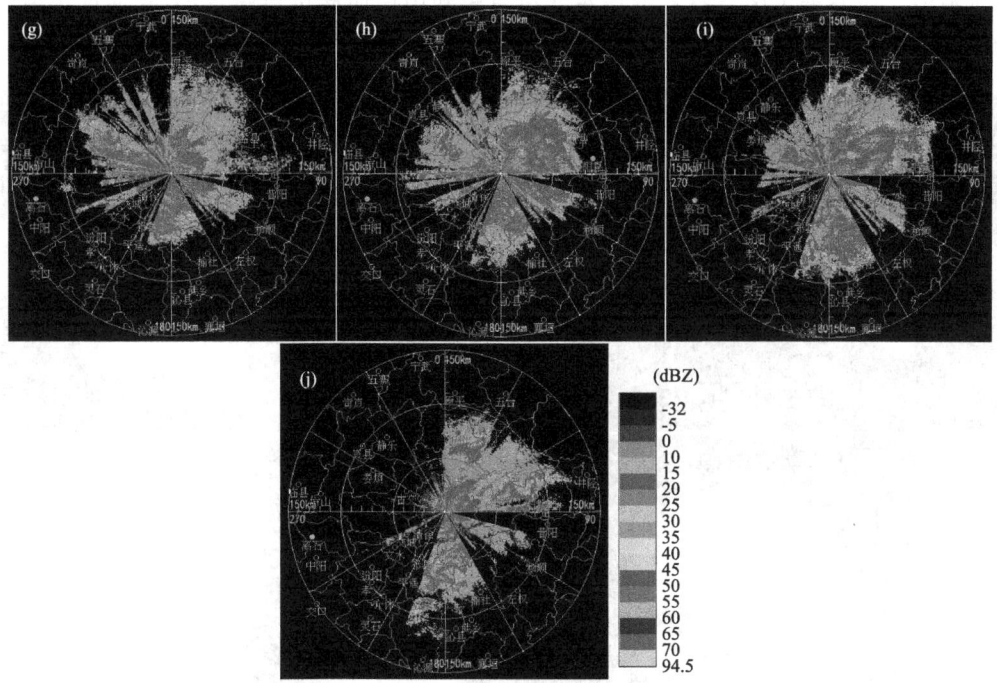

图12 2015年2月19日09:30(a)、10:31(b)、11:32(c)、13:55(d)、15:32(e)、17:30(f)、20:34(g)、22:01(h)、23:33(i)、20日01:30(j)雷达2.4°仰角基本反射率因子演变

备注:由于个例2和3太原雷达1.5°仰角受建筑物遮挡严重,故采用2.4°仰角。2015年2月18日夜间雷达关闭。

3.2 径向速度特征分析

在大(暴)雪过程中出现了"牛眼"状的径向速度分布,对应"牛眼"处都存在边界层急流,同时存在速度随高度先增后减的现象。风向都出现近180°突转,低空为东到东北风,高空为西到西南风,有风向的垂直切变。低空零速度线呈"S"型,风随高度顺时针旋转,表明有暖平流存在;零速度线不光滑;说明降雪过程中存在局部对流发生。在平面位置显示多普勒速度场中。同一种方向的速度区中出现相反方向的速度区。即正速度区中包含小块的负速度区。或负速度区中包含小块的正速度区,也就是一种方向的速度区(不跨越雷达原点)被另一种方向的速度区包围,这块被包围的速度区被称为逆风区。逆风区与外围速度场构成了辐合、辐散,或气旋、反气旋的结构。

(1)个例1

2.4°仰角的径向速度图(图13)上,29日07:00在忻州、古交、清徐一带为正速度,中心>10 m·s^{-1},其以西以南的地区均为负速度,太原附近存在速度辐合,07:21之后太原东北部负速度区和其西南部的正速度形成"牛眼型"结构(图13a,b,c,d,e),低层(1.5 km左右)偏东北风急流达12 m·s^{-1};风速随高度先增大后减小,之后再增大,中层出现>15 m·s^{-1}的西南风急流(5 km左右),14:00(图13f)低层偏东风急流减弱,中层风向转为偏西风,预示太原上空降水将减弱。随着回波向东南移动,09:02(图13b)太原北部负速度区出现了正速度,存在逆风区,阳曲和太原北部存在气旋式辐合,而阳曲北部出现明显的辐散;11:19太原北部的逆风区基本消失。29日暴雪区上空有低层东北风急流和中层西南风急流维持,零速度等值线为"S"形,风向随高度顺时针旋转,有暖平流存在,暴雪区上空有"逆风区"生消。

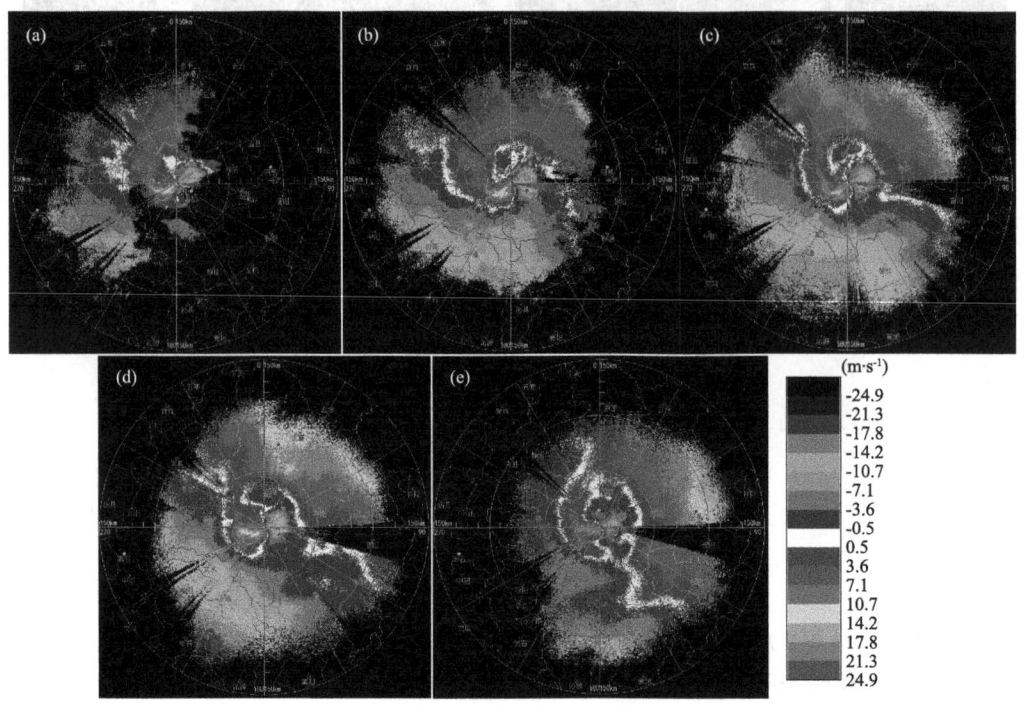

图13　2011年11月29日07:21(a)、09:02(b)、11:04(c)、12:00(d)、13:01(e)、14:02(f)雷达2.4°仰角的径向速度

(2)个例2

2.4°仰角的径向速度图(图14)上,19日04:33之后太原东部负速度区和其西部的正速度形成"牛眼型"结构(图14a,b,c),负速度中心值达13 m·s^{-1}正速度中心值达8 m·s^{-1},低层形成偏东风急流,风速随高度先增大后减小之后再增大,中层出现＞20 m·s^{-1}的偏西风急流(3.4 km左右),风向由低层偏东风顺转为中层偏西风。而10:00—14:00(图14d,e,f)低层为偏东风急流,中层转为西南风急流,这种风随高度变化的结构持续时间较长,有利于降水持续。15:00后(图14g)低层偏东风减弱为6 m·s^{-1}左右,急流消失,中层仍然为西南风急流。17:04(图14 h)低层偏东风,中层转为西北风控制,预示太原上空降水将趋于结束。

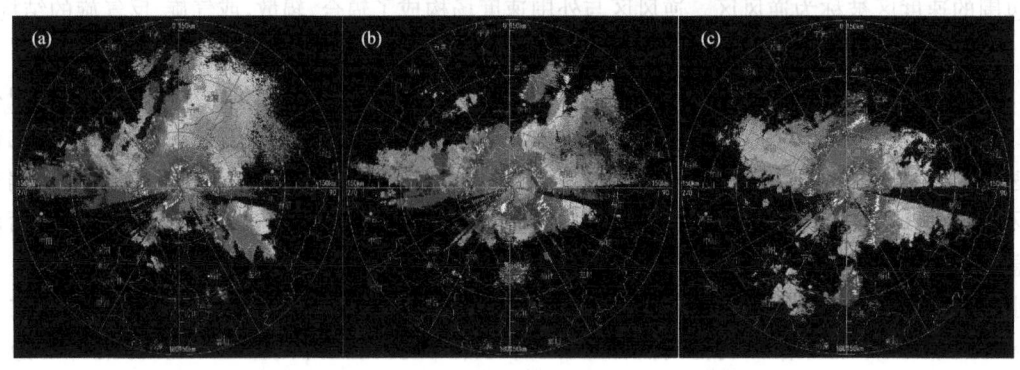

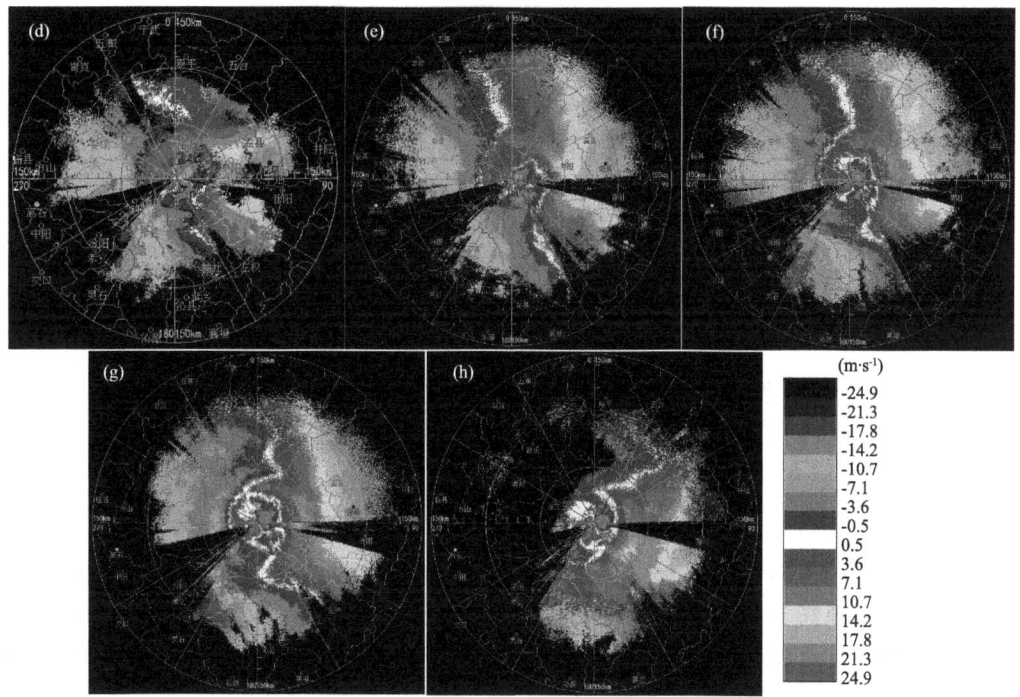

图 14 2013 年 4 月 19 日 04:33(a)、05:30(b)、08:03(c)、10:06(d)、13:01(e)、14:01(f)、15:02(g)、17:04(h)雷达 2.4°仰角的径向速度

(3)个例 3

2.4°仰角的径向速度图(图 15)上,19 日 09:30 后(图 15a,b,c,d,e)太原上空低层为东南风,风向随高度顺转西南风,有暖平流存在;风速随高度增大,3 km 高度附近有≥12 m·s^{-1} 西南风急流。此种风场特征维持到 20 日 02:00,之后由于太原以西降水不存在降水回波,径向速度图上风场信息显示不完整。

综上所述,个例 1 和 2 径向速度图上低层出现"牛眼型"结构,有偏东风急流存在,风向随高度顺转,有暖平流,风速随高度先增大后减小再增大,上层有西南风急流存在。个例 3,风速随高度增大,风向由低层东南风顺转为西南风,并有西南风急流存在。雷达回波特征和风场信息作为常规观测实况信息的补充,可以判断降水的开始和结束时间,当西北风入侵时,预计降水将减弱结束。

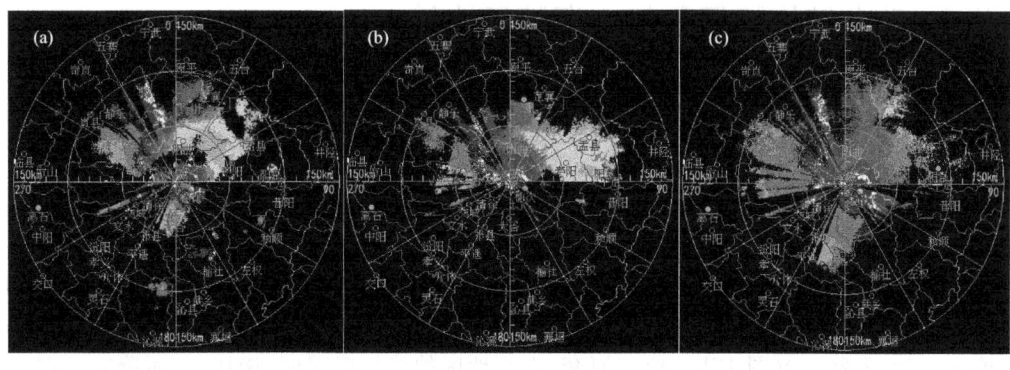

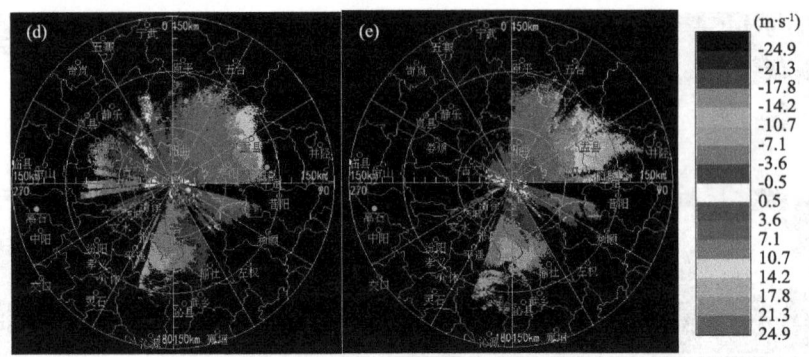

图15 2015年2月19日10:31(a)、13:55(b)、20:03(c)、22:31(d)、20日01:30(e)
雷达2.4°仰角的径向速度

3.3 回波顶高度

由图16看出:个例1回波顶高≥2 km,多为3 km,最高达4~5 km。个例2回波顶高≥3 km,积云回波顶高多为5~7 km,最高达8 km。个例3回波顶高2~3 km。因此,降雪过程中回波顶较低,层云回波顶高一般为3 km左右,最高可达4~5 km;积云回波顶高为5~6 km,最高可达7~8 km。

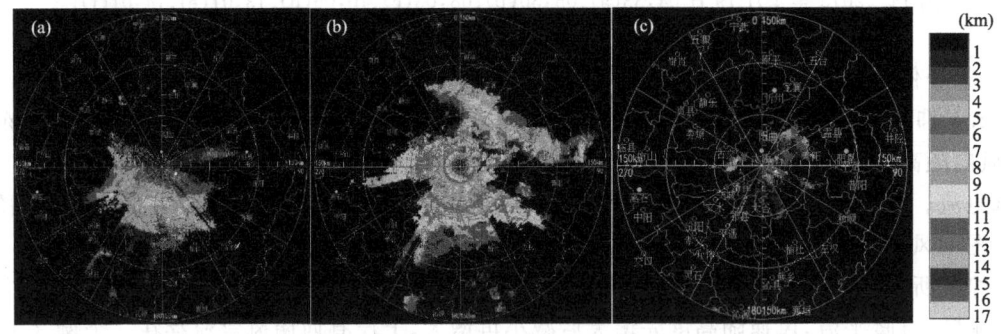

图16 2011年11月29日10:02(a)、2013年4月19日10:00时(b)、
2015年2月19日22:01时(c)回波顶高

4 热力、动力结构特征及其水汽特征比较

4.1 热力结构特征比较

4.1.1 假相当位温(θ_{se})

(1)个例1

28日14:00,强降雪开始前,850 hPa河套地区出现伸向山西的高能舌,呈"Ω"型结构,20:00(图17a),能量锋区等值线梯度加大,未来12 h后强降雪出现在高能轴的东南侧,能量梯度大值区。29日20:00(图17b),位于河套、山西地区的能量锋减弱、南压,预示降雪减弱。

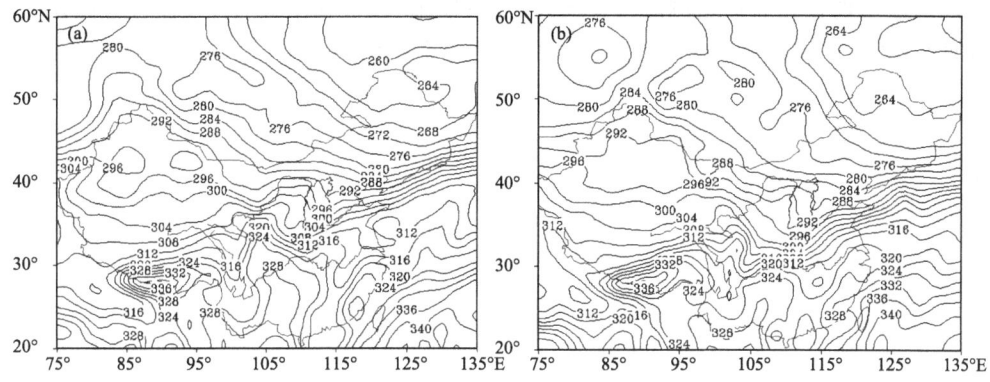

图 17 2011 年 11 月 28 日 20:00(a)、29 日 20:00(b)850 hPa 假相当位温(单位:K)

(2) 个例 2

18 日 08:00(图 18a)强降雪开始前,850 hPa 上,在(95°~125°E,35°~40°N)区域出现能量梯度密集带,此时能量舌位于河套和山西地区,呈"Ω 型"结构;20:00(图 18b),能量舌继续北伸,经向度加大;在未来 12 h 后强降雪出现在高能轴的东侧、能量梯度大值区。19 日 08:00(图 18c),高能舌继续维持在河套地区,但是高能量轴两侧能量梯度减小,12 h 后降雪减弱。

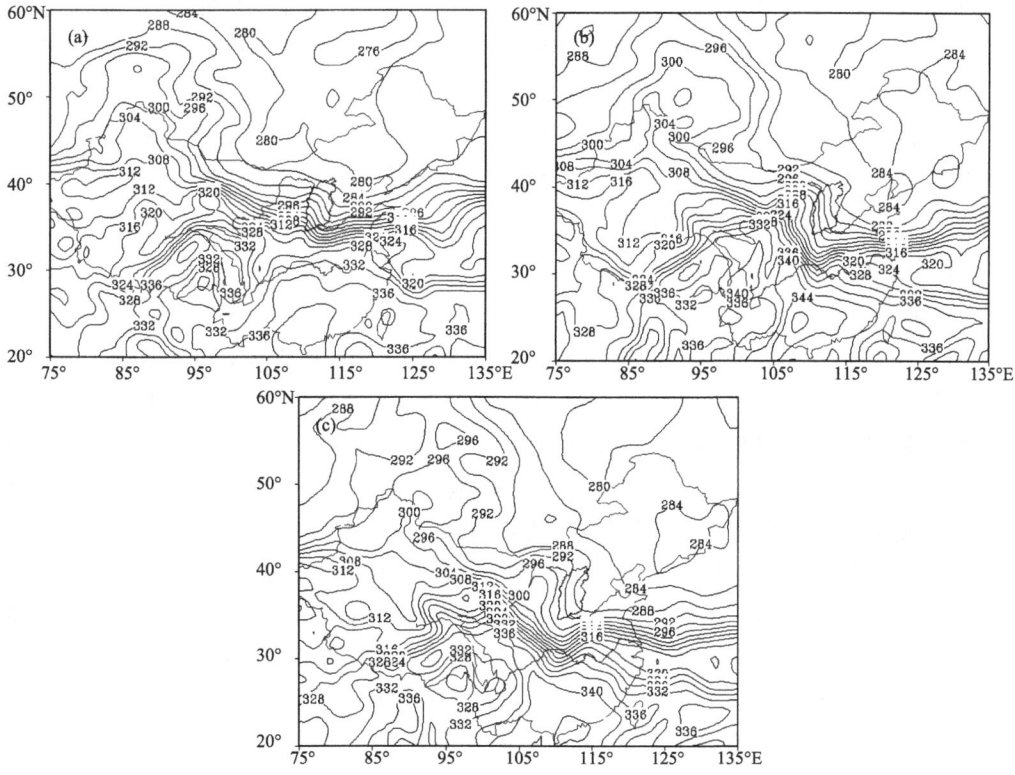

图 18 2013 年 4 月 18 日 08:00(a)、20:00(b)、19 日 08:00(c)850 hPa 假相当位温(单位:K)

(3) 个例 3

18 日 20:00(图 19a)强降雪开始前,850 hPa 上,河套地区出现高能舌,呈"Ω"型结构,未来

12 h 后强降雪出现在高能轴东侧能量梯度大值区;19 日 08:00(图 19b),随着高能舌继续向东北方向伸展,降雪持续。到 20 日 20:00,随着上游冷空气的东移南下,高能区迅速东移,降雪结束。

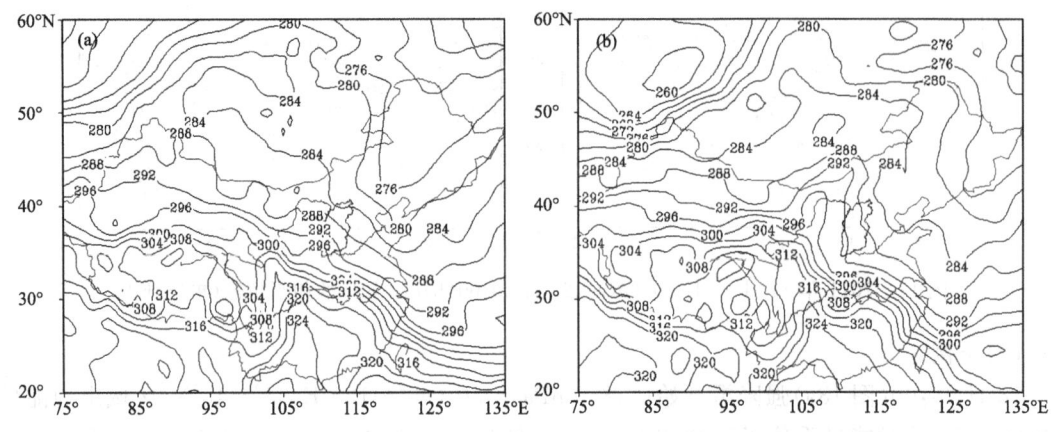

图 19 2015 年 2 月 18 日 08:00(a)、19 日 08:00(b)850 hPa 假相当位温(单位:K)

比较 3 个个例,降雪前 12 h,河套地区均出现"Ω"型结构的高能舌,大雪或暴雪的落区均位于高能轴东南侧、能量梯度大值区。个例 1,"Ω"型径向度小,能量梯度较大,持续时间较长,因此降雪强度大;个例 2,Ω 型径向度和能量梯度都较个例 1 大,持续时间较长,因此降雪强度大;个例 3,"Ω"型径向度大,持续时间长,但能量梯度小,因此降雪强度小于个例 1 和个例 2,但持续时间长。可见,"Ω"型结构的能量分布的出现,对大雪以上天气有指示意义,降雪落区与高能轴位置关系密切;降雪强度与"Ω"型结构的强弱有关,即能量梯度越大,降雪强度越强;降雪持续时间与"Ω"型结构持续时间呈正比。

4.1.2 温度平流

(1)个例 1

28 日 08:00,700 hPa 有暖平流输送到山西,850 hPa 上有冷平流输送到山西;20:00(图 20a),850 hPa 冷平流增强,冷平流中心位于山西中部,强度达-20×10^{-5} K·s^{-1}。29 日 08:00(图 20b),随着 700 hPa 上暖平流增强,强降雪出现,暖平流中心有两个,一个位于山西中部,强度达 12×10^{-5} K·s^{-1},另一个位于晋东南地区,而 850 hPa 的冷平流较前期减弱;20:00,700 hPa 山西转受冷平流影响,降水减弱结束。

暴雪区域上空过(112.5°E,36.5°N)作温度平流以及相对湿度随时间的演变(图 20c),可以看出:28 日强降雪前一日,山西低层 800 hPa 以下均有冷平流侵入,形成"冷垫",冷垫厚度一般达 800 hPa,而中层为暖平流。强降雪期间,"冷垫"一直存在,对流层中层暖平流增强。随着对流层中低层强冷空气的侵入,山西上空整层为强冷平流区控制时,强降雪结束。结合湿度场分析表明,"冷垫"区为湿度大值区,其值一般大于 70%,因此,此"冷垫"为"湿冷垫"。

(2)个例 2

18 日 08:00 强降雪出现前,700 hPa 有暖平流输送到山西,中心位于山西北部,强度达 28×10^{-5} K·s^{-1},850 hPa 有冷平流输送到山西,大值区位于山西中南部,中心强度达-40×10^{-5} K·s^{-1}。19 日 08:00,随着强降雪来临,700 hPa(图 21a)暖平流南压到山西中南部,中

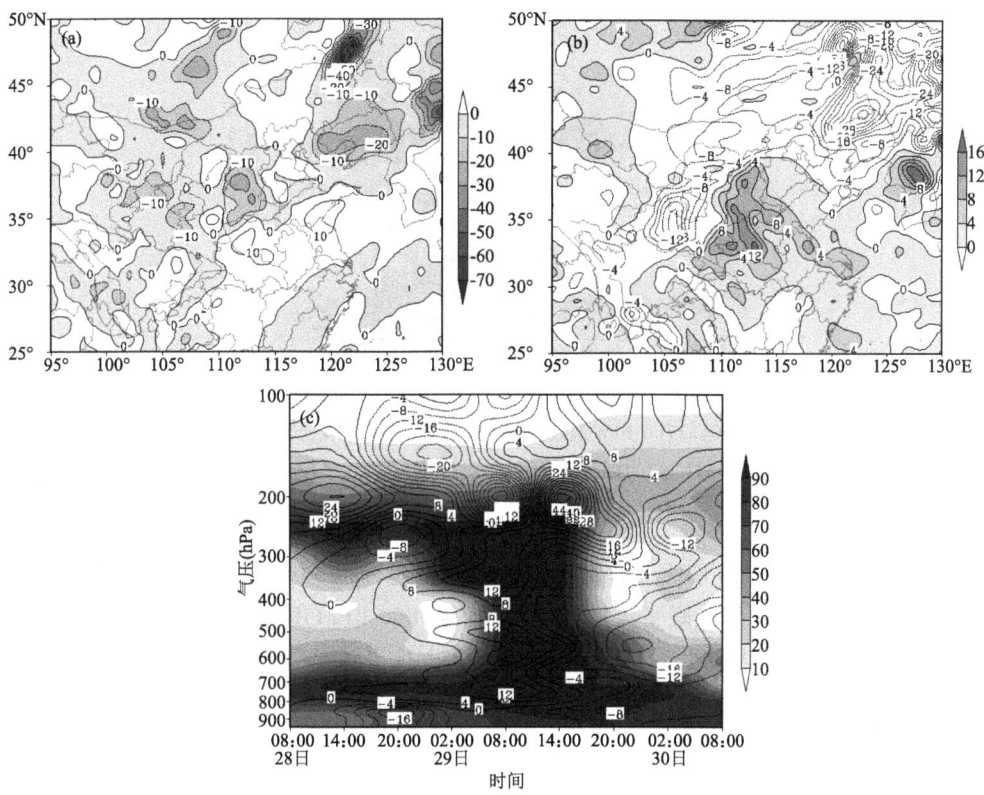

图 20 2011 年 11 月(a)28 日 20:00 850 hPa 温度平流(等值线,单位:10^{-5} K·s^{-1}),(b)29 日 08:00 700 hPa 温度平流,(c)沿暴雪区域(112.5°E,36.5°N)的温度平流和相对湿度(阴影,单位:%)的高度—时间剖面

位于山西晋中地区,强度增强,达 42×10^{-5} K·s^{-1},850 hPa 上(图 21b),山西北部冷平流增强,南部冷平流减弱;20:00,700 hPa 上,山西转为冷平流影响,降水减弱结束。

从温度平流随时间的演变(图 21c)可以看出:强降雪出现前一日,800 hPa 以下为干冷平流;随着 700 hPa 暖平流逐渐增强,800 hPa 转为湿冷平流,形成"湿冷垫",强降雪出现。强降雪期间,"湿冷垫"一直存在。随着对流层中低层强冷空气的侵入,山西上空整层为强冷平流区控制时(图略),强降雪结束。

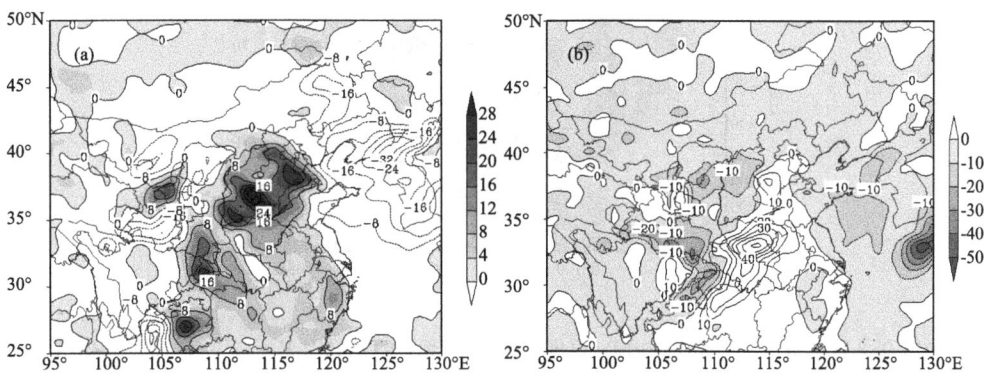

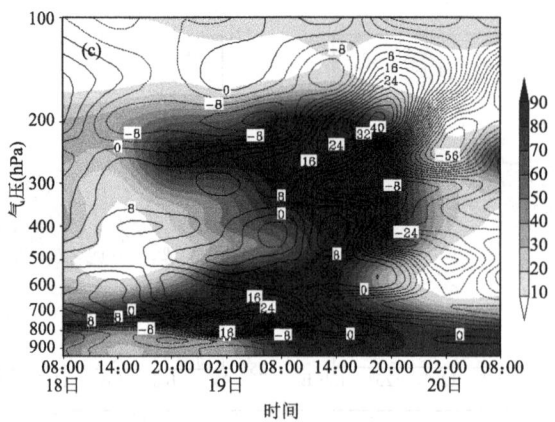

图 21 2013 年 4 月 19 日 08:00(a)700 hPa 温度平流(等值线,单位:10^{-5} K·s^{-1}),(b)850 hPa 温度平流,(c)沿暴雪区域(112°E,37°N)的温度平流和相对湿度(阴影,单位:%)的高度—时间剖面

(3)个例 3

强降雪出现前一日,700 hPa 上有暖平流输送到山西,而 850 hPa 有干冷平流输送到山西。19 日 08:00(图 22a),700 hPa 暖平流增强,降水增强,850 hPa(图 22b)由于风速较小,山西中部有弱冷平流,其余地区为暖平流。20 日,700 hPa 上冷平流从山西西北部入侵,逐渐控制山西,暖平流高度下降;到 20:00,山西上空整层转为冷平流影响,降雪结束。

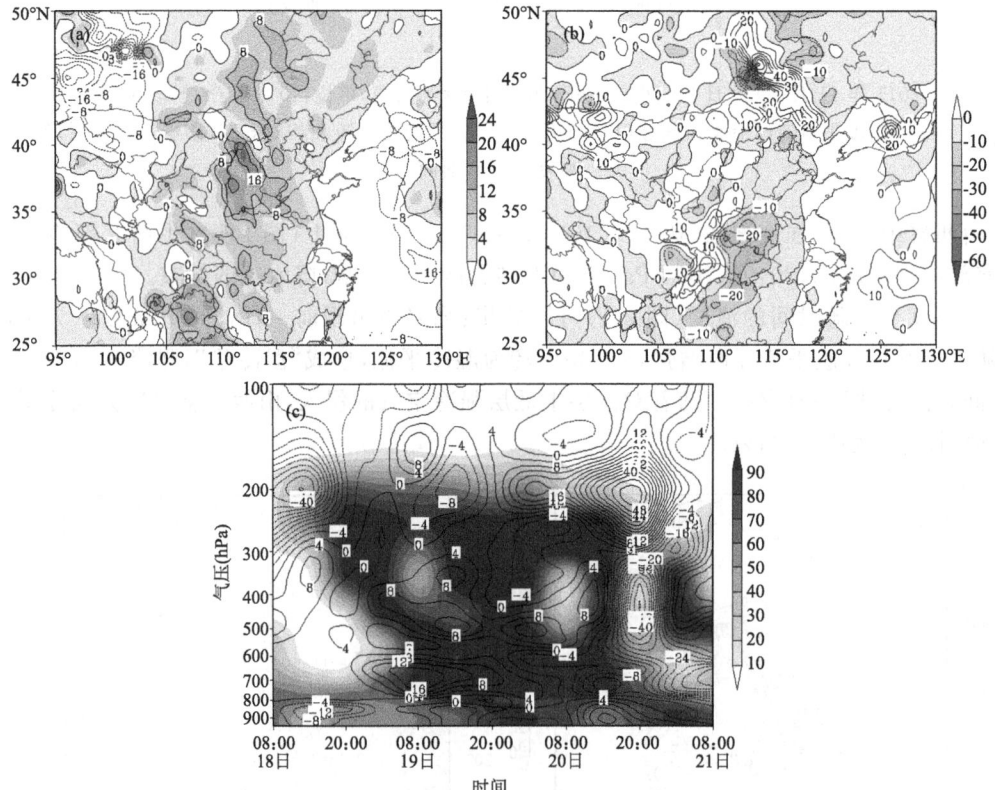

图 22 2015 年 2 月 19 日 08:00(a)700 hPa 温度平流(等值线,单位:10^{-5} K·s^{-1}),(b)850 hPa 温度平流,(c)沿暴雪区域(112.5°E,37.5°N)的温度平流和相对湿度(阴影,单位:%)的高度—时间剖面

由温度平流随时间的演变(图22c)可以看出:强降雪出现前一日,800 hPa 以下为干冷平流;随着700 hPa 暖平流逐渐增强,强降雪出现,800 hPa 以下冷平流较弱。随着对流层中低层强冷空气的侵入,山西上空整层为强冷平流区控制时(图略),强降雪结束。

前两个个例的共同点为:强降雪前一日,山西低层800 hPa 以下均有冷平流侵入,形成"冷垫",冷垫厚度一般达 800 hPa,而中层为暖平流,随着对流层中层暖平流增强,低层冷平流减弱,强降雪出现。强降雪期间,"湿冷垫"一直存在。随着对流层中低层强冷空气的侵入,山西上空整层为强冷平流区控制时,强降雪结束。而个例3,不存在偏东风形成的"湿冷垫",但强降雪出现时,对流层中层暖平流较前期增强,这一特点同前两个个例类似。

不同点为:根据图20c、图21c和图22c得出,强降雪出现时,"冷垫"厚度差异不明显,但平流强度存在明显差异,个例1,"湿冷垫"中心强度较大,小于-4×10^{-5} K·s^{-1},暖平流中心强度也较大,大于12×10^{-5} K·s^{-1},且大于冷中心强度。个例2,"湿冷垫"中心强度大,小于-12×10^{-5} K·s^{-1},暖平流中心强度也大,大于32×10^{-5} K·s^{-1},大于冷中心强度。个例3,以中层暖平流增强为主,低层平流较弱,暖中心强度较大,大于16×10^{-5} K·s^{-1}。可见,强降雪出现时,对流层中层暖平流增强,当存在"湿冷垫"时,且暖平流越强,降雪强度越大。

湿冷垫的作用:(1)动力抬升,暖湿空气沿冷垫爬升,有利于降水出现。(2)同时可输送水汽到降水区,有利于降水增强,在降水粒子下落经过湿冷垫时,不利于"升华"成水汽。

4.2 动力结构特征比较

4.2.1 暴雪区散度垂直结构

分别沿大(暴)雪区上空112°E、111°E、112°E作散度垂直剖面,分析其演变发现,强降雪前12 h,3个个例均存在低层辐合、高层辐散的垂直结构,但辐合、辐散层厚度及其中心强度差异较大。

个例1:28日20:00(图23a),山西上空(35.5°~41°N)低层辐合主要集中在800 hPa 以下,中心强度为-4×10^{-5} s^{-1},中高层辐散层达到300 hPa。29日08:00(图23b),低层辐合和高层辐散明显增强,且高层辐散中心位于250 hPa附近,强度达8×10^{-5} s^{-1},低层辐合厚度较前期增加,辐合中心位于800 hPa,强度为-5×10^{-5} s^{-1},且低层辐合小于高层辐散,抽吸作用明显,有利于降水的增强。29日20:00,低层已转为辐散,降水结束。

个例2:18日08:00,低层700 hPa 以下已出现辐合,20:00(图23c)低层辐合明显增强,中心位于750 hPa,强度为-3×10^{-5} s^{-1},750 hPa 以上为辐散层,辐散高度达到200 hPa。19日08:00(图23d),低层辐合和高层辐散均明显增强,低层辐合高度伸展到550 hPa,中心位于750 hPa,强度达-5×10^{-5} s^{-1},高层辐散中心位于250 hPa附近,强度达8×10^{-5} s^{-1},高层辐散大于低层辐合,抽吸作用明显,有利于降水的增强。19日20:00,低层辐合高度下降,强度减弱,辐散层高度也下降,降水趋于减弱结束。

个例3:18日14:00(图略),大雪区上空低层辐合主要集中在750 hPa 以下,中心位于850 hPa,强度为-2×10^{-5} s^{-1}。19日08:00(图23e),低层辐合厚度增加,中心位于750 hPa,强度达-5×10^{-5} s^{-1},600 hPa 以上为辐散层,高度达200 hPa,中心强度为3×10^{-5} s^{-1}。20日08:00(图23f),低层辐合高度下降到800 hPa以下,高层辐散高度下降到500 hPa,且辐合辐散中心强度减弱,降水明显减弱。

可见,3个个例散度的垂直结构存在较大差异,降雪量与辐合、辐散层厚度及其中心强度

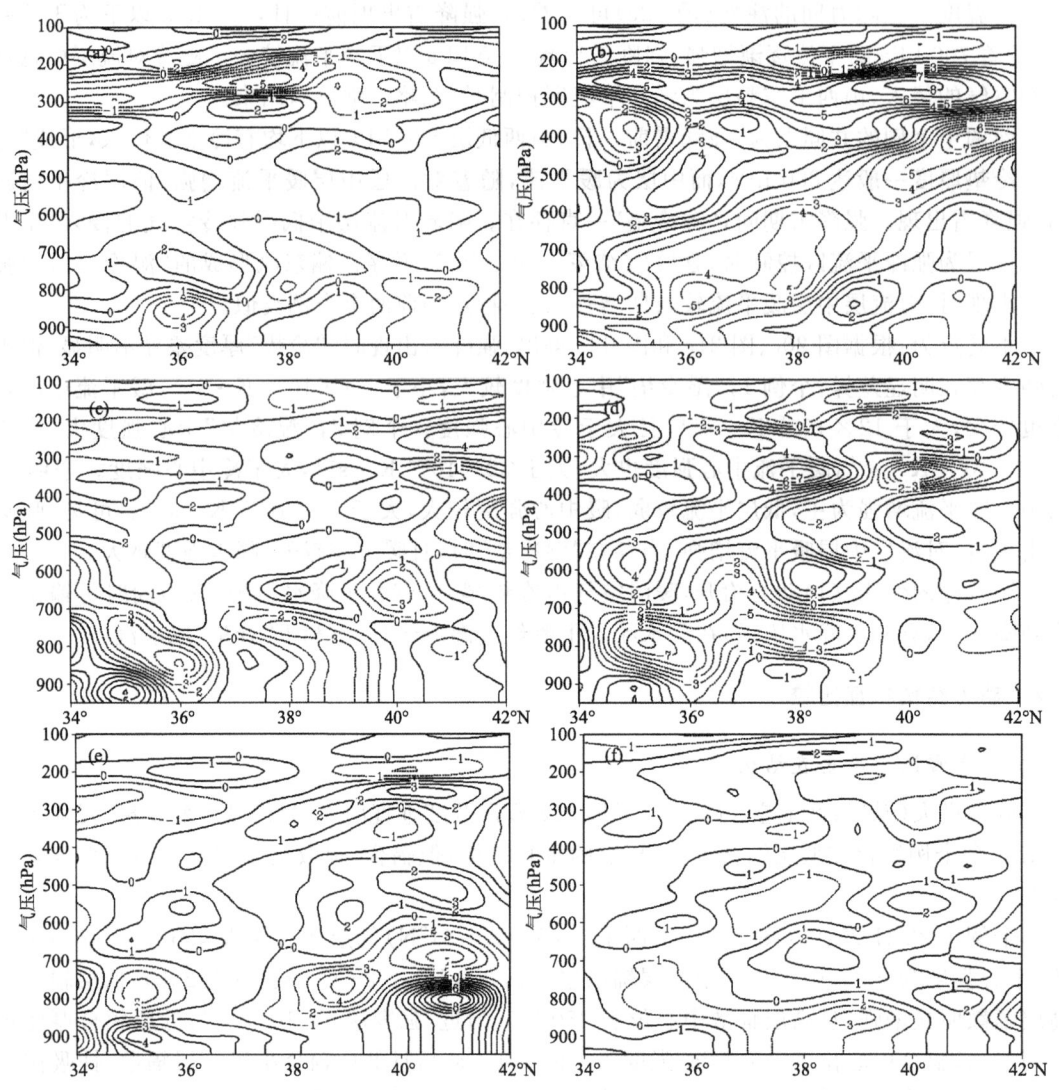

图 23　2011 年 11 月 28 日 20:00(a)、29 日 08:00(b),2013 年 4 月 18 日 20:00(c)、19 日 08:00(d),
2015 年 2 月 19 日 08:00(e)、20 日 08:00(f),大(暴)雪区上空分别沿 112°E、111°E、112°E 散度
垂直剖面(单位:$10^{-5}\ s^{-1}$)

关系密切。低层辐合、高层辐散结构维持时间越长,降雪时间也较长。高层辐散大于低层辐合,抽吸作用明显,有利于降水增幅,随着辐合、辐散高度下降,降雪减弱结束。

另外,沿暴雪区作高度—经度剖面(图略),也存在类似的特点。

4.2.2　垂直速度结构特点

分别沿大(暴)雪区上空 36.5°N、37.5°N、37.5°N 作垂直速度的垂直剖面,分析其演变发现,强降雪前 12 h,暴雪区上空均出现上升运动,但上升运动高度、中心强度差异较大。

个例 1:28 日 14:00(图 24a),暴雪区长治上空对流层中低层出现上升运动,上升运动高度伸展至 500 hPa,最大上升运动中心达到 700 hPa,中心强度为 $-0.6\ Pa \cdot s^{-1}$;20:00,垂直上升运动向上伸展到 200 hPa。29 日 08:00(图 24b),垂直上升运动增强,最大上升运动中心达到

600 hPa，中心强度-1.2 Pa·s^{-1}但对流层低层700 hPa以下出现下沉运动，这与华北回流形势有关，近地层偏东风为湿冷垫，空气质量大，形成下沉运动，并迫使暖湿空气抬升；14：00，垂直上升运动区略东移，111.5°E以东地区为上升运动区，以西为下沉运动；20：00，垂直上升运动区继续东移到114°E以东，山西降水趋于结束。此次过程28日夜间开始出现降水，29日白天出现强降雪，29日夜间降雪趋于结束。

个例2：18日20：00（图24c），暴雪区上空800 hPa以上出现上升运动。19日08：00（图24d），垂直上升运动明显增强，高度伸展到300 hPa，最大上升运动中心达到450 hPa，中心强度为-1.6 Pa·s^{-1}，预示着强降雪的出现，同个例1类似，700 hPa以下出现下沉运动，与华北回流形成的湿冷垫有关；14：00，对流层中上层仍维持垂直上升运动，但强度较前期减弱，低层出现下沉运动；20：00，上升运动迅速减弱转为下沉运动，降水结束。

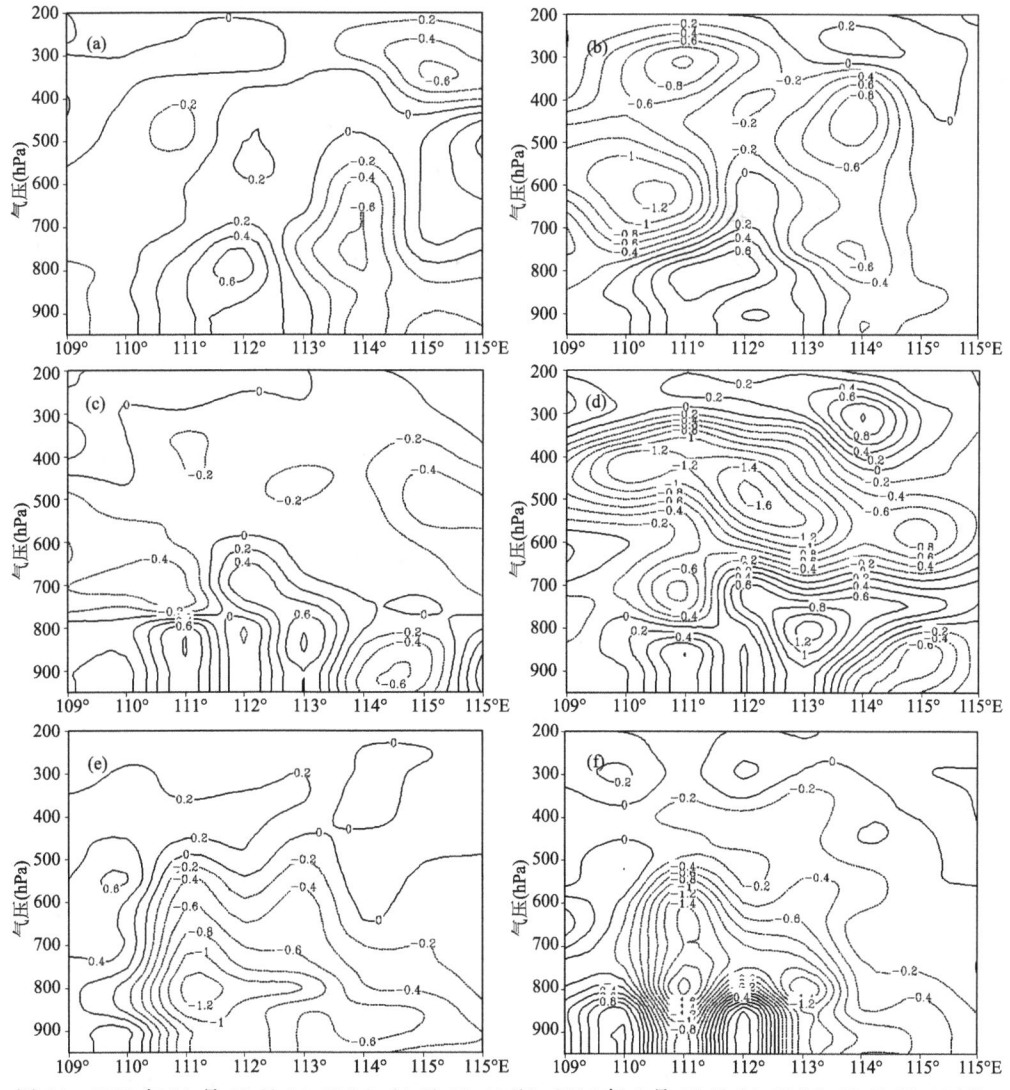

图24 2011年11月28日14：00(a)、29日08：00(b)、2013年4月18日20：00(c)、19日08：00(d)、2015年2月18日08：00(e)、19日08：00(f)分别沿大(暴)雪区上空36.5°N、37.5°N、37.5°N作垂直速度垂直剖面(单位：Pa·s^{-1})

个例 3:18 日 08:00(图 24e),大雪区上空对流层中低层 500 hPa 以下出现上升运动,最大上升运动中心达到 800 hPa,中心强度为 -1.2 Pa·s^{-1};20:00,垂直上升运动高度向上伸展到 300 hPa。19 日 08:00(图 24f),垂直上升运动维持,中心位于 800 hPa 附近,强度增强到 -1.8 Pa·s^{-1},19 日白天到夜间出现强降雪。20 日 08:00,垂直上升运动较前期明显减弱,预示降水减弱。

由上述分析可知,强降雪前 12 h,大(暴)雪区上空均出现上升运动,随着上升运动的增强,降雪增强,降雪量与上升运动伸展高度、中心强度有关;降雪持续时间与上升运动持续时间密切相关,个例 1、个例 2 由于近地层的湿冷垫形成下沉运动,迫使暖湿空气抬升,垂直上升运动伸展高度较高。

4.3 水汽通量和水汽通量散度的演变

水汽是降水形成的一个必要条件,水汽输送通道的建立对大到暴雪的产生至关重要。计算对流层中低层水汽通量和水汽通量散度场,并分析其演变。

(1)个例 1

强降雪发生前,28 日 20:00(图略),700 hPa 由西南风急流将水汽从孟加拉湾输送到华北西部,山西北中部存在水汽辐合;850 hPa 上,水汽通道有两条,一条来源于渤海湾由东北风转偏东风的水汽输送,一条来源于东海由东南风转偏东风的水汽输送,两者在山西交汇,并在晋西南地区形成强的辐合中心,强度达 -15×10^{-8} g·cm^{-2}·(hPa·s)$^{-1}$。29 日 08:00(图 25a),

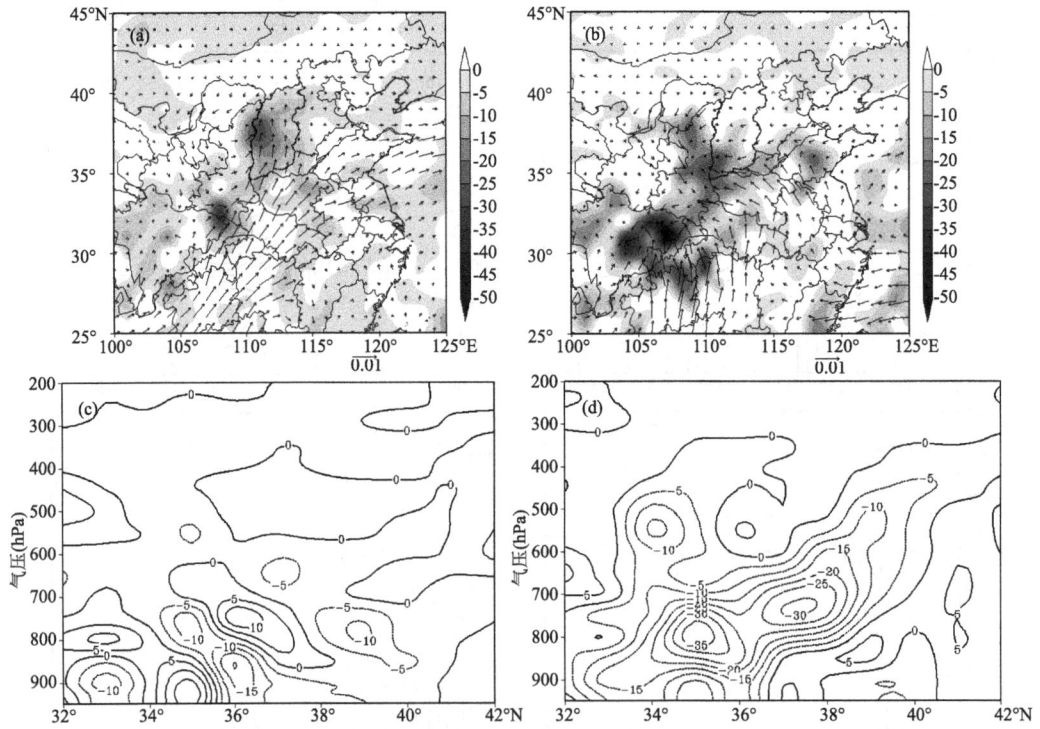

图 25　2011 年 11 月 29 日 08:00 的 700 hPa(a)、850 hPa(b)水汽通量(箭头,单位:g·(cm·hPa·s)$^{-1}$)和水汽通量散度(阴影,单位:10^{-8} g·cm^{-2}·(hPa·s)$^{-1}$);28 日 20:00(c)、29 日 08:00(d)沿 111°E 水汽通量散度垂直剖面

700 hPa 上,山西全省都存在水汽辐合,强辐合中心位于暖式切变南侧的吕梁地区,中心强度为 -25×10^{-8} g·cm^{-2}·(hPa·s)$^{-1}$,对应 850 hPa(图 25b),水汽辐合区向东北方向扩展,中心仍位于晋西南,强度增强为 -20×10^{-8} g·cm^{-2}·(hPa·s)$^{-1}$。14:00,700 hPa 水汽通道东移,山西北中部和晋东南地区都处于水汽辐合区,850 hPa,山西中南部处于水汽辐合区。20:00,对流层中低层山西基本无水汽辐合存在,预示降水即将结束。从水汽通量散度垂直剖面的演变可以看出,降水开始前(图 25c),水汽辐合首先出现 700 hPa 以下,之后向上扩展到 400 hPa,29 日 08:00(图 25d),水汽辐合上升达到最强,有两个中心,一个位于 35°N 上空 800 hPa 附近,中心强度为 -35×10^{-8} g·cm^{-2}·(hPa·s)$^{-1}$,另一个位于 37.5°N 上空 700 hPa 附近,中心强度为 -30×10^{-8} g·cm^{-2}·(hPa·s)$^{-1}$。

由此可见:降水开始前,存在水汽的率先辐合;随着水汽辐合上升的增强,降水增强;降水结束时,存在水汽的率先辐散。对流层中低层的水汽辐合中心与强降水中心有很好的对应关系。

(2)个例 2

强降雪发生前,18 日 20:00(图略),700 hPa 由西南风急流将水汽从孟加拉湾输送到河套北部和山西北中部,并有水汽辐合存在,对应 850 hPa 上也有两条水汽通道,一条来源于渤海湾由东北风转偏东风的水汽输送,一条来源于东海由东南风转偏东风的水汽输送,两者在山西交汇,且在晋西南地区形成强的辐合中心,强度为 -17×10^{-8} g·cm^{-2}·(hPa·s)$^{-1}$。19 日 02:00(图略),700 hPa 上,山西北中部水汽辐合增强;08:00(图 26a),700 hPa 水汽辐合区南压,忻州及其以

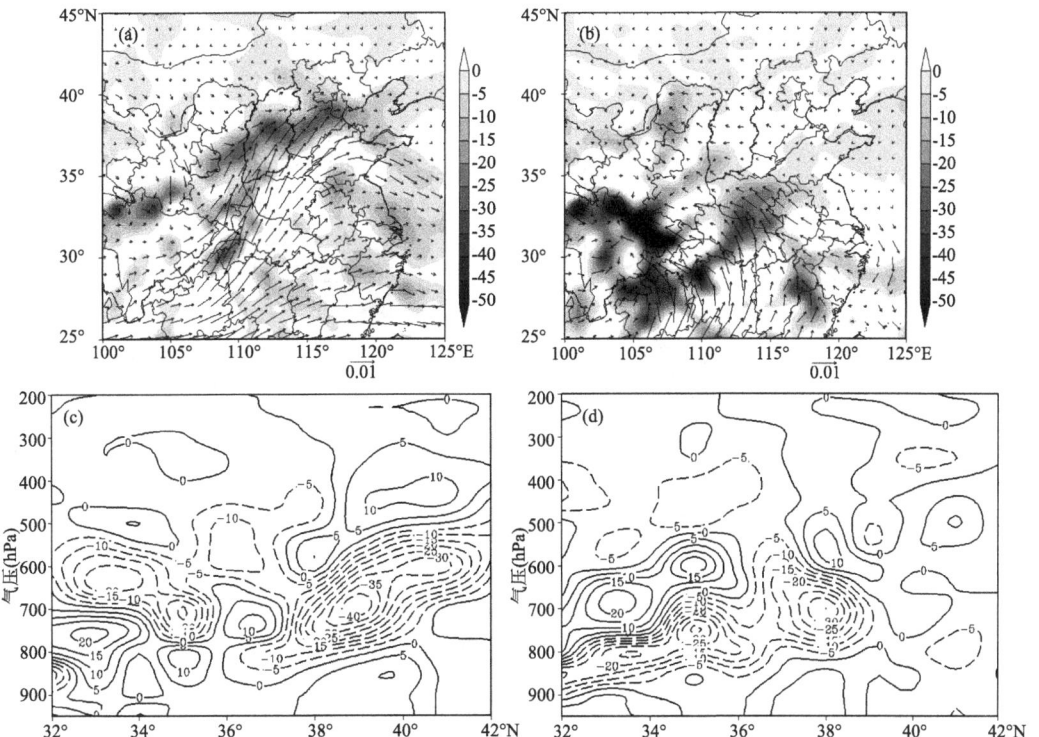

图 26 2013 年 4 月 19 日 08:00 的 700 hPa(a)、850 hPa(b)水汽通量(箭头,单位:g·(cm·hPa·s)$^{-1}$)和水汽通量散度(阴影,单位:10^{-8} g·cm^{-2}·(hPa·s)$^{-1}$);19 日 02:00(c)、19 日 08:00(d)沿 112°E 水汽通量散度垂直剖面

南地区存在水汽辐合,强辐合中心位于山西中部,中心强度为-35×10^{-8} g·cm^{-2}·(hPa·s)$^{-1}$,对应 850 hPa(图 26b)上,晋西南仍位于水汽辐合区,强度为-10×10^{-8} g·cm^{-2}·(hPa·s)$^{-1}$。14:00(图略),700 hPa 水汽通道东移南压,山西南部存在水汽辐合,辐合中心位于晋城地区,中心强度达-50×10^{-8} g·cm^{-2}·(hPa·s)$^{-1}$,850 hPa,山西西部位于水汽辐合区。20:00,700 hPa 山西转受西北风控制,干冷空气入侵,而低层 850 hPa 山西西部仍有水汽辐合存在,强度较前期明显减弱,水汽辐合高度下降、强度减弱预示着降水即将结束。沿暴雪区 112°E 水汽通量散度垂直剖面的演变可以看出,降水开始前,水汽辐合出现 700 hPa 附近,之后迅速向上扩展到 400 hPa(图 26c),强度增强,19 日 08:00(图 26d),39°N 以南山西有两个中心,一个位于 38°N 上空 700 hPa 附近,中心强度为-35×10^{-8} g·cm^{-2}·(hPa·s)$^{-1}$,一个位于 35°N 上空 750 hPa 附近,中心强度为-30×10^{-8} g·cm^{-2}·(hPa·s)$^{-1}$。

综上可知,水汽辐合上升高度升高,预示着降水的增强;水汽辐合上升高度下降,强度减弱,预示着降水趋于减弱。

(3)个例 3

强降雪发生前,18 日 20:00(图略),700 hPa 由西南气流将水汽从孟加拉湾输送到河套和山西,山西有水汽辐合存在,850 hPa 高压后部由东南风将东海水汽输送到山西。山西西部存在水汽辐合。19 日 02:00(图略),随着系统东移,700 hPa 山西水汽辐合较前期明显增强;08:00(图 27a),700 hPa 水汽辐合区北抬,强辐合中心位于山西北部,中心强度为-20×10^{-8} g

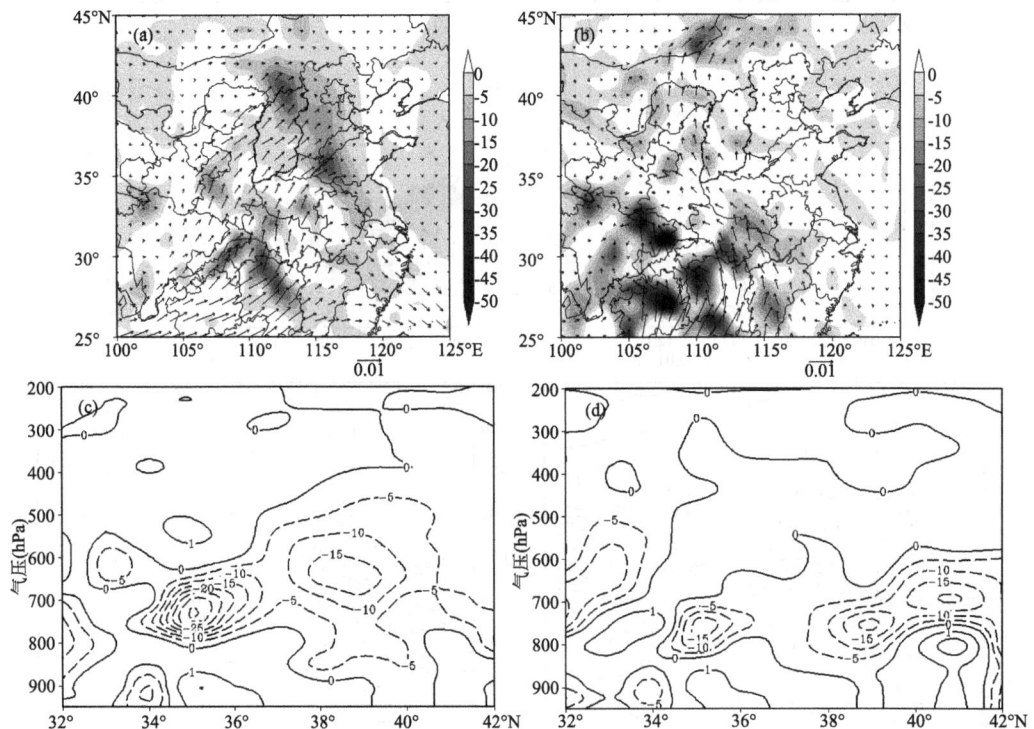

图 27 2015 年 2 月 19 日 08:00 的 700 hPa(a)、850 hPa(b)水汽通量(箭头,单位:g·(cm·hPa·s)$^{-1}$)和水汽通量散度(阴影,单位:10^{-8} g·cm^{-2}·(hPa·s)$^{-1}$);19 日 02:00(c)、19 日 08:00(d)沿 112°E 水汽通量散度垂直剖面

$\cdot$ hPa$^{-1} \cdot$ cm$^{-2} \cdot$ s^{-1}，850 hPa(图27b)上，山西由于偏南风速较小，水汽辐合较700 hPa弱。14：00(图略)，700 hPa山西北中部仍然存在水汽辐合，20：00，水汽辐合区位于山西中南部；20日08：00～14：00(图略)，700 hPa山西受偏西风控制，水汽辐合区位于山西南部，20：00转受西北风影响，降水趋于结束。沿大雪区112°E水汽通量散度垂直剖面的演变可以看出，降水开始前，水汽辐合出现700 hPa附近，之后迅速向上扩展到500 hPa(图27c)，强度增强。19日08：00(图27d)，山西上空有两个强水汽辐合中心，一个位于39°N上空750 hPa附近，中心强度为-20×10^{-8} g$\cdot$hPa$^{-1} \cdot$ cm$^{-2} \cdot$ s^{-1}，一个位于35°N上空750 hPa附近，中心强度为-15×10^{-8} g$\cdot$hPa$^{-1} \cdot$ cm$^{-2} \cdot$ s^{-1}。20日08：00(图略)，水汽辐合上升高度下降到800 hPa以下，强度减弱，预示着降水减弱。

由上可知：对流层中低层风速大小对水汽辐合存在明显的影响。

对比分析3个个例水汽通量及水汽通量散度，其共同点为：降水开始前，存在水汽的率先辐合，降水结束时，存在水汽的率先辐散；水汽辐合上升高度升高，预示着降水增强，水汽辐合上升高度下降，强度减弱，预示着降水减弱。对流层中低层的水汽辐合中心与强降水中心有很好的对应关系。不同点为：个例1、个例2水汽通量及水汽辐合明显强于个例3，这与对流层中低层风速大小有明显的关系，也是导致个例1、个例2降水强于个例3的原因。

4.4 大气可降水量

大气可降水量代表整层大气的水汽含量，本节主要对比分析3个个例山西上空大气可降水量及降水中心附近6 h增量变化。

(1) 个例1

降水开始前28日20：00(图28a)，与河套倒槽相对应，形成一个大值区，山西上空的整层大气可降水量>8 kg$\cdot$m^{-2}，中南部>12 kg$\cdot$m^{-2}。29日08：00(图28b)，降水期间，由于700 hPa强盛西南气流持续向山西输送水汽，以及低层850 hPa偏东气流补充水汽，使得山西上空大气可降水量持续增加，运城地区持续出现>20 kg$\cdot$m^{-2}的闭合中心。大气可降水量>12 kg$\cdot$m^{-2}的区域与暴雪落区对应很好，其高值区脊线位置走向对暴雪落区位置预报有很好的指示意义。选取强降水中心芮城附近(110°E，35°N)分析大气可降水量6 h增量变化(图28c)，可知降水开始前，大气可降水量呈现正增加态势，28日20：00大气可降水量达20 kg$\cdot$m^{-2}，6 h增量3 kg$\cdot$m^{-2}，29日02：00大气可降水量达22 kg$\cdot$m^{-2}，6 h增量2 kg$\cdot$m^{-2}，之后大气可降水量出现明显的减少，呈现负增长态势，可知，大气可降水量对降水量级预报有提前6～12 h的指示意义，6 h大气可降水量的增量变化对降水出现和结束时间有12 h的提前量。

(2) 个例2

与个例1类似，降水开始前18日20：00(图29a)，与河套倒槽相对应，形成一个大值区，山西上空的整层大气可降水量>8 kg$\cdot$m^{-2}，中南部>12 kg$\cdot$m^{-2}。19日08：00(图29b)，700 hPa强盛西南气流向山西输送水汽，以及低层850 hPa偏东气流补充水汽，使得山西上空大气可降水量迅速增加，山西上空的整层大气可降水量>12 kg$\cdot$m^{-2}，呈现由北向南递增趋势。大气可降水量14～20 kg$\cdot$m^{-2}的区域与暴雪落区对应很好，而南部>20 kg$\cdot$m^{-2}的高值区并没有出现强降水。在实际预报工作中，应将南部高值区与造成强降水的大气可降水量大值中心区别对待，并与高低空系统整体配合，对强降水落区进行预报订正。选取强降雪中心临县附近(111°E，38°N)分析其上空大气可降水量6 h增量变化(图29c)，18日20：00大气可将

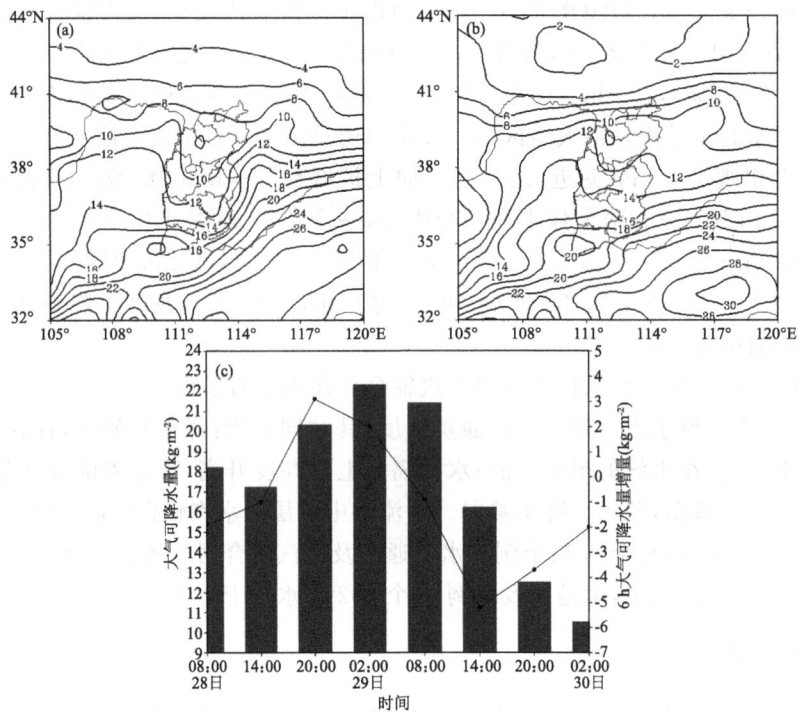

图 28 2011 年 11 月 28 日 20:00(a)、29 日 08:00(b)整层大气可降水量分布、降水中心芮城附近(110°E,35°N)大气可降水量(柱状)及增量(折线)时间演变(c)

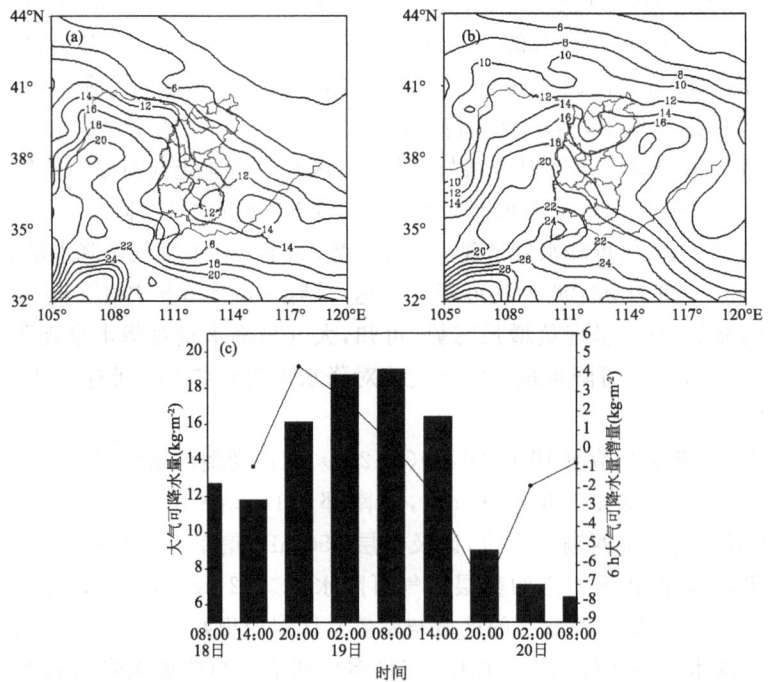

图 29 2013 年 4 月 18 日 20:00(a)、19 日 08:00(b)整层大气可降水量分布、降水中心临县附近(111°E,38°N)大气可降水量(柱状)及增量(折线)时间演变(c)

水量达 16 kg·m^{-2}，6 h 增量 4 kg·m^{-2}，19 日 02:00 大气可将水量达 19 kg·m^{-2}，6 h 增量 3 kg·m^{-2}，之后大气可降水量出现明显的减少，呈现负增长态势，可知在降水开始前，6 h 大气可降水量呈现正增长态势，随着强降雪出现之后，大气可降水量减少，呈现负增长态势，6 h 大气可降水量的增量变化对降水出现和结束时间有 12 h 的提前量。

(3) 个例 3

18 日白天，由于 700 hPa 和 850 hPa 偏南气流持续输送水汽到河套地区，于 19 日 02:00 (图 30a) 大气可降水量逐渐形成的舌状高值区，大值轴走向呈南—北向，山西中南部整层大气可降水量＞8 kg·m^{-2}，19 日 08:00 (图 30b) 大值区东移，山西位于舌状高值区内，山西大到暴雪区与大气可降水量＞10 kg·m^{-2} 的区域有较好的对应关系。由于本次降水过程持续时间较长，19 日 02:00—20 日 14:00 在山西南部大气可降水量维持＞12 kg·m^{-2}，之后随着降水系统的南压减弱，大气可降水量迅速减弱。选取暴雪中心五台山 (113.5°E, 39°N) 附近分析其上空大气可降水量 6 h 增量变化(图 30c)，可知在降水出现前，19 日 02:00，6 h 增量 1.4 kg·m^{-2}，降水初期 19 日 08:00，大气可降水量为 10 kg·m^{-2}，6 h 增量 5 kg·m^{-2}，持续到 19 日 20:00，6 h 大气可降水量增量呈现正值，之后呈现负值。

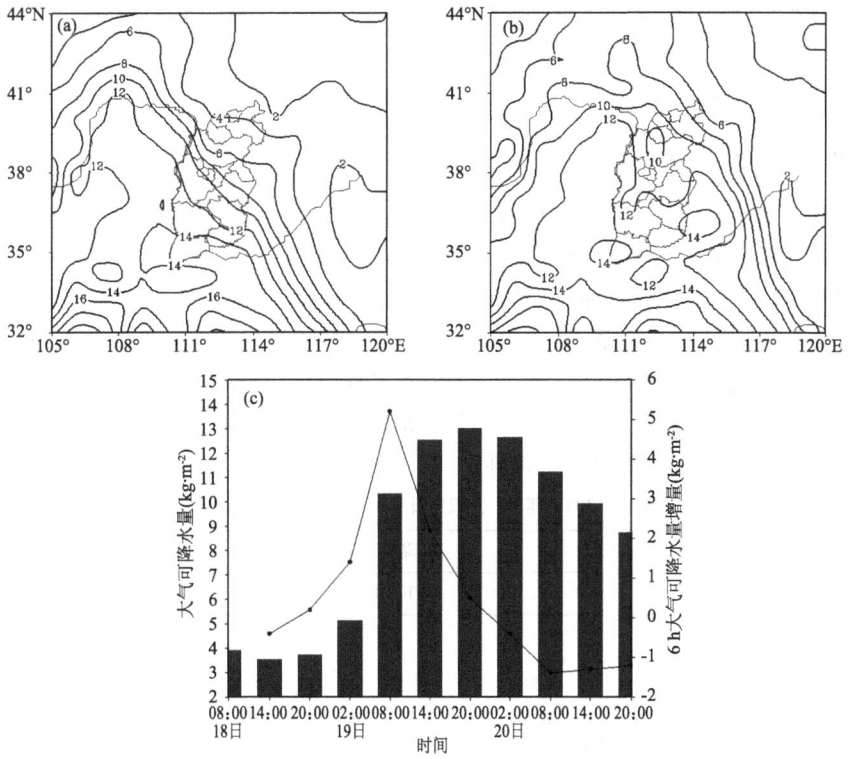

图 30 2015 年 2 月 19 日 02:00(a)、19 日 08:00(b) 整层大气可降水量分布、降水中心五台山 (113.5°E, 39°N) 大气可降水量 (柱状) 及增量 (折线) 时间演变 (c)

综上对比分析 3 个个例可知，山西上空整层大气可降水量分布基本呈现由北向南递增趋势，大雪量级以上的落区大气可降水量＞10 kg·m^{-2}，暴雪落区上空大气可降水量＞12 kg·m^{-2}。

个例 1，山西南部大气可降水量的大值区与强降水中心对应；个例 2，山西南部大气可降水量的大值区并没有出现强降雪。个例 3，山西南部大气可降水量大值区持续时间长，与降水持续时间长有关。因此在实际预报工作中，应将山西南部的大值区与造成强降水的大气可降水量大值中心区别对待，并与高低空系统整体配合，对强降水落区进行预报订正。6 h 大气可降水量增量的正负态势变化对降水开始和结束时间有提前 12 h 的指示意义。

5 降水相态

降水相态预报一直是天气预报中的难点，很多学者从不同角度或使用不同个例，进行了相关机制的讨论与分析[1-5]，也有一些学者提出了适用于当地的预报因子和方法[6-10]。国内许多学者就降水相态的变化，统计各相态与温度的关系，得出许多有意义的结论，许爱华等[11]对 2005 年一次寒潮天气过程的低层大气温度结构特征进行了分析，认为 925 hPa 以下的大气温度是南方降水相态转换的关键，925 hPa 温度≤-2 ℃可作为固态降水的预报依据。李江波等[12]总结了 7 次雨雪转换过程，指出 0 ℃层的明显下降、降雪发生时地面温度在 0 ℃左右和 1000 hPa 温度在 2 ℃以下可作为雨雪转换的判据，并发现 850 hPa 温度变化幅度大，但对降水相态的影响不大，925 hPa 以下温度对降水相态起主要作用。降水相态转换的判定指标有很多，包括大气低层温度廓线结构[13]、热力学厚度[14-15]和零度层结面积[16]等，地面温度和温度层结是局地降水相态的决定因子。

5.1 降水相态与地面温度关系

本文选取 3 个典型个例，针对降水相态的变化，首先统计其与地面温度的关系，其次分析对流层低层大气温度层结的变化对降水相态转换的影响。

选取朔州、原平代表山西北部，太原、榆社代表山西中部，临汾、长治代表山西南部，分析降水相态的变化与地面温度的关系，从表 2、表 3 和表 4 可以看出，出现降雨时地面温度均高于 0 ℃；出现雨夹雪时地面温度在-1~1 ℃；出现降雪时最高气温可达 2 ℃，一般均≤0 ℃；出现冰粒时地面温度为 0~3 ℃。由此可见，通过地面气温区分降水相态是比较困难的，但是地面温度下降是降水相态发生转换的前提条件。

表 2 2011 年 11 月 29 日降水相态和地面温度　　　　　　　　　　　　　　　　　　单位：℃

测站	降水相态						
	29 日 02:00	05:00	08:00	11:00	14:00	17:00	20:00
朔州	—(1)	雪(-2)	雪(-2)	雪(-2)	雪(-1)	—(-2)	—(-5)
原平	雨夹雪(1)	雨夹雪(0)	雪(0)	雪(0)	雪(1)	雪(-1)	雪(-1)
太原	—(4)	轻雾(3)	雪(2)	雪(0)	雪(-1)	—(-1)	—(-1)
榆社	—(3)	—(2)	—(2)	雪(-1)	雪(-2)	雪(-3)	雪(-3)
临汾	—(8)	雨(7)	雨(5)	雨(3)	雨夹雪(1)	轻雾(3)	—(3)
长治	轻雾(2)	轻雾(2)	雨(1)	雪(-1)	雪(-3)	雪(-3)	轻雾(-3)

表3　2013年4月19日降水相态和地面温度　　　　　　　　　　　　单位:℃

测站	降水相态						
	19日02:00	05:00	08:00	11:00	14:00	17:00	20:00
朔州	雨(3)	雨夹雪(-1)	雨夹雪(-1)	雨夹雪(1)	雨夹雪(-1)	雨夹雪(0)	—(0)
原平	—(4)	雪(-1)	雪(0)	雪(1)	雪(-1)	雪(-1)	轻雾(0)
太原	—(6)	冰粒(3)	冰粒(0)	雪(-1)	雪(-1)	雪(-1)	轻雾(-1)
榆社	—(4)	雨(1)	雨(0)	雨夹雪(-1)	雨夹雪(1)	雨夹雪(-2)	雪(-2)
临汾	—(10)	—(9)	雨(8)	雨(4)	雨(3)	雨(3)	—(4)
长治	—(5)	雨(2)	—(1)	冰粒(0)	雪(-2)	雪(-2)	雪(-3)

表4　2015年2月19—20日降水相态和地面温度　　　　　　　　　单位:℃

测站	降水相态								
	19日08:00	11:00	14:00	17:00	20:00	23:00	20日02:00	05:00	08:00
朔州	—(-1)	雪(-2)	雪(-1)	雪(-1)	雪(-2)	—(-2)	—(-2)	—(-2)	—(-2)
原平	—(-2)	雪(-2)	雪(-1)	雨夹雪(-1)	雪(-2)	—(-2)	—(-2)	—(-3)	—(-3)
太原	雪(1)	雪(0)	雪(0)	轻雾(1)	雪(0)	—(-1)	—(-1)	—(-1)	轻雾(-1)
榆社	雪(-3)	轻雾(-2)	—(-2)	—(-2)	—(-1)	—(-0)	轻雾(-2)	—(-2)	—(-2)
临汾	—(5)	—(7)	—(8)	—(9)	雨(6)	—(5)	轻雾(2)	轻雾(2)	雪(2)
长治	—(-1)	雪(0)	雪(0)	雪(0)	雪(-1)	—(-2)	—(-2)	—(-2)	—(-2)

注:—代表无天气现象,括号中的数字为地面温度。

5.2 温度层结与雨雪相态变化的关系

影响降水相态的因素涉及云物理、环境大气温度等(廖晓农等[17]),但要保证雪花降落到地面,必须满足两条:一是云中有适宜冰雪形成和增长的条件,二是雪花降落的过程没有被融化成雨滴。一般认为云中温度低于-10 ℃的部分为冰雪区,-10~-4 ℃为冰雪和过冷却水的混合区,-4~0 ℃为过冷却水区。利用太原探空站代表山西上空整层大气状况,分析其温度层结的演变。

(1)个例1

降水初期2011年11月28日下午长治地区以雨为主,分析太原探空曲线(图31a),上空大气呈现"干—湿—干"分布,0 ℃层高度位于862.5 hPa附近,低于抬升凝结高度(789.6 hPa),降水开始时云中主要为冰雪和过冷却水的混合区,850 hPa温度在-1 ℃左右,850~700 hPa温度递减率较小,925 hPa温度为5 ℃,近地层温度较高,降水相态以雨为主。29日08:00(图31b),0 ℃层高度下降到912.5 hPa,距地面高度为192.2 m,同时抬升凝结高度降低到879.1 hPa,冰雪区的厚度增长到接近云体的1/3,云底的温度降低到-2.6 ℃,饱和高度达529 hPa,925 hPa温度为1 ℃,850 hPa温度在-5 ℃左右,850~722 hPa为等温或浅薄的逆温层,逆温梯度为2 ℃·(128 hPa)$^{-1}$,500 hPa附近有干冷空气入侵,对流层中低层增湿明显,$T-T_d<2$ ℃,大气处于饱和状态,此时山西北中部和南部高海拔地区降水相态为雪。

(2)个例2

降水前2013年4月18日太原探空图显示(图31c),大气层结也呈现"干—湿—干"分布,600~750 hPa为湿层;700~750 hPa为逆温层,0 ℃层高度位于822.5 hPa附近,低于抬升凝结高度,而抬升凝结高度处的温度为2 ℃,有逆温层存在,有很薄的暖云区,降水开始时云中冰雪区很薄,云中主要为冰雪和过冷却水混合。700 hPa温度2 ℃,850 hPa温度2 ℃,925 hPa温度8 ℃,由于近地层温度较高,山西西部地区降水初期以雨为主。19日08:00(图31d),0 ℃

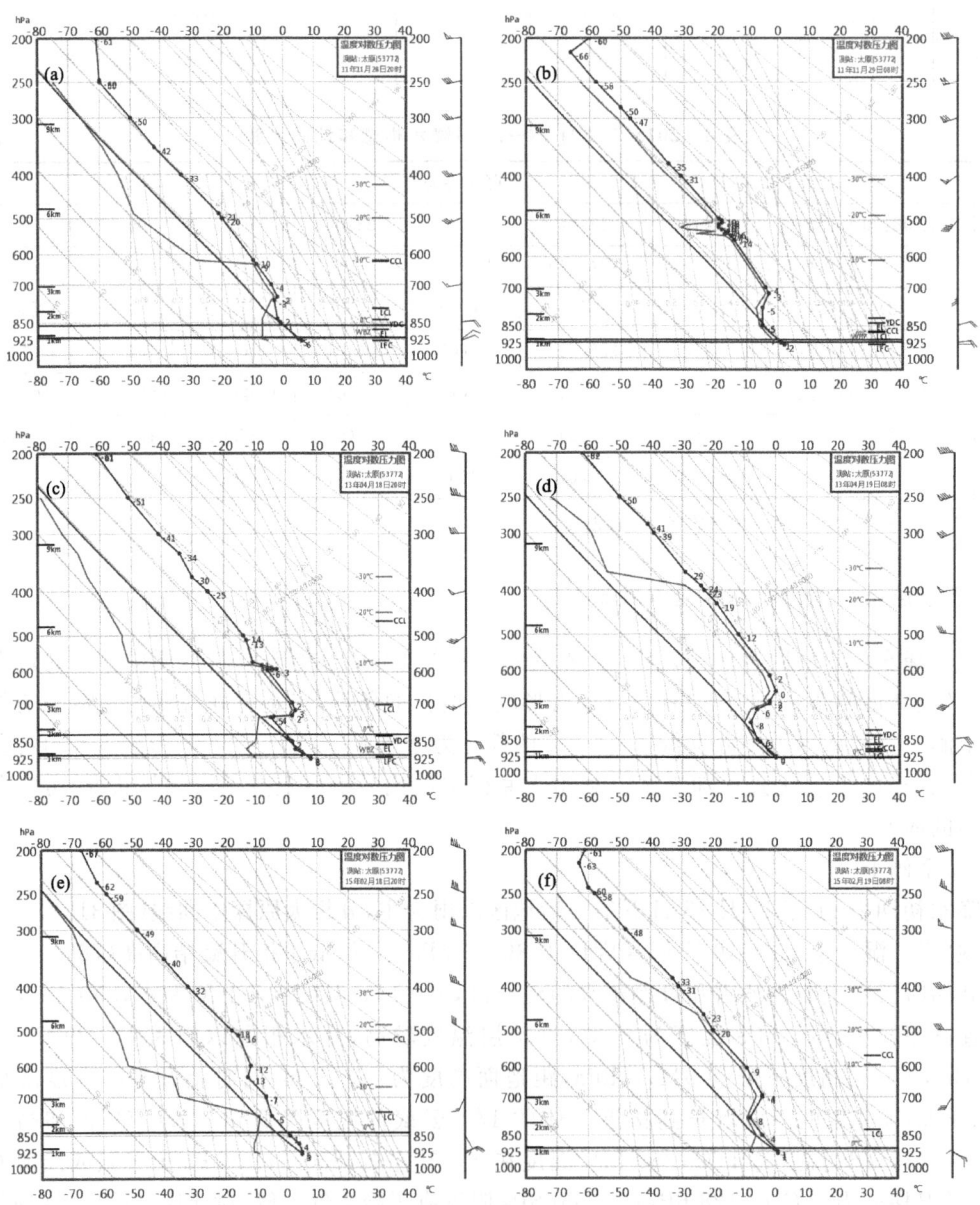

图31 2011年11月28日20:00(a)、29日08:00(b),2013年4月18日20:00(c)、19日08:00(d),2015年2月18日20:00(e)、19日08:00(f)太原探空曲线

层高度下降到 931 hPa,距地面高度为 51 m,低于抬升凝结高度,抬升凝结高度为 903.1 hPa,温度为-1.7 ℃,云中冰雪区的厚度增长到接近云体的 1/2,云底的温度低于 0 ℃,暖云消失,同时云底高度较低,雪花从云底降至地面的距离较短,因此出现雨夹雪或雪;925 hPa 温度为 0 ℃,850 hPa 温度为-6 ℃左右,666~779 hPa 为逆温层,逆温梯度为 8 ℃·(113 hPa)$^{-1}$,较个例 1 大,但整层温度基本在 0 ℃以下;饱和高度达 400 hPa,对流层中低层增湿明显,$T-T_d$<2 ℃,大气处于饱和状态。随着近地层冷空气入侵,山西北中部和南部高海拔地区降水相态由雨转为冰粒、雨夹雪或雪。

(3)个例 3

降水出现前,2015 年 2 月 18 日(图 31e)山西上空大气干燥,0 ℃层高度位于 836.7 hPa,低于抬升凝结高度(755.3 hPa)。19 日 08:00(图 31f),由于对流层中低层偏南风增强,导致增湿明显,饱和高度在 462 hPa 附近,0 ℃层高度下降到 910 hPa,距地面高度为 196.6 m,低于抬升凝结高度(825.9 hPa),冰雪区的厚度增长到接近云体的 1/3,云底的温度降低-5.3 ℃。925 hPa 温度为 1 ℃,850 hPa 温度为-4 ℃,779~694 hPa 为逆温层,逆温梯度为 4 ℃·(125 hPa)$^{-1}$,700 hPa 温度为-4 ℃,山西北中部和南部高海拔地区降水相态为雪。20 日 08:00(图略),对流层中上层 650 hPa 以上有干冷空气入侵,整层大气温度都≤-1 ℃,全省降水相态以雪为主,云层变薄,预示着降水减弱。

综上,降水相态发生雨雪相态转换时,对流层中下层温度下降,零度层高度下降,并且降到 925 hPa 附近,接近或低于抬升凝结高度,距离地面较近(≤200 m),850 hPa 温度≤-4 ℃,925 hPa 温度≤1 ℃,并满足云中有适宜冰雪形成和增长的环境,保证云中冰雪层有一定的厚度,才能使得雪花降落至地面。对流层中低层湿层增厚,大气饱和高度较高(400~500 hPa)是大到暴雪发生的重要条件。

6 流型配置与预报着眼点

6.1 流型配置

对比三次过程(表 5 和图 32),前两个个例地面均为倒槽与回流共同作用,但个例 2 倒槽发展强盛,经向度大。个例 3 为高压后部影响。低空 700 hPa 存在切变线,水汽条件较好,存在西南风急流;而 850 hPa,前两个个例类似,偏东北风和偏东南风交汇于山西,第三个主要受偏南风影响,风速较小。由于高低空系统配置不同,导致强降雪落区、降雪强度、持续时间上均存在很大差异。

表 5 三次降水形势特点比较

个例	500 hPa	700 hPa	850 hPa	地面	系统配置
1	一槽一脊型,短波槽和高原槽共同影响	西北涡伴随冷暖切变线,暖切位于山西北部;西南风急流,急流头到达山西中部	切变线,偏东北风和偏东南风交汇,风速较大(6~10 m·s^{-1})	倒槽、冷空气从西北路和北路汇合后经渤海湾迂回形成华北回流	系统稳定、深厚,配置完整

续表

个例	500 hPa	700 hPa	850 hPa	地面	系统配置
2	两槽一脊型,高原槽影响	西北涡伴随冷暖切变线,暖切位于内蒙古和山西交界,西南风急流持续时间长	切变线,偏东北风和偏东南风交汇,风速较大,达急流标准	倒槽经向度大,持续时间长,冷空气从北路经渤海湾迂回形成华北回流	系统稳定、深厚,配置完整
3	两脊两槽型,短波槽,高原槽发展东移	切变线,西南风急流,急流头位于山西东北部	偏南风,风速较小(2~6 m·s^{-1})	高压后部	系统配置完整,但移动较慢

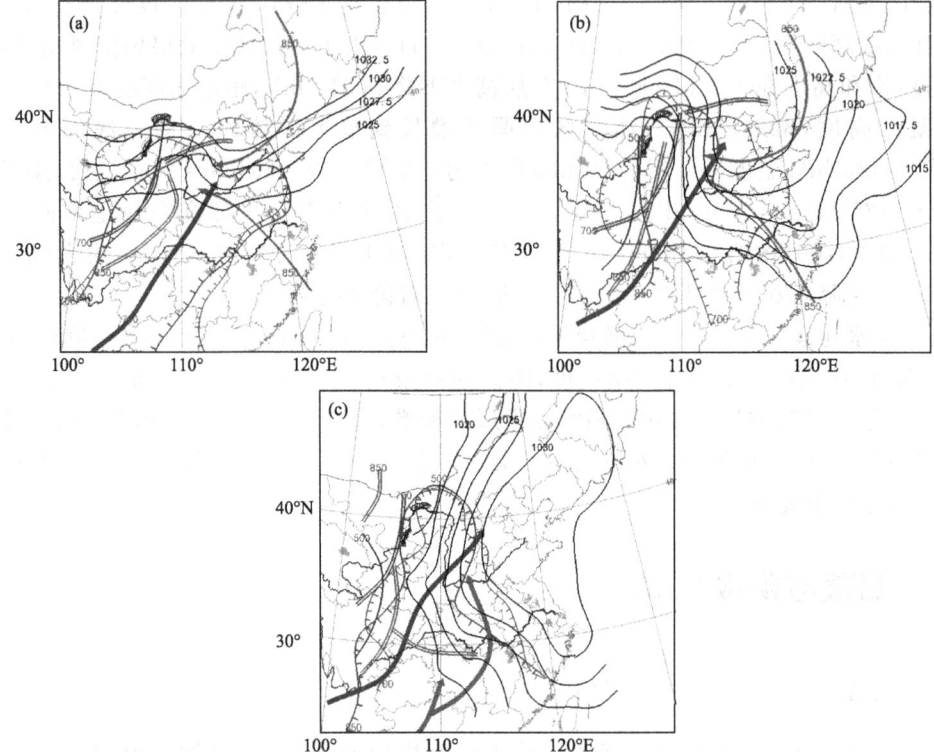

图32　2011年11月29日08:00(a)、2013年4月19日08:00(b)和2015年2月19日08:00(c)高低空系统配置

总体来看,个例1系统深厚,配置完整;个例2系统深厚,配置完整,且稳定维持;个例3系统配置完整,移动较慢,持续时间较长。

一般在秋冬转换或者冬春转换的过渡季节,降水易出现复杂的相态变化,关注降水前期的大气层结温度以及数值模式对降温的预报,有益于把握降水相态预报(表6)。低空急流强度以及850 hPa偏东风冷垫的形成,湿层厚度与降雪强度关系密切;地面形势、急流位置、切变线位置与强降雪落区关系密切。

大到暴雪落区:个例1和2强降雪出现在地面倒槽前部、低空切变线东南侧、低空急流的左前方三者重合的区域。个例3强降雪出现在地面高压后部、低空切变线东侧,低空急流的左前方。

降雪强度:(1)低空风速是否达到急流标准是判断降雪强度的重要指标,实际工作中一般分析低层700 hPa和850 hPa风速大小,以上3个个例中700 hPa西南风都达到急流标准,不同之处是 850 hPa 风速风向,如为回流形势下的偏东风,且风速在 6～10 m·s^{-1},则考虑暴雪,如风速≤6 m·s^{-1},则考虑大雪。偏南风风速大小同上。(2)700 hPa 上和 850 hPa 上 $T-T_d$ ≤4 ℃的区域重叠与否,也是判断降雪强度的重要指标之一,若重叠,则降雪量级较大;若不重叠,则降雪量级相对小。

降雪出现和结束时间:出现上述系统配置且系统配置能稳定维持,将出现强降雪。强降雪的结束:上述配置消失,地面转为高压或高压前部、高空为偏北气流控制,同时低空不再存在明显切变线,强降雪结束。如果低空仍然存在切变线,满足一定水汽条件,则降雪持续。

6.2 预报着眼点

从以上分析总结,可以提炼出秋冬或冬春过渡季节发生在山西的大(暴)雪天气过程中降水相态发生转换的预报着眼点和一些物理量指标。

预报着眼点:

(1)根据数值模式资料判断冷空气移动路径、强度,判断地面是否受回流与倒槽共同影响,或是否处于高压后部,近地层是否有湿冷垫存在。

(2)分析高低空流型配置特点,大致判断降雪时间、强度和落区。

(3)结合太原探空站 T-$\ln p$ 图分析大气温度层结的变化,关注 0 ℃层高度是否下降,是否接近或低于抬升凝结高度,以及云中冰雪层的厚度,同时关注 850 hPa 温度是否≤-4 ℃,925 hPa 温度是否≤1 ℃,大致判断降水相态发生转换的时间。

(4)结合物理量场分布特征,确定降雪强度与落区、持续时间。

表 6 强降雪出现前 12 h 物理量特征及阈值

物理量	指标阈值
温度	零度层高度下降,并且降到 925 hPa 附近,接近或低于抬升凝结高度,距离地面较近(≤200 m),850 hPa 温度≤-4 ℃,925 hPa 温度≤1 ℃,同时地面温度下降,是判断降水相态发生转换的依据
假相当位温(θ_{se})	为 Ω 型结构,降雪强度与能量梯度大小有关,持续时间与 Ω 型结构持续时间有关
温度平流	低层 800 hPa 以下有冷平流侵入,对流层中上层为暖平流,且暖平流增强有利于强降雪的出现
散度	低层辐合、高层辐散的垂直结构,当高层辐散大于低层辐合,存在抽吸作用时,有利于降水增幅,降雪量与辐合、辐散层厚度及其中心强度关系密切
垂直速度	降雪量与上升运动高度、中心强度有关;降雪持续时间与上升运动持续时间有关,如近地层的湿冷垫形成下沉运动,迫使暖湿空气抬升,垂直上升运动伸展高度较高,有利于降水增幅
水汽散度通量	降水开始前,存在水汽的率先辐合,降水结束时,存在水汽的率先辐散;水汽辐合上升高度升高,预示着降水增强,水汽辐合上升高度下降,强度减弱,预示着降水减弱。对流层中低层的水汽辐合中心与强降水中心有很好的对应关系
大气可降水量	大雪量级以上的落区上空大气可降水量>10 kg·m^{-2},暴雪落区上空大气可降水量>12 kg·m^{-2};6 h 大气可降水量增量的正负态势变化对降水开始和结束时间有提前 12 h 的指示意义
雷达资料	基本反射率因子特征:层云降水回波一般为 15 dBZ,最大可达 25～30 dBZ,降雪强度小;而积云层云混合降水回波,强回波中心强度可达 45～50 dBZ,降雪强度大;径向速度图上,低层出现"牛眼型"结构,风向随高度顺转,有暖平流,3～5 km 有西南风急流存在,是暴雪出现的信号。而降雪过程中回波顶一般较低,层云回波顶高一般为 3 km 左右,最高可达 4～5 km;积云回波顶高为 5～6 km,最高可达 7～8 km。根据雷达回波特征和径向速度图,可判断降水的开始和结束时间,当西北风入侵时,降水将减弱结束

7 结论

(1) 降雪特征

相同点:3个个例降水均存在雨雪相态转换,降水持续时间较长,范围较广,强度大;积雪深。不同点:出现季节不同,个例1发生在秋末,个例2发生在仲春,个例3发生在冬末。

(2) 环流形势特点

相同点:个例1和个例2,地面受倒槽和华北回流形势的共同影响,500 hPa有高原槽东移,700 hPa低涡切变伴随有低空西南风急流输送暖湿水汽到山西,并沿850 hPa偏东风形成的湿冷垫爬升,造成山西大范围雨雪天气。

不同点:低层700 hPa个例1和个例2有西北涡。个例3,地面处于高压后部,500 hPa受短波槽和高原槽共同影响,低层700 hPa有切变线和西南风急流存在,850 hPa偏南风影响山西,偏南风速较小,降水较前两个个例弱。

(3) 雷达资料特征

基本反射率因子特征对比分析可知:个例2降水回波最强,回波呈现片状,回波强度≥15 dBZ,强回波中心达45～50 dBZ,以积云层云混合降水回波为主;个例1和3回波较弱,一般都在15 dBZ左右,最强可达25～30 dBZ,以层云降水回波为主,个例1回波呈现片状,个例3回波出现块状和片状回波。3个个例在1.5°～2.4°仰角基本反射率因子图上都没有0 ℃层亮带产生。

径向速度图上,个例1和2低层出现"牛眼型"结构,有偏东风急流存在,风向随高度顺转,有暖平流,风速随高度先增大后减小再增大,上层有西南风急流存在。个例3,风速随高度增大,风向由低层东南风顺转为西南风,有西南风急流存在。

回波顶高特征显示:个例1回波顶高≥2 km,多为3 km,最高达4～5 km。个例2回波顶高≥3 km,积云回波顶高多为5～7 km,最高达8 km。个例3回波顶高2～3 km。因此,降雪过程中回波顶较低,层云回波顶高一般为3 km左右,最高可达4～5 km;积云回波顶高为5～6 km,最高可达7～8 km。

雷达回波特征和径向速度图作为常规观测实况信息的补充,可以判断降水的开始和结束时间,当西北风入侵时,预计降水将减弱结束。

(4) 热力结构特征

降雪前12 h,850 hPa假相当位温场河套地区均出现"Ω"型结构的高能舌,大雪或暴雪的落区均位于高能轴东南侧、能量梯度大值区。个例1,"Ω"型径向度小,能量梯度较大,持续时间较长,因此降雪强度大;个例2,"Ω"型径向度和能量梯度都较个例1大,持续时间较长,因此降雪强度大;个例3,"Ω"型径向度大,持续时间长,但能量梯度小,降雪强度小于个例1和个例2。可见,"Ω"型结构的能量分布的出现,对大雪以上天气有指示意义,降雪落区与高能轴位置关系密切;降雪强度与Ω型结构的强弱有关,即能量梯度越大,降雪强度越强;降雪持续时间与"Ω"型结构持续时间呈正比。

温度平流分析可知,前两个个例的共同点为:强降雪前一日,山西低层800 hPa以下均有冷平流侵入,形成"冷垫",冷垫厚度一般达800 hPa,而中层为暖平流,随着暖平流增强,强降雪出现。强降雪期间,"湿冷垫"一直存在,随着对流层中低层强冷空气的侵入,山西上空整层为强冷平流区控制时,强降雪结束。而个例3,不存在偏东风形成的"湿冷垫",但强降雪出现时,对流层中层暖平流较前期增强,这一特点同前两个个例类似。

不同点为:个例1、个例2,强降雪出现时,"冷垫"厚度差异不明显,但平流强度存在明显差异,个例2无论是低层冷垫带来的冷平流强度以及中层暖平流强度都明显强于个例1。个例3,以中层暖平流增强为主,低层平流较弱。可见,对流层中层暖平流增强,强降雪出现,当存在"湿冷垫"时,且暖平流越强,降雪强度越大。

湿冷垫的作用:①动力抬升,暖湿空气沿冷垫爬升,有利于降水出现。②同时可输送水汽到降水区,有利于降水增强,在降水粒子下落经过湿冷垫时,不利于"升华"成水汽。

(5) 动力结构特征

3个个例散度的垂直结构存在较大差异,降雪量与辐合、辐散层厚度及其中心强度关系密切。低层辐合、高层辐散结构维持时间越长,降雪时间也较长。高层辐散大于低层辐合,抽吸作用明显,有利于降水增幅,随着辐合、辐散高度下降,降雪减弱结束。

强降雪前12 h,大(暴)雪区上空均出现上升运动,随着上升运动的增强,降雪增强,降雪量与上升运动伸展高度、中心强度有关;降雪持续时间与上升运动持续时间密切相关,个例1、个例2由于近地层的湿冷垫形成下沉运动,迫使暖湿空气抬升,垂直上升运动伸展高度较高。

(6) 水汽特征

对比分析3个个例水汽通量及水汽通量散度,其共同点为:降水开始前,存在水汽的率先辐合,降水结束时,存在水汽的率先辐散;水汽辐合上升高度升高,预示着降水增强,水汽辐合上升高度下降,强度减弱,预示着降水减弱。对流层中低层的水汽辐合中心与强降水中心有很好的对应关系。不同点为:个例1、个例2水汽通量及水汽辐合明显强于个例3,这与对流层中低层风速大小有明显的关系,也是导致个例1、个例2降水强度强于个例3的原因。

(7) 大气可降水量

山西上空整层大气可降水量分布基本呈现由北向南递增趋势,大雪量级以上的落区上空大气可降水量>10 kg·m^{-2},暴雪落区上空大气可降水量>12 kg·m^{-2}。个例1,山西南部大气可降水量的大值区与强降水中心对应;个例2,山西南部大气可降水量的大值区并没有出现强降雪。个例3,山西南部大气可降水量大值区持续时间长,与降水持续时间长有关。因此在实际预报工作中,应将山西南部的大值区与造成强降水的大气可降水量大值中心区别对待,并与高低空系统整体配合,对强降水落区进行预报订正。而6 h大气可降水量增量的正负态势变化对降水开始和结束时间有提前12 h的指示意义。

(8) 降水相态与地面温度、大气温度层结变化的关系

出现降雨时地面温度均高于0 ℃;出现雨夹雪时地面温度在−1~1 ℃;出现降雪时最高气温可达2 ℃,一般均≤0 ℃;出现冰粒时地面温度为0~3 ℃。由此可见,通过地面气温区分降水相态是比较困难的,但是地面温度下降是降水相态发生转换的前提条件。

降水相态发生雨雪转换时,对流层中下层温度下降,零度层高度下降,并且降到925 hPa附近,接近或低于抬升凝结高度,距离地面较近(≤200 m),850 hPa温度≤−4 ℃,925 hPa温度≤1 ℃,并满足云中有适宜冰雪形成和增长的环境,保证云中冰雪层有一定的厚度,才能使得雪花降落至地面。对流层中低层湿层增厚,大气饱和高度较高(400~500 hPa)是大到暴雪发生的重要条件。

参考文献

[1] 孙晶,王鹏云,李想,等,2007.北方两次不同类型降雪过程的微物理模拟研究[J].气象学报,65(1):29-44.

[2] 张备,尹东屏,孙燕,等,2014.一次寒潮过程的多种相态降水机理分析[J].高原气象,33(1):190-198.

[3] 于晓晶,辜旭赞,李红莉.2013.山东半岛一次冷流暴雪过程的中尺度模拟与云微物理特征分析[J].气象,39(8):955-964.

[4] 杨晓亮,王咏青,杨敏,等,2014.一次暴雨与特大暴雪并存的华北强降水过程分析[J].气象,40(12):1446-1454.

[5] 董全,黄小玉,宗志平,2013.人工神经网络法和线性回归法对降水相态的预报效果对比[J],气象,39(3):324-332.

[6] 漆梁波,张瑛,2012.中国东部地区冬季降水相态的识别判据研究[J].气象,38(1):96-102.

[7] 张琳娜,郭锐,曾剑,等,2013.北京地区冬季降水相态的识别判据研究[J].高原气象,32(6):1780-1786.

[8] 尤凤春,郭丽霞,史印山,等,2013.北京降水相态判别指标及检验[J].气象与环境学报,29(5):49-54.

[9] 王清川,寿绍文,许敏,等,2012.河北省廊坊市初冬雨雪相变特征及预报指标初探[J],干旱气象,30(2):276-282.

[10] 杨成芳,姜鹏,张少林,等,2013.山东冬半年降水相态的温度特征统计分析[J],气象,39(3):355-361.

[11] 许爱华,乔林,詹丰兴,等,2006.2005年3月一次寒潮天气过程的诊断分析[J].气象,32(3):49-55.

[12] 李江波,李根娥,裴雨杰,等,2009.一次春节寒潮的降水相态变化分析[J].气象,35(7):87-94.

[13] 孙建华.赵思雄,2008.2008年初南方雨雪冰冻灾害天气静止锋与层结结构分析[J].气候与环境研究,13(4):368-384.

[14] WAGNER A J, 1957. Mean temperature from 1000mb to 500mb as a predictor of precipitation type[J]. Bull Amer Meteor Soc, 10: 584-590.

[15] HEPPNER P G, 1992, Snow versus rain: Looking beyond the "Magic" numbers[J]. Wea Forecasting, 7: 683-691.

[16] BOURGOUIN P, 2000. A method to determine precipitation types[J]. Wea Forecasting, 15: 583-592.

[17] 廖晓农,张琳娜,何娜,等,2013.2012年3月17日北京降水相态转变的机制讨论[J].气象,39(1):28-38.

降水相态转换机制及积雪深度预报技术研究*

王一颉　赵桂香　马严枝

（山西省气象台 太原 030006）

摘要：利用2014—2017年山西省地面和高空气象观测资料、NCEP/NCAR FNL 1°×1°再分析资料、山西及周边地区多普勒天气雷达资料，对冬半年雨转雪天气过程进行归类分析，讨论了地面气温在雨转雪过程中的指示作用，提炼了降水相态转换的前兆信息；选取气候特征相似的2015年11月23—24日和2016年11月21—22日两次雨转雪过程进行对比分析，揭示降水相态转换的物理机制。并针对山西省冬半年降雪过程，统计分析降雪量和积雪深度增量的关系，总结提炼积雪深度预报指标。结果表明：(1)山西省11月发生的雨转雪站次最多，其次为2月。雨转雪时的地面气温在作为降水相态变化的指标时，需要考虑季节和站点地理位置，以及冷空气强度和路径等影响。(2)在雨转雪的不同时段，随着对流层低层降温，冰雪层厚度在总云层的比例有所增加，且云中固态凝结物下落路径缩短，使得固态凝结物在下落过程中融化概率随时间减小，造成相态变化。(3)山西冬半年积雪深度增量与降雪量比值约0.68 cm·mm^{-1}，且比值随着气温降低而增大，因此存在明显的时空差异。

关键词：多相态降水；地面气温；积雪深度；相态转换机制

引言

在秋末冬初和冬末春初季节转换时节，一次降水过程往往伴有多种相态，同样的降水量级，降雨与降雪造成的影响差异显著。降雪伴随强降温常造成积雪、道路结冰和电线覆冰，给城市交通、工农业生产、电力设施和人们生活带来严重影响。如2008年初我国南方地区低温雨雪冰冻灾害，造成23个省（区）公路交通中断，全国43%的省级电网受灾影响，多地设施农业和经济林果受害，受灾人口达1亿多人[1]，引起政府和气象部门高度重视。相态预报成功与否直接影响到应急和决策工作的展开，因此降水相态转换过程机制的研究再次成为热点之一。

针对降水相态的研究主要包括降水相态客观化预报方法研究[2-3]，雨雪转换的指标研究[4-5]及检验[6-8]，降水相态变化的过程分析和模拟[9-11]等方面。Allen等[12]将降水相态分为冻雨、液态降水和固态降水3类，用模式输出资料，选取各层温度、露点温度、风速、高度差等作为

---

* 本文发表于《干旱气象》，2019,37(6):964-971。

预报因子,建立了3种相态降水与各因子之间的线性回归方程。由于大气存在非线性性质,各因子之间又相互影响,故而董全等[13]将人工神经网络法应用到降水相态的预报中,并对比检验了其与线性回归法对降雨、雨夹雪和降雪3种降水相态的预报效果,发现对全国区域来说,前者的预报效果在大多数情况下优于后者。尤凤春等[14]选取了北京近10年的雨、雨夹雪、雪个例,统计了常用气象要素在降水相态判别中的作用,并建立了降水相态统计预报方程,总结出地面温度和露点判别指标。隋玉秀等[15]应用地面和探空资料,提出将判断降水相态的因子分别取过程最大值和最小值并归类,对降水过程进行动态分析,并指出,平均气温类别的因子对降水相态的区分效果要好于其他类别,等压面平均气温表现优秀,适合应用。刘建勇等[16]利用常规观测资料、NCEP GFS分析资料、卫星和雷达资料对南方两次不同类型的降水个例进行了模拟,分析了雨雪相变的热力来源,探讨了降水相态预报中显式微物理方案数值产品的应用。张备等[17]从环流形势、动力机制、温室特征等方面对2010年2月9—10日江苏一次伴随有雨、雪、冻雨、冰雹等不同相态降水的寒潮过程进行了模拟分析,指出不同相态发生时大气层结的明显差异。

针对山西省冬季降水,也有一些研究成果。赵桂香[18]对2009年11月9—12日山西大范围持续强降雪天气过程进行了分析,明确了此次强降雪过程的环境背景和发展机理,将过程分为4个阶段并解析了阶段特点,同时探讨了不稳定性在强降雪过程中的作用等。闫慧[19]对2013年4月19日山西中部一次暴雪天气过程进行了综合分析,指出低层和近地层温度变化、0 ℃层高度变化、逆温层增厚以及垂直风切变加大是判断此次降水过程相态变化和降雪强度增强的重要指标。苗爱梅等[20]利用1981—2010年山西108个站的地面观测数据,对108个县(市)不同相态降水的时空分布特征进行了分析,指出11—12月、2—4月为固液态混合降水多发月份。

在我国,针对降水相态和降雪过程的研究成果已有很多,但在全球变暖背景下极端天气和气候事件越发频繁,决策部门和民众对灾害预警的种类和精度的关注度和要求越来越高,多种降水相态形成及转换机理的研究亟待进一步深入,以提高预报、预警服务的准确率和有效性,尤其是在山西这种特殊地形和气候背景下,积雪深度预报缺乏定量的技术指标。因此,本文利用山西省2014—2017年多种资料,分析多相态降水天气过程中雨转雪的气温变化特征,揭示降水相态转换前兆信息,并对降雪过程中积雪深度增量和降雪量的相关关系进行归类分析,提炼积雪深度预报关键技术指标。选取两次多相态降水天气过程,深入探讨不同相态转换的物理机制,以期更好地为此类天气预报预警提供参考。

1 资料来源、处理及技术方法

1.1 资料来源及处理

(1)2014—2017年4年的常规观测资料、自动站降水资料。
(2)NCEP/NCAR FNL 1°×1°再分析资料。
(3)2015年11月和2016年11月山西和周边省份的多普勒天气雷达基数据。

利用地面逐6 h整点观测资料,对2014—2017年山西发生雨转雪过程的站次进行统计,判别标准:当某一观测时次为降雨,且紧邻后一观测时次为降雪时,判定为一次雨转雪过程。针对所有雨转雪站次,分别统计降雪与降雨时的整点地面气温,分析其变化特征。将所有雨转雪站次发生相态转换时的整点地面气温和6 h变温按不同月份、不同区域和不同海拔高度进行统计,分析地面气温作为降水相态变化指标时,背景温度对其造成的影响。

选取 2015 年 11 月 23—24 日和 2016 年 11 月 21—22 日的两次雨转雪过程,对两次降水过程进行对比分析:利用常规观测资料,对比分析两次过程的环流背景和影响系统;分析两次过程中的水汽变化特征及差异;利用再分析资料,计算能量收支,揭示两次过程中动能的来源差异。对两次过程中的降水相态转换机制进行分析:用常规观测资料,对比分析主要站点在降水相态分别为雨、雨夹雪和雪时的地面气温,了解地面气温对降水相态变化的指示作用;以单站为例,结合雷达资料和再分析资料,分析冰雪层厚度、融化层厚度等对相态转换的作用;用再分析资料,选取代表性站点进行对比,分析冷空气强度和南下路径这一因子,及其对地面气温指示降水相态这一指标的影响。

对 2014—2017 年 1—2 月、11—12 月的常规观测资料进行处理。选取山西 109 站的 6 h 降雪量数据和积雪深度数据,剔除积雪深度变化为缺测、零值和负值。得到多组降雪量和积雪深度增量的对应关系,用最小二乘法进行线性拟合并进行检验,得到两者的相关关系。分别根据气温区间、不同月份、不同纬度,将上述多组降雪量和积雪深度增量的对应关系进行分类,再进行线性拟合,得到气温、时间和空间变化。

1.2 技术方法

通过探索相态转换和积雪深度预报技术方法,提炼了降水相态转换前兆信息和积雪深度预报关键技术指标,为预报工作提供参考。在对 2014—2017 年的雨转雪过程中的气温数据和降雪过程中降雪量和积雪深度数据分析时采用了统计方法、对比分析法、归纳法等。

选取 2015 年 11 月 23—24 日和 2016 年 11 月 21—22 日两次多相态降水天气过程,利用常规探测资料和再分析资料,分析环流形势和主要影响系统的演变特征及其异同点,并分析能量和水汽变化特征及差异;结合自动站、雷达等非常规观测资料,深入分析不同相态转换的物理机制。两次雨转雪过程中采用了天气学分析法、对比分析法、诊断分析方法等。

2 地面气温变化的指示作用

降水相态的转换常以地面气温变化作为指标之一。为充分了解该指标在山西省雨转雪过程中的作用,利用地面逐 6 h 整点观测资料,对 2014—2017 年山西省发生雨转雪过程的站次进行统计,判别标准:当某一观测时次为降雨,且紧邻后一观测时次为降雪时,判定为一次雨转雪过程。根据以上标准,4 年共发生 51 站次(表 1),其中 11 月发生雨转雪的站次最多,其次为 2 月,而 3 月发生雨转雪的站次仅出现在 2017 年。

表 1 2014—2017 年山西省发生雨转雪过程的站次 单位:站次

年份	2月	3月	11月
2014	2	0	1
2015	2	0	18
2016	11	0	13
2017	1	3	0
共计	16	3	32

对上述发生雨转雪的 51 站次分别统计降雪与降雨时的整点地面气温(图 1),发现转雪后气温在 -5.3~1.2 ℃,平均为 -1.2 ℃,且雨转雪的 6 h 变温在 -7.2~-0.1 ℃,6 h 降温平均为 3.6 ℃;降雨时和转雪后的气温具有同向变化特征,即降雨时气温较高(低),转雪后气温也较高(低),可见作为降水相态变化重要指标的气温在雨转雪时受背景温度制约。然而,背景温度与当地的气候特征(不同月份)、站点地理位置(经度、纬度、海拔高度)以及天气特征(冷空气强度和路径)等有关。因此,还需对影响因素进一步分析。

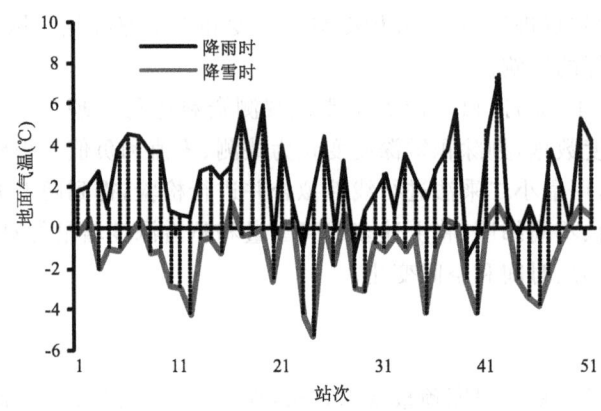

图 1 2014—2017 年山西省发生雨转雪的 51 站次在降雨和降雪时的整点气温

对上述 51 站次的地面气温按月、区域和海拔高度进行统计(表 2)。可以看出,2 月雨转雪后气温平均为 -1.1 ℃,3 月和 11 月平均为 -1.3 ℃,且雨转雪过程中 6 h 变温幅度 2 月略大于其他月份,分别为 -3.7 ℃、-3.5 ℃、-3.5 ℃,表明隆冬时节前期气温较高初始降水相态更易出现雨。将山西 38.5°N 以北的站点(7 站次)划为北部,36.7°~38.5°N 的站点(15 站次)划为中部,36.7°N 以南的站点(29 站次)划为南部。从表 2 看出,转雪后的平均气温北部最高,中部最低;雨转雪的平均 6 h 降温幅度北部最大,而中南部相近。另外,按海拔高度统计,转雪后 1000 m 以上高度(21 站次)和 900~1000 m 高度范围(10 站次)气温平均分别为 -1.6 ℃、-2.1 ℃,700~900 m 高度(12 站次)平均为 -0.7 ℃,而 300~700 m 高度(8 站次)平均 0.2 ℃,表明高海拔站次转雪后的气温低于低海拔,当海拔高度低于 700 m 时,气温在 0 ℃ 以上就可能出现雨转雪;6 h 降温幅度与气温变化不同,最大降温出现在 1000 m 以上,最小降温出现在 700~900 m 高度。

表 2 不同月份、区域、海拔高度下转雪后最邻近观测时次气温和 6 h 变温的 51 站次平均值 单位:℃

气象要素	月份			区域			海拔高度			
	2 月	3 月	11 月	北部	中部	南部	1000 m 以上	(900 m, 1000 m]	(700 m, 900 m]	(300 m, 700 m]
气温	-1.1	-1.3	-1.3	-0.5	-1.7	-1.1	-1.6	-2.1	-0.7	0.2
变温	-3.7	-3.5	-3.5	-4.1	-3.4	-3.5	-4.1	-3.5	-3.1	-3.2

3 天气实况及环流背景对比

3.1 天气实况

2015年11月23—24日,山西省出现了一次雨雪降温天气过程(图2a)。截至24日08:00,全省24 h降水量为1～18 mm。24日08:00—25日08:00,全省降雪量为1～5 mm。主要降水时段在23日下午到24日白天,其中23日下午至24日凌晨,降水主要集中在中南部地区,降水相态由雨转为雨夹雪,进而转为雪,24日凌晨以后,降雪范围向北扩大到全省。到24日14:00,除五台山外,全省积雪0～14 cm,山西东南部共有10个县(市)积雪达10 cm以上。23日白天气温大幅下降,整个过程降温为3～7 ℃。

2016年11月21—22日,山西省东部和南部地区出现了一次雨雪天气过程(图2b),21日08:00—22日08:00,东部和南部降水量为1～14 mm。22日05:00以后,降雪主要集中在运城、晋城一带,22日08:00—23日08:00,降雪量为1～18 mm,共出现2个站小雪、1个站中雪(运城)、1个站暴雪(永济)。主要降水时段在21日白天到22日白天,从21日凌晨到22日凌晨,雨雪分界线由北向南推进,中南部降水相态由雨转为雨夹雪,进而转为雪。截至11月22日14:00,平陆积雪为13 cm;17:00,永济积雪为12 cm。此次过程中,21日降温幅度较大,21日08:00—22日08:00地面24 h降温为6～13 ℃。

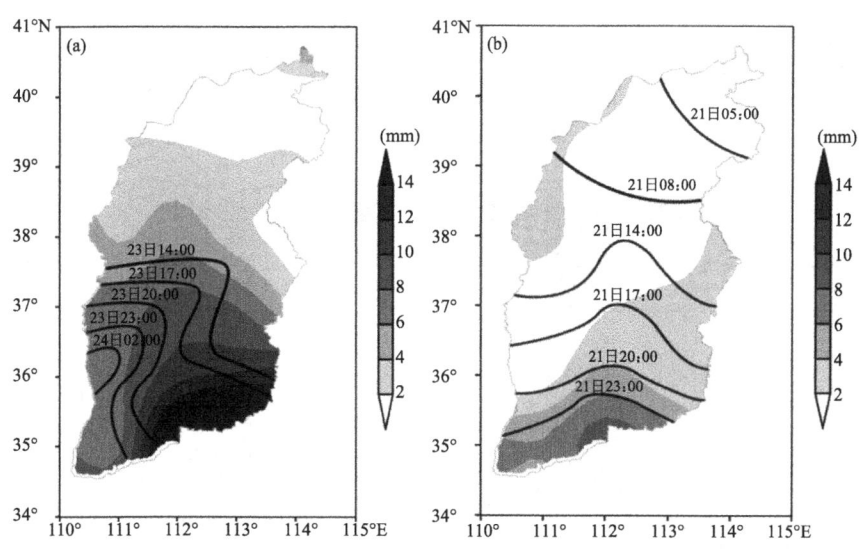

图2 山西省24 h降水量(阴影)和雨雪分界线演变(实线)
(a)2015年11月23日08:00—24日08:00,(b)2016年11月21日08:00—22日08:00

两次降水相态转换过程虽然都发生于11月下旬的山西中南部地区,但降水范围和强度、雨雪分界线的演变路线、积雪深度和分布,以及降温幅度等都存在显著差别。2015年11月23—24日过程,具有降水范围大,强降雪时间集中,积雪范围广等特点;而2016年11月21—22日过程,降水范围和量级均较小,但降温幅度较大。

3.2 环流背景对比

2015年11月23日08:00,500 hPa欧亚中高纬为阻塞形势,整个中西伯利亚受阻塞高压控制,从鄂霍茨克海到新西伯利亚地区则为宽广的东西向低压区,新西伯利亚地区为闭合的冷涡中心,从新疆北部、内蒙古中西部到山西北部存在高空锋区(图3)。山西北部地区在中低层均为西北风,风向随高度逆转,存在明显冷平流;南部地区则位于500 hPa中纬度短波槽前,

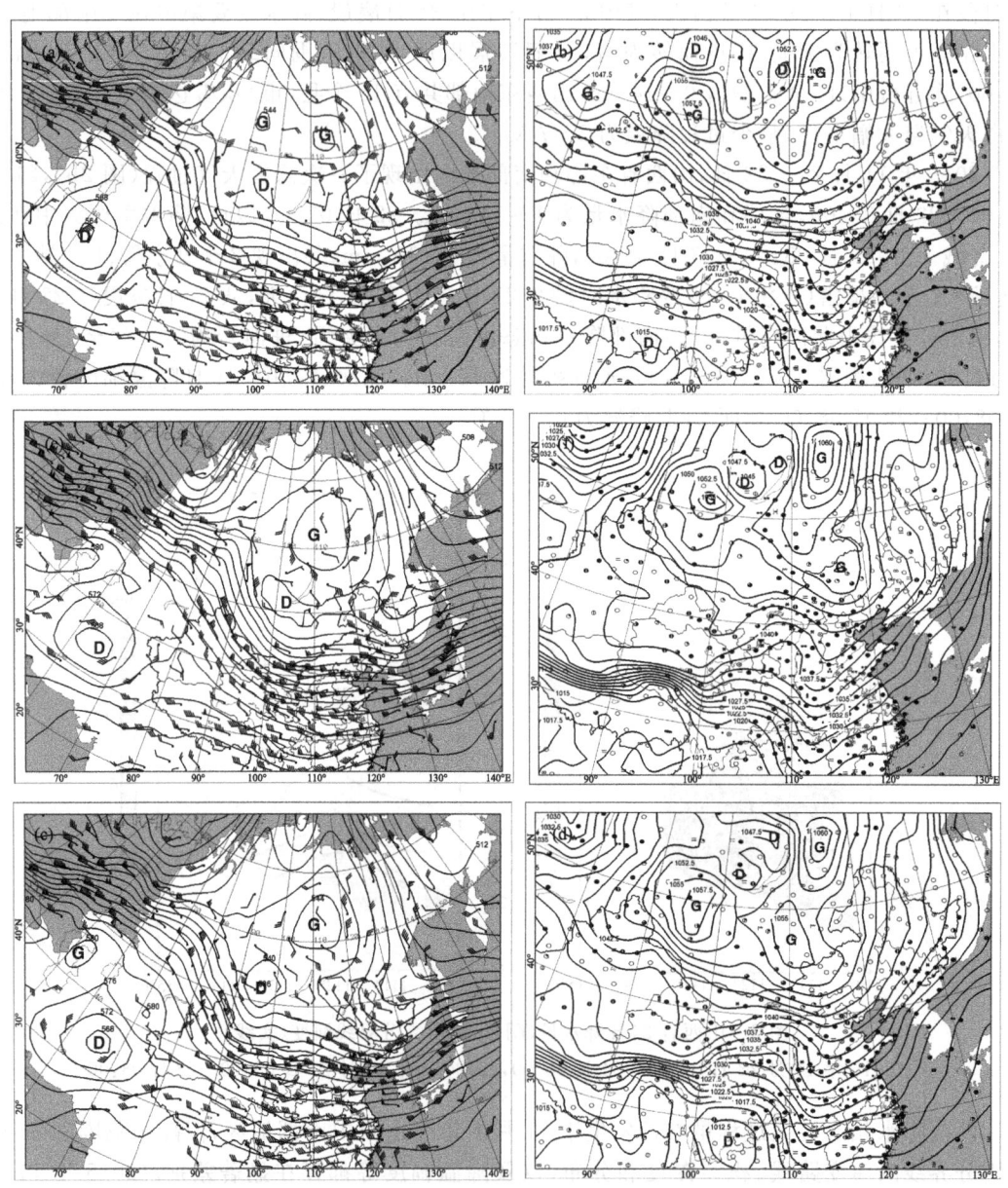

图3 2015年11月500 hPa位势高度和风场(a,c,e)以及海平面气压和地面观测(b,d,f)
(a,b)23日08:00,(c,d)23日20:00,(e,f)24日08:00

700 hPa 西南涡东侧的弱偏南气流向山西西南部不断输送水汽,850 hPa 和 925 hPa 的弱偏东风,同样有利于南部地区的增湿。此时 700 hPa 中南部相对湿度达到 70% 以上,850 hPa 全省相对湿度均达到 80% 以上,全省除东北部以外的大部分地区均出现了轻雾。同时,地面冷锋压至山西东北部,川陕一带存在倒槽,山西西南部位于倒槽前部。23 日 20:00,北中部低层转为东北风,引导东路冷空气南下形成冷垫,地面冷锋也南压加强,700 hPa 西南风急流输送暖湿空气至中东部地区,地面倒槽开始发展,暖湿气流沿着冷垫爬升,使得南部地区出现成片降水,低层温度下降使得晋中东南部、长治等地出现雨夹雪、小雪天气,到 24 日 02:00,中南部降水相态全部转为雪。而低层偏南风和偏东风进一步加强,且范围扩大到全省,雪区也由南向北扩展(图 4)。

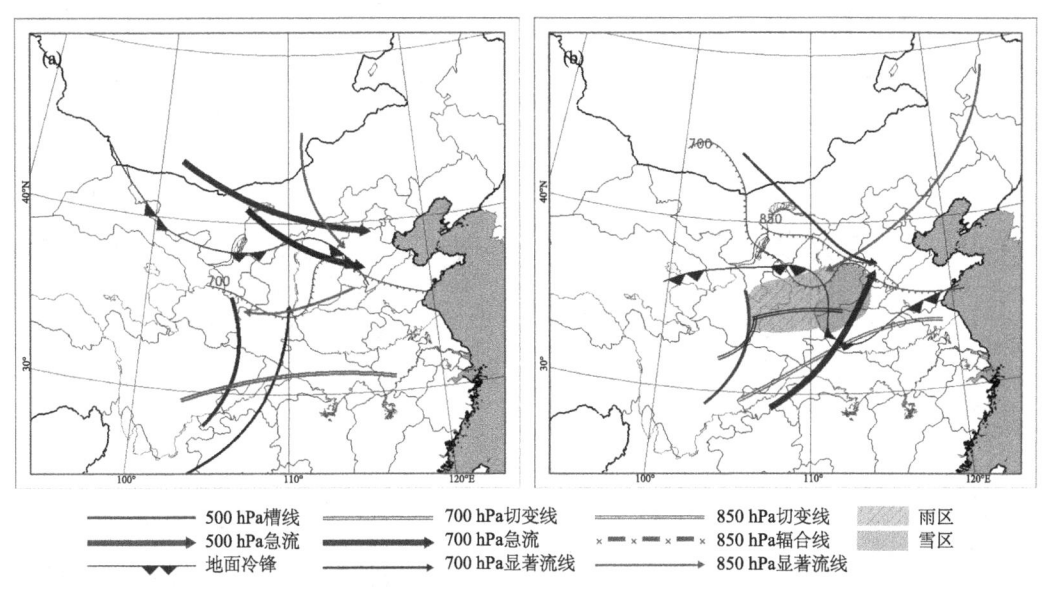

图 4　2015 年 11 月 23 日 08:00(a)、20:00(b)高低空天气系统配置

2016 年 11 月 21 日 08:00,40°N 以北地区有两个明显冷涡,一个位于雅库茨克附近,其南部形成了高空锋区,位于内蒙古和山西北部地区,500 hPa 偏西风风速达 42 m·s^{-1} 以上;另一个冷涡位于巴尔喀什湖以西,在 21—22 日位置稳定,仅分裂出小股冷空气经新疆北部南下。700 hPa 山西东北部相对湿度达到 60% 以上,而 850 hPa 全省相对湿度均达到 60%,由于强西南气流的水汽输送,阳泉、长治等地则达到 90% 以上。地面冷高压位于新疆以北地区,山西东北部冷锋附近出现降雪,山西东部地区受 850 hPa 切变线和辐合线影响,出现降雨。21 日 20:00,随着冷空气南下,冷锋南压,降雪区也南压至山西中部,而南部位于锋前暖区,同时受 700 hPa 切变线影响出现降雨。22 日 02:00,冷锋向南移出山西,中南部降水相态以雪为主,局部地区有雨夹雪,之后随着干冷空气南下,雪区逐渐南压,21 日 20:00 以后,降雪基本结束(图 5、图 6)。

综上所述,2015 年 11 月 23—24 日降水过程主要受 500 hPa 中纬度短波槽、700 hPa 偏南和 850 hPa 偏东气流、地面冷锋和倒槽共同影响,冷空气由东路南下,有充分的暖湿气流沿锋面爬升凝结,是一次典型的回流降水过程;而 2016 年 11 月 21—22 日降水过程同样有 500 hPa 短波槽、700 hPa 偏南气流和地面冷锋,不同点在于低层为偏北风,地面上回流和倒槽均不明

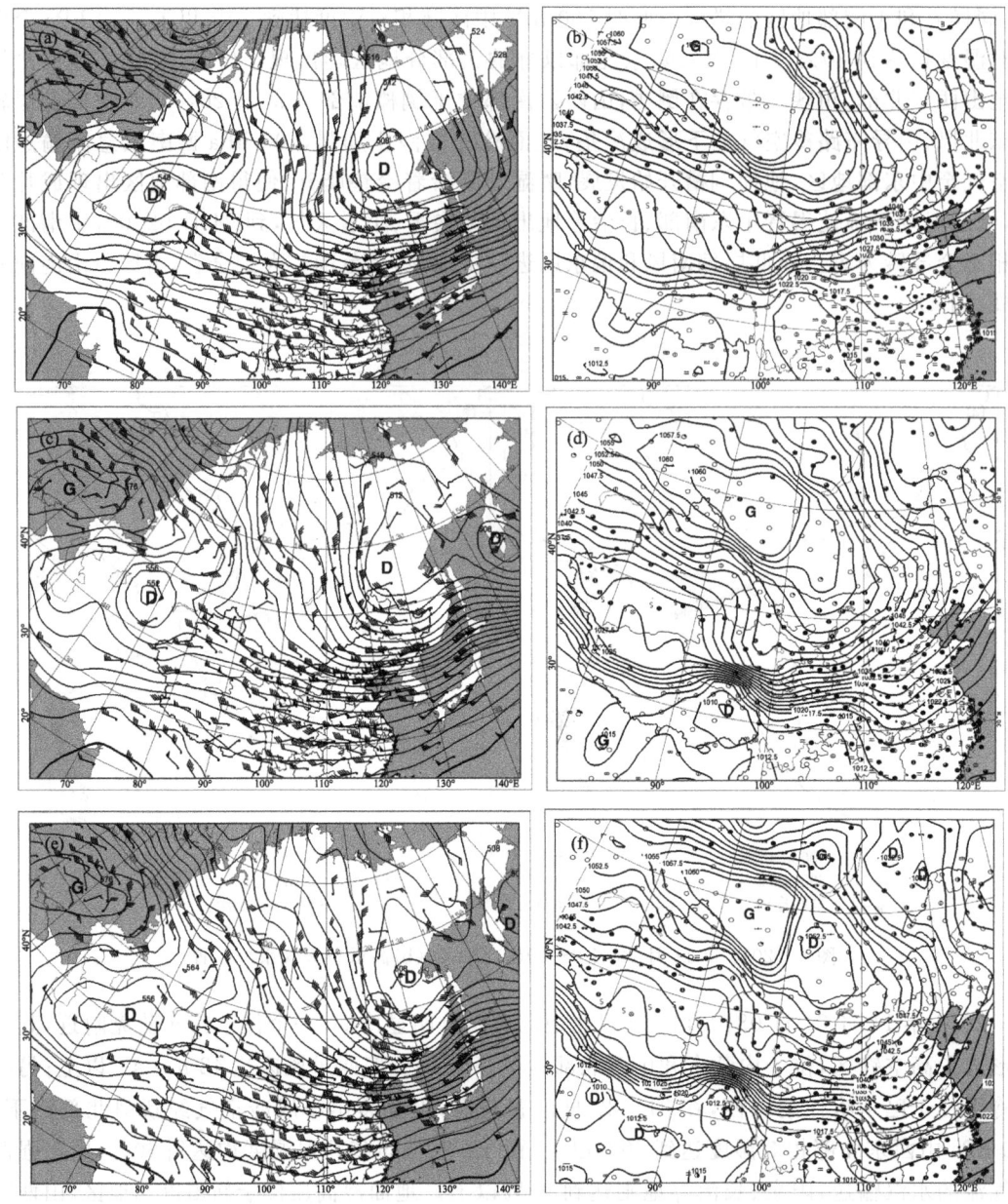

图 5 2016 年 11 月 500 hPa 位势高度和风场(a,c,e)以及海平面气压和地面观测(b,d,f)
(a,b)21 日 08:00,(c,d)21 日 20:00,(e,f)22 日 08:00

显,冷空气直接南下,形成的锋面比前者陡峭,冷锋移动速度比前次过程较慢,是一次较单纯的锋面降水过程(图 7)。

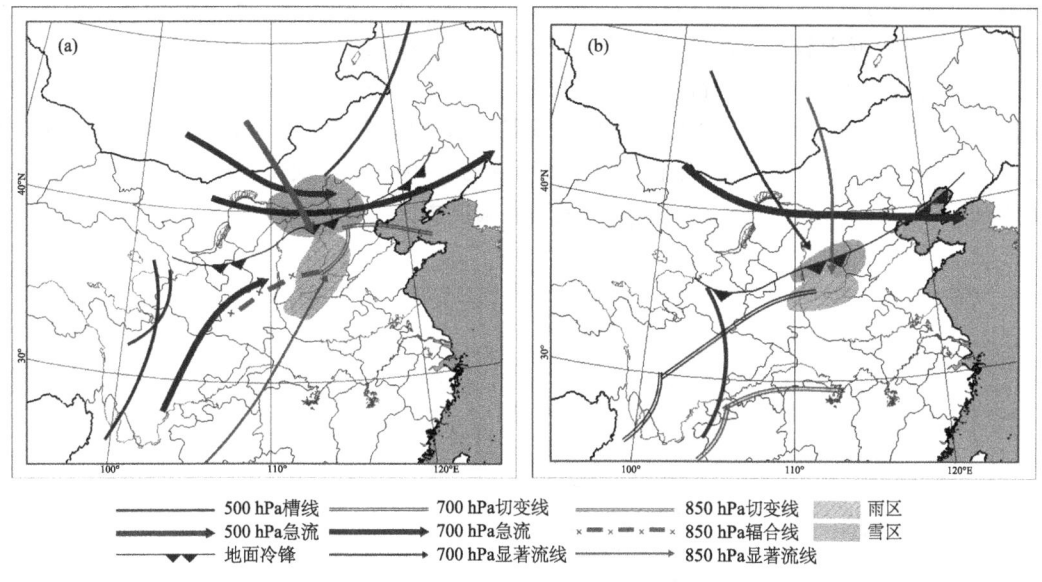

—— 500 hPa槽线	—— 700 hPa切变线	—— 850 hPa切变线	▨ 雨区
➤ 500 hPa急流	➤ 700 hPa急流	×—×—× 850 hPa辐合线	▨ 雪区
▼▼ 地面冷锋	→ 700 hPa显著流线	→ 850 hPa显著流线	

图6 2016年11月21日高低空天气系统配置
(a)08:00,(b)20:00

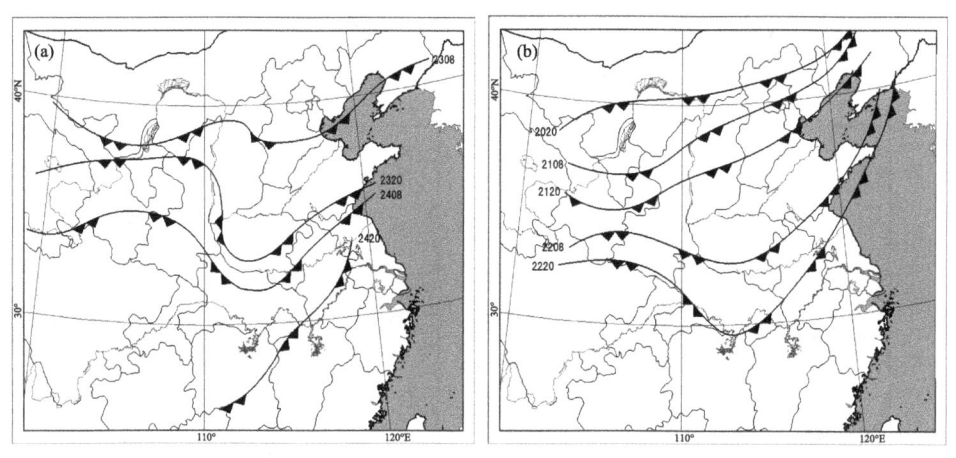

图7 地面冷锋动态
(a)2015年11月23日08:00—24日20:00,(b)2016年11月20日20:00—22日20:00

4 两次雨雪转换过程特征对比

4.1 水汽变化特征及差异

选取两次过程中降水较强的时次,即2015年11月23日20:00和2016年11月21日20:00,分析700 hPa和850 hPa的水汽输送情况,如图8所示:两次过程700 hPa上山西中南部均有西南风输送水汽,比起2016年的降水,2015年的这次过程中,西南风风速更大,水汽辐合区范围较大,占据中南部大部分区域,辐合强度也较大,最强达-1.4×10^{-5} kg·m^{-2}·hPa^{-1}·s^{-1}以上。水汽输送的强度和范围较大,是2015年的降水过程强度和范围均较大的重要原因。850 hPa上,2015年的过程中,山西中南部有明显的偏东气流,使得该层中南部大部分地区水汽辐散,形成干冷垫;2016年过程中,850 hPa山西中南部大部分区域同样以辐散区为主,但全省均为偏北风,即此次过程的干冷下垫面是由偏北风形成的。2016年这次过程中,850 hPa偏北风带来的冷垫降温,也比2015年过程中的偏东风降温幅度更大。

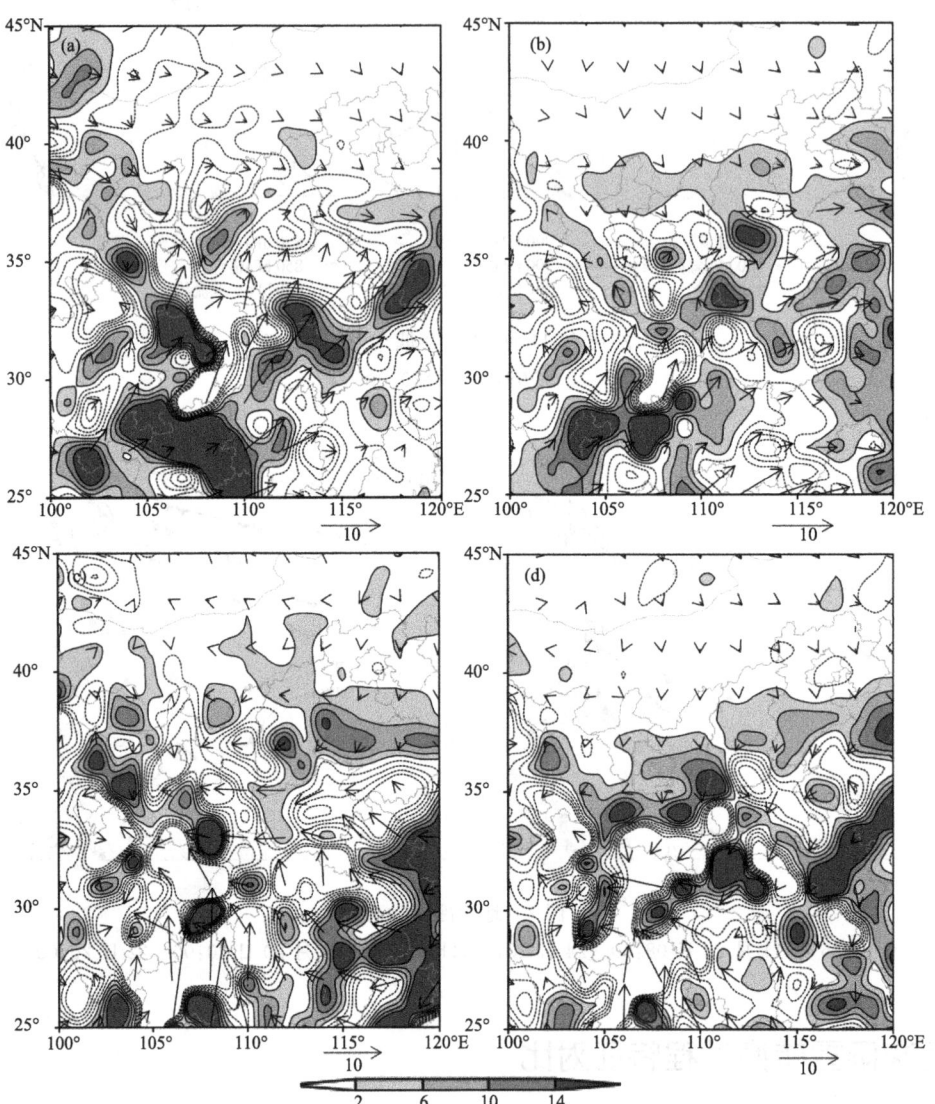

图8 2015年11月23日20:00的700 hPa(a)和850 hPa(c)、2016年11月21日20:00的700 hPa(b)和850 hPa(d)上的水汽通量(箭头,单位:g·cm^{-1}·hPa^{-1}·s^{-1})和水汽通量散度(阴影为正值,单位:10^{-5} kg·m^{-2}·hPa^{-1}·s^{-1})

为了进一步了解两次过程中水汽的局地演变特征,分别对两次过程各时次的水汽通量散度和比湿沿 36°N 作纬度—高度剖面,如图 9 所示,2015 年的这次过程中,在 112°E 东西两侧水汽沿垂直方向的分布状况完全不同,西侧比湿大值区在近地面,水汽辐合中心也是从地面向上伸展,而 112°E 东侧比湿在 700~800 hPa 附近达到最大,水汽辐合区也没有接地,近地面有明显的干层,这一干层正是低层偏东风这支干冷气流造成的,并从 23 日 14:00 到 24 日 02:00

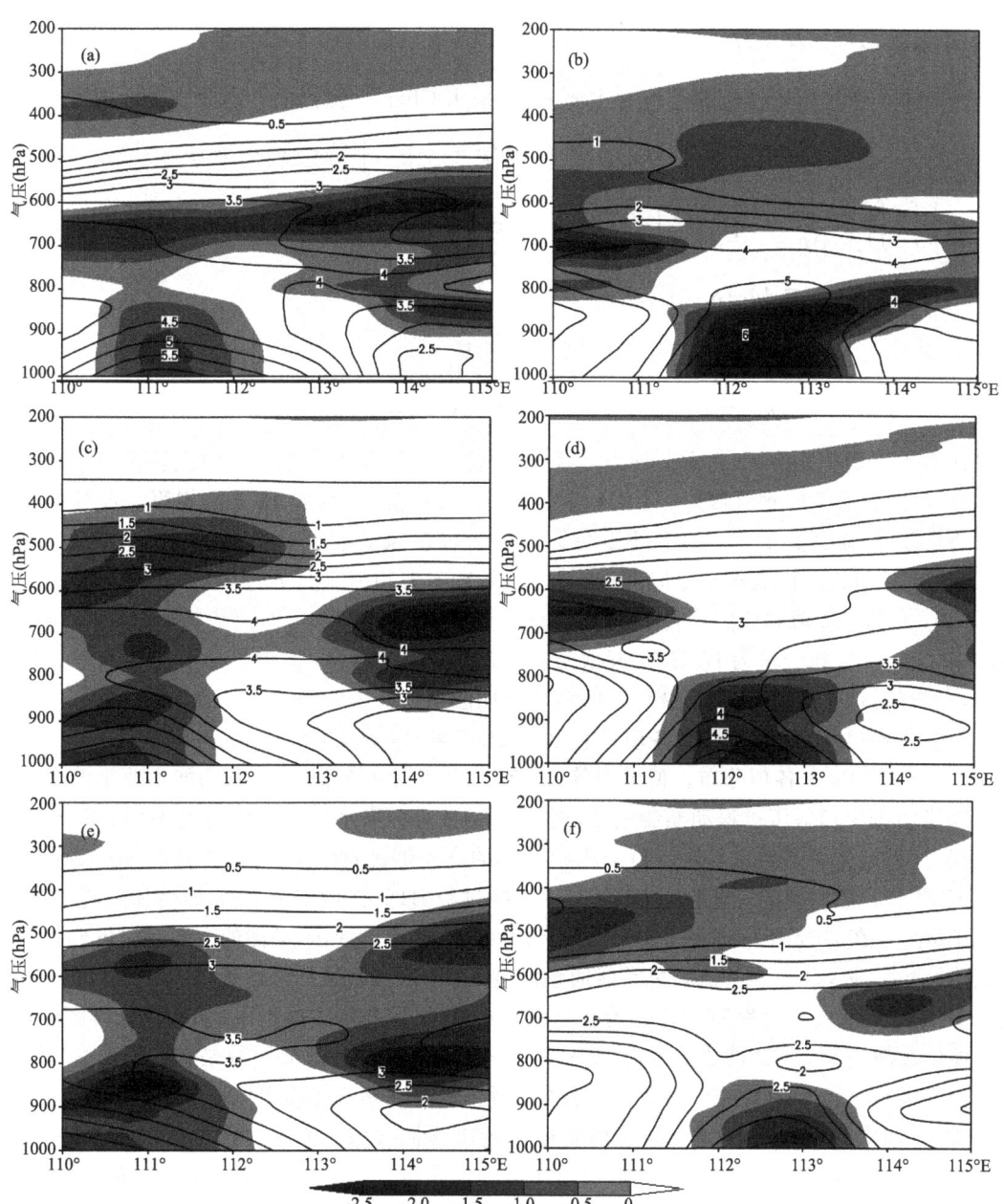

图 9 2015 年 11 月 23 日 14:00(a)、20:00(c)、24 日 02:00(e)及 2016 年 11 月 21 日 14:00(b)、20:00(d)、22 日 02:00(f)的水汽通量散度(阴影,单位:10^{-5} kg·m^{-2}·hPa^{-1}·s^{-1})和比湿(实线,单位:g·kg^{-1})沿 36°N 的纬度—高度剖面

不断向西伸展,在112°E东侧中低层为下干上湿的水汽分布,到112°E西侧中低层则形成了"湿—干—湿"的分布特征,具有一定的不稳定性。而2016年的过程中,干冷空气南下后,分成两支气流,从东西两侧侵入,只在112°~113°E附近形成湿层(低于800 hPa),即湿层浅薄,且随着干冷空气势力加强,比湿逐渐减小,湿层厚度也逐渐减小。低层水汽中心的两侧干湿空气交界处也存在着一定的不稳定性。

4.2 能量变化特征及差异

为了揭示引起风场变化的动能的主要来源,采用Chen[21]提出的动能收支方程进行计算:

$$\frac{1}{sg}\int_0^{p_0}\iint_s \frac{\partial \kappa}{\partial \tau}dsdp = -\frac{1}{sg}\int_0^{p_0}\iint_s \nabla_h \cdot (V_\psi k)dsdp - \frac{1}{sg}\int_0^{p_0}\iint_s \nabla_h \cdot (V_\chi k)dsdp$$

$$-\frac{1}{sg}\int_0^{p_0}\iint_s \frac{\partial(\omega\kappa)}{\partial p}dsdp - \frac{1}{sg}\int_0^{p_0}\iint_s V_\psi \cdot \nabla_h \phi dsdp$$

$$-\frac{1}{sg}\int_0^{p_0}\iint_s V_\chi \cdot \nabla_h \phi dsdp - D(\kappa) \tag{1}$$

$$V = V_\psi + V_\chi \tag{2}$$

$$\kappa = \frac{1}{2}V \cdot V = \frac{1}{2}V_\psi \cdot V_\psi + \frac{1}{2}V_\chi \cdot V_\chi + \frac{1}{2}V_\psi \cdot V_\chi \tag{3}$$

式中,s为水平面积积分,g为重力加速度,k为单位质量气块的动能,V_ψ为旋转风,V_χ为辐散风,ω为p坐标系下的垂直速度,p_0为地面气压,ϕ为位势。方程中,等号右侧第一项为旋转风动能通量散度,定义其被积分项为KDR;第二项为辐散风动能通量散度,定义其被积分项为KDD,KDR和KDD代表水平方向的动能输送;第三项为动能垂直通量散度,定义其被积分项为VD,代表高空高值动能的下传;第四项为正压过程动能产生率,即位势梯度通过旋转风所做的功,定义其被积分项为BTG;第五项为斜压过程动能产生率,即位势梯度通过辐散风所做的功,定义其被积分项为BCG;最后一项为动能耗散项。

根据公式(1)计算动能收支各项,图10为2015年11月23日20:00和2016年11月21日20:00 850 hPa上各项分布。傅慎明等[22]指出,在寒潮和冷涌过程中,动能主要来源于正压过程动能制造项和斜压过程动能制造项,而本文中的两次降水过程显然与之不同:在2015年的过程中,动能垂直通量散度项VD对山西南部的高动能区贡献最大,其次为旋转风动能通量散度KDR和辐散风动能通量散度KDD,正压转换过程BTG作用较小,而斜压转换过程BCG基本无正贡献。在2016年的过程中,850 hPa上山西西部为高动能区,动能的主要来源依然是动能垂直通量散度项VD,其次为旋转风动能通量散度KDR和辐散风动能通量散度KDD,正压转换过程BTG和斜压转换过程BCG均没有正贡献。也就是说,在两次过程中,垂直方向和水平方向的动能传输都是低层动能的主要来源,此外,2015年的过程中一部分贡献是来自正压过程中纬向平均气流的动能,而冷暖空气垂直运动引起的动能转换在两次过程中均没有明显贡献。

综上,两次降水过程中,水汽辐合的强度和范围不同,2015年的过程水汽条件较好;冷空气的影响方式不同,2015年的过程,低层是明显的偏东冷气流影响,形成干冷垫,而2016年的过程中,低层偏北的冷空气从东西两侧侵入;动能收支情况也不同,垂直方向和水平方向的动能传输都是两次过程低层动能的主要来源,冷暖空气垂直运动引起的动能转换在两次过程中均没有明显贡献,此外,2015年的过程中一部分贡献是来自正压过程动能制造,即纬向平均气流的动能。

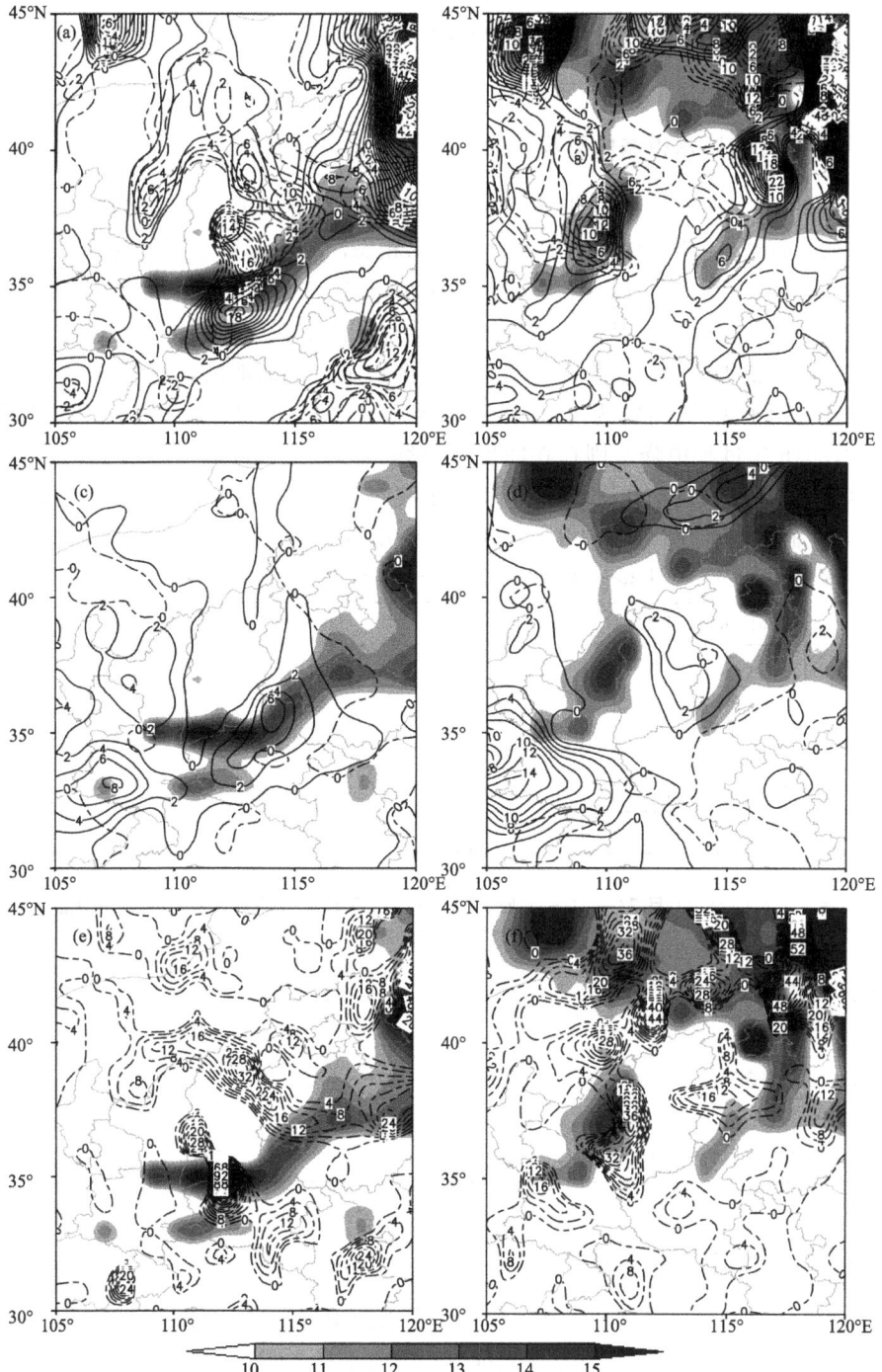

图10 2015年11月23日20:00(a,c,e)和2016年11月21日20:00(b,d,f)的850 hPa风速(阴影,单位:m·s^{-1})、旋转风动能通量散度KDR(实线,单位:10^{-4} J·s^{-1}·kg^{-1})、辐散风动能通量散度KDD(虚线,单位:10^{-4} J·s^{-1}·kg^{-1})(a,b)、正压过程动能制造率BTG(实线,单位:10^{-4} J·s^{-1}·kg^{-1})、斜压过程动能制造率BCG(虚线,单位:10^{-4} J·s^{-1}·kg^{-1})(c,d)及动能垂直通量散度VD(虚线,单位:10^{-4} J·s^{-1}·kg^{-1})(e,f)

5 多种相态存在及转换的机制分析

5.1 地面气温变化对降水相态的影响

由上述分析可知,两次过程中,地面冷锋动态和雨雪分界线演变从时间和空间分布上都表现出了较好的一致性,说明近地面温度变化在降水相态演变中起到了重要的指示作用。

表3、表4分别为2015年11月23—24日和2016年11月21—22日太原等测站常规观测时次的天气现象和地面气温。从表3可以看出,冷空气南下在南部地区由北往南造成降雪,24日以后降雪区向北扩展至全省;表4可知,降水主要出现在南部地区,冷空气南下,造成南部降水相态由雨转为雨夹雪,进而转为雪,而中部地区降水停止。2015年的过程中降水连续且持续时间较长,2016年过程中降水则存在间歇且持续时间较短。同时可以看到,当降水相态为雪时,中南部地区地面气温均在−1 ℃以下,降水相态为雨时,在南部地区地面气温均在2 ℃以上,而中部地面气温在−1 ℃以上;当降水相态为雨夹雪时,地面气温在−1~1 ℃。

表3 2015年11月23—24日大同、太原、长治、运城4站的降水相态和地面气温   单位:℃

站名	2015年11月23日				2015年11月24日				
	14:00	17:00	20:00	23:00	02:00	05:00	08:00	11:00	14:00
大同	——	——	——	——	——	——	雪(−11.8)	雪(−9.3)	雪(−8.2)
太原	——	——	——	——	雪(−4.3)	雪(−5.0)	雪(−6.1)	雪(−4.7)	——
长治	雪(−1.0)	雪(−1.6)	雪(−3.8)	雪(−6.4)	雪(−8.1)	雪(−8.4)	雪(−8.6)	雪(−6.7)	雪(−5.5)
运城	雨(4.1)	雨(3.5)	雨(2.3)	雪(−0.2)	雪(−0.4)	雪(−1.3)	雪(−1.1)	雪(−0.3)	——

表4 2016年11月21—22日太原、介休、长治、运城4站的降水相态和地面气温   单位:℃

站名	2016年11月21日				2016年11月22日				
	14:00	17:00	20:00	23:00	02:00	05:00	08:00	11:00	14:00
太原	雨(−0.4)	——	——	——	——	——	——	——	——
介休	雨夹雪(0.9)	雨夹雪(0.2)	雨夹雪(0.0)	雪(−2.6)	——	——	——	——	——
长治	雨(3.9)	雨夹雪(−0.7)	雪(−2.2)	雪(−3.4)	雪(−3.9)	——	——	——	——
运城	——	雨(3.0)	雨(2.4)	雨(2.6)	——	——	雪(−3.8)	雪(−2.8)	雪(−3.7)

5.2 大气温度演变对降水相态转变的影响

由于两次过程中,相态转换过程都主要发生在山西南部地区,而长治和运城又可以在一定程度上反映山西南部地区山区和平原在温度分布等方面的差异,故而使用再分析资料,分别对两次过程作长治(113.04°E,36.03°N,991.4 m,903 hPa)、运城(111.03°E,35.03°N,365.9 m,973 hPa)两站的时间—高度剖面图进行比较分析,如图11。

对比2015年长治和运城两站上空的风场和温度场可以看出,低层偏东风在长治尚有微弱的偏北分量,在运城低空则完全为偏东南风,"回流降雪"模式中的冷垫变得不那么冷,垂直方向上的温度梯度也比长治要小。2016年的两站对比也可以看到,降雪发生时长治低层的偏北风分量要比运城大。这说明在冷锋南下的过程中冷空气势力逐渐减弱,锋面逐渐减缓。对比两次过程中运城上空的温湿演变可以发现,2015年过程中运城上空的逆温要比2016年过程中的明显,说明暖湿气流更强,锋面坡度更小,中低层的湿区维持了15 h以上,而后受到高空干冷空气下沉影响,降水减弱;2016年过程中锋面更陡峭,湿层更深厚,维持时间略短,在12 h左右,且干冷空气从较低层结直接"楔入",切断水汽供应,引起了降水减弱。这也进一步说明两次过程中冷暖空气交汇,也即冷锋形态的不同:2015年的过程中,冷空气经东路南下影响,受到下垫面影响而强度较弱,而地面倒槽发展,西南暖湿气流相对较强,沿冷垫爬升,形成经典的回流降雪,落区范围较大,一直向北影响至全省,且主要位于冷锋后部,影响时间也较长;而2016年过程中冷空气由偏北路径南下,势力较强,低层暖湿气流被迫迅速抬升到上层,锋面陡峭,雪区位于地面锋面附近,锋后地区降水基本结束,影响时间较短。

另外,从图11中可以看出,2015年过程中长治雨转雪发生在0 ℃层下降但尚未及地的过程中,运城相态变化发生时段也一样;而2016年过程中,长治雨转雪发生在0 ℃层及地时,运城相态转换更发生在0 ℃层及地以后。这正是因为2016年过程中冷空气强度大,降温速度也较快,所以相态转换发生在低层及地面强降温之后,而2015年过程中冷空气从东面迂回影响,降温速度相对较慢,故而相态转换发生在低层和地面降温过程中。

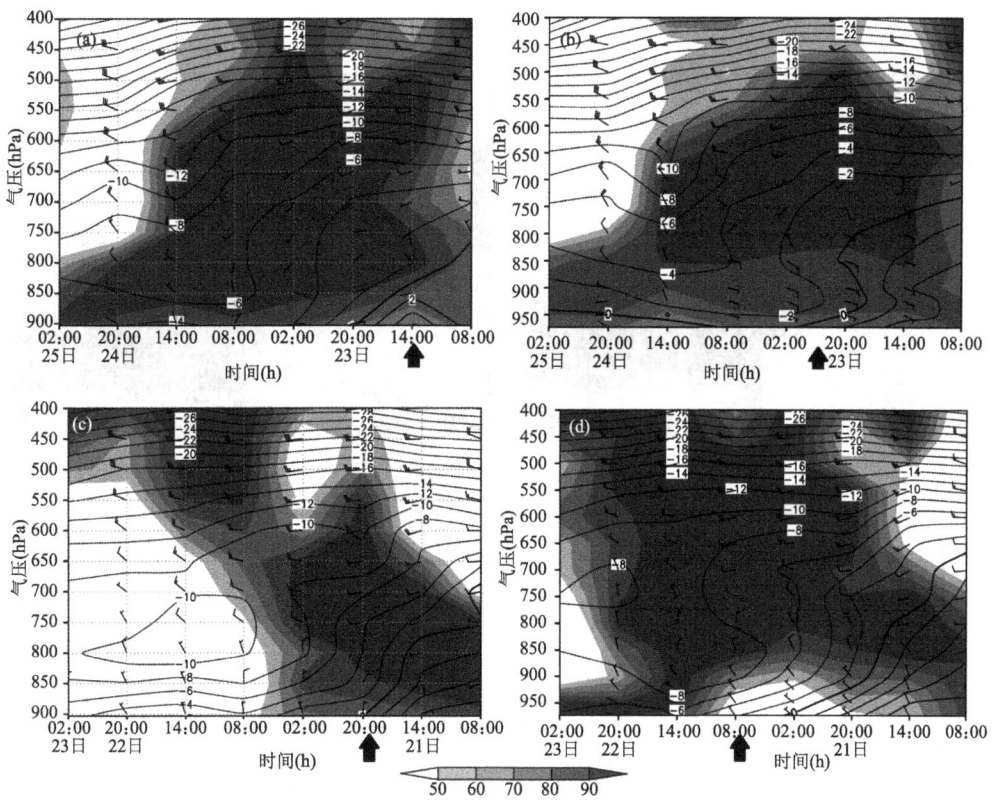

图11 2015年11月(a,b)和2016年11月(c,d)单站温度场(实线,单位:℃)和水平风场
(风向杆,单位:m·s^{-1})时间—高度剖面(a,c)长治,(b,d)运城
(粗实线为0 ℃线;阴影区为高湿区;箭头指向为雨转雪时段)

5.3 其他因素对降水相态的影响

除了近地面气温以外,降水相态变化的原因并不唯一,在云内的温湿度符合冰雪形成和增长条件的前提下,地面到抬升凝结高度之间的温度是决定降水相态的重要因子。当该层内温度较高时,冰雪在降落过程中将融化形成降雨;反之,则可能形成雨夹雪或雪;冰雪下落的行程长短也是需要考虑的因素[11]。

考虑2015年11月23—24日的降水过程,以运城为例。使用11月23日20:00的再分析资料,由公式$Z_{LCL} \approx 123(T_0 - T_{d0})$[23]($Z_{LCL}$为抬升凝结高度,$T_0$和$T_{d0}$分别为地面的温度和露点)估算得到运城的抬升凝结高度约为0.62 km(约944 hPa),雷达探测到运城上空降水云的顶高约为4.5 km(图12a),约513 hPa,即云层在944~513 hPa,云层厚度431 hPa。从图12c的温度廓线可知,雪花增长区在550 hPa以上,混合区从650 hPa到550 hPa,所以冰雪层的厚度约为137 hPa,占云层总厚度的32%左右,其中低于-10 ℃的区域占云层总厚度的近0.09%。冰雪层的下边界距离地面约323 hPa,固态凝结物下落路径较长。而且在850 hPa高度附近和地面附近,温度均接近0 ℃,会更有利于上层固态凝结物在下落过程中的融化。由此可知,冰雪层较薄,距离地面较高,冰雪层之下温度较高,是造成运城最初降水相态为雨的重要原因。

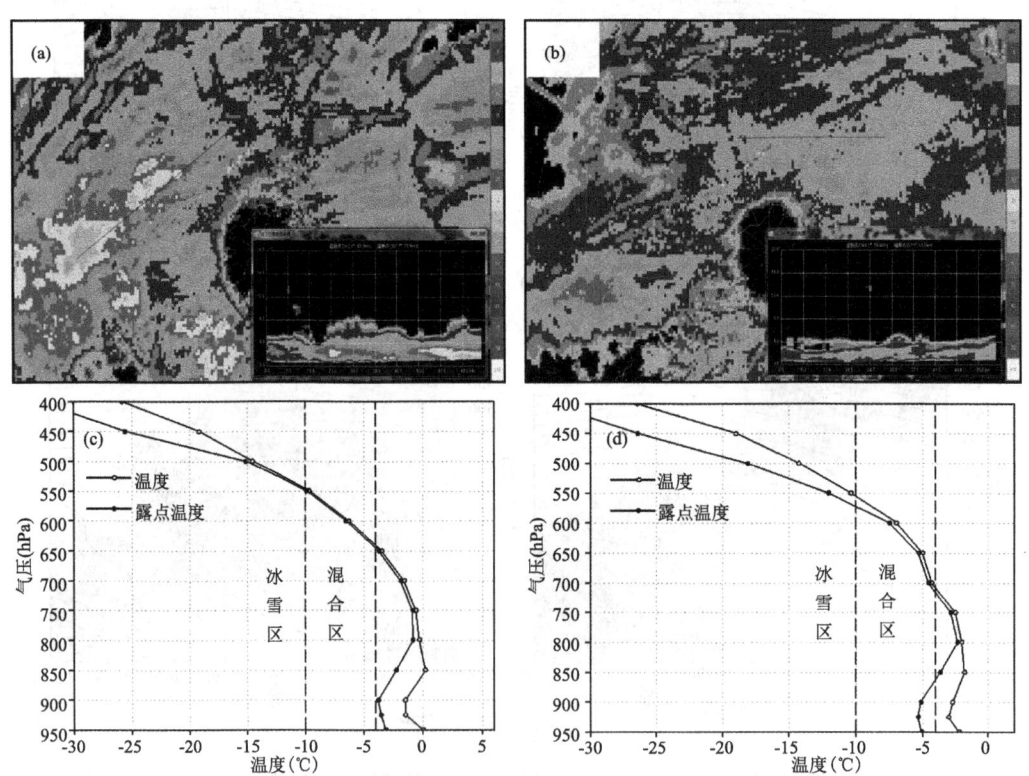

图12 2015年11月运城组合反射率(单位:dBZ)及其剖面和运城温湿廓线
(a,c)23日20:00,(b,d)24日02:00

11月24日02:00,运城降水相态已转为雪3 h以上,降水回波强度也减弱至30 dBZ以下。对流层低层温度下降明显(图12d),−10 ℃层高度基本不变,−4 ℃层从650 hPa下降至700 hPa,故而混合区厚度加大。由于近地面湿度加大,运城的抬升凝结高度降低,约为0.49 km(约959 hPa),雷达探测到的云顶高度也有所下降,为4 km左右(图12b),约569 hPa,云层厚度390 hPa。此时,冰雪层厚度约为131 hPa,占总云层厚度的34%左右,冰雪层下边界距离地面273 hPa。也就是说,从11月23日20:00到24日02:00,随着低层降温,冰雪层厚度占总云层比例有所增加,且云中固态凝结物下落路径缩短。另外,0 ℃层高度也从850 hPa下降到近地面,减小了固态凝结物在下落过程中的融化概率。由此可见,对流层低层温度下降是降水相态由雨转为雪的重要原因。

由以上分析可知,近地面温度变化在降水相态演变中起到了重要的指示作用:两次过程中,当降水相态为雪时,中南部地区地面气温均在−1 ℃以下,降水相态为雨时,在南部地区地面气温均在2 ℃以上,而中部地面气温在−1 ℃以上;当降水相态为雨夹雪时,地面气温在−1~1 ℃;随着低层降温,冰雪层厚度占总云层比例有所增加,且云中固态凝结物下落路径缩短,减小了固态凝结物在下落过程中的融化概率,造成了雨转雪的变化;同时需要指出的是,地面及低层温度对降水相态的指示作用并非绝对,两者之间的关系还受到冷空气强度和南下路径的影响。

6 降雪量和积雪深度增量的关系

对2015年11月23日08:00—24日20:00的山西北部、中部和南部地区积雪深度变化进行分析可知,北部和中部地区在24日02:00—14:00期间积雪迅速加深,而西南部地区(运城、临汾)积雪加深时段在23日20:00—24日08:00,东南部地区(长治、晋城)则更早,23日14:00积雪开始加深,20:00开始积雪深度增长迅速。就全省来看,主要积雪时段在23日夜间到24日上午。

6.1 降雪量和积雪深度增量的关系

为了研究2015年11月23—24日过程中降雪量对积雪深度的影响,选取23日08:00—24日20:00山西109个站的6 h降雪量数据和积雪深度数据,剔除积雪深度变化为缺测、零值和负值,共得到58组对应关系,对其进行相关分析,得到以下结论:二者相关系数为0.58,根据相关系数显著性检验表,达到0.01显著水平。在该时段内,就全省而言,降雪量与积雪深度增量之间用最小二乘法拟合得到的线性关系为$y=0.676x+1.028$,即每有1 mm降雪,将产生约0.68 cm的新增积雪。

2016年11月21日08:00—22日20:00的过程由于积雪深度缺测较多,样本容量较小,在此不做回归分析。

为了进一步探究山西降雪过程中降雪量和积雪深度变化之间的关系,利用山西省109站的6 h降雪量数据和积雪深度数据,对山西省近4年的降雪过程进行统计,挑选造成积雪深度变化的过程,剔除积雪深度缺测和6 h积雪深度变化为零值、为负值的情况,从2014年1月—2017年12月共计208站,各月站数分布如表5所示。

对上述统计得到的208组对应关系进行相关分析(图13),可知:降雪量数据和积雪深度增量二者相关系数为0.644,根据相关系数显著性检验表,达到0.01显著性水平。利用最小二乘法对其进行线性拟合,得到拟合关系式:$y=0.676x+0.891$。式中,y为积雪深度增量(单位:cm);x 为降雪量(单位:mm)。

表5 2014年1月—2017年12月降雪过程中有积雪深度变化的站数统计   单位:个

	1月	2月	11月	12月
2014年	0	7	0	0
2015年	7	3	80	4
2016年	3	6	2	5
2017年	0	91	0	0
共计	10	107	82	9

拟合结果表明,山西冬半年积雪深度增量和降雪量的比值约为 0.68 cm·mm^{-1},即 1 mm 的降雪可导致积雪深度增加 0.68 cm。这与杨琨等[24]统计得到的山西地区冬季积雪深度变化值和降雪量比值 0.81 cm·mm^{-1} 相比较小,这可能是由于后者选取的统计时段为 2009—2011 年每年的 12 月至次年 2 月,平均气温相对本次研究选取的月份而言相对较低,降雪湿度和密度较小,从而造成后者比值相对较高;另外选取的年份、降雪量和积雪深度变化的时间间隔等均对结果有所影响。

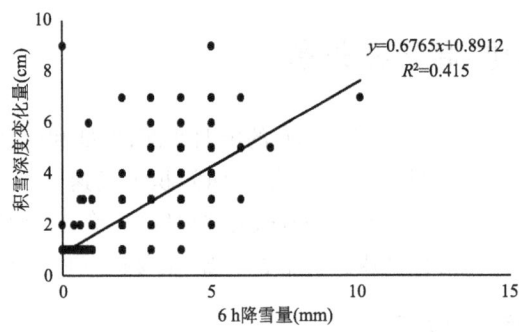

图13 降雪量和积雪深度增量的关系

6.2 气温对降雪量和积雪深度增量关系的影响

由于气温对降雪、积雪形成和变化,以及积雪层密度等都有非常重要的影响[25]。根据降雪时段的气温观测资料,将降雪时逐 6 h 整点气温分为[−15,−10)、[−10,−5)、[−5,0)这 3 组进行分析,探讨在上述气温区间降雪量与积雪深度增量的相关关系,得到 3 组数据量分别为 9,55 和 144。

对每个气温区间内的降雪量和积雪深度变化分别进行相关分析,得到 3 组气温区间内,降雪量和积雪深度变化的相关系数分别为 0.146,0.720 和 0.610,除了[−15,−10)区间内由于样本数太少未通过显著性检验以外,[−10,−5)、[−5,0)两组均达到了 0.01 显著性水平,拟合结果较为可信。

图 14 显示了[−10,−5)、[−5,0)两组温度区间内降雪量和积雪深度增量关系的拟合线,分别为:$y=0.762x+0.82$,$y=0.661x+0.914$,式中,y 为积雪深度增量;x 为降雪量。即当气温在[−10,−5)区间时,积雪深度增量和降雪量的比值约为 0.76 cm·mm^{-1},即 1 mm 的降雪可导致积雪深度增加约 0.76 cm;当气温在[−5 ℃,0)区间时,两者比值约为 0.66 cm·mm^{-1}。产

生上述差异的主要原因是,不同气温下,降雪形式和雪的密度不同,在温度较高时,雪的湿度和密度较大,同样的降雪量产生的积雪深度增加量就要小一些。

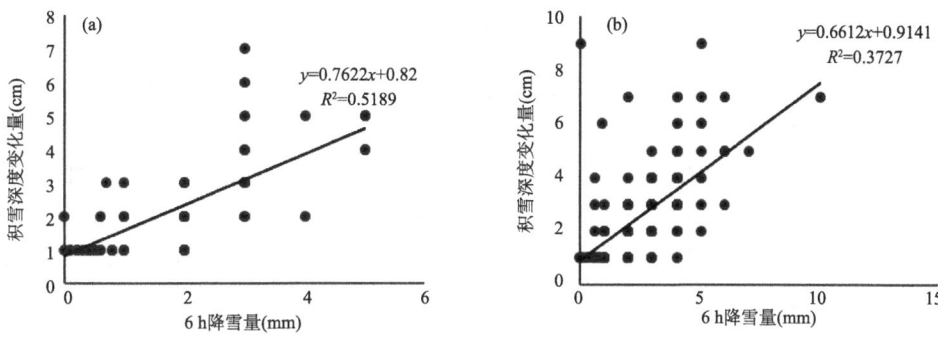

图 14 降雪量和积雪深度增量关系
(a)$[-10,-5)$,(b)$[-5,0)$

6.3 降雪量和积雪深度增量关系的时间变化特征

冬半年的各个月份都有可能出现降雪,但不同月份的气温有明显差异,天气背景条件也有所差别。上面已经分析发现气温对降雪量和积雪深度关系有着显著影响,由于气温随时间有明显变化特征,本部分将分析降雪量和积雪深度增量关系的时间变化特征。

由表 5 可知,从 2014 年 1 月—2017 年 12 月共计 208 组降雪量和积雪深度增量关系可按月份分为:1 月 10 组、2 月 107 组、11 月 82 组、12 月 9 组。对每个时段内的降雪量和积雪深度增量分别进行相关分析,4 个月份中,降雪量和积雪深度增量的相关系数分别为:0.549,0.680,0.534,0.660,1 月和 12 月由于样本量过少,未通过显著性检验,2 月和 11 月均通过 0.01 显著性检验,拟合结果较为可信。

图 15 为 2 月和 11 月降雪量和积雪深度增量关系的拟合线,分别为:$y=0.691x+0.819$,$y=0.648x+1.027$,式中,y 为积雪深度增量(单位:cm);x 为降雪量(单位:mm)。即 2 月降雪过程中,积雪深度增量和降雪量的比值约为 0.69 cm·mm^{-1},1 mm 的降雪可导致积雪深度增加约 0.69 cm;11 月降雪过程中,两者比值约为 0.65 cm·mm^{-1},1 mm 的降雪可导致积雪深度增加约 0.65 cm。产生差异的原因主要还是与气温有关,由于 2 月的平均气温低于 11

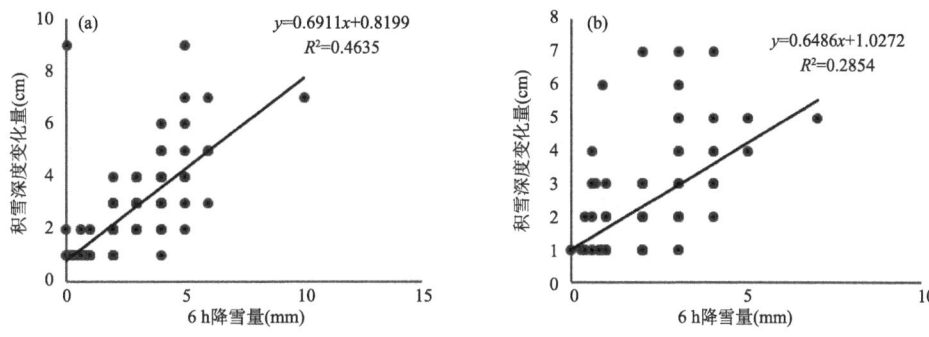

图 15 降雪量和积雪深度增量关系
(a)2 月,(b)11 月

月,雪的湿度和密度较小,积雪更加蓬松,同等降雪量所产生的积雪深度增加值自然也大于后者。

6.4 降雪量和积雪深度增量关系的空间变化特征

山西全省都会出现降雪,但由于降雪的地理环境差异,天气背景差异,会造成降雪量和积雪深度增量的关系不同。为了研究山西不同区域降雪量和积雪深度增量的关系,将纬度超过 38.5°N 的站点划分为北部,将纬度超过 36.7°N,不超过 38.5°N 的站点划分为中部,将纬度不超过 36.7°N 的站点划分为南部,该划分方法与常用的按市界将大同、朔州、忻州划为北部,吕梁、太原、阳泉、晋中划为中部,长治、晋城、临汾、运城划为南部的方法差别不大。经过空间划分,得到北部 80 站次,中部 73 站次,南部 55 站次。

对北部、中部、南部的降雪量和积雪深度增量分别进行相关分析,3 个区域内降雪量和积雪深度增量的相关系数分别为:0.820,0.360,0.686,均达到 0.01 显著性水平,拟合结果较为可信。

图 16a,b,c 分别为对山西北部、中部和南部 3 个区域内,降雪量和积雪深度增量作线性拟合得到的结果,北部 $y=0.795x+0.571$,中部 $y=0.492x+1.522$,南部 $y=0.599x+0.862$,式中,y 为积雪深度增量(单位:cm);x 为降雪量(单位:mm)。积雪深度增量和降雪量的比值从北到南分别为 0.80 cm·mm^{-1}、0.49 cm·mm^{-1}、0.60 cm·mm^{-1},即 1 mm 的降雪可导致北部积雪深度增加约 0.8 cm,中部积雪深度增加 0.49 cm,南部积雪深度增加 0.6 cm。出现上述差异的原因与纬度变化引起的温度变化有关,也受到海拔高度对温度的影响。

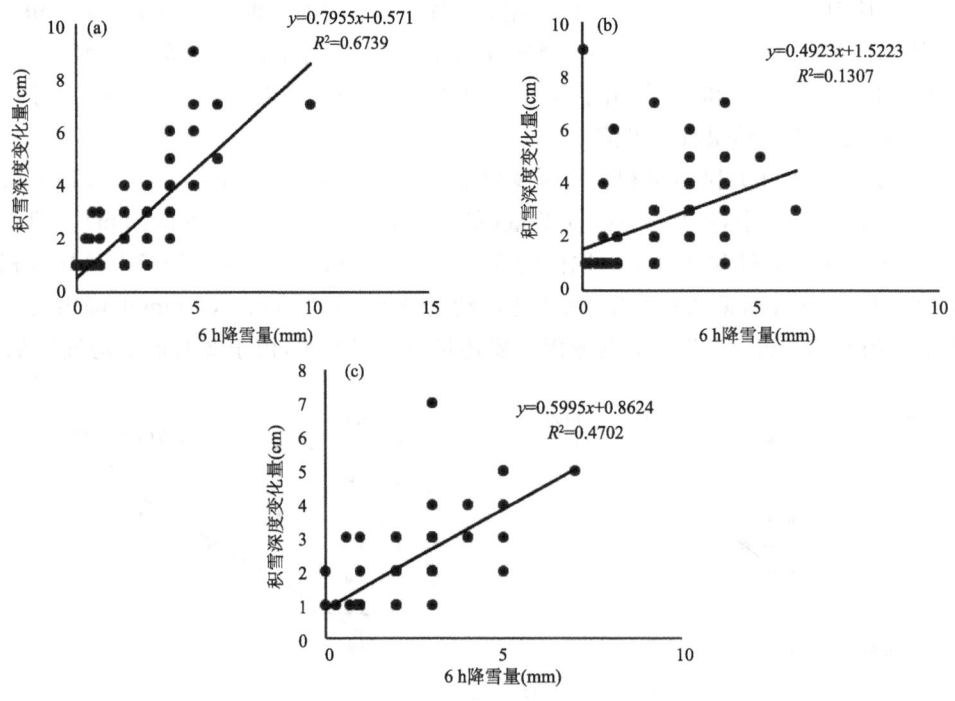

图 16 降雪量和积雪深度增量关系
(a)山西北部,(b)中部,(c)南部

综上,山西冬半年积雪深度增量和降雪量的比值约为 0.68 cm·mm^{-1},即 1 mm 的降雪可导致积雪深度增加 0.68 cm。将山西降雪量和积雪深度增量数据按降雪时段的气温进行分类拟合分析,当气温数值在[−10,−5)时,积雪深度增量和降雪量的比值约为 0.76 cm·mm^{-1};当气温高于−5 ℃时,约为 0.66 cm·mm^{-1}。不同月份中,降雪量和积雪深度增量的关系不同:2 月降雪过程中,积雪深度增量和降雪量的比值约为 0.69 cm·mm^{-1},而 11 月两者比值约为 0.65 cm·mm^{-1},略小于 2 月。对山西北部、中部和南部的降雪量和积雪深度增量关系分别进行线性拟合:积雪深度增量和降雪量的比值从北到南分别为 0.8 cm·mm^{-1}、0.49 cm·mm^{-1}、0.6 cm·mm^{-1}。

7 影响降水相态的气象因子分析

温度的垂直结构特征是影响最终降水类型的重要因素。根据本文及相关研究结果[6,26],从有利于冰晶发展的温度条件来看,当环境温度＜−10 ℃时最有利于冰晶颗粒物的成长,尤其是当温度＜−12 ℃时,70%以上的云中都会含有冰晶等固态降水颗粒物[27]。高空冰晶层中的冰晶颗粒物在下落过程中进入低层未饱和层时,会产生融化和蒸发等相态变化,其产生的潜热吸收和释放会影响环境温度的变化,从而引起温度层结的变化。另外,在地面相态由雨转雪的过程中,高空冰晶层的高度会逐渐下降,在一定程度上缩短了冰晶等固态降水物在空中的融化和蒸发时间,从而增大了到达地面降水为雪的概率;温度垂直递减率也开始减小,随着空中降水相态类型转换所导致的热量释放和吸收达到一定的平衡时,最终还会形成一个上下一致的均温层;空中的云微物理特征也会发生明显的变化,上空固态降水混合比会有明显的增大,而液态降水混合比则会相应减小。这主要是因为高空固态降水物在下降过程中由于一系列相变过程所导致的热量吸收和释放会达到一个平衡点,同时加上温度平流的影响,中低层的融化作用会逐渐减弱,从而导致上空固态降水物的含量增加。

综上,在降水相态转换预报中,主要考虑以下气象因子:(1)地面温度及温度的垂直结构,这是决定降水相态的主导因素;(2)−10 ℃层和 0 ℃层高度反映了云中固态颗粒物含量;(3)相关层次之间的厚度差,由于垂直方向上任意两层之间的厚度差正比于两层之间的平均温度,在雨转雪过程中,850～700 hPa、1000～850 hPa 的厚度差在逐渐减小,两层间平均温度降低,减少了融化,增加了到达地面为雪的概率;(4)地面到抬升凝结高度之间的距离减小、云顶高度下降,都缩短了固态降水物到达地面的距离;(5)0 ℃层的高度及其与抬升凝结高度的关系:降雨阶段,0 ℃层在云内,高于抬升凝结高度,当 0 ℃层下降到云底附近时,降水开始转变成雨夹雪,降雪阶段,0 ℃层维持在云底并且距离地面较近;(6)冰雪下落的行程长短:直接影响到冰晶颗粒物的融化,从而影响到达地面时的降水相态;(7)冷空气路径和强度:冷空气活动是导致对流层中下层气温下降的机制,而降水相态发生改变的过程中,对流层中下层特别是边界层内的温度明显下降,这会导致云内的冰雪层增厚,冰雪层下边界距地面的高度下降,云底到地面之间的环境温度降低,使得降雪的可能性增大。因此冷空气路径不同、强度的差异会造成降水相态转换时刻的明显差异;(8)预报区域所处的地理位置等:地理位置不同,其海拔高度、经纬度不同,会造成降水过程中边界层温度变化的差异,从而间接影响降水相态的变化。

8 结论和讨论

(1)近4年来,山西11月发生雨转雪过程的站次最多,其次为2月。其中,转雪后的气温在-5.3~1.2 ℃,且6 h变温在-7.2~-0.1 ℃。

(2)地面气温作为降水相态变化的指标时,需要考虑季节和站点地理位置等因素。2月转雪后气温平均值高于其他月份;北部转雪后的平均气温和6 h降温幅度高于中南部;以900 m高度为界,高海拔站点转雪后温度低于低海拔站点,且6 h降温幅度更大。当海拔高度低于700 m时,气温在0 ℃以上就有可能出现雨转雪。

(3)两次降水相态转换过程虽然都发生于11月下旬的山西中南部地区,但降水范围和强度、雨雪分界线的演变路线、积雪深度和分布,以及降温幅度等都具有显著差别。2015年11月23—24日是一次典型的回流降水过程;而2016年11月21—22日降水是一次较单纯的锋面降水过程。

(4)两次降水过程中,水汽辐合的强度和范围不同,2015年的过程水汽条件较好;冷空气的影响方式不同,2015年的过程,低层是明显的偏东冷气流影响,形成干冷垫,而2016年的过程中,低层偏北的冷空气从东西两侧侵入;动能收支情况也不同,垂直方向和水平方向的动能传输都是两次过程低层动能的主要来源,冷暖空气垂直运动引起的动能转换在两次过程中均没有明显贡献。

(5)地面气温作为降水相态变化的指标时,还受冷空气强度和路径等因素影响。2016年个例中,冷空气较强,路径偏北,降温速度较快,雨转雪发生在低层及地面强降温之后;2015年个例中,冷空气从东路南下,雨转雪发生在低层和地面降温过程中。在雨转雪的不同时段,随着低层降温,冰雪层厚度占总云层比例有所增加,且云中固态凝结物下落路径缩短,使得固态凝结物在下落过程中融化概率随时间减小,造成了雨转雪的变化。

(6)山西冬半年积雪深度增量与降雪量存在较好的正相关关系,二者比值约0.68 cm·mm^{-1},且比值随气温降低而增大。其中,当气温在[-10,-5)时,其比值约0.76 cm·mm^{-1},而当气温高于-5 ℃时,比值约0.66 cm·mm^{-1};2月、11月两者比值分别为0.69 cm·mm^{-1}、0.65 cm·mm^{-1};从北到南两者比值分别为0.8 cm·mm^{-1}、0.49 cm·mm^{-1}和0.6 cm·mm^{-1}。

参考文献

[1] 赵琳娜,马清云,杨贵名,等.2008年初我国低温雨雪冰冻对重点行业的影响及致灾成因分析[J].气候与环境研究,2008,13(4):556-566.

[2] BOCCHIERI J R. The objective use of upper air sounding to specify precipitation type [J]. Monthly Weather Review, 1980, 108:596-603.

[3] KEETER K K, CLINE J W. The objective use of observed and forecast thickness values to predict precipitation type in North Carolina [J]. Weather And Forecasting, 1991, 6(4):456-469.

[4] STEWARD R E. Precipitation types in the transition region of winter storms [J]. Bulletin American Meteorological Society, 1992, 73(3):287-296.

[5] BERNSTEIN B C. Regional and local influences on freezing drizzle, freezing rain, and ice pellet events [J]. Weather And Forecasting, 2000, 15(5):485-508.

[6] 李江波,李根娥,裴雨杰,等.一次春季强寒潮的降水相态变化分析[J].气象,2009,35(7):87-94.
[7] 漆梁波,张瑛.中国东部地区冬季降水相态的识别判据研究[J].气象,2012,38(1):96-102.
[8] 杨成芳,姜鹏,张少林,等.山东冬半年降水相态的温度特征统计分析[J].气象,2013,39(3):355-361.
[9] 王亮,王春明.一次雨夹雪转暴雪天气过程的微物理模拟研究[J].气象与环境学报,2010,26(2):31-39.
[10] 崔锦,周晓珊,陈力强,等.利用WRF模式制作东北地区冬季降水相态预报[J].气象与环境学报,2011,27(6):1-6.
[11] 廖晓农,张琳娜,何娜,等.2012年3月17日北京降水相态转变的机制讨论[J].气象,2013,39(1):28-38.
[12] ALLEN R L, ERICKSON M C. AVN-based MOS precipitation type guidance for the United States [J]. NWS Technical Procedures Bulletin, 2001, 476: 10.
[13] 董全,黄小玉,宗志平.人工神经网络法和线性回归法对降水相态的预报效果对比[J].气象,2013,39(3):324-332.
[14] 尤凤春,郭丽霞,史印山,等.北京降水相态判别指标及检验[J].气象与环境学报,2013,29(5):49-54.
[15] 隋玉秀,杨景泰,王健,等.大连地区冬季降水相态的预报方法初探[J].气象,2015,41(4):464-473.
[16] 刘建勇,顾思南,徐迪峰.南方两次降雪过程的降水相态模拟研究[J].高原气象,2013,32(1):179-190.
[17] 张备,尹东屏,孙燕,等.一次寒潮过程的多种相态降水机理分析[J].高原气象,2014,33(1):190-198.
[18] 赵桂香.诊断分析技术在山西强降雪预报中的应用[J].高原气象,2014,33(3):838-847.
[19] 闫慧,赵桂香,张朝明,等.山西中部一次暴雪天气过程分析[J].干旱气象,2015,33(5):838-844.
[20] 苗爱梅,董文晓,贾利冬,等.近30a山西不同相态降水的统计特征及概念模型[J].干旱气象,2014,32(1):23-31.
[21] CHEN T C, ALPERT J C, SCHLATTER T W. The effects of divergent and nondivergent winds on the kinetic energy budget of a mid-latitude cyclone: A case study [J]. Monthly Weather Review, 1978, 106(4): 458-468.
[22] 傅慎明,孙建华,赵思雄,等.2004年冬季风期间一次强寒潮过程的能量收支研究[J].气候与环境研究,2012,17(5):549-562.
[23] 盛裴轩,毛节泰,李建国,等.大气物理学[M].北京:北京大学出版社,2003,135-136.
[24] 杨琨,薛建军.使用加密降雪资料分析降雪量和积雪深度关系[J].应用气象学报,2013,24(3):349-355.
[25] 魏玥,陈蜀江,陈霞.新疆北部地区季节性积雪密度变化特征分析[J].冰川冻土,2010,32(3):519-523.
[26] 徐辉,宗志平.一次降水相态转换过程中温度垂直结构分析[J].高原气象,2014,33(5):1272-1280.
[27] PRUPPACHER H R, KLETT J D. Microphysics of clouds and precipitation[M]. Norwell M A: Kluwer Academic Publishers, 1997: 953-957.

山西省冬季雪灾天气特征及风险区划

赵桂香[1]　李新生[1]　范卫东[2]

(1.山西省气象台 太原 030006;2.山西平安防雷检测有限公司 太原 030032)

摘要:利用山西省1959—2019年逐日降雪量、积雪深度和最低气温等资料,计算了雪灾气象指数,采用自然断点法划分了雪灾气象等级,对雪灾气象等级的时空分布及变化特征进行了分析;结合山西省有关地形、人口、交通路网、人均GDP、设施农业种植面积等资料,依据雪灾评价指标体系和自然灾害数学公式,采用加权综合评价法,构建雪灾风险评估模型,并对雪灾综合风险进行了区划。结果表明:(1)山西省冬季雪灾出现次数与雪灾严重程度呈反比;雪灾的空间分布总体上呈自西北向东南递增,不同月份由于影响天气系统的差异,空间分布特征明显不同;不同级别的雪灾,出现概率及空间分布特征也不同。(2)山西省冬季雪灾累计次数的月分布特征与冬季天气气候特点密切相关。61年,雪灾总次数年变化总体上呈多—少—多—少—多交替变化的特点,为先减少、后增加的趋势且减少速率较增加速率略大;不同区域、不同级别的雪灾年变化特征和趋势存在一定差异;山西省冬季雪灾的年代际变化明显,分区域的年代际变化略有差异。(3)不同县(市、区),其雪灾危险性、孕灾敏感性、承灾体易损性以及防灾减灾能力均存在明显差异。雪灾综合风险区划结果显示,只有运城的10个县(市)综合风险为低,综合风险很高的区域主要位于太原和吕梁的6个县(市),有一半的县(市、区)综合风险为高和很高。

关键词:雪灾;气象等级;时空变化;综合风险区划

引言

雪灾作为自然灾害的一种,相对于其他灾种,发生的范围和频率较小,故而学界对它的研究尚存在很多不足[1]。雪灾是牧区冬、春季主要的灾害性天气,由于降雪量大,地面积雪深,加之气温低,雪面冻结,牲畜无法采食而大批冻、饿死;雪灾也可造成牧区交通中断,危及牧民生命安全[2]。因此,20世纪以来,对于青藏高原牧区雪灾的研究逐步增多[2-9]。研究表明,青南高原是雪灾的高发区之一,春季比冬季发生的次数要多,对青海省畜牧业影响很大[3];2月是青藏高原东部牧区雪灾高发月份,20世纪雪灾呈上升趋势[4],20世纪90年代进入雪灾的频发时期[5]。雪灾的形成与大气环流异常和天气系统演变关系密切[6,7],不少学者从天气和气候学角度对雪灾成因进行了研究[5,8-14],并基于GIS技术建立了雪灾预警模型[15,16]。为客观表征雪灾强度,科技工作者提出了多种定量指标,多数利用降水量和平均气温计算雪灾指数,也有采用最大积雪深度和积雪日数提出雪灾指数经验公式[17];还有综合考虑气象因子和牧草牧场承载能力,构建雪灾成灾综合指数[18]。考虑大降雪、雪深、低温以及持续积雪等因子建立雪灾指数[4],以及采用积雪掩埋牧草程度、积雪持续日数和积雪面积比3项因素制定牧区雪灾指标[19],并基于实际灾情建立雪灾等级(评估)指标[20],则更能客观反映雪灾的灾害程度。然而,重大雪灾作为一种自然灾害,极易借助自然生态系统或城市生命线系统之间相互依存、相互制约的关系,产生连锁效应,由一种灾害引发出一系列灾害,从一个地域空间扩散到另一个更广阔的地域空间[21]。随着灾害学研究的不断深入以及经济建设日益发展,从风险角度分析灾害有助于决策者进行灾害管理并制定防灾减灾策略[22],对灾害高风险地区进行风险管理是防灾减灾的新理念[23]。因此,针对各种灾害的风险区划[24-26]工作应运而生。基于GIS技术从致灾因子、脆弱性评估等方面,利用加权综合与层次分析法构建雪灾判别模型对雪灾进行风险区划[27],可对制定雪灾防御及减轻雪灾损失措施提供重要参考。

山西省地形特殊,交通路网复杂,冬季降雪后长时间积雪不化,常造成道路交通事故、航班延误、公众出行受阻、设施农业损毁等灾害。查阅文献,鲜有关于山西省冬季雪灾方面的研究。文章借鉴以上研究结果,结合山西省降雪和地形等实际情况,利用1959—2019年气象观测资料,选取日降雪量、积雪深度、连续降雪日数、持续积雪日数以及48 h降温幅度等气象要素为主要影响因子,计算雪灾气象指数,并由雪灾气象指数划分雪灾气象等级,对雪灾气象等级的时空分布及变化特征进行分析;结合山西省有关地形、人口、交通路网、人均GDP、设施农业种植面积等资料,采用自然灾害数学公式和ArcGIS软件,借鉴文献[28]的方法,构建雪灾气象风险评估模型,并进行雪灾综合风险区划,为做好山西省冬季雪灾防御、保障人民生命财产安全提供科学决策依据。

1 研究区域、资料及研究方法

1.1 研究区域

按照行政区域将山西省划分为北部、中部和南部,根据山西省地理地形特点、考虑站点分布均匀性、时间序列长度一致并结合降雪实况分析,选取大同、右玉、河曲、原平4站作为北部代表站,太原、离石、阳泉、介休、榆社5站作为中部代表站,隰县、临汾、运城、晋城、黎城5站作为南部代表站,全省共计14站(图1)统计雪灾计算所需基本资料。

1.2 资料及雪灾等级划分

利用山西省(34°34′~40°43′N,110°14′~114°33′E)1959—2019年共61年地面观测资料,统计冬季12月至次年2月的逐日降雪量、积雪深度及持续时间、日最低气温、降雪持续日数等气象要素。

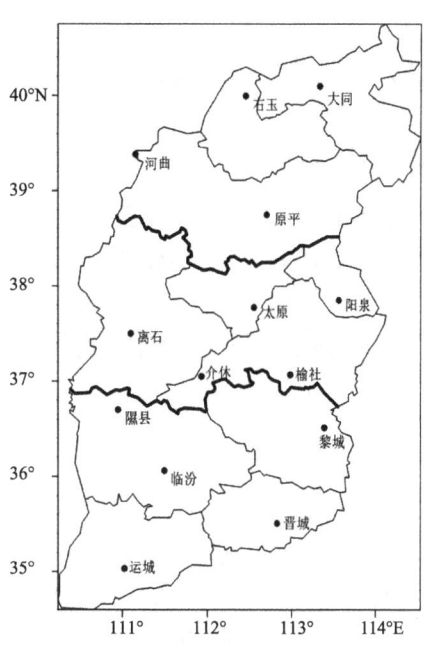

图1 研究区域代表站分布
(北部、中部、南部以粗实线为界)

根据本书附录《雪灾气象等级划分及监测》,选取降雪量、积雪深度、连续降雪日数、持续积雪日数以及 48 h 降温幅度等要素为主要影响因子,计算雪灾气象指数,并由雪灾气象指数划分雪灾气象等级。以 20:00—20:00 24 h 日降雪量(以纯雪计算)≥2.5 mm 为一个降雪日,计算连续降雪日数;统计计算积雪深度>1 cm 的连续积雪日数;计算降雪后 48 h 降温幅度。

雪灾气象指数(SWI)计算见公式(1)。

$$SWI = A_1 + A_2 + A_3 + A_4 + A_5 \tag{1}$$

式中,A_1,A_2,A_3,A_4,A_5 分别代表日降雪量、积雪深度、连续降雪日数、持续积雪日数,以及降温幅度的分级指数,其大小范围为 1~4,无量纲。

雪灾气象指数(SWI)各影响因子分级见表 1。

表 1　各影响因子分级表

分级指数	降雪量(mm)	雪深(cm)	连续降雪日数天	持续积雪日数天	降温幅度℃
1	1~2.5	5~10	1	3~5	4~6
2	2.6~5	11~15	2	6~10	6.1~8
3	5.1~10	16~20	3~4	11~15	8.1~10
4	>10	>20	>4	>15	>10

根据雪灾气象指数(SWI)将雪灾气象等级分为 4 级,其分级标准见表 2。

表 2　雪灾气象等级划分标准

等级	等级描述	雪灾气象指数范围	可能造成的影响
Ⅰ	轻	6~8	对工农业生产、基础设施、交通运输及人民生活造成一定影响
Ⅱ	重	9~12	对工农业生产、基础设施、交通运输及人民生活造成较大影响
Ⅲ	严重	13~16	对工农业生产、基础设施、交通运输及人民生活造成严重影响
Ⅳ	特别严重	>16	对工农业生产、基础设施、交通运输及人民生活造成特别严重影响

1.3　研究方法

根据以上标准,统计计算各代表站雪灾等级及其出现日数,采用统计方法分析雪灾等级分布特征;采用线性倾向法分析各等级雪灾变化趋势。

2　山西省冬季雪灾天气特征

2.1　雪灾天气基本特征

统计分析各代表站 1959—2019 年冬季雪灾次数,61 年各站雪灾次数在 11~46 次,平均 26.2 次·站$^{-1}$,每站平均 1.9 次·a^{-1},其中Ⅰ级最多,其次为Ⅱ级,Ⅳ级最少,共有 3 次,平均 0.2 次·站$^{-1}$。可见,山西省冬季雪灾出现次数与雪灾严重程度呈反比,程度越轻,出现概率越高,反之,程度越重,出现概率越低,即冬季各等级雪灾出现概率依次为轻度雪灾>重度雪灾>严重雪灾>特别严重雪灾(表 3)。

分月来看,12 月,61 年各站雪灾次数在 2~13 次,平均 6.6 次·站$^{-1}$,每站平均 0.5 次·a^{-1};

1月,在4～15次,平均8.9次·站$^{-1}$,每站平均0.6次·a^{-1};2月,在4～18次,平均10.7次·站$^{-1}$,每站平均0.8次·a^{-1}。12月至次年2月各等级占比顺序与冬季一致(表3)。

表3 各等级雪灾次数占比 单位:%

等级	冬季	12月	1月	2月
Ⅰ	56.4	57.3	57.3	58
Ⅱ	36	41.9	35.5	32.7
Ⅲ	6.8	5.4	6.5	8
Ⅳ	0.8	0	0.9	1.3

2.2 雪灾天气空间分布特征

2.2.1 冬季总次数空间分布

分析各代表站1959—2019年冬季雪灾次数,其空间分布(图2a)差异较大,总体上呈自西北向东南递增,但在晋西南的运城地区为最少区,61年共出现11次,平均0.18次·a^{-1},即平均约每5年出现1次;而最多的晋东南地区,61年共出现46次,平均0.75次·a^{-1},即平均每4年就出现3次;在吕梁山和太行山的南端,有2个35次的中心,平均0.57次·a^{-1},即平均约每2年就会出现1次;其余地区一般为10～20次,平均为0.2～0.3次·a^{-1},即平均每3～6年出现1次。

运城地区由于海拔较低,冬季气温相对较高,降雪融化快,积雪厚度相对小且持续时间短,因此雪灾次数最少;北部的大同地区虽然海拔高,冬季气温低,降雪不易融化,易造成持续积雪,但由于水汽输送较差,连续出现中雪的概率较低,因此,出现雪灾的次数为次少区;晋城地区不仅海拔较高,而且常常位于回流高压底部,水汽条件较好,出现连续降雪和积雪的概率较高,因此,雪灾次数最多;而吕梁山和太行山南段,海拔较高,且常分别位于地面倒槽前部和回流高压前部,水汽条件相对较好,出现连续降雪和积雪的概率相对较高,因此,雪灾次数为次多区。可见,雪灾次数与地理位置和冬季天气系统特点关系密切。

分月来看,12月(图2b),总体上呈东部多、西部少,山区多、盆地少的特征。其中沿太行山地区均在10次以上,位于太行山南端的晋城最多,61年共出现13次,平均0.21次·a^{-1},即平均约每5年出现1次;最少在原平盆地,为2次,平均约每30年才出现1次;东北部的大同和西南部的运城为次少区,共出现3次,即平均约每20年出现1次。1月(图2c),主要集中出现在中部偏东的地区和南部山区,吕梁山南端的隰县最多,为16次,太行山南端的晋城次之,为15次,均为平均约每4年出现1次;而位于西南部盆地的运城最少,为4次,平均约每15年出现1次;南部的临汾盆地和北部的原平盆地为次少区,为5次,平均约每12年出现1次。2月(图2d)的空间分布则较为独特,没有明显的山区、盆地之别,除了位于西南部的临汾和运城,东北部的大同以及中部的太原外,其余地区均在10次及以上,平均每3～6年出现1次;最多仍然在东南部的晋城,为18次,平均每3年就出现1次;位于北部盆地的原平为次多,为16次,平均每4年出现1次。不同月份由于影响天气系统的差异,空间分布特征明显不同。

2.2.2 分级空间分布特征

(1)分级来看,12月至次年2月,对于Ⅰ级即轻度雪灾(图3a),在吕梁山和太行山南段各

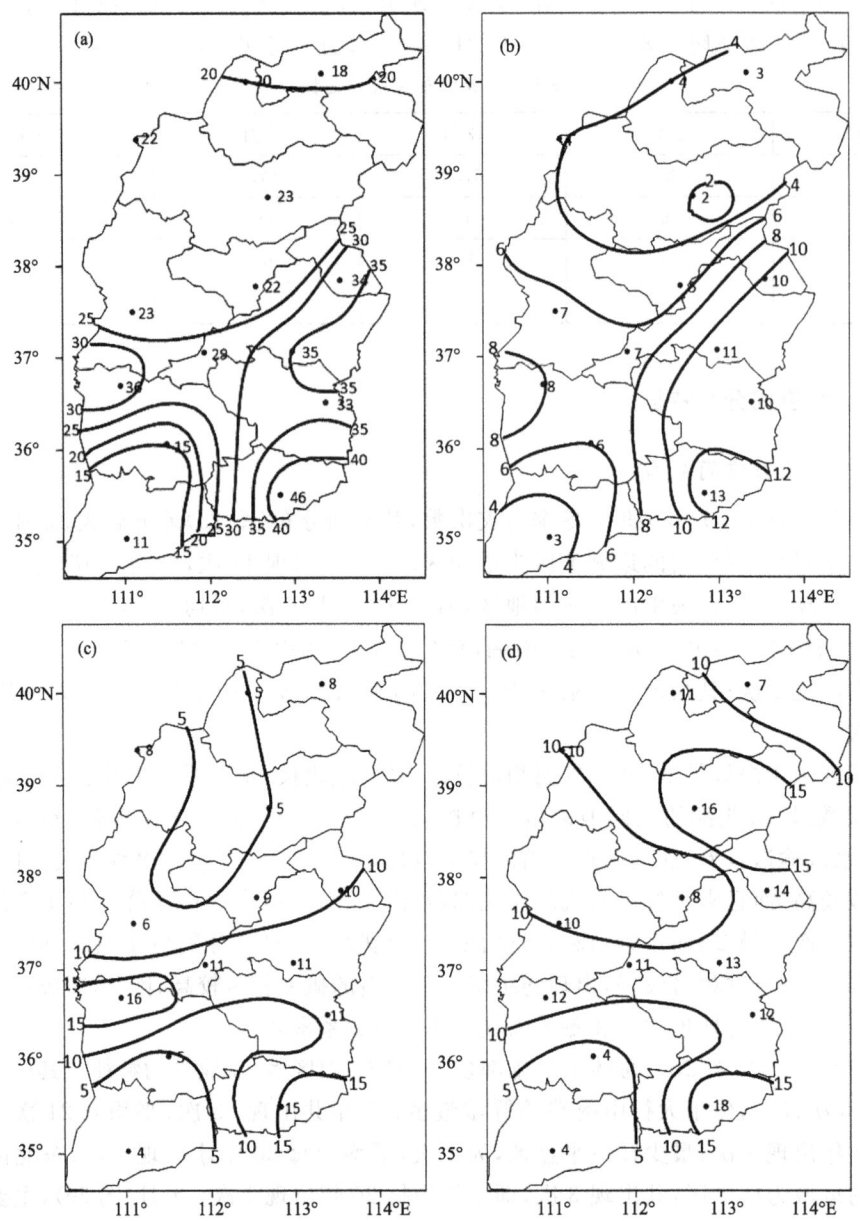

图 2　1959—2019 年山西省冬季雪灾次数分布(单位:次)
(a)冬季,(b)12 月,(c)1 月,(d)2 月

出现 1 个≥25 次的中心,平均约每 2 年出现 1 次;太原和运城盆地为最少,61 年共出现 4 次,平均约每 15 年才出现 1 次;吕梁山和太行山北段在 12~17 次,平均每 4~5 年出现 1 次。对于Ⅱ级即重度雪灾(图 3b),位于太行山南端的晋城最多,61 年出现 24 次,平均 0.4 次·a^{-1};晋西北的河曲最少,为 4 次,平均不足 0.1 次·a^{-1};吕梁山和太行山中段,出现次数>10 次,平均约每 6 年出现 1 次;其余地区为 7~8 次,平均每 7~8 年出现 1 次。Ⅲ级即严重雪灾(图 3c)的出现概率较低,主要集中在北中部地区,为 2~9 次,其中太原最多,为 9 次,平均每 6

年出现 1 次;其次为北部高寒地区的右玉,为 6 次,平均每 10 年出现 1 次;而南部只有位于太行山南端的晋城出现过 1 次。Ⅳ级即特别严重雪灾(图 3d),出现概率更低,只有北中部的大同、太原、榆社各出现过 1 次,其余地区为 0。

可见,不同级别的雪灾,出现概率及空间分布特征也不同。

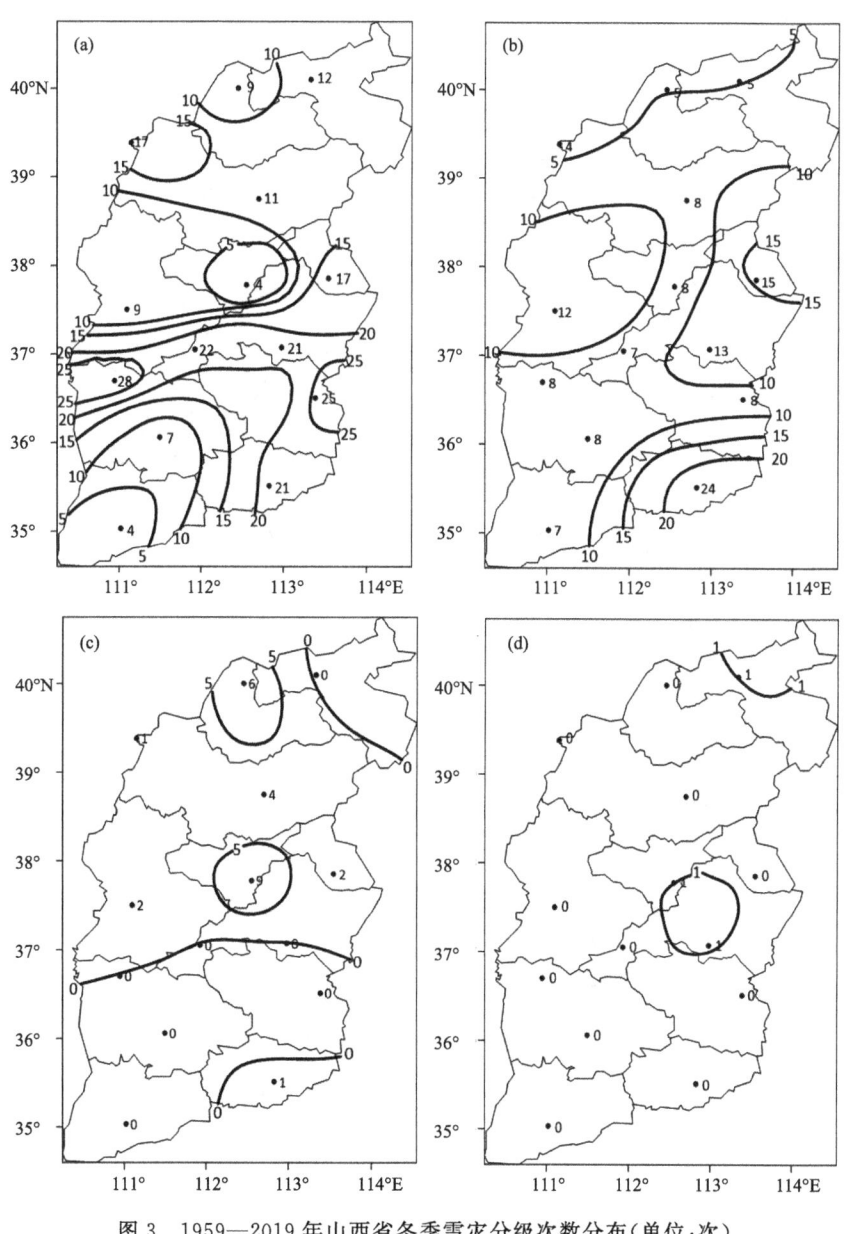

图 3 1959—2019 年山西省冬季雪灾分级次数分布(单位:次)
(a)Ⅰ级,(b)Ⅱ级,(c)Ⅲ级,(d)Ⅳ级

(2)分月分级情况则不同。12 月,Ⅰ级即轻度雪灾(图 4a),总体上呈现南多(运城除外)北少的特点,位于太行山南段的潞城最多,为 8 次,平均每 8~9 年出现 1 次;位于北部盆地的原

平则没有出现过,运城地区仅出现过 1 次,为 2004 年;其余地区在 2～6 次,平均 10～30 年出现 1 次。Ⅱ级即重度雪灾(图 4b),总体上呈南多(运城除外)、中部次之、北少的特点。位于太行山南端的晋城最多,为 7 次,平均每 7.5 年出现 1 次;北部最少,出现过 1～2 次,仅在 1968 年和 2004 年各有 2 站出现过;中部在 2～5 次,平均 12～30 年出现 1 次。Ⅲ级即严重雪灾(图 4c)出现的概率极低,只在北中部的个别年份出现过 1～2 次,而Ⅳ级即特别严重雪灾(图 4d)则没有出现过。

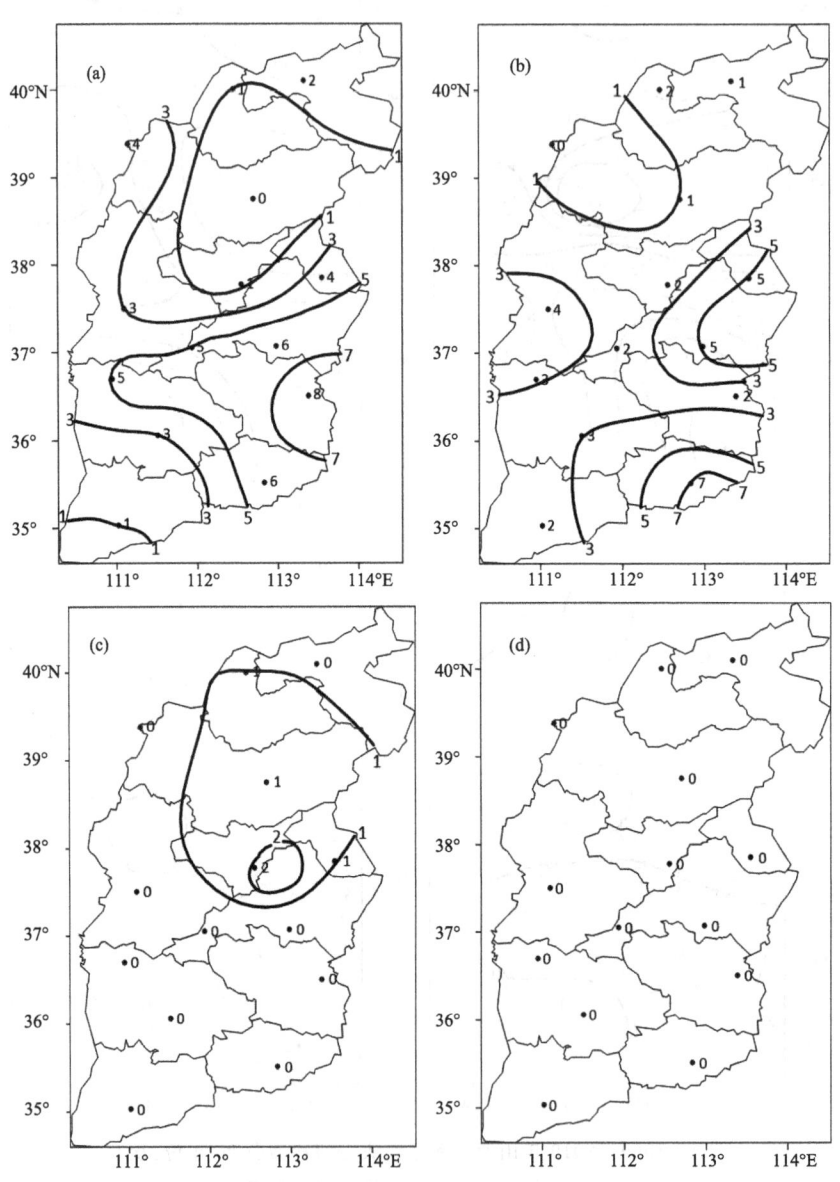

图 4　1959—2019 年山西省 12 月雪灾分级次数分布(单位:次)
(a)Ⅰ级,(b)Ⅱ级,(c)Ⅲ级,(d)Ⅳ级

1月，Ⅰ级即轻度雪灾(图5a)，总体上呈现南部多(运城除外)、北中部少的特点。位于吕梁山南段的隰县最多，为13次，平均每4~5年出现1次；位于南部的运城最少，仅出现过1次，位于中部盆地的太原次之，出现过2次；其余地区在3~9次，平均10~20年出现1次。Ⅱ级即重度雪灾(图5b)，总体上呈东多西少的特点，位于太行山南端的晋城最多，为8次，平均每7~8年出现1次；北部的高寒区右玉最少，没有出现过；其余地区在2~5次，平均12~30年出现1次。Ⅲ级即严重雪灾(图5c)，在中部盆地太原存在1个高发区，西北部和东南部的个别年份出现过1~2次，而Ⅳ级即特别严重雪灾(图5d)只在太行山中段的榆社出现过1次。

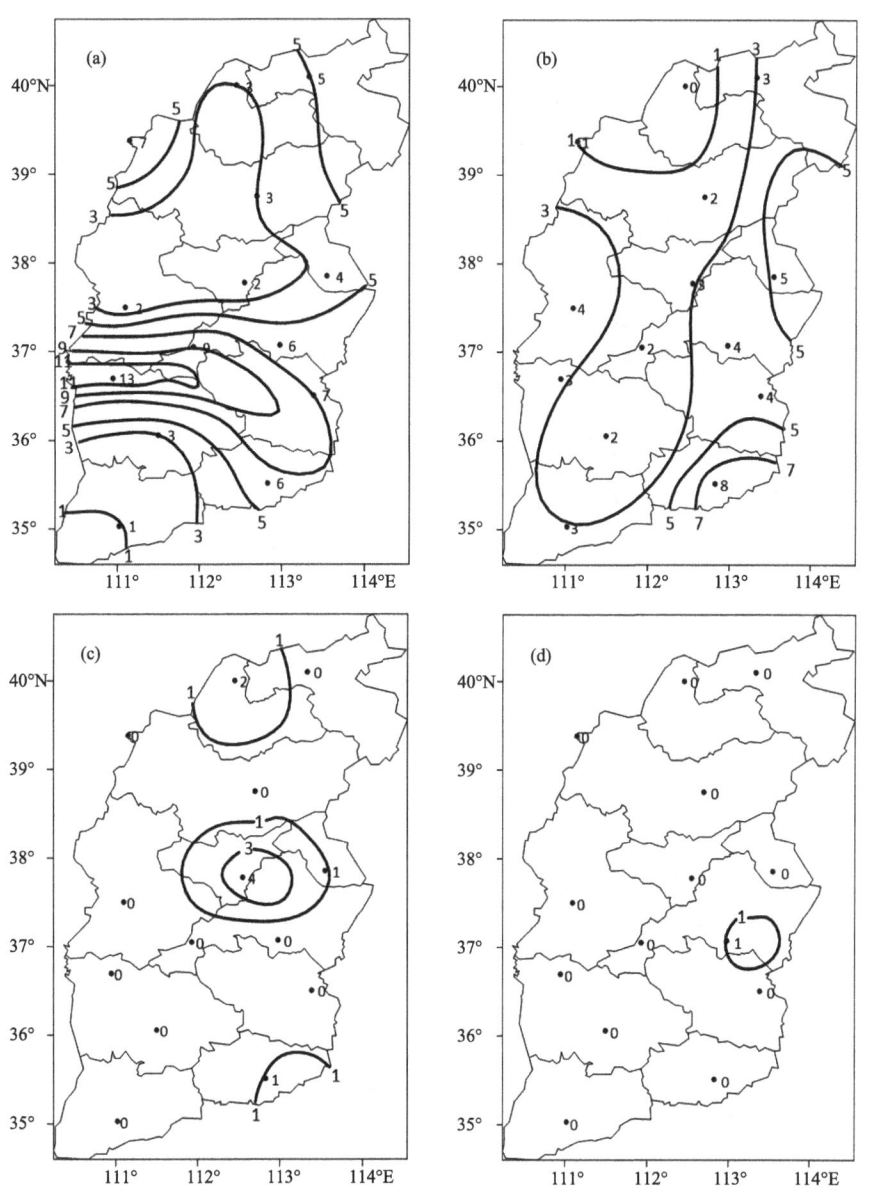

图5 1959—2019年山西省1月雪灾分级次数分布(单位：次)
(a)Ⅰ级，(b)Ⅱ级，(c)Ⅲ级，(d)Ⅳ级

2月,Ⅰ级即轻度雪灾(图6a),主要集中分布在太行山区及吕梁山南端,一般有9~10次,平均每6年出现1次;临汾盆地和太原盆地最少,仅有1次,分别出现在1972年和1970年,运城次之,为2次;其余地区在4~8次,平均8~15年出现1次。Ⅱ级即重度雪灾(图6b),分布较为凌乱,位于太行山南端的晋城最多,为9次;太行山北端与五台山附近为次多区,为5次;东北角的大同最少,只有1次。Ⅲ级即严重雪灾(图6c),主要出现在西北部,为1~3次,其余地区几乎没有出现过。而Ⅳ级即特别严重雪灾(图6d)只在东北角的大同和中部盆地的太原出现过1次,均出现在1979年。

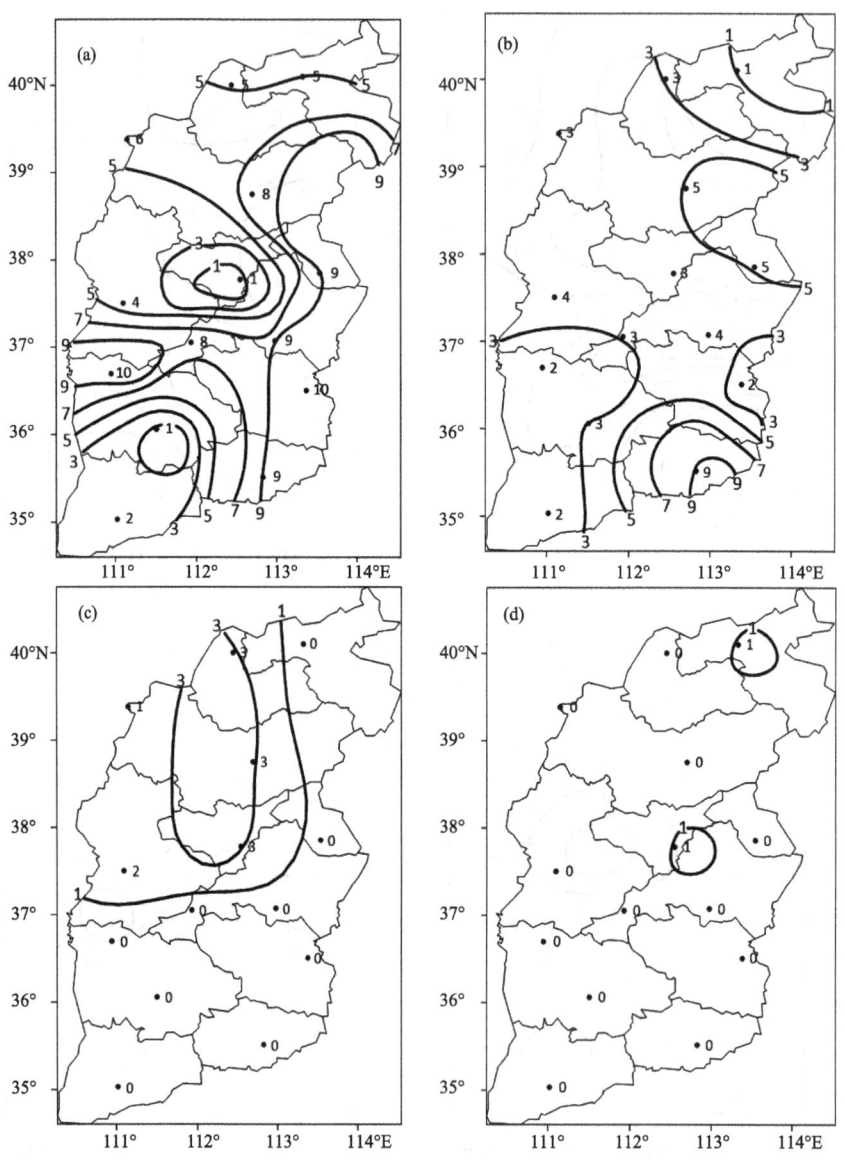

图6 1959—2019年山西省2月雪灾分级次数分布(单位:次)
(a)Ⅰ级,(b)Ⅱ级,(c)Ⅲ级,(d)Ⅳ级

2.3 雪灾天气时间变化特征

2.3.1 月分布特征

分析山西省各代表站冬季雪灾累计次数(图7)表明,2月最多,为150次,平均10.7次·站$^{-1}$,占冬季总次数的40.9%;1月次之,为124次,平均8.9次·站$^{-1}$,占冬季总次数的33.8%,12月最少,为93次,平均6.6次·站$^{-1}$,占冬季总次数的25.3%。可见,冬雪灾次数月际特征差异明显。这与山西冬季天气气候特点密切相关,12月干燥多风,水汽输送较差,出现降水的概率较低,气温较1月偏高,即使有降水,也存在降水相态转换,产生持续积雪的概率较1月要低;1月是山西一年中气温最低的月份,虽然水汽输送仍较差,但由于气温低,降水多以纯雪为主,一旦有降雪,较易产生积雪,易造成雪灾;2月,相对其他两月,虽然气温开始回升,但水汽输送开始有所增加,降水日数明显增多,产生降雪和积雪的概率明显增高。

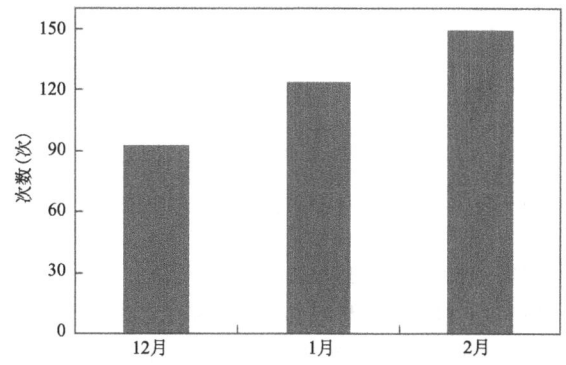

图7　1959—2019年山西省代表站逐月雪灾累计次数

进一步分析各代表站逐月雪灾次数(图8)可看出,总体上2月占比最高,12月占比最低,与冬季分布趋势一致,但不同地区,各月分布特征略有不同。如北部盆地的原平,冬季共出现23次,2月就出现16次,占比达70%;而中部盆地的太原和吕梁山南端的隰县,则是1月出现概率最高;太行山中段的阳泉和榆社,12月和1月持平;南部盆地的运城为1月和2月持平,而南部盆地的临汾则是12月最多,1月次之,2月最少。这与山西地形和地理分布特征有很大关系,山西四面环山,四周海拔较高,中间为盆地,地势低洼;而南北跨度达4个纬距,造成各地温度差异较大。

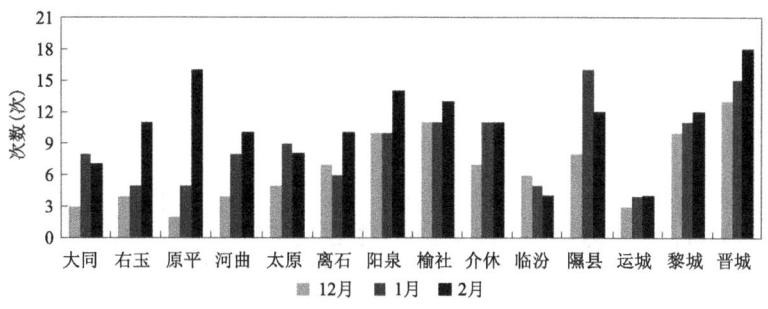

图8　1959—2019年山西省代表站逐月雪灾次数分布

2.3.2 年变化趋势

统计分析各代表站 1959—2019 年冬季雪灾总次数年变化(图 9)发现,61 年,总体上呈多—少—多—少—多交替的特点,有 2 个持续时间较长的集中偏多期,分别为 20 世纪 60 年代和 21 世纪 00 年代,20 世纪 70 年代末和 21 世纪 10 年代中期有 2 个短暂的峰值期;20 世纪 70 年代初期、80 年代初、90 年代初期、21 世纪 10 年代初期和末期为 5 个明显偏少期,偏多期较偏少期的持续时间明显偏长。从二项式趋势来看,为先减少、后增加的趋势,减少速率较增加速率略大,20 世纪 80 年代后期到 90 年代前期为一个较为平缓的时期。

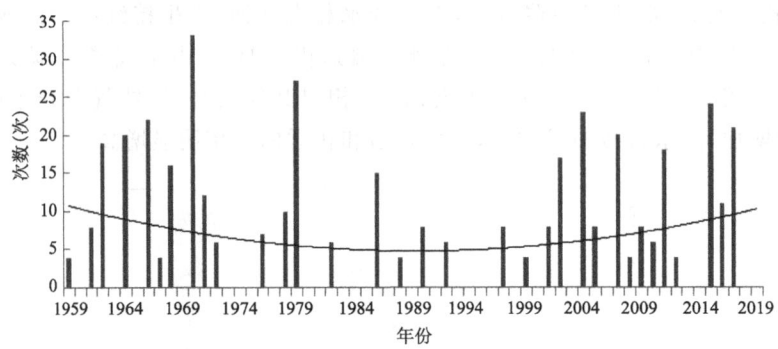

图 9　1959—2019 年山西省冬季雪灾总次数的年变化及二项式趋势

分区域来看,南部(图 10 中浅灰色)总体上也为多—少—多—少—多交替的特点,有 2 个持续时间较长的集中偏多期,分别为 20 世纪 60 年代和 21 世纪以来,后者持续时间更长,20 世纪 70 年代末和 80 年代中期有 2 个短暂的峰值期;而 20 世纪 70 年代初期、80 年代初、80 年代中后期到 90 年代末为 3 个明显偏少期,特别是第 3 个偏少期持续时间较长。这与山西气候变化趋势[29]非常一致。从二项式趋势来看,为先减少、后增加的趋势,减少速率较增加速率略大。20 世纪 80 年代后期到 90 年代中期为一个持续近 15 年的平缓期;进入 21 世纪,开始逐步增加,2019 年前后已进入峰值期。中部(图 10 中深灰色)整体趋势与南部较为一致,但在小时间尺度上存在差异,变化速率明显小于南部,且减少速率与增加速率相当,平缓期明显要长。北部(图 10 中黑色)虽然整体趋势与南部也较为一致,但在 2 个集中期存在明显的小幅振荡,其变化速率大于南部和中部,平缓期略短。

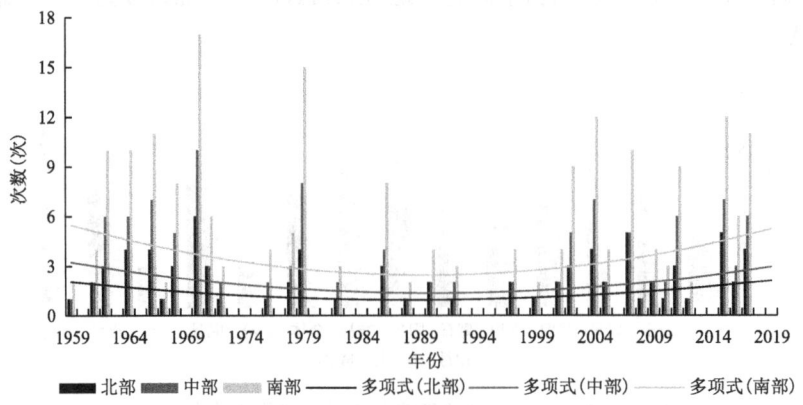

图 10　1959—2019 年山西省分区域冬季雪灾总次数的年变化及二项式趋势

另外,分析各级雪灾次数的年代变化趋势(图11)发现,北部(图11a)和中部(图11b)的强度频次变化接近正弦波形,但波长和波幅存在明显差异,北部波长大于中部,但中部波幅大于北部,雪灾程度越轻,次数振幅越大,雪灾程度越重,次数振幅越小。而南部(图11c)的强度频次变化比较平缓。

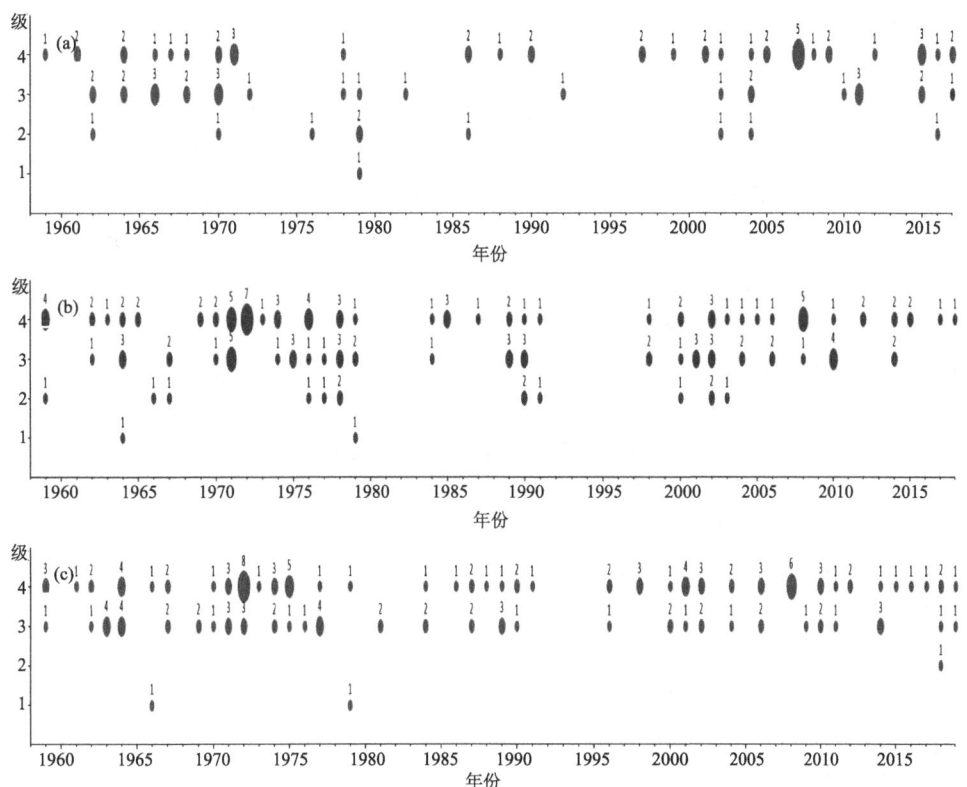

图11　1959—2019年山西省冬季各级雪灾次数(单位:次)年变化散点图
(图中年份上面圆点为对应年份、相应等级的雪灾次数,圆点越大,表示次数越多)
(a)北部,(b)中部,(c)南部

北部:Ⅰ级雪灾,在20世纪70年代初和21世纪00年代中期各出现一个峰值,21世纪10年代中期出现一个小峰值,Ⅱ级的峰值分别出现在20世纪60年代后期到70年代初和21世纪10年代初期和中期,而Ⅲ级在时间轴上的变化周期逐步延长,出现频次逐步降低,20世纪80年代中期以前,平均8～10年出现1次,之后,平均13～18年出现1次。Ⅳ级即特别严重雪灾只在20世纪70年代末出现过1次。

中部:Ⅰ级雪灾变化特征与北部类似,但出现次数多于北部;Ⅱ级则明显不同,20世纪70年代和21世纪10年代为2个持续时间较长的集中出现期,20世纪80年代末到90年代初出现1个持续2年的小峰值期,而Ⅲ级在时间轴上的变化20世纪前相对比较均匀,进入21世纪后周期延长,Ⅳ级出现在20世纪80年代以前。

南部:Ⅰ级和Ⅱ级雪灾出现频次明显高于北部和中部,主要集中出现在20世纪80年代以前、20世纪80年代后期以及20世纪90年代中期以后3个时期。Ⅲ级,在20世纪70年代初期和21世纪00年代末期各出现1个峰值,20世纪60年代中期和21世纪00年代初期各出现

1个小峰值;Ⅱ级,在20世纪60年代初和70年代中后期各出现1个峰值,20世纪70年代初、80年代末和21世纪10年代中期各出现1个小峰值;Ⅲ级仅在21世纪10年代后期出现过1次;Ⅳ级出现在20世纪80年代以前。

可见,不同地区、不同级别的雪灾年变化特征和趋势存在一定差异。

2.3.3 年代际变化特征

统计山西省冬季雪灾的年代际平均次数(表4),不同区域,年代际变化特征不同。

全省来讲,20世纪60年代最多,21世纪00年代次之,分别较平均值偏多56.7%和40.2%;20世纪90年代最少,80年代次之,分别较平均值偏少73.1%和50.7%。分区域来看,北部,20世纪60年代和21世纪00年代最多,均为2次,较平均值偏多53.8%,21世纪10年代次之,较平均值偏多30.8%;20世纪90年代最少,80年代次之,较平均值分别偏少69.2%和46.2%;中部,20世纪60年代最多,较平均值偏多60%,21世纪00年代和10年代次之,均为2.6次,较平均值偏多30%;20世纪90年代最少,80年代次之,较平均值分别偏少75%和55%,偏少程度明显高于北部;南部,最多、次多和最少年份与全省趋势一致,但偏少程度明显高于全省。

表4 山西省冬季分区域雪灾次数的年代际特征　　　　　单位:次

年代\区域	全省	北部	中部	南部
20世纪60年代	10.5	2	3.2	5.3
20世纪70年代	6.2	1.1	1.8	3.3
20世纪80年代	3.3	0.7	0.9	1.7
20世纪90年代	1.8	0.4	0.5	0.9
21世纪00年代	9.4	2	2.6	4.8
21世纪10年代	8.7	1.7	2.6	4.4
平均	6.7	1.3	2	3.5

3 雪灾风险区划

联合国人道主义事务部将自然灾害风险定义为:"在一定区域和给定时段内,由于特定的自然灾害而引起的人们生命财产和经济活动的期望损失值",并采用"风险度(R)=危险度(H)×易损度(V)"来表示[28]。也有学者从灾害出现的概率及可能性的角度出发,将灾害风险定义为"风险度(R)=概率(P)×易损度(V)"[28]。气象灾害属于自然灾害范畴,从灾害学的角度来说,因大气变化的不确定性和突发性而造成损失或损害的可能性,就是气象灾害风险。风险评估是指利用系统工程方法对将来或现有系统因受外力作用和影响下可能存在的危险性及后果进行综合评估和预测,目的是通过科学、系统的安全评价估算,为评估系统的总体安全性及制定有效的预防和防御措施提供科学依据,以清除和控制系统中的危害因素,最大限度降低系统中存在的致灾风险。常用风险评估方法有灾害学风险评估模型及方法、多种定量化权重确定法以及GIS技术方法。

本文采用综合评价指标法,应用层次分析法(AHP)计算评价指标权重系数,结合山西省天气气候特点和地理特征,构建雪灾综合风险评估区划体系(表5)。利用GIS技术,将气象灾害可能性分析结果及其空间分布,以及不同等级下的空间离散化结果等以图示化的方式表达,将评估指标值离散到网格单元,完成风险指标的空间叠加计算,给出山西省冬季雪灾风险区划图。

表5 山西省冬季雪灾综合风险评估区划体系表

目标层	指标层	基础层
雪灾综合风险区划	B1 致灾因子危险性	C1 24 h降雪量
		C2 连续降雪日数
		C3 积雪深度
		C4 持续积雪日数
		C5 降温幅度
	B2 孕灾环境敏感性	C6 海拔高度
		C7 积雪路段坡度
	B3 承灾体易损性	C8 人口密度
		C9 交通路网
		C10 设施农业种植面积
	B4 防灾减灾能力	C11 人均GDP

3.1 雪灾危险性分析与区划

3.1.1 风险识别

降雪常常伴随积雪和降温的出现,造成道路拥堵,引发交通事故;易损毁农业设施,造成种植户直接经济损失;使得航班延误,影响人们出行等。降雪量越大、降雪持续时间越长且降温幅度越大,积雪就越深,积雪持续时间也越长,造成的影响就越大,其灾害风险也越大。因此,选取24 h降雪量、连续降雪日数、积雪深度、持续积雪日数、降温幅度,作为致灾因子,其风险识别见表6。

表6 山西省冬季雪灾风险识别

灾害风险	影响形式	主要影响对象
引发城市交通拥堵,易造成交通事故	直接	行人、司乘人员等
引发城外道路交通事故	直接	出行人员
导致设施农业损毁,造成经济损失	直接	种植户
航班延误	直接	空乘出行人员
影响旅游出行计划	直接	游客

3.1.2 雪灾的可能性和严重性区划

根据历年雪灾次数计算各地雪灾每年出现频次,以此估算雪灾影响的可能性;根据雪灾各等级次数计算雪灾各等级频次,赋以Ⅰ、Ⅱ、Ⅲ、Ⅳ级的权重系数分别为0.1,0.2,0.3,0.4,得出等级频次。等级频次(P)由公式(2)给出,由等级频次来估算雪灾影响的严重性。
$$P = P_1 \times 0.1 + P_2 \times 0.2 + P_3 \times 0.3 + P_4 \times 0.4 \qquad (2)$$

依据各地雪灾出现频次和各等级频次,分别将山西省冬季雪灾发生的可能性和严重性分为4级(表7);采用Kriging插值方法和栅格计算器进行空间分析,得到雪灾可能性区划图(图12a)和严重性区划图(图12b),其空间分辨率为1 km×1 km。

表7 山西省冬季雪灾可能性和严重性等级划分标准

可能性等级	平均频次	对应等级	严重性等级	平均频次
可能性较小	≤0.04	Ⅰ	较轻	≤0.06
可能性较大	(0.04,0.07]	Ⅱ	较重	(0.06,0.10]
可能性大	(0.07,0.10]	Ⅲ	重	(0.10,0.14]
可能性很大	>0.10	Ⅳ	很重	>0.14

由图12a可看出,山西省冬季出现雪灾可能性很大的区域为晋城全市,临汾市的蒲县、隰县、乡宁县、吉县、大宁县和永和县;吕梁市、晋中市、阳泉市以及长治市出现雪灾的可能性大;太原市、忻州市、朔州市的平鲁县、右玉县和朔州城区等地出现雪灾的可能性较大,而大同市、朔州市的山阴县和应县、临汾的霍州、洪洞县、古县、襄汾县、临汾城区、浮山县、翼城县、侯马市、曲沃县以及运城等地出现雪灾的可能性较小。由图12b可知,山西省冬季雪灾严重程度为很重的区域主要集中在大同市(左云县除外)、朔州市的山阴县和应县、忻州市的繁峙县、五台山和五台县、太原市、晋中市的榆次区、寿阳县、和顺县、榆社县、左权县,大同市的左云县、朔州市的右玉县、平鲁县、朔州城区等地为重,忻州市的代县、原平市、定襄县、忻府区、宁武县和神池县、阳泉市及晋城市等地为较重,其余地区为较轻。

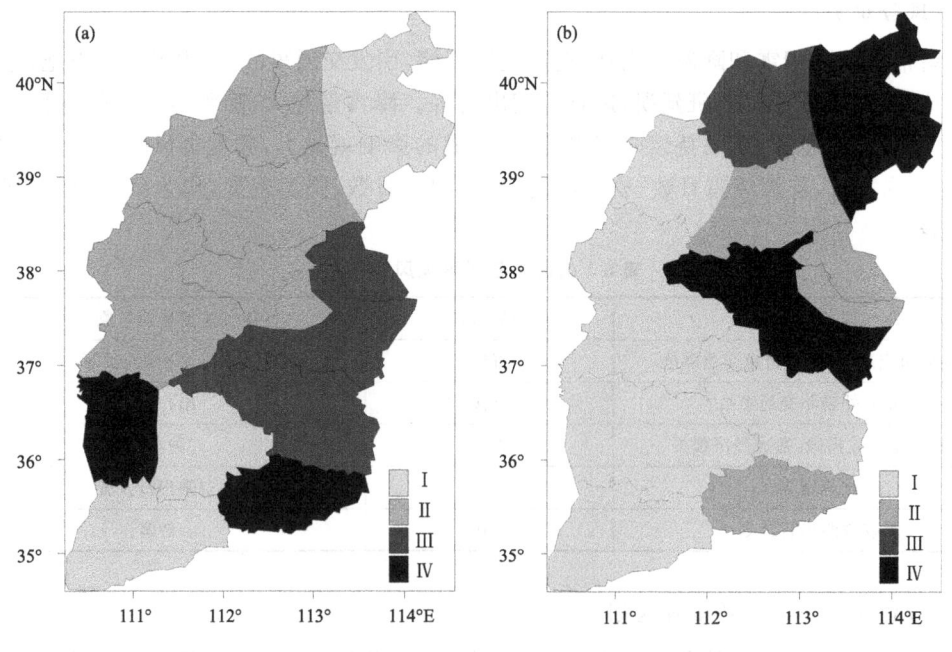

图12 山西省冬季雪灾可能性(a)和严重性(b)区划

3.1.3 雪灾危险性区划

按照可能性和严重性二者的权重比例在致灾因子风险分析中分别占0.67和0.33,采用Kriging插值方法和栅格计算器进行空间分析和参差分析并求和得到风险指数栅格数据后,采用自然断点法将其划分为较低(<2.0)、较高[2.0~3.0)、高[3.0~4.0)、很高(≥4.0)4个级别,得到山西省冬季雪灾危险性区划图(图13a),其空间分辨率为1 km×1 km。由图可看出,太原市,晋中市的榆次区、榆社县、和顺县和左权县等县(市、区)发生雪灾的风险很高;大同市,朔州市,阳泉市,晋中市的寿阳县和昔阳县,忻州市的繁峙县、五台山和五台县以及晋城市等地发生雪灾的风险为高;吕梁市,长治市,临汾市的蒲县、隰县、乡宁县、吉县、大宁县和永和县,晋中市的太谷县、平遥县、灵石县和介休市,以及忻州市的代县、原平市、定襄县、忻府区、宁武县和神池县等地的发生雪灾的风险为较高;运城市,临汾市的霍州、洪洞县、古县、襄汾县、临汾市、浮山县、翼城县、侯马市、曲沃县等地发生雪灾的风险较低。

3.2 孕灾敏感性分析与区划

从引发、影响雪灾的条件和机理分析,孕灾环境条件主要指地形、路段坡度等因子的综合影响。考虑到城外道路交通,这里地形主要用海拔高度来表示。海拔高度对积雪的影响较复杂,海拔越低,越易产生积雪但不利于持续积雪,而海拔越高,虽然不利于产生积雪,但有利于温度降低造成持续积雪,因此,计算海拔高度在产生雪灾影响时,考虑海拔高度对降雪量和积雪深度的影响,二者权重分别占30%和70%。路段坡度主要考虑爬坡、下坡和转弯3个因子,坡度越大,造成雪灾的风险越大。海拔高度和路段坡度所占比重相同,其等级划分标准见表8。路段坡度以城内交通主干道和城外公路为主(资料来源于山西省高速公路管理局),计算各等级路段数,按照各等级等值权重进行合计。通过ArcGIS进行叠加后,采用自然断点法得到孕灾敏感性区划图(图13b),其空间分辨率为1 km×1 km,按各因子敏感性综合指数大小划分为低(Ⅰ)、较低(Ⅱ)、高(Ⅲ)、很高(Ⅳ)4个级别。

表8 孕灾敏感性等级划分标准

敏感性等级	分级标准	
	海拔高度(m)	路段坡度(°)
Ⅰ	<500	<30
Ⅱ	500~800	30~45
Ⅲ	801~1000	45~60
Ⅳ	≥1000	≥60

由图13b可知,由于海拔高、路陡、弯多,北部大同市的阳高县、天镇县、大同城区、浑源县、广灵县和灵丘县,以及中部晋中市的榆社县成为最为敏感的区域;大同市的左云县、朔州市的右玉县、怀仁县、山阴县和应县,忻州市的五寨县、偏关县、河曲县、岢岚县和保德县,吕梁市的大部分县(市)以及临汾市的隰县、永和县、大宁县和蒲县等,为次敏感区域;而南部的临汾市和运城市由于海拔低、路缓而成为敏感性最低的区域;其余县(市、区)为敏感性较低。

3.3 承灾体易损性分析及区划

承灾体易损性主要指可能受到灾害威胁的所有生命财产的损失程度,与该地区的人口、财

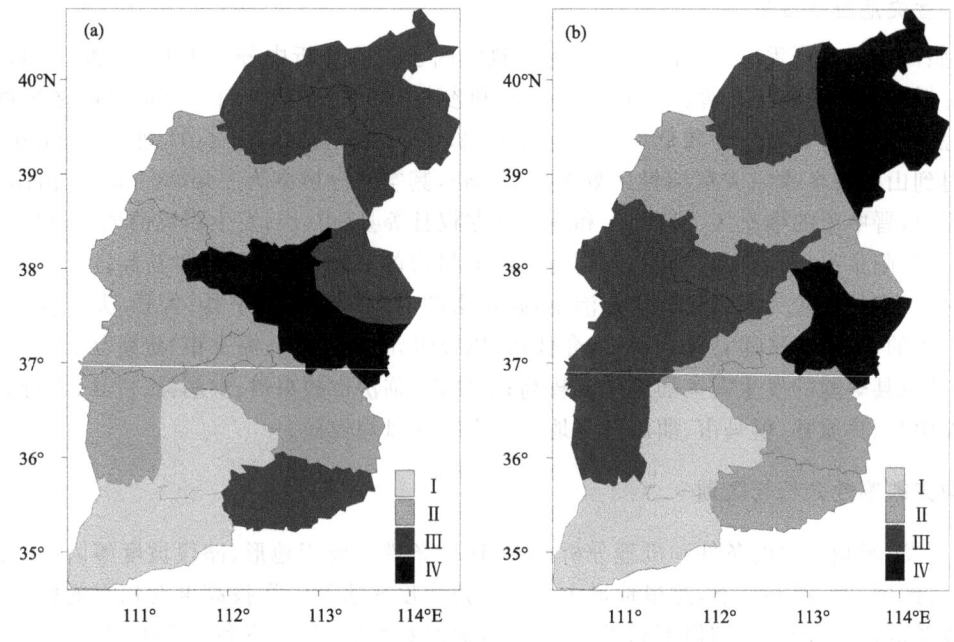

图 13 山西省冬季雪灾危险性(a)和孕灾敏感性(b)区划

产集中程度以及农业种植面积有很大的关系,人口和财产越集中,农业种植面积越大,易损性越高,气象灾害风险就越大。因此,易损性主要考虑人口密度(辖区内人口总数/辖区面积,单位:人·km^{-2})、交通路网布局、设施农业种植面积3个方面,资料来源于山西省人民政府2019年有关年报表。在其他条件相同的情况下,人口密度越大、交通路网越密集复杂、设施农业种植面积越大,雪灾造成的损失就可能越大,各因子易损性分级标准见表9。但由于各个因子对雪灾的影响程度不同,故其权重系数也不同,综合考虑山西省实际情况,对以上3个因子的权重系数分别赋值为0.5,0.3,0.2,通过ArcGIS进行叠加后,采用自然断点法得到承灾体的易损性区划图(图14a),其空间分辨率为1 km×1 km,按各因子易损性综合指数划分为低(Ⅰ)、较低(Ⅱ)、高(Ⅲ)、很高(Ⅳ)4个级别。

表 9 承灾体易损性等级划分标准

易损性等级	分级描述		
	人口密度	交通路网	设施农业种植面积
Ⅰ	小	一般	小
Ⅱ	较小	较密集复杂	较小
Ⅲ	大	密集复杂	大
Ⅳ	很大	很密集复杂	很大

由图14a可知,由于人口密度大、交通路网复杂、设施农业种植较为集中,省会太原市、忻州盆地、中部盆地以及临汾和运城盆地成为易损性很高和高的区域,占比超过了一半(52.3%);易损性低的区域则主要位于忻州市西部的五寨县和神池县、朔州市的应县、吕梁市北部的岚县和兴县、临汾市西部的蒲县、永和县、吉县和乡宁县,运城市的平陆县以及长治市北

部的沁县、襄垣县和武乡县,仅占所有行政县的 11.9%;其余地区为风险较低,占比(30.3%)不到 1/3。

3.4 防灾减灾能力分析及区划

防灾减灾能力主要是指受灾区对气象灾害的防御、应急处置能力和灾后的恢复能力,防灾减灾能力大小可决定受灾害影响风险的高低。在相同的灾害条件下,防灾减灾能力越高,遭受灾害的风险越低。国民生产总值则直接或间接地影响着政府在防灾减灾建设中投入的多少,从而影响着防灾减灾能力的强弱,故防灾减灾风险区划主要考虑人均 GDP 的大小。以 2019 年山西省各县(市、区)人均 GDP 来反映防灾减灾能力大小。2019 年山西省各县(市、区)人均 GDP 在 1 万~12 万元,将其按照自然断点法划分为 4 个等级,其中>9 为风险低(Ⅰ级),(6,9]为风险较低(Ⅱ级),(3,6]为风险高(Ⅲ级),(1,3]为风险很高(Ⅳ级)。图 14b 为山西省各县(市、区)人均 GDP 等级分布图,可以看出,只有朔州市的平鲁县、太原市的小店区和晋城市的沁水县为风险低,仅占所有行政县的 2.8%;风险较低的区域占所有行政县的 20.1%,大多在各地市的市政府所在地(只有晋中是在灵石县),北部的朔州市、中部的吕梁市和南部的运城市所辖县(市、区)的风险较低区域较为集中;将近有一半(48.6%)的行政县为风险高;风险很高的区域则主要集中在北中部以及南部的吕梁山和太行山南端。

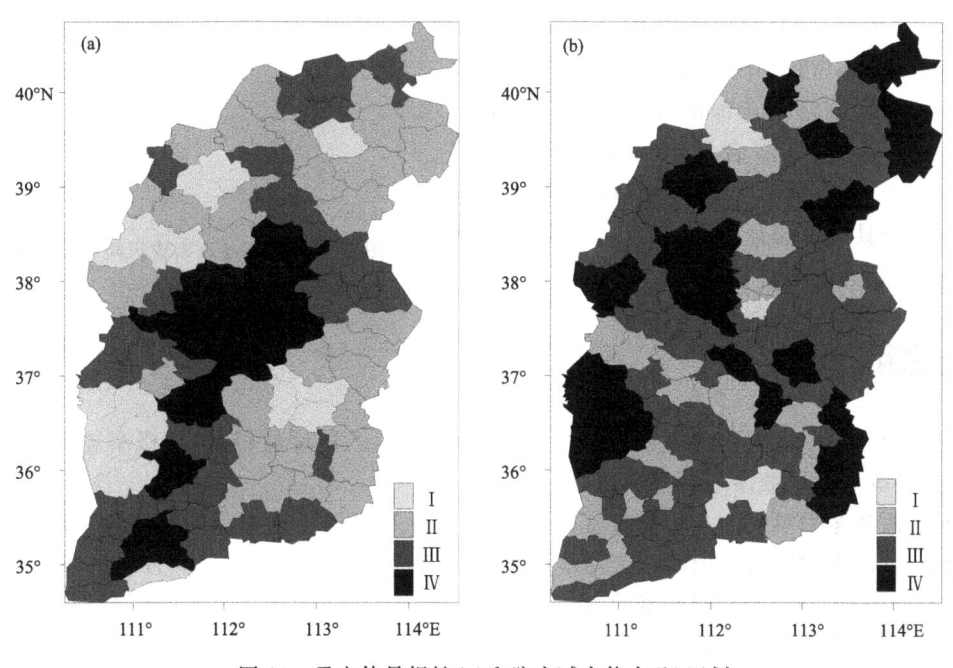

图 14 承灾体易损性(a)和防灾减灾能力(b)区划

3.5 雪灾综合风险区划与分析

3.5.1 雪灾风险指数评估模型

采用加权综合评价法,依据自然灾害数学公式 $D=f(H,S,V,R)$,并根据雪灾评价指标体系,建立山西省雪灾风险指数模型。

$$D=(a\times VH)(b\times VS)(c\times VV)(d\times VR) \tag{2}$$

式中,D 表示灾害风险指数;VH,VS,VV,VR 分别表示致灾因子危险性、孕灾环境敏感性、承灾体易损性和防灾减灾能力;a,b,c,d 分别表示相应的权重系数;各因子对雪灾的影响程度大小决定了其权重系数的大小。因此,应用灾情数据的空间分布,进行多次数值模拟试验和综合分析,最终将 a,b,c,d 分别赋值为:0.5,0.2,0.2,0.1。

3.5.2 雪灾综合风险区划

利用 ArcGIS 软件,在山西省雪灾风险指数评估模型建立的基础上,对致灾因子危险性、孕灾环境敏感性、承灾体易损性和防灾减灾能力 4 个因子,按照权重系数大小进行栅格计算叠加和空间分析,将雪灾综合风险指数划分为低(Ⅰ)、较低(Ⅱ)、高(Ⅲ)、很高(Ⅳ)4 个级别,得到空间分辨率为 1 km×1 km 的山西省雪灾综合风险指数区划图(图15)。

由图 15 可看出,山西省冬季雪灾综合风险很高的区域主要位于中部太原市的小店区和清徐县,以及与太原交界的吕梁市的中阳县、汾阳市、文水县和孝义市;综合风险为高的区域主要分布在北部的部分县(市)、中部的大部分县(市)以及南部的晋城市、临汾市东部部分县(市)和长治市西北部部分县(市);综合风险为很高和高的县(市)有 55 个,占到所有行政县(市)的 50%;只有运城的 10 个县(市)综合风险为低,其余 40% 的县(市)综合风险为较低。

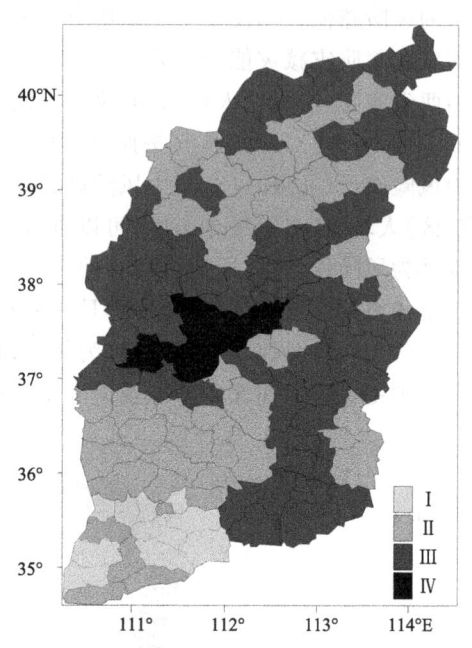

图 15 山西省冬季雪灾风险综合区划

4 结论和讨论

(1)山西省冬季雪灾出现次数与雪灾严重程度呈反比,程度越轻,出现概率越高;12月至次年 2 月各等级占比顺序与冬季一致。

(2)山西省冬季雪灾的空间分布差异较大,总体上呈自西北向东南递增,但在晋西南的运城市为最少区;雪灾次数与地理位置和冬季天气系统特点关系密切。不同月份由于影响天气系统的差异,空间分布特征明显不同,12月,总体上呈东部多、西部少,山区多、盆地少的特征;1月,主要集中出现在中部偏东的地区和南部山区;而 2 月的空间分布则较为独特,没有明显的山区、盆地之别。不同级别的雪灾,出现概率及空间分布特征也不同。

(3)山西省冬季雪灾累计次数各月分布特征与山西冬季天气气候特点密切相关,其中 2 月最多,1月次之,12月最少。逐月雪灾次数与冬季分布趋势一致,但由于不同地区地形和地理分布特征差异明显,造成各地温度差异较大,因此各月分布特征略有不同。

(4)61 年间,山西省冬季雪灾总次数年变化总体上呈多—少—多—少—多交替的特点,有 2 个持续时间较长的集中偏多期和 5 个明显偏少期,偏多期较偏少期的持续时间明显偏长;二项式趋势显示为先减少、后增加的趋势且减少速率较增加速率略大。分区域特征存在明显差异,南部总体上也为多—少—多—少—多交替的特点,有 2 个持续时间较长的集中偏多期和 3 个明显偏少期,也为先减少、后增加的趋势,减少速率较增加速率略大;中部整体趋势与南部较为一致,但在小时间尺度上存在差异,变化速率明显小于南部,且减少速率与增加速率相当;北部在 2 个集中期存在明显的小幅振荡,其变化速率大于南部和中部。

(5)不同地区、不同级别的雪灾年变化特征和趋势存在一定差异,各级雪灾次数的年代变化趋势,北部和中部的强度频次变化接近正弦波形,但北部波长大于中部,中部波幅大于北部,雪灾程度越轻,次数振幅越大,雪灾程度越重,次数振幅越小;而南部的强度频次变化比较平缓。

(6)山西省冬季雪灾的年代际变化明显,20 世纪 60 年代最多,21 世纪 00 年代次之,20 世纪 90 年代最少,80 年代次之。分区域的年代际变化略有差异。

(7)考虑雪灾可能性和严重性进行雪灾危险性区划,太原市和晋中市的部分区县发生雪灾的风险很高,而运城市和临汾市的部分县(市)发生雪灾的风险为低;考虑地形、路段坡度等因子进行孕灾敏感性区划,北部的大同市和中部晋中市的榆社县成为最为敏感的区域,而临汾市和运城市由于海拔低、路缓成为敏感性最低的区域;考虑人口密度、交通路网布局和设施农业种植面积 3 个因素进行承载体易损性分析,省会太原市、忻州盆地、中部盆地以及临汾和运城盆地成为易损性高和很高的区域,占到了所有行政县的一半以上,而易损性低的区域则主要位于忻州市西部、朔州市东部、吕梁市北部、临汾市西部、运城市的平陆县以及长治市北部,仅占所有行政县的 11.9%;考虑人均 GDP 为主要因素进行的防灾减灾能力区划,只有朔州市的平鲁县、太原市的小店区和晋城市的沁水县为风险低,仅占所有行政县的 2.8%,将近有一半(48.6%)的行政县为风险高,风险很高的区域则主要集中在北中部以及南部的吕梁山和太行山南端。

(8)综合考虑雪灾危险性、孕灾环境敏感性、承载体易损性和防灾减灾能力 4 个因素构建了雪灾风险评估模型并进行区划,山西省冬季雪灾综合风险很高的区域主要位于中部太原市和吕梁市的 6 县(市),有一半的行政县(市)综合风险为高和很高,只有运城市的 10 个县(市)综合风险为低。

参考文献

[1] 苏全有,韩洁.中国雪灾及相关研究述评[J].防灾科技学院学报,2008,10(2):130-137.
[2] 王勇,刘峰贵,卢超,等.青南高原近 30 a 雪灾的时空分布特征[J].干旱区资源与环境,2006,20(2):94-99.
[3] 董文杰,韦志刚,范丽军.青藏高原东部牧区雪灾的气候特征分析[J].高原气象,2001,20(4):402-406.
[4] 周陆生,李青红,汪青春.青藏高原东部牧区大—暴雪过程及雪灾分布的基本特征[J].高原气象,2000,19(4):450-458.
[5] 马林,李锡福,张青梅,等.青藏高原东部牧区冬季雪灾天气的形成及其预报[J].高原气象,2001,20(3):325-331.
[6] 梁潇云,钱正安,李万元.青藏高原东部牧区雪灾的环流型及水汽场分析[J].高原气象,2002,21(4):359-367.
[7] 董安祥,瞿章,尹宪志.青藏高原东部雪灾的奇异谱分析[J].高原气象,2001,20(2):214-219.
[8] 杨艳香,汤懋苍,魏丽,等.青藏高原腹地 1985 年雪灾成因分析[J].高原气象,2000,19(1):52-58.
[9] 汤懋苍,张拥军,唐红玉,等.青海省雪灾气候预测的地气图方法[J].高原气象,2005,24(3):316-319.

[10] 刘毅,赵燕华,管兆勇.平流层环流异常对2008年1月雪灾过程的影响[J].气候与环境研究,2008,13(4):548-555.

[11] 付建建,李双林,王彦明.前期海洋热状况异常影响2008年1月雪灾形成的初步研究[J].气候与环境研究,2008,13(4):478-490.

[12] 刘斌华,胡继华,何晓玉,等.甘孜州石渠县2008年特大雪灾冻害分析[J].高原山地气象研究,2009,29(1):63-66.

[13] 施晓辉,徐祥德,程兴宏.2008年雪灾过程高原上游关键区水汽输送机制及其前兆性"强信号"特征[J].气象学报,2009,67(3):478-487.

[14] 陈月娟,周任君,邓淑梅,等.2008年雪灾同平流层环流异常的关系[J].中国科学技术大学学报,2009,39(1):15-22.

[15] 周秉荣,申双和,李凤霞.青海高原牧区雪灾综合预警评估模型研究[J].气象,2006,32(9):106-110.

[16] 周秉荣,李凤霞,申双和,等.青海高原雪灾预警模型及GIS空间分析技术应用[J].应用气象学报,2007,18(3):373-379.

[17] 中国气象局气象服务与气候司.全国牧区雪灾气象服务工作研讨会论文交流技术小结[C]//牧区雪灾的分析研究.北京:气象出版社,1998.

[18] 宫德吉,郝慕玲.白灾成灾综合指数的研究[J].应用气象学报,1998,9(1):120-123.

[19] 李海红,李锡福,张海珍,等.中国牧区雪灾等级指标研究[J].青海气象,2006(1):24-38.

[20] 郭晓宁,李林,王军,等.基于实际灾情的青海高原雪灾等级(评估)指标研究[J].气象科技,2012,40(2):676-679.

[21] 周靖,马石城,赵卫锋.城市生命线系统暴雪冰冻灾害链分析[J].灾害学,2008,23(4):39-44.

[22] 贺芳芳,邵步粉.上海地区的低温、雨雪、冰冻灾害的风险区划[J].气象科学,2011,31(1):33-39.

[23] 张继全,李宁.主要气象灾害风险评价与管理的数量化方法及其应用[M].北京:北京师范大学出版社,2007.

[24] 严应存,周秉荣,陈国茜.1961—2010年青海省霜冻灾害变化特征及风险区划[J].气象科技,2015,43(5):986-991.

[25] 曲晓黎,张娣,郭蕊,等.高速公路雾灾风险区划模型[J].气象科技,2018,46(1):189-193.

[26] 轩春怡,刘勇洪,杨晓燕,等.基于1 km网格的北京暴雨洪涝灾害风险区划[J].气象科技,2020,48(4):579-589.

[27] 梁凤娟,孟雪峰,王永清,等.基于GIS的雪灾风险区划[J].气象科技,2014,42(2):336-340.

[28] 赵彩萍,苗爱梅,赵桂香,等.第二届全国青年运动会(太原)气象灾害风险评估[M].北京:气象出版社,2019.

[29] 赵桂香,赵彩萍,李新生,等.近47年来山西省气候变化特征分析[J].干旱区研究,2006,23(3):500-505.

附录 1　雪灾气象等级划分及监测

前　言

本标准按照《标准化工作导则国家标准汇编》(GB/T 1.1—2009)第 1 部分:标准的结构和编写的规则起草。

本标准由山西省气象局提出。

本标准由山西省气象局法规处归口。

本标准起草单位:山西省气象局、山西省气象台。

本标准主要起草人:赵桂香、杜顺义、赵彩萍、元原、赵国庆、张光满、侯润兰。

引　言

本标准旨在规范山西省雪灾气象等级的划分、监测及信息处理的内容和方法,有效提高山西省气象防灾减灾能力。

雪灾是由降雪、积雪和降温共同造成的,但由于山西省气候特殊,冬半年降雪往往有连续出现的特点,还由于地形复杂,大部分地区海拔在 1000 m 以上,造成降雪过后,最低气温持续下降,积雪日久不化,结冰现象严重,给工农业生产、基础设施、交通运输及人民生活带来严重影响。因此,本标准规定选取降雪量、雪深、连续降雪日数、持续积雪日数以及 48 h 降温幅度等要素为主要影响因子,来计算雪灾气象指数,并由雪灾气象指数划分雪灾气象等级。但在初冬或春末,持续积雪日数有可能达不到本标准规定,但由于降雪较大(如 24 h 降雪量>5 mm)、积雪较深(积雪深度>5 cm),仍可能对工农业生产、基础设施、交通运输及人民生活造成一定的不利影响,此种情况可视雪灾气象等级为Ⅰ。

雪灾气象等级划分及监测

1 范围

本标准规定了雪灾的术语和定义,雪灾气象等级划分、雪灾相关因子的监测及雪灾气象等级信息处理。

本标准适用于山西省行政区域内雪灾气象等级的划分、监测及信息处理。

2 规范性引用文件

下列文件对于本文件的应用是必不可少的。凡是注日期的引用文件,仅所注日期的版本适用于本文件。凡是不注日期的引用文件,其最新版本(包括所有的修改单)适用于本文件。

《地面气象观测规范》(QX/T 50—2007) 第 6 部分:空气温度和湿度观测。

《地面气象观测规范》(QX/T 52—2007) 第 8 部分:降水观测。

《地面气象观测规范》(QX/T 53—2007) 第 9 部分:雪深和雪压观测。

3 术语和定义

3.1 雪灾

因降雪对工农业生产、基础设施、交通运输及人民生活造成不利影响的一种气象灾害。

3.2 降雪量

从天空降落到地面上的固态(经融化后)降水,未经蒸发、渗透、流失而在水平面上集聚的深度。

3.3 雪深

从积雪表面到地面的垂直深度。

3.4 连续降雪日数

出现降雪后,日降雪量>2.5 mm 的连续降雪天数。

3.5 持续积雪日数

出现积雪后,雪深>1 cm 的连续天数。

3.6 降温幅度

出现降雪天气后,48 h 内日最低气温下降的幅度。

4 雪灾气象等级划分

4.1 雪灾气象指数(SWI)的计算方法

4.1.1 雪灾气象指数(SWI)的计算见式(1):

$$SWI = A_1 + A_2 + A_3 + A_4 + A_5 \tag{1}$$

式中,A_1,A_2,A_3,A_4,A_5 分别代表日降雪量、雪深、连续降雪日数、持续积雪日数以及降温幅度的分级指数,其大小范围为 1~4,无量纲。

4.1.2 雪灾气象指数(SWI)各影响因子分级见表 1。

表 1 各影响因子分级表

分级指数	降雪量(mm)	雪深(cm)	连续降雪日数(d)	持续积雪日数(d)	降温幅度(℃)
1	1~2.5	5~10	1	3~5	4~6
2	2.6~5	11~15	2	6~10	6.1~8
3	5.1~10	16~20	3~4	11~15	8.1~10
4	>10	>20	>4	>15	>10

4.2 雪灾气象等级划分标准

4.2.1 根据雪灾气象指数(SWI)将雪灾气象等级分为 4 级,其分级标准见表 2。

表 2 雪灾气象等级划分标准

等级	等级描述	雪灾气象指数范围	可能造成的影响
Ⅰ	轻	6~8	对工农业生产、基础设施、交通运输及人民生活造成一定影响
Ⅱ	重	9~12	对工农业生产、基础设施、交通运输及人民生活造成较大影响
Ⅲ	严重	13~16	对工农业生产、基础设施、交通运输及人民生活造成严重影响
Ⅳ	特别严重	>16	对工农业生产、基础设施、交通运输及人民生活造成特别严重影响

4.2.2 示例:

××××年××月××日 24 h 降雪量为 9.2 mm,雪深为 17 cm,降雪后第二天又出现大于 2.5 mm 的降雪,已连续 5 d 雪深>1 cm,48 h 最低气温下降 9.2 ℃,则雪灾气象指数为 SWI=3+3+2+1+3=12,对应雪灾气象等级为Ⅱ。

5 雪灾相关因子的监测

5.1 监测种类

降雪量、雪深、日最低气温。

5.2 监测要求

5.2.1 降雪量的监测

按照《地面气象观测规范》(QX/T 52—2007)执行。

5.2.2 雪深的监测

按照《地面气象观测规范》(QX/T 53—2007)执行。

5.2.3 日最低气温的监测

按照《地面气象观测规范》(QX/T 50—2007)执行。

6 雪灾气象等级信息处理

6.1 雪灾气象等级信息

6.1.1 雪灾气象等级信息用语

雪灾气象等级信息制作发布用语分为雪灾预报、雪灾警报、雪灾预警。

6.1.2 雪灾预报

当预计未来48 h或24 h责任区内可能出现的雪灾气象等级达Ⅰ级时,制作发布雪灾预报。

6.1.3 雪灾警报

当预计未来24 h责任区内可能出现的雪灾气象等级达Ⅱ级时,制作发布雪灾警报。

6.1.4 雪灾预警

当预计未来24 h或12 h责任区内可能出现的雪灾气象等级达Ⅲ级或Ⅳ级时,制作发布雪灾预警,并注明预警等级。

6.2 雪灾气象等级信息制作发布要求

6.2.1 各级气象主管机构所属的气象台站应密切监视天气变化,按时制作发布雪灾气象等级信息。

6.2.2 雪灾预报、警报及预警,都应明确预报、警报及预警的名称、发布单位和发布时间,并且指明影响区域、出现时段和雪灾气象等级,并根据表2中可能造成的影响程度和范围,提醒有关部门及社会公众注意防范雪灾。

6.3 雪灾气象等级信息的传播

6.3.1 各级气象主管机构所属的气象台站按照发布权限、业务流程制作发布雪灾预报、雪灾警报及雪灾预警。

6.3.2 当各级气象台站制作了雪灾预报、雪灾警报及雪灾预警时,应及时通知有关部门,通过相关渠道及时发布雪灾预报、雪灾警报及雪灾预警信息。

6.3.3 地方各级气象主管机构负责本行政区域内雪灾预报、雪灾警报及雪灾预警信息发布与传播的管理工作。

附录2 2010—2020年冬季山西省雪灾情况

1. 2010年2月10—11日运城市雪灾

2010年2月10—11日，运城市普降中到大雪，全市平均降水量为7.0 mm，新绛县和垣曲县降暴雪，降雪量分别为15.4 mm和10.0 mm。

截至11日12时各县(市、区)农业部门初步统计，全市有稷山县、平陆县、垣曲县、新绛县等县的43个温室、342个大棚受损、10余个小拱棚垮塌，其中，稷山县8个日光温室、320个大棚受损；垣曲县35个日光温室、15个大棚受损；平陆县7个大棚受损；新绛县10余个小拱棚被大雪压塌。直接经济损失175余万元。

2. 2012年1月21日吕梁市中阳县滑坡

2012年1月19日夜间到1月21日中阳县出现小雪天气，截至21日14:00，过程降雪量1.6 mm，平均雪深3.3 cm。

2012年1月21日05:30左右，中阳县金罗镇金罗村委港里自然村发生黄土滑塌，约400 m³山土从20 m高处落下，穿过一条村道将路旁一处民房冲塌，正在家中熟睡的一家3口被压，无一生还。

3. 2016年1月25日运城市万荣县漫滩

2016年1月25日08:00，万荣县庙前河段发生漫滩。26日05:30，万荣庙前河段19—30号坝部分开河，30—32号坝段前河道冰凌仍存在壅冰阻水现象，封堵长度约500 m，坝前水位EL359.51，涨幅不大，但仍有受阻水流向上游回水，漫滩面积仍有增加之势。截至27日08:00，漫滩面积约1733.3 hm²，其中荣河镇333.3 hm²，光华乡1400 hm²。漫滩区域水深20～30 cm。漫滩区域70%为空地，30%种植小麦等农作物。

4. 2018年1月8日运城市垣曲县雪灾

2018年1月2—4日、6—7日有降雪，降水量为24.3 mm，最大雪深18 cm。

积雪灾害致使垣曲县6个乡镇(皋落乡、新城镇、华峰乡、王茅镇、历山镇、英言乡)受灾，受灾人口1497人，受损大棚189个，菊花生产厂房1座，受灾面积13 hm²，经济损失421余万元。

5. 2020年1月5日运城市垣曲县雪灾

2020年1月5日凌晨突降暴雪，降水量达16.6 mm，雪深达14 cm。经济损失达87.5万元。

6. 2020年1月4—10日长治市沁源县雪灾

2020年1月5日02:00，长治市沁源县出现降雪天气，截至5日08:00沁源县国家气象观测站积雪深度12 cm，降水量10.4 mm。5日夜间至10日08:00，最大积雪深度为17 cm，过程降水量25.1 mm。

降雪积雪导致沁源县法中乡和李元镇部分农户受灾，受灾人口6人，因灾死亡羊7只，一般损坏房屋9间，另有25间彩钢库房倒塌，造成经济损失约32.8万元。

7. 2020年2月13—16日运城市平陆县降雪、寒潮

2020年2月13—16日,运城市平陆县受降雪、寒潮天气过程影响。期间最低气温 －6.3 ℃(15日张店横涧),本站最低气温－2.9 ℃,48 h下降5.4 ℃。除槐下外,其余乡镇 48 h内最低气温降温幅度在8.0～10.0 ℃。部官、槐下、张店、过村、辛庄、西侯、崖底出现 17.0 m·s^{-1}以上的大风天气。极大风速21.1 m·s^{-1},出现在张店,出现时间为2月16日04:00。

受其影响,平陆县张村后底村、杜马西南村和上村、张店镇受灾,受灾面积5.59 hm^2,损坏 大棚81座,菜苗、韭菜、西瓜苗受冻。

7. 2020年2月13—16日连续两天出现暴雨、冰雹